位相空間論

位相空間論

児玉之宏
永見啓応　著

岩波書店

はしがき

本書は位相空間論の教科書として，またこの理論やその応用に興味をもたれる各分野の研究者に対する現代的な手びきにもなるように書き下されたものである．大学初年級程度の集合論の初等的なことがらを知っていれば充分読みうるように，他に何の予備知識も必要としないように書いた積りである．読者の便宜のために本書で必要とされる集合論の初等的知識を序章で要約した．

第1章以下の10章が本論である．このうち始めの3章は最も基本的な部分であって以後の各章の理解に必要である．第4章以下は第4,5章，第6,7章，第8,9,10章の3群にわかれ，それぞれ他の群と(定義などは例外として)独立に読むことができるようになっている．

第1章では位相空間と連続性の概念を導入する．第2章において積位相を導入し，Tychonoff の積定理と選択公理との同等性，可分空間，完全可分空間，完全正則空間に対する埋め込み定理などを証明する．第3章はパラコンパクト空間，可算パラコンパクト空間に対する基本定理群を証明するのが目的である．これらの空間に対する Dieudonné, Dowker, Michael, Stone 等の特性化定理はここで与えられる．

第4章では，位相空間論の中でも最も興味ある対象の1つでありまた広汎な応用面をもつコンパクト空間のより深い考察を行なう．可算コンパクト性や擬コンパクト性についても考慮がはらわれるが，これらはコンパクト性をより深く理解するための概念であるという側面をもっている．Stone-Čech コンパクト化の積保存性に関する Glicksberg の定理，Tamano の積定理などをここで紹介する．第5章は一様空間と δ 空間を考察する．これらの空間に関する知識の大略だけを必要とされる読者はこの章の前半部だけで充分であり，その理解には第4章の知識は必要としない．

第6章においては拡張手とレトラクトの理論を，第7章においては種々の展開定理を扱う．これらの2章は特に代数的位相幾何学の集合論的側面のより深い理解の助けになるであろう．

第8, 9, 10章は位相空間論の最近の潮流の1つを眺めるという観点で書かれている．第8, 9章ではArhangel'skiĭが原動力となって開拓した新しい空間概念，新しい写像概念，それらの間にある相互関係に主眼をおいている．この新しい視点によって濃度に関するAlexandroffの問題の解決が第9章において示される．この半世紀ぶりの解決においてArhangel'skiĭは自由列の概念を用いている．これは注目すべき重要な概念であるが，本書では紙数の制約上他の証明方法をとらざるをえなかった．最後の第10章は種々の可算乗法的空間族を扱った．これらの空間族は今後各方面への応用が期待される分野である．

数学のより深い理解のためには演習問題は不可欠である．この意味で各章末に演習問題を配した．難問にはすべてヒントを付けたので自習する読者も困らないと思う．また本文以外にもできるだけ多くの重要な概念や定理に接することができるように演習問題の中でそれらが語られている場合も多い．

数学の歴史は問題解決の歴史であるともいえる．問題は反例によって劇的に否定される場合もあれば，新理論によって肯定的に解かれる場合もある．このことは位相空間論においても例外ではない．特に新しい概念は例によって確たる基礎を与えられ空理空論でないことが保証される．この意味で本書では多くの例が理論と同じ比重で表裏をなして展開される．また未解決問題を随所に提示した．それら総てが歴史の批判に耐えうる重要な問題とは限らないであろうが，この理論の生きた姿を読者に伝えたいという著者の強い願望からこの試みを敢てした次第である．

位相空間論の概略を知るための大学中期の1コース用には第1, 2章が適当であろう．それに続く1コース用としては第3章と第4, 5章の前半，あるいは第3章と第9章のk空間，写像空間の節というような組み合せが考えられる．それ以後の選択は自由に行なったらよいだろう．□は‘証明終り’を表わす記号である．

この本の執筆の機会を与えられ絶えず激励して下さったのは小松醇郎先生である．またこの本の誕生に関心を寄せられ強い精神的支持を与えられたのは吉田耕作先生である．木村信夫，津田滿，奥山晃弘の諸教授は原稿を精細にわたって通読され多くの有用な注意を与えられた．索引作成などの煩雑な仕事を引き受けてくれたのは野倉嗣紀，宇都宮京子，永見ゆかりの諸氏である．京都大学数理解析研究所より著者に与えられた共同研究期間は本書に関する討論の場をも提供してくれた．他に岩波書店の方々の御協力も忘れることができない．これら数多くの方々の温かい見守りの中で本書は始めて生れることができた．以上の方々に著者の衷心よりの感謝の気持を捧げたい．

1974年 夏

著　者

目　次

記 号 表

序章 集 合 論

§1 集 合

1.1 本書で使用する集合に関する基本的な定義や記号，集合論における必要な定理などをこの章で要約する．

ある条件をみたすものの集まりを考えるとき，集まりの全体を集合(set)あるいは族(family)，系(system)とよぶ．集合を構成している個々のものをその集合の元(element)あるいは**要素**，**点**(point)といい，元は集合に**属する**，あるいは**含まれる**という．元 a が集合 X に属することを $a\in X$(あるいは $X\ni a$)と表わす．a が X の元でなければ，$a\notin X$(あるいは $X\not\ni a$)と書く．集合 X の元がすべて集合 Y に含まれるならば，X を Y の**部分集合**(subset)とよび，$X\subset Y$ または $Y\supset X$ と表わす．このとき X は Y に**含まれる**あるいは Y は X を**含む**という．2つの集合 X と Y は，$X\subset Y$ かつ $X\supset Y$ のときに**同じ集合**であるといい，$X=Y$ と書く．$X\subset Y$ かつ $X\neq Y$，すなわち X は Y の部分集合であり Y と同じ集合でないとき，X を Y の**真部分集合**(proper subset)とよび，これを $X\subsetneqq Y$ と書く．2つの集合 X, Y に対して，X または Y に属する元の集合を $X\cup Y$ で表わし，X と Y の**和集合**(union)または単に**和**という．X にも属しかつ Y にも属する元の集合を X と Y の**共通部分**(intersection)とよび，$X\cap Y$ と表わす．X に属するが Y には属さない元の集合を Y の X における**補集合**(complement)とよび $X-Y$ で表わす．集合 X がある条件 P をみたす元 a の集合であるとき，$X=\{a : P\}$ のように書く．この記法を使用すれば，$X\cup Y=\{a : a\in X$ または $a\in Y\}$，$X\cap Y=\{a : a\in X$ かつ $a\in Y\}$，$X-Y=\{a : a\in X$ かつ $a\notin Y\}$ と書ける．集合 $X-X$ は元をもたない集合である．これを**空集合**(empty set)とよび ϕ で表わす．ϕ は任意の集合 X の部分集合である．

1.2 集合の各要素がまた集合となっている場合がある．この集合を**集合族**(family of sets)または**集合系**(system of sets)とよぶ．集合族の要素を明白にするために，要素の集合に添数(index)を付すことがある．集合 Λ の各要素 $\alpha,\beta,\gamma,\cdots$ に対して集合 X の部分集合 $A_\alpha, A_\beta, A_\gamma,\cdots$ が定まっているとき，$A_\alpha, A_\beta, A_\gamma,\cdots$ からなる集合族を $\{A_\alpha : \alpha\in\Lambda\}$ あるいは単に $\{A_\alpha\}$ で表わし，Λ によって**添数づけられた**族とよぶ．集合 Λ を**添数集合**(index set)，Λ の元を**添数**とよぶ．集合族 $\{A_\alpha : \alpha\in\Lambda\}$ に対して少くとも1つの A_α に属する元の集合を**和集合**，すべての A_α に属する元の集合を**共通部分**とよび，それぞれ $\bigcup\{A_\alpha : \alpha\in\Lambda\}$，$\bigcap\{A_\alpha : \alpha\in\Lambda\}$ で表わす．和集合，共通部分はまた $\bigcup_{\alpha\in\Lambda} A_\alpha$，$\bigcap_{\alpha\in\Lambda} A_\alpha$ とも書かれ，更に $\bigcup A_\alpha, \bigcap A_\alpha$ だけですますこともある．集合族 $\{A_\alpha : \alpha\in\Lambda\}$ は，Λ の任意の異なる元 α,β に対して $A_\alpha\cap A_\beta=\phi$ のとき，**素**(disjoint)であるという．

1.3 定理 Λ を添数集合とする集合 X の部分集合の族を $\{A_\alpha\}$，B を X の部分集合とする．次の式が成立する．

(1) $B\cap(\bigcap_{\alpha\in\Lambda} A_\alpha)=\bigcap_{\alpha\in\Lambda}(B\cap A_\alpha)$，　$B\cup(\bigcup_{\alpha\in\Lambda} A_\alpha)=\bigcup_{\alpha\in\Lambda}(B\cup A_\alpha)$

(2) $B\cap(\bigcup_{\alpha\in\Lambda} A_\alpha)=\bigcup_{\alpha\in\Lambda}(B\cap A_\alpha)$，　$B\cup(\bigcap_{\alpha\in\Lambda} A_\alpha)=\bigcap_{\alpha\in\Lambda}(B\cup A_\alpha)$

(3) $X-(\bigcup_{\alpha\in\Lambda} A_\alpha)=\bigcap_{\alpha\in\Lambda}(X-A_\alpha)$，　$X-(\bigcap_{\alpha\in\Lambda} A_\alpha)=\bigcup_{\alpha\in\Lambda}(X-A_\alpha)$

(2)を**分配律**(distributive law)，(3)を**de Morgan の法則**とよぶ．

1.4 集合 X と Y が与えられたとき，X と Y の**積**(product)または**直積**(direct product) $X\times Y$ を次のように定義する．$X\times Y$ は X の元 a と Y の元 b との順序付けられた対 (a,b) すべての集合である，即ち $X\times Y=\{(a,b) : a\in X, b\in Y\}$. $X\times Y$ の元 (a,b), (a',b') は $a=a'$ かつ $b=b'$ のときに限り同一の元である．$X\times Y$ の元 (a,b) に対して X の元 a を (a,b) の**第1成分**，Y の元 b を**第2成分**とよぶ．$X\times Y$ の部分集合 R は，次のように X の元 a と Y の元 b の**関係**(relation)を定める；$(a,b)\in R$ のとき a と b は**関係 R をもつ**といい，aRb で表わす．関係 R の**定義域**(domain)は R に属する元の第一成分の集合であり，R の**値域**(range)は R の元の第二成分の集合である．即ち，R の定義域 $=\{a :$ ある $b\in Y$ について $aRb\}$，R の値域 $=\{b :$ ある $a\in X$ について $aRb\}$.

2つの集合 X と Y に対して，関係 f が与えられ，(1) f の定義域は X 全体であり，(2) f の異なる2つの元は同じ第一成分を持たないとき，f を X から Y への**写像**(mapping)，**関数**(function)あるいは**対応**(correspondence)と

よぶ．すなわち，f が X から Y への写像であるとは，任意の X の元 a に対して Y の元 b があって afb であり，afb かつ afb' ならば $b=b'$ となることである．f が X から Y への写像であるとき $f:X\to Y$ で表わす．afb のとき $f(a)=b$ または $fa=b$ と書き，b を a での f の**値**(value)または a の f による**像**(image)とよぶ．また f は X の元 a を Y の元 $b=f(a)$ に**対応させる**あるいは**写像する**という．$f:X\to Y$ を写像とするとき，f の値域を X の f による**像**とよび $f(X)$ または fX で表わす．$f(X)=Y$ のとき f を Y の**上への**写像とよぶ．$Y'\subset Y$ について集合 $\{a:f(a)\in Y'\}$ を f による Y' の**逆像**(inverse image)といい，$f^{-1}(Y')$ または $f^{-1}Y'$ で表わす．Y' が Y の1つの元 b からなる場合は $f^{-1}(\{b\})$ の代りに単に $f^{-1}(b)$ と書く．f の像の任意の元の逆像がただ1つの元からなるとき，f は **1:1 写像**とよばれる．$X'\subset X$ について写像 $f':X'\to Y$ を $a\in X'$ に対して $f'(a)=f(a)$ によって定義するとき，f' を f の X' 上への**制限写像**(restriction)とよび，$f|X'$ で表わす．各 $a\in X$ について $i(a)=a$ と定義すれば，X から X の上への1:1写像で：$X\to X$ が得られる．i を**恒等写像**(identity mapping)とよび 1_X または単に 1 で表わす．$X'\subset X$ のとき制限写像 $1_X|X':X'\to X$ を**包含写像**(inclusion)という．関係としての写像 $f:X\to Y$ すなわち $X\times Y$ の部分集合 $\{(a,f(a)):a\in X\}$ を特に写像 f の**グラフ**(graph)とよぶ．例えば，恒等写像 1_X のグラフは $X\times X$ の**対角集合**(diagonal)$\Delta_X=\{(a,a):a\in X\}$ である．

$f:X\to Y$ を X から Y の上への1:1写像とする．各 $b\in Y$ に対して $f(a)=b$ となる X の元 a が一意的に定まる．$b\in Y$ にこの a を対応させる写像を f の**逆写像**(inverse mapping)とよび f^{-1} で表わす．X, Y, Z を集合，$f:X\to Y$，$g:Y\to Z$ を写像とするとき，各 $a\in X$ について $gf(a)=g(f(a))$ とおけば写像 $gf:X\to Z$ が得られる．gf を f と g の**合成写像**(composition)とよぶ．もし f が X から Y の上への1:1写像であれば，$f^{-1}f=1_X$，$ff^{-1}=1_Y$ となる．

1.5　$\{A_\alpha:\alpha\in\Lambda\}$ を Λ を添数集合とする集合族とする．Λ から $\bigcup_{\alpha\in\Lambda}A_\alpha$ への写像 φ で各 $\alpha\in\Lambda$ に対して $\varphi\alpha\in A_\alpha$ となるような写像全体の集合を $\{A_\alpha\}$ の**積集合**または**直積**とよび $\prod_{\alpha\in\Lambda}A_\alpha$ で表わす．各集合 A_α を**因子集合**(factor)とよぶ．

$\prod_{\alpha\in\Lambda} A_\alpha$ の元 φ をとるとき，A_α の元である $\varphi\alpha$ は φ の α **座標**(coordinate)といわれる．φ の α 座標が a_α のとき φ を $(a_\alpha : \alpha\in\Lambda)$ または単に (a_α) で表わす．$P_\alpha : \prod_{\alpha\in\Lambda} A_\alpha \to A_\alpha$ を $P_\alpha(a_\alpha)=a_\alpha$ と定義すれば，直積 $\prod_{\alpha\in\Lambda} A_\alpha$ からその因子集合 A_α の上への写像が得られる．P_α は**射影**(projection)とよばれる．

B を集合，$\{A_\alpha : \alpha\in\Lambda\}$ を集合族とする．各 $\alpha\in\Lambda$ について写像 $f_\alpha : B\to A_\alpha$ が与えられたとき，写像 $f : B\to\prod_{\alpha\in\Lambda} A_\alpha$ が各 b について $fb=(f_\alpha b : \alpha\in\Lambda)$ によって定められる．各 $\alpha\in\Lambda$ に対して合成写像 $P_\alpha f$ は f_α に等しい．写像 f は写像の集合 $\{f_\alpha : \alpha\in\Lambda\}$ によって一意的に定まりまた逆に $\{f_\alpha : \alpha\in\Lambda\}$ は f により一意的に定まる．この f を (f_α) で表わし $\{f_\alpha : \alpha\in\Lambda\}$ の**対角写像**とよぶ．他に集合族 $\{B_\alpha : \alpha\in\Lambda\}$ が与えられ各 $\alpha\in\Lambda$ について写像 $g_\alpha : A_\alpha\to B_\alpha$ が与えられているとき，写像 $g : \prod A_\alpha\to\prod B_\alpha$ で $g(a_\alpha)=(g_\alpha a_\alpha)$ をみたすものを g_α の**積**とよび $\prod_{\alpha\in\Lambda} g_\alpha$ で表わす．

1.6 R を集合 X の元の間の関係とする．R は $X\times X$ の部分集合である．X の各元 a について aRa のとき，R は**反射的**(reflexive)であるという．R が反射的であることは，R が対角集合 Δ_X を含むことと同等である．X の元 a,b について aRb ならばつねに bRa のとき，R は**対称的**(symmetric)といわれる．これと逆に，aRb かつ bRa が絶対に成立しないとき R を**反対称的**という．X の元 a,b,c について，aRb かつ bRc のときつねに aRc ならば，R を**推移的**(transitive)とよぶ．反射的，対称的，推移的な関係を**同値関係**(equivalence relation)とよぶ．

R を X の元の間の同値関係とする．X の元 a について $R[a]$ によって aRb となる X の元 b の集合を表わす，すなわち $R[a]=\{b : aRb\}$．X の部分集合 A はある $a\in X$ について $A=R[a]$ となるとき，R **同値類**あるいは単に**同値類**(equivalence class)といわれる．R が同値関係であることから，すべての同値類の集合 $\mathcal{A}$ はその和が X であるような素な集合族となる．X の各元 a に a を含む同値類 $R[a]$ を対応させれば，X から同値類の集合 $\mathcal{A}$ の上への写像 f が得られる．このとき，X の元 a,b について $f(a)=f(b)$ は aRb と同等である．集合 $\mathcal{A}$ を X の R による**商集合**(quotient set)とよび X/R で表わす．写像

$f: X \to X/R$ を**標準射影**(canonical projection)とよぶ．同値類 $R[a]$ の1つの元をその**代表元**(representative)という．

1.7　集合 X の元の間の関係 $<$ は推移的であるとき，**順序**(order)あるいは**半順序**(partial order)といわれる．X は $<$ で**順序づけられる**といい，X を**順序集合**(ordered set)という．時として順序関係 $<$ をもつ集合 X を $(X, <)$ で表わす．順序集合 X の元 a, b に対して $a<b$ であるとき，a は b に**先行する**，a は b より**小さい**あるいは b は a に**従う**，b は a より**大きい**という．X の元 a, b について，$a \leqq b$ で $a<b$ あるいは $a=b$ を意味することにする．本書では $a \leqq b$ と $a<b$ を明白に区別して使用する．A を X の部分集合とする．元 $b \in X$ はすべての A の元 a について $a \leqq b$ となるとき A の**上界**(upper bound)とよばれる．同様に A の各元より小さいか等しい X の元は A の**下界**(lower bound)といわれる．A の上界となる元で任意の A の上界より小さいか等しい元は A の**上限**(supremum)とよばれ，$\sup A$ で表わされる．同様に A の下界で任意の下界より大きいか等しい元は A の**下限**(infimum)とよばれ $\inf A$ で表わされる．

$(X, <)$, $(Y, <)$ を順序集合とする．写像 $f: X \to Y$ は，$a<b$ ならばつねに $f(a) \leqq f(b)$ となるとき**順序保存**(order preserving)といわれる．順序集合 X の部分集合 A は，A の元 a, b について X で $a<b$ のとき A でも $a<b$ と定めることによって順序集合となる．このとき A を**部分順序集合**という．包含写像：$A \to X$ は明らかに順序保存である．順序集合 X の元 a, b は，$a<b$, $a=b$, $a>b$ のどれかが成立するとき**比較可能**といわれる．X の元 a は a と比較可能なすべての元より大きいか等しいとき X の**極大元**，a と比較可能なすべての元より小さいか等しいとき**極小元**とよばれる．集合族 $\mathcal{A} = \{X_\alpha : \alpha \in \Lambda\}$ は，$X_\alpha < X_\beta$ を $X_\alpha \subsetneqq X_\beta$ で定義すれば順序集合になる．このとき極大元は $\mathcal{A}$ の他の元の真部分集合とならない元である．

順序集合 X は，任意の2つの元に対してそれらより大きいか等しい元が存在するとき，すなわち $a, b \in X$ のとき $a \leqq c$ かつ $b \leqq c$ となる元 $c \in X$ が存在するとき**有向集合**(directed set)とよばれる．$Y \subset X$ が X で**共終**(cofinal)であるとは，任意の $a\in X$ に対して $a\leqq b$ となる元 $b\in Y$ が存在することである．Y が**等終**(residual)とは，X のある元 a があって $\{b\in X : a\leqq b\}\subset Y$ となることである．等終ならば共終であるが，逆は一般に成立しない．

$(X,<)$, $(Y,<)$ を順序集合とするとき，$X\times Y$ に次の順序 $<$ が定義される：$(m,n),(m',n')\in X\times Y$ に対して，(1) $m<m'$ あるいは (2) $m=m'$ かつ $n<n'$ のときに限り $(m,n)<(m',n')$．この順序を $(X,<)$ と $(Y,<)$ から導かれる**辞書式順序**(lexicographic order)とよぶ．

1.8 X での順序 $<$ が次の条件をみたすとき**線形順序**(linear order)または**全順序**(total order)とよばれる：(1) $<$ は反対称的である，すなわち $a,b\in X$ に対して $a<b$ かつ $a>b$ はつねに成立しない，(2) X の任意の異なる元 a,b に対して $a<b$ あるいは $a>b$ が成立する．順序 $<$ が線形順序のとき，関係 $\leqq$ は反射的かつ対称的である．A を線形順序集合の部分集合とすれば，$\sup A$ または $\inf A$ はもしそれが存在すれば一意的に定まる．$\sup A\in A$ のとき $\sup A$ を A の**最大元**，$\inf A\in A$ のとき $\inf A$ を A の**最小元**とよぶ．

線形順序集合 X は，その任意の空でない部分集合が最小元をもつとき**整列集合**(well ordered set)とよばれる．整列集合 X の順序 $<$ を**整列順序**(well order)とよび，X は $<$ で**整列に順序づけられる**という．

§2 濃度，順序数

2.1 よく知られているように，すべての集合の集まりを集合と考えると矛盾を生ずる．このために，すべての集合の集まりのようにある範囲のものの集まりを**クラス**(class)とよぶことにする．集合全体のクラスを $\mathcal{U}$ で表わす．$\mathcal{U}$ の元は集合である．1.6 において定義された同値関係は集合の元の間の特殊な関係として考慮されたが，ここでは $\mathcal{U}$ の元の間の関係として考察する．このとき $\mathcal{U}$ が素な同値類に分れることは集合の場合と同様である．$\mathcal{U}$ の2つの元 A,B に対して，A から B の上への $1:1$ 写像が存在するとき，A と B は**等値**とよび $A\sim B$ で表わす．明らかに $\sim$ は $\mathcal{U}$ における同値関係であり，$\mathcal{U}$ は $\sim$ によって素な同値類に分かれる．$\mathcal{U}$ の元 A を含む同値類を $p(A)$ または $|A|$

で表わし，A の**濃度**(cardinal, power)とよぶ．濃度 $\mathfrak{m}, \mathfrak{n}$ の間の順序 $<$ を次のように定める：$p(A)=\mathfrak{m}$, $p(B)=\mathfrak{n}$ とする，A と B が等値でなくかつ A から B の真部分集合の上への 1：1 写像が存在するとき，$\mathfrak{m}<\mathfrak{n}$ とする．このとき $\mathfrak{m}$ は $\mathfrak{n}$ より**小さい**，$\mathfrak{n}$ は $\mathfrak{m}$ より**大きい**という．この順序は整列順序であることが証明される．$A=\{1,2,\cdots,n\}$, $0<n<\infty$, のとき $p(A)=n$ とする．空集合 ϕ に対しては $p(\phi)=0$ とする．ある $n, 0\leqq n<\infty$, に対して $p(A)=n$ となる集合を**有限集合**，然らざる集合を**無限集合**という．

2.2 集合 A に対して A のすべての部分集合の集合は 2^A で表わされる．$p(A)=\mathfrak{m}$ ならば $p(2^A)$ を $2^\mathfrak{m}$ で表わす．任意の濃度 $\mathfrak{m}$ について，$\mathfrak{m}<2^\mathfrak{m}$ となることが知られる．濃度の和と積は，$p(A)+p(B)=p(A\cup B)$ (A と B は素とする)，$p(A)\cdot p(B)=p(A\times B)$ によって定義される．より一般に，$\{A_\alpha : \alpha\in\Lambda\}$ が集合族であれば，$\sum_{\alpha\in\Lambda} p(A_\alpha)=p(\bigcup_{\alpha\in\Lambda} A_\alpha)$ ($\{A_\alpha\}$ は素な集合族とする)，$\prod_{\alpha\in\Lambda} p(A_\alpha)=p(\prod_{\alpha\in\Lambda} A_\alpha)$ と定める．これらの式によって濃度の集合 $\{\mathfrak{m}_\alpha : \alpha\in\Lambda\}$ の和 $\sum_{\alpha\in\Lambda}\mathfrak{m}_\alpha$ と積 $\prod_{\alpha\in\Lambda}\mathfrak{m}_\alpha$ が定義される．

2.3 N をすべての自然数の集合 $\{1,2,3,\cdots\}$ とする．N の濃度を $\aleph_0$ ($\aleph$ はアレフと読む)と書き，濃度が $\aleph_0$ あるいはそれより小さくなる集合を**可算集合**(countable set)とよぶ．濃度が $\aleph_0$ となる集合は**可算無限集合**である．可算集合は有限集合か可算無限集合かの何れかである．2つの有限集合はその元の個数が等しいときに限り濃度が等しい．

2.4 可算集合でない集合を**非可算集合**(uncountable set)という．実数全体の集合 R は非可算集合である．R の濃度を $\mathfrak{c}$ と書き**連続の濃度**(continuum power)とよぶ．有理数全体は可算集合であるから，無理数の集合は非可算でその濃度は $\mathfrak{c}$ である．$2^{\aleph_0}$ と $\mathfrak{c}$ は等しいことが知られる．濃度 $\mathfrak{m}$ が $\aleph_0\leqq\mathfrak{m}\leqq 2^{\aleph_0}$ をみたせば $\mathfrak{m}=\aleph_0$ あるいは $\mathfrak{m}=2^{\aleph_0}$ となるかという問題は普通の集合論公理のみでは証明出来ない．この問題の肯定を**連続体仮説**(continuum hypothesis, 略して CH)という．一般に $\mathfrak{n}\geqq\aleph_0$ となる濃度 $\mathfrak{n}$ について，$\mathfrak{n}\leqq\mathfrak{m}\leqq 2^\mathfrak{n}$ となる濃度 $\mathfrak{m}$ は必然的に $\mathfrak{m}=\mathfrak{n}$ または $\mathfrak{m}=2^\mathfrak{n}$ となるというのが**一般連続体仮説**(generalized continuum hypothesis)である．最初の非可算濃度を $\aleph_1$ と書く．濃

度 $\mathfrak{m}$ が**正則**(regular)であるとは，$p(\Lambda)<\mathfrak{m}$ となる集合 Λ を添数集合とする任意の濃度の集合 $\{\mathfrak{m}_\alpha : \alpha\in\Lambda\}$, 各 $\alpha\in\Lambda$ について $\mathfrak{m}_\alpha<\mathfrak{m}$, に対して $\sum_{\alpha\in\Lambda}\mathfrak{m}_\alpha<\mathfrak{m}$ となることである．例えば，濃度 $\aleph_0, \aleph_1$ は共に正則である．

2.5 X を集合，τ を濃度とする．A をその濃度が τ となる集合とする．A から X へのすべての写像の集合を X^τ で表わし，X の**巾 τ の積集合**とよぶ．X^τ はまた次のようにも定義される．A を添数集合とする集合族 $\{X_a : a\in A\}$ で各 $a\in A$ について $X_a \sim X$ となるものを考え，その直積 $\prod_{a\in A} X_a$ を作る．明らかに $X^\tau \sim \prod_{a\in A} X_a$ となる．

実数の集合 R に対しては，R^n, n は自然数，は n 次元 Euclid 空間であり，$R^{\aleph_0}$ は Hilbert 空間である．$R^n, R^{\aleph_0}$ の濃度はすべて $\mathfrak{c}$ であるが，$R^{\mathfrak{c}}$，すなわち R から R への写像全体の集合または R のすべての部分集合の集合の濃度 $\mathfrak{f}$ は $\mathfrak{c}$ より大きい．

2.6 すべての順序集合のクラスを $\mathcal{V}$ とする．$\mathcal{V}$ の 2 つの元 A, B について A から B の上への 1 : 1 順序保存写像が存在するとき，A と B は**相似**(similar)とよび $A\approx B$ で表わす．明らかに関係 $\approx$ は $\mathcal{V}$ の元の間の同値関係となり，$\approx$ で定まる同値類を**順序型**(order type)とよぶ．A を含む順序型を $o(A)$ で表わす．整列集合の順序型を**順序数**(ordinal)という．A を整列集合とし $a\in A$ とする．a で定まる A の**切片**によって A の整列部分集合 $A_a=\{b : b\in A, b<a\}$ を意味する．2 つの順序数 μ, ν の間の順序 $<$ を次のように定義する：$o(A)=\mu$, $o(B)=\nu$ とするとき，A が B のある切片と相似になるならば $\mu<\nu$ と書き，μ は ν より**小さい**，ν は μ より**大きい**という．この順序によって任意の順序数の集合は整列集合をなすことが知られる．

2.7 2 つの有限整列集合はその元の個数が等しいときに限り相似である．この意味から，有限整列集合の順序数は整数 $0, 1, 2, \cdots$ で表わされる．これらを**有限順序数**とよぶ．自然数の集合 N はその自然な順序関係で整列集合である．N の順序数を ω で表わす．ω は最小の無限順序数である．

順序数 ν に対して順序数 $\mu=\nu+1$ はその**直後**の順序数である．このとき ν を μ の**直前**の順序数という．0 およびその直前の順序数が存在する順序数を**孤立**

順序数(isolated ordinal)，それ以外の順序数を**極限順序数**(limit ordinal)という．ω は最小の極限順序数である．

2.8 μ を順序数，X を $o(X)=\mu$ となる整列集合とする．X の濃度を $\varphi(\mu)$ とすれば，$\varphi(\mu)$ は μ により一意的に定まる．$\varphi(\mu)$ を**順序数 μ の濃度**とよぶ．$\varphi(\mu)\leqq\aleph_0$ となる順序数を**可算順序数**という．$\mathfrak{m}$ を濃度とし $K(\mathfrak{m})$ によって $\varphi(\mu)=\mathfrak{m}$ となるすべての順序数の集合とせよ．整列可能定理(3.3 参照)によって任意の濃度 $\mathfrak{m}$ に対して $K(\mathfrak{m})$ は空集合ではない．$K(\mathfrak{m})$ は順序数の整列集合であるから，最小元が存在する．それを $\psi(\mathfrak{m})$ とせよ．$\mathfrak{m}$ が無限の濃度ならば $\psi(\mathfrak{m})$ はつねに極限数である．$\psi(\mathfrak{m})$ を濃度 $\mathfrak{m}$ の**始数**(initial ordinal)とよぶ．例えば $\psi(\aleph_0)=\omega$ であるから，$\aleph_0$ の始数は最小の無限順序数 ω である．

今任意の無限濃度 $\mathfrak{m}$ に対して $L(\mathfrak{m})=\{\mathfrak{n}:\aleph_0\leqq\mathfrak{n}<\mathfrak{m}\}$ とおく．$L(\mathfrak{m})$ は整列集合である．$\mu(\mathfrak{m})$ を $L(\mathfrak{m})$ の順序数とすれば対応 $\mathfrak{m}\to\mu(\mathfrak{m})$ は 1：1 順序保存である．濃度 $\mathfrak{m}$ を $\aleph_{\mu(\mathfrak{m})}$ で表わす．$\mathfrak{m}=\aleph_0$ ならば $L(\mathfrak{m})=\phi$ となり $\mu(\aleph_0)=0$, $\mathfrak{m}=\aleph_1$ ならば $L(\mathfrak{m})$ は $\aleph_0$ のみからなるから $\mu(\aleph_1)=1$ である．従って $\aleph_0, \aleph_1$ に関しては従来の書き方を踏襲できる．$\aleph_1$ は最初の非可算濃度であるから $\psi(\aleph_1)$ は最初の非可算順序数である．これを ω_1 で表わす．次の補題は後章で使用される．

2.9 補題 $\{\mu_i : i=1,2,\cdots\}$ を ω_1 より小さい順序数の可算集合とすれば，$\sup\{\mu_i\}$ は ω_1 より小さい．

証明 $\sup\{\mu_i\}$ より小さい順序数すべての集合 X の濃度が $\leqq\aleph_0$ をいえばよい．$X_i=\{\nu:\nu<\mu_i\}$ とすれば，μ_i は可算順序数であるから $p(X_i)\leqq\aleph_0$. $\bigcup_i X_i=X$ に注意すれば，$p(X)\leqq\aleph_0\cdot\aleph_0=\aleph_0$ となる．□

§3 帰納法，整列可能定理，Zorn の補題

3.1 次に説明する**超限帰納法**(transfinite induction)とよばれる証明の方法は本書を通じて使用される．

各順序数 μ に対して命題 $P(\mu)$ が与えられているとする．(1) $\mu=0$ に対して $P(\mu)$ は正しい．(2) $\mu<\mu_0$ なる任意の順序数 μ について $P(\mu)$ が正しければ

$P(\mu_0)$が正しい．(1), (2) が証明されれば，$P(\mu)$はすべての順序数 μ に対して正しい．

上記においてすべての有限順序数のみを考慮すれば，通常の帰納法となる．

3.2　定義　X を順序集合とする．X の空でない全順序部分集合は**鎖**とよばれる．順序集合 X は，$X \neq \phi$ であって X の任意の鎖が上限をもつとき，**帰納的**(inductive)といわれる．$\mathcal{A}$ を集合族とする．$\mathcal{A}$ は，その要素のすべての有限部分集合がまた $\mathcal{A}$ の要素であり，すべてのその有限部分集合が $\mathcal{A}$ の要素となるような集合はそれ自身 $\mathcal{A}$ の要素となるとき，**有限性**(finite character)**をもつ**といわれる．次の定理はよく知られており本書を通じて使用される．

3.3　定理　(1)　選択公理(axiom of choice)　添数集合 Λ をもつ集合族 $\{X_\alpha : \alpha \in \Lambda\}$ で各 $\alpha \in \Lambda$ について $X_\alpha \neq \phi$ ならば，Λ から集合 $\bigcup \{X_\alpha : \alpha \in \Lambda\}$ への関数 φ で各 $\alpha \in \Lambda$ について $\varphi\alpha \in X_\alpha$ となるものが存在する．(φ は選択関数(function of choice)とよばれる．)

(2)　整列可能定理(well ordering theorem)　任意の集合はある順序によって整列に順序づけられる．

(3)　Zorn の補題　帰納的な順序集合は極大元をもつ．

(4)　Tukey の補題　有限性をもつ集合族は極大元をもつ．

任意の無限濃度 $\mathfrak{m}$ に対して $\mathfrak{m} \cdot \mathfrak{m} = \mathfrak{m}$ となることが整列可能定理によって保証される．

3.4　定義　集合 X の部分集合のなす族 $\mathcal{F}$ を考える．$\mathcal{F}$ が**有限交叉性**(finite intersection property)をもつとは，$\mathcal{F}$ に属する任意の有限個の元の共通部分が空でないことである．$\mathcal{F}$ が**有限乗法的**(finite multiplicative)であるとは，$\mathcal{F}$ に属する任意有限個の元の共通部分がまた $\mathcal{F}$ の元となることである．**可算乗法的**の意味も明らかであろう．

$\mathcal{F}$ がフィルター(filter)であるとは次の条件をみたすことである．

(1)　$\mathcal{F} \neq \phi$

(2)　$\mathcal{F}$ は有限交叉性をもつ．

(3)　$F \in \mathcal{F}$ かつ $F \subset H$ ならば $H \in \mathcal{F}$.

$\mathcal{F}$ が(1), (2)をみたす集合族((3)は必ずしもみたさない)ならば，$\mathcal{F}$ を**フィルターベース**という．

$\mathcal{F}'$ を X の部分集合からなるフィルターベースとする．$\mathcal{F}$ を $\mathcal{F}'$ のある元を含む X のすべての部分集合の族，すなわち $\mathcal{F}=\{F : F\subset X$，ある $F'\in\mathcal{F}'$ について $F'\subset F\}$ とすれば，$\mathcal{F}$ は明らかに(1), (2), (3)をみたすからフィルターとなる．$\mathcal{F}$ を $\mathcal{F}'$ から**生成される**フィルターとよぶ．フィルター $\mathcal{F}$ が**極大**であるとは，$\mathcal{F}\subset\mathcal{H}$ なるフィルター $\mathcal{H}$ はつねに $\mathcal{F}=\mathcal{H}$ となることである．

3.5　定理　X を空でない集合とする．$\mathcal{F}$ を X のフィルターベースとすれば，$\mathcal{F}$ を含む極大フィルターが存在する．

証明　$\mathcal{F}$ の元を含む X の部分集合全体を $\mathcal{H}$ とすれば $\mathcal{H}$ は明らかにフィルターである．$\mathcal{F}$ を含むフィルター全体を $\{\mathcal{F}_\alpha : \alpha\in A\}$ とすればこれは $\mathcal{H}$ を元としてもつから空でない．$\mathcal{F}_\alpha\leqq\mathcal{F}_\beta$ を $\mathcal{F}_\alpha\subset\mathcal{F}_\beta$ によって定義すれば，$\{\mathcal{F}_\alpha\}$ は順序集合となりかつ明らかに $\{\mathcal{F}_\alpha\}$ は帰納的である．これから Zorn の補題によって極大元 $\mathcal{H}$ が存在する．$\mathcal{H}$ が $\mathcal{F}$ を含む極大フィルターとなることは明らかである．□

3.6　命題　空でない極大フィルターを $\mathcal{F}$ とすれば次のことが成立する．

(1)　$\mathcal{F}$ は有限乗法的である．

(2)　X の任意の部分集合 A に対して $A\in\mathcal{F}$ であるかまたは $X-A\in\mathcal{F}$ である．

証明　(1) $\mathcal{F}$ の元の有限個の共通部分すべての族 $\mathcal{H}$ は有限交叉性をもつ．3.5によって $\mathcal{H}$ を含む極大フィルター $\mathcal{G}$ が存在する．明らかに $\mathcal{F}\subset\mathcal{H}$ であるから $\mathcal{F}\subset\mathcal{G}$ となり $\mathcal{F}$ の極大性から $\mathcal{F}=\mathcal{G}$ となる．ゆえに $\mathcal{F}=\mathcal{H}$ となりこのことから $\mathcal{F}$ が有限乗法的となる．

(2) $\mathcal{F}\cup\{A\}=\mathcal{H}$ として $\mathcal{H}$ が有限交叉性をもつとすれば，(1)の証明と同様にして $\mathcal{F}=\mathcal{H}$ となる．これから $A\in\mathcal{F}$．$\mathcal{F}\cup\{A\}$，$\mathcal{F}\cup\{X-A\}$ が共に有限交叉性をもたないとすれば，(1)により $\mathcal{F}$ は有限乗法的であるから，$A\cap B=\phi$，$(X-A)\cap C=\phi$ となる $B, C\in\mathcal{F}$ が存在する．$B\cap C\in\mathcal{F}$ であるが $B\cap C\subset(X-A)\cap A=\phi$ となるから，フィルターの定義 3.4(1) に矛盾する．これから

$A\in\mathfrak{F}$ または $X-A\in\mathfrak{F}$ が成立する. □

第1章 位 相 空 間

§4 位相の導入

4.1 1874年に数学に始めて集合概念を導入した Georg Cantor は Euclid 空間の点集合に対して極限概念をも考察した．しかし Euclid 空間という枠を離れて極限概念を公理論的に始めてあつかったのは M. Fréchet で 20 世紀初頭のことである．本書では主として C. Kuratowski によってその後整備された閉包から出発する方法によって極限概念を考えてゆく．それが最も簡単で位相の本質が端的に現れていると思うからである．集合の閉包というのはその集合の極限点の集合と考えてよい．そのことは本章で明らかにされる．

4.2 **定義** X を集合とする．その任意の部分集合 A に対して X の部分集合 $\bar{A}$ が対応していて次の4条件をみたすとする．

(1) 包含性 $A \subset \bar{A}$.

(2) 加法性 $\overline{A \cup B} = \bar{A} \cup \bar{B}$.

(3) 巾等性 $\bar{\bar{A}} = \bar{A}$.

(4) $\bar{\phi} = \phi$.

このとき X を**位相空間**(topological space)または ***T* 空間**とよび $\bar{A}$ を A の**閉包**(closure)とよぶ．$\bar{A}$ を $\mathrm{Cl}\,A$ と書くこともある．特に X での閉包ということを明示する必要のあるときは $\mathrm{Cl}_X\,A$ と書く．$A=\bar{A}$ となる集合 A を**閉集合**(closed set)とよび，閉集合の補集合を**開集合**(open set)とよぶ．X のあらゆる開集合のなす族 $\mathcal{U}$ を X の**位相**とよぶ．T 空間 $(X, \mathcal{U})$ と書いたら $\mathcal{U}$ は T 空間 X の位相ということである．X の部分集合のなす族 $\mathcal{W}$ に対して

$$\mathcal{W}^{\#} = \bigcup\{W : W \in \mathcal{W}\}$$

とおく．位相 $\mathcal{U}$ の部分族 $\mathcal{B}$ で X の任意の空でない開集合 U に対して $\mathcal{B}_1{}^{\#}=U$ となる $\mathcal{B}$ の部分族 $\mathcal{B}_1$ が存在するときこの $\mathcal{B}$ を X の**基**または**ベース**(base)とよぶ．ベースの濃度の最小値を X の**位相濃度**(weight)とよび $w(X)$ で表わす．

位相濃度が $\aleph_0$ 以下の空間を**第2可算性**(2nd countability)をみたす空間，または**完全可分**(perfect separable)空間とよぶ．X の位相の部分族 $\mathscr{B}_2$ が**準基**(subbase)であるとは $\mathscr{B}_2$ に属する集合の有限個の共通部分全体がベースをなすこととする．

$X\subset\bar{X}\subset X$ より $\bar{X}=X$ となり，全空間 X は閉である．また閉集合 ϕ の補集合として X は開でもある．ϕ は閉集合 X の補集合として開である．結局 X,ϕ は共に開かつ閉なる集合である．(1) より $\bar{A}\subset\bar{\bar{A}}$ であるから (3) の巾等性は $\bar{\bar{A}}\subset\bar{A}$ で置き換えられる．$A\subset B$ ならば $\bar{A}\subset\bar{B}$，すなわち**単調性**が成立している．$\bar{B}=\overline{A\cup B}=\bar{A}\cup\bar{B}$ であるからである．また $A=\bar{A}$ と $\bar{A}\subset A$ は(1)によって同値である．

4.3　例　(1) 集合 X の任意の部分集合 A に対して $\bar{A}=A$ とおけば X は T 空間となる．この時の位相を**離散位相**といい，X を**離散空間**(discrete space)という．

(2) 集合 X の空でない任意の部分集合 A に対して $\bar{A}=X$ とおき，$\bar{\phi}=\phi$ とおけば X は T 空間となる．これを**密着空間**という．

この例から分かるように同じ集合に対して異なる位相を与えることができる．集合 X に対して $\mathcal{U},\mathcal{V}$ という2つの位相が与えられたとき $\mathcal{U}\subset\mathcal{V}$ ならば $\mathcal{U}$ は $\mathcal{V}$ より**弱い**といい，$\mathcal{V}$ は $\mathcal{U}$ より**強い**という．離散位相は最も強い位相であり，密着位相は最も弱い位相である．

4.4　記号　本書では m,n,i,j,k などの文字は正の整数，時として0を表わす．N は正の整数全体の集合を表わす．$A\Rightarrow B$ は A から B が導かれることとする．$A\Leftrightarrow B$ は $A\Rightarrow B$ かつ $B\Rightarrow A$ なることとする．

4.5　命題　T 空間 X の位相 $\mathcal{U}$ に対して次が成立する．

(1)　$\phi, X\in\mathcal{U}$.

(2)　$U_1,\cdots,U_n\in\mathcal{U}\Rightarrow U_1\cap\cdots\cap U_n\in\mathcal{U}$.

(3)　$\mathcal{V}\subset\mathcal{U}\Rightarrow\mathcal{V}^\sharp\in\mathcal{U}$.

証明　(1)は既に4.2で示した．

(2)は $n=2$ の時正しいことをいえば充分である．

$$X-U_1\cap U_2=(X-U_1)\cup(X-U_2)$$
$$=\mathrm{Cl}(X-U_1)\cup\mathrm{Cl}(X-U_2)=\mathrm{Cl}((X-U_1)\cup(X-U_2))$$
$$=\mathrm{Cl}(X-U_1\cap U_2)$$

であるから $U_1\cap U_2\in\mathcal{U}$.

(3) $\mathcal{V}=\{U_\alpha\}$ とする.

$$\mathrm{Cl}(X-\bigcup U_\alpha)=\mathrm{Cl}(\bigcap(X-U_\alpha))\subset\mathrm{Cl}(X-U_\beta)$$

が任意の β に対して単調性により成立する．故に

$$\mathrm{Cl}(X-\bigcup U_\alpha)\subset\bigcap\mathrm{Cl}(X-U_\alpha)$$
$$=\bigcap(X-U_\alpha)=X-\bigcup U_\alpha$$

となり $\bigcup U_\alpha\in\mathcal{U}$. □

この命題の双対をなすものとして X のあらゆる閉集合からなる族 $\mathcal{F}$ に対して次が成立する.

(1)　$\phi, X\in\mathcal{F}$.

(2)　$F_1,\cdots,F_n\in\mathcal{F}\Rightarrow F_1\cup\cdots\cup F_n\in\mathcal{F}$.

(3)　$\mathcal{H}\subset\mathcal{F}\Rightarrow\bigcap\{H:H\in\mathcal{H}\}\in\mathcal{F}$.

この(3)から直ちに分かることは，X の部分集合 A の閉包は A を含む閉集合のうちで最小なものであるということである.

4.6　命題　T 空間 X のベース $\mathcal{B}$ に対して次の 2 条件が成立する.

(1)　任意の点 $x\in X$ に対して $x\in B\in\mathcal{B}$ なる B がある.

(2)　$x\in B_1\cap B_2$, $B_1, B_2\in\mathcal{B}$ ならば $x\in B\subset B_1\cap B_2$ なる $B\in\mathcal{B}$ がある.

逆に集合 X と $\mathcal{B}\subset 2^X$ に対してこの 2 条件が成立するならば $\mathcal{B}$ をベースとする X の位相 $\mathcal{U}$ が一意的に存在する.

証明　命題の前半は明らかであるから後半を示そう.

(3)　$\bar{A}=X-\bigcup\{B\in\mathcal{B}:A\cap B=\phi\}$

とおけば $A\subset\bar{A}$, $\bar{\bar{A}}\subset\bar{A}$ は明らかに成立する．(1)より $X=\mathcal{B}^\sharp$ であるから $\bar{\phi}=\phi$ である．$\overline{A_1\cup A_2}\supset\bar{A}_1\cup\bar{A}_2$ は明らかである．$\overline{A_1\cup A_2}\subset\bar{A}_1\cup\bar{A}_2$ をいうために $\bar{A}_1\cup\bar{A}_2$ に含まれない点 x をとれば $x\in B_i\in\mathcal{B}$ なる B_i がとれて $B_i\cap A_i=\phi$ $(i=1,2)$ となる．(2)より $x\in B\subset B_1\cap B_2$ なる $B\in\mathcal{B}$ がある．$B\cap(A_1\cup A_2)=\phi$

であるから $x\notin\overline{A_1\cup A_2}$ となって $\overline{A_1\cup A_2}\subset\bar{A}_1\cup\bar{A}_2$ が成立する．

このようにして X は T 空間となる．$B\in\mathcal{B}$ ならば $\overline{X-B}=X-B$ であるから $\mathcal{B}$ の元はこの位相で開である．$\mathcal{B}$ のあらゆる部分族の集まりを $\{\mathcal{B}_\alpha\}$ とし $\mathcal{U}=\{\mathcal{B}_\alpha{}^\#\}$ とおけば，閉包の定義(3)から $\mathcal{U}$ が位相であり，したがって $\mathcal{B}$ はベースとなる．$\mathcal{B}$ をベースとする位相は逆に $\mathcal{U}$ でなければならないから $\mathcal{U}$ の一意性も明らかである．□

この命題の後半の位相を $\mathcal{B}$ で**生成された位相**という．

4.7　系　集合 X に対して $\mathcal{B}_i\subset 2^X\,(i=1,2)$ が与えられそれぞれ命題4.6の2条件をみたすとせよ．更に次の2条件が成立しているとせよ．

(1)　$x\in B_1\in\mathcal{B}_1$ ならば $x\in B_2\subset B_1$ なる $B_2\in\mathcal{B}_2$ がある．

(2)　$x\in B_2\in\mathcal{B}_2$ ならば $x\in B_1\subset B_2$ なる $B_1\in\mathcal{B}_1$ がある．

この時 $\mathcal{B}_1$ で生成された位相と $\mathcal{B}_2$ で生成された位相は一致する．

§5　距離空間

5.1　定義　X が**距離空間**(metric space)であるとは，$X\times X$ 上で定義された負でない実数値関数 d が存在して次の3条件が任意の $x,y,z\in X$ に対して成立することである．

(1)　$d(x,y)=0\Longleftrightarrow x=y$.

(2)　対称性　$d(x,y)=d(y,x)$.

(3)　三角不等式　$d(x,y)\leqq d(x,z)+d(z,y)$.

この d を X 上の**距離**という．正の数 ε に対して

$$S_\varepsilon(x)=\{y\in X : d(x,y)<\varepsilon\}$$

とおいてこれを中心 x，半径 ε の**開球**または x の **ε 近傍**という．$S_\varepsilon(x)$ は ε が長い式のような時は $S(x:\varepsilon)$ とも書く．X の部分集合 A,B に対して

$$d(A)=\sup\{d(x,y) : x,y\in A\},$$
$$d(A,B)=\inf\{d(x,y) : x\in A, y\in B\},$$
$$S_\varepsilon(A)=S(A:\varepsilon)=\{x\in X : d(x,A)<\varepsilon\}$$

とおく．$d(A,B)$ は A と B との距離であり $d(A)$ は A の**直径**である．距離空間

の距離を明示する必要のあるときは(X,d)のように書く．

距離空間は次の操作で常にT空間となる．まず

$$\mathscr{B}=\{S_\varepsilon(x): x\in X, \varepsilon>0\}$$

とおく．この$\mathscr{B}$が命題4.6の2条件をみたすことを示そう．任意の$x\in X$に対して$d(x,x)=0$であるから$x\in S_1(x)$である．$x\in S_{\varepsilon_1}(x_1)\cap S_{\varepsilon_2}(x_2)$とせよ．

$$a_i=d(x_i,x),\qquad i=1,2$$

とおけば$a_i<\varepsilon_i$である．

$$b=\min\{\varepsilon_1-a_1,\varepsilon_2-a_2\}$$

とおいて$S_b(x)\subset S_{\varepsilon_1}(x_1)\cap S_{\varepsilon_2}(x_2)$なることをいおう．$y\in S_b(x)$ならば

$$\begin{aligned}d(x_i,y)&\leqq d(x_i,x)+d(x,y)<a_i+b\\&\leqq a_i+\varepsilon_i-a_i=\varepsilon_i.\end{aligned}$$

故に$y\in S_{\varepsilon_1}(x_1)\cap S_{\varepsilon_2}(x_2)$．よって$X$は$\mathscr{B}$をベースとする$T$空間となった．

$S_\varepsilon(x)$, $S_\varepsilon(A)$などはこの位相で開集合となっている．距離空間は常にこの位相によるT空間と考える．この位相は

$$\bar{A}=\{x\in X: d(x,A)=0\}$$

で定義される位相と一致することは明らかである．この位相を**dによって生成された位相**という．X上に2つの距離d,d'が同じ位相を生成するときdはd'に**同値**であるという．これは同値関係である．

始めにT空間Xが与えられていて，その位相がある距離から生成されているときXは**距離化可能空間**(metrizable space)または距離付けできる空間といい，この距離はXの位相に**合致する**という．距離化できない空間の意味は自明であろう．如何なる位相的条件があればその空間が距離化可能になるかを考えることが距離化問題であり大切な問題の1つである．本書でもそれについては随所で論じられる．距離空間の中で最も重要な地位を占めるものが次に述べるEuclid空間とHilbert空間である．

5.2 定義 実数直線Rのn個の積をR^nとする．R^nの2点$x=(x_1,\cdots,x_n)$, $y=(y_1,\cdots,y_n)$に対して

$$d(x,y)=\left(\sum_{i=1}^{n}(x_i-y_i)^2\right)^{1/2} \tag{1}$$

とおけば d は距離の条件をみたす．この距離を **Euclid の距離**という．(R^n, d) を $\boldsymbol{n}$ **次元 Euclid 空間**という．今後実数直線 R は (R^1, d) のこととする．R のいわゆる開区間 $(a, b)=\{x\in R : a<x<b\}$ はこの位相で開であり，いわゆる閉区間 $[a, b]=\{x\in R : a\leqq x\leqq b\}$ はこの位相で閉である．

$$I^n=\{(x_i)\in R^n : 0\leqq x_i\leqq 1\ (i=1,\cdots,n)\}$$

とおき (I^n, d) を $\boldsymbol{n}$ **次元立方体**(n-cube)という．特に (I^1, d) を普通 I と書き単位閉区間という．R の可算無限個の積 R^ω の中の次のような部分集合を考える．

$$H=\left\{(x_i)\in R^\omega : \sum_{i=1}^{\infty}x_i^2<\infty\right\}.$$

H の2点 $x=(x_i)$, $y=(y_i)$ に対して

$$d(x,y)=\left(\sum_{i=1}^{\infty}(x_i-y_i)^2\right)^{1/2} \tag{2}$$

とおけば d は H 上の距離となり (H, d) を **Hilbert 空間**という．H は原点 $(0, 0, \cdots)$ より有限の距離にある点全体である．

$$I^\omega=\{(x_i)\in R^\omega : |x_i|\leqq 1/i\ (i=1,2,\cdots)\}$$

とおけば $I^\omega\subset H$ であるが，(I^ω, d) を **Hilbert の基本立方体**という．(1)における d が距離になることをいうためには(2)における d が距離になることをいえば充分である．後者を証明するためには次の補題が必要である．

5.3 補題(Schwartz の不等式) $a_i, b_i\in R$ とする．級数 $\sum a_i^2$, $\sum b_i^2$ が収束するならば $\sum a_ib_i$ は絶対収束して次が成り立つ．

$$\left(\sum a_ib_i\right)^2\leqq\left(\sum a_i^2\right)\left(\sum b_i^2\right).$$

証明 $m\leqq n$ として任意の $t\in R$ に対して

$$\sum_{i=m}^{n}(|a_i|t-|b_i|)^2=\left(\sum_{i=m}^{n}a_i^2\right)t^2-2\left(\sum_{i=m}^{n}|a_ib_i|\right)t+\sum_{i=m}^{n}b_i^2\geqq 0.$$

中辺を t に関する2次式と考えるとその判別式は正でないことから

$$\left(\sum_{i=m}^{n}|a_ib_i|\right)^2\leqq\left(\sum_{i=m}^{n}a_i^2\right)\left(\sum_{i=m}^{n}b_i^2\right)\leqq\left(\sum_{i=m}^{\infty}a_i^2\right)\left(\sum_{i=m}^{\infty}b_i^2\right).$$

この式の右辺は m を大きくすれば0に近づくから $\sum|a_ib_i|$ は収束し，$\sum a_ib_i$

は絶対収束する．上の式で $m=1$ とすれば

$$\left(\sum_{i=1}^{n} a_i b_i\right)^2 \leqq \left(\sum_{i=1}^{n} |a_i b_i|\right)^2 \leqq \left(\sum_{i=1}^{\infty} a_i^2\right)\left(\sum_{i=1}^{\infty} b_i^2\right)$$

がえられ，この式の左辺の n を ∞ にすれば求める不等式がえられる．□

5.4 命題 (H, d) は距離空間である．

証明 H の3点を $x=(x_i)$, $y=(y_i)$, $z=(z_i)$ とする．補題5.3によって $\sum x_i y_i$ は絶対収束するから

$$\sum (x_i - y_i)^2 = \sum x_i^2 - 2\sum x_i y_i + \sum y_i^2$$

となり $d(x, y)$ は有限確定値をもつことがわかる．問題となるのは3角不等式だけである．$\sum a_i^2$, $\sum b_i^2$ 共に収束するならば補題5.3によって

$$2\sum a_i b_i \leqq 2(\sum a_i^2)^{1/2}(\sum b_i^2)^{1/2}.$$

この式の両辺に $\sum a_i^2 + \sum b_i^2$ を加えて整頓すれば

(1) $$\sum (a_i + b_i)^2 \leqq ((\sum a_i^2)^{1/2} + (\sum b_i^2)^{1/2})^2$$

この式に $a_i = x_i - z_i$, $b_i = z_i - y_i$ を代入して両辺の平方根をとれば

$$(\sum (x_i - y_i)^2)^{1/2} \leqq (\sum (x_i - z_i)^2)^{1/2} + (\sum (z_i - y_i)^2)^{1/2}$$

となって $d(x, y) \leqq d(x, z) + d(z, y)$ がえられた．□

5.5 定義 距離空間 X の点列 $\{x_1, x_2, \cdots\}$ が **Cauchy 列**または**基本列**であるとは次が成り立つことである．

(1) 任意の $\varepsilon > 0$ に対して $i \geqq n \Rightarrow d(x_n, x_i) < \varepsilon$ ならしめる n がある．

この条件は次と同等である．

(2) 任意の $\varepsilon > 0$ に対して $i, j \geqq n \Rightarrow d(x_i, x_j) < \varepsilon$ ならしめる n がある．

$x \in X$ が $\{x_i\}$ の**極限点**であるとは $\lim d(x, x_i) = 0$ となることとする．任意の Cauchy 列が極限点をもつとき X を**完備な距離空間**(complete metric space) といい，その距離を**完備な距離**という．完備な距離で距離づけられる空間は**完備距離化可能空間**である．R は完備な距離空間の例である．開区間 $(0, 1)$ は完備ではない．$\{1/i : i \in N\}$ は Cauchy 列ではあるが $(0, 1)$ の中には極限点がないからである．しかし $(0, 1)$ は完備に距離づけられる．例えば次のようにしたらよい．$f : (0, 1) \to R$ を

$$f(x)=(x-1/2)/(1-x), \qquad 1/2 \leqq x < 1,$$
$$f(x)=(x-1/2)/x, \qquad 0 < x < 1/2$$

によって定義し $d(x,y)=|f(x)-f(y)|$ とするならば $(0,1)$ はこの距離によって完備であり，この距離は Euclid の距離と $(0,1)$ 上で同値になっているからである．

5.6　定理　Hilbert 空間 H は完備な距離空間である．

証明　H の Cauchy 列を $\{x^i=(x^i{}_j)\}$ とする．任意の n に対して

$$(d(x^i,x^j))^2=\sum_{k=1}^{\infty}(x^i{}_k-x^j{}_k)^2 \geqq (x^i{}_n-x^j{}_n)^2$$

であるから $\{x^1{}_n, x^2{}_n, \cdots\}$ は R の Cauchy 列となる．その極限数を a_n とする．$\{x^i\}$ は Cauchy 列であるから任意の $\varepsilon>0$ に対して m が定まり $i,j \geqq m$ ならば $d(x^i,x^j)<\varepsilon$，即ち

$$\sum_{k=1}^{\infty}(x^i{}_k-x^j{}_k)^2 < \varepsilon^2.$$

故にすべての n に対して

$$\sum_{k=1}^{n}(x^i{}_k-x^j{}_k)^2 < \varepsilon^2, \qquad i,j \geqq m.$$

ここで $j\to\infty$ とすれば

$$\sum_{k=1}^{n}(x^i{}_k-a_k)^2 \leqq \varepsilon^2.$$

更に $n\to\infty$ とすれば

$$(1) \qquad \sum_{k=1}^{\infty}(x^i{}_k-a_k)^2 \leqq \varepsilon^2.$$

これは点 $a=(a_i)$ と x^i とが有限の距離にあることを示している．5.4 における不等式(1)を利用すれば

$$\sum_{k=1}^{\infty}a_k{}^2 \leqq \left(\left(\sum_{k=1}^{\infty}(x^i{}_k-a_k)^2\right)^{1/2}+\left(\sum_{k=1}^{\infty}(x^i{}_k)^2\right)^{1/2}\right)^2 < \infty$$

であり $a\in H$．しかも(1)より $\lim x^i=a$．□

§6　相対位相

6.1　命題　T 空間 X の部分集合を Y とする．Y の任意の部分集合 A に対

して$\bar{A}\cap Y$をAのYにおける閉包$\mathrm{Cl}_Y A$とするとYはT空間となる.

証明 $\mathrm{Cl}_Y\phi=\phi$, $A\subset\mathrm{Cl}_Y A$は明らかである.

$$\begin{aligned}\mathrm{Cl}_Y(A\cup B) &= \overline{A\cup B}\cap Y=(\bar{A}\cup\bar{B})\cap Y\\ &=(\bar{A}\cap Y)\cup(\bar{B}\cap Y)=\mathrm{Cl}_Y A\cup\mathrm{Cl}_Y B\end{aligned}$$

となって加法性が成り立つ.

$$\begin{aligned}\mathrm{Cl}_Y(\mathrm{Cl}_Y A) &= \mathrm{Cl}_Y(\bar{A}\cap Y)=\overline{\bar{A}\cap Y}\cap Y\\ &\subset\bar{\bar{A}}\cap Y=\bar{A}\cap Y=\mathrm{Cl}_Y A\end{aligned}$$

であるから巾等性も成り立つ.□

このようにしてYに導入された位相を**相対位相**(relative topology)という. 相対位相をもったYを**部分空間**(subspace)という. 特に断らない限り部分集合は常に相対位相で考える. Yの相対位相での開または閉集合を夫々**相対開**または**相対閉**集合という. この相対開または相対閉集合はそれぞれYで開またはYで閉であるということもある. 部分空間Yの部分集合ZにはXからの相対位相とYからの相対位相が考えられるが, この両者は一致することは明らかである.

6.2 命題 T空間Xの部分空間をYとすると次が成り立つ.

(1) $U\subset Y$が相対開であるための必要充分条件は$U=V\cap Y$となるXの開集合Vが存在することである.

(2) $F\subset Y$が相対閉であるための必要充分条件は$F=H\cap Y$となるXの閉集合Hが存在することである.

証明 (2)から(1)が出ることは明らかであるから(2)を証明しよう. Fが相対閉ならば$F=\bar{F}\cap Y$であるから$H=\bar{F}$とおけばよい. 逆にXの閉集合Hがあって$F=H\cap Y$ならば$\mathrm{Cl}_Y F=\overline{H\cap Y}\cap Y\subset\bar{H}\cap Y=H\cap Y=F$であるから$F$は相対閉である.□

6.3 系 T空間Xの部分空間をYとせよ. YがXの開集合のときはYの相対開集合はXの開集合である. YがXの閉集合のときはYの相対閉集合はXの閉集合である.

§7 初等的用語

7.1 定義 T 空間 X の部分集合を A とする.

$$\mathrm{Int}\,A = X - \overline{X-A}$$

とおきこれを A の**開核**(open kernel, interior)という. これは A に含まれる開集合の最大なものである. $\mathrm{Int}\,A$ を A° とも書く.

$$\mathrm{Bry}\,A = \bar{A} - \mathrm{Int}\,A$$

とおきこれを A の**境界**(boundary)という. $\mathrm{Bry}\,A$ を ∂A とも書く. A の境界に属する点を A の**境界点**という. A が開集合のときは $\mathrm{Bry}\,A = \bar{A} - A$ となる. $\bar{A} = X$ のとき A は X で**稠密**(dense)であるといい, X が可算稠密部分集合をもつとき X は**可分**(separable)であるという.

7.2 命題 完全可分な T 空間 X は可分である.

証明 可算ベース $\{B_i \neq \phi\}$ をとり各 B_i から1点 x_i をとる. この時 $\{x_i\}$ は X の可算稠密集合となる. □

この命題の逆が成立しない例は後述する.

7.3 定義 T 空間 X の部分集合を A とする. $\bar{A}$ の点を A の**触点**(cluster point)という. X の点 x が $x \in \overline{A - \{x\}}$ をみたすとき, x を A の**集積点**(accumulating point)という. A の集積点全体の集合を A の**導集合**(derived set)または**導来集合**といい A^d または A' で表わす. $\bar{A} = A \cup A'$ である. $A - A'$ の点を A の**孤立点**(isolated point)という. 孤立点は A で相対開である. 特に全空間の孤立点は開である. このことより A が閉集合のときは A' も X で閉である. A が孤立点をもたないとき, 即ち $A \subset A'$ のとき A を**自己稠密集合**(dense-in-itself)という. $A = A'$ のとき A を**完全集合**(perfect set)という.

7.4 例 R の有理数全体のなす集合を Q とする. Q は R で稠密であり, 自己稠密であり, 完全ではない.

7.5 定義 T 空間 X の点を x とする. $A \subset X$ に対して $x \in \mathrm{Int}\,A$ が成り立つとき A を x の**近傍**(neighborhood)という. 開近傍とは勿論開いた近傍のことである. x の近傍全体は有限乗法的なフィルターをなす. これを普通 $\mathcal{V}_x$ と書き x の**近傍フィルター**という. $\{V_\alpha\}$ が x の**近傍ベース**または**完全近傍**

系であるとは，(1) 各 V_α は x の開近傍であり，(2) 任意の x の近傍 V に対して $V_\alpha \subset V$ がある α で成り立つこととする．可算近傍ベースが存在する点は，そこで第1可算性が成り立つといい，各点で第1可算性が成り立つ空間を**第1可算性**(1st countability)をみたす空間または**第1可算空間**という．距離空間は $\{S_{1/i}(x) : i \in N\}$ が x の近傍ベースとなるから第1可算空間である．第2可算性がみたされている空間は第1可算性もみたされている．

X の部分集合 B に対して $B \subset \mathrm{Int}\, A$ となる A を B の**近傍**という．B の開近傍の族が B の X における**近傍ベース**をなすという意味は自明であろう．

X の点の集合 $\{x_\alpha : \alpha \in \Lambda\}$ が**有向点列**であるとはその添数の集合 Λ が有向集合であることとする．$x \in X$ が有向点列 $\{x_\alpha\}$ の**極限点**であるとは，x の任意の近傍 V に対して $\{x_\beta : \beta \geqq \alpha\} \subset V$ となる α が存在することである．このとき $\lim x_\alpha = x$ と書き $\{x_\alpha\}$ は x に**収束**するという．本書で単に点列という場合は常に $\Lambda = N$ の場合である．一般に**列**という場合はその添数集合は N または N の部分集合である．X が距離空間であり，$\Lambda = N$ の場合ここで定義した極限概念と定義5.5におけるそれとは一致することは明らかである．

7.6 命題 T 空間 X とその部分集合 A に対して次の4条件は同等である．

(1) $x \in \bar{A}$.

(2) x の任意の(開)近傍 V に対して $V \cap A \neq \phi$.

(3) $\{V_\alpha\}$ が x の近傍ベースならば任意の α に対して $V_\alpha \cap A \neq \phi$.

(4) x は A に含まれる有向点列の極限点である．

証明 (1)⇨(2)⇨(3)⇨(1) および (4)⇨(3) は明らかであるから (3)⇨(4) を証明する．x の近傍ベースを $\{V_\alpha : \alpha \in \Lambda\}$ として Λ に次のように順序を入れる．

$$\alpha \leqq \beta \Longleftrightarrow V_\alpha \supset V_\beta$$

この順序で Λ は有向集合となる．何故ならば任意の α, β に対して $V_\gamma \subset V_\alpha \cap V_\beta$ なる $\gamma \in \Lambda$ が存在するからである．各 α に対して $x_\alpha \in V_\alpha \cap A$ なる点をとり $\{x_\alpha : \alpha \in \Lambda\}$ を作れば $\lim x_\alpha = x$ となっている．□

7.7 命題 距離空間 X に対しては可分性と完全可分性とは同値である．

証明 完全可分なら命題7.2によって可分である．逆に X を可分として稠密点列$\{x_i\}$をとる．

$$\mathcal{B}=\{S_{1/j}(x_i): i\in N, j\in N\}$$

とおけば$\mathcal{B}$はXのベースとなることは見易い．□

7.8 命題 Hilbert空間Hは完全可分である．

証明 上の命題によってHの可分性を示せば充分である．Hの点で座標がすべて有理数でしかも有限個の座標以外すべて0であるようなもの全体をQ'とすれば，Q'はHの可算稠密集合である．□

定理5.6と命題7.8の証明は殆んど次のことを含んでいる．

7.9 命題 R^nは完備かつ完全可分な距離空間である．

7.10 定義 T空間Xの集合AがXにおいて**全疎**(nowhere dense)であるとはInt $\bar{A}=\phi$なることである．Xが全疎集合の可算個の和集合であるとき，Xを**第1類**(1st category)集合という．Xが第1類でないとき，Xを**第2類**(2nd category)集合という．

7.11 定理(Baire) 空でない完備な距離空間Xは第2類である．

証明 Xが第2類でないとして矛盾をだそう．$X=\bigcup X_i$で各X_iは全疎であるとせよ．Int $\bar{X}_1=\phi$であるから$X-\bar{X}_1$は空でなく$x_1\in X-\bar{X}_1$なる点x_1をとることができる．$0<\varepsilon_1$を定めて$S(x_1:\varepsilon_1)\cap\bar{X}_1=\phi$なるようにする．次に$S(x_1:\varepsilon_1/3)-\bar{X}_2\neq\phi$であるから$x_2\in S(x_1:\varepsilon_1/3)-\bar{X}_2$なる点$x_2$をとることができる．$0<\varepsilon_2<\varepsilon_1/3$なる$\varepsilon_2$を定めて$S(x_2:\varepsilon_2)\cap\bar{X}_2=\phi$ならしめる．このような操作を続けると点列$\{x_i\}$，正の数列$\{\varepsilon_i\}$がとれて次の3式をみたすようにできる．

(1) $x_i\in S(x_{i-1}:\varepsilon_{i-1}/3)$.

(2) $S(x_i:\varepsilon_i)\cap\bar{X}_i=\phi$.

(3) $\varepsilon_i<\varepsilon_{i-1}/3$.

(1)と(3)より$i<j$に対して

(4) $$d(x_i,x_j)\leqq\sum_{k=i}^{j-1}\varepsilon_k/3<\sum_{k=i}^{\infty}\varepsilon_k/3<\varepsilon_i\sum_{k=1}^{\infty}1/3^k=\varepsilon_i/2.$$

この最右辺は$i\to\infty$とすれば0に近づくことが(3)より分かるから$\{x_i\}$は

Cauchy 列をなす．よって $\lim x_i = x$ なる点 x が存在する．(4)式より $d(x_i, x) \leqq \varepsilon_i/2$ がでるから $x \in S(x_i : \varepsilon_i)$．このことと(2)式より $x \notin \overline{X}_i$ がすべての i に対して成り立ち，$x \notin X$ となって矛盾が生じた．□

7.12 系 連続濃度 $\mathfrak{c}$ は非可算である．

証明 $|R| = \mathfrak{c}$ であるから R が可算であるとして矛盾をだせばよい．$R = \{x_i\}$ とすると各点は R で全疎であるから R は第1類となる．一方 R は完備な距離空間であるから Baire の定理7.11によって第1類でありえない．□

7.13 定義 T 空間 X の導集合 X' を X の第1次の導集合という．一般に α を任意の順序数として α に直前の順序数 $\alpha-1$ があるときは

$$X^{(\alpha)} = (X^{(\alpha-1)})'$$

とおき，α が極限数のときは

$$X^{(\alpha)} = \bigcap\{X^{(\beta)} : \beta < \alpha\}$$

とおけば超限帰納法によって任意の α に対して $X^{(\alpha)}$ が定義できる．この $X^{(\alpha)}$ を X の **α 次の導集合**という．$X^{(\alpha)}$ は必ず定常値に達する，即ちある α が存在して $X^{(\alpha)} = X^{(\alpha+1)}$ となる．

その証明 X の濃度より大きな濃度，例えば $2^{|X|}$ に対応する順序数を ξ とする．$\alpha < \xi$ である任意の順序数 α に対して常に $X^{(\alpha)} \supsetneqq X^{(\alpha+1)}$ とすると $x_\alpha \in X^{(\alpha)} - X^{(\alpha+1)}$ なる点をとることができる．$\{x_\alpha : \alpha < \xi\}$ はすべて相異なる点集合であるからその濃度は $2^{|X|}$．一方この集合は X の部分集合であるからその濃度は $|X|$ 以下となって矛盾が生じた．□

この定常になった $X^{(\alpha)}$ を X の**核**(kernel)という．核は空の場合もあるが常に閉じている．X の部分集合を A とする．A の任意の空でない部分集合 B が B の相対位相での孤立点をもつとき A を**分散集合**(scattered set)という．

7.14 定理 T 空間 X は分散集合 A と完全集合 B との素な和集合として表わされる．

証明 B を X の核とし $A = X - B$ とおく．$B = B'$ であるから B は完全集合である．A が分散集合であることをいおう．A の任意の空でない部分集合を S とせよ．$X \supset A \supset S$ より $X' \supset A' \supset S'$．故に超限帰納法によって任意の順序数

α に対して $X^{(\alpha)}\supset A^{(\alpha)}\supset S^{(\alpha)}$. $B=X^{(\beta)}$ とする. A の任意の点 x に対して $x\notin X^{(\gamma)}$ なる $\gamma\leqq\beta$ が存在する. すると $X^{(\gamma)}\supset A^{(\gamma)}$ より $x\notin A^{(\gamma)}$. 故に $A^{(\beta)}=\phi$ となり $S^{(\beta)}=\phi$. この式は $S\supsetneqq S'$ を意味し S は孤立点をもつ.□

7.15 系 T 空間 X に対して次の3条件は同等である.

(1) X は分散集合である.

(2) X の核は空である.

(3) X は空でない自己稠密集合を含まない.

7.16 定理 距離空間 (X,d) に対してそれを稠密部分集合として含む完備な距離空間 (X^*,d^*) が存在して d^* を X 上に制限すれば d に一致するようにできる. (これは (X,d) の**完備化**とよばれるが, 完備化は位相同型(9.1参照)を度外視すれば一意的である.)

証明 X の Cauchy 列全体を $\tilde{X}$ とする. $\{x_i\}$, $\{y_i\}$ が X の2つの Cauchy 列であるとき $\{x_i\}\sim\{y_i\}$ とは $\{x_1,y_1,x_2,y_2,\cdots\}$ が Cauchy 列をなすこととする. この関係は $\tilde{X}$ の同値関係である. $\tilde{X}$ を $\sim$ で類別したものを X^* とする. X^* の2元 ξ,η に対して ξ の代表元を $\{x_i\}$, η の代表元を $\{y_i\}$ とし

$$d^*(\xi,\eta)=\lim d(x_i,y_i)$$

とおく. d^* は代表元の選び方に依存しないことは明らかである. また d^* は距離の条件をみたすから (X^*,d^*) は距離空間である. 対角線論法の簡単な適用によってこれが完備であることも直ちに分かる. 点 $x\in X$ に対して $\{x,x,\cdots\}$ の属する同値類 $\eta(x)$ を対応させれば

$$d^*(\eta(x),\eta(y))=d(x,y),\qquad x,y\in X,$$

であるから x と $\eta(x)$ とを同一視すれば $X\subset X^*$ と考えられ d^* の X 上への制限は d に一致していることが分かる. また X が X^* で稠密なことは殆ど明らかである.

((X',d') を X の他の完備化とする. $x'\in X'$ に対して $\lim x_i=x'$ となる X の点列 $\{x_i\}$ をとればこれは Cauchy 列であるから $\{x_i\}$ の属する同値類 $\eta(x')$ が存在する. この対応は一意的であり $d'(x',y')=d^*(\eta(x'),\eta(y'))$ をみたす X' から X^* の上への位相同型写像である.)□

§8 分離公理

8.1 定義 T 空間 X に対して次の公理を考える.

T_0 $x, y \in X$, $x \neq y$ ならば x の近傍で y を含まないものが存在するか, または y の近傍で x を含まないものが存在する.

T_1 $x, y \in X$, $x \neq y$ ならば x の近傍で y を含まないものが存在し, 同時に y の近傍で x を含まないものが存在する.

T_2 $x, y \in X$, $x \neq y$ ならば x の近傍 U と y の近傍 V とが存在して $U \cap V = \phi$ なるようにできる.

T_3 F が X の閉集合であり $x \in X - F$ ならば x の近傍 U と F の近傍 V とが存在して $U \cap V = \phi$ なるようにできる.

T_4 F, H が X の素な閉集合ならば F の近傍 U と H の近傍 V とが存在して $U \cap V = \phi$ なるようにできる.

T_5 X の任意の部分空間が T_4 をみたす.

これらをそれぞれ $\boldsymbol{T_0}$-$\boldsymbol{T_5}$ **分離公理**(separation axiom) という. T_0-T_2 の分離公理をみたす T 空間をそれぞれ $\boldsymbol{T_0}$-$\boldsymbol{T_2}$ **空間**という. T_2 空間は **Hausdorff 空間**ともいわれる. T_2 空間は T_1 空間であり, T_1 空間は T_0 空間である. T_3 をみたす T 空間を**正則空間**(regular space), T_1, T_3 を同時にみたす空間を $\boldsymbol{T_3}$ **空間**という. T_4 をみたす T 空間を**正規空間**(normal space), T_1, T_4 を同時にみたす空間を $\boldsymbol{T_4}$ **空間**という. T_5 をみたす空間を**全部分正規空間**(completely normal space) または**継承的正規空間**(hereditarily normal space) という. T_1, T_5 を同時にみたす空間を $\boldsymbol{T_5}$ **空間**という. T_1 は次の公理:

任意の点は閉集合である,

と同等であるから T_3, T_4 空間などは常に T_2 空間である. 本書にあっては第2章以後は空間は常に T_1 空間を意味する約束を設けるので正則空間, 正規空間などは T_3, T_4 空間をそれぞれ意味することになる.

T 空間 X の部分集合 A, B, F を考える. F が A, B を**分離する**とは次の条件をみたす開集合 U, V が存在することとする.

$$X - F = U \cup V, \quad U \cap V = \phi, \quad A \subset U, \quad B \subset V.$$

このようなFが存在するときA, Bは(Fによって)**分離される**という．Fは必然的に閉集合となる．この用語によればT_2, T_3などはそれぞれ次のように言いかえることができる．

T_2　異なる2点は分離される．

T_3　点とそれを含まない閉集合は分離される．

分離公理を強弱の順に並べると次のようになる．

$$T_1+T_5 \Rightarrow T_1+T_4 \Rightarrow T_1+T_3 \Rightarrow T_2 \Rightarrow T_1 \Rightarrow T_0 \Rightarrow T$$

各矢印の逆が成立しない例は本書ですべて与えられるが未だ述べられていない概念が必要であるために時に応じて述べてゆくことにする．簡単なものは1. D-1. G参照．

8.2　命題　T空間Xに対して次が同等である．

(1)　XはT_3をみたす．

(2)　$x \in U$でUが開ならば開集合Vが存在して

$$x \in V \subset \bar{V} \subset U.$$

証明　(1)$\Rightarrow$(2)　$x \notin X-U$で$X-U$は閉であるから開集合V, Wが存在して$x \in V$，$X-U \subset W$，$V \cap W=\phi$とできる．$V \subset X-W \subset U$より$\bar{V} \subset \overline{X-W}=X-W \subset U$となる．

(2)$\Rightarrow$(1)　$x \notin F$かつ$F=\bar{F}$とせよ．$x \in X-F$かつ$X-F$は開であるから$x \in V \subset \bar{V} \subset X-F$となる開集合$V$が存在する．$U=X-\bar{V}$とおけば$U$は開で$V \cap U=\phi$かつ$F \subset U$. □

この証明の点を閉集合で置き換えれば次がえられる．

8.3　命題　T空間Xに対して次が同等である．

(1)　XはT_4をみたす．

(2)　$F \subset U$，Fは閉，Uは開，ならば開集合Vが存在して$F \subset V \subset \bar{V} \subset U$.

8.4　定義　T空間Xの集合A, Bが**互いに素**であるとは$\bar{A} \cap B=A \cap \bar{B}=\phi$なることとする．

8.5　命題　T空間Xに対して次が同等である．

(1)　XはT_5をみたす．

(2) 互いに素な集合は分離される.

証明 (1)⇨(2) F, H を互いに素な集合とする. $A=X-\bar{F}\cap\bar{H}$ とおけば A は開である. $F_1=F\cap A$, $H_1=H\cap A$ とおけば $F_1\cap H_1=\phi$ かつ F_1, H_1 は A で閉である. A が T_4 をみたすから A での相対開集合 U, V が存在して $F_1\subset U$, $H_1\subset V$, $U\cap V=\phi$ とできる. しかし命題6.2によって U, V は全空間で開である. $\bar{F}\cap H=F\cap\bar{H}=\phi$ より $F\cup H\subset A$. 故に $F\subset F_1$, $H\subset H_1$ であるから $F\subset U$, $H\subset V$ となる.

(2)⇨(1) X の部分空間を A とする. そこでの相対閉かつ素な集合 F, H をとる. $F=\bar{F}\cap A$, $H=\bar{H}\cap A$ であるから $\bar{F}\cap H=F\cap\bar{H}=\phi$. よって全空間での開集合 U, V が存在して $F\subset U$, $H\subset V$, $U\cap V=\phi$ とできる. $U_1=U\cap A$, $V_1=V\cap A$ とすれば U_1, V_1 は命題6.2によって相対開であり $F\subset U_1$, $H\subset V_1$, $U_1\cap V_1=\phi$ である. □

§9 連続写像

9.1 定義 T 空間 X, Y の間に写像 $f: X\to Y$ が与えられているとせよ. 次の条件がみたされているとき f は**連続**であるといわれる.

(1) Y の任意の開集合 U に対して $f^{-1}(U)$ は X で開である.

この条件は次の条件と同等である.

(2) Y の任意の閉集合の逆像は X で閉である.

この定義から連続写像の合成写像はまた連続になる. f が**開写像**であるとは, X の任意の開集合の像が Y で開となることとする. f が**閉写像**であるとは, X の任意の閉集合の像が Y で閉となることとする. f が上への 1:1 写像であって f, f^{-1} 共に連続のとき f を**位相同型写像**(homeomorphic mapping)または**位相写像**(topological mapping)といい, X は Y に**位相同型**または**同相**であるといい $X\approx Y$ と書く. $\approx$ は同値関係である. $X\approx Y$ のとき X と Y は位相的には同じものと考えてよい. $f: X\to Y$ によって $X\approx f(X)$ となるとき, f を**埋め込み**(imbedding)といい X は Y の中に埋め込まれたという. 包含写像は埋め込みの例である. 与えられた空間 X に対して良い空間 Y を探してその中へ埋め込むことは位相空間論でも重要な課題であり，本書でもそれにふれる個所が多い．

X から Y への連続写像全体を $C(X, Y)$ または Y^X と書く．$C^*(X, R)$ は X 上の実数値有界連続関数全体を表わす．$C(X, R)$ の元を普通は関数という．$C(X, R)$，$C^*(X, R)$ を単に $C(X)$，$C^*(X)$ と書くこともある．

9.2　命題　$f: X \to Y$ に関して次が同等である．

(1)　f は連続である．

(2)　任意の $A \subset X$ に対して $f(\bar{A}) \subset \overline{f(A)}$.

(3)　任意の $x \in X$，$f(x)$ の任意の(開)近傍 U に対して x の(開)近傍 V が存在して $f(V) \subset U$ とできる．

証明　(1)⇨(2)　$A \subset f^{-1}(\overline{f(A)})$ であり右辺は閉であるから $\bar{A} \subset f^{-1}(\overline{f(A)})$，したがって $f(\bar{A}) \subset \overline{f(A)}$.

(2)⇨(1)　F を Y の閉集合とする．

$$f(\overline{f^{-1}(F)}) \subset \overline{f(f^{-1}(F))} \subset \bar{F} = F$$

より $\overline{f^{-1}(F)} \subset f^{-1}(F)$ となり $f^{-1}(F)$ は閉，即ち f は連続となる．

(1)⇨(3)　$f(x)$ の(開)近傍 U をとれば $V = f^{-1}(U)$ は x の(開)近傍となり $f(V) \subset U$ となっている．

(3)⇨(1)　U を Y の開集合とする．$f^{-1}(U)$ の任意の点 x に対してその(開)近傍 $V(x)$ で $f(V(x)) \subset U$ なるものがとれる．$V = \bigcup\{V(x) : x \in f^{-1}(U)\}$ とおけば V は X の開集合で $V = f^{-1}(U)$ となっている．□

X, Y が共に距離空間であるときは(3)はいわゆる ε-δ 法に相当していること次の如くである．

9.3　系　X, Y が距離空間のときは $f: X \to Y$ に関して次が同等である．

(1)　f は連続である．

(2)　任意の点 $x \in X$，$f(x)$ の任意の ε 近傍 $S_\varepsilon(f(x))$ に対して x の δ 近傍 $S_\delta(x)$ が存在して $f(S_\delta(x)) \subset S_\varepsilon(f(x))$.

この(2)を用いれば次のことは容易にわかる．

9.4　命題　X を T 空間，$f, g \in C(X)$，$r, s \in R$ とすると次が成り立つ．

(1) $rf+sg\in C(X)$.

(2) $\min(f,g)\in C(X)$.

(3) $\max(f,g)\in C(X)$.

(4) $fg\in C(X)$.

(5) $g(x)\neq 0$ $(x\in X)$ ならば $f/g\in C(X)$.

9.5 定義 $f,g\in C(X)$ に対して

$$d(f,g)=\sup\{|f(x)-g(x)|:x\in X\}$$

とおけば d は有限または無限値をとる．$C(X)$ の中の関数列 $\{f_i\}$ に対して $i\to\infty$, $j\to\infty$ のとき $d(f_i,f_j)\to 0$ となるならば $\{f_i\}$ は**一様収束列**であるという．更に $f\in C(X)$ に対して $i\to\infty$ のとき $d(f_i,f)\to 0$ となるとき $\{f_i\}$ は f に**一様収束**するという．$C^*(X)$ 上ではこの d は距離になっていることは容易にわかる．

9.6 命題 $\{f_i\}$ が $C(X)$ の中の一様収束列ならば $C(X)$ の元 f が存在して $\{f_i\}$ は f に一様収束する．

証明　$f(x)=\lim f_i(x)$ によって $f:X\to R$ を定義する．この f が連続であることをいうために任意の $\varepsilon>0$ と任意の $x\in X$ とをとる．m を定めて

(1) $i\geqq m\Rightarrow|f_i(x)-f(x)|<\varepsilon/3$

なるようにする．n を定めて

(2) $i,j\geqq n,\ y\in X\Rightarrow|f_i(y)-f_j(y)|<\varepsilon/3$

なるようにする．$k=\max\{m,n\}$ とし x の開近傍 U を定めて

(3) $y\in U\Rightarrow|f_k(y)-f_k(x)|<\varepsilon/3$

なるようにする．(1), (2), (3) によって

(4) $$i\geqq k,\ y\in U\Rightarrow|f_i(y)-f(x)|\leqq|f_i(y)-f_k(y)|+|f_k(y)-f_k(x)|+|f_k(x)-f(x)|<\varepsilon/3+\varepsilon/3+\varepsilon/3=\varepsilon.$$

ここで $i\to\infty$ とすれば

(5) $y\in U\Rightarrow|f(y)-f(x)|\leqq\varepsilon$.

故に f は連続である．$\lim d(f_i,f)=0$ なることはほとんど明らかである．□

9.7　系　$C^*(X)$は完備な距離空間である.

Y が一般の距離空間の場合にも同じようにして $C(X,Y)$ に属する写像の列に一様収束の概念を入れることができ，Y が完備ならば極限写像を同じように定義できるから命題9.6は次のように一般の形で述べることもできる.

9.8　定理　Y が完備な距離空間ならば $C(X,Y)$ の一様収束列は $C(X,Y)$ の元に収束する. Y が更に**有界**，すなわち $d(Y)<\infty$ ならば $C(X,Y)$ は完備な距離空間である.

9.9　定理(Urysohn)　T 空間 X に対して次が同等である.

(1)　X は T_4 をみたす.

(2)　F, H が X の素な閉集合であるならば $f\in C(X,I)$ が存在して $x\in F$ ならば $f(x)=0$，$x\in H$ ならば $f(x)=1$ であるようにできる.

証明　(2)⇨(1)　$U=\{x\in X: f(x)<1/2\}$，$V=\{x\in X: f(x)>1/2\}$ とすれば U, V は開で $F\subset U$，$H\subset V$，$U\cap V=\phi$ となっている.

(1)⇨(2)　まず開集合 $G(1/2)$ をとって

$$F\subset G(1/2)\subset \mathrm{Cl}\, G(1/2)\subset X-H$$

とする. 次に開集合 $G(1/2^2)$，$G(3/2^2)$ をとって

$$F\subset G(1/2^2)\subset \mathrm{Cl}\, G(1/2^2)\subset G(1/2),$$
$$\mathrm{Cl}\, G(1/2)\subset G(3/2^2)\subset \mathrm{Cl}\, G(3/2^2)\subset X-H$$

とする. この操作を続けて開集合系

$$G(\lambda), \qquad \lambda=i/2^j, \qquad i=1,\cdots,2^j-1, \qquad j=1,2,\cdots,$$

を作り $\lambda<\mu$ ならば

$$F\subset G(\lambda)\subset \mathrm{Cl}\, G(\lambda)\subset G(\mu)\subset \mathrm{Cl}\, G(\mu)\subset X-H$$

なるようにできる. $G=\bigcup G(\lambda)$ とおいて

$$f(x)=\inf\{\lambda: x\in G(\lambda)\}, \qquad x\in G,$$
$$f(x)=1, \qquad x\in X-G$$

によって定義される $f: X\to I$ が求めるものである. この f は F 上で0，H 上で1の値をとる. f の連続性を示すために任意に $\varepsilon>0$ をとる.

$f(x)=0$ ならば $\lambda<\varepsilon$ なる λ をとれば $G(\lambda)$ は x の近傍であって

(3) $y \in G(\lambda) \Rightarrow |f(x)-f(y)| \leqq \lambda < \varepsilon.$

$f(x)=1$ ならば $\mu>1-\varepsilon$ なる μ をとれば $X-\mathrm{Cl}\,G(\mu)$ は x の近傍であって

(4) $y \in X-\mathrm{Cl}\,G(\mu) \Rightarrow |f(x)-f(y)| \leqq 1-\mu < \varepsilon.$

$0<f(x)<1$ ならば $f(x)-\varepsilon<\lambda<f(x)<\mu<f(x)+\varepsilon$ をみたす λ, μ をとる．この時 $G(\mu)-\mathrm{Cl}\,G(\lambda)$ は x の近傍であって

(5) $y \in G(\mu)-\mathrm{Cl}\,G(\lambda) \Rightarrow |f(x)-f(y)| < \varepsilon.$

(3), (4), (5) によって f は連続となる．□

この定理での I の代りに任意の閉区間 $[a,b]$ を考えても定理は成立する．$I\approx[a,b]$ だからである．

9.10 定義 T 空間 X, Y と X の部分集合 S が与えられたとせよ．$f\in C(S, Y)$ の**拡張**とは $g\in C(X, Y)$ であって $g|S=f$ なる g のことである．f が拡張をもつとき f は X 上に**拡張できる**という．

9.11 定理(Tietze の拡張定理) T 空間 X に対して次の 3 条件は同等である．

(1) X は T_4 をみたす．

(2) X の閉集合 F 上の有界連続関数 f は X 上の有界連続関数に拡張できる．

(3) X の閉集合 F 上の連続関数 f は X 上に拡張できる．

証明 (1)⇒(2) $|f|<a$ なる実数 a をとる．

$$H=\{x\in F : f(x)\leqq -a/3\},$$
$$K=\{x\in F : f(x)\geqq a/3\}$$

とおけば $H\cap K=\phi$ かつ H, K は X で閉である．この閉集合の対に対して Urysohn の定理 9.9 を適用すれば $g_1\in C(X)$ が存在して

$$g_1(x)=-a/3\ (x\in H), \qquad g_1(x)=a/3\ (x\in K), \qquad |g_1|\leqq a/3$$

となるようにできる．この時

$$d(f, g_1|F)\leqq (2/3)a, \qquad |g_1|\leqq (1/3)a.$$

次に (f, a) の組を $(f_1=f-g_1|F, (2/3)a)$ で置き換えて今の論法を繰り返すと，$g_2\in C(X)$ が存在して

$$d(f_1, g_2|F) \leqq (2/3)^2 a, \qquad |g_2| \leqq (2/3^2)a.$$

この論法を更に続けると $f_{i-1} \in C(F)$, $g_i \in C(X)$, $i \in N$, が存在して次の3条件をみたすようにできる．但し $f_0 = f$ とおく．

(4)　$f_i = f_{i-1} - g_i | F$.

(5)　$d(f_{i-1}, g_i | F) \leqq (2/3)^i a$.

(6)　$|g_i| \leqq (1/3)(2/3)^{i-1} a \leqq (2/3)^i a$.

$$g = \sum_{i=1}^{\infty} g_i$$

とおけばこの右辺は(6)によって一様収束であるから命題 9.6 によって $g \in C^*(X)$. 任意に $x \in F$ をとる．(5)より $|f_{i-1}(x) - g_i(x)| \leqq (2/3)^i a$. このことと(6)より $\sum g_i(x)$ は絶対収束であるから $\sum f_i(x)$ も絶対収束である．よって $\sum f_i(x) - \sum g_i(x)$ の順序を入れかえて(4)を考慮すれば

$$\sum_{i=0}^{\infty} f_i(x) - \sum_{i=1}^{\infty} g_i(x) = \sum_{i=0}^{\infty} (f_i(x) - g_{i+1}(x)) = \sum_{i=1}^{\infty} f_i(x).$$

故に $f(x) = f_0(x) = \sum g_i(x) = g(x)$ となり $g|F = f$ となった．

(2)⇒(3)　φ を R から開区間 $(-1, 1)$ の上への順序を保つ位相同型写像とする．$f \in C(F)$ に対して $h(x) = \varphi(f(x))$ とおけば $h \in C^*(F)$. この h の拡張を $k \in C^*(X)$ とする．

$$K = \{x \in X : k(x) \geqq 1 \text{ または } k(x) \leqq -1\}$$

とすれば K は X の閉集合で $F \cap K = \phi$ となる．F 上で1, K 上で0をとる関数を p とすれば $p \in C^*(F \cup K)$. この p の拡張を $q \in C^*(X)$ とする．必要とあれば

$$\max\{\min\{q, 1\}, 0\}$$

を考えればよいから $q \in C(X, I)$ として一般性を失わない．$g(x) = k(x) \cdot q(x)$ とすれば $g \in C(X, (-1, 1))$ かつ $g|F = h$ となる．$r(x) = \varphi^{-1}(g(x))$ とすれば

$$r \in C(X), \qquad r|F = f.$$

(3)⇒(1)　は定理 9.9 の証明の前半で本質的に証明されている．□

この定理の (2) は次のように言い換えてもよいことは上の証明によって保証されている．

X の閉集合 F に対して $f\in C(F, I)$ は拡張 $g\in C(X, I)$ をもつ.

Tietze の拡張定理は定義域に主眼をおけば T_4 の特性化を与えていることになるが，値域に主眼をおけば I や R の重要な位相的性質を表わしている. Q をある T 空間のなすクラスとするとき，Y が Q に対する**拡張手**(extensor)であるとは，Q に属する任意の空間 X, X の任意の閉集合 F, 任意の $f\in C(F, Y)$ に対して $g\in C(X, Y)$ が存在して $g|F=f$ とできることとする. このような Y すべてのクラスを $ES(Q)$ と書く. この記法に従えば Tietze の拡張定理は次のように表現できる.

$$I, R\in ES(T_4).$$

$ES(Q)$ はレトラクトの理論と深い関係があり第6章で詳述される.

9.12　定義　T 空間 X の部分集合を A とする. A が X の可算個の開集合の共通部分になっているとき A を $\boldsymbol{G_\delta}$ **集合**という. A が X の可算個の閉集合の和集合になっているとき A を $\boldsymbol{F_\sigma}$ **集合**という. ある $f\in C(X)$ によって

$$A = \{x\in X : f(x)=0\}$$

と表わされるとき A を**ゼロ集合**(zero set)という. ある $g\in C(X)$ によって

$$A = \{x\in X : g(x)\neq 0\}$$

と表わされるとき A を**コゼロ集合**(cozero set)という. この定義の中の $C(X)$ を $C^*(X)$ で置き換えてもよい. ゼロ集合とコゼロ集合の簡単な性質については演習問題1. I を参照されたい.

9.13　命題　T_4 空間 X の部分集合 F に対して次は同等である.

(1)　F は閉かつ G_δ 集合である.

(2)　F はゼロ集合である.

証明　(1)⇒(2)　$F=\bigcap G_i$, G_i は開，とする. Urysohn の定理9.9によって $f_i\in C(X, I)$ が存在して

$$f_i(x) = 0,\qquad x\in F,$$
$$f_i(x) = 1,\qquad x\in X-G_i,$$

をみたすようにできる. $f=\sum f_i/2^i$ とすれば $f\in C(X)$ であって $F=\{x\in X: f(x)=0\}$ となっている.

(2)⇒(1)　$F=\{x\in X:f(x)=0\}$, $f\in C(X)$, とする．F はもちろん閉集合である．

$$F=\bigcap_{i=1}^{\infty}\{x\in X:|f(x)|<1/i\}$$

であるから F は G_δ 集合でもある．□

9.14　命題　T 空間 X の素なゼロ集合を F, H とすればある $g\in C(X, I)$ に対して $F=\{x\in X:g(x)=0\}$, $H=\{x\in X:g(x)=1\}$ とできる．

証明　$F=\{x:f(x)=0\}$, $H=\{x:h(x)=0\}$ なるように $f, h\in C(X, I)$ をとる．$g=f/(f+h)$ とすればこの g が求めるものである．□

9.15　定義　T 空間 X に対して次の $\boldsymbol{T_6}$ **分離公理**を考える．

T_6　T_4 をみたし任意の閉集合が G_δ 集合である．

T_6 をみたす空間を**完全正規空間**(perfectly normal)という．T_1 と T_6 をみたす空間を $\boldsymbol{T_6}$ **空間**という．第2章以後ではすべての空間は T_1 であるとするのでこの両者の区別はなくなる．

命題9.13と9.14より次の2つの命題が直ちにえられる．

9.16　命題　T 空間 X が完全正規であるための必要充分条件は X の任意の閉集合がゼロ集合となることである．

9.17　命題　T_1 空間 X が T_6 空間であるための必要充分条件は X の任意の閉集合がゼロ集合であることである．

9.18　定義　全空間が性質 P をもてばその任意の部分空間が性質 P をもつとき P は**継承的性質**あるいは**継承性**であるという．部分空間に制限をつけて例えばその任意の閉，開，F_σ, G_δ 集合が性質 P をもつとき P はそれぞれ閉，開，F_σ, G_δ 集合に継承的であるという．

その中の任意の閉集合がゼロ集合になるという性質は継承性であるから次の命題は明らかである．

9.19　命題　T_6 空間は T_5 空間である．完全正規空間は継承的正規空間である．

9.20　定義　T 空間 X が与えられているとき $\mathcal{U}\subset 2^X$ が X の**被覆**(covering)であるとは $\mathcal{U}^{\#}=X$ のこととする．開集合からなる被覆を**開被覆**という．**閉被覆**，**コゼロ被覆**などという言葉も自明に理解されよう．$\mathcal{U}$ が被覆のとき**部分被覆**とは $\mathcal{V}\subset\mathcal{U}$ で $\mathcal{V}^{\#}=X$ なるものをいう．任意の開被覆が有限または可算部分被覆をもつ T 空間をそれぞれ**コンパクト空間**(compact space)または**Lindelöf 空間**という．コンパクト性も Lindelöf 性も閉集合に継承的であることは明らかである．コンパクト性は位相空間論で最も重要な概念の一つであり，本書を通じてそれは詳しく考察される．

9.21　命題　Lindelöf 正則空間は正規である．

証明　F,H を X の素な閉集合とする．F の各点 x に対してその開近傍 $U(x)$ で $\overline{U(x)}\cap H=\phi$ なるものをとる．同じように H の各点 y に対してその開近傍 $V(y)$ で $\overline{V(y)}\cap F=\phi$ なるものをとる．F は Lindelöf であるから $F\subset \bigcup\{U(x_i):i\in N\}$ とできる．同じようにして $H\subset\bigcup\{V(y_i):i\in N\}$ とできる．

$$U=U(x_1)\cup\left(\bigcup_{i=2}^{\infty}\Big(U(x_i)-\bigcup_{j<i}\overline{V(y_j)}\Big)\right),$$

$$V=\bigcup_{i=1}^{\infty}\left(V(y_i)-\bigcup_{j\leq i}\overline{U(x_j)}\right)$$

とすればこれらは開であり $F\subset U$，$H\subset V$ である．$U\cap V=\phi$ をいうために $z\in U\cap V$ なる点があったとせよ．$z\in V(y_i)-\overline{U(x_1)}\cup\cdots\cup\overline{U(x_i)}$ なる i をとる．$z\in U$ であるから $i<j$ が存在して $z\in U(x_j)-\overline{V(y_1)}\cup\cdots\cup\overline{V(y_i)}\cup\cdots\cup\overline{V(y_{j-1})}$．故に $z\notin V(y_i)$ となって矛盾が生じた．□

9.22　定理　コンパクト T_2 空間 X は正規である．

証明　命題9.21によって X が T_3 をみたすことをいえば充分である．$x\notin F$ かつ F は閉とする．F の各点 y に対してその開近傍 $U(y)$ をとり $x\notin\overline{U(y)}$ ならしめる．$F\subset\bigcup\{U(y):y\in F\}$ であるから $F\subset U(y_1)\cup\cdots\cup U(y_n)$ とできる．$U=U(y_1)\cup\cdots\cup U(y_n)$ とおけば $x\notin\overline{U}$ である．□

この証明の方法から次が直ちにえられる．

9.23　定理　T_2 空間のコンパクト部分集合は閉である．

9.24　例　X を線形順序集合とせよ．X の両端に最小元，最大元を付け加えて Y とし

$$\mathcal{U} = \{(a, b)=\{y\in Y : a<y<b\} : a<b,\ \ a, b\in Y\}$$

とおく．$\mathcal{U}|X$ がベースとなるように X に位相を入れて(命題4.6によってそれは可能)，それを**区間位相**という．また $\mathcal{U}|X$ を**区間ベース**，その元を**開区間**という．**閉区間** $[a, b]$ の意味も自明であろう．区間位相によって線形順序集合は常に T_3 空間になっていることは直ちに分かる．順序数 α 以下，またはより小，なる順序数全体に区間位相を入れたものをそれぞれ $[0, \alpha]$ または $[0, \alpha)$ と記す．

(1) $[0, \alpha]$ はコンパクトである．

証明 開区間による被覆 $\mathcal{V}$ が有限部分被覆をもつことをいえば充分である．$\mathcal{V}$ の元で α を含むものを V_1 とし，その左端を α_1 とする．$\mathcal{V}$ の元で α_1 を含むものを V_2 とし，その左端を α_2 とする．以下同様にして $\alpha_1, \alpha_2, \cdots$ なる列を作ってゆけば有限回の操作で 0 に到達する．そうでないとすると $\alpha_1>\alpha_2>\cdots$ なる可算無限列を $[0, \alpha]$ が含むことになり，順序数の集合は整列集合であることに反する．□

(2) $[0, \omega_1)$ のゼロ集合を A とすると，A か A の補集合かが必ず等終となる．

証明 この命題を否定すれば A も $[0, \omega_1)-A$ も共終であるゼロ集合 A が存在することになる．命題9.13の証明を参照すればコゼロ集合は F_σ であるから $[0, \omega_1)-A=\bigcup F_i$，各 F_i は閉，と書ける．各 F_i が共終でないとすれば $\sup F_i<\omega_1$ となり，したがって $\sup_i \sup F_i<\omega_1$ となって $[0, \omega_1)-A$ が共終であることに反する．故にある n に対して F_n は共終になる．すると

$$\alpha_1<\beta_1<\alpha_2<\beta_2<\cdots, \qquad \alpha_i\in A,\ \ \beta_i\in F_n$$

なる列が存在する．$\sup \alpha_i=\alpha$ とすれば $\alpha\in F_n\cap A$ となり矛盾が生じた．□

(3) $[0, \omega_1)$ は正規である．

証明 $F\cap H=\phi$ となる閉集合 F, H をとる．上の証明における (A, F_n) の組を (F, H) の組で置き換えてみれば，F, H 共に共終であることはないから F が共終でないとして $F\subset[0, \alpha]$ なる $\alpha<\omega_1$ をとる．$[0, \alpha]$ は開部分空間であるが(1)によってコンパクト T_2，したがって定理9.22によって正規である．$F\subset U$，$H\cap[0, \alpha]\subset V$，$U\cap V=\phi$，$U\cup V\subset[0, \alpha]$ なる開集合 U, V をとる．$W=V\cup$

(α, ω_1) とおけば W は開であり $H \subset W$, $U \cap W = \phi$ となる. □

(4) $[0, \omega_1)$ は完全正規ではない.

証明 $[0, \omega_1)$ の中の極限数全体を F とすれば F は閉である. $F, [0, \omega_1) - F$ 共に共終であるから F は(2)によってゼロ集合でない. 故に命題9.16によって $[0, \omega_1)$ は完全正規ではない. □

(5) $[0, \omega_1)$ 上の連続関数 f は有界である.

証明 有界でないとすると $\alpha_1, \alpha_2, \cdots < \omega_1$ が存在して $|f(\alpha_i)| > i$ となる. $\sup \alpha_i = \beta$ とすれば β で f の連続性が成立しない. □

(6) $[0, \omega_1)$ 上の連続関数 f に対して $\alpha < \omega_1$ が存在して $\alpha \leqq \beta < \omega_1$ なる任意の β に対して $f(\alpha) = f(\beta)$ となる.

証明 f は(5)によって有界であるから $|f| \leqq a$ なる正の数 a が存在する. f のグラフを G とし

$$G(\alpha) = G \cap ([\alpha, \omega_1) \times [-a, a]), \qquad \alpha < \omega_1$$

とする. $A = \{\alpha : f(\alpha) \geqq 0\}$ とすれば(2)によって A か $[0, \omega_1) - A$ のいずれかが等終となる. 即ち α_1 が存在して次のいずれかが必ず成り立っている.

$$G(\alpha_1) \subset [\alpha_1, \omega_1) \times [-a, 0], \qquad G(\alpha_1) \subset [\alpha_1, \omega_1) \times [0, a].$$

2分法の考えでこの論法を繰り返すと点列 $\{\alpha_i\}$, 閉区間列 $\{I_i\}$ がとれて次をみたすようにできる.

$$G(\alpha_i) \subset [\alpha_i, \omega_1) \times I_i, \qquad I_i \supset I_{i+1}, \qquad d(I_i) \to 0.$$

$\bigcap I_i$ は1点であってそれを b とし $\sup \alpha_i = \alpha$ とすると $\alpha \leqq \beta \Rightarrow f(\alpha) = f(\beta) = b$ となる. □

(7) I はコンパクトである.

証明 I は完全可分であるから Lindelöf である. したがって I の任意の開被覆 $\mathcal{U}$ は可算部分被覆 $\{U_i\}$ をもつ. 今任意の i に対して $I - U_1 \cup \cdots \cup U_i \neq \phi$ とすれば左辺から点 x_i をとることができる. $\{x_i\}$ は2分法によって容易に集積点 x をもつことが分かる. $A_i = \{x_j : j \geqq i\}$ とすれば $\bar{A}_i \cap (U_1 \cup \cdots \cup U_i) = \phi$. $x \in \bigcap \bar{A}_i$ であるから $x \notin \bigcup_i (U_1 \cup \cdots \cup U_i) = I$ となって矛盾が生じた. よって $\{U_i\}$ は有限部分被覆をもち, それはまた $\mathcal{U}$ の有限部分被覆でもある. □

9.25 命題 コンパクトな距離空間 X は完備である．

証明 $\{x_i\}$ を Cauchy 列とせよ．X の各点 x が極限点でないとすると $U(x)$ なる開近傍が存在して $\{x_i\}-U(x)$ が等終であるようにできる．$\{U(x) : x\in X\}$ の有限部分被覆を $\{U(x_1), \cdots, U(x_n)\}$ とすれば

$$\{x_i\}-U(x_1)\cup\cdots\cup U(x_n)=\{x_i\}-X=\phi$$

が等終となって矛盾となる．□

§10 連 結 性

10.1 定義 T 空間 X が**連結**(connected)であるとは空集合で相異なる2点を決して分離できないことである．連結であることと次の2条件はいずれも同等である．

(1) 空でない真部分集合で開かつ閉なるものが決してない．

(2) 開集合 U, V で $U\cup V=X$, $U\cap V=\phi$, $U\neq\phi$, $V\neq\phi$ なるものが決してない．

連結でない X を**非連結**(disconnected)という．点 $x\in X$ の**連結成分**(connected component)とは x を含む連結集合の最大なものである．各連結成分が1点であるような空間を**完全非連結**(totally disconnected)という．X が**局所連結**(locally connected)とは任意の点 $x\in X$ とその任意の近傍 U に対して x の連結な近傍 $V\subset U$ が存在することである．このことを**任意に小さな**連結近傍が存在するともいう．I の T_2 連続像を**弧**(arc)または **Peano 曲線**という．I から A の上への連続写像を f としたとき $f(0), f(1)$ をそれぞれ弧 A の**始点**，**終点**という．両者を**端点**という．X の任意の2点をとったとき，それらを端点とする弧が存在するとき X は**弧状連結**(arcwise connected)であるといわれる．Peano 曲線に関しては次のことが知られている．

コンパクト，距離化可能空間が Peano 曲線であるための必要充分条件はその空間が連結かつ局所連結なることである．

この定理は Hahn-Mazurkiewicz によって証明せられた．

10.2 命題 (1) 連結空間の連続像は連結である．

(2) 弧状連結空間の連続像は弧状連結である.

(3) 弧状連結空間は連結である.

証明 (1) 連続写像 $f: X \to Y = f(X)$ がありYが連結でないとするとYの真部分集合 $A \neq \phi$ で開かつ閉であるものが存在する. この時 $f^{-1}(A) \neq \phi$ は X の開かつ閉な真部分集合となって X は連結ではありえない.

(2) 上記 Y の任意の2点を p, q とする. $a \in f^{-1}(p)$, $b \in f^{-1}(q)$ なる点 a, b をとる. a, b を端点とする弧を A とし $g: I \to A$ を A を定義する写像とすれば $f(A)$ は p, q を端点とする弧である. 何となれば $fg: I \to f(A)$ は p, q を端点とする弧を定義しているからである.

(3) I は連結であるから(1)によって弧状連結空間の任意の2点 a, b は連結集合 A に含まれる. この2点が X の中で空集合によって分離されるならば部分空間 A の中で a, b は空集合によって分離されることになって矛盾が生じる.□

(3)の逆は成立しないがそれについては1. L参照.

10.3 命題 T 空間 X の部分集合 A が連結ならば $\bar{A}$ も連結である.

証明 $\bar{A}$ の開かつ閉な真部分集合 $B \neq \phi$ が存在したとせよ. $B = U \cap \bar{A}$, $\bar{A} - B = V \cap \bar{A}$ となる X の開集合 U, V をとる. $U \cap A \neq \phi$ かつ $V \cap A \neq \phi$ であるから $U \cap A = B \cap A \neq \phi$ かつ $V \cap A = A - B \neq \phi$ となる. このことは $B \cap A$ が A で相対開な真部分集合であることを示し A の連結性が否定される.□

10.4 命題 T 空間 X の部分集合族 $\{A_\lambda\}$ があって任意の λ, μ に対して $A_\lambda \cap A_\mu \neq \phi$ であり, かつ各 A_λ は連結であるとせよ. この時 $A = \bigcup A_\lambda$ は連結である.

証明 A が連結でないとすると $A = B \cup C$, $B \neq \phi$, $C \neq \phi$, $B \cap C = \phi$, B, C 共に A の開集合, と書くことができる. 各 λ に対して $A_\lambda = (A_\lambda \cap B) \cup (A_\lambda \cap C)$ であり, A_λ が連結であることに注意すれば $A_\lambda \subset B$ かまたは $A_\lambda \subset C$ とならなければならない. 故に

$$B = \bigcup \{A_\lambda : A_\lambda \subset B\}, \qquad C = \bigcup \{A_\lambda : A_\lambda \subset C\}.$$

$B \neq \phi$, $C \neq \phi$ であるから $A_\lambda \subset B$, $A_\mu \subset C$ となる λ, μ がある. すると $A_\lambda \cap A_\mu$

$=\phi$ となって矛盾が生じる. □

10.5 定理 T 空間 X の各点 x に対してその連結成分は存在し，それは閉である.

証明 x を含むあらゆる連結集合の族を $\{A_\lambda\}$ とすれば上の命題の条件をみたす. 故に $A=\bigcup A_\lambda$ とおけば A は x を含む連結集合の最大なものである. ある λ に対して $A_\lambda=\{x\}$ であるから $A\neq\phi$. 命題 10.3 によって $\bar{A}$ も連結となるから $\bar{A}=A_\mu$ となる μ がある. 故に $\bar{A}\subset A$ となって A は閉である. □

この定理と命題 10.4 によって T 空間は連結成分に一意的に分解され，各連結成分は同値類になっている.

Euclid 空間 R^{n+1} の原点 $(0,\cdots,0)$ から 1 の距離にある点の集合を S^n で表わし **n 次元球**(n-sphere) という. S^1 と位相同型なものを **Jordan 曲線**という. 次の定理は有名である.

Jordan の曲線定理 平面 R^2 に Jordan 曲線 J があれば開集合 U, V が存在して $R^2-J=U\cup V$, $U\cap V=\phi$, $\mathrm{Bry}\, U=\mathrm{Bry}\, V=J$ とできる.

この定理の証明は難かしく多くの数学者の参加によって今では完全な証明がえられている. 平面に素な 3 つ以上の開集合があって共通の境界をもたせるようにできることも有名な事実である.

10.6 例 I を 3 等分して左側の閉区間を $I(0)=[0,1/3]$, 右側の閉区間を $I(1)=[2/3,1]$ とする. $I(0)$ を 3 等分して左右の閉区間をそれぞれ $I(0,0)$, $I(0,1)$ とする. この操作を続けると

$$I(\delta_1\cdots\delta_n),\qquad \delta_i=0,1,\ \ n=1,2,\cdots,$$

$$I(\delta_1\cdots\delta_n)\supset I(\delta_1\cdots\delta_n\delta_{n+1}),$$

$$d(I(\delta_1\cdots\delta_n))=1/3^n$$

なる閉区間の系がえられる. このような系を Souslin 系ということがある.

$$C=\bigcup\{\bigcap\{I(\delta_1\cdots\delta_n):n=1,2,\cdots\}:\delta_i=0,1\}$$

とおいてこれを **Cantor 集合**という. C の点である $I(\delta_1\cdots\delta_n)$ の端点となっている点の集合を C の**端点集合**といい P で表わすことにする. P は勿論可算である. $I(\delta_1\cdots\delta_n)$ の左端，右端の点をそれぞれ $p(\delta_1\cdots\delta_n)$, $q(\delta_1\cdots\delta_n)$ とすれば

$$p(\partial_1\cdots\partial_n)=\bigcap\{I(\partial_1\cdots\partial_n\cdots\partial_m):\partial_{n+1}=\cdots=\partial_m=0,\ \ m>n\},$$
$$q(\partial_1\cdots\partial_n)=\bigcap\{I(\partial_1\cdots\partial_n\cdots\partial_m):\partial_{n+1}=\cdots=\partial_m=1,\ \ m>n\}.$$
$$x(\partial_1\partial_2\cdots)=\bigcap\{I(\partial_1\cdots\partial_n):n=1,2,\cdots\}$$

なる記法を導入すれば $p(\partial_1\cdots\partial_n)=x(\partial_1\cdots\partial_n 00\cdots)$ であり $q(\partial_1\cdots\partial_n)=x(\partial_1\cdots\partial_n 11\cdots)$ である．

(1)　$|C|=\mathfrak{c}$.

証明　$\{(\partial_1,\partial_2,\cdots):\partial_i=0,1\}=X$ として $\varphi:X\to C$ を

$$\varphi((\partial_1,\partial_2,\cdots))=x(\partial_1\partial_2\cdots)$$

によって定義すれば φ は 1 : 1 上への対応であるから $|C|=|X|=2^{\aleph_0}=\mathfrak{c}$. □

(2)　C はコンパクトである．

証明　$C=\bigcap\{\bigcup\{I(\partial_1\cdots\partial_n):\partial_i=0,1\}:n=1,2,\cdots\}$ と表わされるから C は I の閉集合である．I は例 9.24 の(7)によってコンパクトである．C はその閉集合としてコンパクトである．□

(3)　C は R の部分集合として全疎かつ完全集合である．

(4)　C は完全非連結である．

証明　相異なる 2 点は常に空集合で分離されるからである．□

10.7　定義　T 空間 X は空であるとき，またそのときに限って**小さな帰納的次元**も**大きな帰納的次元**も -1 であるといい，それぞれ $\mathrm{ind}\,X=-1$, $\mathrm{Ind}\,X=-1$ で表わす．空でない T 空間 X は次の条件(1)がみたされるとき小さな帰納的次元は 0 であるといい $\mathrm{ind}\,X=0$ と書く．

(1)　任意の点とそれと素な閉集合は空集合で分離される．

$\mathrm{ind}\,X\leqq 0$ なることと X が開かつ閉な集合からなるベースをもつこととは同値である．$\mathrm{ind}\,X=0$ なる空間は必然的に T_3 をみたす．

空でない T 空間 X は次の条件(2)がみたされるとき大きな帰納的次元は 0 であるといい $\mathrm{Ind}\,X=0$ と書く．

(2)　素な閉集合の対は空集合で分離される．

$\mathrm{Ind}\,X=0$ なる空間は必然的に T_4 をみたす．

10.8　補題　コンパクト T_2 空間 X の点 x をとる．A を x と空集合で分離さ

れない点全体のなす集合とする．このとき次が成り立つ．

(1) $y \in X-A$ ならば y は A と素な開かつ閉な近傍をもつ．

(2) A は x の連結成分である．

証明 (1) A の定義によって y の開かつ閉な近傍 U が存在して $x \notin U$ とできる．$U \cap A \neq \phi$ とすると $z \in U \cap A$ なる点は x と空集合で分離されてしまう．故に $U \cap A = \phi$.

(2) $x \in A$ は明らかである．(1)によって A が連結であることをいえば充分である．A が連結でないとすると，(1)によって A が閉であることを考慮に入れて，

$$A = B \cup C, \quad B \cap C = \phi, \quad x \in B, \quad C \neq \phi$$

なる閉集合 B, C が存在する．定理 9.22 によってコンパクト T_2 空間は正規であるから X の開集合 V が存在して

$$V \cap A = B, \quad \mathrm{Bry}\, V \cap A = \phi$$

とできる．$\mathrm{Bry}\, V$ の各点は(1)によって A と素な開かつ閉な近傍をもち，$\mathrm{Bry}\, V$ はコンパクトであるから

$$\mathrm{Bry}\, V \subset W, \quad W \cap A = \phi$$

をみたす開かつ閉な集合 W が存在する．$G = V - W$ とすれば W は閉であるから G は開である．また $G = \overline{V} \cap (X-W)$ と書けるから閉集合の共通部分として G は閉である．すなわち C に属する点は x と空集合 $\overline{G} - G$ で分離されることになり矛盾が生じた．□

10.9 補題 コンパクト T_1 空間 X が $\mathrm{ind}\, X \leqq 0$ であるための必要充分条件は $\mathrm{Ind}\, X \leqq 0$ なることである．

証明 充分性は明らかであるから必要性をいう．F, H を素な閉集合とする．F の各点 x に対して開かつ閉な近傍 $U(x)$ をとり $U(x) \cap H = \phi$ ならしめる．F はコンパクトだから $U(x_1) \cup \cdots \cup U(x_n) \supset F$ とでき左辺は開かつ閉で H と交わらない．□

10.10 定理 X が完全非連結なコンパクト T_2 空間ならば $\mathrm{Ind}\, X \leqq 0$ である．

証明 補題 10.9 によって $\mathrm{ind}\, X \leqq 0$ をいえばよい．$x \notin F$ かつ F は閉とする．

F の各点 y は補題10.8によって開かつ閉な近傍 $U(y)$ をもち $x\notin U(y)$ とできる．このような $U(y)$ の有限個で F を覆いその和を U とすれば $x\notin U=\bar{U}$ である．□

演　習　問　題

1.A　離散空間は距離化可能である．

1.B　距離化可能性，完全可分性は共に継承性である．

1.C　距離空間 (X, d) に対して常に d と同値な有界な距離が存在する．

ヒント　$d_1(x, y)=d(x, y)/(1+d(x, y))$ とおけ．

1.D　T 空間であって T_0 空間でないものを作れ．

1.E　T_0 空間であって T_1 空間でないものを作れ．

1.F　T_1 空間であって T_2 空間でないものを作れ．

ヒント　無限集合 X に対し，$X-$有限集合，と表わされる集合族をベースとして位相を入れよ．

1.G　T_2 空間であって T_3 空間でないものを作れ．

ヒント　R の普通の位相を $\mathcal{U}$ とする．$A=\{1/i : i\in N\}$ として $\{U-A : U\in\mathcal{U}\}\cup\mathcal{U}$ がベースとなる位相を R に入れ直すと A は閉となり0と A は分離できない．

1.H　距離空間は完全正規空間である．

ヒント　T_4 をみるためには $F\cap H=\phi$ なる閉集合 F, H をとり $U=\{x\in X : d(x, F)< d(x, H)\}$，$V=\{x\in X : d(x, F)>d(x, H)\}$ とおき U, V が開であって $F\subset U$，$H\subset V$，$U\cap V=\phi$ なることをみよ．

1.I　T 空間 X のゼロ集合すべてのなす族を $\mathcal{Z}$，コゼロ集合すべてのなす族を $\mathcal{C}$ とする．

(1)　$\mathcal{Z}$ は有限加法的かつ可算乗法的である．

(2)　$\mathcal{C}$ は有限乗法的かつ可算加法的である．

(3)　$A\in\mathcal{Z}$ であるための必要充分条件はある $f\in C(X)$ とある $r\in R$ によって $A=\{x : f(x)\leqq(\geqq)r\}$ と表わされることである．

(4)　$A\in\mathcal{C}$ であるための必要充分条件はある $f\in C(X)$ とある $r\in R$ によって $A=\{x : f(x)<(>)r\}$ と表わされることである．

(5)　ゼロ集合は可算個のコゼロ集合の共通部分である．

(6)　F は X のゼロ集合であり H は F のゼロ集合であるならば H は X のゼロ集合である．

ヒント　(1)と(2)，(3)と(4)はそれぞれ双対命題である．$\mathcal{C}$ が可算加法的であることをみるためには，$A_i\in\mathcal{C}$，$i\in N$，として $A_i=\{x : f_i(x)>0\}$，$f_i\in C(X,[0,1/2^i])$，と表わす．$f=\sum f_i$ とすると $f\in C(X)$ であって $\bigcup A_i=\{x : f(x)>0\}$ となる．

1.J $f : X\to Y$ は上への連続写像とする．

(1) X がコンパクトまたは Lindelöf ならば Y もそれぞれコンパクトまたは Lindelöf である．

(2) X がコンパクト，Y が T_2 ならば f は閉写像である．

(3) X がコンパクト，Y が T_2，f が $1:1$ ならば f は位相同型写像である．

(4) f が閉ならば，X が T_4, T_5, T_6 をみたすことに応じて Y もそれぞれ T_4, T_5, T_6 をみたす．

(5) f が開ならば，X が第1可算性，第2可算性をみたすことに応じて Y もそれぞれ対応する可算性をみたす．

1.K 距離空間 X が完全可分であるための必要充分条件はそれが Lindelöf 空間なることである．

ヒント　充分性をいうためには $\{S_{1/i}(x) : x\in X\}$ の可算部分被覆を $\mathcal{B}_i$ とすれば $\bigcup\mathcal{B}_i$ がベースとなることをみよ．

1.L 平面上で $y=\sin(1/x)$，$0<x\leqq 1$ のグラフを G とし y 軸上の縦線 $-1\leqq y\leqq 1$ を H とし $X=G\cup H$ とする．この X は連結であって弧状連結ではない．

1.M （架橋定理） コンパクト T_2 空間 X の素な閉集合を F, H とする．F, H が空集合で分離されないならば両者と交わる連結集合が存在する．

1.N コンパクト距離空間が Cantor 集合と位相同型であるための必要充分条件はそれが完全非連結な完全集合であることである．

1.O 自己稠密な T_1 空間 X の分散集合 A は全疎である．

ヒント　$\mathrm{Int}\,\bar{A}=G\neq\phi$ とする．$G\cap A$ の孤立点 x をとり，開集合 U を $x\in U\subset G$ かつ $U\cap A=\{x\}$ であるようにとれ．$U-\{x\}=V$ とすると $V\neq\phi$ で $V\cap\bar{A}=\phi$ となることを検べよ．

1.P T_1 空間の2つの分散集合の和集合は分散集合である．

1.Q 整列集合は区間位相で分散集合である．

1.R X を正規空間であってその濃度は $\aleph_1$ とする．連続体仮説が成り立たないとすると $\mathrm{Ind}\,X=0$ である．

1.S 正規空間 X の F_σ 集合 H は正規である．

ヒント　$H=\bigcup H_i$，H_i は閉，と表わす．L, K を H の素な相対閉集合とする．$L\cap H_i$ と $\bar{K}$ は X の素な閉集合であるから $\bar{K}\subset Z_i\subset X-L\cap H_i$ をみたす X のゼロ集合 Z_i が存在する．$Z=\bigcap Z_i$ とおけば Z は X のゼロ集合で $\bar{K}\subset Z\subset X-L$ をみたす．同じようにして X のゼロ集合 T が存在して $\bar{L}\subset T\subset X-Z\cap H$ をみたすようにできる．$Z\cap H$，$T\cap H$ は H

のゼロ集合で素である．この対に対して命題 9.14 を適用せよ．

1.T 距離空間 X の素な閉集合 F, H があり，F が更にコンパクトならば $d(F, H)>0$ である．

1.U 平面 R^2 上の開円板を A，その周を B とする．A の 2 点 x, y を通る直線と B との交点を a, b とし b, x, y, a の順に並んでいるようにする．この 4 点の**非調和比** $(xa/ya)/(xb/yb)$ を $(xyab)$ で表わす．

$$d(x, y) = |\log(xyab)|$$

とおく．

(1) d は A 上の距離を与える．

(2) A の普通の直線は，その上の任意の 3 点が 3 角等式をみたすという意味において (A, d) の直線である．

(3) (A, d) はその直線 l 外の 1 点を通って 2 本以上の直線を l に平行に引くことができる．

すなわち (A, d) は**非 Euclid 幾何**の一つの例を与えている．これを **Lobačevskii 空間**という．

ヒント d が 3 角不等式をみたすことを示すのに次の事実を用いよ．平面内の 4 本の直線 l_i，$i=1, \cdots, 4$，が 1 点を共有しているとする．他の 2 本の直線 t_1, t_2 があり，t_1 と l_i との交点を p_i とし，t_2 と l_i との交点を q_i とする．このとき $(p_1p_2p_3p_4)=(q_1q_2q_3q_4)$ である．

1.V X を空間としたとき X の空でない閉集合全体のなす族を X の**巾(べき)空間**といい 2^X で表わす．(2.2 で X の部分集合全体のなす族を 2^X と書くことにしたが巾空間といったら常にこの狭義のものを指す．実際上の混乱はないであろう．) 巾空間 2^X のベースとして

$$\begin{aligned}&\langle U_1, \cdots, U_k\rangle \\ &= \left\{B\in 2^X : B\subset \bigcup_{i=1}^{k} U_i,\ \ B\cap U_i \neq \phi\ (i=1, \cdots, k)\right\}\end{aligned}$$

なる形の集合全体をとる．但し $U_1, \cdots, U_k$ は X の開集合である．このようにして 2^X に導入された位相について 2^X は T_1 をみたす．

この位相を **Vietoris の位相**という．

1.W 有界距離空間 X の巾空間 2^X の 2 元 A, B に対して

$$\rho(A, B) = \sup\{d(x, B) : x\in A\},$$
$$d(A, B) = \max\{\rho(A, B), \rho(B, A)\}$$

とおけばこの d は 2^X 上の距離を与える．

この距離を **Hausdorff の距離**という．

ヒント　$\rho(A,B)\leqq\rho(A,C)+\rho(C,B)$ を用いて3角不等式を導け.

1.X　X がコンパクトな距離空間のとき巾空間に対する Vietoris の位相と Hausdorff の距離による位相とは一致する.

第2章 積 空 間

この章以後位相空間または**空間という言葉は常に T_1 空間を意味する**ものとする．したがって正則空間，正規空間などといったらそれぞれ T_3, T_4 空間を指すことになる．

§11 積位相

11.1 定義 位相空間 $(X_\alpha, \mathcal{U}_\alpha)$, $\alpha \in A$, が与えられているときその積集合 $X = \prod X_\alpha$ に位相を入れることを考えよう．$p_\alpha : X \to X_\alpha$ を射影とする．

$$\mathcal{B}' = \{p_\alpha^{-1}(U_\alpha) : U_\alpha \in \mathcal{U}_\alpha, \alpha \in A\}$$

とおき $\mathcal{B}'$ の元のあらゆる有限共通部分のなす集合族を $\mathcal{B}$ とする．この $\mathcal{B}$ は命題4.6のベースの条件をみたし X の相異なる2点 x, y に対して $x \in B \subset X - \{y\}$, $B \in \mathcal{B}$ なる元 B が存在することも明らかであるから $\mathcal{B}$ をベースとする X の位相 $\mathcal{U}$ が一意的に定まり $(X, \mathcal{U})$ は位相空間となる．$\mathcal{U}$ を**積位相**といい，$(X, \mathcal{U})$ を**積空間**という．積位相は $\mathcal{B}'$ を準基とする位相である．各 p_α が開連続写像になっていることは明らかである．$\mathcal{B}$ の元を**立方近傍**または**円筒近傍**という．ある点 $x \in X$ の立方近傍という言葉も自明に理解されよう．

$$\mathcal{B}'' = \{\bigcap\{p^{-1}(U_\alpha) : \alpha \in A\} : U_\alpha \in \mathcal{U}_\alpha\}$$

とおき $\mathcal{B}''$ をベースとした X の位相 $\mathcal{V}$ を**箱位相**(box topology)という．明らかに $\mathcal{U} \subset \mathcal{V}$ であるからこの意味で箱位相を**強位相**，積位相を**弱位相**ということがある．積位相の方が重要であり，積空間といえば断らない限り常に積位相をともなったものとする．

11.2 定理 空間 X に対して次の3条件は同等である．

(1) X はコンパクトである．

(2) X の部分集合のなす族 $\{F_\alpha\} \neq \phi$ が有限交叉性をもつならば $\bigcap \bar{F}_\alpha \neq \phi$.

(3) X の任意の極大フィルター $\mathcal{F}$ はある点 x の近傍フィルター $\mathcal{V}_x$ を含む．

(このことを $\mathfrak{F}$ は x に**収束する**という.)

証明 (1)⇒(2) $\bigcap \bar{F}_\alpha=\phi$ ならば $\bigcup(X-\bar{F}_\alpha)=X$. X はコンパクトであるから $(X-\bar{F}_{\alpha_1})\cup\cdots\cup(X-\bar{F}_{\alpha_n})=X$. 故に $\bar{F}_{\alpha_1}\cap\cdots\cap\bar{F}_{\alpha_n}=\phi$ となって $\{F_\alpha\}$ は有限交叉性をもちえない.

(2)⇒(3) $\mathfrak{F}=\{F_\alpha\}$ とおく. $\bigcap \bar{F}_\alpha\neq\phi$ であるから左辺から点 x をとることができる. 任意の $V\in\mathcal{V}_x$, 任意の $F_\alpha\in\mathfrak{F}$ に対して $V\cap F_\alpha\neq\phi$ であるから $\mathfrak{F}\cup\mathcal{V}_x$ はフィルター $\mathfrak{F}_1$ を生成し, $\mathfrak{F}\subset\mathfrak{F}_1$ と $\mathfrak{F}$ の極大性によって $\mathfrak{F}=\mathfrak{F}_1$, したがって $\mathcal{V}_x\subset\mathfrak{F}$ となる.

(3)⇒(1) X の開被覆 $\mathcal{U}$ でその如何なる有限部分族 $\mathcal{U}_\alpha$ に対しても $X\neq\mathcal{U}_\alpha^\#$ とせよ. $F_\alpha=X-\mathcal{U}_\alpha^\#$ とすれば $\{F_\alpha\}$ は有限交叉性をもつから極大フィルター $\mathfrak{F}$ を生成する. $\mathfrak{F}$ が収束する点を x とする. $x\in U\in\mathcal{U}$ なる U をとれば $U\in\mathcal{V}_x$ であるから $U\in\mathfrak{F}$. 一方 $X-U\in\mathfrak{F}$ であるから $U\cap(X-U)=\phi$ となって $\mathfrak{F}$ の有限交叉性が成立しなくなってしまう.□

11.3 定理(Tychonoff の積定理) X_α, $\alpha\in A$, がすべてコンパクト空間ならばその積空間 $X=\prod X_\alpha$ もコンパクトである.

証明 X の極大フィルターを $\mathfrak{F}$ とする. $p_\alpha(\mathfrak{F})$ すなわち $\{p_\alpha(F):F\in\mathfrak{F}\}$ の生成する X_α の極大フィルターを $\mathfrak{F}_\alpha$ とする.(この用法は今後しばしばでてくる. 一般に $f:X\to Y$, $\mathcal{U}\subset 2^X$, $\mathcal{V}\subset 2^Y$ のとき $f(\mathcal{U})=\{f(U):U\in\mathcal{U}\}$, $f^{-1}(\mathcal{V})=\{f^{-1}(V):V\in\mathcal{V}\}$ である.) $\mathfrak{F}_\alpha$ の収束する点を $x_\alpha\in X_\alpha$ とする. $x=(x_\alpha)\in X$ とおく. この x に $\mathfrak{F}$ が収束することを示そう. 任意の $\alpha\in A$, 任意の $F\in\mathfrak{F}$, 任意の $U_\alpha\in\mathcal{V}_{x_\alpha}$ をとれば $p_\alpha(F)\cap U_\alpha\neq\phi$. 故に $F\cap p_\alpha^{-1}(U_\alpha)\neq\phi$ であるから $p_\alpha^{-1}(U_\alpha)\in\mathfrak{F}$. A から任意に有限個の元 $\alpha_1,\cdots,\alpha_n$ をとり, x_{α_i} の任意の開近傍 U_i をとれば, $p_{\alpha_i}^{-1}(U_i)\in\mathfrak{F}$ なることと $\mathfrak{F}$ が有限乗法的であることより $\bigcap\{p_{\alpha_i}^{-1}(U_i):i=1,\cdots,n\}\in\mathfrak{F}$. これは x の任意の立方近傍が $\mathfrak{F}$ の元になることを示している. 故に $\mathfrak{F}$ は x に収束する.□

このコンパクト性のように各因子空間が性質 P をもてばその積空間が性質 P をもつとき P は乗法的な性質あるいは**乗法性**(productive property)とよばれる. 因子空間の個数が有限または可算個のときは同じようにしてそれぞれ有

限乗法性, **可算乗法性**が定義される．T_1 は乗法性の一つである．乗法性は非常に弱い性質であるか(2. A参照)またはコンパクト性のように非常に強い性質であるかいずれかである．距離化可能性は乗法性ではないが可算乗法性である．可算乗法性は深い数学的内容を秘めている場合が多い．本書では後半においてそれに関してふれる機会が多くなる．

さて Tychonoff の積定理の証明には極大フィルターを用いたが，その存在には Tukey の補題が入用であり(3.3 参照)，したがってそれと同等である選択公理を用いていることが分かる．換言すれば選択公理は Tychonoff の積定理を意味するということである．実はこの逆も次のように成り立つのである．

11.4 定理(Kelley) Tychonoff の積定理は選択公理を意味する．

証明 X_α, $\alpha\in A$, をすべて空でない集合とする．選択公理をいうためには $\prod X_\alpha\neq\phi$ をいえばよい．$\bigcup X_\alpha$ に属しない点 a を考え $Y_\alpha=X_\alpha\cup\{a\}$ とする．Y_α の任意の有限集合の補集合および $\{a\}$ のなす族がベースとなるように Y_α に位相を導入すれば Y_α はコンパクト空間となる．$p_\alpha: Y=\prod Y_\alpha\to Y_\alpha$ を射影として

$$F_\alpha=p_\alpha^{-1}(X_\alpha),\qquad \alpha\in A,$$

とおく．すると F_α は Y で閉である．$\{F_\alpha:\alpha\in A\}$ は有限交叉性をもつ．何故ならば任意有限個の添数 $\alpha_1,\cdots,\alpha_n\in A$ に対して $x_i\in X_{\alpha_i}$, $i=1,\cdots,n$, なる点を選び(←有限選択公理) $p\in Y$ なる点を α_i 座標 $(i=1,\cdots,n)$ が x_i, 他の座標はすべて a であるような点とすれば $p\in F_{\alpha_1}\cap\cdots\cap F_{\alpha_n}$ となるからである．故に定理 11.2 によって $\bigcap F_\alpha\neq\phi$ であるが $\bigcap F_\alpha=\prod X_\alpha$ に他ならない．□

11.5 定理 Hilbert の基本立方体 I^ω は I を可算無限個乗じた積空間に位相同型である．

証明 $I_i=[-1/i, 1/i]$ とし $f:\prod I_i\to I^\omega$ を自明な恒等写像とする．f は 1:1 上への写像である．任意に点 $x=(x_i)\in I^\omega$, 任意に $\varepsilon>0$ をとり $S_\varepsilon(x)$ を考える．$\sum_{i>n}1/i^2<\varepsilon^2/8$ となる n を定める．次のような x の立方近傍を $\prod I_i$ の中に考える．

$$U=\prod_{i=1}^{n}S(x_i:\varepsilon/\sqrt{2n})\times\prod_{i=n+1}^{\infty}I_i.$$

y を U の任意の点とすると

$$(d(x, y))^2 < n\varepsilon^2/2n + \sum_{i=n+1}^{\infty} (2/i)^2 = \varepsilon^2/2 + \varepsilon^2/2 = \varepsilon^2.$$

故に $d(x, y) < \varepsilon$, したがって $f(U) \subset S_\varepsilon(x)$ となり f は連続であることがわかった. Tychonoff の積定理によって $\prod I_i$ はコンパクトであるから f の連続性は f が位相同型写像であることを意味する(1. J 参照). □

位相空間 X を可算無限個乗じた積空間を X^ω と書く. 各 I_i は I に位相同型であるから $\prod I_i$ は I^ω と書くことができる. 上記定理は Hilbert の基本立方体を I^ω と書く妥当性を示している. $\mathfrak{m}$ を任意の濃度として $X^\mathfrak{m}$ は X を $\mathfrak{m}$ 個乗じたものである. $I^\mathfrak{m}$ を**一般立方体**または**平行体空間**という.

11.6 定理 距離化可能空間 X_i の可算積 $X = \prod X_i$ は距離化可能である.

証明 各 X_i に対してその位相に合致する有界な距離で $d(X_i) \leqq 1$ をみたすものを考える(1. C). $x = (x_i)$, $y = (y_i)$ に対して

$$d(x, y) = \sum_{i=1}^{\infty} d(x_i, y_i)/2^i$$

とおけばこれは X 上の距離である. $f : \prod X_i \to (X, d)$ を自明な恒等写像とする. f の連続性は前定理の証明と殆ど同じに示すことができる. f^{-1} の連続性をみるために $\prod X_i$ の任意の点 $x = (x_i)$ とその立方近傍

$$U = \prod_{i=1}^{n} S(x_i : \varepsilon_i) \times \prod_{i=n+1}^{\infty} X_i, \qquad \varepsilon_i > 0,$$

を考える. $\varepsilon = \min\{\varepsilon_i/2^i : i = 1, \cdots, n\}$ とする. $S_\varepsilon(x)$ から任意に点 $y = (y_i)$ をとれば, $d(x, y) < \varepsilon$ より $d(x_i, y_i)/2^i < \varepsilon$, したがって $d(x_i, y_i) < 2^i \varepsilon \leqq \varepsilon_i$ が $i = 1, \cdots, n$ に対して成り立つ. 即ち

$$y_i \in S(x_i : \varepsilon_i), \qquad i = 1, \cdots, n,$$

であり $y \in U$ となる. かくして $f^{-1}(S_\varepsilon(x)) \subset U$ となり f^{-1} の連続性がいえた. □

11.7 命題 D は 2 点集合 $\{0, 1\}$ で離散位相をもつものとする. Cantor 集合 C は D^ω に位相同型である.

証明 10.6 の記法による C の点 $x(\delta_1\delta_2\cdots)$ を D^ω の点 $(\delta_1, \delta_2, \cdots)$ に写す写像は C から D^ω の上への位相同型写像であることが直ちにわかる. □

$\mathfrak{m}$ を任意の濃度として $D^{\mathfrak{m}}$ を**一般 Cantor 集合**という．これはコンパクト，完全非連結な空間である．X を離散空間としたとき X^{ω} を **Baire の 0 次元空間**という．0 次元という言葉を冠する理由は後に明らかにされる．N を離散空間とみて N^{ω} は**可分な Baire の 0 次元空間**である．

11.8　命題　$C^{\omega}\approx C$.

証明　$C^{\omega}\approx(D^{\omega})^{\omega}=D^{\omega}\approx C$. □

11.9　例　R のベースとして $[a,b)$ 型の集合族すべてをとったときこのようにして位相化された R を **Sorgenfrey の直線**という．これを T で表わす．T は明らかに第1可算性をみたす可分な T_2 空間である．

(1)　T は継承的正規である．

証明　$\bar{F}\cap H=F\cap\bar{H}=\phi$ なる集合 F, H をとる．F の各点 x に対して $[x,x+\varepsilon(x))\cap\bar{H}=\phi$ なる正数 $\varepsilon(x)$ をとる．$U=\bigcup\{U(x)=[x,x+\varepsilon(x)):x\in F\}$ とおけばこれは F を含む開集合である．$y\in H$ とする．$x<y$ なる任意の $x\in F$ に対して $y\notin U(x)$. また $y\notin\bar{F}$ なることより F の点列で右から y に近づくこともできない．よって $V(y)=[y,y+\varepsilon(y))$, $\varepsilon(y)>0$, なる近傍があって $V(y)\cap U=\phi$ とできる．$V=\bigcup\{V(y):y\in H\}$ とおけばこれは H を含む開集合で $U\cap V=\phi$ をみたす．故に命題 8.5 によって T は継承的正規である．□

(2)　$T\times T$ は正規でない．

証明　平面上 $x+y=1$ で定義される斜線 F は $T\times T$ の閉集合で相対位相によって離散空間となっている．d を平面上の Euclid の距離とすると (F,d) は F を普通の位相で考えたものである．

$$F=A\cup B,\qquad A\cap B=\phi,\qquad |A|>\aleph_0,\qquad |B|=\aleph_0,$$

なる集合 A, B で更に A, B 共に (F,d) で稠密であるようなものをとる．A, B は $T\times T$ の素な閉集合であるから，$T\times T$ が正規であるとすれば $A\subset U$, $B\subset V$, $U\cap V=\phi$ なる開集合 U, V が存在する．A の各点 $a=(a_1,a_2)$ に対して

$$U_n(a)=[a_1,a_1+1/n)\times[a_2,a_2+1/n)\subset U$$

となる $n=n(a)$ を対応させる．

$$A_i=\{a\in A:n(a)=i\}$$

とおけば $F=(\bigcup A_i)\cup B$ となる．(F, d) は完備な距離空間であるから Baire の定理 7.11 によってある m に対して A_m は (F, d) で全疎でないようにできる．すなわち F 上の区間 K が存在して A_m は K で (d に関して) 稠密となる．$b\in K\cap B$ なる点 b をとれば $b\in V$ であるから

$$(\bigcup\{U_m(a) : a\in A_m\cap K\})\cap V \neq \phi,$$

したがって $U\cap V\neq\phi$ となって矛盾が生じた．□

結局正規性は有限乗法性ですらないことがわかった．

11.10 例 ω または最初の非可算順序数 ω_1 以下の順序数に区間位相を入れたものをそれぞれ $X=[0, \omega]$, $Y=[0, \omega_1]$ とする．例 9.24 の (1) によって X, Y 共にコンパクト T_2 空間である．$X\times Y$ もしたがってコンパクト T_2 であるから正規である．$X\times Y$ からその端点 $p=(\omega, \omega_1)$ を取り去ったものを Z としてこれを **Tychonoff の板**という．

Z は正規でない．

証明 $A=\{\omega\}\times Y-\{p\}$, $B=X\times\{\omega_1\}-\{p\}$ とすれば A, B は Z で素な閉集合である．B を含む任意の開集合 U に対して $\overline{U}\cap A\neq\phi$ なることをいえば充分である．任意の i に対して $\{i\}\times[\alpha_i, \omega_1]\subset U$ なる $\alpha_i<\omega_1$ をとる．$\alpha=\sup\alpha_i$ とすればすべての i に対して

$$\{i\}\times[\alpha, \omega_1]\subset U$$

となる．故に A の点 $q=(\omega, \alpha)$ に対して $q\in\overline{U}$ となる．□

かくして $X\times Y$ は正規ではあるが継承的正規でないことがわかった．

§12 平行体空間への埋め込み

12.1 定理 (Urysohn の埋め込み定理) 正則空間 X が完全可分であるための必要充分条件は X が I^ω の中へ埋め込まれることである．

証明 充分性 命題 7.8 によって Hilbert 空間 H は完全可分な正則空間である．I^ω は H の部分空間であるから I^ω に埋め込まれた空間 X は H の部分空間と考えられる．したがって X は完全可分な正則空間である．

必要性 完全可分正則空間 X は Lindelöf であるから命題 9.21 によって X

は正規空間となる．X の可算ベースを $\{B_i\}$ として $E=\{(i,j):\bar{B}_i\subset B_j\}$ とすればば E は可算であるから $E=\{e_i\}$ と書くことができる．Urysohn の定理によって各 $e_i=(i_1,i_2)$ に対して $f_i\in C(X,I)$ が存在して

$$f_i(x)=0,\qquad x\in\bar{B}_{i_1},$$
$$f_i(x)=1,\qquad x\in X-B_{i_2},$$

となるようにできる．$f_i:X\to I_i$ と考える．但し各 I_i は I のコピーである．(一般に空間の**コピー**とはその空間に位相同型な空間のことである．) $f:X\to\prod I_i$ を $f(x)=(f_i(x))$ で定義する．既に定理 11.5 によって $I^\omega\approx\prod I_i$ であるから f が埋め込みになっていることをいえばよい．$f(x)$ の任意の立方近傍を

$$U=\prod_{i=1}^{n}U_i\times\prod_{i=n+1}^{\infty}I_i$$

とすると $f^{-1}(U)=\bigcap_{i=1}^{n}f_i^{-1}(U_i)$ であるから $f^{-1}(U)$ は X の開集合となって f は連続である．

f が 1:1 をみるために $x\neq y$ なる 2 点を X からとる．X の正則性によって $x\in\bar{B}_{i_1}\subset B_{i_2}\subset X-\{y\}$ なる $e_i=(i_1,i_2)$ があり $f_i(x)=0$, $f_i(y)=1$ であるから $f(x)\neq f(y)$ となる．

$f^{-1}:f(X)\to X$ の連続性をみるために V を x の任意の開近傍とする．$e_j=(j_1,j_2)$ が存在して

$$x\in B_{j_1}\subset\bar{B}_{j_1}\subset B_{j_2}\subset V$$

とできる．

$$W=S_1(f_j(x))\times\prod_{i\neq j}I_i$$

とおけば W は $f(x)$ の近傍である．$W\cap f(X)$ の中から任意に点 $f(y)$ をとると $|f_j(y)-f_j(x)|=f_j(y)<1$ であるから $y\in B_{j_2}\subset V$ となり $f^{-1}(W\cap f(X))\subset V$, よって f^{-1} も連続である．□

命題 7.7 によれば距離空間に対しては可分性と完全可分性は一致する．よって次が成り立つ．

12.2　系　空間 X が可分距離空間であるための必要充分条件は X が I^ω の中に埋め込まれることである．

このことから直ちに可分距離化可能性は可算乗法性であることがわかる．空間Xが性質Pをもち，性質Pをもつ空間はすべてXの中に埋め込まれるとき，XをPに対する**万有空間**(universal space)という．この意味でI^ωは可分距離空間に対する万有空間である．I^ωの濃度は$\mathfrak{c}$であるからその部分集合すべての族の濃度は$2^\mathfrak{c}$となる．したがって位相同型のものを同一視するならば可分距離空間の個数は$2^\mathfrak{c}$すなわち関数濃度を超えないことがわかる．

12.3　定義　距離空間Xが**全有界**(totally bounded)であるとは，任意の$\varepsilon>0$に対して$\{S_\varepsilon(x):x\in X\}$が有限部分被覆をもつことである．全有界に距離付けうるという言葉の意味は自明であろう．この定義からコンパクト距離空間は常に全有界である．

12.4　命題　空間Xが可分距離空間であるための必要充分条件は全有界に距離付けうることである．

証明　必要性　$X\subset I^\omega$と考えてよい．I^ωはコンパクトであるからその距離は全有界である．任意の$\varepsilon>0$に対して$y_1, \cdots, y_n\in I^\omega$をとり

$$I^\omega = S_{\varepsilon/2}(y_1)\cup\cdots\cup S_{\varepsilon/2}(y_n)$$

ならしめる．$S_{\varepsilon/2}(y_i)\cap X\neq\phi$ならばこの左辺から点$x_i$をとれば$S_\varepsilon(x_i)\supset S_{\varepsilon/2}(y_i)$.
故に

$$X=\bigcup\{S_\varepsilon(x_i)\cap X : S_{\varepsilon/2}(y_i)\cap X\neq\phi\}.$$

充分性　全有界距離に対して$\{S_{1/i}(x):x\in X\}$の有限部分被覆を$\mathcal{B}_i$とすれば$\bigcup\mathcal{B}_i$はXの可算ベースとなる．□

12.5　命題　可分距離空間Xはコンパクト距離空間の中へ稠密に埋め込まれる．

証明　$X\subset I^\omega$と考え$\bar{X}$が求める距離空間である．□

12.6　定理　距離空間Xが完備かつ全有界であるための必要充分条件はXがコンパクトなることである．

証明　充分性　Xがコンパクトならば命題9.25によってXは完備である．

必要性　$\mathcal{F}$をXの極大フィルターとする．各iについて有限開被覆$\{U(\alpha_i):\alpha_i\in A_i\}$を作り$d(U(\alpha_i))<1/2^i$が各$\alpha_i\in A_i$に対して成り立つようにする．$U(\alpha_i)$

$\notin\mathfrak{F}$ とすれば $F(\alpha_i)\in\mathfrak{F}$ が存在して $U(\alpha_i)\cap F(\alpha_i)=\phi$ とできるから，各 $U(\alpha_i)$, $\alpha_i\in A_i$, がすべて $\mathfrak{F}$ の元でないとすると $(\bigcup U(\alpha_i))\cap(\bigcap F(\alpha_i))=\phi$, すなわち $X\cap(\bigcap F(\alpha_i))=\phi$ となって $\mathfrak{F}$ の有限交叉性に反する．故に各 i に対して $\beta_i\in A_i$ が存在して $U(\beta_i)\in\mathfrak{F}$ となる．$\{U(\beta_i):i\in N\}$ は有限交叉性をもつから $x_i\in U(\beta_i)$ なる点列 $\{x_i\}$ は Cauchy 列をなす．$\lim x_i=x$ なる点をとればこの x に $\mathfrak{F}$ が収束することは殆ど明らかである．□

12.7 定理 X をコンパクト距離空間, $\mathcal{U}$ をその開被覆とすると正の数 δ が存在して任意の点 $x\in X$ に対して $S_\delta(x)$ は $\mathcal{U}$ のある元に含まれるようにできる．

証明 如何なる $\delta>0$ に対しても $S_\delta(x)$ が $\mathcal{U}$ のどの元にも含まれない $x\in X$ が存在するならば，そのような x の集合を F_δ とする．$\{F_\delta:\delta>0\}$ は有限交叉性をもつから $\bigcap\bar{F}_\delta\neq\phi$. この共通部分に属する点を y とすれば任意の $\delta>0$ に対して $S_\delta(y)$ は $\mathcal{U}$ のどの元にも含まれないことになって矛盾である．□

このような δ を $\mathcal{U}$ に対する **Lebesgue 数**という．$\mathcal{U}$ に対して $\{X-S_\delta(X-U):U\in\mathcal{U}\}$ が依然として被覆になっているような δ として Lebesgue 数を定義してもよい．

12.8 定義 位相空間 X が**完全正則空間**(completely regular space)または **Tychonoff 空間**であるとは次の条件がみたされている場合である．

$x\in X$ と x の任意の近傍 U に対して $f\in C(X,I)$ が存在して $f(x)=1$, $f(y)=0$ $(y\in X-U)$ とできる．

この条件はコゼロ集合からなるベースが存在することと同等である．正規空間は完全正則であり，完全正則空間は正則である．

12.9 補題 位相空間の族 $\{X_\alpha:\alpha\in A\}$ があり A の中の有限個の添数 $\alpha_1,\cdots,\alpha_n$ に対してコゼロ集合 $U_i\subset X_{\alpha_i}$, $i=1,\cdots,n$, が与えられているとせよ．この時

$$\prod_{i=1}^{n}U_i\times\prod\{X_\alpha:\alpha\in A-\{\alpha_1,\cdots,\alpha_n\}\}$$

は $\prod X_\alpha$ のコゼロ集合である．

証明 コゼロ集合の有限個の共通部分は再びコゼロとなるから $n=1$ のときに証明すれば充分である．

$$U_1=\{x\in X_{\alpha_1}:f(x)>0\},\qquad f\in C(X_{\alpha_1},I)$$

なる f をとる．$p:\prod X_\alpha\to X_{\alpha_1}$ を射影とし $g=fp$ とおけば $g\in C(\prod X_\alpha, I)$ であって

$$U_1\times\prod_{\alpha\neq\alpha_1}X_\alpha=\{x\in\prod X_\alpha:g(x)>0\}.\ \square$$

12.10 命題 X_α, $\alpha\in A$, がすべて完全正則ならば $\prod X_\alpha$ も完全正則である.

証明 補題12.9によって $\prod X_\alpha$ はコゼロ集合からなるベースをもつからである. □

完全正則性はその定義から直ちに継承的であり，この命題によれば更に乗法的であるということである.

12.11 定理 位相空間 X が完全正則であるための必要充分条件は X がある平行体空間に埋め込まれることである.

証明 必要性 $C(X,I)=\{f_\alpha\}$ とする．I_α は I のコピーとする．$f:X\to\prod I_\alpha$ を $f(x)=(f_\alpha(x))$ で定義すればこの f は埋め込みの写像となっていることは定理 12.1 の証明と全く平行的にできる.

充分性 $\prod I_\alpha$ 型の空間は命題 12.10 によって完全正則であり，その部分集合はまた完全正則となる. □

12.12 系 空間 X が完全正則であるための必要充分条件は X があるコンパクト T_2 空間に稠密に埋め込まれることである.

証明 必要性は $X\subset I^{\mathfrak{m}}$ と考え $\bar{X}$ をとったらよい．充分性はコンパクト T_2 空間は完全正則であり，それが X に継承されることによって保証される. □

12.13 補題 完全正則空間 X はその位相濃度 $w(X)$ に等しい個数をもつコゼロ集合からなるベースをもつ.

証明 $|\mathscr{B}|=w(X)$ となる X のベース $\mathscr{B}$ をとる．$B_i\in\mathscr{B}$, $i=1,2$, であって $B_1\subset U\subset B_2$ があるコゼロ集合 U に対して成り立つような対 (B_1, B_2) すべての集合を $\mathcal{C}$ とする．$\mathcal{C}$ の元 (B_1, B_2) に対して $B_1\subset U(B_1,B_2)\subset B_2$ となるコゼロ集合 $U(B_1, B_2)$ を対応させる.

$$\mathcal{U}=\{U(B_1,B_2):(B_1,B_2)\in\mathcal{C}\}$$

とおけば $\mathcal{U}$ は X のベースをなし $|\mathcal{U}|=|\mathcal{C}|=|\mathcal{B}|=w(X)$ である．□

12.14　定理　完全正則空間 X に対して $w(X)\leqq\mathfrak{m}$ であるための必要充分条件は X が $I^{\mathfrak{m}}$ の中に埋め込まれることである．

証明　$\mathfrak{m}$ が有限のときは明らかであるから $\mathfrak{m}$ が無限のときのみを考える．充分性は明らかであるから必要性を証明する．補題12.13によってコゼロ集合からなるベース $\mathcal{B}=\{B_\alpha\}$ で $|\mathcal{B}|=\mathfrak{m}$ となるものが存在する．$f_\alpha\in C(X,I)$ を $\{x:f_\alpha(x)>0\}=B_\alpha$ をみたす関数とする．$f:X\to I^{\mathfrak{m}}$ を $f(x)=(f_\alpha(x))$ によって定義すればこの f は埋め込みを与えている．□

12.15　命題　可分な正則空間 X に対して $w(X)\leqq\mathfrak{c}$ である．

証明　A を X の可算稠密な集合とする．X の任意の開集合 U に対して $\bar{U}=\overline{U\cap A}$ であるから $\{\mathrm{Int}\,\bar{B}:B\subset A\}$ がベースをなし，この濃度は $\mathfrak{c}$ を超えない．□

12.16　系　可分な完全正則空間は $I^{\mathfrak{c}}$ の中に埋め込まれる．

12.17　定理　$I^{\mathfrak{c}}$ は可分である．

証明　I_x は I のコピーとして $I^{\mathfrak{c}}=\prod\{I_x:x\in I\}$ と考える．$I^{\mathfrak{c}}$ の元を $(f(x):x\in I)$ と表示すれば $f:I\to I$ がえられる．この対応を

$$\varphi:I^{\mathfrak{c}}\to\{f:f\text{ は }I\text{ から }I\text{ への写像}\}$$

とすれば φ は1:1上への対応である．I の可算ベースを $\mathcal{B}$ とする．$\mathcal{B}$ のあらゆる素な有限部分族を(可算であるから) $\mathcal{B}_i$，$i\in N$，とする．

$$\mathcal{B}_i=\{B(i,1),\cdots,B(i,n(i))\}$$

と表わす．I の中の有理数の有限列すべてを $\mathcal{R}_i$，$i\in N$，とし

$$\mathcal{R}_i=\{r(i,1),\cdots,r(i,m(i))\}$$

と表わす．

$$\mathcal{T}=\{(i,j):n(i)=m(j)\}$$

とおけば $\mathcal{T}$ は可算である．

任意の $(i,j)\in\mathcal{T}$ に対して $f_{ij}:I\to I$ を次のように定義する．

$$f_{ij}(x)=r(j,k),\qquad x\in B(i,k),\qquad k=1,\cdots,n(i),$$

$$f_{ij}(x)=0,\qquad x\in X-\mathcal{B}_i{}^{\#}.$$

集合 $\{f_{ij} : (i, j) \in \mathcal{T}\}$ の φ による逆像を A とすれば A は可算であるが，I^c においで稠密となっていることは見易い．□

この定理と系 12.16 より次がえられる．

12.18 系 I^c は可分な完全正則空間に対する万有空間である．

この主張を眺めると I^c の任意の部分集合が常に可分になるかどうかが問題になるが答は否定的である．次の例によれば完全正則空間に対する可分性は継承的でないからである．

12.19 例 X を x 軸も入れた上半平面とする．普通の開集合は X で開とする．x 軸上の点 p の近傍ベースは p に上から接する開円板に p 自身を付け加えた形のものとする．この X を **Moore の半平面**という．この X は完全正則であることは明らかである．有理点，すなわち両座標が有理数の点，すべては可算稠密であるから X は可分である．しかしその部分空間である x 軸は離散位相をもつから可分とはならない．

例 11.10 における Tychonoff の板は完全正則であって正規でない空間の例を与えている．正則であって完全正則でない空間の例を次に示そう．

12.20 例 Z は Tychonoff の板であり，A, B は例 11.10 において定義された Z の長辺，短辺である．Z_i，$i \in N$，を Z のコピーとし，A_i, B_i をそれぞれ A, B に対応する Z_i の辺とする．$i=2n+1$ のとき B_{2n+1} と B_{2n+2} とを貼り合せる，すなわち B_{2n+1} と B_{2n+2} の相対応する点を同一視する．$i=2n$ のとき A_{2n} と A_{2n+1} とを貼り合せる．こうしてできた点集合を S とする．$S=\bigcup Z_i$ である．S の位相は次のように定義する．$U \subset S$ が開であるとは各 i に対して $U \cap Z_i$ が開であるときまたそのときに限るとする．すると S は完全正則となる．S に属しない点 p を考え集合 $T=S \cup \{p\}$ を考える．S は T で開とする．p の近傍ベースは

$$\left\{U_n = \left(S - \bigcup_{i=1}^{n} Z_i\right) \cup \{p\} : n \in N\right\}$$

とする．このように位相が導入された T は明らかに正則空間である．例 9.24 の (6) によれば $[0, \omega_1)$（または $[0, \omega_1]$）上の連続関数 f に対しては $\beta \leqq \alpha \Rightarrow f(\alpha)=a$

となる定数aと$\beta<\omega_1$が存在した．このaをfの定常値，$[\beta,\omega_1)$(または$[\beta,\omega_1]$)を定常尾ということにする．

(1) $g\in C(Z,I)$のA上の定常値をaとすれば

$$\lim_{n\to\infty} g(n,\omega_1)=a.$$

証明 gの$\{i\}\times[0,\omega_1]$上の定常値をa_iとし定常尾を$\{i\}\times[\alpha_i,\omega_1]$とする．$g$の$A$上の定常尾を$\{\omega\}\times[\beta,\omega_1)$とする．$\alpha_i$, $i<\omega_1$, およびβすべてより大きな$\gamma<\omega_1$をとる．

$$\lim_{i\to\infty} g(i,\gamma)=\lim_{i\to\infty} a_i=g(\omega,\gamma)=a$$

と$a_i=g(i,\omega_1)$なることより$\lim_{i\to\infty} g(i,\omega_1)=a.$ □

(2) Tは完全正則ではない．

証明 U_2の外部で値1をとる$f\in C(T,I)$を考える．(1)によってfのA_n上の定常値とA_{n+1}上の定常値とは$B_n=B_{n+1}$を媒介として一致する．これが任意のnに対して成り立つのであるから各A_n上の定常値はすべて1でなければならない．したがって$f(p)=1$となりTは完全正則ではありえない．□

§13 Michaelの直線

13.1 定理 完全可分な空間Xが分散であるならば可算である．

証明 Xの可算ベースを$\mathscr{B}$とする．$x\in X$に対してその近傍となる$B_x\in\mathscr{B}$が存在し$x\in X^{(\alpha)}-X^{(\alpha+1)}$ならば$B_x\cap X^{(\alpha+1)}=\phi$かつ$B_x\cap X^{(\alpha)}=\{x\}$となるようにできる．ここで$X=X^{(0)}$とおいている．$\varphi: X\to\mathscr{B}$を$\varphi(x)=B_x$で定義すればこの対応は1:1であるから$X$は可算である．□

13.2 補題 完全集合をなすコンパクト距離空間Xの濃度は$\mathfrak{c}$である．

証明 Xが完全集合をなすことより空でない閉集合の族$\{J(\delta_1\cdots\delta_n):\delta_i=0,1\}$が存在して次の3条件をみたすようにできる．

(1) $J(\delta_1\cdots\delta_n)\supset J(\delta_1\cdots\delta_n\delta_{n+1})$.

(2) $(\delta_1\cdots\delta_n)\neq(\varepsilon_1\cdots\varepsilon_n)\Rightarrow J(\delta_1\cdots\delta_n)\cap J(\varepsilon_1\cdots\varepsilon_n)=\phi$.

(3) $d(J(\delta_1\cdots\delta_n))\leqq 1/2^n$.

$$J=\bigcup\{\bigcap\{J(\delta_1\cdots\delta_n):n=1,2,\cdots\}:\delta_i=0,1\}$$

とおけば $J\approx C$ であることは例 10.6 の構成法から明らかである．$|X|\geqq|J|=|C|=\mathfrak{c}$．一方 $X\subset I^\omega$ と考えてよいから $|X|\leqq|I^\omega|=\mathfrak{c}$．□

13.3　定理　コンパクト距離空間の濃度は可算であるかまたは $\mathfrak{c}$ である．

証明　定理 7.14 によれば任意の空間は分散集合と完全集合の和集合として表わされる．コンパクト距離空間の分散部分は定理 13.1 によって可算であり完全部分が空でなければ補題 13.2 によって連続濃度をもつ．□

13.4　補題　I のコンパクト非可算部分集合全体の個数は $\mathfrak{c}$ である．

証明　$[0,1/2]\cup\{x\}$, $1/2\leqq x\leqq1$, なる形の集合はコンパクト非可算で，その個数は $\mathfrak{c}$ である．一方 I の可算ベースを $\mathscr{B}$ とすると任意のコンパクト集合は $\mathscr{B}$ の元の有限和の可算共通部分として表わせるから，I のコンパクト部分集合全体の個数は $\mathfrak{c}$ 以下である．□

13.5　定理　I の部分集合 S で次の 2 条件をみたすものが存在する．

(1)　S も $I-S$ も連続濃度をもち I で稠密である．

(2)　S も $I-S$ も非可算コンパクト部分集合をもちえない．

証明　$\omega(\mathfrak{c})$ を濃度 $\mathfrak{c}$ をもつ最小の順序数とする．補題 13.4 によって I のあらゆる非可算コンパクト集合を K_α, $\alpha<\omega(\mathfrak{c})$, のように整列することができる．$K_0$ より点 p_0 をとる．次に $K_0-\{p_0\}$ より点 q_0 をとる．超限帰納法によって p_α, q_α, $\alpha<\omega(\mathfrak{c})$, なる点を次の如くとってゆく．$\beta<\alpha$ なるすべての β に対して p_β, q_β がとられたとして

$$K_\alpha-\{p_\beta,q_\beta:\beta<\alpha\}$$

より相異なる 2 点 p_α, q_α をとる．定理 13.3 によれば $|K_\alpha|=\mathfrak{c}$ であるからこの操作は可能である．

$$S=\{p_\alpha:\alpha<\omega(\mathfrak{c})\}$$

とおけばこれが求めるものである．

(1) がみたされていることは明らかであるから (2) を検べよう．K を I の任意の非可算コンパクト集合とするとある α に対して $K=K_\alpha$ となる．$\{p_\alpha,q_\alpha\}\subset K_\alpha$ であるから $K_\alpha\subset S$ も $K_\alpha\subset I-S$ も成立しえない．□

IをRで置きかえてもこの定理は成立することは明らかである．

13.6 例 今作った$S\subset I$を考える．Iの位相を$\mathcal{U}$とする．集合Iに次のように位相を入れ直したものをXとする．集合族

$$\{U\cup T : U\in\mathcal{U}, T\subset S\}$$

をXの位相とする．このXを**Michaelの直線**という．

(1) Xは正則なLindelöf空間である．

証明 Xの正則性は明らかである．Lindelöfをいうために任意の開被覆$\{V_\alpha=U_\alpha\cup T_\alpha\}$をとる．ここに各$\alpha$に対して$U_\alpha\in\mathcal{U}$，$T_\alpha\subset S$，である．$U=\bigcup U_\alpha$とおけば$U$は通常の位相で完全可分であるから$U=\bigcup U_{\alpha_i}$と可算個の$U_\alpha$型の集合の和となる．$X-U$は$S$に含まれる通常の位相でのコンパクト集合であり可算となる．したがって$X-U\subset\bigcup T_{\beta_i}$なる可算個の$\beta_i$が存在する．故に$(\bigcup V_{\alpha_i})\cup(\bigcup V_{\beta_i})\supset(\bigcup U_{\alpha_i})\cup(\bigcup T_{\beta_i})\supset U\cup(X-U)=X$. □

(2) $X\times S$は正規でない．ここにSはIの部分空間として考えている．

証明 $A=(X-S)\times S$，$B=\{(x,x) : x\in S\}$とおけばこれらは$X\times S$の中の素な閉集合である．Bを含む任意の開集合をVとする．

$$U_n=\{x\in S : \{x\}\times S_{1/n}(x)\subset V\}$$

とおけば$S=\bigcup U_n$である．SがXでのF_σ集合であると仮定すればIでのF_σ集合にならなければならない．これはSがIのコンパクト集合の可算和になることを意味するからSは可算となり矛盾が生じる．故にあるkが存在して$\mathrm{Cl}_X U_k\cap(X-S)\neq\phi$となる．この左辺から点$x$をとる．$S$は$I$で稠密であるから$y\in S$が存在して$|x-y|<1/2k$とできる．$(x,y)\in A$であるから$(x,y)$の任意の立方近傍$W_1\times W_2$が$V$と交わることをいえば$X\times S$の正規性は成立しないことになる．$x'\in W_1\cap U_k$をとり$|x'-x|<1/2k$ならしめる．すると$(x',y)\in W_1\times W_2$である．

$$|x'-y|\leqq|x'-x|+|x-y|<1/2k+1/2k=1/k$$

と$x'\in U_k$なることより$(x',y)\in V$．故に$(W_1\times W_2)\cap V\neq\phi$が証明せられた. □

Sの代りにIの中の無理数全体$I-Q$をとってIの位相を同じように入れか

えたものを Michael の直線ということもある．この場合も $I-Q$ との積が正規とならないことは同じようにして証明できる．但しこの Michael の直線は Lindelöf とならないで，後に述べるパラコンパクト T_2(したがって正規)であることがわかる．

§14 0次元空間

14.1 定義 集合 X の可算無限個の直積 X^ω の 2 点 $x=(x_i)$, $y=(y_i)$ に対して

$$x=y \quad ならば \quad d(x,y)=0,$$

$$x\neq y \quad ならば \quad d(x,y)=\max\{1/i : x_i\neq y_i\}$$

とおけば (X^ω, d) は距離空間となる．この d を X^ω に対する **Baire の距離**という．

14.2 命題 (1) Baire の距離 d は X^ω 上の完備な距離を与える．

(2) X を離散空間と考えたときの積空間(即ち Baire の 0 次元空間) $X^\omega\approx(X^\omega, d)$.

証明 d が距離になっていることは見易いことであるから省略する．$\{x^j=(x_i{}^j)\}$ が d に関する Cauchy 列とすれば各 i に対して $k(i)$ が存在して $k(i)\leqq j\Rightarrow x_i^{k(i)}=x_i{}^j$ が成り立つ．$x=(x_i^{k(i)})$ とおけば $\lim x^j=x$ となるから (X^ω, d) は完備である．

この命題の後半も殆ど明らかなことであるから証明は省略する．□

14.3 定義 集合 X を考える．X の部分集合のなす族 $\mathcal{U}=\{U_\alpha : \alpha\in A\}$ と $\mathcal{V}=\{V_\beta : \beta\in B\}$ とが与えられたとき $\mathcal{U}$ が $\mathcal{V}$ を**細分する**，あるいは $\mathcal{U}$ は $\mathcal{V}$ の**細分**(refinement)であるとは対応 $\varphi : A\to B$ が存在して $\varphi(\alpha)=\beta$ なら $U_\alpha\subset V_\beta$ となることとする．このとき $\mathcal{U}<\mathcal{V}$ と書き φ を $\mathcal{U}$ から $\mathcal{V}$ への**細分射**という．特に $A=B$ で 1_A が細分射になっているときは $\mathcal{U}$ は $\mathcal{V}$ の **1 : 1 細分**であるという．また $\mathcal{U}$ が特に一つの元 U から成り立っているとき $\{U\}<\mathcal{V}$ の代りに $U<\mathcal{V}$ と書き U は $\mathcal{V}$ を細分するという．$\mathcal{U}$ の点 $x\in X$ における**次数**(order)とは x を含む $\mathcal{U}$ の元の個数のことで $\mathrm{ord}_x\,\mathcal{U}$ で表わす．$\mathcal{U}$ の**次数**とは

$\sup\{\mathrm{ord}_x \mathcal{U} : x \in X\}$ のことで $\mathrm{ord}\,\mathcal{U}$ で表わす.

位相空間 X の**被覆次元**(covering dimension), $\dim X$, が -1 であるとは X が空であるときまたそのときに限ることとする. $\dim X=0$ とは $X \neq \phi$ であって X の任意の有限開被覆が次数1の開被覆で細分できることとする. $\dim X=0$ なる空間は常に正規である.

各点 $x \in X$ に対して $\mathrm{ord}_x \mathcal{U} < \infty$ のとき $\mathcal{U}$ を**点有限**という. $\mathrm{ord}\,\mathcal{U} \leqq \aleph_0$ のとき $\mathcal{U}$ を**点可算**という.

14.4 定理 正規空間 X の点有限開被覆 $\mathcal{U}=\{U_\alpha : \alpha \in A\}$ は閉被覆によって1:1細分される.

証明 A を整列集合と考える. 最初 $X-\bigcup_{0<\alpha} U_\alpha \subset V_0 \subset \overline{V}_0 \subset U_0$ なる開集合 V_0 をとれば $\{V_0\} \cup \{U_\alpha : 0<\alpha\}$ は X の被覆である. $0<\alpha \in A$ なる α をとり $\beta<\alpha$ なる任意の β に対して開集合 V_β が定まり次の2条件をみたしたとする超限帰納法仮定をおく.

(1) $\overline{V}_\beta \subset U_\beta$,　　$\beta<\alpha$.

(2) $\{V_\beta : \beta<\alpha\} \cup \{U_\gamma : \gamma \geqq \alpha\}$ は X を覆う.

この時

$$X-(\bigcup_{\beta<\alpha} V_\beta) \cup (\bigcup_{\gamma>\alpha} U_\gamma) \subset V_\alpha \subset \overline{V}_\alpha \subset U_\alpha$$

をみたす開集合 V_α をとれば超限帰納法が進行することがわかる. かくして $\mathcal{U}$ の1:1細分である $\{\overline{V}_\alpha : \alpha \in A\}$ をえた. これが X の被覆になっていることをいうためには $\{V_\alpha : \alpha \in A\}=\mathcal{V}$ が被覆になっていることを示せば充分である. 任意に点 $x \in X$ をとれば $\mathcal{U}$ は点有限であるから $x \in U_\alpha$ をみたす α の最大なもの δ が存在する. 帰納法によって $\{V_\beta : \beta \leqq \delta\} \cup \{U_\gamma : \gamma>\delta\}$ は被覆であり δ のとり方から $x \notin \{U_\gamma : \gamma>\delta\}^\#$ であるから $x \in \{V_\beta : \beta \leqq \delta\}^\# \subset \mathcal{V}^\#$ となる. □

この定理におけるように閉被覆によって1:1細分される被覆を**収縮できる**(shrinkable)ということがある. なお $\{\overline{V}_\alpha : \alpha \in A\}$ を $\overline{\mathcal{V}}$ と書く. この記号は一般の集合族に対しても適用する.

14.5 命題 空間 X に対し $\dim X=0$ であるための必要充分条件は $\mathrm{Ind}\,X$

$=0$ なることである.

証明 必要性 F, H を X の素な閉集合とする. 開被覆 $\{X-F,\ X-H\}$ を細分する次数1の開被覆を $\mathcal{U}$ とする. $V=\bigcup\{U\in\mathcal{U} : U\cap F\neq\phi\}$ とおけば V は開かつ閉であって $F\subset V\subset X-H$ をみたす.

充分性 X の任意の有限開被覆を $\mathcal{U}=\{U_1, \cdots, U_n\}$ とする. 定理14.4によって $\mathcal{U}$ は収縮できるから閉被覆 $\{F_1, \cdots, F_n\}$ が存在して $F_i\subset U_i$ が各 i に対して成り立つようにできる. $\operatorname{Ind} X=0$ ならば各 i に対して開かつ閉なる集合 V_i が存在して $F_i\subset V_i\subset U_i$ が成り立つようにできる. $W_1=V_1$, $W_i=V_i-\bigcup_{j<i} V_j$ $(i=2, \cdots, n)$ とおけば $\{W_1, \cdots, W_n\}$ は $\mathcal{U}$ を細分する次数1の開被覆となる. 故に $\dim X=0$. □

14.6 記号 集合 X とその部分集合族 $\mathcal{U}_\alpha(\subset 2^X)$, $\alpha\in A$, が与えられているとき次の記号を用いる.

$$\bigwedge_{\alpha\in A}\mathcal{U}_\alpha=\{\bigcap_{\alpha\in A}U_\alpha : U_\alpha\in\mathcal{U}_\alpha\}.$$

これは $\bigcap\mathcal{U}_\alpha$ と区別しなければならない. $\bigcap\mathcal{U}_\alpha$ はその元があらゆる $\mathcal{U}_\alpha$ の元になっているような集合族である.

X が距離空間であって, $\mathcal{U}$ がその部分集合族のとき

$$\operatorname{mesh}\mathcal{U}=\sup\{d(U) : U\in\mathcal{U}\}$$

なる記号を用いる.

14.7 命題 距離空間 X が開被覆の列 $\{\mathcal{U}_i\}$ をもち次の2条件をみたすとする.

(1) $\operatorname{mesh}\mathcal{U}_i\to 0$.

(2) $\operatorname{ord}\mathcal{U}_i=1$.

このとき $\dim X=0$ となる.

証明 命題14.5によって $\operatorname{Ind} X=0$ を示せばよい. F, H を X の素な閉集合とする. $\mathcal{V}_i=\bigwedge_{j=1}^{i}\mathcal{U}_j$ とおけば $\mathcal{V}_i$ は X の開被覆であって $\operatorname{mesh}\mathcal{V}_i\to 0$, $\operatorname{ord}\mathcal{V}_i=1$, $\mathcal{V}_1>\mathcal{V}_2>\cdots$ となっている.

$$\mathcal{W}_i=\{V\in\mathcal{V}_i : V\cap F\neq\phi,\ V\cap H=\phi\},$$

$$W_i=\mathcal{W}_i{}^{\#},\qquad W=\bigcup W_i$$

とおけば $F\subset W\subset X-H$ である．W はもちろん開であるが，閉となることを示そう．$x\in X-W$ とする．$\mathcal{V}_i$ の元で x を含むものを V_i とすれば $\{V_i\}$ は x の近傍ベースとなる．故にある k に対して $V_k\cap F=\phi$ となる．$V_k\cap W\neq\phi$ になったとすればある n とある $V\in\mathcal{W}_n$ に対して $V_k\cap V\neq\phi$ となる．$V\cap F\neq\phi$ であるから V は V_k の外部の点を含むから $V_k\subset V$．これは $x\in V_k\subset V\subset W$ を意味することになってしまう．故に $V_k\cap W=\phi$ となり $W=\overline{W}$ でなければならない．□

ここに述べた条件は $\mathrm{Ind}\,X=0$ になるための必要条件でもあるが，それについては後述する．集合 X とその部分集合のなすある族 $\mathcal{U}$ が与えられたとき $Y\subset X$ に対して $\mathcal{U}$ の Y への**制限** $\mathcal{U}|Y$ とは $\{U\cap Y : U\in\mathcal{U}\}$ のことである．

14.8 命題 Baire の 0 次元空間 X^{ω} とその部分空間は $\dim\leqq 0$ である．

証明 各 i に対して X_i を離散空間 X のコピーとし $X^{\omega}=\prod X_i$ と考え d をその Baire の距離とする．$Y_n=\prod_{i=1}^{n} X_i$ の各点 y に対して $x(y)\in X^{\omega}$ を定め第 n 座標まで y のそれと一致するようにする．

$$\mathcal{U}_n=\{S_{1/n}(x(y)) : y\in Y_n\}$$

とおけばこの開被覆列 $\{\mathcal{U}_n\}$ は命題 14.7 の 2 条件をみたすから $\dim X^{\omega}=0$ である．X^{ω} の任意の部分空間 $Y\neq\phi$ をとれば $\{\mathcal{U}_n|Y\}$ は再び命題 14.7 の 2 条件をみたすから $\dim Y=0$ となる．□

14.9 命題 X が可分距離空間で $\mathrm{ind}\,X=0$ ならば $\dim X=0$ である．

証明 $\mathrm{ind}\,X=0$ であるから任意の n に対して開かつ閉なる集合を元とする被覆 $\mathcal{U}_n$ が存在して $\mathrm{mesh}\,\mathcal{U}_n<1/n$ ならしめることができる．$\mathcal{U}_n$ の可算部分被覆を $\{U_i\}$ とする．

$$V_1=U_1,\qquad V_i=U_i-\bigcup_{j<i}U_j,\qquad i=2,3,\cdots,$$

とおけば $\mathcal{V}_n=\{V_i : i\in N\}$ は X の開被覆であって

$$\mathrm{mesh}\,\mathcal{V}_n<1/n,\qquad \mathrm{ord}\,\mathcal{V}_n=1$$

をみたす．故に命題 14.7 によって $\dim X=0$ となる．□

14.10 定理(Ponomarev-Hanai) 空間 $X\neq\phi$ に対して次の 3 条件は同等

である．

(1) X は第1可算性をみたす．

(2) X は距離空間の開連続像である．

(3) X は dim が 0 である距離空間の開連続像である．

証明 (3)⇒(2)⇒(1)は明らかであるから(1)⇒(3)を証明しよう．$\mathcal{B}=\{B(\alpha):\alpha\in A\}$ を X のベースとする．A を離散空間と考え Baire の 0 次元空間 A^{ω} を考える．A^{ω} の点 (α_i) で $\{B(\alpha_i)\}$ が X のある点の近傍ベースとなるようなもの全体を S とする．S は命題14.8によって $\dim S=0$ をみたす距離空間である．$f:S\to X$ を $f((\alpha_i))=\bigcap B(\alpha_i)$ によって定義すると，X は第1可算性をみたすから上への写像である．

f の連続性をみるために $a=(\alpha_i)\in S$, $f(a)=x$ とし U を x の任意の近傍とする．$\{B(\alpha_i)\}$ は x の近傍ベースをなしているから $x\in B(\alpha_n)\subset U$ となる n が存在する．第 n 座標が α_n である S の点全体を V とすればこれは a の近傍であって $f(V)\subset B(\alpha_n)\subset U$ となる．故に f は連続である．

次に f が開であることを検べよう．A^{ω} の立方近傍で第1座標から第 n 座標までがそれぞれ $\alpha_1, \cdots, \alpha_n$ で定まるものを $V(\alpha_1\cdots\alpha_n)$と書くことにする．$V(\alpha_1\cdots\alpha_n)\cap S$ の f による像が X で開となることを言えば充分である．$f(V(\alpha_1\cdots\alpha_n)\cap S)\subset\bigcap_{i=1}^{n}B(\alpha_i)$ は明らかであるから逆不等式 $f(V(\alpha_1\cdots\alpha_n)\cap S)\supset\bigcap_{i=1}^{n}B(\alpha_i)$ を証明する．$\bigcap_{i=1}^{n}B(\alpha_i)=\phi$ のときは問題ないから $\bigcap_{i=1}^{n}B(\alpha_i)\neq\phi$ のときを考える．この共通部分から任意に点 y をとる．y の近傍ベースとして

$$\{B(\alpha_1), \cdots, B(\alpha_n), B(\beta_{n+1}), B(\beta_{n+2}), \cdots\}$$

のような形をしたものが存在する．

$$b=(\alpha_1, \cdots, \alpha_n, \beta_{n+1}, \beta_{n+2}, \cdots)$$

とおけば $b\in V(\alpha_1\cdots\alpha_n)\cap S$ であって $f(b)=y$ となる．故に逆不等式も正しく

$$f(V(\alpha_1\cdots\alpha_n)\cap S)=\bigcap_{i=1}^{n}B(\alpha_i)$$

となる．この右辺は開である．□

14.11 定義 空間 X から Y への写像 $f:X\to Y$ と濃度 τ が与えられたとき，

f が **τ 写像**であるとは任意の点逆像の位相濃度が τ 以下であることとする. $\aleph_0$ 写像はまた **s 写像**ともよばれる. τ が有限濃度 n のとき n 写像であって $n-1$ 写像でないならば f の**次数**(order), $\mathrm{ord}\, f$, は n であるという.

14.12 系 X が点可算ベースをもつならば, X は距離空間 S で $\dim S \leqq 0$ なるものの開, 連続, s 写像による像となる.

証明 定理 14.10 の証明の中の $\mathscr{B}$ として点可算ベースをもってくればよい. □

この逆も真であるが, それについては定理 18.8 を見られたい.

演 習 問 題

2.A I を可算無限個乗じたものに箱位相を与えると第1可算性をみたさない. したがって距離化可能でもない.

2.B X を完全非連結なコンパクト距離空間とする. X が**非退化**(non-degenerate), すなわち2点以上含んでいるならば $X^{\omega} \approx C$.

2.C 積空間 $X \times Y$ を考える. $A \subset X$, $B \subset Y$ とすると $\mathrm{Bry}\,(A \times B) = (\mathrm{Bry}\, A \times \bar{B}) \cup (\bar{A} \times \mathrm{Bry}\, B)$.

2.D 空間 X の開被覆を $\mathcal{U} = \{U_\alpha : \alpha \in A\}$ とする. $\mathcal{U}$ が次数 $\leqq n$ の開被覆 $\mathcal{V} = \{V_\beta : \beta \in B\}$ で細分されるならば, $\mathcal{U}$ は次数 $\leqq n$ の開被覆で 1:1 細分される.

ヒント $\varphi : B \to A$ を $\mathcal{V}$ から $\mathcal{U}$ への細分射とし, $W_\alpha = \bigcup \{V_\beta : \varphi(\beta) = \alpha\}$, $\mathcal{W} = \{W_\alpha : \alpha \in A\}$ とすれば $\mathcal{W}$ が求めるものである.

2.E 任意の開被覆が Lebesgue 数をもつような距離空間であってコンパクトでないものを作れ.

2.F X, Y なる距離空間に対して $f : X \to Y$ を考える. 任意の $\varepsilon > 0$ に対して $\delta > 0$ が存在して $d(x, x') < \delta$ ならば $d(f(x), f(x')) < \varepsilon$ となるとき f は**一様連続**(uniformly continuous) であるという. X の任意の開被覆が Lebesgue 数をもつならば任意の $f \in C(X, Y)$ は一様連続である.

2.G 正規空間の点有限開被覆はコゼロ被覆によって 1:1 細分される.

2.H 距離空間 X に対して $d(x, y) = d(u, v) > 0 \Rightarrow \{x, y\} = \{u, v\}$ が成立するならば X は**超精密**であるとよばれる. X がそのような空間であるならば任意の $x \in X$ と任意の $\varepsilon > 0$ に対して $0 < \delta < \varepsilon$ である δ が存在して x から δ の距離にある点はないようにできる.

ヒント x から t の距離にある点全体を $D(x, t)$ と書くと $D(x, \varepsilon/2) \neq \phi$ のときだけ考え

ればよい．この左辺はただ1点であり，それを y とする．$D(x, \varepsilon/3) \neq \phi$ のときだけが問題であり，$d(x, z) = \varepsilon/3$ とする．$d(y, z) = \delta$ とすればこれが求めるものである．

2.I　超精密な距離空間であって可分でないものを作れ．

2.J (Janos)　Cantor 集合 C は超精密に距離化可能である．

ヒント　$a_i = 1/3^i$，$i = 1, 2, \cdots$，なる数列をとる．例10.6における記号を用いる．2点 $x = x(\delta_1\delta_2\cdots)$，$x' = x(\varepsilon_1\varepsilon_2\cdots)$ の距離を次の表によって定める．

$$I(0) \xrightarrow{a_1} I(1)$$

$$I(0\,0) \xrightarrow{a_2} I(0\,1) \xrightarrow{a_3} I(1\,0) \xrightarrow{a_4} I(1\,1)$$

$$I(0\,0\,0) \xrightarrow{a_5} I(0\,0\,1) \xrightarrow{a_6} \cdots$$

……

$x < x'$ として，第 n 行において x の属する区間，即ち $I(\delta_1 \cdots \delta_n)$ から x' の属する区間 $I(\varepsilon_1 \cdots \varepsilon_n)$ に渡るときに表われる a_i の和を $d_n(x, x')$ とする．$d(x, x') = \sum_{n=1}^{\infty} d_n(x, x')$ とすればこれが求める距離である．$\{a_i\}$ の如何なる部分列もすべて異なる和をもつことに注意せよ．

2.K　$X \subset R^n$ がコンパクトであるための必要充分条件は X が有界閉集合であることである．

ヒント　定理12.6の系である．

2.L　コンパクト T_2 空間 X があり，$R^n \subset X$，$\overline{R^n} = X$ かつ $X - R^n$ は有限個の点しか含まないとする．このとき $n=1$ ならば $X - R^n$ は高々2点であり，$n \geqq 2$ ならば $X - R^n$ はただ1点である．

ヒント　2.K参照．

2.M　空間 X が完全可分であるための必要充分条件は X が($\dim \leqq 0$ なる)可分距離空間の開連続像となることである．

ヒント　定理14.10の証明の中の $\mathcal{B}$ として可算ベースをとれ．

2.N　完全可分 T_2 空間であって距離化不可能なものを作れ．

ヒント　例えば1.Gで与えた空間がそれである．

第3章　パラコンパクト空間

§15　正規列

15.1　定義　空間 X とその部分集合のなすある族 $\mathcal{U}$ が与えられたとせよ．X の部分集合 A に対して

$$\mathcal{U}(A) = \bigcup\{U \in \mathcal{U} : U \cap A \neq \phi\}$$

とおき，これを A の $\mathcal{U}$ に関する**星**(star)という．特に A が1点集合 $\{x\}$ のときは単に $\mathcal{U}(x)$ と書く．

$$\mathcal{U}^2 = \{U_1 \cup U_2 : U_1, U_2 \in \mathcal{U},\ \ U_1 \cap U_2 \neq \phi\},$$

$$\mathcal{U}^n = \left\{\bigcup_{i=1}^{n} U_i : U_i \in \mathcal{U},\ \ U_i \cap U_{i+1} \neq \phi\right\}$$

とおく．$(\mathcal{U}^n)^m = \mathcal{U}^{nm}$ である．

$$\mathcal{U}^{\Delta} = \{\mathcal{U}(x) : x \in X\},$$

$$\mathcal{U}^* = \{\mathcal{U}(U) : U \in \mathcal{U}\}$$

とおく．$\mathcal{U}^{\Delta} < \mathcal{U}^* < (\mathcal{U}^{\Delta})^{\Delta} = \{\mathcal{U}^2(x) : x \in X\}$ である．次の記号も便利である．

$$\mathcal{U}^{-n}(A) = X - \mathcal{U}^n(X - A).$$

$\{\mathcal{U}_i\}$ が**正規列**であるとは各 $\mathcal{U}_i$ が開被覆であって各 i に対して $\mathcal{U}_i > \mathcal{U}_{i+1}^{\Delta}$ が成立していることとする．開被覆 $\mathcal{U}$ が**正規**であるとは $\mathcal{U} = \mathcal{U}_1$ を出発点として上のような正規列が存在することである．任意の開被覆が正規であるような空間を**全体正規空間**(fully normal space)という．開被覆 $\mathcal{U}$ に対して $\mathcal{U} > \mathcal{V}^{\Delta}$ または $\mathcal{U} > \mathcal{V}^*$ が成立するような開被覆 $\mathcal{V}$ をそれぞれ $\mathcal{U}$ の **Δ 細分**または *** 細分**という．

15.2　定義　d が空間 X 上の**擬距離**(pseudo metric)であるとは任意の3点 $x, y, z \in X$ に対して次の4条件がみたされていることである．

(1)　$d(x, x) = 0.$

(2)　$d(x, y) = d(y, x) \geqq 0.$

(3)　$d(x,y) \leqq d(x,z)+d(z,y)$.

(4)　$S_\varepsilon(x)=\{x'\in X : d(x',x)<\varepsilon\}$ は任意の $\varepsilon>0$ に対して開である.

位相の導入されていない集合 X に対して擬距離を考えることがある. それは(4)の条件をとり去った残りの3条件をみたす d のことである. 本書では特に断らない限り(4)をもみたしている擬距離を考える.

空間 X 上の擬距離 d は $xRy \Leftrightarrow d(x,y)=0$ とすることによって X 上の同値関係 R を与える. x の属する同値類を x^*, $X^*=X/R$, $f: X\to X^*$ を射影とする. $d(x^*,y^*)=d(x,y)$ として X^* は距離空間となる. この (X^*,d) を X/d と書く. 任意の $\varepsilon>0$ に対して $f^{-1}(S_\varepsilon(x^*))=S_\varepsilon(x)$ であるから f は連続である.

15.3　補題　空間 X の2元コゼロ開被覆 $\{U_0,U_1\}$ は正規である.

証明　$F_0=X-U_0$, $F_1=X-U_1$ とおけば命題9.14によって $f\in C(X,I)$ が存在して f は F_0 上で0, F_1 上で1となるようにできる. $d(x,y)=|f(x)-f(y)|$ とおけば d は X 上の擬距離であり $\{S_1(x): x\in X\}$ は $\{U_0,U_1\}$ を細分する. 一般に

$$\{S(x:1/2^i): x\in X\} > \{S(x:1/2^{i+1}): x\in X\}^\Delta$$

が成り立つから $\{S_1(x): x\in X\}$ は正規, したがって $\{U_0,U_1\}$ は正規となる. □

15.4　補題　空間 X の開被覆 $\mathcal{U}_1,\cdots,\mathcal{U}_n$ に対して次が成立する.

(1)　各 $\mathcal{U}_i$ が Δ 細分をもてば $\bigwedge_{i=1}^{n}\mathcal{U}_i$ も Δ 細分をもつ.

(2)　各 $\mathcal{U}_i$ が正規ならば $\bigwedge_{i=1}^{n}\mathcal{U}_i$ も正規である.

証明　(1)から(2)は直ちに導かれるから(1)を証明する. $\mathcal{U}_i$ の Δ 細分を $\mathcal{V}_i$ とすれば $\bigwedge_{i=1}^{n}\mathcal{U}_i>\left(\bigwedge_{i=1}^{n}\mathcal{V}_i\right)^\Delta$ であることは容易にわかる. □

15.5　補題　空間 X の有限コゼロ被覆 $\{U_1,\cdots,U_n\}$ に対してゼロ被覆 $\{F_1,\cdots,F_n\}$ が存在して $F_i\subset U_i$ が各 i に対して成り立つようにできる.

証明　コゼロ集合 V_1 とゼロ集合 F_1 をとり

$$X-\bigcup_{i=2}^{n}U_i\subset V_1\subset F_1\subset U_1$$

とする. これはこの式の左辺がゼロ集合であるから可能である. 同じようにしてコゼロ集合 V_2 とゼロ集合 F_2 をとって $X-V_1\cup\left(\bigcup_{i=3}^{n}U_i\right)\subset V_2\subset F_2\subset U_2$ ならしめる. この操作を続ければゼロ被覆 $\{F_i\}$ がえられ, それは $\{U_i\}$ を1:1細分

している. □

15.6　定理　空間 X の有限コゼロ被覆 $\{U_1, \cdots, U_n\}$ は正規である.

証明　補題 15.5 によって $\{U_i\}$ はゼロ被覆 $\{F_i\}$ によって 1 : 1 細分される. $\mathcal{U}_i=\{X-F_i, U_i\}$, $i=1, \cdots, n$, とおけばこれらは補題 15.3 によって正規である. 故に補題 15.4 によって $\bigwedge_{i=1}^{n} \mathcal{U}_i$ は正規である. これを $\mathcal{U}$ とおけば $\mathcal{U}$ の元で $\bigcap_{i=1}^{n}(X-F_i)$ の形をしたものは $\{F_1, \cdots, F_n\}$ が被覆であるから空でなければならない. 故に $\mathcal{U}<\{U_1, \cdots, U_n\}$ である. □

15.7　定理(Tukey)　空間 X が正規であるための必要充分条件はその任意の有限開被覆 $\{U_1, \cdots, U_n\}$ が正規であることである.

証明　必要性　定理 14.4 によって $\{U_i\}$ は収縮できるから閉被覆 $\{F_i\}$ によって 1 : 1 細分される. X は正規であるから Urysohn の定理を $F_i, X-U_i$ に対して用いれば各 i に対して $F_i \subset V_i \subset U_i$ となるコゼロ集合 V_i が存在する. 被覆 $\{V_i\}$ は定理 15.6 によって正規であるから $\{U_i\}$ も正規である.

充分性　F, H を X の素な閉集合とする. $\{X-F, X-H\}$ を Δ 細分する開被覆 $\mathcal{U}$ をとる. $\mathcal{U}(F) \cap \mathcal{U}(H)=\phi$ なることをいうためにこの共通部分が点 x を共有したと仮定する. $x \in \mathcal{U}(F)$ なることより $x \in U_1 \in \mathcal{U}$ なる U_1 が存在して $U_1 \cap F \neq \phi$ となる. $x \in \mathcal{U}(H)$ なることより $x \in U_2 \in \mathcal{U}$ なる U_2 が存在して $U_2 \cap H \neq \phi$ となる. $U_1 \cup U_2 \subset \mathcal{U}(x)$ であるから $\mathcal{U}(x) \cap F \neq \phi$ かつ $\mathcal{U}(x) \cap H \neq \phi$ となって $\mathcal{U}(x)$ は $\{X-F, X-H\}$ を細分しない. $\mathcal{U}(x) \in \mathcal{U}^{\Delta}$ であるからこれは矛盾である. □

15.8　系　全体正規空間は正規である.

15.9　補題　空間 X とその開被覆 $\mathcal{U}$ が与えられたとする. X の中の整列点列 $\{x_\alpha : \alpha \in A\}$ に対して

$$\alpha<\beta \Rightarrow x_\alpha \notin \mathcal{U}(x_\beta)$$

が成り立つならば点集合 $\{x_\alpha\}$ は閉集合である.

証明　$\{x_\alpha\}=F$ とおく. $x \in X-\mathcal{U}(F)$ ならば $\mathcal{U}(x) \cap F=\phi$ であるから $x \notin \bar{F}$. $x \in \mathcal{U}(F)-F$ ならば $x \in \mathcal{U}(x_\alpha)$ となる最小の α をとると $\mathcal{U}(x_\alpha) \cap \{x_\beta : \beta \neq \alpha\}=\phi$ である. 故に $\mathcal{U}(x_\alpha)$ から 1 点 x_α を除いた集合 U は x の近傍であって $U \cap F=$

ϕ. 従って $x \notin \bar{F}$ である.□

15.10　例　正規であって全体正規でない空間は存在する．例9.24における $[0, \omega_1)$ がそのような例である．開被覆 $\mathcal{U}=\{[0, \alpha] : \alpha < \omega_1\}$ が Δ 細分 $\mathcal{V}$ をもったとせよ．任意に α_1 をとれば $\mathcal{V}(\alpha_1)$ は $\mathcal{U}$ を細分するから $\alpha_2 > \alpha_1$ が存在して $\alpha_2 \notin \mathcal{V}(\alpha_1)$ となる．以下同じようにして $\alpha_1, \alpha_2, \cdots$ なる列を作り各 i に対して

$$\alpha_i < \alpha_{i+1}, \quad \alpha_{i+1} \notin \bigcup\{\mathcal{V}(x_j) : j=1, \cdots, i\}$$

が成り立つようにできる．$\{\alpha_1, \alpha_2, \cdots\}$ は補題15.9によれば閉である．一方 $\sup \alpha_i \in \mathrm{Cl}\,\{\alpha_1, \alpha_2, \cdots\}$ であるから $\{\alpha_i\}$ は閉ではない．この矛盾は $[0, \omega_1)$ が全体正規になりえないことを示している．

15.11　定理(Tukey)　距離空間 X は全体正規である．

証明　X の任意の開被覆を $\mathcal{U}$ とする．各点 $x \in X$ に対して $0 < \varepsilon(x) < 1$ なる数を定め $S(x : 6\varepsilon(x)) < \mathcal{U}$ となるようにする．$\mathcal{V}=\{S(x : \varepsilon(x)) : x \in X\}$ とおけば $\mathcal{V}$ が $\mathcal{U}$ の Δ 細分であることを示そう．

(1)　$\mathcal{V}(x)=\bigcup\{S(y : \varepsilon(y)) : y \in A\}$,

(2)　$a=\sup\{\varepsilon(y) : y \in A\}$

とおき

(3)　$a/2 < \varepsilon(z) \leqq a, \ z \in A$

なる z を定める．u を $\mathcal{V}(x)$ の任意の点とすれば

(4)　$\{u, x\} \subset S(y, \varepsilon(y)), \ y \in A$

なる y が定まる．(1)-(4)によって

$$\begin{aligned} d(z, u) &\leqq d(z, x)+d(x, y)+d(y, u) \\ &< \varepsilon(z)+\varepsilon(y)+\varepsilon(y) \leqq 3a. \end{aligned}$$

故に $u \in S(z : 3a)$. 一方(3)より $3a < 6\varepsilon(z)$ であるから $S(z : 3a) \subset S(z : 6\varepsilon(z))$. u は $\mathcal{V}(x)$ の任意の点であったから $\mathcal{V}(x) \subset S(z : 6\varepsilon(z)) < \mathcal{U}$.□

§16　局所有限性と可算パラコンパクト空間

16.1　定義　空間 X とその部分集合のなすある族 $\mathcal{U}=\{U_\alpha\}$ が与えられたとする．$\mathcal{U}$ が X で**局所有限**(locally finite)であるとは，任意の点 $x \in X$ に対し

てその近傍 V が存在して $V\cap U_\alpha\neq\phi$ なる $\mathcal{U}$ の元 U_α は有限個に限ることとする．$\mathcal{U}$ が**星有限**(star finite)であるとは，任意の $U_\alpha\in\mathcal{U}$ に対して $U_\alpha\cap U_\beta\neq\phi$ なる $\mathcal{U}$ の元 U_β は有限個に限ることとする．$\mathcal{U}$ が開被覆のときは星有限ならば当然局所有限である．$\mathcal{U}$ が**疎**(discrete)であるとは $\overline{\mathcal{U}}$ が素であって局所有限なることとする．このとき特に各 U_α が 1 点集合ならば $\mathcal{U}$ を**疎な点集合**という．$\mathcal{U}$ の任意の部分族 $\mathcal{V}$ に対して $\overline{\mathcal{V}}^\#$ が閉となるとき $\mathcal{U}$ を**閉包保存**(closure preserving)であるという．

$\mathcal{U}=\bigcup_{i=1}^{\infty}\mathcal{U}_i$ と書くことができて各 $\mathcal{U}_i$ が局所有限，疎，疎な点集合，あるいは閉包保存であるとき $\mathcal{U}$ をそれぞれ **σ 局所有限**，**σ 疎**，**σ 疎な点集合**，あるいは **σ 閉包保存**であるという．

16.2　命題　空間 X の局所有限な部分集合族 $\mathcal{U}=\{U_\alpha:\alpha\in A\}$ は閉包保存である．

証明　任意の $B\subset A$ に対して $\{U_\alpha:\alpha\in B\}$ は局所有限である．任意の $x\in X-\bigcup\{\overline{U}_\alpha:\alpha\in B\}$ に対してその開近傍 V が存在して $C=\{\alpha\in B:V\cap U_\alpha\neq\phi\}$ は有限集合になるようにできる．$\alpha\in B-C$ なら $V\cap U_\alpha=\phi$ したがって $V\cap\overline{U}_\alpha=\phi$ であるから

$$V-\bigcup\{\overline{U}_\alpha:\alpha\in B\}=V-\bigcup\{\overline{U}_\alpha:\alpha\in C\}.$$

この式の右辺は x の開近傍であるから

$$x\notin \mathrm{Cl}\left(\bigcup\{\overline{U}_\alpha:\alpha\in B\}\right)$$

となり $\bigcup\{\overline{U}_\alpha:\alpha\in B\}$ は閉となる．□

このことから直ちに疎な点集合は離散部分空間であり，また σ 疎な点集合は F_σ 集合であることがわかる．

16.3　問題(Hajnal-Juhász)　連続濃度より大きな濃度をもつ T_2 空間は非可算な離散部分空間をもつか．

16.4　定理　空間 X の局所有限コゼロ被覆 $\mathcal{U}$ は正規である．

証明　$\mathcal{U}=\{U_\alpha:\alpha\in A\}$ とおき A を整列集合と考える．$X-\bigcup_{0<\alpha}U_\alpha$ はゼロ集合であるから $X-\bigcup_{0<\alpha}U_\alpha\subset V_0\subset F_0\subset U_0$ なるコゼロ集合 V_0 とゼロ集合 F_0 が存在する．このようにして $\mathcal{U}$ を $\{V_0,U_\alpha:0<\alpha\}$ に変換する．以下は定理 14.4 の

論法と平行的に超限帰納法によって $\mathcal{U}$ はゼロ被覆 $\{F_\alpha\}$ によって 1:1 細分されることがわかる．$g_\alpha\in C(X, I)$ を F_α 上で 1，$X-U_\alpha$ 上で 0 の値をとる関数とする．$x, y\in X$ に対して

$$d(x, y) = \sum_{\alpha\in A} |g_\alpha(x)-g_\alpha(y)|$$

とおく．右辺の和は 0 にならない g_α に対する和という意味に解する．この d は $\mathcal{U}$ の局所有限性によって X 上の擬距離となる．

15.2 の記号を踏襲して射影 $f: X\to X^*=X/d$ を考える．$\mathcal{V}=\{S_1(x^*) : x^*\in X^*\}$ とおき $f^{-1}(\mathcal{V})=\{f^{-1}(V) : V\in\mathcal{V}\}$ が $\mathcal{U}$ を細分することを示そう．任意に $f^{-1}(S_1(x^*))$ をとる．$x\in F_\beta$ なる $\beta\in A$ をとる．任意に $y\in f^{-1}(S_1(x^*))$ をとれば $d(x^*, y^*)=\sum|g_\alpha(x)-g_\alpha(y)|<1$ であるから $|g_\beta(x)-g_\beta(y)|<1$．故に $|g_\beta(x)-g_\beta(y)|=1-g_\beta(y)<1$ より $g_\beta(y)>0$ となる．これは $y\in U_\beta$ を意味し $f^{-1}(S_1(x^*))\subset U_\beta$ なることがわかった．

$\mathcal{V}$ は距離空間 X^* の開被覆であるから定理 15.11 によって正規である．故に $f^{-1}(\mathcal{V})$ は正規であり $\mathcal{U}$ も正規でなければならない．□

16.5　系　正規空間の局所有限開被覆は正規である．

証明　正規空間の点有限開被覆は定理 14.4 によって閉被覆によって 1:1 細分されるからコゼロ被覆によっても 1:1 細分される．□

16.6　定理 (C. H. Dowker-Morita)　空間 X の可算コゼロ被覆 $\{U_i\}$ は星有限な可算コゼロ被覆によって細分される．

証明

$$U_i = \bigcup_{j=1}^{\infty} U_{ij} = \bigcup_{j=1}^{\infty} F_{ij},\qquad U_{ij}\subset F_{ij}\subset U_{i,j+1},$$

各 U_{ij} はコゼロ集合，各 F_{ij} はゼロ集合，

と表現しておく．

$$V_i = \bigcup\{U_{ji} : j\leqq i\},\qquad F_i = \bigcup\{F_{ji} : j\leqq i\}$$

とおけば $V_i\subset F_i\subset V_{i+1}$ かつ $\bigcup V_i=X$ である．

$$W_i = V_i-F_{i-2},\qquad F_0 = F_{-1} = \phi$$

とおけば $|i-j|\geqq 2$ なるとき $W_i\cap W_j=\phi$ であるから $\{W_i\}$ は X の星有限なコ

ゼロ被覆である.

$$\mathcal{U}_i=\{U_1, \cdots, U_i\}, \qquad \mathcal{V}_i=\mathcal{U}_i|W_i$$

とおけば $\mathcal{V}_i$ は W_i の有限被覆であるから $\bigcup\mathcal{V}_i$ は $\{U_i\}$ の星有限な細分であるコゼロ被覆である. □

16.7 定義 空間 X の任意の開被覆が点有限, 局所有限, または星有限な開被覆によって細分されるとき, X をそれぞれ**点有限パラコンパクト**(pointwise paracompact), **パラコンパクト**(paracompact), **強パラコンパクト**(strongly paracompact)であるという. 点有限パラコンパクトのことを**弱パラコンパクト**, **メタコンパクト**などということもある. 強パラコンパクト空間のことを**星有限性**をもつ空間, ***S* 空間**などということもある. 任意の可算開被覆が局所有限な開被覆で細分される空間を**可算パラコンパクト**(countably paracompact)であるという.

任意の正規空間は可算パラコンパクトであるかという問題は C. H. Dowker によって1951年に提出され幾多の話題を提供したのであったが, 20年後にアメリカの女性数学者 Mary Rudin によって否定解を与えられ幕を閉じることになった.

16.8 命題 正則な Lindelöf 空間 X は強パラコンパクトである.

証明 命題 9.21 によって X は正規である. 故に任意の開被覆 $\mathcal{U}$ はコゼロ被覆 $\mathcal{V}$ によって細分される. $\mathcal{V}$ の可算部分被覆を $\mathcal{W}$ とすれば, $\mathcal{W}$ は定理 16.6 によって星有限な開被覆 $\mathcal{D}$ によって細分される. $\mathcal{U}>\mathcal{W}$ であるから X は強パラコンパクトである. □

16.9 命題 完全正規空間は可算パラコンパクトである.

証明 この空間の任意の開集合はコゼロであるからこの命題は定理 16.6 の系である. □

16.10 定理(Ishikawa) 空間 X が可算パラコンパクトであるための必要充分条件は $\bigcup U_i=X$, $U_1\subset U_2\subset\cdots$ なる開集合列 $\{U_i\}$ に対して開集合 W_i が存在して $\bigcup W_i=X$, $\overline{W}_i\subset U_i$ が成立するようにできることである.

証明 必要性 $\{U_i\}$ を 1:1 細分する局所有限開被覆を $\{V_i\}$ とする. $G_i=$

$\bigcup_{j>i} V_j$, $X-\bar{G}_i=W_i$ とおけばこれが求めるものである．任意の点 $x\in X$ に対してその近傍 U が存在して $U\cap G_n=\phi$ がある n に対して成り立つようにできる．この時 $x\notin \bar{G}_n$ であるから $x\in W_n$ となって $\bigcup W_i=X$ が成立する．$W_i\subset X-G_i \subset V_1\cup\cdots\cup V_i\subset U_1\cup\cdots\cup U_i=U_i$ より $\bar{W}_i\subset X-G_i\subset U_i$ がでる．

充分性　X の可算開被覆 $\{V_i\}$ をとる．$U_i=V_1\cup\cdots\cup V_i$ とおき $\{U_i\}$ に対して定理の条件をみたす $\{W_i\}$ をとる．必要ならば有限和でおきかえればよいから $W_1\subset W_2\subset\cdots$ として一般性を失わない．$W_0=\phi$, $D_i=V_i-\bar{W}_{i-1}$ とおく．すると $\{D_i\}$ は $\{V_i\}$ を細分する局所有限開被覆となる．細分していることと各 D_i が開であることは明らかである．$\{D_i\}$ が被覆になっていることを見るために任意に $x\in X$ をとる．$x\in V_n$ なる最初の n をとる．この n に対して $x\notin V_1\cup\cdots\cup V_{n-1}=U_{n-1}$, $\bar{W}_{n-1}\subset U_{n-1}$ なることより $x\notin \bar{W}_{n-1}$．故に $x\in V_n-\bar{W}_{n-1}=D_n$．次に $\{D_i\}$ の局所有限性を見るために $x\in W_m$ なる m をとれば $m<k$ なる任意の k に対して $\bar{W}_m\cap D_k\subset \bar{W}_{k-1}\cap D_k=\phi$. □

16.11　命題　正規空間 X に対して次の3条件は同等である．

(1)　X は可算パラコンパクトである．

(2)　X の可算開被覆は収縮できる．

(3)　X の可算単調開被覆 $\{U_i\}$, $U_1\subset U_2\subset\cdots$, は収縮できる．

証明　(1)⇨(2)は定理 14.4 より明らかである．(2)⇨(3)も明らかであるから(3)⇨(1)を証明しよう．X の任意の可算開被覆 $\{V_i\}$ をとる．$U_i=V_1\cup\cdots\cup V_i$ とおき $\{U_i\}$ を 1 : 1 細分する閉被覆 $\{F_i\}$ をとる．X の正規性によって $F_i\subset W_i\subset U_i$ をみたすコゼロ集合 W_i をとる．定理 16.6 によって局所有限開被覆 $\{D_i\}$ で $\{W_i\}$ を 1 : 1 細分するものが存在する．$\{D_i\cap V_j : j=1,\cdots,i,\ i=1,2,\cdots\}$ は $\{V_i\}$ を細分する局所有限開被覆である. □

ここで注意しておきたいことがある．空間 X の開被覆 $\mathcal{U}=\{U_\alpha : \alpha\in A\}$ が性質 P をもつ開被覆 $\mathcal{V}=\{V_\beta : \beta\in B\}$ によって細分されるとき性質 P をもつ開被覆によって 1 : 1 細分される場合がある．例えば次数，局所有限性，点有限性，点可算性，閉包保存性などの性質がそれである．$\varphi : B\to A$ を細分射とすれば

$$\mathcal{W}=\{W_\alpha=\bigcup\{V_\beta : \varphi(\beta)=\alpha\} : \alpha\in A\}$$

が求める1：1細分を与えている．この事実はしばしば用いられる．

16.12 定理(C. H. Dowker の特性化定理) 正規空間 X に対して次の3条件は同等である．

(1) X は可算パラコンパクトである．

(2) 任意のコンパクト距離空間 Y に対して $X\times Y$ は正規である．

(3) $X\times I$ は正規である．

証明 (1)⇨(2) Y の可算ベースを $\{D_i : i\in N\}$ とする．N のあらゆる有限部分集合の族を M とし

$$H_\alpha=\bigcup\{D_i : i\in\alpha\},\qquad \alpha\in M,$$

とおく．A, B を $X\times Y$ の素な閉集合とする．

$$A_x=\{y\in Y : (x, y)\in A\},\qquad x\in X,$$
$$B_x=\{y\in Y : (x, y)\in B\},\qquad x\in X,$$
$$U_\alpha=\{x\in X : A_x\subset H_\alpha\}\cap\{x\in X : B_x\subset Y-\overline{H}_\alpha\}$$

とおく．U_α は各 $\alpha\in M$ に対して開集合となることを示そう．$A_{x_0}\subset H_\alpha$ とする．$Y-H_\alpha$ の任意の点を y とすると $(x_0, y)\notin A$．故に (x_0, y) の立方近傍 $P_y\times Q_y$ が存在して $(P_y\times Q_y)\cap A=\phi$ なるようにできる．$\{Q_y : y\in Y-H_\alpha\}$ は $Y-H_\alpha$ を覆っているから

$$Y-H_\alpha\subset Q_{y_1}\cup\cdots\cup Q_{y_n}$$

となる有限個の点 $y_1, \cdots, y_n\in Y-H_\alpha$ が存在する．$P=P_{y_1}\cap\cdots\cap P_{y_n}$ とおけばこれは x_0 の開近傍であって

$$x\in P\Rightarrow A_x\subset H_\alpha$$

をみたす．故に $\{x\in X : A_x\subset H_\alpha\}$ は開集合である．同じようにして $\{x\in X : B_x\subset Y-\overline{H}_\alpha\}$ も開集合であることが知られて U_α は開集合となる．

$\{U_\alpha : \alpha\in M\}$ が X の被覆であることを示すために任意に $x\in X$ をとる．A_x, B_x は Y の素な閉集合であるから $A_x\subset H_\beta\subset\overline{H}_\beta\subset Y-B_x$ をみたす $\beta\in M$ が存在する．この β に対して $x\in U_\beta$ である．

$\{V_\alpha\}$ を X の局所有限開被覆であって $\{U_\alpha\}$ を1：1細分するものとする．

$\{W_\alpha\}$ を X の開被覆であって $\{\overline{W}_\alpha\}$ が $\{V_\alpha\}$ を $1:1$ 細分するものとする.

$$W=\bigcup\{W_\alpha\times H_\alpha : \alpha\in M\}$$

とおけば W は開であって $A\subset W$ をみたす. $\{W_\alpha\times H_\alpha : \alpha\in M\}$ は $X\times Y$ で局所有限であるから, 命題16.2によって閉包保存である. 故に $\overline{W}=\bigcup(\overline{W_\alpha\times H_\alpha})=\bigcup(\overline{W}_\alpha\times\overline{H}_\alpha)\subset\bigcup(V_\alpha\times\overline{H}_\alpha)\subset\bigcup(U_\alpha\times\overline{H}_\alpha)$ となり, この式の最右辺は B と交わらない.

(2)⇨(3) は明らかである.

(3)⇨(1)　命題16.11の判定条件(3)によって X の可算パラコンパクト性を検べよう. $U_1\subset U_2\subset\cdots$, $\bigcup U_i=X$ なる開集合 U_i を考える.

$$F=X\times\{0\},$$
$$H=X\times I-\bigcup\{U_i\times[0,1/i) : i\in N\}$$

とおけば F, H は $X\times I$ の素な閉集合である. 開集合 $V\subset X\times I$ をとり $F\subset V\subset\overline{V}\subset X\times I-H$ ならしめる.

$$F_i=\{x\in X : (x,1/i)\in\overline{V}\}$$

とおけば F_i は閉であって $F_i\subset U_i$, $\bigcup F_i=X$ をみたす. □

この定理における Y を可分距離空間にまで弱めることはできない. 例13.6の Michael の直線は正規かつ強パラコンパクトである(命題16.8参照)に関らず I の部分空間との積が正規にならないからである.

§17　パラコンパクト空間

17.1　補題　パラコンパクト T_2 空間 X は正規である.

証明　まず X の正則性を示すために閉集合 F とそれに含まれない点 x をとる. F の各点 y に対してその開近傍 $U(y)$ で $x\notin\overline{U(y)}$ なるものを対応させる. 開被覆

$$\{X-F\}\cup\{U(y) : y\in F\}$$

を細分する局所有限開被覆を $\mathcal{U}$ とする. $\mathcal{U}$ が閉包保存であることに注意すれば

$$\mathrm{Cl}(\mathcal{U}(F))\subset\bigcup\{\overline{U(y)} : y\in F\}\subset X-\{x\}$$

となって X は正則である．

次に X の正規性を示すために素な閉集合 F, H をとる．H の各点 x は正則性によって開近傍 $U(x)$ をもち $\overline{U(x)} \cap F = \phi$ とできる．開被覆 $\{X-H\} \cup \{U(x) : x \in H\}$ を細分する局所有限開被覆を $\mathcal{V}$ とする．再びこの開包保存性を使えば $\mathrm{Cl}(\mathcal{V}(H)) \cap F = \phi$ となる．□

17.2 定理(Dieudonné) パラコンパクト T_2 空間 X は全体正規である．

証明 X の任意の開被覆を $\mathcal{U}$ とする．$\mathcal{U}$ を細分する局所有限開被覆を $\mathcal{V}$ とする．系 16.5 によって $\mathcal{V}$ は正規，したがって $\mathcal{U}$ も正規となる．□

17.3 定義 空間 X が**族正規**(collectionwise normal)であるとは X の任意の疎な閉集合族 $\{F_\alpha\}$ に対して素な開集合族 $\{G_\alpha\}$ が存在して $F_\alpha \subset G_\alpha$ が各 α に対して成立するようにできることである．

この定義から直ちに族正規空間は正規であることがわかる．パラコンパクト性，可算パラコンパクト性，族正規性はいずれも閉集合に継承的であることはほとんど明らかである．

17.4 命題 全体正規空間 X は族正規である．

証明 $\{F_\alpha : \alpha \in A\}$ を X の疎な閉集合族とする．

$$U_\alpha = X - \bigcup\{F_\beta : \beta \neq \alpha\}, \qquad \alpha \in A,$$

とすれば $\{U_\alpha : \alpha \in A\}$ は X の開被覆である．この Δ 細分を $\mathcal{V}$ とすれば $\{\mathcal{V}(F_\alpha) : \alpha \in A\}$ は素である．何となれば $\alpha \neq \beta$ に対して $\mathcal{V}(F_\alpha) \cap \mathcal{V}(F_\beta) \neq \phi$ になったとすれば $F_\alpha \cap \mathcal{V}^2(F_\beta) \neq \phi$，したがって $F_\alpha \cap \mathcal{U}(F_\beta) \neq \phi$ となる．一方 $\mathcal{U}(F_\beta) = U_\beta$ であるから $F_\alpha \cap \mathcal{U}(F_\beta) = \phi$ でなければならず矛盾が生じた．□

族正規であって全体正規でない空間の例としては $[0, \omega_1)$ がある．

17.5 定理(A. H. Stone) 全体正規空間 X の任意の開被覆 $\mathcal{U} = \{U_\alpha : \alpha \in A\}$ は局所有限かつ σ 疎な開被覆によって細分される．したがって全体正規空間はパラコンパクトである．

証明 A を整列する．$\mathcal{U}$ を出発点とする正規列を $\mathcal{U}, \mathcal{U}_1, \mathcal{U}_2, \cdots$ とする．

$$V_{\alpha 1} = \mathcal{U}_1^{-1}(U_\alpha),$$

$$V_{\alpha 2} = \mathcal{U}_2(V_{\alpha 1}), \qquad V_{\alpha n} = \mathcal{U}_n(V_{\alpha, n-1}) \quad (n \geqq 2)$$

とおく．$V_{\alpha n}$ は $n\geqq 2$ のとき開である．

$$V_\alpha=\bigcup_{n=1}^{\infty}V_{\alpha n}$$

とおけば V_α も開である．$\mathcal{U}_2(V_{\alpha 2})\subset\mathcal{U}_2^2(V_{\alpha 1})\subset\mathcal{U}_1(V_{\alpha 1})\subset U_\alpha$ であり，簡単な帰納法の適用によって一般に $\mathcal{U}_n(V_{\alpha n})\subset U_\alpha$ がいえるから $V_\alpha\subset U_\alpha$ である．$\{V_\alpha:\alpha\in A\}$ が X の被覆であることをいうために任意に $x\in X$ をとる．$\mathcal{U}_1{}^{\Delta}<\mathcal{U}$ であるから $\mathcal{U}_1(x)\subset U_\alpha$ なる α が存在する．この α に対して $x\in\mathcal{U}_1^{-1}(U_\alpha)=V_{\alpha 1}$ であるから $x\in V_\alpha$ となる．

$$H_{0n}=\mathcal{U}_n^{-1}(V_0),$$
$$H_{\alpha n}=\mathcal{U}_n^{-1}(V_\alpha)-\bigcup_{\beta<\alpha}V_\beta$$

とおく．更に

$$W_{\alpha n}=\mathcal{U}_{n+2}(H_{\alpha n})$$

とおけば $\{W_{\alpha n}:\alpha\in A\}$ は疎である．何となれば任意の点 x に対して $\mathcal{U}_{n+2}(x)$ は高々1個の $W_{\alpha n}$ とのみ交わるからである．

$$W_n=\bigcup\{W_{\alpha n}:\alpha\in A\},$$
$$H_n=\bigcup\{H_{\alpha n}:\alpha\in A\}$$

とおけば $H_n\subset W_n$ かつ H_n は閉であるから $H_n\subset D_n\subset W_n$ をみたすコゼロ集合 D_n が存在する．

$\bigcup H_n=X$ なることを見るために任意に $x\in X$ をとり $x\in V_\alpha$ なる最初の α を定める．$V_\alpha=\bigcup V_{\alpha n}$ であるから $x\in V_{\alpha,n-1}$ がある $n\geqq 2$ について成立する．

$$\mathcal{U}_n(x)\subset\mathcal{U}_n(V_{\alpha,n-1})=V_{\alpha n}\subset V_\alpha$$

であるから $x\in\mathcal{U}_n^{-1}(V_\alpha)-\bigcup_{\beta<\alpha}V_\beta=H_{\alpha n}$ となって $x\in H_n$ となる．

故に $\{D_i\}$ は X のコゼロ被覆となり Dowker-Morita の定理16.6によってこれを1:1細分する局所有限開被覆 $\{E_i\}$ が存在する．

$$\mathcal{W}_n=\{E_n\cap W_{\alpha n}:\alpha\in A\},$$
$$\mathcal{W}=\bigcup\mathcal{W}_n$$

とおけば $\mathcal{W}$ は局所有限であり各 $\mathcal{W}_n$ は疎である．$W_{\alpha n}\subset V_\alpha\subset U_\alpha$ であるから $\mathcal{W}$ は $\mathcal{U}$ を細分している．$E_n\subset D_n\subset W_n$ であるから $\mathcal{W}_n{}^{\#}=E_n$，したがって

$\mathcal{W}^{\#}=\bigcup E_n=X$ となって $\mathcal{W}$ は X の被覆である. □

17.6 補題 正則空間 X の任意の開被覆が σ 局所有限な開被覆によって細分されるならば X は族正規である.

証明 $\mathcal{F}=\{F_\alpha\}$ を X の疎な閉集合族とせよ. $\mathcal{U}$ を X の開被覆であって, その任意の元の閉包は $\mathcal{F}$ の 2 つ以上の元と交わらないようなものであるとせよ. $\mathcal{U}$ を開被覆 $\bigcup\mathcal{U}_i$ で細分し, 各 $\mathcal{U}_i$ は局所有限とせよ.

$$U_{i\alpha}=\mathcal{U}_i(F_\alpha),$$

$$U_\alpha=\bigcup_{i=1}^{\infty}\{U_{i\alpha}-\bigcup\{\overline{U}_{j\beta}:j\leqq i,\ \beta\neq\alpha\}\}$$

とおけば U_α は開であって $F_\alpha\subset U_\alpha$, $U_\alpha\cap U_\beta=\phi$ $(\alpha\neq\beta)$ となる. □

17.7 定理(A. H. Stone-Michael) 正則空間 X に対して次の 3 条件は同等である.

(1) X はパラコンパクトである.

(2) X の任意の開被覆は σ 疎な開被覆によって細分される.

(3) X の任意の開被覆は σ 局所有限な開被覆によって細分される.

証明 (1)⇨(2) 定理 17.2 によってパラコンパクト T_2 空間は全体正規である. 定理 17.5 によって全体正規空間の開被覆は σ 疎な開被覆によって細分される.

(2)⇨(3) 明らかである.

(3)⇨(1) X の任意の開被覆 $\mathcal{U}$ をとる. $\mathcal{U}$ を細分する開被覆 $\bigcup\mathcal{U}_i$ をとり各 $\mathcal{U}_i$ を局所有限であるようにする. 開被覆 $\bigcup\mathcal{V}_i$ をとり各 $\mathcal{V}_i$ は局所有限であり $\bigcup\overline{\mathcal{V}}_i<\bigcup\mathcal{U}_i$ なるようにする.

$$U_i=\mathcal{U}_i^{\#},$$

$$F_{ij}=\bigcup\{\overline{V}:V\in\mathcal{V}_j,\ \overline{V}<\mathcal{U}_i\}$$

とおけば $F_{ij}\subset U_i$ である. 補題 17.6 によって X は正規であるからコゼロ集合 V_{ij} が存在して $F_{ij}\subset V_{ij}\subset U_i$ をみたすようにできる. $V_i=\bigcup_{j=1}^{\infty}V_{ij}$ とおけば V_i もコゼロ集合となる. $\bigcup\overline{\mathcal{V}}_i<\bigcup\mathcal{U}_i$ であるから $\bigcup_{i,j}F_{ij}=X$, したがって $\bigcup V_i=X$ となる. $\{V_i\}$ を 1 : 1 細分する局所有限開被覆を $\{W_i\}$ とする.

$$\{W_i \cap U : U \in \mathcal{U}_i,\ i \in N\}$$

は $\mathcal{U}$ を細分する局所有限開被覆である．□

17.8　補題　族正規空間 X の疎な閉集合族 $\{F_\alpha\}$ に対しては疎な開集合族 $\{G_\alpha\}$ が存在して $F_\alpha \subset G_\alpha$ が各 α に対して成立するようにできる．

証明　素な開集合族 $\{H_\alpha\}$ をとり $F_\alpha \subset H_\alpha$ が各 α に対して成立するようにする．$F=\bigcup F_\alpha$, $H=\bigcup H_\alpha$ とおく．$f \in C(X, I)$ をとり F 上で 1, $X-H$ 上で 0 の値をとらせるようにする．$G=\{x \in X : f(x)>1/2\}$, $G_\alpha = H_\alpha \cap G$ とおけば $\{G_\alpha\}$ が求めるものである．□

17.9　定理　パラコンパクト T_2 空間 X の F_σ 集合 H はパラコンパクトである．

証明　$H=\bigcup H_i$, 各 H_i は閉, と表わす．H の相対開被覆を $\mathcal{U}=\{U_\alpha : \alpha \in A\}$ とする．各 α に対して $U_\alpha = V_\alpha \cap H$ となる X の開集合 V_α を対応させる．$\mathcal{V}=\{V_\alpha : \alpha \in A\}$ とおく．H_i の相対開被覆 $\mathcal{V}_i$ をとり $\overline{\mathcal{V}}_i < \mathcal{V}|H_i$ なるようにする．更に $\mathcal{V}_i$ を細分する H_i の相対開被覆 $\bigcup_j \mathcal{V}_{ij}$ をとり各 $\mathcal{V}_{ij}=\{V_{ij\beta} : \beta \in B_{ij}\}$ は疎であるようにする．$\overline{\mathcal{V}}_{ij} < \mathcal{V}$ であるから補題 17.8 によって X の開集合 $W_{ij\beta}$ が存在して

$$\overline{V}_{ij\beta} \subset W_{ij\beta} < \mathcal{V}, \qquad \beta \in B_{ij},$$
$$\mathcal{W}_{ij} = \{W_{ij\beta} : \beta \in B_{ij}\} \text{ は疎},$$

となるようにできる．$\bigcup_{i,j} \mathcal{W}_{ij}|H$ は $\mathcal{U}$ を細分する σ 疎な H の相対開被覆である．故に Stone-Michael の定理 17.7 によって H はパラコンパクトである．□

17.10　定理(Michael-Nagami)　族正規空間 X の点有限な開被覆 $\mathcal{U}$ は局所有限な開被覆によって細分される．

証明　$\mathcal{U}=\{U_\alpha : \alpha \in A\}$ とおく．$F_i=\{x \in X : \mathrm{ord}_x \mathcal{U}=i\}$ とおけば各 j に対して $\bigcup_{i=1}^{j} F_i$ は閉であり $\bigcup_{i=1}^{\infty} F_i = X$ となる．A の相異なる n 個の元からなる部分集合すべての族を A_n とする．

$$\mathcal{V}_n = \{V_n(\beta) = \bigcap \{U_\alpha : \alpha \in \beta\} : \beta \in A_n\}$$

とおけば $F_n \subset \mathcal{V}_n^{\#}$ となる．

$$\mathcal{F}_n = \{F_n(\beta) = F_n \cap V_n(\beta) : \beta \in A_n\}$$

とおく．$F_n = \mathcal{F}_n{}^{\#}$ なることは明らかである．$\mathcal{F}_n$ は F_n で疎であることを見るために任意に $x \in F_n$ をとる．

$$\gamma = \{\alpha \in A : x \in U_\alpha\}$$

とおけば $\gamma \in A_n$ であり $V_n(\gamma)$ は x の開近傍である．$\delta \in A_n$，$\delta \neq \gamma$，なる δ が存在して $V_n(\gamma) \cap F_n(\delta) \neq \phi$ となったとすればこの共通部分の点 y に対して

$$\mathrm{ord}_y\, \mathcal{U} = |\gamma \cup \delta| > n.$$

一方 $y \in F_n$ であるから $\mathrm{ord}_y\, \mathcal{U} = n$ であって矛盾が生じた．故に $\mathcal{F}_n$ は F_n で疎である．$\beta \in A_n$ に対して

$$F_n(\beta) = F_n - \bigcup\{V_n(\beta') : \beta' \in A_n - \{\beta\}\}$$

であるから $F_n(\beta)$，$\beta \in A_n$，は F_n の相対閉集合である．

まず $\mathcal{F}_1 = \{F_1(\beta) : \beta \in A_1\}$ に対して疎な開集合族

$$\mathcal{W}_1 = \{W_1(\beta) : \beta \in A_1\}$$

を作り $F_1(\beta) \subset W_1(\beta) \subset V_1(\beta)$ が各 $\beta \in A_1$ に対して成立し，かつ $\mathcal{W}_1{}^{\#}$ は X のコゼロ集合になるようにする．$m > 1$ とし $m > i$ なる任意の i に対して疎な開集合族

$$\mathcal{W}_i = \{W_i(\beta) : \beta \in A_i\}$$

が存在して $W_i(\beta) \subset V_i(\beta)$，$\beta \in A_i$，が成立し，かつ

$$\mathcal{W}_i{}^{\#} \text{ はコゼロ集合},$$

$$\bigcup_{i=1}^{m-1} \mathcal{W}_i{}^{\#} \supset \bigcup_{i=1}^{m-1} F_i,$$

なるようにできたとする帰納法の仮定を設ける．

$$\mathcal{H}_m = \left\{H_m(\beta) = F_m(\beta) - \bigcup_{i=1}^{m-1} \mathcal{W}_i{}^{\#} : \beta \in A_m\right\}$$

とすれば $\mathcal{F}_m$ は F_m において疎であり $F_m - \bigcup_{i=1}^{m-1} \mathcal{W}_i{}^{\#}$ は X の閉集合であるから $\mathcal{H}_m$ は X において疎な閉集合族となる．X において疎な開集合族

$$\mathcal{W}_m = \{W_m(\beta) : \beta \in A_m\}$$

を作り $F_m(\beta) - \bigcup_{i=1}^{m-1} \mathcal{W}_i{}^{\#} \subset W_m(\beta) \subset V_m(\beta)$，$\beta \in A_m$，をみたしかつ $\mathcal{W}_m{}^{\#}$ が X のコゼロ集合になっているようにする．このようにして帰納法は進行し，結局次

の3条件をみたす疎な開集合族の列 $\mathcal{W}_1, \mathcal{W}_2, \cdots$ をうることができる.

(1)　$\mathcal{W}_i^\#$ はコゼロ集合である.

(2)　$\bigcup_{j=1}^{i} F_j \subset \bigcup_{j=1}^{i} \mathcal{W}_j^\#$.

(3)　$\mathcal{W}_i < \mathcal{U}$.

$\{D_i\}$ を X の局所有限な開被覆であって $\{\mathcal{W}_i^\#\}$ を $1:1$ 細分するものとする. $\{D_i \cap W : W \in \mathcal{W}_i,\ i \in N\}$ は $\mathcal{U}$ を細分する局所有限な開被覆である.□

17.11　定義　空間 X の部分集合のなす族 $\mathcal{U}=\{U_\alpha : \alpha \in A\}$ と $\mathcal{V}=\{V_\beta : \beta \in B\}$ が与えられたとせよ. $\mathcal{V}$ が $\mathcal{U}$ の**クッション細分**である, あるいは $\mathcal{V}$ は $\mathcal{U}$ をクッション細分するとは写像 $f: B \to A$ が存在して任意の $B' \subset B$ に対して

$$\mathrm{Cl}(\bigcup\{V_\beta : \beta \in B'\}) \subset \bigcup\{U_\alpha : \alpha \in f(B')\}$$

が成り立つようにできることとする. このときの f を $\mathcal{V}$ から $\mathcal{U}$ への**クッション細分射**という.

$\mathcal{U}, \mathcal{V}$ が X の被覆であり $\mathcal{V}$ が $\mathcal{U}$ のクッション細分であるときは $\mathcal{U}$ を $1:1$ 細分する閉被覆 $\mathcal{F}=\{F_\alpha : \alpha \in A\}$ が存在し, $1_A : A \to A$ が $\mathcal{F}$ から $\mathcal{U}$ へのクッション細分射を与えているようにできる.

$$F_\alpha = \mathrm{Cl}(\bigcup\{V_\beta : \beta \in f^{-1}(\alpha)\}), \qquad \alpha \in A,$$

とすれば $\{F_\alpha : \alpha \in A\}$ が求めるものである.

17.12　定理 (Michael)　空間 X がパラコンパクト T_2 であるための必要充分条件は X の任意の開被覆に対してそれをクッション細分する被覆が存在することである.

証明　必要性　X の任意の開被覆 $\mathcal{U}=\{U_\alpha : \alpha \in A\}$ をとる. $\mathcal{V} \overline{<} \mathcal{U}$ をみたす開被覆 $\mathcal{V}=\{V_\beta : \beta \in B\}$ をとり $f: B \to A$ を**閉包細分射**, 即ち $f(\beta)=\alpha \Rightarrow \overline{V}_\beta \subset U_\alpha$ をみたすものとする. $\mathcal{W} < \mathcal{V}$ をみたす局所有限な開被覆 $\mathcal{W}=\{W_\gamma : \gamma \in C\}$ をとり $g: C \to B$ を細分射とする. $\mathcal{W}$ は閉包保存であるから $h=fg: C \to A$ は $\mathcal{W}$ から $\mathcal{U}$ へのクッション細分射になる.

充分性　X の正規性をみるために $\{G_1, G_2\}$ を X の任意の2元開被覆とする. これはある被覆によってクッション細分されるから閉被覆 $\{F_1, F_2\}$ によって

1：1細分される．故に X は正規である．定理 17.7 によれば X のパラコンパクト性をいうためには任意の開被覆 $\mathcal{U}=\{U_\alpha : \alpha\in A\}$ を細分する σ 疎な開被覆を作ればよい．

まず各 i に対して $\mathcal{U}$ を 1：1 にクッション細分する被覆 $\{C_{\alpha i} : \alpha\in A\}$ を作り各 $\alpha\in A$，各 i に対して

(1)　$\mathrm{Cl}(\bigcup_{\beta<\alpha} C_{\beta i})\cap C_{\alpha,i+1}=\phi$,

(2)　$C_{\alpha i}\cap \mathrm{Cl}(\bigcup_{\beta>\alpha} C_{\beta,i+1})=\phi$

が同時に成り立つようにしよう．但し A は整列されているものと考える．$\{C_{\alpha 1} : \alpha\in A\}$ は $\mathcal{U}$ を 1：1 にクッション細分する被覆とする．$i=1,\cdots,n$ に対して $\{C_{\alpha i}\}$ が (1), (2) をみたすように作られたとの帰納法の仮定を設けて $\{C_{\alpha,n+1}\}$ を作ろう．各 $\alpha\in A$ に対して

(3)　$U_{\alpha,n+1}=U_\alpha-\mathrm{Cl}(\bigcup_{\beta<\alpha} C_{\beta n})$

とおくと $\{U_{\alpha,n+1} : \alpha\in A\}$ は X の開被覆である．何故ならば任意の $x\in X$ に対して $x\in U_\alpha$ となる最初の α をとれば $\mathrm{Cl}(\bigcup_{\beta<\alpha} C_{\beta n})\subset \bigcup_{\beta<\alpha} U_\beta$ であるから

$$x\in U_\alpha-\bigcup_{\beta<\alpha} U_\beta\subset U_\alpha-\mathrm{Cl}(\bigcup_{\beta<\alpha} C_{\beta n})=U_{\alpha,n+1}$$

となるからである．$\{U_{\alpha,n+1} : \alpha\in A\}$ を 1：1 にクッション細分する被覆を $\{C_{\alpha,n+1} : \alpha\in A\}$ とする．$C_{\alpha,n+1}\subset U_{\alpha,n+1}$ と (3) から直ちに (1) がえられる．(3) より $C_{\alpha n}\cap U_{\beta,n+1}=\phi$ $(\beta>\alpha)$ であるから $C_{\alpha n}\cap(\bigcup_{\beta>\alpha} U_{\beta,n+1})=\phi$．一方 $\mathrm{Cl}(\bigcup_{\beta>\alpha} C_{\beta,n+1})\subset \bigcup_{\beta>\alpha} U_{\beta,n+1}$ であるから (2) の正しいこともわかる．

次に開被覆 $\{V_{\alpha i} : \alpha\in A,\ i\in N\}$ を作り任意の i に対して

(4)　$V_{\alpha i}\subset U_\alpha$,　　$\alpha\in A$,

(5)　$V_{\alpha i}\cap V_{\beta i}=\phi$,　　$\alpha\neq\beta$

が同時に成立するようにしよう．それには

$$V_{\alpha i}=X-\mathrm{Cl}(\bigcup_{\beta\neq\alpha} C_{\beta i})$$

とおけばよい．$\{C_{\alpha i} : \alpha\in A\}$ は被覆であるから

$$V_{\alpha i}\subset C_{\alpha i}\subset U_\alpha,\quad \alpha\in A,$$

より (4), (5) の成立することがわかる．各 $V_{\alpha i}$ は勿論開である．$\{V_{\alpha i} : \alpha\in A,$

$i\in N\}$ が被覆になっていることを示すために任意に $x\in X$ をとる．

$$\alpha_i=\min\{\alpha\in A: x\in C_{\alpha i}\}$$

とすればある k に対して

$$\alpha_k=\min\{\alpha_i: i\in N\}$$

となる．この k に対して

$$x\in V_{\alpha_k,k+1}$$

が成立することを示そう．α_k の定義によって $x\in C_{\alpha_k k}$ であるから(2)によって

(6)　$x\notin \mathrm{Cl}(\bigcup\{C_{\alpha,k+1}:\alpha>\alpha_k\})$.

再び α_k の定義より，ある $\alpha\geqq\alpha_k$ に対して $x\in C_{\alpha,k+2}$. 故に(1)式の中の i を $k+1$ に置きかえてみると

(7)　$x\notin \mathrm{Cl}(\bigcup\{C_{\beta,k+1}:\beta<\alpha_k\})$.

(6)と(7)より $x\in V_{\alpha_k,k+1}$ が成立することがわかった．

最後に $\{V_{\alpha i}:\alpha\in A,\ i\in N\}$ を1：1にクッション細分する被覆 $\{D_{\alpha i}:\alpha\in A,\ i\in N\}$ をとる．

$$D_i=\bigcup\{D_{\alpha i}:\alpha\in A\},$$
$$V_i=\bigcup\{V_{\alpha i}:\alpha\in A\}$$

とおけば $\bar{D}_i\subset V_i$ である．$\bar{D}_i\subset W_i\subset \overline{W}_i\subset V_i$ なる開集合 W_i をとり

$$\mathcal{W}_i=\{W_i\cap V_{\alpha i}:\alpha\in A\},$$
$$\mathcal{W}=\bigcup\mathcal{W}_i$$

とおけば各 $\mathcal{W}_i$ は疎であり $\mathcal{W}$ は $\mathcal{U}$ を細分する開被覆である．□

17.13　系　空間 X がパラコンパクト T_2 であるための必要充分条件は X の任意の開被覆が閉包保存な閉被覆によって細分されることである．

証明　必要性　X の任意の開被覆 $\mathcal{U}$ に対して $\mathcal{U}>\overline{\mathcal{V}}$ なる開被覆 $\mathcal{V}$ をとる．$\mathcal{V}$ に対して $\mathcal{V}>\mathcal{W}$ なる局所有限な開被覆 $\mathcal{W}$ をとる．この時 $\overline{\mathcal{W}}$ は $\mathcal{U}$ を細分する閉包保存な閉被覆である．

充分性　任意の開被覆 $\mathcal{U}$ が閉包保存な閉被覆 $\mathcal{F}$ によって細分されるならば $\mathcal{F}$ は $\mathcal{U}$ のクッション細分である．□

17.14　系　パラコンパクト T_2 空間 X の閉連続像はパラコンパクト T_2 空間

である.

証明 $f: X \to Y$ を上への閉連続写像とする. Y の任意の開被覆を $\mathcal{U}$ とする. $f^{-1}(\mathcal{U})$ を細分する閉包保存な閉被覆を $\mathcal{F}$ とする. $f(\mathcal{F})$ は $\mathcal{U}$ を細分する閉包保存な閉被覆であるから Y は上の系によってパラコンパクト T_2 となる.□

17.15 定義 空間 X がコンパクト集合の可算和になっているとき X を **σ コンパクト**という. X の各点がコンパクト近傍をもつとき X を**局所コンパクト**(locally compact)であるという. 一般に X の任意の点が性質 P をもつ近傍をもつとき X を**局所的に P** であるという. 断りなく局所的に P というときはすべてこの意味に解する. この定義の仕方を**一近傍の定義**という. 今まで述べてきた中での例外は 10.1 における局所連結性の定義である. このとき各点に対して2つの近傍をとって定義したからこのような定義を**二近傍の定義**という

17.16 補題 コンパクト空間 X の空でない部分集合のなすある族を $\mathcal{U}$ とする. $\mathcal{U}$ が局所有限ならば有限である.

証明 $\mathcal{U}=\{U_\alpha : \alpha \in A\}$ とし各 U_α から1点 x_α をとる. $\{x_\alpha : \alpha \in A\}$ は $\mathcal{U}$ の局所有限性によって一致する点は有限個に限る. また $\{x_\alpha : \alpha \in A\}$ は疎な点集合であるから X のコンパクト性によって有限集合でなければならない. すなわち $|A| < \infty$.□

17.17 定理 局所コンパクトなパラコンパクト T_2 空間 X に対して次が成り立つ.

(1) X は強パラコンパクトである.

(2) X の素な開被覆 $\{X_\alpha\}$ が存在して各 X_α は σ コンパクトであるようにできる.

証明 (1) X の任意の開被覆を $\mathcal{U}$ とする. 開被覆 $\mathcal{V}$ をとり $\mathcal{V} < \mathcal{U}$ かつ $V \in \mathcal{V}$ ならば $\bar{V}$ はコンパクトであるようにする. $\mathcal{V}$ を細分する局所有限な開被覆を $\mathcal{W}=\{W_\alpha : \alpha \in B\}$ とする. 各 $\overline{W}_\alpha$ はコンパクトであるから補題17.16を適用すれば $\overline{W}_\alpha \cap W_\beta \neq \phi$ なる $\beta \in B$ は高々有限個である. 故に $\mathcal{W}$ は星有限であり X は強パラコンパクトである.

(2)　B に同値関係～を導入する．$\alpha\sim\beta$ とは $\alpha=\alpha_1, \alpha_2, \cdots, \alpha_n=\beta$ なる有限列が存在して $W_{\alpha_i}\cap W_{\alpha_{i+1}}\neq\phi$, $i=1, \cdots, n-1$, なることとする．この同値関係によって $B=\bigcup\{B_\alpha : \alpha\in A\}$ と類別する．

$$X_\alpha=\bigcup\{W_\beta : \beta\in B_\alpha\}, \qquad \alpha\in A$$

とおけば $\{X_\alpha : \alpha\in A\}$ が求めるものである．各 X_α は開であり $X_\alpha\cap X_\beta=\phi$ $(\alpha\neq\beta)$, $\bigcup X_\alpha=X$ なることは明らかである．故に各 X_α は閉でもある．$\mathcal{W}$ の星有限性によって各 B_α は可算個の添数から成り立っているから $X_\alpha=\bigcup_{i=1}^{\infty}W_{\beta_i}$ のように表わすことができる．X_α は閉であるから $X_\alpha=\bigcup_{i=1}^{\infty}\overline{W}_{\beta_i}$ とも書くことができ，X_α は σ コンパクトであることがわかる．□

17.18　命題　局所コンパクト T_2 空間 X は完全正則である．

証明　$x\in X$ とその開近傍 U をとる．x のコンパクト近傍を K とし $V=U\cap \mathrm{Int}\,K$ とおけば $x\in V$．K は正規空間と考えられるから $f\in C(K, I)$ が存在して $f(x)=1$, $f(y)=0$ $(y\in K-V)$ なるようにできる．

$$g|K=f, \qquad g(y)=0 \qquad (y\in X-K)$$

で定義される関数は連続であり $g(x)=1$, $g(y)=0$ $(y\in X-U)$ をみたしている．□

$[0, \omega_1)$ は局所コンパクトかつ正規であってパラコンパクトでない．Tychonoff の板は局所コンパクト T_2 であって正規でない．

17.19　補題　X がパラコンパクト，Y がコンパクトならば $X\times Y$ はパラコンパクトである．

証明　$X\times Y$ の開被覆を $\mathcal{U}$ とし，これが局所有限な開被覆によって細分されることを示さなければならないが，$\mathcal{U}$ が立方近傍から成り立っているときを考えれば充分である：$\mathcal{U}=\{U_\alpha\times V_\alpha : \alpha\in A\}$．任意の $x\in X$ の上に立つ線 $\{x\}\times Y$ はコンパクトであるから A の有限部分集合 A_x が存在して

$$\{x\}\times Y\subset\bigcup\{U_\alpha\times V_\alpha : \alpha\in A_x\}$$

なるようにできる．$U(x)=\bigcap\{U_\alpha : \alpha\in A_x\}$ とおけば

$$\{x\}\times Y\subset\bigcup\{U(x)\times V_\alpha : \alpha\in A_x\}$$

となる．$\{U(x) : x\in X\}$ を $1:1$ 細分する局所有限な開被覆を $\{W_x : x\in X\}$ とす

れば

$$\{W_x \times U_\alpha : \alpha \in A_x,\ x \in X\}$$

は $\mathcal{U}$ を細分する $X \times Y$ の局所有限な開被覆である. □

17.20 定理 X がパラコンパクト空間, Y が局所コンパクトなパラコンパクト T_2 空間ならば $X \times Y$ はパラコンパクトである.

証明 $X \times Y$ の任意の開被覆を $\mathcal{U}$ とする. Y の局所有限な開被覆 $\mathcal{V}=\{V_\alpha : \alpha \in A\}$ をとり各 α に対して $\bar{V}_\alpha$ がコンパクトになるようにする. 補題 17.19 によって $X \times \bar{V}_\alpha$ はパラコンパクトであるからその局所有限な相対開被覆 $\mathcal{U}_\alpha$ が存在して $\mathcal{U}_\alpha < \mathcal{U} | X \times \bar{V}_\alpha$ なるようにできる. $\{X \times \bar{V}_\alpha : \alpha \in A\}$ は $X \times Y$ の局所有限な閉被覆であるから $\bigcup \mathcal{U}_\alpha$ は $X \times Y$ において局所有限である.

$$\mathcal{W} = \bigcup_{\alpha \in A} (\mathcal{U}_\alpha | X \times V_\alpha)$$

とおけば $\mathcal{W}$ は $\mathcal{U}$ を細分する $X \times Y$ の局所有限な開被覆である. □

17.21 定義 写像 $f : X \to Y$ が**コンパクト写像**であるとは各点逆像 $f^{-1}(y)$, $y \in Y$, がコンパクトであることとする. コンパクト, 閉かつ連続な写像を**完全写像**(perfect mapping)という. $f(X)$ が Y で閉となることも要求されていることに注意されたい.

17.22 命題 $f : X \to Y$ が完全写像であって Y がパラコンパクトならば X もパラコンパクトである.

証明 f が上への場合だけ考えれば充分である. X の任意の開被覆を $\mathcal{U} = \{U_\alpha : \alpha \in A\}$ とする. 各 $y \in Y$ に対して A の有限部分集合 A_y を定めて

$$f^{-1}(y) \subset \bigcup \{U_\alpha : \alpha \in A_y\} = V_y$$

ならしめる. $W(y) = Y - f(X - V_y)$ とおけばこれは f が閉であるから y の開近傍である. $\{W(y) : y \in Y\}$ を 1 : 1 細分する Y の局所有限な開被覆を $\{D_y : y \in Y\}$ とする. $f^{-1}(D_y) \subset f^{-1}(W(y)) \subset V_y$ であることと $\{f^{-1}(D_y) : y \in Y\}$ が X で局所有限であることに注意すれば

$$\{f^{-1}(D_y) \cap U_\alpha : \alpha \in A_y,\ y \in Y\}$$

は X の局所有限開被覆であって $\mathcal{U}$ を細分していることがわかる. □

§18　展開空間と距離化定理

18.1　定理(Bing-Nagata-Smirnov)　正則空間 X に対して次が同等である．

(1)　X は距離化可能である．

(2)　X は σ 疎なベースをもつ．

(3)　X は σ 局所有限なベースをもつ．

証明　(1)⇒(2)　Tukey の定理 15.11 によって X は全体正規，したがってパラコンパクトである．故に X の開被覆 $\{S_{1/i}(x):x\in X\}$ は σ 疎な開被覆 $\mathcal{U}_i$ によって細分される．$\bigcup\mathcal{U}_i$ は X の σ 疎なベースである．

(2)⇒(3)　は明らかである．

(3)⇒(1)　X のベース $\bigcup\mathcal{U}_i$ をとり各 i に対して $\mathcal{U}_i=\{U_\alpha:\alpha\in A_i\}$ は局所有限になっているものとする．X の任意の開被覆 $\mathcal{V}$ をとり $\mathcal{V}_i=\{U_\alpha\in\mathcal{U}_i:U_\alpha<\mathcal{V}\}$ とおけば $\bigcup\mathcal{V}_i<\mathcal{V}$ かつ $(\bigcup\mathcal{V}_i)^\sharp=X$ となる．$\mathcal{V}$ はこのように σ 局所有限開被覆 $\bigcup\mathcal{V}_i$ によって細分されることになり補題 17.6 によって X は族正規となる．

$U_\alpha\in\mathcal{U}_i$ に対して

$$F_{\alpha j}=\bigcup\{\bar{U}:U\in\mathcal{U}_j,\ \ \bar{U}\subset U_\alpha\}$$

とおく．$F_{\alpha j}$ は閉である．$f_{\alpha j}\in C(X,I)$ をとり

$$f_{\alpha j}(x)=1,\qquad x\in F_{\alpha j},$$
$$f_{\alpha j}(x)=0,\qquad x\in X-U_\alpha,$$

をみたすようにする．$x,y\in X$ に対して

$$d_{ij}(x,y)=\sum_{\alpha\in A_i}|f_{\alpha j}(x)-f_{\alpha j}(y)|,$$
$$d(x,y)=\sum\sum(d_{ij}(x,y)/2^{i+j}(1+d_{ij}(x,y)))$$

とおけばこの d は X の位相に合致する距離であることは見易い．□

18.2　定義　空間 X の開被覆の列 $\mathcal{U}_1,\mathcal{U}_2,\cdots$ が X の**展開列**(development)であるとは各点 $x\in X$ に対して $\{\mathcal{U}_i(x):i\in N\}$ が x の局所ベースとなることとする．展開列をもつ空間を**展開空間**(developable space)という．正則な展開

空間を **Moore 空間**という.

18.3 問題(Moore) 正規な展開空間は距離化可能か.

提出されてから既に半世紀近く経っているがこの問題は未解決のままである.

18.4 補題 空間 X の素な閉集合を F, H とする. X の正規列 $\{\mathcal{U}_i\}$ に対して $\mathcal{U}_1 < \{X-F, X-H\}$ が成り立つならば $f \in C(X, I)$ が存在して $f(x)=0$ $(x \in F)$, $f(x)=1$ $(x \in H)$ なるようにすることができる.

証明 Urysohn の定理 9.9 の証明と同じように次のような等高線を引く.

$$U(1/2) = \mathcal{U}_2(F),$$
$$U(1/4) = \mathcal{U}_3(F), \qquad U(3/4) = \mathcal{U}_3\mathcal{U}_2(F),$$
$$U(1/8) = \mathcal{U}_4(F), \qquad U(3/8) = \mathcal{U}_4\mathcal{U}_3(F), \cdots,$$
$$\cdots\cdots$$

$x \in \bigcup U(\lambda)$ のときは $f(x) = \inf\{\lambda : x \in U(\lambda)\}$, $x \notin \bigcup U(\lambda)$ のときは $f(x)=1$ とすれば f は求める関数である. □

18.5 定理 空間 X の開被覆 $\mathcal{U}$ が正規であるならば $\mathcal{U}$ を細分する局所有限かつ σ 疎なコゼロ被覆が存在する.

証明 Stone の定理 17.5 の証明は上の補題の助けをかりればそのまま今の定理に適用できる. 定理 17.5 の証明における D_n は上の補題によってコゼロとしてよい. また E_n もコゼロとしてよい. □

この定理と定理 16.4 を 1 つにまとめれば次のようにいうことができる. 空間 X の開被覆が正規であるための必要充分条件はそれが局所有限なコゼロ被覆によって細分されることである.

18.6 定理(Alexandroff-Urysohn) 空間 X が正規列をなす展開列 $\{\mathcal{U}_i\}$ をもてば X は距離化可能である.

証明 X の正則性をみるために $x \in X$ とその開近傍 U をとる. $\mathcal{U}_n(x) \subset U$ なる n をとれば $\mathrm{Cl}(\mathcal{U}_{n+1}(x)) \subset \mathcal{U}_n(x)$. 故に X は正則であるから定理 18.1 によって X が σ 局所有限なベースをもつことをいえば X は距離化可能となる.

定理 18.5 によれば各 $\mathcal{U}_i$ に対してそれを細分する局所有限被覆 $\mathcal{V}_i$ が存在する. $\bigcup \mathcal{V}_i$ がベースをなすことを見るために $y \in X$ とその開近傍 W をとる.

$\mathcal{U}_m(y)\subset W$ となる m を定め $y\in V\in\mathcal{V}_m$ をみたす V をとれば $V\subset\mathcal{U}_m(y)$ であるから $V\subset W$ となる. □

18.7　定理(Bing)　族正規な展開空間 X は距離化可能である.

証明　X の展開列を $\mathcal{U}_1,\mathcal{U}_2,\cdots$ とする. X がパラコンパクトであることを示すために任意の開被覆 $\mathcal{U}=\{U_\alpha:\alpha\in A\}$ をとる. ここに A は整列されているものとする.

$$\mathcal{H}_i=\{H_{i\alpha}=\mathcal{U}_i^{-1}(U_\alpha)-\bigcup_{\beta<\alpha}U_\beta:\alpha\in A\}$$

とすれば $\mathcal{H}_i$ は疎であり $\bigcup\mathcal{H}_i$ は X を覆う. 疎な開集合族 $\{V_{i\alpha}:\alpha\in A\}$ をとり

$$H_{i\alpha}\subset V_{i\alpha}\subset U_\alpha,\qquad \alpha\in A,$$

が成り立つようにすると $\{V_{i\alpha}:\alpha\in A,\ i\in N\}$ は $\mathcal{U}$ を細分する σ 疎な開被覆である. 故に Stone-Michael の定理 17.7 によって X はパラコンパクト, したがって全体正規となる.

$\mathcal{V}_1,\mathcal{V}_2,\cdots$ を X の正規列であって各 i に対して $\mathcal{V}_i<\mathcal{U}_i$ となっているものとすればこの列は展開列でもある. 故に Alexandroff-Urysohn の定理 18.6 によって X は距離化可能である. □

18.8　定理(Ponomarev)　空間 X が点可算ベースをもつための必要充分条件は X が距離空間の開, 連続, s 写像による像となることである.

証明　必要性は既に系 14.12 において示されているから充分性を証明しよう. S は距離空間であり $f:S\to X$ は定理の条件をみたす上への写像とする. S の σ 疎なベース $\bigcup\mathcal{U}_i$, 各 $\mathcal{U}_i$ は疎, をとる. $f(\bigcup\mathcal{U}_i)$ は X のベースをなすからこれが点可算であることを示そう. $x\in X$ に対して $f^{-1}(x)$ は完全可分であるから

$$\mathcal{V}_i=\{U\in\mathcal{U}_i:f^{-1}(x)\cap U\neq\phi\}$$

は可算である. 故に $\bigcup\mathcal{V}_i$ も可算である. $f(\bigcup\mathcal{U}_i)$ の元で x を含むものは $f(\bigcup\mathcal{V}_i)$ の元であるから $f(\bigcup\mathcal{U}_i)$ が点可算であることがわかった. □

18.9　定理　空間 X に対して次の3条件は同等である.

(1) Xは点有限被覆よりなる展開列をもつ.

(2) Xは($\dim S \leqq 0$なる)距離空間Sの開，コンパクト，連続写像による像である.

(3) Xは点有限パラコンパクトな展開空間である.

証明 (1)⇨(2) Xの点有限被覆よりなる展開列を

$$\mathcal{U}_i = \{U(\alpha_i) : \alpha_i \in A_i\}, \quad i \in N,$$

とする．A_iを離散空間と考え積空間$\prod A_i$を考える．

$$S = \{(\alpha_i) \in \prod A_i : \bigcap U(\alpha_i) \neq \phi\}$$

とおけばSの点(α_i)に対応する$\bigcap U(\alpha_i)$は1点であることが$\{\mathcal{U}_i\}$が展開列であることから直ちにわかる．$f : S \to X$を$f((\alpha_i)) = \bigcap U(\alpha_i)$によって定義すれば標準的な論法(定理14.10参照)によってfは上への開連続写像であることがわかる.

fのコンパクト性をみるために任意に$x \in X$をとる.

$$B_i = \{\alpha_i \in A_i : x \in U(\alpha_i)\}$$

とおけば$\mathcal{U}_i$の点有限性によってB_iは有限集合である．$f^{-1}(x) = \prod B_i$であるがTychonoffの積定理によってこの式の右辺はコンパクトである．故にfはコンパクトである.

$\bigcup A_i$を離散空間と考えればSは$(\bigcup A_i)^\omega$の部分空間と考えられるから命題14.8によってSは$\dim S \leqq 0$なる距離空間である.

(2)⇨(3) $f : S \to X$を距離空間SからXの上への開，コンパクト，連続写像とする．Xが展開空間であることを示すためにSの開被覆$\mathcal{V}_i$をとり$\mathrm{mesh}\,\mathcal{V}_i < 1/i$ならしめる．$\mathcal{U}_i = f(\mathcal{V}_i)$とおく．任意に$x \in X$とその開近傍$U$をとる．$f^{-1}(x) \subset f^{-1}(U)$かつ$f^{-1}(x)$はコンパクトであるから$d(f^{-1}(x), S - f^{-1}(U)) = a > 0$となる．$a > 1/k$なる$k$をとれば$\mathcal{V}_k(f^{-1}(x)) \subset f^{-1}(U)$となる．故に$\mathcal{U}_k(x) \subset U$となり$\{\mathcal{U}_i\}$は$X$の展開列であることがわかった.

次にXが点有限パラコンパクトであることを示すためにXの任意の開被覆$\mathcal{U}$をとる．$f^{-1}(\mathcal{U})$を細分するSの局所有限開被覆を$\mathcal{V}$とすれば$f(\mathcal{V}) < \mathcal{U}$である．任意に$x \in X$をとる．$f^{-1}(x)$はコンパクトであるから補題17.16によっ

てこれと交わる$\mathcal{V}$の元は高々有限個である．故に$f(\mathcal{V})$は点有限である．

(3)⇒(1)　$\mathcal{U}_1, \mathcal{U}_2, \cdots$ をXの展開列とする．各$\mathcal{U}_i$に対してそれを細分する点有限開被覆$\mathcal{V}_i$をとる．$\mathcal{V}_1, \mathcal{V}_2, \cdots$ は展開列となる．□

次の問題は定理 18.9 によって Moore の距離化問題 18.3 の特殊な場合である．

18.10　問題(Alexandroff)　距離空間の開，コンパクト，連続写像による像が正規であるならば距離化可能か．

18.11　定義　$f: X \to Y$ が**擬開**(pseudo open)であるとは任意の$y \in Y$，任意の$f^{-1}(y)$の近傍Uに対して$f(U)$がyの近傍となることをいう．

この定義から擬開写像は常に上への写像である．上への開写像も上への閉写像も擬開である．

18.12　問題(Arhangel'skiĭ)　距離空間の擬開，コンパクト，連続写像による像が全体正規であるならば距離化可能か．

18.13　例(Bennett)　例 13.6 における Michael の直線Xとその離散部分Sを考える．このXは距離空間に開，コンパクト，連続写像を2回施してえられることを示そう．距離空間とXとの中間の飛び石Yは点集合としては

$$Y = (X \times \{0\}) \cup (S \times N)$$

である．$a = (x, 0) \in S \times \{0\}$ に対しては

$$U_n(a) = \{a\} \cup \{(x, i) : i \geqq n\}$$

とおき，aの近傍ベースとして$\{U_n(a) : n \in N\}$をとる．$b = (x, 0) \in (X - S) \times \{0\}$に対しては

$$V_n(b) = \{(y, 0) : |y - x| < 1/n,\ y \in X - S\} \\ \cup \{(y, i) : |y - x| < 1/n,\ y \in S, i \geqq n\}$$

とおき，bの近傍ベースとして$\{V_n(b) : n \in N\}$をとる．$c = (x, i) \in S \times N$に対しては

$$W_n(c) = \{c\}$$

とおき，cの近傍ベースとしては$\{W_n(c) : n \in N\}$をとる．このYは点有限パラコンパクトな展開T_2空間であるから定理 18.9 によって距離空間の開，コン

パクト，連続写像による像となっている．

$f: Y \to X$ を

$$f(x, j) = x, \qquad j = 0, 1, 2, \cdots$$

によって定義すれば f は上への開，コンパクト，連続写像である．

距離空間の開，コンパクト，連続写像による像は定理 18.9 によって完全解が与えられているが，距離空間をパラコンパクト T_2 空間で置きかえた場合には次の難問が控えている．

18.14 問題(Arhangel'skiĭ) 点有限パラコンパクトな完全正則空間はパラコンパクト T_2 空間の開，コンパクト，連続写像による像であるか．

演 習 問 題

3.A 空間 X とその開被覆 $\mathcal{U}$ が与えられたとき任意の $A \subset X$ に対して $\bar{A} \subset \mathcal{U}(A)$ となる．

3.B 閉包保存であるが局所有限とならない集合族を作れ．

3.C 点有限かつ閉包保存な閉集合族は局所有限である．

3.D Sorgenfrey の直線(例 11.9)はパラコンパクトである．その任意の部分空間もパラコンパクトである．

3.E $f: X \to Y$ を完全写像とする．Y がコンパクト，Lindelöf，可算パラコンパクト，点有限パラコンパクトなるに応じて X はそれぞれの性質をもつ．

3.F 空間 X の開被覆 $\mathcal{U} = \{U_\alpha : \alpha \in A\}$ とそれを Δ 細分する開被覆 $\mathcal{V}$ を考える．$f: X \to A$ を $f(x) = \alpha \Leftrightarrow \mathcal{V}(x) \subset U_\alpha$ なるように定義すると f は $\{\{x\} : x \in X\}$ から $\mathcal{U}$ へのクッション細分射である．

ヒント 3.A の性質を用いよ．

3.G 全空間 X が性質 P をもつとき P を X の**大局的性質**という．パラコンパクト T_2 空間 X が次の諸性質の一つを局所的にもてばその性質は X の大局的性質となる．

継承的正規性，完全正規性，距離化可能性，展開空間．

3.H $f: X \to Y$ は上への閉連続写像であって任意の $y \in Y$ に対して $\mathrm{Bry}\, f^{-1}(y)$ がコンパクトになっているものとする．この時 X の閉集合 F が存在して $f(F) = Y$ かつ $f|F$ は完全写像であるようにできる．

ヒント $\mathrm{Bry}\, f^{-1}(y) = \phi$ のときは $f^{-1}(y)$ の中から 1 点をとり，この 1 点集合を A_y とする．$\mathrm{Bry}\, f^{-1}(y) \neq \phi$ のときは $A_y = \mathrm{Bry}\, f^{-1}(y)$ とする．$F = \bigcup \{A_y : y \in Y\}$ とすればよい．

3.I 正規空間 X の疎な可算閉集合族 $\{F_i\}$ に対しては疎な開集合族 $\{G_i\}$ が存在して $F_i \subset G_i$ が各 i に対して成立するようにできる.

3.J X を可算パラコンパクトな正規空間, Y をコンパクト距離空間とすると $X \times Y$ は可算パラコンパクトである.

ヒント $(X\times Y)\times I = X\times(Y\times I)$ を考えて Dowker の特性化定理 16.12 を適用せよ.

3.K 任意の開部分空間が正規またはパラコンパクトであるような空間はそれぞれ継承的正規または継承的パラコンパクトとなる.

3.L (Mansfield) 正規空間 X が可算パラコンパクトであるための必要充分条件は任意の局所有限, 可算, 閉集合族 $\{F_i\}$ に対して局所有限な開集合族 $\{U_i\}$ が存在して $F_i \subset U_i$ が各 i に対して成り立つようにできることである.

3.M 空間 X の正規開被覆 $\mathcal{U}=\{U_\alpha\}$ を考える. 各 $\alpha\in A$ に対して $\mathcal{U}_\alpha$ が U_α の正規開被覆ならば $\bigcup_{\alpha\in A}\mathcal{U}_\alpha$ は X の正規開被覆である.

ヒント $\mathcal{U}$ を 1:1 閉包細分する X の局所有限コゼロ被覆を $\{V_\alpha\}$ とする. $\mathcal{U}_\alpha$ を細分する U_α の局所有限コゼロ被覆を $\mathcal{V}_\alpha$ とする. $\bigcup_{\alpha\in A}(\mathcal{V}_\alpha | V_\alpha)$ は $\bigcup_{\alpha\in A}\mathcal{U}_\alpha$ を細分する X の局所有限コゼロ被覆となる.

3.N 正則空間 X とその局所有限閉被覆 $\{F_\alpha\}$ を考える. 各 F_α がパラコンパクトならば X もパラコンパクトである.

ヒント 系 17.13 の判定条件を適用せよ.

3.O 空間 X の上で定義された連続関数の族 $f_\alpha : X\to I$, $\alpha\in A$, が **1の分解** (partition of unity), すなわち

$$\sum\{f_\alpha(x) : \alpha\in A\} = 1, \qquad x\in X,$$

をみたしているとする. この $\{f_\alpha : \alpha\in A\}$ が X の開被覆 $\mathcal{U}$ に**従属する**とは

$$\{\{x\in X : f_\alpha(x)>0\} : \alpha\in A\} < \mathcal{U}$$

なることとする.

(1) $f(x)=\sup\{f_\alpha(x) : \alpha\in A\}$ とおくならば各 $x_0\in X$ に対してその近傍 U と A の有限部分集合 B とが存在して $f(x)=\max\{f_\alpha(x) : \alpha\in B\}$, $x\in U$, となる. したがって f は X 上の連続関数である.

(2) $U_\alpha=\left\{x\in X : f_\alpha(x)>\frac{1}{2}f(x)\right\}$ とおけば $\{U_\alpha : \alpha\in A\}$ は X の局所有限開被覆である.

(3) T_2 空間 X がパラコンパクトであるための必要充分条件は X の任意の開被覆に従属する1の分解が存在することである.

ヒント (1) $f_\beta(x_0)>0$ なる $\beta\in A$ をとる. $\alpha_1,\cdots,\alpha_n\in A$ をとり

$$1-\sum_{i=1}^{n} f_{\alpha_i}(x_0) < f_\beta(x_0)$$

ならしめる.

$$U = \left\{x \in X : 1 - \sum_{i=1}^{n} f_{\alpha_i}(x) < f_\beta(x)\right\},$$

$$B = \{\beta, \alpha_1, \cdots, \alpha_n\}$$

とおけばよい. 何故ならば

$$\alpha \in A - B, x \in U \Rightarrow f_\alpha(x) \leqq 1 - \sum_{i=1}^{n} f_{\alpha_i}(x) < f_\beta(x)$$

が成立しているからである.

(2) は(1)から殆ど明らかである.

(3) 充分性は(2)から明らかである. 必要性をいうために X の任意の開被覆を $\mathcal{U}$ とする. X の局所有限開被覆 $\mathcal{V}=\{V_\alpha : \alpha \in A\}$ と閉被覆 $\mathcal{F}=\{F_\alpha : \alpha \in A\}$ をとり $\mathcal{V}$ は $\mathcal{U}$ の細分であり, $\mathcal{F}$ は $\mathcal{V}$ の 1 : 1 細分であるようにする. 連続関数 $f_\alpha : X \to I$ をとり f_α は F_α 上で 1, $X - V_\alpha$ 上で 0 の値をとるようにする.

$$g_\alpha(x) = f_\alpha(x) / \sum \{f_\beta(x) : \beta \in A\}$$

とおけば $\{g_\alpha : \alpha \in A\}$ は $\mathcal{U}$ に従属する 1 の分解となる.

第4章　コンパクト空間

§19　コンパクト空間の位相濃度

19.1　定義　位相空間 X の部分集合の族 $\mathscr{B}$ はつぎの条件をみたすとき，X の**ネットワーク**(network)といわれる：X の各点 x とその任意の近傍 U について $x\in B\subset U$ となる $\mathscr{B}$ の元 B が存在する．X のネットワークの濃度の最小を X の**ネットワーク濃度**とよび，$n(X)$ で表わす．X の任意のベースは勿論ネットワークである．また X の各1点からなる集合族 $\{\{x\}:x\in X\}$ は明らかにネットワークである．これから，$n(X)$ は X の位相濃度 $w(X)$，X の濃度 $|X|$ のいずれよりも大きくない．しかし次の例(19.3)から知られるように，一般に $n(X)=w(X)$ は成立しない．

19.2　定義　X を位相空間，R を X の点の間の同値関係とする．Y を X の R に関する商集合(1.6)とし，$f:X\to Y$ を標準射影とする．Y に次のように位相を導入する：$U\subset Y$ は $f^{-1}(U)$ が X の開集合となるときまたそのときに限り Y の開集合である．この定義が Y に位相を与えることは明らかである．この位相を **R による商位相**(quotient topology)または単に**商位相**とよび，Y を X の **R による商空間**(quotient space)または単に**商空間**という．明らかに標準射影 f は Y の商位相に関して連続となる．商位相はまた次のように定義することもできる：$f:X\to Y=X/R$ を標準射影とするとき，Y の商位相は f を連続ならしめる Y の最も強い位相である(4.3参照)．

X,Y を位相空間，$f:X\to Y$ を Y の上への写像とする．次の条件がみたされるとき f を**商写像**(quotient mapping)とよぶ：U が Y の開集合である $\Leftrightarrow f^{-1}(U)$ が X の開集合である．商写像は勿論連続であるが，連続写像は必ずしも商写像とはならない．Y が商空間ならば標準射影は商写像となる．

19.3　例　I_i，$i=1,2,\cdots$，を単位閉区間 $I=[0,1]$ のコピーとする．$x\in[0,1]$ に対して x_i を I_i の対応する点とする．$X=\bigcup_{i=1}^{\infty}I_i$ を**位相和**(topological sum)

とせよ，すなわち X は I_i, $i=1,2,\cdots$, の和集合で各 $i\neq j$ について $I_i\cap I_j=\phi$ であり各 I_i は X で開かつ閉でその X での相対位相は I_i 本来の位相に等しい．空間 X の点に次の同値関係 $\sim$ を入れる：$0<x\leqq 1$ ならば各 $x_i\in I_i$ はそれ自身にのみ同値である，0 については各 i,j について $o_i\sim o_j$．商空間 $X/\sim$ を K_1 とし $f:X\to K_1$ を標準射影とする．図形的には，X は互いに素な可算個の区間 I_i の和であり，K_1 は X の各区間 I_i をその 0 点 o_i で貼り合わせたものである．この貼り合わせて得られた点を a とする．$a=f(o_i)$, $i=1,2,\cdots$, である．I_i における半開区間 $[o_i,x_i)$ は o_i の近傍であるから，商位相の定義から各 i について任意に $[o_i,x_i)\subset I_i$ をとり $\bigcup_{i=1}^{\infty}f([o_i,x_i))$ を作れば，これは K_1 における a の近傍となる．ここで各 i について x_i は任意に小さい正数にとれるから K_1 における a の任意の近傍ベースの濃度は少くとも $\aleph_0^{\aleph_0}=\mathfrak{c}$ である．これから $w(K_1)\geqq\mathfrak{c}$ となる．一方 $K_1-\{a\}$ は可算個の素な半開区間の和であるから可算ベース $\mathcal{B}'$ をもつ．これから $\mathcal{B}=\mathcal{B}'\cup\{a\}$ は K_1 の可算ネットワークとなる．これから $n(K_1)\leqq\aleph_0$(実際は等号が成立)．ゆえに $n(K_1)<w(K_1)$ となる．K_1 はコンパクトでも距離空間でもないことに注意せよ．

19.4 定理 コンパクト T_2 空間 X に対して $n(X)=w(X)$ が成り立つ．

証明 $n(X)=\mathfrak{m}$ とする．$w(X)\leqq\mathfrak{m}$ を示せばよい．$\mathcal{B}=\{B_\alpha:\alpha\in\Lambda\}$, $|\Lambda|=\mathfrak{m}$, を X のネットワークとする．$B_\alpha\in\mathcal{B}$ をとる．各点 $x\in X-\bar{B}_\alpha$ について X の正則性より近傍 $U_{\alpha,x}$ を $\bar{U}_{\alpha,x}\subset X-\bar{B}_\alpha$ のようにとれる．ネットワークの定義からある $B_{\alpha,x}\in\mathcal{B}$ について $x\in B_{\alpha,x}\subset U_{\alpha,x}$ となる．このようにとられた $B_{\alpha,x}$ からなる $\mathcal{B}$ の部分族を $\mathcal{B}_\alpha$ とする．$|\mathcal{B}_\alpha|\leqq\mathfrak{m}$ であり $\mathcal{B}_\alpha$ は $X-\bar{B}_\alpha$ の被覆をなす．各 $B_{\alpha,x}\in\mathcal{B}_\alpha$ について上にとられた $U_{\alpha,x}$ を 1 つずつとりその集合を $\mathcal{U}_\alpha$ とすれば，$|\mathcal{U}_\alpha|\leqq\mathfrak{m}$ であり各 $U\in\mathcal{U}_\alpha$ について $\bar{U}\subset X-\bar{B}_\alpha$ である．$\mathcal{U}_\alpha$ の有限個の元の和集合の閉包すべての集合を $\mathcal{V}_\alpha$, $\mathcal{V}_\alpha$ の各元の補集合すべての集合を $\mathcal{W}_\alpha$ とする．$\mathcal{W}_\alpha$ の各元はある有限個の $\mathcal{U}_\alpha$ の元 $U_1,\cdots,U_k$ について $X-\bigcup_{i=1}^{k}\bar{U}_i$ の形をしている．最後に $\mathcal{W}=\bigcup_{\alpha\in\Lambda}\mathcal{W}_\alpha$ とおく．$|\mathcal{W}_\alpha|\leqq\mathfrak{m}$, $|\Lambda|=\mathfrak{m}$ であるから $|\mathcal{W}|\leqq\mathfrak{m}$ である．$\mathcal{W}$ が X のベースを作ることを示そう．$x_0\in X$, V を x_0 の開近傍とする．ある $B_\alpha\in\mathcal{B}$ について $x_0\in\bar{B}_\alpha\subset V$ となる．$\mathcal{U}_\alpha$ はコンパク

ト集合 $X-V$ を被覆するから，そのある有限部分集合 $U_1, \cdots, U_k$ について $X-V\subset\bigcup_{i=1}^{k}U_i$ となる．このとき $\mathcal{W}$ の元 $W=X-\bigcup_{i=1}^{k}\bar{U}_i$ は x の近傍で V に含まれる．□

上の定理から次の興味ある結果が得られる．

19.5　系　コンパクト T_2 空間 X がその部分集合 $X_i, w(X_i)\leqq\aleph_0$, $i=1,2,\cdots,$ の和集合であれば，X は距離化可能である．

証明　$\mathcal{B}_i$ を X_i の相対可算ベースとすれば $\mathcal{B}_i$ は可算ネットワークとなるから，$\bigcup_{i=1}^{\infty}\mathcal{B}_i$ は X の可算ネットワークとなる．これから X は可算ベースをもつから距離化可能となる(12.1)．□

19.6　例　2つの同心円を考え，C を外側の円，C' を内側の円とし $K_2=C\cup C'$ とする．K_2 に次の位相を導入する．C' の各点はそれ自身開集合である．C の点 c の近傍を次のようにきめる．各 $\varepsilon>0$ について U を点 c を中心とする幅 ε の C 上の開弧とし，U' をこれに対応する C' の開弧とする(すなわち，U' は U の点を通る半径と C' の交点からなる)．c' を c に対応する C' の点とせよ．$U\cup(U'-\{c'\})$ を点 c の近傍とする．K_2 がコンパクト T_2 空間となることは簡単に示される．K_2 の部分空間として，C は通常の円周と同じ位相をもつから可算ベースをもつ．一方 C' は離散位相をもつから $n(C')=w(C')=|C'|=\mathfrak{c}$ となる．これから K_2 は可分とならないから距離化可能ではない．

19.7　定理(Miščenko)　コンパクト T_2 空間は点可算ベースをもてば距離化可能である．

$\mathcal{U}$ を X の点可算部分集合族とし，Y を $\mathcal{U}^{\#}$ に含まれる X の部分集合とする．$\mathcal{U}$ の部分集合族 $\mathcal{U}'$ は，それが Y を被覆しかついかなる $\mathcal{U}'$ の真部分集合族も Y を被覆しないとき Y の**既約被覆**とよぶ．$\mathcal{U}$ をコンパクト T_2 空間 X の点可算ベースとする．$x\in X$, W を x の任意の近傍とする．$\mathcal{U}$ の元 U で $x\in U\subset\bar{U}\subset W$ となるものがある．$X-U$ の各点 y で $U_y\in\mathcal{U}$ を $y\in U_y\subset\bar{U}_y\subset X-\{x\}$ のようにとる．$\{U_y : y\in X-U\}$ はコンパクト集合 $X-U$ の開被覆をなすから，有限個の U_{y_i}, $i=1,\cdots,k$, を選んで $\{U_{y_i}\}$ が $X-U$ の既約被覆をなすようにできる．このとき $\{U, U_{y_i} : i=1,\cdots,k\}$ は X の有限既約被覆をなす．この考察に

より 19.7 を示すためには，$\mathcal{U}$ の元からなる X の有限既約被覆が高々可算個しか存在しないことをいえばよい．すなわち次の命題を証明すればよい．

19.8 命題 $\mathcal{U}$ を X の点可算部分集合族とし，$Y\subset\mathcal{U}^\#$ とする．このとき，$\mathcal{U}$ の元からなる Y の有限既約被覆の数は高々可算個である．

証明 $\{\mathcal{U}_\alpha : \alpha\in\Lambda\}$ を $\mathcal{U}$ の元からなる Y の有限既約被覆の全体とする．$|\Lambda|\leqq\aleph_0$ を示せばよい．$|\Lambda|>\aleph_0$ として矛盾を導こう．$|\mathcal{U}_\alpha|<\aleph_0$ であるからある正の整数 n が存在して

$$\mathcal{V}=\{\mathcal{U}_\alpha : \alpha\in\Lambda, |\mathcal{U}_\alpha|=n\}, \qquad |\mathcal{V}|>\aleph_0,$$

となる．$U\in\mathcal{U}$ について

$$\mathcal{V}(U)=\{\mathcal{U}_\alpha : \mathcal{U}_\alpha\in\mathcal{V}, U\in\mathcal{U}_\alpha\}$$

とおく．$y_1\in Y$ とせよ．$\mathcal{V}=\bigcup\{\mathcal{V}(U) : y_1\in U\in\mathcal{U}\}$ となる．y_1 を含む $\mathcal{U}$ の元 U は高々可算個しか存在しないから，$|\mathcal{V}|>\aleph_0$ を考慮すればある $U_1, y_1\in U_1$, について $|\mathcal{V}(U_1)|>\aleph_0$ となる．$n=1$ ならば $|\mathcal{V}(U_1)|=1$ となるからすでに矛盾が得られる．$n>1$ ならば，$\mathcal{V}(U_1)$ の各元は既約被覆であるから Y の点 $y_2\in Y-U_1$ が存在する．

$$\mathcal{V}(U_1, U)=\bigcup\{\mathcal{U}_\alpha : \mathcal{U}_\alpha\in\mathcal{V}(U_1), U\in\mathcal{U}_\alpha\}, \qquad U\in\mathcal{U},$$

とおけば，$\mathcal{V}(U_1)=\bigcup\{\mathcal{V}(U_1, U) : y_2\in U\in\mathcal{U}\}$ となる．上と同様の理由で，ある $y_2\in U_2\in\mathcal{U}$ について $|\mathcal{V}(U_1, U_2)|>\aleph_0$ となる．$n>2$ ならばこの操作はさらに続けられるから，結局 $\mathcal{U}$ の元 U_i と Y の点 y_i，$i=1, 2, \cdots, n$, が存在して，$y_i\in U_i$，$y_i\notin U_j$，$j=1, \cdots, i-1$，$i=1, \cdots, n$，$\bigcup_{i=1}^{n} U_i\supset Y$，さらに $\mathcal{V}(U_1, \cdots, U_i)=\{\mathcal{U}_\alpha : \mathcal{U}_\alpha\in\mathcal{V}(U_1, \cdots, U_{i-1}), U_i\in\mathcal{U}_\alpha\}$，$i=2, \cdots, n$，について $|\mathcal{V}(U_1, \cdots, U_i)|>\aleph_0$ となる．特に $|\mathcal{V}(U_1, \cdots, U_n)|>\aleph_0$．しかし U_i，$i=1, \cdots, n$，は Y の既約被覆をなし $\mathcal{V}(U_1, \cdots, U_n)\subset\mathcal{V}$ であるから $|\mathcal{V}(U_1, \cdots, U_n)|=1$ でなければならない．この矛盾より命題は成立する．□

19.9 例 M_1 を R^2 の上半平面とする，すなわち

$$M_1=\{(x, y) : -\infty<x<\infty, \ 0\leqq y<\infty\}.$$

M_1 に次の位相を導入する．$y>0$ について各点 (x, y) はそれ自身で開集合である．$n=1, 2, \cdots$ に対して $V_n(x, 0)=\{(x', y) : y=|x'-x|, 0\leqq y<1/n\}$ を点

$(x, 0)$での近傍ベースとする．

$$\mathcal{U}=\{\{(x,y)\}:(x,y)\in M_1, 0<y\}\cup\{V_n(x,0): -\infty<x<\infty,\ n=1,2,\cdots\}$$

はM_1の点可算ベースとなる．この位相をもつ空間M_1は完全正則，点有限パラコンパクトかつ展開空間となる．証明は自明である．M_1は正規とはならない．なぜなら，$F=\{(x,0): x$は無理数$\}$, $H=\{(x,0): x$は有理数$\}$は交わらない閉集合であるが素な近傍をもたない．□

§20　コンパクト化

20.1　定義　Xを空間，YはXを部分空間として含む空間とする．XがYで稠密であるとき，YをXの**拡張空間**(extension)とよぶ．特にYがコンパクトであるとき，YをXの**コンパクト化**(compactification)とよぶ．

T_2でないコンパクト化についても種々の事実が知られているが，本書では特に述べない限りT_2コンパクト化を取扱うことにする．コンパクトT_2空間の部分空間は常に完全正則であるから，コンパクト化を論ずる場合は完全正則空間を考慮することになる．今後本節においては特に述べない限り空間は完全正則であり，コンパクト化はT_2コンパクト化を意味することにする．

Xを空間，$\alpha X, \gamma X$をXのコンパクト化とする．X上で恒等写像となるような連続写像$f: \alpha X\to\gamma X$が存在するとき，$\alpha X>\gamma X$と書きαXはγXより**大きい**，γXはαXより**小さい**という．$\alpha X>\gamma X$かつ$\gamma X>\alpha X$のとき，αXとγXは**同値**であるという．X上で恒等写像となる1:1連続写像$f: \alpha X\to\gamma X$が存在するときに限ってαXとγXは同値となる．なぜなら$f: \alpha X\to\gamma X$がXの点を動かさない連続写像ならば，$f(\alpha X)$はγXで稠密な集合Xを含む閉集合となるからfは上への写像となり，さらにfが1:1ならばfはαXからγXの上へのXの点を動かさない位相写像となり，$f^{-1}: \gamma X\to\alpha X$もまた$X$の点を動かさない位相写像となるからである．$X$のコンパクト化$\alpha X$は任意のコンパクト化$\gamma X$より大きいとき**極大**といわれる．上の考察から任意の極大コンパクト化は互いに同値となる．

Xを完全正則空間とする．12.11の証明を参照すれば，埋め込み$f: X\to\prod I_\alpha$

が得られる．ここで I_α は I のコピーであり，α は $C(X,I)=\{f_\alpha\}$ のすべての元 f_α に対応して動く．$\pi_\alpha:\prod I_\alpha\to I_\alpha$ を射影とすれば各 $x\in X$ について $\pi_\alpha f(x)=f_\alpha(x)$ となる．この埋め込み f によって X を $\prod I_\alpha$ の部分集合と考え，βX を X の $\prod I_\alpha$ における閉包とする．βX は明らかに X のコンパクト化である．これを X の **Stone-Čech コンパクト化**という．

20.2 命題 βX は X の極大コンパクト化である．

証明 αX を X の任意のコンパクト化とする．$C(X,I)=\{f_\alpha:\alpha\in\Lambda\}$，$C(\alpha X,I)=\{g_\beta:\beta\in\Omega\}$ とする．12.11 の証明と同様にして $g:\alpha X\to\prod I_\beta$ を $g(x)=(g_\beta(x))$ と定義すれば，g は埋め込みとなる．各 $g_\beta\in C(\alpha X,I)$ について $g_\beta|X\in C(X,I)$．X は αX で稠密であるから $g_\beta\neq g_{\beta'}$ ならば $g_\beta|X\neq g_{\beta'}|X$ となる．これから Ω は Λ の部分集合と考えられる．$\pi:\prod I_\alpha\to\prod I_\beta$ を射影とせよ．$\beta X\subset\prod I_\alpha$ に注意して，$h:\beta X\to\prod I_\beta$ を $h=\pi|\beta X$ で定義せよ．各 $x\in X$ について $h(x)=((g_\beta|X)(x))=g(x)$ となる．X はコンパクト空間 αX で稠密であり，g は埋め込みであるから，h は βX から $g(\alpha X)$ 上への連続写像となり，$f=g^{-1}h$ とおけば f は βX から αX への X の点を動かさない連続写像となる．これから $\beta X>\alpha X$ である．□

20.3 定義 A,B を $A\subset B$ となる空間 X の部分集合とする．ある $f\in C(X,I)$ について $f(A)=0$, $f(X-B)=1$ となるとき $A\Subset B$ と表わす．このとき A と $X-B$ は**関数で分離される**という．X の有限開被覆 $\{U_i\}$ は被覆 $\{A_i\}$, $A_i\Subset U_i$, が存在するとき，**正則**といわれる．X の有限開被覆 $\mathcal{U}$ が正則ならば，$\mathcal{U}$ は有限コゼロ被覆を細分にもつから 15.6 より正規となることがわかる．後に正規有限開被覆がまた正則となることが示される (26.12)．

Y を X の拡張空間とする．X の開集合 U に対して $O_Y(U)$ または単に $O(U)$ で X との共通部分が U となる Y の最大の開集合を表わすことにする，即ち，$O(U)=\bigcup\{W:W\cap X=U,\ W$ は Y の開集合$\}$ である．簡単な計算によって $O(U)=Y-\mathrm{Cl}_Y(X-U)$ が成立することがわかる．また U,V を X の開集合とすれば $O(U\cap V)=O(U)\cap O(V)$ が成り立つ．

20.4 定理(M. H. Stone-Čech) X を完全正則空間，αX を X のコンパク

ト化とする．次の条件は同等である．

(1) αX は X の極大コンパクト化である．

(2) $C(X,I)$ の各関数は $C(\alpha X,I)$ の関数に拡張できる．

(3) X から任意のコンパクト空間 Y への連続写像は αX へ拡張できる．

(4) E,F を X のゼロ集合とすれば $\mathrm{Cl}_{\alpha X}(E)\cap\mathrm{Cl}_{\alpha X}(F)=\mathrm{Cl}_{\alpha X}(E\cap F)$.

(5) X の任意のコゼロ集合 U,V について $O_{\alpha X}(U\cup V)=O_{\alpha X}(U)\cup O_{\alpha X}(V)$.

(6) $\mathcal{U}$ が X の正則な開被覆ならば，$O(\mathcal{U})=\{O_{\alpha X}(U):U\in\mathcal{U}\}$ は αX の開被覆をなす．

(7) $A\Subset B\subset X$ ならば $\mathrm{Cl}_{\alpha X}(A)\cap\mathrm{Cl}_{\alpha X}(X-B)=\phi$.

証明 (1)⇨(2) αX は極大コンパクトであるから $\alpha X=\beta X$ と仮定してよい．定義から βX は次のように作られた(20.1)．$C(X,I)=\{f_\alpha\}$ とし，各 f_α に対して I_α を I のコピーとする．$\pi_\alpha:\prod I_\alpha\to I_\alpha$ を射影とし，$i:X\to\prod I_\alpha$ を $\pi_\alpha i(x)=f_\alpha(x)$, $x\in X$, と定義すれば i は埋め込みとなる．X を iX と同一視すれば βX は X の $\prod I_\alpha$ での閉包である．この βX の作り方から $f_\alpha\in C(X,I)$ ならば，$\pi_\alpha|\beta X:\beta X\to I_\alpha(=I)$ は f_α の拡張となることがわかる．

(2)⇨(3) Y を平行体空間 $\prod I_\beta$ に埋め込んで考える．$\pi_\beta:\prod I_\beta\to I_\beta$ を射影とする．$f:X\to Y$ を連続写像とせよ．各 β に対して $\pi_\beta f\in C(X,I)$ であるから (2) よりその拡張 $g_\beta:C(\alpha X,I)$ が存在する．$\tilde{f}:\alpha X\to\prod I_\beta$ を $\pi_\beta\tilde{f}(x)=g_\beta(x)$, $x\in\alpha X$, によって定めよ．明らかに $\tilde{f}|X=f$ である．また $\tilde{f}$ は連続であるから $\tilde{f}(\alpha X)\subset\mathrm{Cl}\,\tilde{f}(X)=\mathrm{Cl}\,f(X)\subset Y$ となる (Cl は $\prod I_\beta$ でとる)．これから $\tilde{f}:\alpha X\to Y$ は求める拡張である．

(3)⇨(4) まず X の交わらないゼロ集合 E,F に対して $\mathrm{Cl}_{\alpha X}E\cap\mathrm{Cl}_{\alpha X}F=\phi$ を示す．

$$f,g\in C(X,I),\qquad E=f^{-1}(0),\qquad F=g^{-1}(0)$$

とする．$h=f/(f+g)$ とおけば，$h\in C(X,I)$ で $h(E)=0$, $h(F)=1$ となる．I はコンパクトだから (3) より h は拡張 $\tilde{h}\in C(\alpha X,I)$ をもつ．$\tilde{h}$ の連続性より $\tilde{h}(\mathrm{Cl}_{\alpha X}E)=0$, $\tilde{h}(\mathrm{Cl}_{\alpha X}F)=1$. これから $\mathrm{Cl}_{\alpha X}E\cap\mathrm{Cl}_{\alpha X}F=\phi$. 次に一般の場合

を示そう．$\mathrm{Cl}_{\alpha X}(E\cap F)\supset \mathrm{Cl}_{\alpha X}E\cap \mathrm{Cl}_{\alpha X}F$ をいえばよい．$p\in \mathrm{Cl}_{\alpha X}E\cap \mathrm{Cl}_{\alpha X}F$ とする．H を αX における p の近傍でゼロ集合となるものとすれば，$p\in \mathrm{Cl}_{\alpha X}(H\cap E)$ かつ $p\in \mathrm{Cl}_{\alpha X}(H\cap F)$. $H\cap E$, $H\cap F$ は X のゼロ集合であるから始めに示したことから $H\cap E\cap F=\phi$ となる．H は p の αX における任意の近傍であったから $p\in \mathrm{Cl}_{\alpha X}(E\cap F)$ となる．

(4)⇨(5)　$E=X-U$, $F=X-V$ とおけば，E, F はゼロ集合である．

$$O_{\alpha X}(U\cup V)=\alpha X-\mathrm{Cl}_{\alpha X}(E\cap F)=\alpha X-\mathrm{Cl}_{\alpha X}E\cap \mathrm{Cl}_{\alpha X}F$$
$$=(\alpha X-\mathrm{Cl}_{\alpha X}E)\cup(\alpha X-\mathrm{Cl}_{\alpha X}F)=O_{\alpha X}(U)\cup O_{\alpha X}(V).$$

(5)⇨(6)　$\mathcal{U}$ が X の正則開被覆ならば定義よりその細分有限コゼロ被覆 $\mathcal{V}$ が存在する．(5)より

$$\alpha X=O_{\alpha X}(X)=O_{\alpha X}(\bigcup_{V\in\mathcal{V}}V)=\bigcup_{V\in\mathcal{V}}O_{\alpha X}(V)\subset\bigcup_{U\in\mathcal{U}}O_{\alpha X}(U)$$

となる．

(6)⇨(7)　$A\Subset B\subset X$ ならば X のコゼロ被覆 $\{U, V\}$ があって $A\subset U\subset B$, $X-B\subset V\subset X-A$ となる．(6)より $O_{\alpha X}(U)\cup O_{\alpha X}(V)=\alpha X$ となるから

$$\mathrm{Cl}_{\alpha X}A\subset \mathrm{Cl}_{\alpha X}(X-V)=\alpha X-O_{\alpha X}(V)\subset O_{\alpha X}(U)\subset\alpha X-\mathrm{Cl}_{\alpha X}(X-B),$$

すなわち(7)が得られる．

(7)⇨(1)　βX は極大コンパクト化であるから，X の点を動かさない連続写像 $f:\beta X\to\alpha X$ が存在する．f が $1:1$ であることを示せばよい．$x_0, x_1\in\beta X$, $x_0\neq x_1$, $f(x_0)=f(x_1)$ とする．$g\in C(\beta X, I)$ を $g(x_0)=0$, $g(x_1)=1$ となるように選び，

$$A=\{x\in X : g(x)\leqq 1/3\},\qquad B=\{x\in X : g(x)\geqq 2/3\}$$

とおく．$A\Subset X-B$ であるから(7)より $\mathrm{Cl}_{\alpha X}A\cap \mathrm{Cl}_{\alpha X}B=\phi$. しかし点 $f(x_0)=f(x_1)=y$ は $\mathrm{Cl}_{\alpha X}A\cap \mathrm{Cl}_{\alpha X}B$ に属することが次のように示される．y の αX での任意の近傍を W とする．$f^{-1}(W)$ は x_0 の βX での近傍であり $g(x_0)=0$ であるから，ある $x\in f^{-1}(W)\cap X=W\cap X$ について $g(x)<1/3$. これから $x\in A\cap W$ となる．W は y の任意の近傍であるから $y\in \mathrm{Cl}_{\alpha X}A$ が得られる．同様に $y\in \mathrm{Cl}_{\alpha X}B$. この矛盾から f は $1:1$ となり αX は βX と同値となる．すなわち極

大コンパクト化となる．□

Xの任意のコンパクト化αXに対して，βXの極大性よりXの点を動かさない連続写像$f:\beta X\to\alpha X$が存在する．Xは$\alpha X, \beta X$で稠密であるからfは一意的に定まる．このfをβXからαXへの**標準写像**または**射影**とよぶ．すべての標準写像$f:\beta X\to\alpha X$は$\beta X-X$を$\alpha X-X$へ写すことが知られる．これは次の定理の簡単な系である．

20.5 定理 XからY上への連続写像fが完全写像となる必要充分条件は次の1つがみたされることである．

(1) Yの任意のコンパクト化αYに対してfの拡張$\beta f:\beta X\to\alpha Y$は$\beta f(\beta X-X)=\alpha Y-Y$をみたす．

(2) XとYのあるコンパクト化γXとαY，fの拡張$\tilde{f}:\gamma X\to\alpha Y$が存在して$\tilde{f}(\gamma X-X)=\alpha Y-Y$となる．

証明 (1)⇨(2)は明らかである．(2)が成立すれば，$\tilde{f}$は完全写像で$\tilde{f}^{-1}(Y)=X$となるから$f=\tilde{f}|X$は完全写像となる．これからfが完全写像のとき(1)の成立をいえばよい．今fが完全写像で$\beta f(\beta X-X)\neq\alpha Y-Y$となると仮定する．ある$x\in\beta X-X$について$y=\beta f(x)\in Y$となる．$f^{-1}(y)$は$X$のコンパクト集合であるから，$\beta X$の閉集合である．$f^{-1}(y)$は$x$を含まないから$\beta X$における$f^{-1}y$の開近傍$U$で$x\notin \mathrm{Cl}_{\beta X} U$となるものがある．$f(X-U)$は$Y$の閉集合であるから$y\notin \mathrm{Cl}_{\alpha Y} f(X-U)$．一方$\beta f$の連続性より

$$y=\beta f(x)\in\beta f(\mathrm{Cl}_{\beta X}(X-U))\subset \mathrm{Cl}_{\alpha Y} f(X-U)$$

となる．この矛盾から(1)が示された．□

20.1で与えられたβXの構成法はβXをある平行体空間の部分集合として表現するものであった．次にβXの他の構成法を与える．この方法は一見複雑であるが，コンパクト化の本質を見る上で重要なものである．

20.6 定義 完全正則空間Xのσ**フィルター**$\xi=\{U_\alpha\}$によって次の(1)，(2)をみたす極大な集合族を意味する：

(1) 各$U_\alpha\in\xi$は空でないXの開集合であり，ξは有限交叉性をみたす．

(2) 各$U_\alpha\in\xi$に対して$U_\beta\in\xi$があって$\overline{U}_\beta\subseteq U_\alpha$となる（$\overline{}$は$X$での閉包を

表わす).

σ フィルターの性質を少し述べよう.

(3)　ξ, ξ' を異なる σ フィルターとすれば，ある $U \in \xi$，$U' \in \xi'$ があって $U \cap U' = \phi$.

(4)　ξ を σ フィルター，U を開集合とする．ある集合 A，$A \Subset U$，があって ξ の各元と交わるならば，$U \in \xi$ である.

ξ と ξ' の各元が交われば，$\xi \cup \xi'$ は(1), (2)をみたすが ξ, ξ' の極大性より $\xi = \xi \cup \xi' = \xi'$ となる．これは(3)を示す．(4)を示すために，η を $A \Subset V \subset U$ となる開集合 V すべての族とすれば $\eta \cup \xi$ は(1), (2)をみたすことが分かる．ξ の極大性より $\eta \subset \xi$．$U \in \eta$ であるから $U \in \xi$ となる.

X のすべての σ フィルターの集合を σX と書く．X の開集合 U に対して $O(U) = \{\xi \in \sigma X : U \in \xi\}$ とおき，$\{O(U) : U$ は X の開集合$\}$ をベースとして σX に位相を導入する．($U = \phi$ のときは $O(U) = \phi$.) X は完全正則であるから，各点 x について x を含むすべての開集合の族 ξ_x は σ フィルターである．対応 $x \to \xi_x$ は 1 : 1 であるから，X を σX の部分集合と考える．明らかに

(5)　X の開集合 U に対して $O(U) \cap X = U$.

これから σX における X の相対位相は X 本来の位相と一致する．また(5)は X が σX で稠密であることを示している．すなわち，

(6)　σX は X の拡張空間である.

(7)　X の開集合 U, V に対して $O(U \cap V) = O(U) \cap O(V)$.

$\xi \in O(U) \cap O(V)$ ならば $U \in \xi$ かつ $V \in \xi$．(1)より $U \cap V \in \xi$，すなわち $\xi \in O(U \cap V)$．逆の包含関係は明らかである.

(8)　$\mathcal{U}$ が X の正則開被覆とすれば，$O(\mathcal{U}) = \{O(U) : U \in \mathcal{U}\}$ は σX の被覆をなす.

$\mathcal{U} = \{U_i\}$ とする．各 i について $A_i \Subset U_i$ となる被覆 $\{A_i\}$ が存在する．σX の点 ξ をとる．$\{A_i\}$ は有限被覆であり ξ は有限交叉性をもつから，ある i について A_i は ξ のすべての元と交わる．(4)によって $U_i \in \xi$，すなわち $\xi \in O(U_i)$.

(9)　F を σX の閉集合で $\xi \notin F$ とする．X の開集合 U, V，$V \Subset X - U$，が存

在して，

$$\xi \in O(V), \quad F \subset O(U), \quad O(V) \cap O(U) = \phi$$

となる．

F は σX の閉集合で $\xi \notin F$ であるから，ある X の開集合 W について $\xi \in O(W) \subset \sigma X - F$. $\xi \ni W$ であるから X の開集合 V, U' で $V \Subset U' \Subset W$, $V \in \xi$, となるものがある．$U = X - \overline{U}'$ とおく．$X - U = \overline{U}' \Subset W$ であるから $\{U, W\}$ は X の正則被覆である．(8)より $O(U) \cup O(W) = \sigma X$ となる．$O(W) \subset \sigma X - F$ から $F \subset O(U)$. また $V \cap U = \phi$ であるから $O(V) \cap O(U) = \phi$ である．

20.7　定理　σX は X の極大コンパクト化である．

証明　σX は T_2 である．なぜなら $\xi, \xi' \in \sigma X$, $\xi \neq \xi'$, ならば，(3)よりある $U \in \xi$, $U' \in \xi'$ について $U \cap U' = \phi$, 従って $O(U)$, $O(U')$ は ξ, ξ' の交わらない近傍である((7))．これから σX は X の T_2 拡張空間である．$\mathfrak{F} = \{F\}$ を σX の有限交叉性をもつ閉集合族とする．$F, F' \in \mathfrak{F}$ のとき $F \cap F' \in \mathfrak{F}$ と仮定してよい．$F \in \mathfrak{F}$ に対して次のような X の開集合 U の族を $H(F)$ とせよ：ある開集合 $V, V \Subset U$, について $F \subset O(V)$. 定義から $U \in H(F)$ ならば，ある開集合 $V \Subset U$ について $V \in H(F)$ となる．集合族 $\eta = \bigcup_{F \in \mathfrak{F}} H(F)$ を考えよ．$\mathfrak{F}$ の有限交叉性と上の考察から η は 20.6(1), (2)をみたすことが知られる．これから η を含む σ フィルターが存在する．$\xi \in \bigcap_{F \in \mathfrak{F}} F$ を示そう．$\xi \notin F$ とせよ．20.6(9)により X のある開集合 $U', V, V \Subset X - U'$, について $\xi \in O(V)$, $F \subset O(U')$ となる．開集合 U を $V \Subset X - U \Subset X - U'$ のようにとれば，$U' \Subset U$ であるから $U \in H(F)$ となる．従って $U \in \eta \subset \xi$. 一方 $U \cap V = \phi$, $\xi \in O(V)$, であるから $\xi \not\ni U$. かくして $\xi \in \bigcap F$ が示された．11.2によって σX はコンパクトとなる．20.6(8)は σX が 20.4(6)をみたすことを示している．これから σX は X の極大コンパクト化である．□

20.7には次のようなより直接的な証明もある．その概略を述べよう．$\xi \in \sigma X$ とすれば ξ は有限交叉性をみたすから，ξ の元の βX での閉包すべての共通部分は空でない．これが βX のただ1点 $f(\xi)$ となることが示される．σX の定義と βX の性質から対応 $f: \sigma X \to \beta X$ は X の点を動かさない βX の上への位相写像となることが示される．

20.8　定理(Alexandroff)　X を局所コンパクト T_2 空間でコンパクトでないものとする．X のコンパクト化 cX で $cX-X$ がただ 1 点からなるものが存在する．cX を **Alexandroff のコンパクト化**または **1 点コンパクト化**という．

証明　X に属さない 1 点 x^* を考え，$cX=X\cup\{x^*\}$ とする．$\mathcal{B}$ を次の集合族とする：

(1)　X の開集合 U は $\mathcal{B}$ の元である．

(2)　$X-U$ がコンパクトとなる X の開集合 U に対して $U\cup\{x^*\}\in\mathcal{B}$.

$\mathcal{B}$ をベースとして cX に位相を導入する．(1)より X は cX の部分空間となる．X はコンパクトでないから，(2)より X は cX で稠密である．X の各点はコンパクト閉包をもつ近傍を有するから cX は T_2 となる．cX の $\mathcal{B}$ の元による被覆 $\mathcal{U}$ を考えれば，x^* を含む $W\in\mathcal{B}$ があって $X-W$ はコンパクトとなるから，$\mathcal{U}$ の有限部分被覆が存在する．ゆえに cX は求めるコンパクト化となる．□

上の証明において，X の局所コンパクト性を仮定しなくとも同様の定義で cX は X のコンパクト拡張空間となる．ただしこのとき cX は一般に T_2 とならない．この cX を X の(広義の) **Alexandroff コンパクト化**または **1 点コンパクト化**とよぶ．

20.9　定義　空間 X の閉集合の族 $\mathcal{F}$ は次の条件をみたすとき**正規基底** (normal base) といわれる：

(1)　X の閉集合 A と点 $x\notin A$ をとれば，ある $F\in\mathcal{F}$ があって $x\in F$, $F\cap A=\phi$.

(2)　$\mathcal{F}$ の任意有限個の元の和および共通部分は $\mathcal{F}$ に属する．

(3)　E, F を $E\cap F=\phi$ となる $\mathcal{F}$ の元とすれば，$\mathcal{F}$ の元 G, H, $G\cup H=X$, $E\cap H=\phi$, $F\cap G=\phi$, が存在する．

正規基底の例としては，完全正則空間のすべてのゼロ集合の族，正規空間のすべての閉集合の族などがある．

$\mathcal{F}$ を T_1 空間 X の正規基底とする．まず X が T_2 となることが分かる．x, $x'\in X$, $x\neq x'$, ならば(1)と(3)より $\mathcal{F}$ の元 E, F, $x\in X-F$, $x'\in X-E$,

$(X-F)\cap(X-E)=\phi$, が存在するからである．$\mathfrak{F}$ の元からなる極大フィルターすべてを考え，その集合を wX と書く．X の開集合 U で $X-U\in\mathfrak{F}$ となるものをすべて考え，各 U に対して $O(U)=\{\xi\in wX$: ある $F\in\mathfrak{F}$, $F\subset U$, について $F\in\xi\}$ とおく．($U=\phi$ のとき $O(\phi)=\phi$ とする.) $\{O(U): X-U\in\mathfrak{F}\}$ をベースとして wX に位相を導入する．各 $x\in X$ について x を含むすべての $\mathfrak{F}$ の元の族は極大フィルターとなるから wX の点 ξ_x を定める．対応 $x\to\xi_x$ は $1:1$ となるから，これを同一視して $X\subset wX$ と考える．$O(U)$ の定義から明らかに

(4)　$O(U)\cap X=U$

(5)　$O(U)\cap O(V)=O(U\cap V)$

(4)より wX は X の拡張空間である．$\xi,\xi'\in wX$, $\xi\neq\xi'$, とすればある $E\in\xi$, $F\in\xi'$ について $E\cap F=\phi$. (3)より存在する $\mathfrak{F}$ の元 G, H, $G\cup H=X$, $E\cap H=\phi=F\cap G$, をとれば $\xi\in O(X-H)$, $\xi'\in O(X-G)$. (5)から $O(X-H)\cap O(X-G)=O(X-H\cup G)=\phi$, すなわち wX は T_2 となる．さらに次のことが成り立つ．

(6)　$F\in\mathfrak{F}$ ならば $wX-O(X-F)=\mathrm{Cl}_{wX}F=\{\xi\in wX: F\in\xi\}$.

(7)　$G\subset wX$ が閉集合ならば $G=\bigcap\{\mathrm{Cl}_{wX}F: F\in\mathfrak{F},\ G\subset\mathrm{Cl}_{wX}F\}$.

(8)　$F, H\in\mathfrak{F}$, $F\cap H=\phi$ ならば $O(X-F)\cup O(X-H)=wX$.

(6)において $wX-O(X-F)\supset\mathrm{Cl}_{wX}F$ は明らかである．$\xi\notin\mathrm{Cl}_{wX}F$ ならばある $O(U)\ni\xi$ があって $O(U)\cap F=U\cap F=\phi$. これから $U\subset X-F$, すなわち $\xi\in O(U)\subset O(X-F)$. これは(6)を示す．(6)から $\{\mathrm{Cl}_{wX}F: F\in\mathfrak{F}\}$ は wX の閉集合基を作るから(7)が成り立つ．$F, H\in\mathfrak{F}$, $F\cap H=\phi$ とせよ．任意の点 $\xi\in wX$ は極大フィルターであるから，ある $E\in\xi$ があって $F\cap E=\phi$ または $H\cap E=\phi$ が成り立つ．これから $\xi\in O(X-F)$ か $\xi\in O(X-H)$ が成立する．

20.10　定理　wX は X のコンパクト化である．

証明　wX が X の T_2 拡張空間となることはすでに示したから，wX のコンパクト性を示せばよい．$\mathcal{G}=\{G\}$ を wX の閉集合からなるフィルターとせよ．

$$\eta=\{F\in\mathfrak{F}: \text{ある } G\in\mathcal{G} \text{ について } G\subset\mathrm{Cl}_{wX}F\}$$

とおけば，20.9(6)より η は $\mathfrak{F}$ の元からなるフィルターとなるから，η を含む

極大フィルターξが存在する．wX の点ξが $\bigcap_{G\in\mathcal{G}} G$に属することは，(6), (7) と$\xi$の定義より知られる．これから wX はコンパクトである．□

20.11 定義 完全正則空間のコンパクト化は，ある正規基底より作られたコンパクト化 wX に同値となるとき，**Wallman 型コンパクト化**とよばれる．

20.12 定理 次の場合に $\mathcal{F}$ から作られた wX は X の極大コンパクト化である：

(1) X は完全正則で $\mathcal{F}$ は X のすべてのゼロ集合の族．

(2) X は正規で $\mathcal{F}$ は X のすべての閉集合の族．

証明 wX の極大性を示せばよい．このために 20.4(7) を使用する．$A\Subset B\subset X$ とすれば，$F, H\in\mathcal{F}$，$A\subset F$，$X-B\subset H$，$F\cap H=\phi$，が存在する．20.9 の(6), (8)より

$$\mathrm{Cl}_{wX} A\subset \mathrm{Cl}_{wX} F = wX-O(X-F)\subset O(X-H)$$
$$= wX-\mathrm{Cl}_{wX} H\subset wX-\mathrm{Cl}_{wX}(X-B).$$

ゆえに $\mathrm{Cl}_{wX} A\cap \mathrm{Cl}_{wX}(X-B)=\phi$．これから wX は極大コンパクト化である．□

20.13 系 βX は Wallman 型コンパクト化である．

20.14 例 9.24 で考慮された空間 $X=[0, \omega_1)$ を考えよ．$\gamma X=[0, \omega_1]$ は明らかに X のコンパクト化である．$f\in C(X, I)$ とすれば 9.24(6) によりある $\alpha<\omega_1$ があって，$\alpha\leqq\beta<\omega_1$ ならば $f(\alpha)=f(\beta)$ となる．$\tilde{f}:\gamma X\to I$ を $\tilde{f}|X=f$，$\tilde{f}(\omega_1)=f(\alpha)$ で定めれば $\tilde{f}$ は f の連続な拡張である．これから 20.4(2) より γX は βX と同値である．11.10 における Tychonoff の板 $Z=\gamma X\times Y-(\omega_1, \omega)$，$Y=[0, \omega]$，を考えよ．明らかに $\gamma X\times Y$ は Z のコンパクト化である．$f\in C(Z, I)$ とせよ．各 $0\leqq\gamma\leqq\omega$ について $0\leqq\alpha_\gamma<\omega_1$ が存在して $\alpha_\gamma\leqq\beta<\omega_1$ ならば $f(\beta, \gamma)=f(\alpha_\gamma, \gamma)\in I$ となる．γ は高々可算個の元を動き得るから各 γ について $\alpha_\gamma\leqq\alpha<\omega_1$ となる α が存在する．$\tilde{f}:\gamma X\times Y\to I$ を $\tilde{f}|Z=f$，$\tilde{f}(\omega_1, \omega)=f(\alpha, \omega)$ によって定義すれば，$f|\{\alpha\}\times[0, \omega]$ の連続性より $\tilde{f}$ の連続性が知られる．これから $\gamma X\times Y$ は βZ と同値となる．また空間 X および Z は局所コンパクトであり，これらの Alexandroff コンパクト化(20.8)はそれぞれ γX，$\gamma X\times Y$ となること

は明らかである．これから次のことが知られた：空間 X および Z はただ1つのコンパクト化をもつ．勿論同値のコンパクト化を同じものと見做してである．

§21　コンパクト化の剰余

21.1　定義　αX を X のコンパクト化とするとき，$\alpha X-X$ を X の αX における**剰余**とよぶ．一般に βX においては X の剰余は大きな濃度をもつことが知られる．

21.2　定理　X を離散空間とし，$|X|=\mathfrak{m}\geqq\aleph_0$ とする．このとき $|\beta X|=2^{2^{\mathfrak{m}}}$ となる．

証明　20.7 より βX の点は X の部分集合からなる極大フィルターに対応する．これから濃度 $\mathfrak{m}$ の集合が $2^{2^{\mathfrak{m}}}$ 個の極大フィルターをもつことをいえばよい．2^X を X のすべての部分集合の集合，$\mathcal{F}$ を X のすべての有限集合の集合，$\mathcal{G}$ を $\mathcal{F}$ のすべての有限集合の集合とする．$|\mathcal{F}\times\mathcal{G}|=\mathfrak{m}$ である．$\mathcal{F}\times\mathcal{G}$ が $2^{2^{\mathfrak{m}}}$ 個の極大フィルターをもつことを示そう．$Y\in 2^X$ に対して

$$n(Y)=\{(F,G)\in\mathcal{F}\times\mathcal{G} : F\cap Y\in G\},\qquad m(Y)=\mathcal{F}\times\mathcal{G}-n(Y)$$

とおく．$E\subset 2^X$，$|E|=2^{2^{\mathfrak{m}}}$，に対して

$$\xi_E=\{n(Y) : Y\in E\}\cup\{m(Y) : Y\notin E\}$$

と定義する．まず ξ_E がフィルターとなることを証明する．$n(Y_1),\cdots,n(Y_s)$，$m(Y_{s+1}),\cdots,m(Y_t)$ を ξ_E の異なる元とする．Y_i，$i=1,\cdots,t$，は 2^X の異なる元であるから，各 $i<j$，$i,j=1,\cdots,t$，について点 $x_{ij}\in(Y_i-Y_j)\cup(Y_j-Y_i)$ がとれる．$x_{ij}, i<j$，$i,j=1,\cdots,t$，の集合を F とし，

$$G=\{Y_i\cap F : i=1,\cdots,s\}$$

とおく．$G\in\mathcal{G}$ で G の各元は互いに異なる．$j>s$ ならば $Y_j\cap F$ は G の各元と異なるから $Y_j\cap F\notin G$．これから

$$(F,G)\in n(Y_i),\quad i\leqq s,\ \text{かつ}\ (F,G)\in m(Y_j),\quad j>s,$$

が成り立つ．これから ξ_E は有限交叉性をもつことが知られた．$E'\subset 2^X$，$|E'|=2^{2^{\mathfrak{m}}}$，を E と異なる集合とせよ．$Y\in E-E'$ ならば $n(Y)\in\xi_E$ かつ $n(Y)\notin\xi_{E'}$ となる．同様に $Y\in E'-E$ ならば $n(Y)\notin\xi_E$ かつ $n(Y)\in\xi_{E'}$．これから ξ_E を

含む極大フィルターをη_Eとすれば，$E \neq E'$のとき$\eta_E \neq \eta_{E'}$となる．2^Xの部分集合Eで$|E|=2^{2^{\mathfrak{m}}}$となるEは$2^{2^{\mathfrak{m}}}$個存在するから，少くとも$2^{2^{\mathfrak{m}}}$個の極大フィルターが存在する．ゆえに$|\beta X| \geqq 2^{2^{\mathfrak{m}}}$．一方$X$の極大フィルターは$2^X$のすべての部分集合の集合$2^{2^X}$の元と考えられるから，$|\beta X| \leqq |2^{2^X}| = 2^{2^{\mathfrak{m}}}$．□

21.3 系 自然数の集合Nに対して$|\beta N| = 2^{2^{\aleph_0}}$.

21.4 定理 $F \subset \beta X - X$とすれば次の各場合に$|\mathrm{Cl}_{\beta X} F| \geqq 2^{2^{\aleph_0}}$となる：

(1) Xは離散空間でFは無限集合.

(2) XはLindelöf空間，Fは無限集合で$X \cap \mathrm{Cl}_{\beta X} F = \phi$.

(3) FはβXのゼロ集合.

証明 (1) βXは正則でありFは無限集合であるから，$x_1 \in F$とβXでのx_1の開近傍U_1があって$F - \bar{U}_1$が無限集合となる(—はβXでの閉包)．同様にして$x_2 \in F - \bar{U}_1$とその開近傍U_2で$U_1 \cap U_2 = \phi$, $F - \bar{U}_1 \cup \bar{U}_2$が無限集合となるものがとれる．これを続ければ，$x_i \in F$とその開近傍$U_i$, $i=1, 2, \cdots$, を$i \neq j$について$U_i \cap U_j = \phi$のようにとることができる．$A = \{x_i : i=1, 2, \cdots\}$とせよ．$\bar{A} = \beta A$となることを示そう．$A$は$N$と同相であるから定理は21.3より従がう．$f \in C(A, I)$とする．$g : X \to I$を

$$g(x) = f(x_i), \quad x \in X \cap U_i, \quad i=1, 2, \cdots; \qquad g(x) = 0, \qquad x \in X - \bigcup_{i=1}^{\infty} U_i,$$

と定義せよ．Xは離散位相をもつからgは連続である．$\tilde{g}$をgのβXへの拡張とする．$x_i \in \overline{X \cap U_i}$となるから

$$\tilde{g}(x_i) \in \tilde{g}(\overline{X \cap U_i}) \subset \overline{g(X \cap U_i)} = f(x_i),$$

すなわち各iについて$\tilde{g}(x_i) = f(x_i)$, これから$\tilde{g}$はfの拡張となる．これは任意の$f \in C(A, I)$が$\bar{A}$へ拡張できることを意味するから$\bar{A} = \beta A$と考えられる(20.4)．

(2) (1)と同様にFの可算無限集合Aをとる．部分空間$X \cup A$を考えよ．XはLindelöfであるから$X \cup A$はLindelöfでありこれから正規である．条件によってAは$X \cup A$の閉集合であるから，任意の$f \in C(A, I)$は$X \cup A$へ，従ってβXに拡張される．結論は(1)と同様にして導かれる．

(3)　$f\in C(\beta X, I)$, $F=\{x\in\beta X : f(x)=0\}$ とする．$Y=\beta X-F$ とおく．$X\subset Y\subset\beta X$ であるから $\beta X=\beta Y$ となる．$g=1/f : Y\to R$ を考えよ．g は有界でないから，R の離散閉集合 $H=\{r_i\in R : i=1,2,\cdots\}$ で $g(Y)$ に含まれるものが存在する．各 $g^{-1}(r_i)$ から1点 x_i をとり $E=\{x_i : i=1,2,\cdots\}$ とおく．$g|E : E\to H$ は位相写像である．E は Y の閉集合であり，$\bar{E}-E\subset F$ となる．$h\in C(E, I)$ とせよ．$h\cdot(g|E)^{-1}\in C(H, I)$ は R へ拡張 $\tilde{h}$ をもつ．$\tilde{h}\cdot g$ は h の Y への拡張となる．$\beta Y=\beta X$ であるから $\tilde{h}\cdot g$ は βX へ拡張される．これから各 $h\in C(E, I)$ は $\bar{E}$ へ拡張されることがわかる．ゆえに $\bar{E}=\beta E$ と考えてよい．E は N と同相であるから結論は21.3から得られる．□

21.5　系　X と Y を第1可算性をみたす完全正則空間とする．βX と βY が同相ならば X と Y は同相である．

証明　完全正則空間において可算近傍ベースをもつ点はゼロ集合であるから，21.4(3)より $\beta X-X$, $\beta Y-Y$ の各点は可算近傍ベースをもたない．また X, Y の各点は $\beta X, \beta Y$ で可算近傍ベースをもつ．これから $f : \beta X\to\beta Y$ が同相を与える写像ならば $f|X$ は X から Y の上への同相写像となる．□

21.6　N の βN における剰余を N^* で表わす．N^* は興味ある性質をもっている．これを少し述べてみる．

βN を N の部分集合からなる極大フィルターの集合と考えれば N^* は次のようなベース $\mathscr{B}^*$ をもつ．$E\subset N$ について $O(E)=\{x\in\beta N : E\in x\}$ とすれば，$\{O(E) : E\subset N\}$ は βN のベースを作る．

$$\beta N = O(E)\cup O(N-E),\qquad O(E)\cap O(N-E)=\phi$$

であるから各 $O(E)$ は開かつ閉集合である．$E\subset N$ を有限集合とせよ．$x\in O(E)$ ならば，極大フィルター x は E を元として含む．E は有限集合であるから，x は E のある1点(N の点)を元として含まねばならない(3.6(2)参照)．これは x が N の点であることを示している．これから有限集合 E に対して $O(E)\subset N$ となる．各 $E\subset N$ に対して $W(E)=O(E)\cap N^*$ とおく．上の考察から

(1)　$E\subset E'\subset N$ で $E'-E$ が有限集合ならば $W(E)=W(E')$ が成立する．

$$\mathscr{B}^* = \{W(E) : E\subset N,\ |E|=|N-E|=\aleph_0\}$$

と定義せよ．$\mathscr{B}^*$ は N^* のベースである．

21.7 定理 N^* の可算個の開集合を W_i, $i=1,2,\cdots$, とすれば $\bigcap_{i=1}^{\infty} W_i=\phi$ あるいは $\bigcap_{i=1}^{\infty} W_i$ は空でない開かつ閉集合を含む．

証明 $x\in\bigcap W_i$ とする．$\mathscr{B}^*$ は N^* のベースであるから，$E_i\subset N$, $|E_i|=\aleph_0$, が存在して

$$x\in W(E_i)\subset W_i, \quad i=1,2,\cdots,$$

が成り立つ．$\{W(E_i):i=1,2,\cdots\}$ は有限交叉性をもつから，$\{E_i\}$ の任意有限個の共通部分はまた無限集合となる．($W(E_i)\cap W(E_j)=W(E_i\cap E_j)$ が成立せよ，20.6(7)参照)．

$$n_i\in E_1\cap\cdots\cap E_i, n_i<n_{i+1}, \quad i=1,2,\cdots,$$

をとり $E=\{n_i\}$ とおけば，各 i について $E-E_i$ は有限集合である．これから 21.6(1)より

$$W(E)=W(E\cap E_i)\subset W(E_i), \quad i=1,2,\cdots,$$

すなわち $W(E)\subset\bigcap_i W_i$. □

21.8 定義 空間 X の点 x はその任意可算個の近傍の共通部分がまた x の近傍となるとき P **点**とよばれる．

21.9 定理(W. Rudin) 連続体仮設の成立を仮定すれば，N^* は $2^{2^{\aleph_0}}$ 個の P-点をもつ．

証明 $|\mathscr{B}^*|=2^{\aleph_0}=\aleph_1$ であるから，$\mathscr{B}^*$ は $\{W_\alpha:\alpha<\omega_1\}$ のように整列される．便宜上 $W_1=N^*$ とする．$A_1=W_1$ とおく．$\alpha<\omega_1$ について，各 $\beta<\alpha$ に対して開かつ閉集合 A_β が構成され，$\bigcap_{\beta<\alpha} A_\beta\neq\phi$ となったとする．21.7より空でない開かつ閉集合 B_α を $B_\alpha\subset\bigcap_{\beta<\alpha} A_\beta$ のようにとることができる．$B_\alpha\cap W_\alpha=\phi$ ならば $A_\alpha=B_\alpha$, $B_\alpha\cap W_\alpha\neq\phi$ ならば $A_\alpha=B_\alpha\cap W_\alpha$ とおく．$A=\bigcap_{\alpha<\omega_1} A_\alpha$ とせよ．各 A_α はコンパクトであるから $A\neq\phi$. 構成方法から $W_\alpha\cap A\neq\phi$ ならば $A\subset A_\alpha\subset W_\alpha$ となるから，$A\subset W_\alpha$ となる．これから A は N^* のただ1点からなる．これを x とせよ．$W_{\alpha_i}\in\mathscr{B}^*$, $i=1,2,\cdots$, を点 x の近傍とする．$\alpha_i\leqq\alpha<\omega_1$, $i=1,2,\cdots$, となる α をとれば，x の近傍 A_α は $\bigcap_i W_{\alpha_i}$ に含まれる．これから x は P 点である．$2^{2^{\aleph_0}}$ 個の P 点の存在を見るために，上の構成において各 $\alpha<\omega_1$ について

B_α を2つの空でない開かつ閉集合 $B'_\alpha, B''_\alpha, B'_\alpha \cap B''_\alpha = \phi$, に分け，$B'_\alpha, B''_\alpha$ について同じように証明を行なえば，$2^{\aleph_1}$ 個の P 点の存在が知られる．□

最後に，コンパクト空間 Y と局所コンパクト空間 X が与えられたとき，X のコンパクト化 αX でその中での X の剰余が Y となるような αX が存在する条件を考えてみる．次の命題はこの充分条件を与える．

21.10　命題　X をコンパクトでない局所コンパクト空間，cX を Alexandroff コンパクト化，Y をコンパクト空間とする．次のような連続写像 $f: X \to Y$ が存在するとする：点 $x^* = cX - X$ の cX における任意の近傍 U について $f(U \cap X)$ は Y で稠密である．このとき剰余として Y をもつ X のコンパクト化 αX が存在する．

証明　$g: X \to cX \times Y$ を $g(x) = (x, f(x))$ と定義し，αX を $g(X)$ の $cX \times Y$ における閉包とする．g は埋め込みであるから αX は X のコンパクト化である．$\{x^*\} \times Y$ の任意の点 (x^*, y) をとりその $cX \times Y$ における近傍を $U \times V$ とする．$f(U \cap X)$ は Y で稠密であるから

$$f(x) \in V, \qquad x \in U \cap X,$$

が存在する．$g(x) = (x, f(x)) \in U \times V$ となるから

$$\alpha X = \overline{g(X)} = g(X) \cup (\{x^*\} \times Y)$$

となる．□

21.11　定理　X をコンパクトでない局所コンパクト可分距離空間，Y を連結なコンパクト距離空間とする．このとき Y は X のあるコンパクト化の剰余となる．

証明　Y を Hilbert 基本立方体 I^ω の部分集合と考える．まず Y の可算稠密集合 $\{y_i\}$ で $\lim_i d(y_i, y_{i+1}) = 0$ となるものが存在することを示そう（d は I^ω の距離）．Y はコンパクトであるから各 n について有限集合 $F_n = \{y_k^n : k = 1, \cdots, k_n\}$ で各 $y \in Y$ について $d(y, F_n) < 1/2n$ となるようにできる．Y は連結であるから，F_n の点を $\{z_l^n : l = 1, \cdots, l_n\}$ のように重複を許して並べ換えることによって

$$d(z_l^n, z_{l+1}^n) < 1/n, \qquad l = 1, \cdots, l_n - 1,$$

となるようにできる．これから $\bigcup_{n=1}^{\infty} F_n$ の点を重複を許して並べ換えれば $\bigcup_{n=1}^{\infty} F_n$

$=\{y_i\}$ は稠密で $\lim_i d(y_i, y_{i+1})=0$ となる．次に X の Alexandroff コンパクト化 cX を考える．cX は完全可分となるから距離空間と考えてよい．ρ をその距離とせよ．$x^*=cX-X$ とし，$x_i \in X$, $i=1,2,\cdots$, を

$$\rho(x^*, x_i) > \rho(x^*, x_{i+1}) \quad \text{かつ} \quad \lim_i \rho(x^*, x_i) = 0$$

となるようにとる．$f: X \to I^\omega$ を次のように定義する：

$$x \in X, \qquad \rho(x^*, x) \geqq \rho(x^*, x_1)$$

ならば $f(x)=y_1$, 一般に

$$\rho(x^*, x_i) \geqq \rho(x^*, x) \geqq \rho(x^*, x_{i+1})$$

となる点 x に対して $f(x)$ は，y_i と y_{i+1} を結ぶ I^ω の線分上でそれを

$$(\rho(x^*, x_i)-\rho(x^*, x)) : (\rho(x^*, x)-\rho(x^*, x_{i+1}))$$

に内分する点であると定める．明らかに f は連続である．$g: X \to cX \times I^\omega$ を $g(x)=(x, f(x))$ によって定義し，αX を $g(X)$ の $cX \times I^\omega$ での閉包とする．$\alpha X \cap (\{x^*\} \times I^\omega)=\{x^*\} \times Y$ を示せばよい．$\alpha X \cap (\{x^*\} \times I^\omega)$ は集合 $\{(x_i, y_i) : i=1,2,\cdots\}$ の $\{x^*\} \times I^\omega$ における集積点の集合である．しかしこの集積点は $\{(x^*, y_i) : i=1,2,\cdots\}$ の $\{x^*\} \times I^\omega$ における集積点に等しい．$\{y_i\}$ は Y の稠密集合であるから，

$$\alpha X \cap (\{x^*\} \times I^\omega) = \{x^*\} \times Y$$

が得られる．これから αX は求めるコンパクト化である．□

21.12　系　任意の可分コンパクト連結空間は N のあるコンパクト化の剰余となる．

§22　可算コンパクト空間と擬コンパクト空間

22.1　定義　位相空間 X の任意の可算開被覆が有限部分被覆をもつとき X を**可算コンパクト** (countably compact) という．位相空間 X 上で定義された連続実関数がすべて有界ならば X を**擬コンパクト** (pseudo compact) という．

22.2　命題　空間 X において次の条件は同等である．

(1)　X は可算コンパクトである．

(2)　X の有限交叉性をもつ可算個の閉集合の族は空でない共通部分をもつ.

(3)　X のすべての可算無限集合は集積点をもつ.

証明　(1)と(2)の同値は明らかである. (3)を否定すれば可算無限個の点からなる X の閉離散部分集合 $\{x_i : i=1, 2, \cdots\}$ が存在する.

$$F_i = \{x_j : j=i, i+1, \cdots\}, \qquad i = 1, 2, \cdots,$$

とおけば $\{F_i\}$ は有限交叉性をもつ閉集合の族で共通部分は空である. これは(2)⇨(3)を示す. (3)⇨(2)を示すために $\{F_i\}$ を有限交叉性をもつ閉集合族とする. 点 $x_i \in \bigcap_{j=1}^{i} F_j$, $i=1, 2, \cdots$, をとる. $\{x_i\}$ の中に無限個の等しい点があれば, それは $\bigcap_{i=1}^{\infty} F_i$ に属する. $\{x_i\}$ がすべて異なれば, その集積点が存在しそれは $\bigcap_{i=1}^{\infty} F_i$ に属する. □

22.3　補題　可算あるいは擬コンパクト空間の連続像はそれぞれ可算あるいは擬コンパクトである.

証明は自明である.

22.4　補題　コンパクト空間は可算コンパクトであり, 可算コンパクト空間は擬コンパクトである.

証明　前半は明らかである. $f : X \to R$ を可算コンパクト空間 X の実連続関数とする. $f(X)$ がコンパクトであることをいえばよい. $f(X)$ の任意の開被覆は $f(X)$ が完全可分なことより可算部分被覆をもつ. 22.3より $f(X)$ は可算コンパクトであるから有限部分被覆が選べる. □

22.5　例　20.14で考えられた空間 $X=[0, \omega_1)$ と $Z=[0, \omega_1]\times[0, \omega]-(\omega_1, \omega)$ を考えよ. まず X は可算コンパクトである. なぜなら X の任意可算集合 F に対して F の上限 $\sup F$ が存在しそれは F の集積点である. X は明らかにコンパクトでない. これから正規空間の範囲内でコンパクトと可算コンパクトは異なる概念であることがわかる. 一方 Z は20.14で示されたことから擬コンパクトである. しかし Z の可算集合 $\{\omega_1\}\times[0, \omega)$ は集積点をもたないから Z は可算コンパクトでない. これから完全正則空間において擬コンパクトと可算コンパクトは異なった概念である.

22.6　命題　完全正則空間 X が擬コンパクトとなる必要充分条件は，X で局所有限な開集合の族がすべて有限族となることである．

証明　充分性は実連続関数 $f: X\to R$ について R の無限個の開集合からなる局所有限被覆をとり，その逆像を考えればよい．これには完全正則性は不用である．必要性を示すために，$\mathcal{U}=\{U_i\}$ を X の局所有限な開集合の可算無限族とする．各 i について $x_i\in U_i$ を選べば，$\{x_i\}$ は無限集合である．$f_i\in C(X,I)$ を $f_i(x_i)=i$, $f_i(X-U_i)=0$ のようにとれば，$\sum_{i=1}^{\infty}f_i$ は X 上の連続実関数であるが有界ではない．□

22.7　命題　正規空間が擬コンパクトならば可算コンパクトである．

証明　X が正規でかつ可算コンパクトでないとすれば，X の可算無限の離散閉集合 Y が存在する．有界でない任意の連続関数 $f: Y\to R$ をとれば，X が正規であるから 9.11(3) より f の拡張 $g: X\to R$ が存在する．g は有界ではない．□

次の Bacon による定理は表現が複雑であるが多くの応用例をもっている．集合 M に対して $\chi_0(M)$ で M の可算部分集合すべての族を表わすことにする．

22.8　定理　可算コンパクト空間がコンパクトとなる必要充分条件は次のことである：X の任意の開被覆 $\mathcal{U}$ に対して，X の部分集合族 $\mathcal{F}_i$, $i=1,2,\cdots$, で $\bigcup\mathcal{F}_i$ が X の被覆をなすものが存在し，各 i について写像 $f_i:\mathcal{F}_i\to\chi_0(\mathcal{U})$ を適当にとれば次のことが成り立つ；$\mathcal{H}\in\chi_0(\mathcal{F}_i)$ と点 $x(H)\in H$, $H\in\mathcal{H}$, を任意にとれば

$$\overline{\{x(H): H\in\mathcal{H}\}}\subset\bigcup_{H\in\mathcal{H}}(f_i(H))^{\#}.$$

証明　条件が必要なことは明らかである．なぜなら任意の開被覆 $\mathcal{U}$ について有限部分被覆 $\mathcal{V}$ をとり，X の部分集合族 $\mathcal{F}_i$ として $\{X\}$ をとり，写像 $f_i:\{X\}\to\chi_0(\mathcal{U})$ を $f_i(\{X\})=\mathcal{V}$ と定義すれば，$\mathcal{V}^{\#}=X$ であるからすべては成り立つ．充分性を示そう．$\mathcal{U}$ を X の開被覆とし $\mathcal{U}$ に対して定理の条件をみたす $\mathcal{F}_i$, f_i, $i=1,2,\cdots$, をとる．各 i に対して X の部分集合 $\mathcal{F}_i^{\#}$ がある $\mathcal{V}^{\#}$, $\mathcal{V}\in\chi_0(\mathcal{U})$, に含まれることをいえばよい．なぜなら $\mathcal{V}$ は $\mathcal{U}$ の可算部分族で

あり，$\bigcup\mathcal{F}_i$ は X の被覆をなすことから，$\mathcal{U}$ の可算部分被覆が存在することが知られ，X の可算コンパクト性から $\mathcal{U}$ の有限部分被覆の存在が示されるからである．上記の事実を証明するために，それを否定してある k について $\mathcal{F}_k{}^\#$ は任意の $\mathcal{V}^\#$, $\mathcal{V}\in\chi_0(\mathcal{U})$, に含まれないとする．$x_1\in\mathcal{F}_k{}^\#$ とし，$x_1\in H_1\in\mathcal{F}_k$ を任意に選ぶ．仮定より点 $x_2\in\mathcal{F}_k{}^\#-(f_k(H_1))^\#$ が存在する．$x_1\in H_1\subset f_k(H_1)^\#$ であるから $x_1\neq x_2$ である．$x_2\in H_2\in\mathcal{F}_k$ をとれば，$f_k(H_1)\cup f_k(H_2)\in\chi_0(\mathcal{U})$ であるから点 $x_3\in\mathcal{F}_k{}^\#-(f_k(H_1)\cup f_k(H_2))^\#$ がとれる．これを続ければ，各 $n=1, 2, \cdots$ について，すべて異なる $x_n, H_n\in\mathcal{F}_k$ が，

$$x_n\in H_n,\quad x_{n+1}\in\mathcal{F}_k{}^\#-(f_k(H_1)\cup\cdots\cup f_k(H_n))^\#$$

となるようにとれる．

$$W=X-\mathrm{Cl}\,\{x_n : n=1, 2, \cdots\}$$

とおく．定理の条件より

$$\mathrm{Cl}\,\{x_n\}\subset\bigcup_{n=1}^{\infty}(f_k(H_n))^\#$$

が成り立つ．これから $\{W, f_k(H_n) : n=1, 2, \cdots\}$ は X の可算開被覆となる．X は可算コンパクトであるから，ある m について $\{W, f_k(H_n) : n=1, 2, \cdots, m\}$ は X を被覆する．しかし

$$x_{m+1}\notin W\cup\left(\bigcup_{n=1}^{m}f_k(H_n)\right)^\#.$$

かくして矛盾が生じた．□

22.9　系　X を点有限パラコンパクト空間または展開空間とする．X が可算コンパクトならばコンパクトである．

証明　X が可算コンパクトとする．X が点有限パラコンパクトの場合は，X の点有限開被覆 $\mathcal{U}$ が有限部分被覆をもつことをいえばよい．22.8の条件が $\mathcal{U}$ に対してみたされることを示すために，$\mathcal{F}=\{\{x\} : x\in X\}$ とし $f : \mathcal{F}\to\chi_0(\mathcal{U})$ を $f(\{x\})=\{U\in\mathcal{U} : x\in U\}$ とおく．任意の部分集合 M について $\overline{M}\subset\mathcal{U}(M)$ が成立するから，$\mathcal{F}$ と f は22.8の条件をみたす．次に，X を展開空間，$\{\mathcal{V}_n\}$ を展開列とせよ．各 $U\in\mathcal{U}$ について

$$U_n=X-\mathcal{V}_n(X-U),\quad n=1, 2, \cdots,$$

とおき，$\mathcal{F}_n=\{U_n : U\in\mathcal{U}\}$ とせよ．$\{\mathcal{V}_n\}$ が展開列であることから $\bigcup\mathcal{F}_n$ は X の被覆をなす．$f_n : \mathcal{F}_n\to\chi_0(\mathcal{U})$ を $f_n(U_n)=U$ と定義せよ．22.8 の条件は確かにみたされる．□

22.10 定理(Novak) βN の可算コンパクト部分集合 E, F で $E\cup F=\beta N$, $E\cap F=N$ となるものが存在する．

証明　集合 M に対して $\bar{\chi}_0(M)$ で M の可算無限部分集合全体を表わすことにする．$A\in\bar{\chi}_0(\beta N)$ に対して $x(A)$ で A の集積点の1つを表わすことにする．$E_0=N$ とおく．各順序数 α，$0<\alpha<\omega_1$，について

$$E_\alpha=\bigcup_{\beta<\alpha}E_\beta\cup\{x(A) : A\in\bar{\chi}_0(\bigcup_{\beta<\alpha}E_\beta)\}$$

とし，$E=\bigcup_{\alpha<\omega_1}E_\alpha$ と定義せよ．E の可算集合は必ずある E_α, $\alpha<\omega_1$, に属しその集積点の 1 つは $E_{\alpha+1}$ に含まれるから，E は可算コンパクトである．$F=(\beta N-E)\cup N$ とおく．今各 $\beta<\alpha$ について $|E_\beta|\leqq 2^{\aleph_0}$ とすれば，

$$|\bigcup_{\beta<\alpha}E_\beta|\leqq 2^{\aleph_0}\cdot\aleph_0=2^{\aleph_0}.$$

また

$$|\bar{\chi}_0(\bigcup_{\beta<\alpha}E_\beta)|\leqq 2^{\aleph_0}\cdot\aleph_0=2^{\aleph_0}.$$

これから $|E_\alpha|\leqq 2^{\aleph_0}$ となる．ゆえに $|E|\leqq 2^{\aleph_0}$．$A\in\bar{\chi}_0(\beta N)$ ならば，21.4 より A の集積点の濃度は $2^{2^{\aleph_0}}$ となる．これから F に含まれる A の集積点が存在する．ゆえに F は可算コンパクトである．□

22.11 例　22.10 における βN の可算コンパクト部分集合 E, F を考え，積空間 $X=E\times F$ を作れ．$H=\{(n, n) : n\in N\}$ とすれば H は X の閉集合で離散位相をもつ．これから X は可算コンパクトでない．

22.12 例(Terasaka)　N を 2 つの無限部分集合 N_1, N_2 に分け，$\mu : N\to N$ を $\mu(N_1)=N_2$，$\mu(N_2)=N_1$ となる $1:1$ 写像とする．μ は βN から βN への位相写像 τ に拡張される．各 $x\in\beta N$ について $x\neq\tau(x)$ である．

$$|\bar{\chi}_0(\beta N)|=2^{2^{\aleph_0}}\cdot\aleph_0=2^{2^{\aleph_0}}$$

であるから，η を濃度 $2^{2^{\aleph_0}}$ の始数とすれば，$\bar{\chi}_0(\beta N)$ を $\{A_\alpha : \alpha<\eta\}$ のように整列することができる．各 α について A_α の集積点 $x(A_\alpha)$ を次のように選ぶ．

$x(A_1)$ は A_1 の任意の集積点とする．$\alpha<\eta$ とし各 $\beta<\alpha$ に対して A_β の集積点 $x(A_\beta)$ をすべての $\tau(x(A_\gamma)), \gamma<\beta$, から異なるようにとり得たとする．

$$|\mathrm{Cl}_{\beta N}(A_\alpha)-A_\alpha| = 2^{2^{\aleph_0}}, \qquad |\{\tau(x(A_\beta)) : \beta<\alpha\}| < 2^{2^{\aleph_0}}$$

であるから $x(A_\alpha)$ を $x(A_\alpha)\notin\{\tau(x(A_\beta)) : \beta<\alpha\}$ のように選べる．$E=N\cup\{x(A_\alpha): \alpha<\eta\}$ とおく．E が可算コンパクトとなることは 22.10 の証明と同様に示される．積空間 $E\times E$ を考えよ．$H=\{(n, \tau n) : n\in N\}$ は $E\times E$ の開離散集合 $N\times N$ の部分集合であるからそれ自身 $E\times E$ の開離散集合である．H が $E\times E$ の閉集合であることを示すために，

$$F = \{(x, \tau x) : x\in\beta N\}\subset\beta N\times\beta N$$

を考えよ．明らかに F は $\beta N\times\beta N$ の閉集合である．E の作り方から $(E\times E)\cap F=H$ となる．ゆえに H は $E\times E$ の開かつ閉離散集合であることが示された．H の各点は $E\times E$ の局所有限な開集合族を作るから，22.6 より $E\times E$ は擬コンパクトでない．

§23　Glicksberg の定理

23.1　補題　X を位相空間，Y をコンパクト空間とすれば，射影 $\pi : X\times Y\to X$ は完全写像である．

証明　F を $X\times Y$ の閉集合，$x\in\mathrm{Cl}_X(\pi(F))$ とする．$\pi^{-1}(x)\cap F\neq\phi$ を示せばよい．$\pi^{-1}(x)\cap F=\phi$ とする．各 $(x, y)\in\pi^{-1}(x)$ について，x の近傍 $U(x, y)$, y の近傍 $V(y)$ があって

$$U(x, y)\times V(y)\cap F = \phi$$

となる．$\{V(y) : y\in Y\}$ はコンパクト Y を被覆するから，その有限部分被覆 $\{V(y_i) : i=1, 2, \cdots, n\}$ が存在する．

$$U = \bigcap_{i=1}^{n} U(x, y_i)$$

とおけば U は x の近傍で $U\times Y\cap F=\phi$．これから $U\cap\pi(F)=\phi$ となり $x\in\mathrm{Cl}_X(\pi(F))$ に矛盾する．□

23.2　記号　f を $X\times Y$ 上の連続実関数で各 $x\in X$ について $f(\{x\}\times Y)$ は有

界となるものとする．$x\in X$ について $\xi_f(x)\in C^*(Y)$ を $\xi_f(x)(y)=f(x,y)$ によって定めよ．対応 $x\to\xi_f(x)$ によって写像 $\xi_f: X\to C^*(Y)$ が定められる．$x,x'\in X$ について

$$\varphi_f(x,x')=\sup_{y\in Y}|f(x,y)-f(x',y)|$$

とおく．φ_f は X 上の擬距離の条件 15.2(1), (2), (3) をみたしている．d によって $C^*(Y)$ 上の距離を表わせば(9.5 参照)，$\varphi_f(x,x')=d(\xi_f(x),\xi_f(x'))$ となる．関数 $g\in C(X)$ に対して $Z(g)$ によって g のゼロ集合 $\{x\in X: g(x)=0\}$ を表わすことにする．

積空間 $X\times Y$ について $\beta(X\times Y)$ と $\beta X\times\beta Y$ は一般に異なる．本節で述べる Glicksberg の定理はこれらが同値であるための必要充分条件を与えるものである．ここで与える定理の証明は Frolik と Tamano によるものである．

23.3 命題 $f\in C(X\times Y)$ を各 $x\in X$ について $f(\{x\}\times Y)$ が有界となる関数とする．次の場合に $\xi_f: X\to C^*(Y)$ は連続となる．

(1) $X\times Y$ の任意のゼロ集合 A について $\pi(A)$ は X の閉集合である．ここで π は $X\times Y$ から X への射影である．

(2) $X\times Y$ は完全正則擬コンパクトである．

証明 (1) $x_0\in X$ とする．任意の $\varepsilon>0$ について x_0 の近傍 U があって

$$d(\xi_f(x_0),\xi_f(x))<2\varepsilon,\qquad x\in U,$$

が成り立つことをいえばよい．

$$g(x,y)=\varepsilon-\min(\varepsilon,|\xi_f(x_0)(y)-\xi_f(x)(y)|),\qquad (x,y)\in X\times Y,$$

とおけば g は連続である．$x=x_0$ ならば $g(x_0,y)=\varepsilon$, $y\in Y$．これから $x_0\notin\pi(Z(g))$．$\pi(Z(g))$ は閉集合であるから，x_0 の近傍 U を $\pi(Z(g))$ と交わらないようにとれば，$(x,y)\in U\times Y$ について

$$|\xi_f(x_0)(y)-\xi_f(x)(y)|<\varepsilon.$$

これから

$$d(\xi_f(x_0),\xi_f(x))\leqq\varepsilon<2\varepsilon.$$

(2) ある $x_0\in X$ について，$\varepsilon>0$ が存在して x_0 の各近傍 U について

$$d(\xi_f(x_0), \xi_f(x)) > 4\varepsilon$$

となる $x \in U$ が存在すると仮定する．これは，x_0 の各近傍 U について $(x, y) \in U \times Y$ が存在して

$$|f(x_0, y) - f(x, y)| > 4\varepsilon$$

となることを示している．この条件をみたす x_0 の近傍 U を U_0，点 (x, y) を (x_1, y_1) で表わせ．x_0, x_1, y_1 の近傍 U_1, W_1, V_1 を $U_1 \cup W_1 \subset U_0$ かつ $U_1 \times V_1$，$W_1 \times V_1$ 上で f は ε しか動かさないように，すなわち $f(U_1 \times V_1)$，$f(W_1 \times V_1)$ は ε の長さの区間に含まれるようにとる．$U_1 \times Y$ の点 (x_2, y_2) が存在して

$$|f(x_0, y_2) - f(x_2, y_2)| > 4\varepsilon$$

となる．x_0, x_2, y_2 の近傍 U_2, W_2, V_2 を $U_2 \cup W_2 \subset U_1$ かつ f は $U_2 \times V_2$，$W_2 \times V_2$ 上で ε しか動かないようにとる．これを続けて，各 n に対して，(i)

$$|f(x_0, y_n) - f(x_n, y_n)| > 4\varepsilon$$

となる点 x_n, y_n，(ii) x_0, x_n, y_n の近傍 U_n, W_n, V_n，$U_n \cup W_n \subset U_{n-1}$，をとり，(iii) f は $U_n \times V_n$，$W_n \times V_n$ 上で ε しか動かないようにできる．$\{W_n \times V_n\}$ は $X \times Y$ の開集合族であるから 22.6 よりある点 $(\bar{x}, \bar{y}) \in X \times Y$ で局所有限とならない．$(\bar{x}, \bar{y})$ の近傍 $U \times V$ を任意にとる．もし n, n'，$n < n'$，について

$$(U \times V) \cap (W_n \times V_n) \neq \phi \neq (U \times V) \cap (W_{n'} \times V_{n'})$$

ならば，(ii) によって

$$(U \times V) \cap (U_n \times V_n) \neq \phi$$

となる．このことと (iii) からある n について

$$|f(\bar{x}, \bar{y}) - f(x_0, y_n)| < 2\varepsilon \quad かつ \quad |f(\bar{x}, \bar{y}) - f(x_n, y_n)| < 2\varepsilon$$

これから $|f(x_0, y_n) - f(x_n, y_n)| < 4\varepsilon$ となり (i) に矛盾する．□

23.4 補題 X, Y は共に完全正則空間で無限個の点からなるとする．もし $X \times Y$ が擬コンパクトでなければ，X, Y の空でない開集合の素な列 $\{U_n : n = 1, 2, \cdots\}$，$\{V_n : n = 1, 2, \cdots\}$ が存在して $\{U_n \times V_n : n = 1, 2, \cdots\}$ が $X \times Y$ で局所有限となる．

証明 X が擬コンパクトでないとする．X の空でない開集合からなる疎な集合列 $\{U_n : n = 1, 2, \cdots\}$ が存在する．Y は正則空間で無限集合であるから，空

でない開集合からなる素な集合列 $\{V_n : n=1,2,\cdots\}$ をもつ．このとき $\{U_n\times V_n\}$ は求める集合列となる．Y が擬コンパクトでないときも同様である．つぎに X と Y は共に擬コンパクトとする．$\{U_n\times V_n : n=1,2,\cdots\}$ を空でない開集合 $U_n\times V_n$ からなる局所有限な列とする(22.6)．$y_0\in Y$ をそこで $\{V_n\}$ が局所有限とならない点とし，点 $x_1\in U_1$ を任意に選んで点 (x_1, y_0) を考えよ．(x_1, y_0) の近傍 $W_1\times S_1$ で $\{U_n\times V_n\}$ の有限個としか交わらないものが存在する．$W_1\subset U_1$ としてよい．

$$A_1=\{n\in N : (W_1\times S_1)\cap(U_n\times V_n)\neq\phi\}$$

とおけば $\{n\in N : V_n\cap S_1\neq\phi\}-A_1$ の任意の元 n について $W_1\cap U_n=\phi$ となる．この n の1つ n_2 を任意にとり，$x_2\in U_{n_2}$ を任意により (x_2, y_0) の近傍 $W_2\times S_2$, $W_2\subset U_{n_2}$, で

$$A_2=\{n\in N : (W_2\times S_2)\cap(U_n\times V_n)\neq\phi\}$$

が有限集合となるものを選ぶ．$\{n\in N : V_n\cap S_2\neq\phi\}-A_2$ の任意の元を n_3 として上と同じことを続ける．これから X の素開集合列 $\{W_j : j=1,2,\cdots\}$ で，ある $\{V_n\}$ の無限部分列 $\{V_{n_j}\}$ について

$$W_j\times V_{n_j}\subset U_{n_j}\times V_{n_j},\qquad j=1,2,\cdots,$$

となるものが選べる．今 X と Y の役割を交換して同じことを行なえば求める開集合列が得られる．□

23.5 定理(Glicksberg)　X, Y は共に完全正則で無限個の点をもつとする．次の条件は同等である．

(1)　$\beta(X\times Y)=\beta X\times\beta Y$

(2)　$X\times Y$ は擬コンパクトである．

(3)　X は擬コンパクトであり，$X\times Y$ の任意のゼロ集合 A について $\pi(A)$ は X の閉集合である(π は射影 $X\times Y\to X$)．

(4)　X は擬コンパクトであり，任意の $f\in C^*(X\times Y)$ に対して $\xi_f : X\to C^*(Y)$ は連続である．

証明　(1)⇨(2)⇨(4)⇨(1)⇨(3)⇨(4)の順に証明を与える．

(1)⇨(2)　(1)を仮定し，$X\times Y$ は擬コンパクトでないとする．23.4より空

でない局所有限な開集合列$\{U_n\times V_n : n=1,2,\cdots\}$で，$\{U_n\}$と$\{V_n\}$が共に素となるものがある．列$\{U_n\times V_n\}$が$X\times Y$で疎であると仮定してよい．(これには各$U_n, V_n$をそれぞれその中に閉包が含まれる開集合で置き換えればよい．) 各nについて点$(x_n, y_n)\in U_n\times V_n$と$f_n\in C^*(X)$，$g_n\in C^*(Y)$を

$$f_n(x_n)=1,\qquad f_n(X-U_n)=0,\qquad g_n(y_n)=1,\qquad g_n(Y-V_n)=0$$

となるように選び，$h\in C^*(X\times Y)$を

$$h(x,y)=\textstyle\sum_{i=1}^{\infty}f_n(x)\cdot g_n(y),\qquad (x,y)\in X\times Y,$$

によって定義する．($\{U_n\times V_n\}$の局所有限性よりhの連続性は明らかである．) (1)よりhの拡張$\tilde{h}\in C^*(\beta X\times\beta Y)$が存在する．$\beta X$上の擬距離$\varphi_{\tilde{h}}$.

$$\varphi_{\tilde{h}}(x,x')=\sup_{y\in\beta Y}|\tilde{h}(x,y)-\tilde{h}(x',y)|,$$

を考えよ．$\mathcal{U}=\{S(x,1/2) : x\in\beta X\}$($S(x,\varepsilon)$は$\varphi_{\tilde{h}}$による$\varepsilon$近傍)は$\beta X$の開被覆であるから，$\mathcal{U}$の有限部分被覆$\mathcal{U}'$が存在する．集合$\{x_n\}$は無限であるから，$\mathcal{U}'$のある元$U$に$\{x_n\}$の少くとも2個の点$x_i, x_j$が含まれる．$\mathcal{U}$の作り方より$U$の直径は1より小さいが，

$$\varphi_{\tilde{h}}(x_i,x_j)=\sup_{y\in\beta Y}|\tilde{h}(x_i,y)-\tilde{h}(x_j,y)|\geqq|h(x_i,y_i)-h(x_j,y_i)|$$

$$=|\sum_{n=1}^{\infty}f_n(x_i)\cdot g_n(y_i)-\sum_{n=1}^{\infty}f_n(x_j)\cdot g_n(y_i)|=f_i(x_i)\cdot g_i(y_i)=1$$

となり矛盾を得る．

(2)⇨(4)および(3)⇨(4)は23.3の結果である．

(4)⇨(1)　任意の$f\in C^*(X\times Y)$をとりこれが$\beta X\times\beta Y$へ拡張できることをいえばよい．仮定より$\xi_f : X\to C^*(Y)$は連続である．$C^*(Y)$と$C^*(\beta Y)$は同一視できるから，$\xi_f : X\to C^*(\beta Y)$と考えてよい．(これは各$x\in X$について$\xi_f(x)\in C^*(Y)$の$\beta Y$への拡張を考えればよい.) $\xi_f(X)$は距離空間$C^*(\beta Y)$の擬コンパクト集合であるから(22.3)，コンパクトとなる．βXの極大性より，$\xi_f : X\to\xi_f(X)$は$g : \beta X\to\xi_f(X)$に拡張される．$\tilde{f} : \beta X\times\beta Y\to R$を

$$\tilde{f}(x,y)=g(x)(y),\qquad (x,y)\in\beta X\times\beta Y,$$

によって定義すれば，$\tilde{f}$はfの拡張となる．

(1)⇒(3)　すでに証明された(1)⇒(2)より X, Y は共に擬コンパクトとなる. $f\in C^*(X\times Y)$ とする. $\pi(Z(f))$ が X で閉じていることをいえばよい. f の拡張 $g\in C^*(\beta X\times\beta Y)$ をとり, $\tilde{f}=g|X\times\beta Y$ とおく. $\tilde{\pi}: X\times\beta Y\to X$ を射影とする. 23.1 より $\tilde{\pi}$ は閉写像であるから $\tilde{\pi}(Z(\tilde{f}))$ は X の閉集合となる. $\tilde{\pi}(Z(\tilde{f}))=\pi(Z(f))$ をいえばよい. $x_0\in\tilde{\pi}(Z(\tilde{f}))-\pi(Z(f))$ とせよ. ある点 $\tilde{y}\in\beta Y-Y$ について $\tilde{f}(x_0,\tilde{y})=0$ かつ任意の $(x_0,y)\in X\times Y$ について $f(x_0,y)\neq 0$ となる.

$$g(y)=1/f(x_0,y),\qquad y\in Y,$$

とおけば g は連続であるが有界ではない. これは Y の擬コンパクト性に矛盾する. □

§24 Whitehead 弱位相と Tamano の定理

24.1 定義　X を位相空間, $\{F_\alpha: \alpha\in\Lambda\}$ を X の閉被覆とする. つぎの条件がみたされるとき X は $\{F_\alpha\}$ **に関して Whitehead 弱位相をもつ**という: $\{F_\alpha\}$ の任意の部分族 $\{F_\beta: \beta\in\Gamma\}$, $\Gamma\subset\Lambda$, に対して

(1)　$\bigcup\{F_\beta: \beta\in\Gamma\}$ は X の閉集合である.

(2)　$\bigcup\{F_\beta: \beta\in\Gamma\}$ の部分集合 U は各 $\beta\in\Gamma$ について $F_\beta\cap U$ が F_β で開集合となるとき, またそのときに限り $\bigcup\{F_\beta: \beta\in\Gamma\}$ で開集合となる.

例 19.3 で考えた空間 K_1 は, その閉被覆 $\{f(I_i): i=1,2,\cdots\}$ に関して Whitehead 弱位相をもっている.

24.2 補題　X は $\{F_\alpha\}$ に関して Whitehead 弱位相をもつとする. 写像 $f: X\to Y$ が連続となる必要充分条件は, 各 F_α に対して $f|F_\alpha$ が連続となることである.

証明　必要性は明らかである. V を Y の開集合とすれば, 各 F_α について $f^{-1}(V)\cap F_\alpha=(f|F_\alpha)^{-1}V$ は F_α の開集合となるから 24.1(2) より $f^{-1}(V)$ は X の開集合となる. □

24.3 命題　$\{F_\alpha\}$ が X の局所有限な閉被覆ならば, X は $\{F_\alpha\}$ に関して Whitehead 弱位相をもつ.

定義から明らかである.

24.4　定理　X は $\{F_\alpha\}$ に関して Whitehead 弱位相をもつとする．各 F_α が正規空間，完全正規空間または継承的正規空間ならば，X はそれぞれ正規空間，完全正規空間または継承的正規空間となる．

証明　継承的正規空間の場合のみを証明する．他の場合は類似である．$Y\subset X$ とせよ．$H_\alpha=F_\alpha\cap Y$ とおけば Y は閉被覆 $\{H_\alpha\}$ に関して Whitehead 弱位相をもつ．$\{H_\alpha\}$ に整列順序を与えて $\{H_\alpha : \alpha<\eta\}$ のようにする．ここで α, η は順序数である．B を Y の閉集合とし $f\in C^*(B, I)$ とせよ．ある $\alpha<\eta$ について，各 $\beta<\alpha$ に対して f の拡張

$$f_\beta : \bigcup_{\gamma\leqq\beta} H_\gamma \cup B \to I$$

が存在し，各 $\beta'\leqq\beta$ について $f_\beta | \bigcup_{\gamma\leqq\beta'} H_\gamma\cup B = f_{\beta'}$ がみたされたとする．$f_\alpha' : \bigcup_{\beta<\alpha} H_\beta \cup B\to I$ を

$$f_\alpha' \Big| \bigcup_{\gamma\leqq\beta} H_\gamma \cup B = f_\beta, \qquad \beta<\alpha,$$

によって定めれば，f_α' は 24.2 より連続となる．写像

$$h_\alpha = f_\alpha' \Big| (\bigcup_{\beta<\alpha} H_\beta \cup B)\cap H_\alpha$$

を考えよ．$(\bigcup_{\beta<\alpha} H_\beta\cup B)\cap H_\alpha$ は正規空間 H_α の閉集合であるから h_α は H_α への拡張 g_α をもつ．$f_\alpha : \bigcup_{\beta\leqq\alpha} H_\beta\cup B\to I$ を

$$f_\alpha \Big| \bigcup_{\beta<\alpha} H_\beta \cup B = f_\alpha', \qquad f_\alpha | H_\alpha = g_\alpha$$

によって定義すれば f_α は連続である．今 $\tilde{f} : Y\to I$ を各 H_α に対して $\tilde{f}|H_\alpha=f_\alpha$ によって定義すれば，$\tilde{f}$ は f の拡張となる．これから Y は正規となる．□

24.4 で各 F_α がパラコンパクト T_2 の場合に X がパラコンパクト T_2 になることは Morita によって示された．彼の証明は直接的なものであったがここでは次に述べる Tamano の定理の応用として証明する．Tamano の定理はパラコンパクトの美麗なる特徴付けを与えるものである．

24.5　定理(Tamano)　X がパラコンパクト T_2 である必要充分条件は，X のあるコンパクト化 αX について $X\times\alpha X$ が正規となることである．

証明　必要性は 17.19 より得られる．充分性を証明するために αX を $X\times\alpha X$ が正規となる X のコンパクト化とする．$\mathcal{U}$ を X の開被覆とし，各 $U\in\mathcal{U}$

について αX の開集合 $\tilde{U}$ を $\tilde{U}\cap X=U$ となるようにとる．$F=\alpha X-\bigcup\{\tilde{U}: U\in\mathcal{U}\}$ は $\alpha X-X$ に含まれる αX の閉集合である．

$$\varDelta=\{(x,x): x\in X\}\subset X\times\alpha X$$

を考えよ．$\varDelta$ と $X\times F$ は正規空間 $X\times\alpha X$ の交わらない閉集合であるから，ある $f\in C(X\times\alpha X, I)$ があって $f(X\times F)=1$，$f(\varDelta)=0$ となる．φ を

$$\varphi(x,x')=\sup_{y\in\alpha X}|f(x,y)-f(x',y)|,\qquad x,x'\in X,$$

によって定義すれば，射影 $X\times\alpha X\to X$ は閉写像であるから，23.3(2) より φ は X の擬距離となる．距離空間 X/φ (15.2 参照) はパラコンパクトであるから，X の局所有限開被覆 $\mathcal{V}=\{V_\gamma\}$ をとって各 V_γ の φ に関する直径が 1/2 より小さくなるようにとり得る．各 V_γ について

$$\mathrm{Cl}_{\alpha X}V_\gamma\cap F=\phi$$

を証明しよう．

$$(x_0,y_0)\in V_\gamma\times(\mathrm{Cl}_{\alpha X}V_\gamma\cap F)$$

をとる．$f(x_0,y_0)=1$ であるから x_0 の近傍 V，y_0 の αX での近傍 W が存在して任意の $(x,y)\in V\times W$ について $f(x,y)>1/2$ となるようにできる．$W\cap V_\gamma\neq\phi$ であるからその 1 点 y_1 をとる．$f(x_0,y_1)>1/2$ である．一方

$$f(x_0,y_1)=|f(x_0,y_1)-f(y_1,y_1)|\leqq\sup_{y\in\alpha X}|f(x_0,y)-f(y_1,y)|=\varphi(x_0,y_1)<1/2.$$

この矛盾から任意の $V_\gamma\in\mathcal{V}$ について $\mathrm{Cl}_{\alpha X}V_\gamma\cap F=\phi$ が知られる．$\mathrm{Cl}_{\alpha X}V_\gamma$ はコンパクトで $\tilde{\mathcal{U}}=\{\tilde{U}: U\in\mathcal{U}\}$ はそれを被覆するから，各 V_γ について $\mathcal{U}$ の有限個の元 $U_1^\gamma,\cdots,U_{n(\gamma)}^\gamma$ が存在して

$$V_\gamma\subset\bigcup_{i=1}^{n(\gamma)}U_i^\gamma$$

となることがわかる．

$$V_\gamma^i=V_\gamma\cap U_i^\gamma,\qquad i=1,\cdots,n(\gamma),$$

とおけば $\{V_\gamma^i: V_\gamma\in\mathcal{V},\ i=1,\cdots,n(\gamma)\}$ は $\mathcal{U}$ の細分で明らかに局所有限である．□

24.6 定理 (Morita) X は閉被覆 $\{F_\alpha\}$ に関して Whitehead 弱位相をもつとする．各 F_α がパラコンパクト T_2 ならば X はパラコンパクト T_2 である．

証明　24.4 より X は正規，これから完全正則となるからそのコンパクト化 αX が存在する．24.5 より $X\times\alpha X$ が正規となることをいえばよい．これから定理は 24.4 と次の補題から得られる．

24.7　補題　X は閉被覆 $\{F_\alpha\}$ に関して Whitehead 弱位相をもつとする．Y がコンパクトならば $X\times Y$ は $\{F_\alpha\times Y\}$ に関して Whitehead 弱位相をもつ．

証明　$U\subset X\times Y$ とし各 $F_\alpha\times Y$ に対して $U\cap(F_\alpha\times Y)$ は $F_\alpha\times Y$ の開集合とする．U が $X\times Y$ の開集合となることを示すために，$(x_0, y_0)\in U$ とし，x_0 を含む F_{α_0} をとる．

$$V=\{y:(x_0, y)\in U\cap(F_{\alpha_0}\times Y)\}$$

とおけば V は y_0 の Y における近傍であるから，y_0 の開近傍 W を $\mathrm{Cl}_Y W$ がコンパクトで V に含まれるようにとれる．

$$H=\{x:\{x\}\times\mathrm{Cl}_Y W\subset U\}$$

とおく．各 F_α について

$$H\cap F_\alpha=\{x:\{x\}\times\mathrm{Cl}_Y W\subset U\cap(F_\alpha\times Y)\}$$

であるから $H\cap F_\alpha$ は F_α の開集合となる．($\mathrm{Cl}_Y W$ がコンパクトなることに注意せよ.)　これから H は X の開集合である．$(x_0, y_0)\in H\times W\subset U$ となる．U は $X\times Y$ の開集合である．□

§25　非可算個の空間の積

25.1　定義　$\mathfrak{m}$ を任意の濃度とする．一般 Cantor 集合 $D^{\mathfrak{m}}$ の連続像となる空間を **2 進コンパクト** (dyadic compact) という．

コンパクト距離空間は 2 進コンパクトであるが (25.3)，コンパクト T_2 空間は必ずしも 2 進コンパクトでない (25.17)．

25.2　定理　X を位相濃度が $\mathfrak{m}$ となるコンパクト T_2 空間とすれば，X は $D^{\mathfrak{m}}$ のある閉集合の連続像となる．

証明　$\{U_\alpha:\alpha\in\Lambda\}$ を X のベースで $|\Lambda|=\mathfrak{m}$ となるものとする．$D^{\mathfrak{m}}=\prod_{\alpha\in\Lambda}D_\alpha$ とせよ (D_α は 2 点 0, 1 の集合)．D_α の点 x_α について $x_\alpha=0$ のとき $F_\alpha=\overline{U}_\alpha$，$x_\alpha=1$ のとき $F_\alpha=X-U_\alpha$ とおく．$D^{\mathfrak{m}}$ の点 $x=(x_\alpha)$ について $F(x)=\bigcap_{\alpha\in\Lambda}F_\alpha$ とおき，

$$D' = \{x \in D^{\mathfrak{m}} : F(x) \neq \phi\}$$

とせよ．$\{U_\alpha\}$ はベースであるから，各 $x \in D'$ について $F(x)$ は X のただ1点からなる．$F : D' \to X$ を $x \to F(x)$ によって定義せよ．F が X の上への連続写像となることはほとんど明らかである．D' が $D^{\mathfrak{m}}$ の閉集合となることを示そう．$\bar{x} \notin D'$ ならば $F(\bar{x}) = \bigcap F_\alpha = \phi$ となる．これから $\{F_\alpha\}$ は有限交叉性をもたない．従ってある有限個の $\alpha_1, \cdots, \alpha_n$ について $\bigcap_{i=1}^{n} F_{\alpha_i} = \phi$ となる．$\bar{x} = (\bar{x}_\alpha)$ ならば，

$$W = \{(x_\alpha) \in D^{\mathfrak{m}} : x_{\alpha_i} = \bar{x}_{\alpha_i}, \quad i = 1, \cdots, n\}$$

とおけば W は $\bar{x}$ の近傍で各 $x \in W$ について $F(x) = \phi$ となるから $W \cap D' = \phi$．これから D' は閉集合となる．□

25.3　系　コンパクト距離空間は2進コンパクトである．

証明　X をコンパクト距離空間とすれば，25.2 より Cantor 集合 $C(=D^{\omega})$ の閉集合 E と上への連続写像 $f : E \to X$ が存在する．E は C の閉集合であるから連続写像 $r : C \to E$, $r|E =$ 恒等写像，を作ることができる．(C の特殊な構造から r を作ることはたやすい．一般の場合は 6.I を見よ．)　$fr : C \to X$ は X の上への連続写像である．□

25.4　定理(Morita)　$w(X) = \mathfrak{m}$ とせよ．X がパラコンパクト正規となる必要充分条件は，$X \times D^{\mathfrak{m}}$ が正規となることである．

証明　必要性は明らかであるから充分性を証明する．Y を $w(Y) = w(X) = \mathfrak{m}$ となる X のコンパクト化とする．(Y の存在はたやすく知られる：12.14 より X は $I^{\mathfrak{m}}$ に埋め込まれるから，$I^{\mathfrak{m}}$ における X の閉包を Y とすればよい．)　$X \times Y$ が正規となることをいえば 24.5 より定理が得られる．25.2 から $D^{\mathfrak{m}}$ の閉集合 E と上への写像 $f : E \to Y$ が存在する．$X \times E$ は $X \times D^{\mathfrak{m}}$ の閉集合であるから正規となる．$g : X \times E \to X \times Y$ を

$$g(x, e) = (x, f(e)), \qquad (x, e) \in X \times E,$$

によって定義すれば g は閉写像となる．(これは 23.1 と全く同様に示される．一般の場合は 5.D 参照．)　g が閉なることと $X \times E$ の正規性は $X \times Y$ が正規となることを意味する．□

25.5　定義　$X = \prod_{\alpha \in \Lambda} X_\alpha$ を積空間とし，$f : X \to Y$ を連続写像とする．Λ の

ある可算集合Γが存在して，fが射影

$$\pi_\Gamma : \prod_{\alpha\in\Lambda} X_\alpha \to \prod_{\alpha\in\Gamma} X_\alpha$$

と連続写像 $g : \prod_{\alpha\in\Gamma} X_\alpha \to Y$ の合成となるとき，即ち$f=g\pi_\Gamma$が成立するとき，fは**可算座標で定まる**という．

25.6　定理(Mazur)　次の場合に，積空間 $\prod_{\alpha\in\Lambda} X_\alpha$ 上の任意の連続実関数は可算座標で定まる：

(1)　各$X_\alpha, \alpha\in\Lambda$，はコンパクト$T_2$空間である．

(2)　各$X_\alpha, \alpha\in\Lambda$，は完全可分である．

この定理はもっと一般の形(25.12)で証明される．まず次の重要な命題から始める．

25.7　命題(Šanin)　Θを$|\Theta|$が$\aleph_0$より大きな正則な濃度となる集合とし，$\{\Lambda_\theta : \theta\in\Theta\}$を$\Theta$を添数の集合とする有限集合の族とする．このとき，$\Theta'\subset\Theta$, $|\Theta'|=|\Theta|$，が存在して，各$\theta_1, \theta_2\in\Theta'$，$\theta_1\neq\theta_2$，に対して

$$\Lambda_{\theta_1}\cap\Lambda_{\theta_2} = \bigcap_{\theta\in\Theta'} \Lambda_\theta$$

となる．

証明　今Θの部分集合Θ'で各$\theta_1, \theta_2\in\Theta'$，$\theta_1\neq\theta_2$，に対して

$$\Lambda_{\theta_1}\cap\Lambda_{\theta_2} = \bigcap_{\theta\in\Theta'} \Lambda_\theta$$

となるΘ'をP集合とよぶことにする．$|\Theta|=\mathfrak{m}$とし$|\Theta'|=\mathfrak{m}$となるP集合Θ'が存在しないと仮定する．任意の$\theta_0\in\Theta$をとりΛ_{θ_0}の部分集合の集合を$\mathfrak{F}(\Lambda_{\theta_0})$とせよ．各$\Gamma\in\mathfrak{F}(\Lambda_{\theta_0})$について

$$P_1(\Gamma) = \{\theta\in\Theta : \Lambda_\theta\cap\Lambda_{\theta_0}=\Gamma\}$$

とおく．P集合の族は有限性をみたすからTukeyの補題より$P_1(\Gamma)$の極大部分P集合$P_1{}^*(\Gamma)$が存在する．さらに，ある$\theta_1, \theta_2\in P_1(\Gamma)$，$\theta_1\neq\theta_2$，について$\Lambda_{\theta_1}\cap\Lambda_{\theta_2}=\Gamma$ならば

$$\bigcap_{\theta\in P_1{}^*(\Gamma)} \Lambda_\theta = \Gamma$$

と仮定して一般性を失わない．

$$\Theta_1 = \bigcup_{\Gamma \in \mathfrak{F}(\Lambda_{\theta_0})} P_1^*(\Gamma)$$

とおく．仮定より $|P_1^*(\Gamma)| < \mathfrak{m}$ であるから $|\Theta_1| < \mathfrak{m}$ となる．今 $n > 1$ について Θ_i, $|\Theta_i| < \mathfrak{m}$, $i = 1, \cdots, n-1$, が構成されたとせよ．

$$H_n = \bigcup_{i=1}^{n-1} \bigcup_{\theta \in \Theta_i} \Lambda_\theta$$

とおく．$\mathfrak{F}(H_n)$ を H_n のすべての有限部分集合の集合とし，各 $\Gamma \in \mathfrak{F}(H_n)$ について

$$P_n(\Gamma) = \{\theta \in \Theta : \Lambda_\theta \cap H_n = \Gamma\}$$

とおく．$P_n^*(\Gamma)$ を $P_n(\Gamma)$ の極大な P 集合とする．前と同じく次のように仮定しても一般性を失わない：

(1) $\theta_1, \theta_2 \in P_n(\Gamma)$, $\theta_1 \neq \theta_2$, $\Lambda_{\theta_1} \cap \Lambda_{\theta_2} = \Gamma$ ならば $\bigcap_{\theta \in P_n^*(\Gamma)} \Lambda_\theta = \Gamma$．$\Theta_n = \bigcup_{\Gamma \in \mathfrak{F}(H_n)} P_n^*(\Gamma)$ とおく．$|\mathfrak{F}(H_n)| < \mathfrak{m}$, 各 $\Gamma \in \mathfrak{F}(H_n)$ について $|P_n^*(\Gamma)| < \mathfrak{m}$ であるから $|\Theta_n| < \mathfrak{m}$ となる．かくして $n = 1, 2, \cdots$, に対して Θ の部分集合 Θ_n, $|\Theta_n| < \mathfrak{m}$, が作られた．今 $\Theta = \bigcup_{n=1}^{\infty} \Theta_n$ となることを示そう．これは $\mathfrak{m}$ が正則であることに矛盾するから命題が示されたことになる．$\bar{\theta} \in \Theta - \bigcup_{n=1}^{\infty} \Theta_n$ とする．

$$\Gamma_n = \Lambda_{\bar{\theta}} \cap H_n \in \mathfrak{F}(H_n)$$

とおけば，

$$\bar{\theta} \in P_n(\Gamma_n) - P_n^*(\Gamma_n)$$

となる．各 n について $\Lambda_{\bar{\theta}} \cap (\Lambda_{\theta_n} - H_n) \neq \phi$ となる $\theta_n \in P_n^*(\Gamma_n)$ が存在することがわかる；なぜならこの事実を否定すれば各 $\theta \in P_n^*(\Gamma_n)$ について $\Lambda_{\bar{\theta}} \cap \Lambda_\theta = \Gamma_n$ となり，(1) より $\{\bar{\theta}, P_n^*(\Gamma_n)\}$ は P-集合となるから $P_n^*(\Gamma_n)$ の極大性に反する．

$$\alpha_n \in \Lambda_{\bar{\theta}} \cap (\Lambda_{\theta_n} - H_n), \qquad n = 1, 2, \cdots,$$

を選べば，$\{\alpha_n : n = 1, 2, \cdots\}$ は

$$\alpha_n \in \Lambda_{\theta_n} \subset H_m, \qquad m > n, \qquad \alpha_m \notin H_m$$

であるから無限集合であるが，一方 $\Lambda_{\bar{\theta}}$ の元からなるから有限集合となる．かくして矛盾が得られた．□

25.8 定義 $X = \prod_{\alpha \in \Lambda} X_\alpha$ を積空間とし $\bar{x} = (\bar{x}_\alpha)$ をその1点とする．各点 $x = (x_\alpha)$ について

$$\Lambda(x) = \{\alpha\in\Lambda : x_\alpha \neq \bar{x}_\alpha\}$$

とおく．**$\bar{x}$ を基点とする Σ 積** $\Sigma(\bar{x})$(Σ-product)によって $|\Lambda(x)| \leqq \aleph_0$ となる点 x からなる X の部分空間を意味する．$\Sigma(\bar{x})$ はその座標が $\bar{x}$ の座標と高々可算個しか異ならないような点からなる集合である．さらに

$$\Sigma_0(\bar{x}) = \{x\in X : |\Lambda(x)| < \aleph_0\}$$

とおく．$\Sigma_0(\bar{x})$ は $\Sigma(\bar{x})$ の稠密部分集合であり，$\Sigma(\bar{x})$ は X の稠密部分集合である．

位相空間 Y は対角集合 $\{(y, y) : y\in Y\}$ が $Y\times Y$ の G_δ 集合となるとき，**G_δ 対角集合をもつ**といわれる．

25.9 補題 Y が G_δ 対角集合をもつ必要充分条件は，Y の開被覆の列 $\{\mathcal{U}_n : n=1, 2, \cdots\}$ が存在して，各 $y, y'\in Y$, $y\neq y'$, に対してある n があって $y'\notin \mathcal{U}_n(y)$ となることである．

証明 $\Delta=\{(y, y) : y\in Y\}$ が $Y\times Y$ で G_δ 集合となれば Δ の $Y\times Y$ での開近傍 V_n, $n=1, 2, \cdots$, で $\bigcap_{n=1}^\infty V_n=\Delta$ となるものがある．$\mathcal{U}_n=\{U : U$ は X の開集合で $U\times U\subset V_n\}$, $n=1, 2, \cdots$, とおけば $\{\mathcal{U}_n\}$ は補題の条件をみたす．逆は

$$V_n = \bigcup\{U\times U : U\in\mathcal{U}_n\}, \qquad n=1, 2, \cdots,$$

とおけば，V_n は Δ の開近傍で $\bigcap_{n=1}^\infty V_n=\Delta$ となる．□

25.10 系 展開空間特に距離空間は G_δ 対角集合をもつ．

25.11 補題 X_α, $\alpha\in\Lambda$, は 25.6(1) または (2) をみたす空間とし，$\bar{x}\in\prod_{\alpha\in\Lambda} X_\alpha$ とする．

$$\{x(\theta) : \theta\in\Theta\}, \qquad |\Theta| > \aleph_0,$$

を $\Sigma_0(\bar{x})$ の部分集合とすれば，その任意の近傍が $\{x(\theta)\}$ の無限集合を含むような点 $\bar{y}\in\Sigma_0(\bar{x})$ が存在する．

証明 $|\Theta|$ は正則と仮定してよい．(そうでないときは，$\Theta'\subset\Theta$, $|\Theta'|>\aleph_0$, で $|\Theta'|$ が正則となる Θ' を Θ の代りに考えればよい.) 各 $\theta\in\Theta$ について $\Lambda_\theta=\Lambda(x(\theta))$ とおく (25.8 参照)．25.7 より Λ の有限集合 Λ_0 と Θ の部分集合 Θ_0, $|\Theta_0|>\aleph_0$, で各 $\theta_1, \theta_2\in\Theta_0$, $\theta_1\neq\theta_2$, について $\Lambda_{\theta_1}\cap\Lambda_{\theta_2}=\Lambda_0$ となるものがある．$\Lambda_0=\phi$ ならば，点 $\bar{y}=\bar{x}$ は補題の条件をみたす．$\Lambda_0\neq\phi$ のとき，$\Lambda_0=\{\alpha_1, \cdots, \alpha_n\}$

とせよ．積空間 $X_{\Lambda_0}=X_{\alpha_1}\times\cdots\times X_{\alpha_n}$ を考えよ．X_{Λ_0} はコンパクトまたは完全可分であるから，ある点 $y\in X_{\Lambda_0}$ があってその任意の近傍が $\{\pi_{\Lambda_0}(x(\theta)) : \theta\in\Theta_0\}$ の無限集合を含む（π_{Λ_0} は射影 $\prod_{\alpha\in\Lambda} X_\alpha\to X_{\Lambda_0}$）．今点 $\bar{y}=(\bar{y}_\alpha)$ を次のように定めよ；$\pi_{\Lambda_0}(\bar{y})=y$，$\alpha\notin\Lambda_0$ ならば $\bar{y}_\alpha=\bar{x}_\alpha$．$\bar{y}$ は $\Sigma_0(\bar{x})$ の点で求めるものである．□

25.12　定理(Engelking)　X_α，$\alpha\in\Lambda$，は 25.6(1) または(2)をみたす空間とし，$\bar{x}\in\prod_{\alpha\in\Lambda} X_\alpha$ とする．Y を G_δ 対角集合をもつ空間とし，$f : \Sigma(\bar{x})\to Y$ を連続とする．このとき Λ の可算部分集合 Λ_0 と連続写像 $f' : \prod_{\alpha\in\Lambda_0} X_\alpha\to Y$ が存在して $f=f'\pi_{\Lambda_0}$ となる．ここで π_{Λ_0} は射影 $\prod_{\alpha\in\Lambda} X_\alpha\to\prod_{\alpha\in\Lambda_0} X_\alpha$ の $\Sigma(\bar{x})$ への制限である．

証明　Λ_0 を次の条件をみたす元 $\bar{\alpha}$ からなる Λ の部分集合とせよ：$\bar{\alpha}$ 座標のみが異なる $\Sigma_0(\bar{x})$ の 2 点 $x=(x_\alpha)$，$x'=(x_\alpha')\in\Sigma_0(\bar{x})$ があって（$\alpha\neq\bar{\alpha}$ ならば $x_\alpha=x_\alpha'$），$f(x)\neq f(x')$．Λ_0 が可算集合であることを示そう．$|\Lambda|>\aleph_0$ と仮定せよ．各 $\bar{\alpha}\in\Lambda_0$ について $\bar{\alpha}$ 座標のみが異なる $\Sigma_0(\bar{x})$ の 2 点 $x(\bar{\alpha}), x'(\bar{\alpha})$ があって $f(x(\bar{\alpha}))\neq f(x'(\bar{\alpha}))$ となる．$Y\times Y$ の部分集合

$$\{(f(x(\bar{\alpha})), f(x'(\bar{\alpha}))) : \bar{\alpha}\in\Lambda_0\}$$

を考えよ．この集合は $Y\times Y$ の対角集合 Δ と交わらないから，Δ が $Y\times Y$ の G_δ 集合であることを考慮に入れれば，Δ の $Y\times Y$ における開近傍 U と Λ_0 の非可算部分集合 Λ_0' が存在して

$$M=\{(f(x(\bar{\alpha})), f(x'(\bar{\alpha}))) : \bar{\alpha}\in\Lambda_0'\}\subset Y\times Y-U$$

となる．$\{x(\bar{\alpha}) : \bar{\alpha}\in\Lambda_0'\}$ に 25.11 を適用すれば，$\bar{y}\in\Sigma_0(\bar{x})$ があってその各近傍は $\{x(\bar{\alpha})\}$ の無限個を含む．点 $x(\bar{\alpha})$ と $x'(\bar{\alpha})$ はただ 1 つの座標でのみ異なり，Λ_0' は非可算であるから，$\bar{y}$ の各近傍はまた $\{x'(\bar{\alpha}) : \bar{\alpha}\in\Lambda_0'\}$ の無限集合を含む．これから点 $(f(\bar{y}), f(\bar{y}))$ は M の集積点でなければならない．$M\subset Y\times Y-U$ であるからこれは起り得ない．かくして集合 Λ_0 は可算集合となる．$\alpha\in\Lambda-\Lambda_0$ とせよ．もし $\Sigma_0(\bar{x})$ の点 x と x' が α 座標のみ異なれば Λ_0 の定義から $f(x)=f(x')$ が成立する．このことを使用すれば，$\alpha_i\in\Lambda-\Lambda_0$，$i=1,\cdots,n$，を任意にとり，$x, x'\in\Sigma_0(\bar{x})$ をただ α_i 座標，$i=1,\cdots,n$，のみが異なる点とすれば $f(x)=f(x')$ が成り立つことになる．$\Sigma_0(\bar{x})$ は $\Sigma(\bar{x})$ で稠密なことを考慮すれば f の連続性によって，

$$x, x' \in \Sigma(\bar{x}), \qquad \pi_{\Lambda_0}(x) = \pi_{\Lambda_0}(x')$$

ならば $f(x)=f(x')$ が得られる．これは $f' : \prod_{\alpha\in\Lambda_0} X_\alpha \to Y$ を

$$f'(x) = f\cdot\pi_{\Lambda_0}^{-1}(x), \qquad x\in \prod_{\alpha\in\Lambda_0} X_\alpha,$$

によって定義できることを示している．f' は明らかに連続であり，$f=f'\cdot\pi_{\Lambda_0}$ となる．□

Mazur の定理 25.6 は，$\Sigma(\bar{x})$ が $\prod_{\alpha\in\Lambda} X_\alpha$ で稠密なことを考慮に入れれば 25.12 の結果である．

25.13 系 X_α, $\alpha\in\Lambda$, をコンパクト T_2 空間，$\bar{x}\in\prod_{\alpha\in\Lambda} X_\alpha$ とせよ．このとき $\beta(\Sigma(\bar{x}))=\prod_{\alpha\in\Lambda} X_\alpha$ となる．

証明 25.12 より各 $f\in C(\Sigma(\bar{x}))$ は $\prod_{\alpha\in\Lambda} X_\alpha$ へ拡張される．□

25.14 定義 位相空間 X はその空でない開集合の素な族が高々可算族となるとき，**Souslin 空間**とよばれる．

例えば可分空間は明らかに Souslin 空間である．

25.15 補題 Souslin 空間の連続像は Souslin 空間である．

証明は明白である．

25.16 定理 Souslin 空間の任意個の積空間は Souslin 空間である．

証明 X_α, $\alpha\in\Lambda$, を Souslin 空間とし，$\prod_{\alpha\in\Lambda} X_\alpha$ は Souslin 空間でないとする．$\prod_{\alpha\in\Lambda} X_\alpha$ の素な開集合族 $\{U(\theta) : \theta\in\Theta\}$, $|\Theta|>\aleph_0$, が存在したとする．各 $U(\theta)$ は $\prod_{\alpha\in\Lambda} X_\alpha$ の立方近傍としてよい．すなわち各 θ について Λ の有限集合 Λ_θ と X_α, $\alpha\in\Lambda_\theta$, の開集合 U_α^θ が存在して

$$U(\theta) = \prod_{\alpha\in\Lambda_\theta} U_\alpha^\theta \times \prod_{\alpha'\in\Lambda-\Lambda_\theta} X_{\alpha'}.$$

必要ならば Θ を正則な濃度をもつ部分集合に置換えて，$\{\Lambda_\theta : \theta\in\Theta\}$ に 25.7 を適用せよ．$\Theta'\subset\Theta$, $|\Theta'|>\aleph_0$, が存在して，$\theta_1, \theta_2\in\Theta'$, $\theta_1\neq\theta_2$, ならば $\Lambda_{\theta_1}\cap\Lambda_{\theta_2} = \bigcap_{\theta\in\Theta'} \Lambda_\theta$ となる．$\Gamma=\bigcap_{\theta\in\Theta'} \Lambda_\theta$ とおく．$\Gamma=\phi$ ならば $\{U(\theta) : \theta\in\Theta'\}$ は空でない共通部分をもつことになるから，$\Gamma\neq\phi$ である．$\theta\neq\theta'\in\Theta'$ について $U(\theta)\cap U(\theta')=\phi$ であるから，ある $\alpha\in\Lambda_\theta\cap\Lambda_{\theta'}$ について $U_\alpha{}^\theta\cap U_\alpha{}^{\theta'}=\phi$ とならねばならない．これからある $\bar{\alpha}\in\Gamma$ について，$X_{\bar{\alpha}}$ の開集合族 $\{U_{\bar{\alpha}}^\theta : \theta\in\Theta'\}$ は素となる．これ

は $X_{\bar{\alpha}}$ が Souslin 空間であることに反する. □

4. J からこの定理で Souslin 空間 X_α が可分空間であっても $\prod_{\alpha\in\Lambda} X_\alpha$ は一般に可分とはならないことがわかる.

25.17　例　例 19.6 のコンパクト T_2 空間 K_2 を考えよ. C' の各点は開集合であるから $\{\{x\} : x\in C'\}$ は連続濃度をもつ素な開集合族をなす. これから K_2 は Souslin 空間でない. 従って 2 進コンパクトとはならない. なぜなら一般 Cantor 集合 $D^{\mathfrak{m}}$ は 25.16 より Souslin 空間であり, その連続像は 25.15 より必然的に Souslin 空間とならねばならない. この例からコンパクト T_2 空間は必ずしも 2 進コンパクトとはならないことが知られる.

演 習 問 題

4.A　閉写像, 開写像は共に商写像であることを示せ.

4.B　空間 X の有限開被覆の族 Γ は X の任意の有限開被覆に対してそれを細分する Γ の元があるとき, **組合せベース**といわれる. X の組合せベースの最小の濃度を $\sigma(X)$ で表わし X の**組合せ濃度**という. (1) T_1 空間 X について $w(X)\leqq\sigma(X)\leqq 2^{w(X)}$. (2) X がコンパクト T_2 ならば $w(X)=\sigma(X)$.

4.C　X を正規空間, $\{U_i : i=1, \cdots, n\}$ をその開被覆とする. 各 i について実数 r_i を任意に与えよ. $1\leqq k_j\leqq n$, $j=1, \cdots, s$, に対して

$$F(k_1, \cdots, k_s) = X - \bigcup_{i\neq k_1,\cdots,k_s} U_i$$

とおく. このとき, 各 $x\in F(k_1, \cdots, k_s)$ に対して

$$\max(r_{k_1}, \cdots, r_{k_s}) \geqq f(x) \geqq \min(r_{k_1}, \cdots, r_{k_s})$$

となる関数 $f\in C^*(X)$ が存在する.

ヒント　Tieze の拡張定理を反復使用せよ.

4.D　正規空間 X に対して $\sigma(X)=w(C^*(X))$.

ヒント　有理数の集合 $\{r_i\}$ に対して 4. C を使用せよ.

4.E　完全正則空間 X が少くとも 2 つの同値でないコンパクト化をもつ必要充分条件は, X のコンパクトでない閉集合 A, B, $A\subset X-B$, が存在することである.

ヒント　$a\in \mathrm{Cl}_{\beta X} A-A$, $b\in \mathrm{Cl}_{\beta X} B-B$ をとれ. 局所コンパクト空間 $\beta X-\{a\}-\{b\}$ の 1 点コンパクト化は X のコンパクト化として βX と同値でない.

4.F　完全正則空間 X の点 x が P 点である必要充分条件は, 各 $f\in C(X)$ が x のある近傍で定数となることである.

4.G　完全正則空間 X の正規基底は，その各元がある開集合の閉包となっているとき**正則な**正規基底とよぶ．正則な正規基底による Wallman 型コンパクト化は**正則な** Wallman 型コンパクト化とよばれる．βX は正則な Wallman 型コンパクト化であることを示せ．

ヒント　σX の構成を調べよ(20.6, 20.7)．

4.H　X が第1可算空間で Y が可算コンパクトならば，射影 $X\times Y\to X$ は閉写像である．

4.I　$f:X\to Y$ が閉写像で Y と各 $f^{-1}(y)$, $y\in Y$, が可算コンパクトならば，X は可算コンパクトである．

4.J　X_α, $\alpha\in\Lambda$, は少くとも2点を有する可分な T_2 空間とせよ．$\prod_{\alpha\in\Lambda}X_\alpha$ が可分となる必要充分条件は，$|\Lambda|\leqq 2^{\aleph_0}$ となることである．

ヒント　必要性　各 X_α の交わらない開集合 U_α, V_α をとる．$\pi_\alpha:\prod X_\alpha\to X_\alpha$ を射影，M を $\prod X_\alpha$ の稠密可算集合とする．$f_\alpha:M\to\{0\}\cup\{1\}$ を $\pi_\alpha(x)\in U_\alpha$ のとき $f_\alpha(x)=0$, $\pi_\alpha(x)\notin U_\alpha$ のとき $f_\alpha(x)=1$ と定めれば，$\alpha\to f_\alpha$ は $1:1$．これから

$$|\Lambda|=|\{f_\alpha\}|\leqq|2^M|.$$

充分性　Λ を実数直線 R の部分集合と考える．$M_\alpha=\{x_k^\alpha:k=1,2,\cdots\}$ を X_α の稠密集合とし，T を数の組 $\{r_1,\cdots,r_{n-1};\ k_1,\cdots,k_n\}$, r_i は有理数，$r_1<r_2<\cdots<r_{n-1}$, k_i は正整数，$n=2,3,\cdots$, すべての集合とする．各 $\tau\in T$ について $x^\tau\in\prod X_\alpha$ を，

$$x_\alpha^\tau=x_{k_1}^\alpha,\quad \alpha\leqq r_1;\ x_\alpha^\tau=x_{k_m}^\alpha,\quad r_{m-1}<\alpha\leqq r_m;\ x_\alpha^\tau=x_{k_n}^\alpha,\quad r_{n-1}<\alpha;$$

によって定め，$\{x^\tau:\tau\in T\}$ が $\prod X_\alpha$ で稠密となることを示せ．

4.K　X から Y の上への連続写像 f は，任意の X の真部分閉集合 X' に対して $f(X')\subsetneqq Y$ となるとき，**既約**といわれる．(1) f が既約写像となる必要充分条件は，X の各開集合 U についてある点 $y\in Y$ があって $f^{-1}(y)\subset U$ となることである．(2) $f:X\to Y$ が既約な閉写像で Y が可分ならば X は可分となる．

4.L　$\{\alpha_\gamma X:\gamma\in\Lambda\}$ を完全正則空間 X のコンパクト化の任意の集合とすれば，$\{\alpha_\gamma X\}$ の上限となる X のコンパクト化 αX が存在する(αX はすべての $\alpha_\gamma X$ より大きい最小のコンパクト化である)．

ヒント　自然な埋め込み $i:X\to\prod_{\gamma\in\Lambda}\alpha_\gamma X$ を考え，$i(X)$ の閉包をとれ．

4.M　$X=[0,\omega_1]$, $Y=[0,\omega]$, $X\times Y$ の部分空間 $([0,\omega_1)\times[0,\omega))\cup\{(\omega_1,\omega)\}$ を Z とせよ．Z の任意のコンパクト化 αZ に対して $\alpha Z-\{(\omega_1,\omega)\}$ は正規とならないことを示せ．

第5章　一 様 空 間

§26　一様空間

26.1　定義　集合 X の被覆の族 $\Phi=\{\mathcal{U}_\alpha\}$ は次の条件をみたすとき，**一様被覆系**といわれる.

(1)　X の被覆 $\mathcal{U}$ がある $\mathcal{U}_\alpha\in\Phi$ に対して $\mathcal{U}_\alpha<\mathcal{U}$ となっていれば $\mathcal{U}\in\Phi$.

(2)　$\mathcal{U}_\alpha, \mathcal{U}_\beta\in\Phi$ ならばある $\mathcal{U}_\gamma\in\Phi$ があって $\mathcal{U}_\gamma<\mathcal{U}_\alpha\wedge\mathcal{U}_\beta$.

(3)　各 $\mathcal{U}_\alpha\in\Phi$ に対してある $\mathcal{U}_\beta\in\Phi$ があって $\mathcal{U}_\beta{}^\Delta<\mathcal{U}_\alpha$.

一様被覆系 Φ の元は X の**一様被覆**(uniform cover)とよばれる．X の被覆の族 Φ が(3)をみたすとき((1), (2)は必ずしもみたさない)，Φ を一様被覆系の**準基**とよぶ．また Φ が(2), (3)をみたすとき一様被覆系の**ベース**とよぶ．一様被覆系(または一様被覆系のベース)Φ がさらに

(4)　$x, y\in X$，$x\neq y$，ならばある $\mathcal{U}_\alpha\in\Phi$ があって $y\notin\mathcal{U}_\alpha(x)$，をみたすとき，$\Phi$ を**分離的**という.

Φ を一様被覆系の準基とせよ．Φ の任意有限個の元 $\mathcal{U}_{\alpha_i}$，$i=1,\cdots,n$，に対して $\mathcal{U}_{\alpha_1}\wedge\cdots\wedge\mathcal{U}_{\alpha_n}$ を作り，この被覆すべての族を Ψ とすれば，Ψ は一様被覆系のベースとなる．Ψ を一様被覆系のベースとするとき，ある $\mathcal{U}_\alpha\in\Psi$ に対して $\mathcal{U}_\alpha<\mathcal{U}$ となる被覆 $\mathcal{U}$ すべての族を Θ とすれば，Θ は一様被覆系となる．Φ(または Ψ)は Ψ(または Θ)を**生成する**という.

26.2　定義　Φ を X の一様被覆系とする．各 $x\in X$ について $\{\mathcal{U}_\alpha(x):\mathcal{U}_\alpha\in\Phi\}$ を点 x の近傍系と定めれば，X に位相が導入される．この位相を Φ により導かれた X の**一様位相**(uniform topology)といい，一様位相をもつ空間を**一様空間**(uniform space)とよび，Φ を明示したいときには (X,Φ) のように書く．Φ を X の一様被覆系，また X を Φ をもつ一様空間などという．Φ が分離的ならば，(X,Φ) は T_2 となる．なぜなら，$x, y\in X$，$x\neq y$，ならば 26.1(4) よりある $\mathcal{U}_\alpha\in\Phi$ に対して $y\notin\mathcal{U}_\alpha(x)$ となる．26.1(3) より $\mathcal{U}_\beta{}^*<\mathcal{U}_\alpha$，$\mathcal{U}_\beta\in\Phi$，が存在

する(15.1参照)．このとき明らかに$\mathcal{U}_\beta(x)\cap\mathcal{U}_\beta(y)=\phi$となる．

Ψを一様被覆系の準基またはベースとするとき，(X,Ψ)によってΨより生成された一様被覆系Φより導かれた一様空間を表わすことにする．

(X,Φ)を一様空間，$Y\subset X$とする．$\mathcal{U}\in\Phi$に対して$\mathcal{U}|Y=\{U\cap Y:U\in\mathcal{U}\}$とおけば，$\Psi=\{\mathcal{U}|Y:\mathcal{U}\in\Phi\}$は$Y$の一様被覆系の準基となる．このとき$(Y,\Psi)$は$(X,\Phi)$の部分空間と見做される．$(Y,\Psi)$を$(X,\Phi)$の**一様部分空間**とよぶ．

26.3　例　Xを集合とする．$\Phi=\{\{X\}\}$を$\{X\}$のみからなる族とすれば，ΦはXの一様被覆系となる．この場合(X,Φ)はXと空集合ϕのみを開集合とする空間である．Xが少くとも2点をもてば，Φは勿論分離的ではない．次にΨをXの被覆$\{\{x\}:x\in X\}$のみからなる族とすれば，Ψは一様被覆系のベースとなる．ΨはXの任意の被覆の細分を含むから，Ψが生成する一様被覆系ΘはXのすべての被覆からなる．ΨおよびΘは分離的であり，明らかに$(X,\Psi)=(X,\Theta)$は離散位相空間となる．

26.4　補題　(X,Φ)を一様空間とする．各$\mathcal{U}_\alpha\in\Phi$に対して$\mathrm{Int}\,\mathcal{U}_\alpha=\{\mathrm{Int}\,U:U\in\mathcal{U}_\alpha\}$とおけば，$\mathrm{Int}\,\mathcal{U}_\alpha$は$X$の被覆となる．$\Phi$が一様被覆系のベース(または準基)ならば，$\Psi=\{\mathrm{Int}\,\mathcal{U}_\alpha:\mathcal{U}_\alpha\in\Phi\}$は一様被覆系のベース(または準基)となり，$(X,\Phi)=(X,\Psi)$が成立する．

証明　$\mathcal{U}_\alpha\in\Phi$とする．26.1(3)より$\mathcal{U}_\beta{}^\Delta<\mathcal{U}_\alpha$，$\mathcal{U}_\beta\in\Phi$，が存在する．$x\in X$を任意にとれば$\mathcal{U}_\beta(x)$を含む$U\in\mathcal{U}_\alpha$がある．$\mathcal{U}_\beta(x)$は$x$の近傍であるから$x\in\mathrm{Int}\,U$となる．これから$\mathrm{Int}\,\mathcal{U}_\alpha=\{\mathrm{Int}\,U:U\in\mathcal{U}_\alpha\}$は$X$の開被覆となる．

$$\mathcal{U}_\gamma<\mathcal{U}_\alpha\wedge\mathcal{U}_\beta\quad ならば\quad \mathrm{Int}\,\mathcal{U}_\gamma<\mathrm{Int}\,\mathcal{U}_\alpha\wedge\mathrm{Int}\,\mathcal{U}_\beta,$$
$$\mathcal{U}_\beta{}^\Delta<\mathcal{U}_\alpha\quad ならば\quad (\mathrm{Int}\,\mathcal{U}_\beta)^\Delta<\mathrm{Int}\,\mathcal{U}_\alpha$$

となるから，Φが一様被覆のベース，準基になるに従ってΨは一様被覆系のベース，準基となる．$(X,\Phi)=(X,\Psi)$を示すために，まず$\mathrm{Int}\,\mathcal{U}_\alpha<\mathcal{U}_\alpha$に注意する．また$\mathcal{U}_\alpha\in\Phi$に対して$\mathcal{U}_\beta^*<\mathcal{U}_\alpha$，$\mathcal{U}_\beta\in\Phi$，をとれば，$\mathcal{U}_\beta<\mathrm{Int}\,\mathcal{U}_\alpha$となる．なぜなら$V\in\mathcal{U}_\beta$をとれば，ある$U\in\mathcal{U}_\alpha$があって$\mathcal{U}_\beta(V)\subset U$．これは任意の$x\in V$に対して$\mathcal{U}_\beta(x)\subset U$を意味するから，

$$V\subset\mathrm{Int}\,U\in\mathrm{Int}\,\mathcal{U}_\alpha.$$

上の考察より $(X,\Phi)=(X,\Psi)$ が得られる. □

この補題によって, 一様空間 X に対してその一様被覆系のベースとして開被覆からなる族をとることができる.

26.5 定義 Φ,Φ' を X の一様被覆系の準基とする. Ψ,Ψ' をそれぞれ Φ,Φ' から生成された一様被覆系とするとき, $\Phi\leqq\Phi'$ を $\Psi\subset\Psi'$ によって定義すれば, $\leqq$ は X のすべての一様被覆系の準基の間の半順序となる. $\{\Phi_\gamma\}$ を一様被覆系の準基のある族とすれば, $\bigcup\{\Phi_\gamma\}$ は 26.1(3)をみたすから一様被覆系の準基となる. これが生成する一様被覆系を $\mathrm{lub}\{\Phi_\gamma\}$ で表わして $\{\Phi_\gamma\}$ の**上限**とよぶ.

X を位相空間とする. X の一様被覆系(または一様被覆系のベース, 準基)を Φ とする. Φ により導かれた一様位相が X 本来の位相に等しいとき, Φ を位相に**合致する**一様被覆系(または一様被覆系のベース, 準基)という. また Φ による一様位相は X の位相に**合致する**という.

X,Y をそれぞれ Φ,Ψ を一様被覆系のベースとする一様空間とする. 写像 $f:X\to Y$ は, 各 $\mathcal{V}_\alpha\in\Psi$ に対して $\mathcal{U}_\beta\in\Psi$ が存在して $\mathcal{U}_\beta<\{f^{-1}(V):V\in\mathcal{V}_\alpha\}$ となるとき, **一様連続**(uniformly continuous)といわれる. 一様連続写像は明らかに連続であるが, 逆は必ずしも正しくない(26.7). $f:X\to Y$ が 1:1 上への写像で f と f^{-1} が共に一様連続のとき, f を**一様同相写像**といい, X と Y は**一様同相**であるという.

26.6 例 X を距離 d をもつ距離空間とし, $\mathcal{U}_n=\{S(x,2^{-n}):x\in X\}$, $n=1,2,\cdots$, とする($S(x,\varepsilon)$ は ε 近傍). 明らかに $\{\mathcal{U}_n\}$ は一様被覆系のベースをなす. $\{\mathcal{U}_n\}$ が生成する一様位相 Φ_d を **d で定まる標準一様位相**とよぶ. この位相が d による距離位相と合致することは自明である. $\mathcal{U}$ が Φ_d における一様被覆である必要充分条件は, ある $\varepsilon>0$ について X の開被覆 $\{S(x,\varepsilon):x\in X\}$ が $\mathcal{U}$ を細分することである.

26.7 例 $X=(0,1)$ (開区間) とし, d を通常の距離とする. 他の距離 ρ を $\rho(x,y)=|(1/x)-(1/y)|$ によって定義せよ. d と ρ による距離位相が等しいことは明らかである. 一方 d,ρ より定まる標準一様位相を Φ_d,Φ_ρ とすれば, 恒等写像 $i:(X,\Phi_d)\to(X,\Phi_\rho)$ は一様連続とならない. (i^{-1} は一様連続になる.) こ

の例は位相空間がその位相と合致する種々の一様位相をもち得ることを示している.

26.8 補題 X, Y を一様空間とする. X がコンパクトならば, すべての連続写像 $f: X \to Y$ は一様連続である.

証明 Φ, Ψ をそれぞれ開被覆からなる X, Y の一様被覆系のベースとする. $\mathcal{W} \in \Psi$ とすれば, f は連続であるから各 $x \in X$ に対して $\mathcal{U}_{\alpha(x)} \in \Phi$ が存在して $f(\mathcal{U}_{\alpha(x)}(x)) \subset \mathcal{W}(f(x))$ となる. $\mathcal{U}_{\beta(x)} \in \Phi$ を $\mathcal{U}^*_{\beta(x)} < \mathcal{U}_{\alpha(x)}$ のようにとる. $\{\mathcal{U}_{\beta(x)}(x) : x \in X\}$ は X の開被覆をなすから, $x_i \in X$, $i=1, \cdots, k$, があって $\{\mathcal{U}_{\beta(x_i)}(x_i) : i=1, \cdots, k\}$ は X の被覆をなす. $\mathcal{U} \in \Phi$ を $\mathcal{U} < \mathcal{U}_{\beta(x_1)} \wedge \cdots \wedge \mathcal{U}_{\beta(x_k)}$ のようにとれば, 各 $x \in X$ について $f(\mathcal{U}(x)) \subset \mathcal{W}^*(f(x))$ が成り立つ. なぜなら, $x \in \mathcal{U}_{\beta(x_i)}(x_i)$ となる x_i をとれば, $f(\mathcal{U}(x)) \subset f(\mathcal{U}^*_{\beta(x_i)}(x_i)) \subset f(\mathcal{U}_{\alpha(x_i)}(x_i)) \subset \mathcal{W}(f(x_i))$. また $\mathcal{W}(f(x_i)) \ni f(x)$ であるから $\mathcal{W}(f(x_i)) \subset \mathcal{W}^*(f(x))$ となる. これから f は一様連続となる. □

26.9 定理 X がコンパクトならば, X の位相と合致する一様位相は一意に定まる.

証明 Φ, Ψ を X の位相と合致する一様被覆系とすれば, 恒等写像 $i: (X, \Phi) \to (X, \Psi)$ は連続であるから 26.9 から一様連続となる. 同様に i^{-1} も一様連続となるから i は一様同相を与える. □

26.10 定義 Y_ξ, $\xi \in \Gamma$, を一様空間, Φ_ξ を Y_ξ の一様被覆系のベースとする. $f_\xi: X \to Y_\xi$ を写像とせよ. $\mathcal{W} \in \Phi_\xi$ に対して $f_\xi^{-1}\mathcal{W} = \{f_\xi^{-1}(W) : W \in \mathcal{W}\}$ は X の被覆をなし, $\Psi_\xi = \{f_\xi^{-1}\mathcal{W} : \mathcal{W} \in \Phi_\xi\}$ とおけば, Ψ_ξ は X の一様被覆系のベースをなす.

$$\Psi = \mathrm{lub}\{\Psi_\xi : \xi \in \Gamma\}$$

とおく. Ψ を写像の族 $\{f_\xi : \xi \in \Gamma\}$ **より定められた** X の一様被覆系とよび, Ψ の定める一様位相は $\{f_\xi\}$ より**定められた**という. この一様位相は, 各 f_ξ を一様連続ならしめる最小の一様位相ということができる.

X_ξ, $\xi \in \Gamma$, を一様空間, $X = \prod_{\xi \in \Gamma} X_\xi$ とする. $\pi_\xi: X \to X_\xi$ を射影とするとき, $\{\pi_\xi : \xi \in \Gamma\}$ により定められた X の一様被覆系を**積一様被覆系**, これによる一

様位相を**積一様位相**，積一様位相をもつ空間を**積一様空間**とよぶ．次の補題は定義より自明である．

26.11 補題 X_ξ, $\xi\in\Gamma$, を一様空間，$X=\prod_{\xi\in\Gamma}X_\xi$ を積一様空間とする．f を一様空間 Y から X への写像とする．f が一様連続となるためには，各 $\xi\in\Gamma$ について $\pi_\xi f: Y\to X_\xi$ が一様連続となることが必要充分である．

26.12 命題 $\mathcal{U}_n$, $n=1,2,\cdots$, を空間 X の開被覆の列で各 n について $\mathcal{U}_{n+1}^*<\mathcal{U}_n$ となるものとする．このとき X の擬距離 d が存在して，$\mathcal{V}_n=\{S(x,2^{-n}): x\in X\}$ とすれば

$$\mathcal{U}_{n+1}^{\Delta}<\mathcal{V}_n<\mathcal{U}_n^{\Delta}, \qquad n=1,2,\cdots,$$

が成立する．

証明 $\mathcal{U}_0=\{X\}$ とし，各 $x,y\in X$ に対して

$$D(x,y)=\inf\{2^{-n}: y\in\mathcal{U}_n(x)\},$$

$$d(x,y)=\inf\left\{\sum_{i=0}^{k-1}D(x_i,x_{i+1}): x_0=x,\ x_k=y \text{ となる任意有限個の点 } x_i,\ i=0,\cdots,k, \text{ をすべてとる}\right\}$$

とおく．d が擬距離の条件 15.2(1), (2), (3) をみたすことは明らかである．証明を完成するために，各 $x\in X$ について

(1) $\mathcal{U}_{n+1}(x)\subset S(x,2^{-n})\subset\mathcal{U}_n(x), \qquad n=1,2,\cdots,$

を示せばよい．なぜなら (1) はまず $\mathcal{U}_{n+1}^{\Delta}<\mathcal{V}_n<\mathcal{U}_n^{\Delta}$ を意味する．次に $y\in S(x,2^{-n})$ とせよ．$S(y,2^{-m})\subset S(x,2^{-n})$ となる m をとれば (1) より

$$\mathcal{U}_{m+1}(y)\subset S(y,2^{-m})\subset S(x,2^{-n}).$$

これから $S(x,2^{-n})$ は開集合となり d は 15.2(4) をみたす．(1) の後の包含関係は $d(x,y)\leqq D(x,y)$ より明らかである．(1) の前半の包含関係を示すために次の不等式を示そう．

(2) $x_i\in X$, $i=0,1,\cdots,k$, ならば $D(x_0,x_k)\leqq 2\sum_{i=0}^{k-1}D(x_i,x_{i+1})$

もしこれが示されれば，$x,y\in X$ に対して

$$D(x,y)\leqq 2d(x,y)$$

が得られ，

$$\mathcal{U}_{n+1}(x) \subset S(x, 2^{-n})$$

となるからである．そこで $k=1$ について(2)は成立するから，ある $r>0$ があってすべての $k \leqq r$ について(2)が成立したと仮定する．$\sum_{i=0}^{r} D(x_i, x_{i+1}) = a$ とし，

$$s = \max\left\{j : \sum_{i=0}^{j-1} D(x_i, x_{i+1}) \leqq a/2\right\}$$

とおく．

$$\sum_{i=s+1}^{r} D(x_i, x_{i+1}) \leqq a/2$$

となる．仮定より $D(x_0, x_s)$，$D(x_{s+1}, x_{r+1})$ は共に $\leqq a$ である．また $D(x_s, x_{s+1}) \leqq a$．$2^{-m} \leqq a$ となる最小の m をとれば，D の定義から $D(x_0, x_s)$，$D(x_s, x_{s+1})$，$D(x_{s+1}, x_{r+1})$ はすべて $\leqq 2^{-m}$ となり，ある $U \in \mathcal{U}_m$ について $\{x_s\} \cup \{x_{s+1}\} \subset U$ となるから $\{x_0\} \cup \{x_{r+1}\} \subset \mathcal{U}_m(U)$ が成り立つ．$\mathcal{U}_m^* < \mathcal{U}_{m-1}$ であるから $x_{r+1} \in \mathcal{U}_{m-1}(x_0)$ となる．これより $D(x_0, x_{r+1}) \leqq 2^{-m+1} \leqq 2a$ が成立し (2) が証明された．□

X を一様空間とし，$\Phi = \{\mathcal{U}_\alpha : \alpha \in \Lambda\}$ を開被覆からなる X の一様被覆系のベースとする．各 $\mathcal{U}_\alpha \in \Phi$ に対して $\mathcal{U}_\beta^\Delta < \mathcal{U}_\alpha$ となる $\mathcal{U}_\beta \in \Phi$ があるから，列 $\mathcal{U}_{\alpha(n)} \in \Phi$，$n=1,2,\cdots$，$\mathcal{U}_\alpha = \mathcal{U}_{\alpha(1)} > \mathcal{U}_{\alpha(2)}^* > \cdots > \mathcal{U}_{\alpha(n)}^* > \mathcal{U}_{\alpha(n)} > \mathcal{U}_{\alpha(n+1)}^* > \cdots$，が存在する．この列に対して 26.12 より存在する擬距離を d_α とすれば，$\{S(x, 1/2) : x \in X\}$ は $\mathcal{U}_\alpha$ の細分となる．$X_\alpha = X/d_\alpha$ とおき $f_\alpha : X \to X_\alpha$ を射影とすれば，f_α は d_α の定める X_α の標準一様位相に関して一様連続となる．$f : X \to \prod_{\alpha \in \Lambda} X_\alpha$ を

$$f(x) = (f_\alpha(x))_{\alpha \in \Lambda}, \qquad x \in X,$$

によって定義せよ．次の命題が成立する．

26.13　命題　一様被覆系のベース Φ が分離的ならば，写像 $f : X \to \prod_{\alpha \in \Lambda} X_\alpha$ によって X は $\prod_{\alpha \in \Lambda} X_\alpha$ に一様同相に埋め込まれる．

証明　Φ が分離的であるから f は $1:1$ である．26.11 より f は一様連続となる．f^{-1} の一様連続性を示すために，$y = (f_\alpha(x)) \in f(X)$ とし，$S_\alpha(f_\alpha(x), \varepsilon)$ を X_α での ε 近傍とすれば，26.12 より

$$\mathcal{U}_\alpha(x)\supset f^{-1}(S_\alpha(f_\alpha(x),1/2)\times\prod_{\alpha\neq\beta}X_\beta)\supset\mathcal{U}_{\alpha(2)}(x)$$

が成立する($\mathcal{U}_{\alpha(2)}$ は d_α の定義に使用した例 $\{\mathcal{U}_{\alpha(n)}\}$ の第2元). $\prod_{\alpha\in\Lambda}X_\alpha$ の開被覆

$$\{S_\alpha(y,\varepsilon)\times\prod_{\alpha\neq\beta}X_\beta : y\in X_\alpha\},\qquad \varepsilon>0,\ \alpha\in\Lambda,$$

の族は $\prod_{\alpha\in\Lambda}X_\alpha$ の積一様被覆系の準基をなすから, $f^{-1}:f(X)\to X$ は一様連続となる.

26.14 定理 T_2 一様空間は完全正則である. また完全正則空間はその位相と合致する一様位相をもつ.

証明　26.13 によって T_2 一様空間 X は距離空間 X_α の積空間に埋め込まれる. 後者は完全正則であるから X も完全正則となる. また完全正則空間 X はある一般立方体 I^m に埋め込まれる. I^m は I の標準一様位相による積一様位相をもつから, X は I^m の一様部分空間として一様位相をもつ. □

26.12 の他の重要な応用は次の定理である.

26.15 定理 T_2 一様空間 X が距離化可能である必要充分条件は, X が可算個の被覆からなる一様被覆系のベースをもつことである.

証明　X が距離空間ならば,

$$\mathcal{U}_n=\{S(x,2^{-n}) : x\in X\},\qquad n=1,2,\cdots,$$

は一様被覆系の可算ベースをなす. また充分性は 26.12 から従う. □

26.16 例 一様空間の重要な例として位相群がある. 群でありかつ位相空間である集合 G は次の条件をみたすとき**位相群** (topological group) といわれる:

(1)　$(x,y)\to x\cdot y^{-1}$, $x,y\in G$, によって定義される対応 $G\times G\to G$ は連続である.

$X,Y\subset G$ に対して,

$$X\cdot Y=\{x\cdot y : x\in X,\ y\in Y\},\qquad X^{-1}=\{x^{-1} : x\in X\}$$

とする. $x\in G$ のとき $\{x\}\cdot Y$, $Y\cdot\{x\}$ の代りに単に $x\cdot Y$, $Y\cdot x$ と書く. (1)はまた次のようにもいえる.

(1′)　$x\cdot y^{-1}$ の近傍 W に対して x の近傍 U, y の近傍 V が存在して $U\cdot V^{-1}\subset W$ となる.

$\Phi=\{U_\alpha : \alpha\in\Lambda\}$ を単位元 e の任意の近傍ベースとする.

$$\mathcal{U}_\alpha^R=\{U_\alpha\cdot x : x\in X\},\qquad \mathcal{U}_\alpha^L=\{x\cdot U_\alpha : x\in X\}$$

とおく. このとき

(2)　$\Phi_R=\{\mathcal{U}_\alpha^R : \alpha\in\Lambda\}$ および $\Phi_L=\{\mathcal{U}_\alpha^L : \alpha\in\Lambda\}$ は開被覆からなる一様被覆系のベースをなし, これらが定める一様位相は G の位相と合致する. Φ_R, Φ_L で生成される一様被覆系を**右**, **左**一様被覆系とよぶ.

Φ_R に対してのみ証明する. Φ_L に対しては全く類似である. 任意の $\alpha, \beta\in\Lambda$ に対して $U_\gamma\subset U_\alpha\cap U_\beta$, $U_\gamma\in\Phi$, が存在する. このとき $\mathcal{U}_\gamma^R<\mathcal{U}_\alpha^R\wedge\mathcal{U}_\beta^R$ となる. また $\alpha\in\Lambda$ に対して U_α は e の近傍であるから, ある $U_\beta\in\Phi$ に対して $U_\beta\cdot U_\beta^{-1}\subset U_\alpha$ となる $(e\cdot e^{-1}=e$ に(1′)を適用せよ). このとき $(\mathcal{U}_\beta^R)^\Delta<\mathcal{U}_\alpha$ となる. なぜなら $y\in G$ に対して

$$\mathcal{U}_\beta^R(y)=\bigcup\{U_\beta\cdot x : y\in U_\beta\cdot x,\ \ x\in G\}.$$

$y\in U_\beta\cdot x$ ならば $y\cdot x^{-1}\in U_\beta$, すなわち $x\cdot y^{-1}\in U_\beta^{-1}$. これから

$$e\in U_\beta\cdot x\cdot y^{-1}\subset U_\beta\cdot U_\beta^{-1}\subset U_\alpha.$$

ゆえに $U_\beta\cdot x\subset U_\alpha\cdot y$ となる. これは $\mathcal{U}_\beta^R(y)\subset U_\alpha\cdot y$ を示す. かくして Φ_R は一様被覆系のベースとなる. Φ_R による一様位相が G の位相と合致することは明らかである.

(3)　位相群 G が距離化可能である必要充分条件は, G が T_0 空間で第1可算性をみたすことである.

充分性のみを示せばよい. $x, y\in G$, $x\neq y$, とすれば y を含まない x の近傍かあるいは x を含まない y の近傍かが存在する. 前者が成立すれば, e の近傍 U があって $y\notin U\cdot x$ となる. $y\cdot x^{-1}\notin U$ であるから, $V^{-1}\cdot V\subset U$ となる e の近傍 V をとれば, $V\cdot x\cap V\cdot y=\phi$ となる. これから G は T_2 となる. $\{U_i : i=1, 2, \cdots\}$ を e の可算近傍ベースとすれば

$$\Phi=\{\mathcal{U}_i : i=1, 2, \cdots\},\qquad \mathcal{U}_i=\{U_i\cdot x : x\in G\},$$

は (2) より位相と合致する G の一様被覆系の可算ベースをなす. これから

12.15よりGは距離化可能となる.

26.17　定義　Xを空間, $\{\Phi_\alpha\}$をXの位相と合致する一様被覆系すべての集合とする. $\{\Phi_\alpha\}$の上限をΦ_Xで表わし, Xの**極大**一様被覆系とよぶ. Xの一様被覆系のベースはそれが生成する一様被覆系が極大となるとき, **極大**一様被覆系のベースといわれる.

$\mathcal{U}$と$\mathcal{V}$が空間Xの正規な開被覆であれば, $\mathcal{U}\wedge\mathcal{V}$も正規となる. また$X$が一様空間ならばその任意の一様被覆は正規な一様開被覆で細分される(15.1参照). Xが完全正則ならば, 任意の点xとその開近傍Uに対して$\{U, X-\{x\}\}$は正規な開被覆となる. これから次の命題は自明である.

26.18　命題　完全正則空間の正規な開被覆全体の族はその位相と合致する一様位相を定める極大一様被覆系のベースをなす.

パラコンパクトT_2空間において任意の開被覆は正規となるから(16.5), 次の系が成立する.

26.19　系　パラコンパクトT_2空間のすべての開被覆の族は, 極大一様被覆系のベースをなす.

§27　完 備 化

27.1　定義　Xを一様被覆系のベースΦをもつ一様空間, $\mathcal{F}$をXのある部分集合からなるフィルターとする. 各$\mathcal{U}\in\Phi$に対して, 点$x\in X$と$F\in\mathcal{F}$が存在して$F\subset\mathcal{U}(x)$となるとき, $\mathcal{F}$を**Cauchyフィルター**という. 一様空間Xはその任意のCauchyフィルターがXの点に収束するとき**完備**(complete)であるという, より正確にXはその一様被覆系(または一様被覆系のベース)あるいはその一様位相について完備である等という. ここでフィルター$\mathcal{F}$が点xに**収束する**とは, $\mathcal{F}$がxの近傍フィルターを含むことである.

XがT_2一様空間すなわち分離的一様被覆系をもてば, すべてのフィルターは高々1点に収束する. 逆にフィルターが高々1点に収束する空間はT_2である. これらを考慮して, 煩雑を避けるために, 今後特に述べない限り本章ではすべての一様空間はT_2とする. したがって一様被覆系またはそのベース等はすべて分離的とする.

27.2 補題 完備一様空間の閉集合は完備である.

証明は明らかである.

27.3 補題 X_α, $\alpha\in\Lambda$, を完備一様空間とすれば, 積一様空間 $X=\prod_{\alpha\in\Lambda}X_\alpha$ は完備である.

証明 $\pi_\alpha: X\to X_\alpha$ を射影とする. $\mathfrak{F}$ を X の Cauchy フィルターとすれば, $\{\pi_\alpha F: F\in\mathfrak{F}\}$ は X_α の Cauchy フィルターであるからある点 $x_\alpha\in X_\alpha$ に収束する. このとき $\mathfrak{F}$ は点 (x_α) に収束する. □

27.4 補題 完備距離空間 X はその距離 d により定まる標準一様位相に関して完備である.

証明 $\mathcal{U}_n$, $n=1,2,\cdots$, を 26.6 における X の標準一様位相を与える一様被覆系のベースとする. $\mathfrak{F}$ を Cauchy フィルターとすれば, 各 $n=1,2,\cdots$, に対して点 $x_n\in X$, $F_n\in\mathfrak{F}$, があって $F_n\subset\mathcal{U}_n(x_n)$ となる.

$$n<m \quad ならば \quad \mathcal{U}_n(x_n)\cap\mathcal{U}_m(x_m)\supset F_n\cap F_m\neq\phi$$

であるから

$$d(x_n,x_m)<2^{-n+1}+2^{-m+1}<2^{-n+2}$$

となる. これから $\{x_n\}$ は Cauchy 列となる. $\{x_n\}$ の極限点は $\mathfrak{F}$ の収束する点である. □

27.5 定理 一様空間 X に対して, X を稠密な一様部分空間として含む完備一様空間 uX が存在する. uX を X の**完備化**(completion)とよぶ.

証明 26.13 より X は距離空間 (X_α,d_α) の積一様空間 $\prod_{\alpha\in\Lambda}X_\alpha$ の一様部分空間と考えてよい. 各 α について (X_α^*,d_α^*) を (X_α,d_α) の完備化とせよ(7.17 参照). X_α^* の作り方から距離 d_α^* は X_α 上で d_α に等しい. これから X_α^* は X_α の一様空間としての完備化である. ゆえに X は $\prod_{\alpha\in\Lambda}X_\alpha^*$ の一様部分空間となる. uX を $\prod_{\alpha\in\Lambda}X_\alpha^*$ における X の閉包とすれば, uX は 27.2, 27.3 によって X の完備化となる. □

27.6 定理 A を一様空間 X の部分集合, Y を完備一様空間とする. $f: A\to Y$ が一様連続ならば, f は一様連続な拡張 $uf: \bar{A}\to Y$ をもつ($\bar{A}$ は X におけるAの閉包).

証明　$a \in \bar{A}$ とし, $\mathcal{V}_a$ を a の X における近傍フィルターとする. $f\mathcal{V}_a = \{f(V \cap A) : V \in \mathcal{V}_a\}$ はフィルターベースを作る. まず $f\mathcal{V}_a$ が生成するフィルター $\mathcal{H}_a$ が Cauchy フィルターであることを示そう. Y の任意の一様被覆 $\mathcal{W}$ をとる. X の一様被覆 $\mathcal{U}$ をとり各 $x \in A$ について $f(\mathcal{U}^*(x) \cap A) \subset \mathcal{W}(f(x))$ ならしめよ. $x \in \mathcal{U}(a) \cap A$ を任意にとれば

$$f\mathcal{V}_a \ni f(\mathcal{U}(a) \cap A) \subset f(\mathcal{U}^*(x) \cap A) \subset \mathcal{W}(f(x))$$

となる. これから $\mathcal{H}_a$ は Cauchy フィルターである. Y は完備であるから $\mathcal{H}_a$ はある点 b に収束する. $uf(a)=b$ と定義すれば f の拡張 $uf : \bar{A} \to Y$ が得られる. 作り方より各 $a \in \bar{A}$ に対して

$$f(\mathcal{U}(a) \cap \bar{A}) \subset \mathcal{W}^*(uf(a))$$

が成り立つ. これから uf は一様連続である. □

27.7　定理　一様空間 X の完備化は次の意味で X により一意に定まる: uX, $u'X$ を X の完備化とすれば X の点を動かさない一様同型写像 $f : uX \to u'X$ が存在する.

証明　uX, $u'X$ を X の完備化とする. 恒等写像 $f : X \to X$ は 27.6 より $uf : uX \to u'X$, $u'f : u'X \to uX$ に拡張される. $u'f \cdot uf$ は X 上で恒等となる一様連続写像であり, uX は T_2 で X は uX で稠密であるから uX の恒等写像となる. 同様に $uf \cdot u'f$ は $u'X$ の恒等写像となる. ゆえに uf は一様同型写像である. □

この定理より, X の完備化 uX はその一様被覆系のベース Φ により一意的に定まる. この意味で uX を **Φ に関する**完備化という.

27.8　補題　X を空間, Φ, Ψ をその位相と合致する一様被覆系のベースで $\Phi \leqq \Psi$ とする. このとき一様空間 (X, Φ) が完備であれば (X, Ψ) も完備となる.

証明　$\mathcal{F}$ が (X, Ψ) での Cauchy フィルターならば (X, Φ) でも Cauchy フィルターであるから, $\mathcal{F}$ は (X, Φ) で点 x に収束する. (X, Φ) と (X, Ψ) は同じ位相をもつから, 点 x の近傍フィルターは双方で同一のものであり, $\mathcal{F}$ は (X, Ψ) でも x に収束する. □

27.9　定義　空間 X はその位相と合致するある一様被覆系について完備と

なるとき，**位相完備**(topologically complete)といわれる．27.8より，これは X の極大一様被覆系に関して完備となるといってもよい．

次に位相完備空間の種々の特徴付けを与える．X を完全正則空間とし，$\varPhi$ を X の正規開被覆すべての族とする．26.18より $\varPhi$ は X の極大一様被覆系のベースをなす．$\varPhi=\{\mathcal{U}_\alpha : \alpha\in\varLambda\}$ とせよ．$\mathcal{U}_\alpha$ は正規であるから，26.12より擬距離 d_α，一様写像 $f_\alpha : X\to X_\alpha=X/d_\alpha$ が存在して X_α の各点の1/4-近傍による X_α の被覆の f_α による逆像は $\mathcal{U}_\alpha$ の細分となる．$\mathcal{W}$ を X_α の開被覆とすれば，$\mathcal{W}$ は正規であるから $f^{-1}\mathcal{W}$ は $\varPhi$ の元となる．各 $\alpha\in\varLambda$ について $\beta f_\alpha : \beta X\to\beta X_\alpha$ を f_α の拡張とせよ．$\tilde{X}_\alpha=(\beta f_\alpha)^{-1}X_\alpha$ とおき，$uX=\bigcap_{\alpha\in\varLambda}\tilde{X}_\alpha$ と定義せよ．$X\subset uX\subset\beta X$ となる．$\tilde{f}_\alpha=\beta f_\alpha|uX$ とおく．上に考察したことから，各 X_α の任意の開被覆 $\mathcal{W}$ をとり $\tilde{f}_\alpha^{-1}\mathcal{W}$ すべての族を $\tilde{\varPhi}$ とすれば，$\tilde{\varPhi}$ は uX の一様被覆系のベースをなし，$\varPhi=\{\mathcal{V}\cap X : \mathcal{V}\in\tilde{\varPhi}\}$ となる．これから X は $\tilde{\varPhi}$ によって導かれた一様空間 uX の一様部分空間である．また明らかにこの一様位相は βX の部分空間としての uX の位相と合致する．さらに次の命題が成り立つ．

27.10　命題　uX は $\varPhi$ に関する X の完備化である．

証明　uX が完備であることを示せばよい．$\mathcal{F}$ を uX の Cauchy フィルターとする．$\{\bar{F} : F\in\mathcal{F}\}$($\bar{F}$ は βX での閉包)は有限交叉性をもつから，βX の点 $x_0\in\bigcap_{F\in\mathcal{F}}\bar{F}$ が存在する．$x_0\in uX$ ならば明らかに $\mathcal{F}$ は x_0 に収束する．$x_0\notin uX$ として矛盾を導けばよい．$x_0\notin uX$ であるから，ある $\alpha\in\varLambda$ について $\tilde{f}_\alpha(x_0)\in\beta X_\alpha-X_\alpha$　となる．X_α の開被覆 $\mathcal{W}$ でその各元 W に対して $\mathrm{Cl}_{\beta X_\alpha}W\not\ni\tilde{f}_\alpha(x_0)$ となるものがある．$\tilde{f}_\alpha^{-1}\mathcal{W}$ は uX の一様被覆であるから，ある $F\in\mathcal{F}$ と $W\in\mathcal{W}$ があって $F\subset\tilde{f}_\alpha^{-1}(W)$ となる．これは

$$\tilde{f}_\alpha(\bar{F})\subset\mathrm{Cl}_{\beta X_\alpha}W\subset\beta X_\alpha-\{\tilde{f}_\alpha(x_\alpha)\}$$

を意味するから，$\bar{F}$ は点 x_0 を含み得ない．これは条件 $x_0\in\bigcap_{F\in\mathcal{F}}\bar{F}$ に矛盾する．□

27.11　定理　完全正則空間 X に対して次の条件は同等である．

(1)　X は位相完備である．

(2)　各点 $x\in\beta X-X$ に対して距離空間 M と連続写像 $f : X\to M$ があっ

てfは$X\cup\{x\}$に連続的に拡張できない.

(3)　各点$x\in\beta X-X$に対してXの正規開被覆$\mathcal{U}$が存在して$\mathcal{U}$の各元のβXでの閉包はxを含まない.

証明　(1)⇒(2)　27.10におけるuXを考えよ. Xが位相完備ならば$uX=X$となるから, (2)はuXの定義から従う.

(2)⇒(3)　$x\in\beta X-X$とせよ. (2)におけるM,fをとり, $\beta f:\beta X\to\beta M$を$f$の拡張とせよ. $\beta f(x)\in\beta M-M$である. $\mathcal{W}$をMの開被覆でその各元のβMでの閉包が$\beta f(x)$を含まないものとすれば, $\mathcal{U}=f^{-1}\mathcal{W}$は(3)の条件をみたす.

(3)⇒(1)　$x\in\beta X-X$に対して(3)における正規開被覆$\mathcal{U}$をとる. 27.9の記号をそのまま使用する. $\mathcal{U}$は正規であるからある$\alpha\in\Lambda$について$\mathcal{U}=\mathcal{U}_\alpha$となる. 写像$f_\alpha:X\to X_\alpha$を考えよ. 点$x$の$\beta f_\alpha:\beta X\to\beta X_\alpha$による像は$X_\alpha$に属さない. なぜなら$\beta f_\alpha(x)\in X_\alpha$とするとき$\beta f_\alpha(x)$の$X_\alpha$における1/4-近傍$S$に対して, $f_\alpha^{-1}(S)$は$\mathcal{U}$のある元Uに含まれる. $x\notin \mathrm{Cl}_{\beta X}U$であるから, xのβXでの開近傍V, $V\cap\mathrm{Cl}_{\beta X}U=\phi$, が存在する. βf_αの連続性より$V\cap X$のある点yについて$\beta f_\alpha(y)=f_\alpha(y)\in S$となる. これは$f_\alpha^{-1}(S)\cap V=\phi$に反する. これから$x\notin uX$が示された. xは$\beta X-X$の任意の点であったから$X=uX$となる. 27.10よりXは位相完備となる. □

次のTamanoによる定理は, 24.5および27.11の証明から直ちに得られる.

27.12　定理(Tamano)　完全正則空間Xがパラコンパクトとなる必要充分条件は次の1つが成立することである.

(1)　βXの各閉集合$F\subset\beta X-X$に対してXの局所有限な開被覆$\mathcal{U}$が存在して

$$F\cap\mathrm{Cl}_{\beta X}U=\phi,\qquad U\in\mathcal{U},$$

となる.

(2)　βXの各閉集合$F\subset\beta X-X$に対して, 距離空間Yと連続写像$f:X\to Y$が存在して

$$\beta f(F)\subset\beta Y-Y$$

となる.

27.11 と 27.12 の結果として次の定理が得られる.

27.13　定理　パラコンパクト T_2 空間は位相完備である.

この定理は位相完備性より強い何らかの条件がパラコンパクトを特徴付けることを暗示する. これについては H. H. Corson の次に述べる結果がある.

27.14　定義　一様空間 X のフィルター $\mathfrak{F}$ は, X の任意の一様被覆 $\mathcal{U}$ に対して $\mathfrak{F}$ を含むフィルター $\mathfrak{F}_{\mathcal{U}}$ が存在し, ある $F \in \mathfrak{F}_{\mathcal{U}}$ が $\mathcal{U}$ の元に含まれるとき, **弱 Cauchy フィルター**とよばれる. $\mathcal{H}$ を X の部分集合の族(例えばフィルターまたはフィルターベース)とする. $\bigcap_{H \in \mathcal{H}} \mathrm{Cl}_X H$ の任意の点を $\mathcal{H}$ の**触点**とよぶ. $\mathcal{H}$ が**触点をもつ**とは $\bigcap_{H \in \mathcal{H}} \mathrm{Cl}_X H \neq \phi$ となることである.

27.15　定理(H. H. Corson)　完全正則空間 X がパラコンパクトである必要充分条件は次の1つが成立することである.

(1)　位相に合致する X のある一様被覆系が存在し, それに関する任意の弱 Cauchy フィルターは触点をもつ.

(2)　フィルター $\mathfrak{F}$ が X で触点をもたなければ, X からある距離空間 Y への連続写像 f が存在して, $f(\mathfrak{F})$ は Y で触点をもたない.

証明　X がパラコンパクト T_2 とする. X のすべての開被覆の族 Φ は一様被覆系のベースをなす(26.19). $\mathfrak{F}$ を Φ に関する弱 Cauchy フィルターとし, $\mathfrak{F}$ は触点をもたないとする. $F = \bigcap_{H \in \mathfrak{F}} \mathrm{Cl}_{\beta X} H$ とおけば F は $\beta X - X$ の閉集合で空ではない. 27.12(1)をみたす Φ の元 $\mathcal{U}$ をとれ. $\mathfrak{F}$ は弱 Cauchy であるから, $\mathfrak{F}$ を含むフィルター $\mathfrak{F}_{\mathcal{U}}$ があってある $A \in \mathfrak{F}_{\mathcal{U}}$ は $\mathcal{U}$ の元 U に含まれる. これから

$$\phi \neq \bigcap_{B \in \mathfrak{F}_{\mathcal{U}}} \mathrm{Cl}_{\beta X} B \subset \mathrm{Cl}_{\beta X} A \cap F \subset \mathrm{Cl}_{\beta X} U \cap F$$

となるが, $\mathrm{Cl}_{\beta X} U \cap F = \phi$ であるから矛盾である. これから(1)が成立する.

(1)⇒(2)　Φ を(1)の一様被覆系とする. 任意の距離空間 Y と連続写像 $f: X \to Y$ に対して $f(\mathfrak{F})$ が Y で触点をもつと仮定せよ. このとき $\mathfrak{F}$ が Φ に関して弱 Cauchy フィルターとなることが次のように示される. (これがいえれば(1)より $\mathfrak{F}$ は触点をもつから矛盾が得られる.) $\mathcal{U}$ を Φ の任意の一様開被覆とする.

26.12より距離空間 X_u と $f: X \to X_u$ があって，X_u のある開被覆 $\mathcal{W}$ に対して $\mathcal{W}^{\Delta}$ の f による逆像は $\mathcal{U}$ を細分する．仮定より $f(\mathcal{F})$ は X_u で触点 y_0 をもつ．y_0 の近傍フィルターを $\mathcal{V}$ とすれば $f(\mathcal{F}) \cup \mathcal{V}$ はフィルターベースとなる．これが生成するフィルターを $\mathcal{H}$ とする．$\mathcal{F} \cup f^{-1}\mathcal{H}$ はフィルターベースとなるからこれが生成するフィルター $\mathcal{F}_{\mathcal{U}}$ が存在する．$\mathcal{W}(y_0)$ に含まれる $V \in \mathcal{V}$ をとれば，$f^{-1}(V)$ は $\mathcal{U}$ のある元に含まれる $\mathcal{F}_{\mathcal{U}}$ の元である．これから $\mathcal{F}$ は弱 Cauchy フィルターとなる．

最後に，(2)は成り立つが X はパラコンパクトでないとする．$\mathcal{U} = \{U_\alpha : \alpha \in \Lambda\}$ を局所有限な細分をもたない X の開被覆とする．$F(\Lambda)$ を Λ のすべての有限集合の集合とし，

$$\mathcal{F} = \{H_\gamma : H_\gamma = X - \bigcup_{\alpha \in \gamma} U_\alpha,\ \ \gamma \in F(\Lambda)\}$$

とおく．$\mathcal{U}$ は有限部分被覆をもたないから，$\mathcal{F}$ はフィルターベースとなり，$\mathcal{U}$ が被覆となることから X で触点をもたない．(2)より距離空間 Y と $f: X \to Y$ があって $f(\mathcal{F})$ は Y で触点をもたない．

$$\mathcal{W} = \{Y - \mathrm{Cl}_Y f(H_\gamma) : H_\gamma \in \mathcal{F}\}$$

とおく．$\mathcal{W}$ は Y の開被覆をなすからその局所有限な細分となる開被覆 $\mathcal{V}$ が存在する．各 $V \in \mathcal{V}$ について，$V \subset Y - \mathrm{Cl}_Y f(H_\gamma)$ となる $\gamma \in F(\Lambda)$ を選び

$$\mathcal{U}_V = \{f^{-1}(V) \cap U_\alpha : \alpha \in \gamma\}$$

とおく．このとき $\bigcup \{\mathcal{U}_V : V \in \mathcal{V}\}$ は明らかに $\mathcal{U}$ の細分で局所有限となる．これは $\mathcal{U}$ の仮定に反する．□

27.16　定義　一様空間 X は，その任意の一様被覆が有限部分被覆をもつとき，**全有界**(totally bounded)または**プレコンパクト**(precompact)といわれる．12.3において全有界な距離空間が定義された．これは，距離空間の標準一様位相に関して全有界であることを意味している．

27.17　定理　一様空間 X がコンパクトとなる必要充分条件は，X が完備かつ全有界となることである．

証明　必要性は明らかである．充分性を示すために，X を完備かつ全有界な

一様空間とする．$\mathcal{F}$ を X の極大フィルターとせよ．$\mathcal{F}$ が Cauchy であることを示せばよい．なぜなら，X は完備であるから $\mathcal{F}$ は収束し，11.2 より X はコンパクトとなるからである．$\mathcal{U}$ を任意の一様被覆とすれば $\mathcal{U}$ の有限部分被覆 $\mathcal{U}'$ が存在する．$\mathcal{F}$ は極大であるから，3.6 より $\mathcal{U}'$ のある元は $\mathcal{F}$ に属さねばならない，即ち $\mathcal{F}$ は Cauchy フィルターである．□

§28　Čech 完備性

28.1　定義　X を完全正則空間とする．X は βX で G_δ 集合となるとき **Čech 完備**であるという．X はその任意の T_2 拡張空間で G_δ 集合となっているとき，**絶対 G_δ** といわれる．

明らかに絶対 G_δ ならば Čech 完備である．後でこれらが同等な概念であることが示される．コンパクト T_2 空間は勿論絶対 G_δ である．容易に分かるように局所コンパクト T_2 空間はその任意の T_2 拡張空間で開集合となるから，絶対 G_δ である．

28.2　定理　完全正則空間 X において次の条件は同等である．

(1)　X は絶対 G_δ である．

(2)　X はあるコンパクト化 αX で G_δ 集合である．

(3)　X は Čech 完備である．

(4)　X は次の性質をもつ開被覆の列 $\{\mathcal{U}_n : n=1, 2, \cdots\}$ をもつ：$\mathcal{F}$ を各 n について $\mathcal{F} \cap \mathcal{U}_n \neq \phi$ となる X のフィルターとすれば，$\mathcal{F}$ は X で触点をもつ．

証明　(1)⇨(2), (2)⇨(3) は明らかである．

(3)⇨(4)　X は βX で G_δ 集合であるから開集合 W_n, $n=1, 2, \cdots$, があって $X=\bigcap_{n=1}^{\infty} W_n$ となる．X の開被覆 $\mathcal{U}_n$ を次のように定義する：各 $x \in X$ について βX の開集合 W_x, $\mathrm{Cl}_{\beta X} W_x \subset W_n$, をとり

$$\mathcal{U}_n = \{U_x : x \in X\}, \qquad U_x = W_x \cap X,$$

とおく．$\{\mathcal{U}_n : n=1, 2, \cdots\}$ が (4) の条件をみたすことをいえばよい．$\mathcal{F}$ を X のフィルターで $\mathcal{F} \cap \mathcal{U}_n \neq \phi$, $n=1, 2, \cdots$, なるものとする．$\mathcal{H}$ を $\mathcal{F}$ を含む X の

極大フィルターとする．$\bigcap_{H\in\mathcal{H}}\mathrm{Cl}_{\beta X}H\neq\phi$ である．$y\in\bigcap_{H\in\mathcal{H}}\mathrm{Cl}_{\beta X}H$ とすれば，各 n について $\mathcal{H}$ はある $\mathcal{U}_n$ の元 U_x を含むから，

$$y\in\mathrm{Cl}_{\beta X}U_x\subset\mathrm{Cl}_{\beta X}W_x\subset W_n.$$

これから $y\in X$ となる．ゆえに

$$y\in\bigcap_{H\in\mathcal{H}}\mathrm{Cl}_{\beta X}H\cap X\subset\bigcap_{F\in\mathcal{F}}\mathrm{Cl}_{\beta X}F\cap X=\bigcap_{F\in\mathcal{F}}\mathrm{Cl}_X F,$$

すなわち y は $\mathcal{F}$ の触点となる．

(4)⇨(1)　Y を X の T_2 拡張空間とする．$\{\mathcal{U}_n\}$ を(4)における開被覆列とし，各 $U\in\mathcal{U}_n$ に対して Y の開集合 U' を $U'\cap X=U$ のようにとり，

$$W_n=\bigcup\{U' : U\in\mathcal{U}_n\}$$

とおく．$X=\bigcap_{n=1}^{\infty}W_n$ を示そう．$y\in\bigcap_{n=1}^{\infty}W_n-X$ とせよ．$\mathcal{V}$ を y の Y における近傍フィルターとする．$y\in W_n$，$n=1,2,\cdots$，であるから，ある $U\in\mathcal{U}_n$ について $U'\in\mathcal{V}$ となる．このことと X が Y で稠密であることを考慮すれば，$\mathcal{V}\cap X=\{V\cap X : V\in\mathcal{V}\}$ は X のフィルターベースとなり，かつ各 n について $\mathcal{U}_n$ の元を含む．$\mathcal{F}$ を $\mathcal{V}\cap X$ から生成される X のフィルターとすれば，(4)より点 $x\in\bigcap_{F\in\mathcal{F}}\mathrm{Cl}_X F$ が存在する．$y\notin X$ であるから $y\neq x$ である．Y は T_2 であるからある $V\in\mathcal{V}$ があって $x\notin\mathrm{Cl}_Y V$ であるが，一方 $V\cap X\in\mathcal{F}$ であるから x が $\mathcal{F}$ の触点であることに矛盾する．□

28.3　定理　Čech 完備空間の任意の G_δ 集合および閉集合は Čech 完備である．

証明　X を Čech 完備空間 Y の G_δ 集合または閉集合とする．28.2(2)より X が $\mathrm{Cl}_{\beta Y}X$ で G_δ 集合となることをいえばよい．βY の開集合 W_n，$n=1,2,\cdots$，を $Y=\bigcap_{n=1}^{\infty}W_n$ のようにとる．X が Y の閉集合ならば $X=\bigcap_{n=1}^{\infty}(W_n\cap\mathrm{Cl}_{\beta Y}X)$ が成立する．X が Y で G_δ ならば，$\bigcap_{n=1}^{\infty}U_n=X$ となる Y の開集合列 $\{U_n\}$ に対して βY の開集合 V_n を $V_n\cap Y=U_n$ のようにとれば

$$X=\bigcap_{n=1}^{\infty}(V_n\cap W_n\cap\mathrm{Cl}_{\beta Y}X)$$

となる．□

28.4　定理　Čech 完備性は可算乗法性である．

証明　X_i, $i=1,2,\cdots$, を Čech 完備空間とすれば, $\prod_{i=1}^{\infty} X_i$ は $\prod_{i=1}^{\infty} \beta X_i$ で G_δ 集合となる.□

28.5　定理　距離空間 X に対して次の条件は同等である.

(1)　X は完備な距離付け可能である.

(2)　X は Čech 完備である.

(3)　X はそれを含む任意の距離空間で G_δ 集合である.

証明　(1)⇒(2)　d を X の完備な距離とし,

$$\mathcal{U}_n = \{S(x, 2^{-n}) : x \in X\}, \qquad n = 1, 2, \cdots,$$

とする. $\{\mathcal{U}_n\}$ が 28.2(4) をみたすことは, d が完備な距離であることから明らかである.

(2)⇒(1)　$\{\mathcal{U}_n\}$ を 28.2(4) をみたす開集合列とする. X の開集合列 $\{\mathcal{W}_n\}$ で $\mathcal{W}_n^\Delta < \mathcal{U}_n$, $\mathcal{W}_{n+1}^* < \mathcal{W}_n$, $n=1,2,\cdots$, かつ任意の $x \in X$ について $\{\mathcal{W}_n(x) : n=1,2,\cdots\}$ は x の近傍ベースをなすものをとる. 26.12 より $\{\mathcal{W}_n\}$ に対して構成される擬距離を d とする. $\{\mathcal{W}_n(x)\}$ が近傍ベースをなすから d は X の距離となる. d が完備となることを示すために, $\{x_i\}$ を Cauchy 列とする. 各 n に対して i_n があって $j \geqq i_n$ ならば $d(x_{i_n}, x_j) < 2^{-n}$ となる. $V_n = \mathcal{W}_n(x_{i_n})$ とおく. 26.12 より $j \geqq i_n$ ならば $x_j \in V_n$ であるから, $\{V_n\}$ はフィルターベースをなす. $\{V_n\}$ が生成するフィルターを $\mathcal{F}$ とすれば, 条件 $\mathcal{W}_n^\Delta < \mathcal{U}_n$ から各 n について $\mathcal{F} \cap \mathcal{U}_n \neq \phi$ である. これから $\mathcal{F}$ は触点 x をもつ. 明らかに $\lim_i x_i = x$ である.

(2)⇒(3)　28.2(1) より明らかである.

(3)⇒(2)　X を含む完備距離空間 X^* をとれ(7.17). (3) より X は X^* の G_δ 集合である. すでに示された(1)⇒(2) より X^* は Čech 完備であるから, 28.3 より X は Čech 完備である.□

一般にパラコンパクト T_2 空間の積はパラコンパクトとならない(11.9, 13.6 参照). この意味で次の定理は興味深い.

28.6　定理(Frolík)　X_i, $i=1,2,\cdots$, が Čech 完備パラコンパクト空間ならば, $\prod_{i=1}^{\infty} X_i$ はパラコンパクトである.

これは次の定理から示される.

28.7 定理(Frolik) X が Čech 完備パラコンパクト空間となる必要充分条件は，X からある完備距離空間の上への完全写像が存在することである．

まず 28.7 が 28.6 を意味することを示そう．X_i, $i=1,2,\cdots$, を Čech 完備パラコンパクト空間とする．28.7 より完備距離空間 Y_i と完全写像 $f_i: X_i \to Y_i$, $i=1,2,\cdots$, が存在する．

$$f=\prod_{i=1}^{\infty} f_i : \prod_{i=1}^{\infty} X_i \to \prod_{i=1}^{\infty} Y_i$$

は完全写像である．なぜなら，

$$g=\prod_{i=1}^{\infty} \beta f_i : \prod_{i=1}^{\infty} \beta X_i \to \prod_{i=1}^{\infty} \beta Y_i$$

は完全写像で

$$g\left(\prod_{i=1}^{\infty} \beta X_i-\prod_{i=1}^{\infty} X_i\right)=\prod_{i=1}^{\infty} \beta Y_i-\prod_{i=1}^{\infty} Y_i$$

をみたすからである(20.5)．(この事実はもっと一般の形で成立する．42.13 参照.) f はパラコンパクト空間 $\prod_{i=1}^{\infty} Y_i$ の上への完全写像であるから，17.22 より $\prod_{i=1}^{\infty} X_i$ はパラコンパクトとなる．

28.7 の証明 Čech 完備性は完全写像で可変であることは，20.5 と 28.2 からたやすく示される．これから充分性は明らかである．必要性を示すために，X を Čech 完備パラコンパクト空間とする．X の開被覆の正規列$\{\mathcal{U}_n\}$を 28.2 (4)をみたすようにとる．$\{\mathcal{U}_n\}$ によって 26.12 より構成された擬距離を考えよ．この擬距離から自然に作られた距離空間を Y とし，$f: X \to Y$ を射影とする．f が完全写像となることをいえばよい．なぜなら，これより Y は Čech 完備となり，したがって 28.5 より完備距離空間となるからである．$y \in Y$ とし $\mathcal{V}$ を y の近傍フィルターとする．f の定義から各 $\mathcal{U}_n$ のある元は $\mathcal{V}$ の元の f による逆像を含むから，$f^{-1}\mathcal{V}$ を含む X の任意のフィルターは 28.2(4) より触点をもつ．特に $f^{-1}(y)$ をその要素にもつ X のフィルターは触点をもつから，$f^{-1}(y)$ はコンパクトとなる．また F を閉集合，$y \in \mathrm{Cl}_X f(F)$ とすれば，

$$f^{-1}\mathcal{V} \cap F=\{f^{-1}(V) \cap F : V \in \mathcal{V}\}$$

はフィルターベースとなり，これが生成するフィルターは $f^{-1}\mathcal{V}$ を含むからそ

の触点xが存在する．Fは閉集合であるから$x \in F$．これから$y=f(x) \in f(F)$，即ち$f(F)$は閉集合である．□

最後に，距離空間およびČech完備空間を含む興味ある空間の族を構成しよう．これはArhangel'skiĭによるものである．

28.8　定義　Xを位相空間，$F \subset X$とする．FのXにおける**近傍濃度**または**指標**(character)($\chi_X(F)$または単に$\chi(F)$と書く)によって，FのXにおける近傍ベースの最小の濃度を意味する．例えばXが第1可算空間であることは，各$x \in X$について$\chi(x) \leqq \aleph_0$ということと同値である．

位相空間Xはその各コンパクト集合Hに対してそれを含むコンパクト集合Fが存在して$\chi_X(F) \leqq \aleph_0$となるとき，**可算型**(countable type)とよばれる．

28.9　補題　完全正則空間Xのコンパクト集合Fが$\chi_X(F) \leqq \aleph_0$となる必要充分条件は，FがXのある(または任意の)コンパクト化αXにおいてG_δ集合となることである．

証明　FがXのコンパクト集合で$\chi_X(F) \leqq \aleph_0$とする．$\{U_n : n=1,2,\cdots\}$をFの近傍ベースとする．αXをXの任意のコンパクト化とし，$V_n \cap X = U_n$となるαXの開集合V_nをとる．$\bigcap_{n=1}^{\infty} V_n = F$を示そう．$y \in \bigcap_{n=1}^{\infty} V_n - F$とすれば，$y$の$\alpha X$における開近傍$V$があって$F \cap \mathrm{Cl}_{\alpha X} V = \phi$となる．$X - \mathrm{Cl}_{\alpha X} V$は$F$の近傍となるから，ある$n$について$U_n \subset X - \mathrm{Cl}_{\alpha X} V$．$X$は$\alpha X$で稠密であるから$V_n \subset \alpha X - V$となる．これは$y \in V_n \cap V$に矛盾する．これから$F$は$\alpha X$の$G_\delta$集合である．逆に，$F$が$X$のあるコンパクト化$\alpha X$で$G_\delta$集合とせよ．$\chi_{\alpha X}(F) \leqq \aleph_0$をいえばよい．$\alpha X$は正規であるから，$\alpha X$の開集合列$\{W_n\}$で

$$\mathrm{Cl}_{\alpha X} W_{n+1} \subset W_n, \qquad n = 1, 2, \cdots, \qquad \bigcap_{n=1}^{\infty} W_n = F$$

となるものがある．FのαXにおけるある開近傍Uが任意のW_nに含まれないとせよ．$\{\mathrm{Cl}_{\alpha X} W_n - U : n=1,2,\cdots\}$は有限交叉性をもつコンパクト集合族となるから空でない共通部分をもつ．しかし

$$\bigcap_{n=1}^{\infty} \mathrm{Cl}_{\alpha X} W_n = \bigcap_{n=1}^{\infty} W_n = F \subset U$$

であるから矛盾が得られた．□

28.10 定理 距離空間および Čech 完備空間は可算型である.

証明 距離空間のコンパクト集合 F については，その $1/n$-近傍が近傍ベースを作るから $\chi(F)\leqq\aleph_0$ となる. X を Čech 完備空間とし H をそのコンパクト集合とする. W_n, $n=1,2,\cdots$, を βX の開集合で $\bigcap_{n=1}^{\infty}W_n=X$ となるものとする. βX の開集合 V_n を

$$H\subset V_n\subset W_n,\ \ \mathrm{Cl}_{\beta X}V_{n+1}\subset V_n,\qquad n=1,2,\cdots,$$

のようにとり，$F=\bigcap_{n=1}^{\infty}V_n$ とおけば F は H を含むコンパクト集合で βX の G_δ 集合である. 28.9 より $\chi_X(F)\leqq\aleph_0$ となる. □

28.11 定理 可算型であることは可算乗法性である.

証明 X_n, $n=1,2,\cdots$, を可算型空間, $X=\prod_{n=1}^{\infty}X_n$, $\pi_n: X\to X_n$ を射影とする. H を X のコンパクト集合とせよ. $\pi_n(H)$ は X_n のコンパクト集合であるから，あるコンパクトな $F_n\subset X_n$, $\pi_n(H_n)\subset F_n$, があって $\chi_{X_n}(F_n)\leqq\aleph_0$ となる. このとき $F=\prod_{n=1}^{\infty}\pi_n(F_n)$ とおけば，F はコンパクトかつ

$$H\subset F,\qquad \chi_X(F)\leqq\aleph_0$$

となる. □

28.12 定理 完全正則空間 X が可算型である必要充分条件は，ある(または任意の)コンパクト化 αX に対して $\alpha X-X$ が Lindelöf となることである.

証明 任意のコンパクト化 αX について X の点を動かさない完全写像 f: $\beta X\to\alpha X$, $f(\beta X-X)=\alpha X-X$ が存在する. Lindelöf 性は完全写像で不変であるから，$\alpha X-X$ が Lindelöf なことと $\beta X-X$ が Lindelöf なことは同等である(3.E). これから X が可算型であることが $\beta X-X$ の Lindelöf と同値であることをいえばよい. X を可算型空間とし，$\{U_\alpha: \alpha\in A\}$ を βX の開集合族で $\beta X-X\subset\bigcup_{\alpha\in A}U_\alpha$ となるものとする. $H=\beta X-\bigcup_{\alpha\in A}U_\alpha$ は X のコンパクト集合であるから，H を含む X のコンパクト集合 F で βX で G_δ となるものが存在する. このとき $\beta X-F$ は可算個のコンパクト集合の和となり，$\{U_\alpha\}$ は $\beta X-F$ を被覆するから，$\{U_\alpha\}$ の可算部分族がすでに $\beta X-F$ を覆うことになる. これから $\beta X-X$ は $\{U_\alpha\}$ の可算個で被覆される. ゆえに $\beta X-X$ は Lindelöf である. 逆に $\beta X-X$ は Lindelöf とする. H を X のコンパクト集合とする. 各 $x\in$

$\beta X-X$ について βX の開集合 U_x を

$$x\in U_x\subset \mathrm{Cl}_{\beta X}\, U_x\subset \beta X-H$$

となるようにとる．$\{U_x : x\in\beta X-X\}$ は $\beta X-X$ の開被覆をなすから，その可算部分族 $\{U_i : i=1,2,\cdots\}$ がすでに $\beta X-X$ を覆う．βX の開集合族 $\{W_n : n=1,2,\cdots\}$ を次のようにとる；

$$H\subset W_n\subset \beta X-\bigcup_{i=1}^{n} \mathrm{Cl}_{\beta X}\, U_i, \qquad \mathrm{Cl}_{\beta X}\, W_{n+1}\subset W_n, \qquad n=1,2,\cdots.$$

$F=\bigcap_{n=1}^{\infty} W_n$ とおけば F は H を含む X のコンパクト集合で βX で G_δ となる．これから 28.9 より $\chi_X(F)\leqq\aleph_0$ が得られる．□

28.13 系 X, Y を完全正則空間，$f : X\to Y$ を Y の上への完全写像とする．X が可算型であるためには，Y が可算型であることが必要充分である．

証明 f より完全写像 $\beta f|\beta X-X : \beta X-X\to\beta Y-Y$ が導かれるから系は 28.12, 3.E より従う．□

28.14 系 X を完全正則な可算型空間，αX を X のコンパクト化，E, F を $\alpha X-X$ における閉集合で $E\cap F=\phi$ となるものとすれば，αX の開集合 U, V, $E\subset U$, $F\subset V$, $U\cap V=\phi$, が存在する．

証明 $\alpha X-X$ は Lindelöf であるから 9.21 の証明と全く同様な方法で U と V を作ることができる．□

28.15 例(Sklyarenko) 完全正則空間 X でその任意のコンパクト化 αX の剰余 $\alpha X-X$ が正規とならないものが存在する．

$A=[0,\omega]$, $B=[0,\omega_1]$, $C=[0,\omega_1)$ とする(9.24, 20.14 参照)．求める空間 X は $A\times B\times B$ の部分空間 $(A\times B\times C)\cup\{p_0\}$ $(p_0=(\omega,\omega_1,\omega_1))$ である．まず $\beta X=A\times B\times B$ を証明する．$g\in C^*(X)$ とせよ．g が $A\times B\times B$ に拡張されることをいえばよい．各 $(\xi,\alpha)\in A\times B$ に対して $g|\{(\xi,\alpha)\}\times C$ は $\{(\xi,\alpha)\}\times B$ に一意的に拡張される．$A\times B$ の各点についてこの拡張をとれば，g の $A\times B\times B$ への拡張 $\tilde{g}$ が得られる．その連続性を示すために，$\tilde{g}$ が $\{(\xi,\alpha)\}\times\{\omega_1\}$, $(\xi,\alpha)\in A\times B$, で連続であることをいえばよい．今 $\alpha<\omega_1$ とすれば，$A\times[0,\alpha]$ は可算集合であるからある $\eta_\alpha<\omega_1$ が存在し，各 $(\xi,\alpha')\in A\times[0,\alpha]$ について $g(\{(\xi,\alpha')\}\times[\eta_\alpha,\omega_1])$

は定数となる(20.14)．これから $\tilde{g}|A\times[0,\alpha]\times B$ は連続となる．今 $\xi\in A$ を固定して考える．$h:C\times C\to R$ を $g|\{\xi\}\times C\times C$ によって定めれば，次のことが成り立つ．

(1) ある $\alpha_\xi<\omega_1$ があって $h([\alpha_\xi,\omega_1)\times[\alpha_\xi,\omega_1))$ は定数となる．

これを示すために，任意の $\varepsilon>0$ について R の可算 ε 開被覆 $\{U_i\}$ (各 U_i の直径 $<\varepsilon$) を考えよ．R が完備であることを考慮に入れれば，ある $\alpha_\varepsilon<\omega_1$ があって $h([\alpha_\varepsilon,\omega_1)\times[\alpha_\varepsilon,\omega_1))$ がある U_i に含まれることを示せばよいことがわかる．これが成立しないとせよ．各 $\alpha<\omega_1$ と i について

$$\gamma_i(\alpha)=\min\{\gamma<\omega_1:h([\alpha,\gamma)\times[\alpha,\gamma))\not\subset U_i\}$$

とし，$\gamma(\alpha)=\sup_i\gamma_i(\alpha)$ とおく．$\alpha_1=0$ として

$$\alpha_i=\gamma(\alpha_{i-1}),\qquad i\geqq 2,$$

と定めれば，$\{\alpha_i\}$ は単調増大列となる．$\eta=\lim_i\alpha_i$ とおけば，$\eta<\omega_1$ であるから h の連続性によって，ある α,β，$\alpha\leqq\eta<\beta$，があって $h([\alpha,\beta)\times[\alpha,\beta))$ はある U_j に含まれる．$\alpha\leqq\alpha_i\leqq\eta$ となる α_i をとれば $\beta<\gamma_j(\alpha_i)\leqq\eta$ となり矛盾が得られた．最初に述べたようにこれより(1)が成り立つ．A は可算集合であるから $\alpha=\sup_{\xi\in A}\alpha_\xi$ とおけば $g(\{\xi\}\times[\alpha,\omega_1]\times[\alpha,\omega_1))$ は定数となり $\tilde{g}$ は点 (ξ,ω_1,ω_1) で連続となる．任意の $g\in C^*(X)$ が $A\times B\times B$ へ拡張されるから $\beta X=A\times B\times B$ となる．

次に αX を任意のコンパクト化とし，$f:\beta X\to\alpha X$ を射影とする．

$$\beta X-X=(A\times B-\{(\omega,\omega_1)\})\times\{\omega_1\}$$

である．

$$g=f|A\times B\times\{\omega_1\}:A\times B\times\{\omega_1\}\to(\alpha X-X)\cup\{p_0\}$$

を考えよ．$g^{-1}g(p_0)=p_0$ となるから，$\alpha X-X$ が正規でないことを示すには次のことを証明すればよい．

(2) g が $A\times B$ からコンパクト T_2 空間 Y の上への連続写像で $g^{-1}g(p)=p$，$p=(\omega,\omega_1)$，となるものとすれば，$Y-\{g(p)\}$ は正規とならない．

各 $0\leqq\alpha<\omega_1$ について

$$T_\alpha'=\{(\omega,\beta):\alpha\leqq\beta<\omega_1\},\qquad T_\alpha=T_\alpha'\cup\{p\},$$

また

$$S'=\{(\beta,\omega_1):0\leqq\beta<\omega\},\qquad S=S'\cup\{p\}$$

とおく．各 $x\in S'$ に対して $g^{-1}g(x)\cap T_0$ は T_0 の p を含まない閉集合であるから，それは可算集合である．S' も可算であるから $g^{-1}g(S')\cap T_0$ は可算となり，したがってある $\alpha<\omega_1$ に対して $g(S')\cap g(T_\alpha')=\phi$ となる．

$$g(S')=g(S)-\{g(p)\},\qquad g(T_\alpha')=g(T_\alpha)-\{g(p)\}$$

であるから，$g(S')$ と $g(T_\alpha')$ は $Y-\{g(p)\}$ の交わらない閉集合となる．$g(S')$ と $g(T_\alpha')$ が $Y-\{g(p)\}$ で交わらない開近傍をもてば，S' と T_α' は $A\times B-\{p\}$ で交わらない開近傍をもつことになる．これは起り得ない(11.10 参照)．これから $Y-\{g(p)\}$ は正規とはならない．

§29　δ空間と Smirnov コンパクト化

29.1　定義　X を集合とする．X の部分集合の間に次の条件をみたす関係 δ が定義されているとき，X を δ **空間**あるいは**近接空間**(proximity space)とよぶ．

P1　$A\delta B \Leftrightarrow B\delta A$

P2　$(A\cup B)\delta C \Leftrightarrow A\delta C$　あるいは $B\delta C$

P3　$x,y\in X$ に対して，$\{x\}\delta\{y\}\Leftrightarrow x=y$

P4　$X\bar{\delta}\phi$

P5　$A\bar{\delta}B$ ならば，$C,D\subset X$ が存在して $X=C\cup D$，$A\bar{\delta}D$ かつ $B\bar{\delta}C$

ここで $\bar{\delta}$ は δ の否定を表わす．$A\delta B$ のとき A と B は**近い**，$A\bar{\delta}B$ のとき A と B は**遠い**という．$A,B\subset X$ に対して $A\bar{\delta}(X-B)$ のとき $A\Subset B$ と書き，B を A の δ **近傍**とよぶ．P2 より $A\delta C$，$A'\supset A$ ならば $A'\delta C$．この対偶と P3 から $A\bar{\delta}D$ ならば $A\cap D=\phi$ となり，$A\Supset B$ は $A\supset B$ を意味する．P1, …, P5 をみたす関係を δ **関係**または**近接関係**とよび，X が δ 関係 δ より定まる δ 空間であることを明示するために，(X,δ) などと書く．

X を δ 空間とする．任意の $A\subset X$ について，A の近傍系を A の δ 近傍すべての集合と定義すれば，X に位相が導入される．この位相を δ **位相**とよび，通常 δ 空間によって δ 位相をもつ位相空間を意味する．

X が位相空間であり，X で定義された δ 関係による δ 位相が X 本来の位相と一致するとき，X の δ 位相または δ 関係は X の位相に**合致する**という．

29.2 例 X を距離 d をもつ距離空間とする．$A, B\subset X$ について，$A\delta B\Leftrightarrow d(A, B)=0$ により δ を定義すれば X は δ 空間となる．一般に X を T_2 一様空間とせよ．任意の一様被覆 $\mathcal{U}$ に対して $\mathcal{U}(A)\cap\mathcal{U}(B)\neq\phi$ となるとき $A\delta B$ と定義すれば，δ は 29.1 P1, …, P5 をみたす．これより X は δ 空間となる．明らかにこの δ 位相は X の一様位相と合致する．

29.3 補題 X を δ 空間，$A\subset X$ とする．A の X における閉包 $\bar{A}$ は集合 $\{x\in X : \{x\}\delta A\}$ に等しい．また $A, B\subset X$ ならば $A\delta B\Leftrightarrow\bar{A}\delta\bar{B}$.

証明 $\{x\}\delta A$，$x\in X$，ならば P2 より x の任意の δ 近傍 U について $U\delta A$. これから $x\in\bar{A}$. $\{x\}\bar{\delta}A$ ならば $X-A$ は x の δ 近傍となるから $x\notin\bar{A}$. 次に $A\delta B$ ならば P2 より $\bar{A}\delta B$. $A\bar{\delta}B$ ならば，P5 より $C, D\subset X$，$X=C\cup D$，$A\bar{\delta}D$，$B\bar{\delta}C$，が存在する．

$$A\Subset X-D, \qquad (X-D)\cap B=\phi$$

となるから，$X-D$ は B と交わらない A の δ 近傍となり，$\bar{A}\bar{\delta}B$ となる．これより $A\delta B\Leftrightarrow\bar{A}\delta B$. 同様に $\bar{A}\delta B\Leftrightarrow\bar{A}\delta\bar{B}$ が成り立つ．□

この補題の結果として，B が A の δ 近傍ならば，B の内空の集合 $X-\overline{X-B}$ は B に含まれる A の開 δ 近傍となることがわかる．

29.4 定理 X を δ 空間，$A\Subset B\subset X$ とすれば，$f\in C(X, I)$ が存在して $f(A)=0$，$f(X-B)=1$ となる．これから δ 空間は完全正則である．

証明 $A\Subset B$ とせよ．P5 により

$$A\Subset G(1/2)\subset\overline{G(1/2)}\Subset B$$

となる開集合 $G(1/2)$ がとれる．再び P5 により

$$A\Subset G(1/2^2)\subset\overline{G(1/2^2)}\Subset G(1/2)\Subset G(3/2^2)\subset\overline{G(3/2^2)}\Subset B$$

となる開集合 $G(1/2^2)$，$G(3/2^2)$ がとれる．これを繰返せば，Urysohn の定理 (1)⇒(2) の証明におけるものと同様な開集合列 $G(\lambda)$，$\lambda=j/2^i$，$j=1, \cdots, 2^i-1$，$i=1, 2, \cdots$，が得られるから，関数 f が同様に構成される．□

29.5 定理 コンパクト T_2 空間に対して，その位相と合致する δ 位相がた

だ1つ存在する.

証明 X をコンパクト T_2 空間, δ を位相と合致する任意の δ 関係とする. 定理を証明するためには, 任意の $A, B\subset X$ に対して,

$$A\bar{\delta}B \Leftrightarrow \bar{A}\cap\bar{B}=\phi$$

をいえばよい. $A\bar{\delta}B$ ならば 29.3 より $\bar{A}\bar{\delta}\bar{B}$, ゆえに $\bar{A}\cap\bar{B}=\phi$. 逆に $\bar{A}\cap\bar{B}=\phi$ とせよ. 各 $a\in\bar{A}$ に対して, $a, \bar{B}$ の δ 開近傍 $U(a)$, $V(a)$ で $U(a)\Subset X-V(a)$ となるものがある. $\{U(a): a\in\bar{A}\}$ はコンパクト $\bar{A}$ の開被覆であるから, ある a_i, $i=1,\cdots,n$, があって

$$\bar{A}\subset\bigcup_{i=1}^{n}U(a_i).$$

このときP2より $\bigcup_{i=1}^{n}U(a_i)\Subset X-\bigcap_{i=1}^{n}V(a_i)\subset X-\bar{B}$ となる. ゆえに $\bar{A}\bar{\delta}\bar{B}$. □

29.6 定義 X を δ 空間, $Y\subset X$ とする. $A, B\subset Y$ につい $A\delta B$ を A, B を X の部分集合と考えて定義すれば, Y は δ 空間となる. この Y を X の δ **部分空間**という. Y の δ 位相は明らかに X の δ 位相の相対位相である. 今後 δ 空間の部分集合はこの相対位相をもつ δ 空間と考える.

X, Y を δ 空間とする. 写像 $f: X\to Y$ は任意の $A, B\subset X$, $A\delta B$, について $f(A)\delta f(B)$ となるとき, δ **写像**とよばれる. δ 写像は明らかに連続である. f が 1:1 上への写像で f と f^{-1} が共に δ 写像ならば, f を δ **同相写像**とよび, その間に δ 同相写像が存在する δ 空間は δ **同相**であるという. 次の補題は 29.5 の結果である.

29.7 補題 X をコンパクト T_2 空間, Y を δ 空間とする. 任意の連続写像 $f: X\to Y$ は δ 写像である.

29.8 定理 X を位相空間, A をその稠密集合, f を A からコンパクト T_2 空間 Y への連続写像とする. 任意の $E, F\subset Y$, $\bar{E}\cap\bar{F}=\phi$, に対して

$$\overline{f^{-1}(E)}\cap\overline{f^{-1}(F)}=\phi$$

となるとき, f は X へ連続的に拡張される.

証明 $x\in X$ とし, $\mathcal{V}_x$ を x の近傍フィルターとする. $\{\overline{f(U\cap A)}: U\in\mathcal{V}_x\}$ は Y でフィルターベースを作るから, その共通部分は空でない.

$$y_1, y_2 \in \bigcap\{\overline{f(U\cap A)} : U \in \mathcal{V}_x\}, \qquad y_1 \neq y_2,$$

とせよ．y_iの近傍V_i，$i=1,2$，で$\overline{V}_1\cap\overline{V}_2=\phi$となるものをとる．仮定より

$$\overline{f^{-1}(V_1)} \cap \overline{f^{-1}(V_2)} = \phi.$$

これより$x\notin\overline{f^{-1}(V_1)}$または$x\notin\overline{f^{-1}(V_2)}$．$x\notin\overline{f^{-1}(V_1)}$とする．(後の場合は同様に証明される.)　$\overline{X-f^{-1}(V_1)}\in\mathcal{V}_x$となるから$\overline{f(A\cap(X-\overline{f^{-1}(V_1)}))}\ni y_1$となる．しかし

$$V_1\cap f(A\cap(X-\overline{f^{-1}(V_1)})) = \phi$$

でV_1はYの開集合であるから，

$$V_1\cap \overline{f(A\cap(X-\overline{f^{-1}(V_1)}))} = \phi$$

となり，$y_1\in V_1$に矛盾する．これから$\bigcap\{\overline{f(U\cap A)} : U\in\mathcal{V}_x\}$はただ1点からなる．これを$\tilde{f}(x)$とおけば対応$\tilde{f} : X\to Y$が得られる．$\tilde{f}$の連続性を示せばよい．$V$を$\tilde{f}(x)$の開近傍とする．

$$\tilde{f}(x) = \bigcap\{\overline{f(U\cap A)} : U\in\mathcal{V}_x\}\subset V$$

で，各$\overline{f(U\cap A)}$はコンパクトであるから，有限個の$U_i\in\mathcal{V}_x$，$i=1,\cdots,n$，が存在して$\bigcap_{i=1}^{n}\overline{f(U_i\cap A)}\subset V$となる．$U=\bigcap_{i=1}^{n}U_i$とおけば任意の$x'\in U$について$\tilde{f}(x')\in V$となる．これから$\tilde{f}$は連続である．□

次に，δ空間Xに対してXをδ同相に含むXのコンパクト化uXが存在することを示そう．uXをXのδ**コンパクト化**または**Smirnov コンパクト化**とよぶ．(次の定理によりuXはXのδ位相に対して一意的に定まるから，例えば$u_\delta X$のように書くべきであるが，記号の簡便化のために単にuXと書く.)

29.9 定理　δ空間Xのδコンパクト化は(もし存在すれば)一意的に定まる．

証明　$uX, u'X$をXをδ同相に含む2つのコンパクト化とする．$i : X\to u'X$を包含写像とする．

$$E, F\subset u'X, \qquad \overline{E}\cap\overline{F} = \phi$$

とすれば，29.5の証明から$(E\cap X)\bar{\delta}(F\cap X)$，したがって

$$\mathrm{Cl}_{uX}\, i^{-1}(E)\cap \mathrm{Cl}_{uX}\, i^{-1}(F) = \phi.$$

29.8よりiは拡張$\tilde{i} : uX\to u'X$をもつ．同様のことが包含写像$i' : X\to uX$に

もいえるから，$\bar{i}$ は X の点を動かさない δ 同相写像となる．□

uX を構成しよう．これは Ju. M. Smirnov によるものであるが，その構成方法は 20.6, 20.7 における極大コンパクト化 σX の作り方に非常に類似している．

29.10　定義　X を δ 空間とする．X のフィルター ξ は各 $A\in\xi$ に対して $B\Subset A$ となる $B\in\xi$ が存在するとき，δ **フィルター**といわれる．δ フィルターは他の δ フィルターの真部分集合とならないとき**極大** δ フィルターとよばれる．

X を δ 空間，uX を X の極大 δ フィルターすべての集合とする．$A\subset X$ に対して

$$O(A)=\{\xi\in uX : A\in\xi\}$$

とおく．$uX\supset\Phi,\Psi$ とせよ．$X\supset A,B$, $A\bar{\delta}B$, が存在して $\Phi\subset O(A)$, $\Psi\subset O(B)$ となるとき，$\Phi\bar{\delta}\Psi$ と定義する．この定義で uX は δ 空間となる．これを示すために，まず $O(\ )$ の性質を考える．

(1)　$A,B\subset X$ ならば $O(A\cap B)=O(A)\cap O(B)$.

(2)　$A_\alpha\subset X$, $\alpha\in\Lambda$, ならば $\bigcup_{\alpha\in\Lambda}O(A_\alpha)\subset O(\bigcup_{\alpha\in\Lambda}A_\alpha)$.

(3)　$A,B\subset X$, $(X-A)\bar{\delta}(X-B)$ ならば $uX=O(A)\cup O(B)$.

証明　(1)はフィルターの定義より従う．(2)は自明である．(3)を示すために，$B=X$ のときは明らかであるから $X-B\neq\phi$ とする．$X-B$ のすべての δ 近傍の集合は δ フィルター ξ' を作る．$\xi\in uX$ を任意にとる．すべての $H\in\xi$ について $H\cap(X-B)\neq\phi$ ならば，$\xi'\cup\xi$ は δ フィルターとなるから ξ の極大性より $A\in\xi'\subset\xi$, ゆえに $\xi\in O(A)$. ある $H\in\xi$ について $H\cap(X-B)=\phi$ ならば $B\in\xi$, 即ち，$\xi\in O(B)$ となる．□

$x\in X$ に対して ξ_x を x の δ 近傍すべての集合とする．ξ_x は極大 δ フィルターとなる．$i: X\to uX$ を $i(x)=\xi_x$ によって定義せよ．次の命題が成立する．

29.11　命題　uX は δ 空間であり，i は X の uX への δ 同相な埋め込みである．さらに $i(X)$ は uX で稠密となる．

証明　まず uX が δ 空間となることを示そう．P1, P4 は明らかである．Φ, $\Psi,\Theta\subset uX$, $\Phi\bar{\delta}\Theta$, $\Psi\bar{\delta}\Theta$ とせよ．$A,B,C,D\subset X$, $A\bar{\delta}C$, $B\bar{\delta}D$, $\Phi\subset O(A)$, $\Psi\subset$

$O(B)$, $\Theta\subset O(C)\cap O(D)$, となるものがある. $(A\cup B)\bar{\delta}(C\cap D)$ であるから, 29.10(1), (2) より

$$\Phi\cup\Psi\subset O(A\cup B),\qquad \Theta\subset O(C\cap D).$$

これから $(\Phi\cup\Psi)\bar{\delta}\Theta$ となり, P2 が成立する. P3 を示すために, $\xi\delta\xi$, $\xi\in uX$, は明らかであるから, $\xi,\eta\in uX$, $\xi\neq\eta$, をとる. 極大 δ フィルターの定義から, ある $A\in\xi$, $B\in\eta$ について $A\cap B=\phi$. $C\in\xi$, $C\Subset A$, をとれば, $C\bar{\delta}B$ で $\xi\in O(C)$ かつ $\eta\in O(B)$. これから $\xi\bar{\delta}\eta$. 最後に P5 を示すために, $\Phi,\Psi\subset uX$, $\Phi\bar{\delta}\Psi$ とする.

$$A,B\subset X,\qquad A\bar{\delta}B,\qquad \Phi\subset O(A),\qquad \Psi\subset O(B),$$

が存在する. $A\Subset C\Subset D\Subset X-B$ となる $C,D\subset X$ をとれば, 29.10(3) より

$$O(D)\cup O(X-C)=uX.$$

$\Phi\subset O(A)\subset O(D)$, $\Psi\subset O(B)\subset O(X-C)$ かつ $A\bar{\delta}(X-C)$ から $\Phi\bar{\delta}(X-C)$. 同様に $\Psi\bar{\delta}O(D)$ となる. かくして uX は δ 空間となった. 次に $i:X\to i(X)\subset uX$ が δ 同相となることを示そう. i が 1:1 となることは明白である. $A,B\subset X$, $A\bar{\delta}B$ とする. $C,D\subset X$ を $A\Subset C\Subset X-D\Subset X-B$ のようにとれば, $C\bar{\delta}D$ で $i(A)\subset O(C)$, $i(B)\subset O(D)$. これより $i(A)\bar{\delta}i(B)$. 逆も同じように示される. 最後に $\xi\in uX$, Φ を ξ の δ 近傍とすれば, $A,B\subset X$. $A\bar{\delta}B$, が存在して $\xi\in O(A)\subset uX-O(B)\subset\Phi$ となる. これから $i(A)\subset uX-O(B)\subset\Phi$ となるから $i(X)$ は uX で稠密である. □

29.12 補題 (1) $A\subset X$ に対して $O(A)\cap X=\mathrm{Int}_X A$.

(2) $A,B\subset X$, $A\bar{\delta}B$, ならば, $O(A\cup B)=O(A)\cup O(B)$.

(3) $A\subset X$ ならば $O(A)=uX-\mathrm{Cl}_{uX}(X-A)$.

証明 (1) は '$x\in O(A)\cap X\Leftrightarrow A$ が x の δ 近傍' より自明である. (2) を示すために, $\xi\in O(A\cup B)$ とせよ. ξ の極大性より $\xi\cap A=\{C\cap A : C\in\xi\}$ あるいは $\xi\cap B=\{C\cap B : C\in\xi\}$ のいずれか 1 つのみが δ フィルターとなる. $\xi\cap A$ が δ フィルターならば $A\in\xi$, 他の場合は $B\in\xi$ となり, $\xi\in O(A)\cup O(B)$ となる. (3) を示すために, $\xi\in O(A)$ とせよ. B,C を $A\Supset B\Supset C$, $C\in\xi$, のようにとれば, $X-A\subset O(X-B)$, $\xi\in O(C)$ で $(X-B)\bar{\delta}C$ となるから $\xi\notin\mathrm{Cl}_{uX}(X-A)$,

即ち $O(A)\subset uX-\mathrm{Cl}_{uX}(X-A)$ となる．逆に $\xi\in uX-\mathrm{Cl}_{uX}(X-A)$ ならば，ある $B\subset X$ について

$$\xi\in O(B)\subset uX-\mathrm{Cl}_{uX}(X-B).$$

(1)より $\mathrm{Int}_X B\subset X-\mathrm{Cl}_X(X-A)=\mathrm{Int}_X A$．これは $\xi\in O(A)$ を意味する．□

29.13 定理 uX は X の Smirnov コンパクト化である．

証明 29.11 より uX がコンパクトであることを示せばよい．$\mathfrak{F}$ を uX のフィルターとする．$\mathfrak{F}$ の元の δ 近傍となる uX のすべての集合の族を $\mathcal{H}$ とする．明らかに

$$\bigcap_{\Phi\in\mathfrak{F}}\mathrm{Cl}_{uX}\,\Phi=\bigcap_{\Psi\in\mathcal{H}}\mathrm{Cl}_{uX}\,\Psi$$

が成立する．$\eta=\{\Psi\cap X:\Psi\in\mathcal{H}\}$ とおけ．η は X の δ フィルターとなる．ξ を η を含む X の極大 δ フィルターとせよ．ある $\Psi\in\mathcal{H}$ が ξ を含まないとする．$\Psi'\in\mathcal{H}$，$\Psi'\Subset\Psi$，をとれば $\xi\bar{\delta}\Psi'$ であるから，$A,B\subset X$ があって $A\bar{\delta}B$，$\xi\in O(A)$，$\Psi'\subset O(B)$ となる．これから $A\in\xi$ であるが，一方 29.12(1) より

$$B\supset\Psi'\cap X\in\eta$$

であるから $B\in\xi$ となり，$A\bar{\delta}B$ に矛盾する．これから ξ は $\mathfrak{F}$ の触点となる．□

次の定理は 29.9 と 29.13 の結果である．

29.14 定理 完全正則空間 X において，X の位相に合致する δ 位相すなわち (X,δ) の族と X のコンパクト化の族の間に 1:1 対応が存在する．対応は (X,δ) に対してその Smirnov コンパクト化を対応させることによって得られる．

上の定理は次のことを意味している．αX を X のコンパクト化，αX から与えられた X の δ 位相を δ_α と表わせば，δ_α による X の Smirnov コンパクト化は αX となる．29.5 の証明から見られるように，$A,B\subset X$ に対して，

$$A\bar{\delta}_\alpha B\Leftrightarrow\mathrm{Cl}_{\alpha X}\,A\cap\mathrm{Cl}_{\alpha X}\,B=\phi$$

となる．

29.15 例 X を完全正則空間とする．βX に対応する δ 位相は次のように与えられる：$A\bar{\delta}B$，$A,B\subset X\Leftrightarrow A$ と B は X で関数により分離される，即ち，

$f\in C(X,I)$ が存在して $f(A)=0$, $f(B)=1$ となる．また X を局所コンパクトとすれば，Alexandroff 1点コンパクト化 cX に対応する δ は：$A\delta B \overset{\mathrm{def}}{\Leftrightarrow} \bar{A}\cap\bar{B}=\phi$ かつ $\bar{A}$ と $\bar{B}$ の少くとも1つがコンパクトとなる．

§30　完全コンパクト化と点型コンパクト化

30.1　定義　位相空間 X の**分解**(decomposition)$\mathcal{F}$ によって，次の集合族を意味する：$\mathcal{F}$ の各元は互いに交わらない X の空でない閉集合で，$\mathcal{F}$ は X の被覆をなす．空間 X の分解 $\mathcal{F}$ が与えられたとき，X に次の同値関係 $\sim$ が導入される：$x\sim y$, $x,y\in X$, $\overset{\mathrm{def}}{\Leftrightarrow} x,y$ を共に含むある $F\in\mathcal{F}$ が存在する．商空間 $X/\sim$ を**分解空間**とよぶ．空間 X の分解 $\mathcal{F}$ は次の条件をみたすとき**上半連続**(upper semi continuous)といわれる：各 $F\in\mathcal{F}$ と F を含む X の開集合 U に対して，F を含む開集合 $V\subset U$ が存在して，$F'\cap V\neq\phi$, $F'\in\mathcal{F}$, ならば $F'\subset U$ となる．つぎの補題は定義より明らかである．

30.2　補題　X の分解 $\mathcal{F}$ が上半連続となる必要充分条件は，X から分解空間 $X_{\mathcal{F}}$ への商写像が閉写像となることである．

30.3　命題　コンパクト T_2 空間 X の任意の連結成分 F はそれを含むすべての開かつ閉集合の共通部分である．

証明　$\mathcal{U}$ を F を含む X のすべての開かつ閉集合の族とする．$H=\bigcap_{U\in\mathcal{U}}U$ が連結であることをいえばよい．A,B を空でない閉集合で $A\cup B=H$, $A\cap B=\phi$ とする．F は連結であるから A,B の一方に含まれる．$F\subset A$ とせよ．X は正規であるから開集合 V,W を $A\subset V$, $B\subset W$, $V\cap W=\phi$ のようにとれる．$H\subset V\cup W$ であり，$\mathcal{U}$ はコンパクト空間 X の有限乗法性をもつ閉集合族であるから，ある $U\in\mathcal{U}$ について $U\subset V\cup W$ となる．このとき，$F\subset A\subset U\cap V$, $H\not\subset U\cap V$, で $U\cap V$ は開かつ閉集合であるから H の定義に反する．□

30.4　定理(Ponomarev)　$\mathcal{F}$ をコンパクト T_2 空間 X の上半連続な分解とする．$\mathcal{F}$ の各元の連結成分すべてからなる X の分解を $\mathcal{H}$ とすれば $\mathcal{H}$ は上半連続となる．

証明　$\mathcal{F}=\{F_\alpha\}$ とし C_α を F_α の1つの連結成分とする．U を C_α の X にお

ける任意の開近傍とする．30.3 より F_α における開かつ閉集合 V_α があって $C_\alpha \subset V_\alpha \subset U \cap F_\alpha$ となる．X の開集合 W_α を $W_\alpha \subset U$, $W_\alpha \cap F_\alpha = V_\alpha$ のようにとれ．$W_\alpha \cap (X - \overline{W}_\alpha)$ は F_α を含む X の開集合であるから，$\mathscr{F}$ の上半連続性より X の開集合 H を，

$$F_\alpha \subset H \subset W_\alpha \cup (X - \overline{W}_\alpha) \quad \text{かつ} \quad F \cap H \neq \phi,\ F \in \mathscr{F},\ \text{ならば}$$
$$F \subset W_\alpha \cup (X - \overline{W}_\alpha)$$

となるようにとれる．$W = H \cap U$ とおく．W は C_α の開近傍である．$C \cap W \neq \phi$, $C \in \mathscr{H}$，ならば，C を含む $F \in \mathscr{F}$ に対して $F \cap W \neq \phi$. これより

$$F \subset W_\alpha \cup (X - \overline{W}_\alpha).$$

ゆえに $C \subset W_\alpha \cup (X - \overline{W}_\alpha)$. C は連結であり $C \cap W_\alpha \neq \phi$ であるから $C \subset W_\alpha \subset U$ となる．□

30.5　定義　空間 X はその連結コンパクト部分集合がすべて 1 点からなるとき，**点型**空間といわれる．X の**点型**部分集合は部分空間として点型になる集合である．定義から点型コンパクト空間は完全非連結である．

30.6　定理　f をコンパクト T_2 空間 X から T_2 空間 Y への連続写像とする．このとき，コンパクト T_2 空間 Z と次のような連続写像 $g: X \to Z$, $h: Z \to Y$ が存在する：$f = hg$, かつ g は上への写像で各 $z \in Z$ について $g^{-1}(z)$ は連結でありまた各 $y \in h(Z)$ について $h^{-1}(y)$ は点型集合である．

証明　$f: X \to f(X) \subset Y$ は閉写像となるから，30.2 より $\mathscr{F} = \{f^{-1}(y) : y \in f(X)\}$ は X の上半連続分解となる．$\mathscr{F}$ の各元の連結成分からなる分解 $\mathscr{H}$ は 30.4 より上半連続である．Z を $\mathscr{H}$ の分解空間，$g: X \to Z$ を商写像とせよ．30.2 より g は閉写像となるから，Z はコンパクト T_2 空間となる．$h: Z \to Y$ を

$$h(z) = f(g^{-1}(z)), \qquad z \in Z,$$

と定義すれば，h は閉連続写像となり，定理の条件はすべてみたされる．□

30.7　定義　αX を完全正則空間 X のコンパクト化とし，δ を αX に対応する δ 位相とする．X の任意の開集合 U に対して，すべての $A \subset U$ について，

$$A \bar{\delta} (X - U) \Leftrightarrow A \bar{\delta} (\mathrm{Bry}_X U)$$

となるとき，αX を X の**完全コンパクト化**(perfect compactification)とよぶ($\mathrm{Bry}_X U$ は X での U の境界). 完全コンパクト化は E. G. Sklyarenko により導入された. これの興味ある性質が次に論じられる.

X のコンパクト化 αX はその剰余 $\alpha X-X$ が点型集合となるとき，**点型**コンパクト化といわれる. 例えば局所コンパクト空間の Alexandroff コンパクト化は点型である. 任意の完全正則空間は完全コンパクト化をもつが，必ずしも点型コンパクト化をもたない. 点型コンパクト化をもつ空間の特徴付けは第7章で行なわれる.

完全コンパクト化の特徴を論ずる前に，必要な定義を述べておく. A を X の部分集合とする. A が**点** $a\in A$ **で** X **を局所的に分離する**とは，a の X におけるある開近傍 W に対して $X-A$ の空でない開集合 U, V があって

$$W\cap(X-A)=U\cup V,\qquad U\cap V=\phi,\qquad \mathrm{Cl}_X U\cap\mathrm{Cl}_X V\ni a$$

となることである. Y を X の拡張空間とする. X の開集合 U に対して $O_Y(U)$ または単に $O(U)$ によって集合 $Y-\mathrm{Cl}_Y(X-U)$ を表わす. $O_Y(U)$ は X との共通部分が U となる Y の最大の開集合である.

30.8 定理(Sklyarenko) 完全正則空間 X のコンパクト化 Y に対して次の条件は同等である.

(1) Y は完全コンパクト化である.

(2) $Y-X$ はそのどの点でも Y を局所的に分離しない.

(3) X の開集合 U, V, $U\cap V=\phi$, について $O(U\cup V)=O(U)\cup O(V)$.

(4) X の任意の開集合 U について $\mathrm{Cl}_Y(\mathrm{Bry}_X U)=\mathrm{Bry}_Y O(U)$.

証明 (1)⇒(2) $Y-X$ がその点 ξ で Y を局所的に分離するとする. ξ の開近傍 W が存在し，

$$W\cap X=U\cup V,\qquad U\cap V=\phi,\qquad \xi\in\mathrm{Cl}_Y U\cap\mathrm{Cl}_Y V$$

となる. $\mathrm{Cl}_X U\cap\mathrm{Cl}_X V\cap(U\cup V)=\phi$ であるから

$$\mathrm{Bry}_X U\subset\mathrm{Bry}_X(U\cup V)\subset\mathrm{Bry}_Y(U\cup V).$$

H を ξ の開近傍で $\mathrm{Cl}_Y H\subset W$ となるものとすれば，$A=H\cap U$ は $A\bar{\delta}\,\mathrm{Bry}_X U$ をみたすから(δ は Y に対応する δ 関係)，(1)より $A\bar{\delta}(X-U)$ となる. しかし

$$\xi \in \mathrm{Cl}_Y A \cap \mathrm{Cl}_Y V \subset \mathrm{Cl}_Y A \cap \mathrm{Cl}_Y (X-U)$$

であるから，δ の性質に矛盾する．

(2)⇨(3)　U, V を X の交わらない開集合とし，$\xi \in O(U \cup V) - O(U) \cup O(V)$ とする．もし $\xi \notin \mathrm{Cl}_Y U$ ならば，ξ の $\mathrm{Cl}_Y U$ と交わらない開近傍 $W \subset O(U \cup V)$ をとれば，$W \cap X \subset V$ となるから ξ は $O(V)$ に属することになる．同様に $\xi \notin \mathrm{Cl}_Y V$ も起り得ないから $\xi \in \mathrm{Cl}_Y U \cap \mathrm{Cl}_Y V$ となる．これは ξ で $Y-X$ が Y を局所的に分離することを意味する．

(3)⇨(4)　X の開集合 U をとる．$\mathrm{Cl}_Y (\mathrm{Bry}_X U) \subset \mathrm{Bry}_Y O(U)$ はつねに成立するから，逆の包含関係を示せばよい．$V = X - \mathrm{Cl}_X U$ とおけば，$X - \mathrm{Bry}_X U = U \cup V$ で $U \cap V = \phi$．これから $O(U) \cap O(V) = \phi$．(3)から

$$Y - \mathrm{Cl}_Y (\mathrm{Bry}_X U) = O(U \cup V) = O(U) \cup O(V) \subset Y - \mathrm{Bry}_Y O(U)$$

となるから，$\mathrm{Cl}_Y (\mathrm{Bry}_X U) \supset \mathrm{Bry}_Y O(U)$．

(4)⇨(1)　U を X の開集合，$A \subset U$，$A \bar{\delta} \mathrm{Bry}_X U$ とする．$\mathrm{Cl}_Y A \cap \mathrm{Cl}_Y (X-U) = \phi$ をいえばよい．$\xi \in \mathrm{Cl}_Y A \cap \mathrm{Cl}_Y (X-U)$ とせよ．$A \subset O(U)$ より $\xi \in \mathrm{Cl}_Y O(U)$．また $\xi \in \mathrm{Cl}_Y (X-U)$ より $\xi \notin O(U)$．ゆえに $\xi \in \mathrm{Bry}_Y O(U)$．しかし $A \bar{\delta} \mathrm{Bry}_X U$ であるから $\mathrm{Cl}_Y A \cap \mathrm{Cl}_Y (\mathrm{Bry}_X U) = \phi$．これより $\xi \notin \mathrm{Cl}_Y (\mathrm{Bry}_X U)$ となり(4)に反する．□

30.9　定理　Y, Z を完全正則空間 X のコンパクト化とし，$f: Y \to Z$ を X の点を動かさない連続写像とする．このとき次のことが成立する．

(1)　Z が完全コンパクト化ならば，各 $z \in Z$ に対して $f^{-1}(z)$ は連結である．

(2)　Y が完全コンパクト化で各 $z \in Z$ について $f^{-1}(z)$ が連結ならば，Z は完全コンパクト化である．

証明　(1)　ある $z \in Z$ について $f^{-1}(z)$ が連結でないとする．$f^{-1}(z)$ が空でない閉集合 A, B，$A \cap B = \phi$，の和になるとせよ．Y における A, B の交わらない開近傍 G, H をとり，$U = G \cap X$，$V = H \cap X$ とおけ．$A \subset \mathrm{Cl}_Y U \subset \mathrm{Cl}_Y G$ であるから $z \in \mathrm{Cl}_Z U$．同様に $z \in \mathrm{Cl}_Z V$ となる．$W = Z - f(Y - (G \cup H))$ とおけば，$z \in W$，$W \cap X = U \cup V$ となるから，$Z - X$ は点 z で Z を局所的に分離することになり，Z が完全コンパクト化であることに矛盾する(30.8(2))．

(2) Z が完全コンパクト化でないとすれば，$Z-X$ は Z をある点 z で局所的に分離する．これより z の Z における開近傍 W と X の交わらない開集合 U, V で

$$W\cap X=U\cup V, \qquad \mathrm{Cl}_Z U\cap \mathrm{Cl}_Z V\ni z, \qquad U\neq\phi\neq V,$$

となるものがある．Y は完全コンパクト化であり $z\in O_Z(U\cup V)$ となるから，30.8(3)を使用して

$$f^{-1}(z)\subset f^{-1}O_Z(U\cup V)\subset O_Y(U\cup V)=O_Y(U)\cup O(V).$$

$O_Y(U)\cap O_Y(V)=O_Y(U\cap V)=\phi$ であり，$f^{-1}(z)$ は連結であるから，$f^{-1}(z)$ は $O_Y(U)$, $O_Y(V)$ のいずれか1つに含まれる．$f^{-1}(z)\subset O_Y(U)$ とすれば $f^{-1}(z)\cap \mathrm{Cl}_Y V=\phi$ となるから，$z\notin \mathrm{Cl}_Z V$ となる．これは点 z の選び方に反する．□

30.10 定理 完全正則空間 X のコンパクト化 αX が完全コンパクト化である必要充分条件は，$f:\beta X\to\alpha X$ を射影としたとき各 $y\in\alpha X$ について $f^{-1}(y)$ が連結となることである．これから特に βX は完全コンパクト化である．

証明 30.8より βX が完全コンパクト化であることをいえばよい．しかしこれはほとんど自明である．なぜなら，βX に対応する δ 関係 δ をとれ．U を X の開集合，$A\subset U$, $A\bar{\delta}\,\mathrm{Bry}_X U$ とすれば，βX に対する δ の定義より (29.15), $f\in C(X, I)$ があって

$$f(A)=0, \qquad f(\mathrm{Bry}_X U)=1$$

となる．今 $g|U=f$, $g(X-U)=1$ によって g を定義すれば g は連続となる．これから $A\bar{\delta}(X-U)$. □

与えられた空間 X のコンパクト化の任意の族 $\{\alpha_\gamma X\}$ に対してその上限 $\sup\{\alpha_\gamma X\}$ が存在する(4.L参照)．しかし下限は一般に存在しない．X の完全コンパクト化の族の中ではその極小なものが存在する条件が知られている．即ち，

30.11 定理 完全正則空間 X が極小の完全コンパクト化をもつ必要充分条件は，X が少くとも1つの点型コンパクト化をもつことである．X の任意の点型完全コンパクト化は極小な完全コンパクト化である．

証明 X の完全コンパクト化 αX が点型でなければ，$\alpha X-X$ のコンパクト

連結集合 A で少くとも2点を含むものが存在する．A を1点に縮めることにより得られる X のコンパクト化 γX は，30.9(2)より完全コンパクト化で αX より小さい．この考慮から X の極小完全コンパクト化は点型となる．次に Y を X の点型コンパクト化とする．$f:\beta X\to Y$ を射影とせよ．30.6よりコンパクト T_2 空間 Z，写像 $g:\beta X\to Z$，$h:Z\to Y$ で30.6の条件をみたすものが存在する．ここで，Z は各 $y\in Y$ について $f^{-1}(y)$ の連結成分からなる分解による βX の分解空間である．$hg|X$ は恒等写像であるから Z は X のコンパクト化であり，各 $z\in Z$ について $g^{-1}(z)$ は連結であるから，30.10より Z は完全コンパクト化である．今 Φ を $\beta X-X$ の最大の連結コンパクト集合とせよ(Φ は他の $\beta X-X$ の連結コンパクト集合に真に含まれない)．$Y-X$ は点型であるから，$f(\Phi)$ は1点 y からなり，Φ は $f^{-1}(y)$ の連結成分となる．これから各 $z\in Z-X$ について $g^{-1}(z)$ は $\beta X-X$ の最大の連結コンパクト集合である，即ち $Z-X$ のコンパクト連結集合は1点からなる．ゆえに Z は点型コンパクト化である．後半を示すために，αX を任意の完全コンパクト化とせよ．射影 $\varphi:\beta X\to\alpha X$ に対して各 $\varphi^{-1}(y)$，$y\in\alpha X-X$，は連結であるから，ある $g^{-1}(z)$，$z\in Z$，に含まれる．対応 $y\to z$ は連続となり αX から Z への射影を与える．これから $\alpha X>Z$．即ち Z は極小の完全コンパクト化である．□

演 習 問 題

5.A　集合 X と直積 $X\times X$ を考えよ．$U, V\subset X\times X$，$A\subset X$ に対して，$U^{-1}=\{(y,x):(x,y)\in U\}$，$U\circ V=\{(x,y):$ ある $z\in X$ に対して $(x,z)\in U$ かつ $(z,y)\in V\}$，$U[A]=\{x\in X:$ ある $y\in A$ に対して $(x,y)\in U\}$ とおく．$A=\{x\}$ ならば $U[\{x\}]$ の代りに $U[x]$ と書く．$U\subset X\times X$ が $U=U^{-1}$ をみたすとき**対称**とよぶ．次のことを示せ．

(1)　$U, V\subset X\times X$，$A\subset X$ に対して $U\circ V[A]=U[V[A]]$．

(2)　$U, V\subset X\times X$，V が対称ならば $V\circ U\circ V=\bigcup\{V[x]\times V[y]:(x,y)\in U\}$．

5.B　$X\times X$ の対角集合 Δ を含む部分集合の族 Φ は次の条件をみたすとき，**一様系**とよばれる：(1) $U\in\Phi$ ならば $U^{-1}\in\Phi$，(2) $U\in\Phi$ ならばある $V\in\Phi$ があって $V\circ V\subset U$，(3) $U, V\in\Phi$ ならば $U\cap V\in\Phi$，(4) $U\in\Phi$ で $U\subset V\subset X\times X$ ならば $V\in\Phi$．Φ が(1)，(2)をみたすとき一様系の**準基**，(1)，(2)，(3)をみたすとき一様系の**ベース**という．$\mathcal{U}_U=$

$\{U[x] : x \in X\}$, $U \in \Phi$, として $\Phi_u = \{\mathcal{U}_U : U \in \Phi\}$ とすれば，Φ が一様系（一様系のベースまたは準基）となるに従って Φ_u は一様被覆系（一様被覆系のベースまたは準基）となることを示せ．逆に Ψ を X の一様被覆系（一様被覆系のベースまたは準基）とするとき，

$$\Psi_v = \{U_{\mathcal{U}} : \mathcal{U} \in \Psi\}, \qquad U_{\mathcal{U}} = \bigcup\{U \times U : U \in \mathcal{U}\},$$

とおけば，Ψ_v は一様系（一様系のベースまたは準基）となることを示せ．

5.C　Φ を X の一様系とする．各 $x \in X$ について $\{U[x] : U \in \Phi\}$ を x の近傍系と定義すれば，X に位相が導入される．これを Φ より導かれた**一様位相**とよぶ．(1) Φ_u を Φ に対応する一様被覆系（5.B 参照）とすれば，Φ_u および Φ により導かれる X の位相が等しいことを示せ．逆に Ψ を一様被覆系とし Ψ_v をそれに対応する一様系とすれば（5.B），Ψ と Ψ_v は X の同じ位相を導くことを示せ．(2) 本章で述べられた一様被覆系に関する概念および定理を一様系の言葉で書き直して見よ．

5.D(Sklyarenko)　X を完全正則空間，αX を X の完全コンパクト化，U を αX の開集合とする．このとき，U が連結となる必要充分条件は $U \cap X$ が連結となることである．

ヒント　$U \cap X$ が X の空でない素な開集合 V, W の和になってかつ U が連結ならば，任意の点 $x \in \mathrm{Cl}_U V \cup \mathrm{Cl}_U W$ で $\alpha X - X$ は X を局所的に分離する．

5.E(Sklyarenko)　Y を完全正則空間 X のコンパクト化とする．X の各開集合 U, V について

$$O(U \cup V) = O(U) \cup O(V)$$

が成立する必要充分条件は，X が正規で Y が極大コンパクトとなることである．

ヒント　条件を否定すれば，X の素な閉集合 F, H について $\mathrm{Cl}_Y F \cap \mathrm{Cl}_Y \neq \phi$ となり，$U = X - F$, $V = X - H$ について等式が成立しない．一方条件がみたされれば，任意の閉集合 F, H について $\mathrm{Cl}_Y F \cap \mathrm{Cl}_Y H = \mathrm{Cl}_Y (F \cap H)$．なぜなら，$y \notin \mathrm{Cl}_Y (F \cap H)$ とするとき，y の Y での近傍 U, $\mathrm{Cl}_Y U \cap \mathrm{Cl}_Y (F \cap H) = \phi$, をとり，$F' = \mathrm{Cl}_Y U \cap F$, $H' = \mathrm{Cl}_Y U \cap H$ とおけば $F' \cap H' = \phi$, Y は極大だから $\mathrm{Cl}_Y F' \cap \mathrm{Cl}_Y H' = \phi$．これから $y \notin \mathrm{Cl}_Y F \cap \mathrm{Cl}_Y H$.

5.F(Tamano)　完全正則空間 X において次の条件は同等である：(1) X は Lindelöf, (2) 各閉集合 $F \subset \beta X - X$ に対して X の星有限かつ可算な正規開被覆 $\{U_n\}$, $\mathrm{Cl}_{\beta X} U_n \cap F = \phi$, $n = 1, 2, \cdots$, が存在する，(3) 各閉集合 $F \subset \beta X - X$ に対して G_δ 閉集合 G, $F \subset G \subset \beta X - X$ が存在する，(4) 各閉集合 $F \subset \beta X - X$ に対して可分距離空間 Y_F と F の任意の点に拡張出来ないような連続写像 $f : X \to Y_F$ が存在する．

ヒント　24.5, 27.11, 27.12 の証明を踏襲せよ．

5.G　X を完全正則空間とし，Φ を $\{f : f \in C(X : R)\}$ で定められた一様被覆系とする (26.10)．(R は通常の距離より定まる一様位相をもつ．) X が Φ に関して完備となるとき，X を**実コンパクト**(real compact) という．完全正則空間 X に対して

$$\upsilon X = \bigcap_{f \in C(X,R)} (\beta f)^{-1} R$$

とおく．υX を X の**実コンパクト化**とよぶ．完全正則空間 X が実コンパクトであるためには，$X=\upsilon X$ となることが必要充分である．(υ はユプシロンと読む.)

ヒント 27.10 と類似に証明を進めよ．

5.H 完全正則空間 X について次の条件は同等である：(1) X は実コンパクト，(2) $\tilde{X}$ が X の完全正則拡張空間で各 $f\in C(X,R)$ が $\tilde{X}$ に拡張されるならば，$\tilde{X}=X$ である，(3) X は R のある積空間 R^M に閉集合として埋め込まれる，(4) $x_0\in\beta X-X$ ならばある $f\in C(X,R)$ は x_0 に拡張出来ない．

ヒント 5.F を使用せよ．

5.I 正則な Lindelöf 空間は実コンパクトである．

5.J (Corson) 完全正則空間 X において次は同等である．(1) X は Lindelöf である，(2) Φ を 5.F で定義した X の一様被覆系とすれば，Φ に関する任意の弱 Cauchy フィルターは触点をもつ，(3) フィルター $\mathfrak{F}$ が触点をもたなければ，ある $f\in C(X,R)$ について $f(\mathfrak{F})$ は R で触点をもたない．

ヒント 27.15 と同様に示される．

5.K Y を R の非可算個の積空間，X を Σ 積とすれば，$\upsilon X=Y$ である．

ヒント 25.6 を使用せよ．

5.L δ 空間 X の有限開被覆 $\{U_i : i=1,\cdots,n\}$ は X の被覆 $\{A_i : i=1,\cdots,n\}$ が存在して $A_i\Subset U_i$, $i=1,\cdots,n$, となるとき，**δ 開被覆**といわれる．X のすべての δ 開被覆 $\{U_i\}$ に対して $\{O(U_i)\}$ は X の Smirnov コンパクト化 uX の開被覆となる．

ヒント $A\Subset U$ ならば $\mathrm{Cl}_{uX} A\subset O(U)$ を示せ (29.10(3)，29.12(3))．

5.M $\mathfrak{F}$ を空間 X の分解，$X_{\mathfrak{F}}$ を分解空間，$\pi : X\to X_{\mathfrak{F}}$ を商写像とする．$\mathfrak{F}$ の**弱分解空間** $X_{\mathfrak{F}}'$ は $X_{\mathfrak{F}}$ と同じ点集合で次の位相をもつものとする：$F\in\mathfrak{F}$ の X における開近傍 U をとり $U_{\mathfrak{F}}=\{F'\in\mathfrak{F} : F'\subset U\}$ とおき，形 $U_{\mathfrak{F}}$ の集合を F の $X_{\mathfrak{F}}'$ における近傍ベースとする．このとき，(1) 恒等写像 $i_{\mathfrak{F}} : X_{\mathfrak{F}}'\to X_{\mathfrak{F}}$ は連続である，(2) $i_{\mathfrak{F}}$ が同相となる必要充分条件は，$\mathfrak{F}$ が上半連続となることである．

ヒント 30.2 を使用せよ．

第6章　複体と拡張手

§31　複　体

31.1　定義　V を集合とする．V 上の**抽象複体**または単に**複体**(complex)によって次の条件をみたす V の有限部分集合 s の族とする．

(1)　$s \in K$, $s' \subset s$ ならば $s' \in K$.

$s \in K$ が正確に $(n+1)$ 個 $(n=0, 1, 2, \cdots)$ の V の元からなるとき，n **抽象単体**または n **単体**(simplex)という．n をその**次元**といい，$\dim s$ で表わす．K に属する V の元は 0 単体であるが，これを特に**頂点**(vertex)という．$\dim K = \sup_{s \in K} \dim s$ を K の**次元**とよび，$\dim K < \infty$ のとき K を**有限次元**，そうでないとき**無限次元**という．また K が高々有限個の単体をもつとき，K を**有限複体**という．$s, s' \in K$, $s' \subset s$ のとき s' を s の**辺単体**とよび $s' \prec s$ と書く．s は s 自身の辺単体である．$s' \prec s$ で $s' \neq s$ のとき s' を**真の**辺単体とよび $s' \precneqq s$ と表わす．K の部分集合 L が再び(1)をみたすとき，L を K の**部分複体**とよぶ．各 $n=0, 1, 2, \cdots$ に対して次元が n を越えない K のすべての単体の集合 K^n は部分複体である．これを n **骨格**という．

K, L を複体，V, W をその頂点の集合とする．V から W への対応 f は各 $s \in K$ について $f(s) \in L$ となるとき，K から L への**単体写像**(simplicial mapping)といわれる．K が L の部分複体ならば，包含写像 $i: K \to L$ は単体写像である．

31.2　例　$\mathcal{U} = \{U_v : v \in V\}$ を集合 X のある部分集合族とする．$\mathcal{U}$ に対してその**脈複体**(nerve)とよばれる複体 $K_{\mathcal{U}}$ が次のように定義される．$K_{\mathcal{U}}$ の頂点の集合は V であり，V の有限集合 $s = \{v_i : i=0, \cdots, n\}$ は $\bigcap_{i=0}^{n} U_{v_i} \neq \phi$ のとき $K_{\mathcal{U}}$ の n 単体である．この定義が 31.1(1) をみたすことは自明である．次に $\mathcal{U}$ の細分となる X の部分集合族 $\mathcal{V} = \{V_w : w \in W\}$ を考え，π を $\mathcal{V}$ から $\mathcal{U}$ への任意の細分射とせよ．s を $\mathcal{V}$ の脈複体 $K_{\mathcal{V}}$ の単体とすれば，各 $w \in W$ について

$V_w \subset U_{\pi(w)}$ となるから，

$$\bigcap_{v\in\pi(s)} U_v \supset \bigcap_{w\in s} V_w \neq \phi$$

となり，$\pi(s)\in K_{\mathcal{U}}$ となる．これから単体写像 $\pi: K_{\mathcal{V}}\to K_{\mathcal{U}}$ が得られる．π を**射影**とよぶ．$\pi': K_{\mathcal{V}}\to K_{\mathcal{U}}$ を他の細分射より導かれた射影とせよ．π と π' は一般に異なるが，次のように関連している：$s\in K_{\mathcal{V}}$ ならば $\pi(s)\cup\pi'(s)$ はまた $K_{\mathcal{U}}$ の単体となる，なぜなら

$$\bigcap_{v\in\pi(s)\cup\pi'(s)} U_v \supset \bigcap_{w\in s} V_w \neq \phi.$$

31.3　定義　K を抽象複体，V をその頂点の集合とする．K の**実現**(realization) $|K|$ によって，次の条件をみたす V で定義されたすべての実関数 x の集合とする．

(1)　各 $v\in V$ について $0\leqq x(v)\leqq 1$ かつ $\sum_{v\in V} x(v)=1$.

(2)　$\{v\in V: x(v)>0\}$ は K の単体を作る．

関数 x を $|K|$ の**点**とよぶ．$v\in V$ に対して $x_v(v)=1$，$x_v(v')=0$，$v'\neq v$，となる x_v は $|K|$ の点であるが，v と同一視する．これから V は $|K|$ の部分集合と考えられる．V の点を**頂点**とよぶ．実数 $x(v)$, $v\in V$, を点 x の**重心座標**(barycentric coordinate)という．$s\in K$ を v_i，$i=0,\cdots,n$，を頂点とする単体とするとき，集合 $\{x\in|K|: \sum_{i=0}^{n} x(v_i)=1\}$ を $|s|$ と書いて**閉単体**とよぶ．ある $i=0,\cdots,n$，について $x(v_i)=0$ となる $|s|$ の部分集合は $|s|$ の**境界**とよばれ，$|\dot{s}|$ と表わされる．$|s|-|\dot{s}|$ を**開単体**という．$\dim s=n$ のとき $|s|$ と同相な空間を n **胞体**，$|\dot{s}|$ と同相な空間を $(n-1)$ **球面**(10.5)とよぶ．$x\in|K|$ に対して $s_x=\{v\in V: x(v)>0\}$ は(2)より K の単体となるが，$|s_x|$ および s_x を x の**台**という．$x\in|s_x|-|\dot{s}_x|$ となる．$v\in V$ に対して $\mathrm{St}(v)=\{x\in|K|: x(v)>0\}$ を v の**星型集合**という．$s\in K$ に対して $\mathrm{St}(s)=\bigcap_{v\in s}\mathrm{St}(v)$，一般に K の部分集合 L に対して $\mathrm{St}(L)=\bigcup_{s\in L}\mathrm{St}(s)$ を L の**星型集合**という．$v\in V$ に対して

$$K_v=\{s\in K: v\in s\},\qquad B_v=\{s'\in K_v: s'\prec s\in K_v,\ v\notin s'\}$$

とおく．B_v は K の部分複体で**索**(link)とよばれる．$x, y\in|K|$ に対して

(3)　$d(x,y)=\sum_{v\in V}|x(v)-y(v)|$

とおく．(2)によって(3)は有限和である．d が距離関数の条件をみたすことは明らかである．今後 $|K|$ によって d による距離位相をもった空間を意味することにする．$|K|$ を単に**単体的複体**とよぶ．

31.4 定義 位相空間 X は，ある複体 K と同相写像 $f: |K| \to X$ が存在するとき**多面体**(polytope)といわれる．組 (K, f) を X の**三角形分割**(triangulation)とよび，X は**三角形分割可能**であるという．

31.5 例 R^{n+1} の点 $e_0=(1, 0, \cdots, 0)$, $e_1=(0, 1, 0, \cdots, 0)$, $\cdots$, $e_n=(0, \cdots, 0, 1)$ をとる．$\Delta_n=\{(x_0, \cdots, x_n)\in R^{n+1} : \sum_{i=0}^{n} x_i=1, 0\leqq x_i\leqq 1,\ i=0, \cdots, n\}$ は頂点 e_i, $i=0, \cdots, n$, をもつ n 閉単体となる．Δ_n を**標準 n 単体**とよぶ．一般に w_i, $i=0, \cdots, n$, を1次独立な R^{n+1} の点集合とする．各 w_i をベクトルと考え，実数の組 λ_i, $0\leqq\lambda_i\leqq 1$, $i=0, \cdots, n$, $\sum_{i=0}^{n}\lambda_i=1$, に対して $\sum_{i=0}^{n}\lambda_i w_i$ で表わされる点の集合を Δ とすれば，Δ は $\{w_i\}$ を含む R^{n+1} の最小の凸集合で，Δ_n と同相になる．Δ を $\{w_i\}$ で**張られる**単体という．点 $x=\sum_i \lambda_i w_i$ は組 $\{\lambda_i\}$ によって一意的に定まる．$\{\lambda_i\}$ を x の $\{w_i\}$ に関する**重心座標**とよぶ．$|s|$ を v_i, $i=0, \cdots, n$, を頂点とする単体とするとき，対応 $x\to\sum_{i=0}^{n} x(v_i)w_i$ によって同相写像 $|s|\to\Delta$ が得られる．対応する点の重心座標は互いに等しい．Δ でのベクトルの記号を $|s|$ に持ち込んで，$x, y\in|s|$ と実数 λ, μ, $\lambda\geqq 0$, $\mu\geqq 0$, $\lambda+\mu=1$, に対して $\lambda x+\mu y$ によって重心座標 $\{\lambda x(v_i)+\mu y(v_i) : i=0, \cdots, n\}$ をもつ点を表わすことにする．$|s|$ の点 x_j, $j=1, \cdots, k$, 実数 λ_j, $\lambda_j\geqq 0$, $\sum_{j=1}^{k}\lambda_j=1$, に対して点 $\sum_{j=1}^{k}\lambda_j x_j$ は同様に定義される．この書き方を使えば，各 $x\in|s|$ は $x=\sum_{i=0}^{n}x(v_i)v_i$ と表わせる．

31.6 補題 K を複体，$|K|$ をその実現とする．$x\in|K|$, s を x の台とせよ．各 $y\in|K|$ に対して

$$d(x, y) \leqq 2\cdot\sum_{v\in s}|x(v)-y(v)|$$

が成立する．

証明　$x(v)=0$, $v\notin s$, $\sum_{v\in V}x(v)=\sum_{v\in V}y(v)=1$ であるから，

$$\sum_{v\notin s}|x(v)-y(v)| = \sum_{v\notin s}y(v) = 1-\sum_{v\in s}y(v)$$

$$= \sum_{v\in V}x(v)-\sum_{v\in V}y(v) \leqq \sum_{v\in s}|x(v)-y(v)|.$$

ゆえに

$$d(x,y)=\sum_{v\in s}|x(v)-y(v)|+\sum_{v\notin s}|x(v)-y(v)|\leqq 2\cdot\sum_{v\in s}|x(v)-y(v)|.\ \square$$

各 $v\in V$ について I_v を I のコピーとし，$I^V=\prod_{v\in V}I_v$ とおく．V を頂点の集合とする複体 K に対して，$f:|K|\to I^V$ を $f(x)=(x(v))_{v\in V}$，$x\in|K|$，によって定義する．

31.7　定理　$f:|K|\to I^V$ は埋め込みである．

証明　f が 1:1 であることは明らかである．$x\in|K|$，$\varepsilon>0$ とせよ．

$$d(x,y)<\varepsilon,\ y\in|K|,\ \text{ならば}\quad |f(y)_v-f(x)_v|=|y(v)-x(v)|\leqq d(x,y)<\varepsilon$$

となるから ($f(x)_v$ は $f(x)$ の v 座標)，f は連続である．f^{-1} の連続性をいうために，$x\in|K|$，$\varepsilon>0$，とせよ．$|s|$ を x の台とし $q=\dim s$ とする．

$$U=\{z\in I^V:|z_v-f(x)_v|<\varepsilon/2(q+1),\ v\in s\}$$

とおけば U は I^V の開集合で $f(x)$ を含む．$y\in f^{-1}(U)$ ならば，31.6 より

$$d(x,y)\leqq 2\cdot\sum_{v\in s}|y(v)-x(v)|=2\cdot\sum_{v\in s}|f(y)_v-f(x)_v|<2\cdot(\varepsilon/2(q+1))\cdot(q+1)=\varepsilon.$$

これから f^{-1} は連続である．$\square$

31.8　系　$|K|$ を V を頂点とする単体的複体とする．各 $v\in V$ に対して $f_v:|K|\to I$ を $f_v(x)=x(v)$，$x\in|K|$，によって定義せよ．空間 X から $|K|$ への写像 $g:X\to|K|$ が連続となる必要充分条件は，各 $f_vg:X\to I$，$v\in V$，が連続となることである．

31.9　系　$L\subset K$ に対して $\mathrm{St}(L)$ は $|K|$ の開集合である．

これらの系は 31.7 から自明である．L を K の部分複体とする．$|L|$ の点 x は L に属さない頂点 v に対して $x(v)=0$ とおくことにより $|K|$ の点と考えられる．この同一視で $|L|$ を $|K|$ の部分集合と見做す．$|L|$ を $|K|$ の**部分複体**とよぶ．

31.10　定理　$|K|$ のすべての部分複体 $|L|$ は閉集合である．

証明　$x\in|K|-|L|$，s を x の台とする．$s\notin L$ となる．$\varepsilon=\min\{x(v):v\in s\}$ とおき $S(x,\varepsilon/2)\cap|L|=\phi$ を示そう．$y\in S(x,\varepsilon/2)$ とすれば

$$|y(v)-x(v)|<\frac{\varepsilon}{2}\leqq\frac{1}{2}x(v),\qquad v\in s.$$

ゆえに $y(v)>\varepsilon/2$, $v\in s$. y の台 t は s の頂点をすべて含むことになるから，$|s|\subset|t|$. これから $y\in|t|-|\dot{t}|\subset|K|-|L|$. ゆえに $S(x,\varepsilon/2)\cap|L|=\phi$. □

$f:K\to L$ を単体写像とせよ．各 $x\in|K|$ に対して

$$|f|(x)=\sum_{v\in V}x(v)f(v)$$

とおけば，$|f|(x)$ は $|L|$ の点となる．$|f|$ を f の**実現**とよび，再び**単体写像**という．簡単な計算から $x,y\in|K|$ について $d'(|f|(x),|f|(y))\leqq d(x,y)$ (d' は $|L|$ の距離) の成立することがわかるから，$|f|$ は連続となる．一般に K の頂点の集合 V から単体的複体 $|L|$ へ，K の各単体の頂点を $|L|$ のある閉単体の中に写すような写像 f が与えられたとせよ．f は**線形に** $|K|$ からの写像 $|f|$ に拡張される．このためには，各 $x\in|K|$ に対して $|f|(x)=\sum_{v\in V}x(v)\cdot f(v)$ とおけばよい．ここで $f(v)$ は一般に $|L|$ の頂点ではないが，x の台のすべての頂点は $|L|$ のある閉単体上に写るので上の定義式の右辺が意味をもつのである．$|f|$ を f の**線形拡張**という．ここで $|L|$ は，一般にベクトル空間特に Euclid 空間，Hilbert 空間で置換えられる．

31.11　定義　V を頂点の集合とする複体 K に対して**重心細分** (barycentric subdivision) $\mathrm{Sd}\,K$ は次のように定義される．

(1)　$\mathrm{Sd}\,K$ の頂点の集合 $W=\{w_s:s\in K\}$ は K と $1:1$ に対応する．

(2)　$\{w_{s_i}\in W:i=0,\cdots,k\}$ は $s_0\gneqq s_1\gneqq\cdots\gneqq s_k$ となるときに限り $\mathrm{Sd}\,K$ の k 単体を作る．

K の重心細分 $\mathrm{Sd}\,K$ に対して，写像 $\varphi:|\mathrm{Sd}\,K|\to|K|$ を次のように定義する．各 $s\in K$ について b_s を $|s|$ の**重心**とする ($b_s=\sum_{i=0}^{k}\frac{1}{k+1}v_i$, $v_0,\cdots,v_k$ は s の頂点). s が K の頂点 v のときは $b_v=v$ である．各 $w_s\in W$ について $\varphi(w_s)=b_s$ とおく．w_{s_i}, $i=0,\cdots,n$, が $\mathrm{Sd}\,K$ の単体を作れば，(適当に $\{s_i\}$ を並べ換えて) $s_0\gneqq s_1\gneqq\cdots\gneqq s_n$ となるから，すべての b_{s_i} は閉単体 $|s_0|$ に属する．これから φ を線形に $|\mathrm{Sd}\,K|$ に拡張できる．拡張を再び φ で表わすことにする．

31.12　定理　$\varphi:|\mathrm{Sd}\,K|\to|K|$ は同相写像である．

証明　$\varDelta$ を K の単体とし，v_i, $i=0,\cdots,n$, をその頂点とする．$\varDelta$ およびその

すべての辺単体からなる K の部分複体を再び $\varDelta$ で表わせば, $\varphi^{-1}(|\varDelta|)=|\mathrm{Sd}\,\varDelta|$ であるから $\varphi\big||\mathrm{Sd}\,\varDelta|:|\mathrm{Sd}\,\varDelta|\to|\varDelta|$ が同相であることをいえばよい．各 i, $0\leqq i\leqq n$, に対して s_i を頂点 $v_0,\cdots,v_i$ をもつ i 単体とする．$v_0=s_0\subsetneqq s_1\subsetneqq\cdots\subsetneqq s_n$ となる．s_j, $j=0,\cdots,n$, を頂点にもつ $\mathrm{Sd}\,\varDelta$ の単体を σ とする．$\varphi\big||\sigma|$ が同相となることを示そう．$\mathrm{Sd}\,\varDelta$ の他の単体でも同様に論ずればよいから，定理が得られる．$y\in|\sigma|$, $y=\sum_{i=0}^{n}y(w_{s_i})w_{s_i}$ とする (w_s, $s\in\varDelta$, は $\mathrm{Sd}\,\varDelta$ の頂点)．$\varphi(y)=\sum_{i=0}^{n}y(w_{s_i})b_{s_i}$ となる．$b_{s_i}=\sum_{j=0}^{i}\frac{1}{i+1}v_j$ であるから，

$$\varphi(y)=\sum_{j=0}^{n}\Bigl(\sum_{i=j}^{n}\frac{1}{i+1}y(w_{s_i})\Bigr)\cdot v_j.$$

ゆえに

$$(1)\quad \varphi(y)(v_j)=\sum_{i=j}^{n}\frac{1}{i+1}y(w_{s_i}),\qquad j=0,\cdots,n,$$

$$(2)\quad \begin{cases} y(w_{s_i})=(i+1)\cdot(\varphi(y)(v_i)-\varphi(y)(v_{i+1})), & i=0,\cdots,n-1,\\ y(w_{s_n})=(n+1)\cdot\varphi(y)(v_n) \end{cases}$$

が得られる．(1) と (2) から φ は $1:1$ 上への写像であり，かつ $y(w_s)$ が $\{\varphi(y)(v_j)\}$ の連続関数でありまた $\varphi(y)(v_j)$ が $\{y(w_s)\}$ の連続関数であることがわかる．これから φ は同相写像となる．□

複体 K に対して，

$$\mathrm{Sd}^0 K=K,\qquad \mathrm{Sd}^n K=\mathrm{Sd}(\mathrm{Sd}^{n-1}K),\qquad n=1,2,\cdots,$$

と定義して，$\mathrm{Sd}^n K$ を K の $\boldsymbol{n}$ **次重心細分**という．31.12 より $|\mathrm{Sd}^i K|$, $i=0,1,\cdots$, をすべて同一の空間と見做すことにする．

31.13　例　$|K|$ を単体的複体，V を頂点の集合とする．$\mathcal{U}=\{\mathrm{St}(v):v\in V\}$ は $|K|$ の開被覆を作る (31.9)．v_i, $i=0,\cdots,n$, が $|K|$ の単体を張るためには，$\bigcap_{i=0}^{n}\mathrm{St}(v_i)\neq\phi$ が必要充分である．なぜなら，$x\in\bigcap_{i=0}^{n}\mathrm{St}(v_i)$ ならば $x(v_i)>0$, $x(v)=0$, $v\neq v_i$, $i=0,\cdots,n$, となるから $\{v_i\}$ は単体を作る．逆に $\{v_i\}$ が作る単体を s とすれば

$$|s|-|\dot{s}|\subset\bigcap_{i=0}^{n}\mathrm{St}(v_i)$$

となる．これから $\mathcal{U}$ の脈複体は K に等しい．$\mathcal{U}$ は一般に局所有限とならな

い．$\mathcal{U}$ が局所有限となる複体を**局所有限**という．複体が局所有限となるためには，各頂点を含む単体が高々有限個存在すること，したがって $\mathcal{U}$ が星有限となることが必要充分である．次に任意の複体 K に対して $\mathcal{U}$ の局所有限な閉細分を構成してみよう．各 $s\in K$ について b_s を $|s|$ の重心とする．2 次重心細分 $\mathrm{Sd}^2 K$ を考え，$F_s=\mathrm{Cl}_{|K|}\,\mathrm{St}\,(b_s)$ とおく (St は $|\mathrm{Sd}^2 K|$ でとる)．$\mathcal{F}=\{F_s: s\in K\}$ は $\mathcal{U}$ を細分する $|K|$ の閉被覆を作る．$\mathcal{F}$ が星有限かつ局所有限となることは簡単に証明される．L を K の部分複体とせよ．$N(L)=\bigcup\{F_s : s\in L\}$ は $|L|$ の閉近傍となる．これを $|L|$ の**正則近傍** (regular neighborhood) とよぶ．

31.14　補題　K を m 次元有限複体とし，d を $|K|$ の距離とする．$|\mathrm{Sd}^n K|$ の各単体の直径は $2(m/m+1)^n$ を越えない．

証明　31.7 によって充分大きな k に対して 1:1 単体写像 $f: |K|\to \varDelta_k(\subset R^{k+1})$ が存在する (k は (K の頂点数)-1 にとれる)．R^{k+1} の点 $x=(x_1,\cdots,x_{k+1})$，$y=(y_1,\cdots,y_{k+1})$ に対して

$$\|x-y\| = \sum_{i=1}^{k+1}|x_i-y_i|$$

とおけば，$\|\ \|$ は R^{k+1} の距離となる (**線形距離**とよぶ)．$x,y\in|K|$ に対して明らかに

$$\|f(x)-f(y)\| = d(x,y)$$

が成立する．これから補題は $\varDelta_k$ の任意の部分複体についていえればよい．今 x_i，$i=0,\cdots,n$，を R^{k+1} の点，

$$x=\sum_{i=0}^{n}\lambda_i x_i,\qquad y=\sum_{i=0}^{n}\mu_i x_i,\qquad \lambda_i,\mu_i\geqq 0,\qquad \sum_{i=0}^{n}\lambda_i=\sum_{i=0}^{n}\mu_i=1,$$

とせよ．このとき，

(1)　ある i について $\|y-x\|\leqq\|y-x_i\|$.

なぜなら

$$\|y-x\|=\|\sum_i(\lambda_i y-\lambda_i x_i)\|\leqq\sum_i\lambda_i\|y-x_i\|\leqq\max_i\|y-x_i\|.$$

(1) より $\varDelta_k$ の重心細分の任意の単体 σ をとれば，(1) を 2 度使用して，ある σ の

頂点 v, v' に対して $\delta(\sigma) \leqq \|v-v'\|$ となる ($\delta(\sigma)$ は σ の直径).

$$v = \frac{1}{p+1}(e_0 + \cdots + e_p), \qquad v' = \frac{1}{i+1}(e_0, \cdots, e_i), \qquad i \leqq p \leqq k,$$

とせよ (e_j は $\varDelta_k$ の頂点). (1) よりある e_j について

$$\|v-v'\| \leqq \|v-e_j\|$$

となる. ゆえに

$$\|v-v'\| \leqq \|v-e_j\| = \left\|\frac{1}{p+1}(e_0+\cdots+e_p)-e_j\right\| = \frac{1}{p+1}\left\|\sum_{i=0}^{p}(e_i-e_j)\right\|$$

$$\leqq \frac{1}{p+1}\sum_{i=0}^{p}\|e_i-e_j\| \leqq \frac{p}{p+1}\delta(\varDelta_k).$$

これから $\varDelta_k$ の任意の m-単体を $\varDelta$ とすれば, $\mathrm{Sd}\,\varDelta$ の単体 σ に対して $\delta(\sigma) \leqq (m/m+1)\delta(\varDelta)$, 更に σ が $\mathrm{Sd}^n\,\varDelta$ の単体ならば $\delta(\sigma) \leqq (m/m+1)^n\delta(\varDelta)$ となることがわかる. $\delta(\varDelta) \leqq 2$ であるから補題が示された. □

31.15 定義 f を空間 X から単体的複体 $|K|$ への連続写像とする. 連続写像 $g: X \to |K|$ が f の**近似**であるとは, 各 $x \in X$ について s_x を $f(x)$ の台とするとき $g(x) \in |s_x|$ となることである. より一般に, 連続写像 $f, g: X \to |K|$ は各 $x \in X$ について K のある単体 s_x があって $f(x), g(x) \in |s_x|$ となるとき, **近接する**といわれる. g が f の近似であれば, 勿論 f と g は近接する.

31.16 定義 $f, g: X \to Y$ を連続写像とする. 連続写像 $H: X \times I \to Y$ が存在して,

$$H(x, 0) = f(x), \qquad H(x, 1) = g(x), \quad x \in X,$$

となるとき, f と g は**ホモトープ**であるといい, $f \sim g$ によって表わす. H を f から g への**ホモトピー**という.

31.17 命題 $f, g: X \to |K|$ が近接すれば $f \sim g$ である.

証明 各 $x \in X$ について $s_x \in K$ があって $f(x), g(x) \in |s_x|$ となる. $H: X \times I \to |K|$ を

$$H(x, t) = (1-t)f(x) + tg(x), \qquad (x, t) \in X \times I,$$

によって定義すれば (和は $|s_x|$ でとられる), H は f から g へのホモトピーとなる. H の連続性は 31.8 より知られる. □

31.18 定理(単体近似定理) $|K|$を有限単体的複体, $|L|$ を単体的複体, f: $|K|\to|L|$ を連続写像とする. このとき, K のある重心細分 $\mathrm{Sd}^m K$ と単体写像 $g:|\mathrm{Sd}^m K|\to|L|$ が存在して g は f の近似となる. g を f の**単体近似**という.

証明 L の頂点の集合を W, $\mathcal{W}=\{\mathrm{St}(w):w\in W\}$ を星型集合による $|L|$ の開被覆とする. $f^{-1}\mathcal{W}$ はコンパクト距離空間 $|K|$ の開被覆となる. この Lebesgue 数を δ とする. $\dim K=n$ とせよ. m を $(n/n+1)^m<\delta/4$ のようにとる. V を $\mathrm{Sd}^m K$ の頂点の集合とする. 各 $v\in V$ について $|\mathrm{Sd}^m K|$ における星型集合 $\mathrm{St}(v)$ の直径は δ を越えないから, $\mathrm{St}(v)\subset f^{-1}(\mathrm{St}(w_v))$ となる $w_v\in W$ が存在する. $g(v)=w_v$ とおく. $x\in|K|$ について s_x を $|\mathrm{Sd}^m K|$ における x の台, t_x を $f(x)$ の台とせよ. 作り方より $v\in s_x$ ならば $g(v)\in t_x$ となる. これから g は線形に $g:|\mathrm{Sd}^m K|\to|L|$ に拡張できる. g が f の近似となることは明白である. □

f の単体近似は一般に一意的に定まらない. しかし任意の単体近似は近接するから 31.17 より互いにホモトープである.

§32 $ES(Q)$ と $AR(Q)$

32.1 定義 $|K|$ を単体的複体とする. $\mathcal{F}=\{|s|:s\in K\}$ とおけば $\mathcal{F}$ は $|K|$ の閉被覆を作る. $\mathcal{F}$ に関する Whitehead 弱位相を $|K|$ に与え, この空間を $|K|_W$ で表わす. $|K|_W$ を**弱位相**をもつ単体的複体とよぶ.

定義より $|K|_W$ の部分集合 U が開集合となるためには, 各 $|s|\in\mathcal{F}$ について $|s|\cap U$ が $|s|$ で開集合となることが必要充分である. これから, $|K|_W$ から任意の空間 Y への写像 f は各 $|s|\in\mathcal{F}$ について $f\big||s|$ が連続であるときに限り連続となる. 特に恒等写像 $i:|K|_W\to|K|$ は連続である.

32.2 例 19.3 で考慮した空間 K_1 は弱位相をもった複体である. これを見るために, K を共通な頂点 v_0 をもつ可算個の 1 次元単体 $s_i=(v_0,v_i)$, $i=1,2,\cdots$, からなる 1 次元複体とする. この場合 $K_1=|K|_W$ となる. K に対して, 恒等写像 $i:|K|_W\to|K|$ は連続であるが同相ではない. なぜなら, p_i を $|s_i|$ 上 v_0 より $1/i$ の距離にある点とせよ. $F=\{p_i:i=1,2,\cdots\}$ は $|K|_W$ で閉集合である

が $|K|$ では集積点 v_0 をもつ(6. C 参照).

32.3　定義　X を空間, $\mathcal{U}=\{U_v : v\in V\}$ を X の点有限開被覆, $K_{\mathcal{U}}$ を $\mathcal{U}$ の脈複体とする. 各 $x\in X$ について $s_x=\{v : x\in U_v\in\mathcal{U}\}$ は $K_{\mathcal{U}}$ の単体をなす. s_x を x の**台**という. X から $|K_{\mathcal{U}}|$ あるいは $|K_{\mathcal{U}}|_W$ への連続写像 ϕ は, $\phi(x)\in|s_x|$, $x\in X$ (s_x は x の台) となるとき, $\mathcal{U}$ に関する**正準写像**とよばれる.

32.4　補題　連続写像 $\phi : X\to|K_{\mathcal{U}}|$ (あるいは $|K_{\mathcal{U}}|_W$) が正準写像であるためには, $K_{\mathcal{U}}$ の各頂点 v に対して $U_v\subset\phi^{-1}(\mathrm{St}(v))$ となることが必要充分である.

証明　条件がみたされるとし, $x\in X$ に対して $\phi(x)$ の台(31. 3)を s とせよ. $\phi(x)\in|s|-|\dot{s}|$ となる. s の頂点を v_i, $i=0,\cdots,n$, とすれば $\phi(x)\in\mathrm{St}(v_i)$ であるから,

$$x\in\phi^{-1}(\mathrm{St}(v_i))\subset U_{v_i}.$$

ゆえに s_x を x の台(32. 3)とすれば v_i は s_x の頂点となる. これから

$$\phi(x)\in|s|\subset|s_x|.$$

逆に各 $x\in X$ について $\phi(x)\in|s_x|$ とせよ. $U_v\in\mathcal{U}$ に対して $x\in\phi^{-1}(\mathrm{St}(v))$ とすれば

$$\phi(x)\in\mathrm{St}(v)\cap|s_x|.$$

これから v は s_x の頂点となる, すなわち $x\in U_v$. ゆえに $\phi^{-1}(\mathrm{St}(v))\subset U_v$. □

32.5　定理　$\mathcal{U}$ を正規空間 X の局所有限な開被覆とすれば, X から $|K_{\mathcal{U}}|$ あるいは $|K_{\mathcal{U}}|_W$ への正準写像が存在する.

証明　$\mathcal{U}$ はその細分で置換えられる. なぜなら $\mathcal{V}$ を $\mathcal{U}$ の細分, $\pi : K_{\mathcal{V}}\to K_{\mathcal{U}}$ を射影(31. 2), $|\pi| : |K_{\mathcal{V}}|\to|K_{\mathcal{U}}|$ をその実現(これを再び**射影**とよぶ)とせよ. $\phi : X\to|K_{\mathcal{V}}|$ を $\mathcal{V}$ に関する正準写像とすれば $|\pi|\phi$ は $\mathcal{U}$ に関する正準写像となる. この事実から $\mathcal{U}$ はコゼロ被覆としてよい. $\mathcal{U}=\{U_v : v\in V\}$ とし, 各 $v\in V$ について $f_v\in C(X,I)$ を $f_v^{-1}(0)=X-U_v$ となるようにとる. $\phi : X\to|K_{\mathcal{U}}|$ を

$$\phi(x)(v)=f_v(x)\Big/\sum_{v\in V}f_v(x),\qquad x\in X,\ v\in V,$$

によって定めよ ($\phi(x)(v)$ は v での重心座標). $\mathcal{U}$ の局所有限性と 31. 8 より ϕ は

連続となる．また32.4よりϕは正準写像となる．次にϕを$|K_{\mathcal{U}}|_W$への写像と考えよ．各$x\in X$は$\mathcal{U}$の有限個の元としか交わらない近傍V_xをもつ．V_xと交わる$\mathcal{U}$の元を$\{U_{v_i}: i=1, \cdots, n\}$とし，頂点の集合$\{v_i: i=1, \cdots, n\}$で張られる$K$の部分複体を$L$とせよ．$L$は有限複体であるから$|L|=|L|_W$となり，$\phi(V_x)\subset|L|_W\subset|K_{\mathcal{U}}|_W$であるから$\phi|V_x$は連続となる．これより$\phi: X\to|K_{\mathcal{U}}|_W$は連続となる．□

32.6 定義 Xを実線形空間とする．$A\subset X$は各$x, y\in A$, $\lambda\geqq 0$, $\mu\geqq 0$, $\lambda+\mu=1$, に対して$\lambda x+\mu y\in A$となるとき**凸**(convex)であるといわれる．$U\subset X$に対しUを含む最小の凸集合を**凸包**とよぶ．Uの凸包は，任意の有限個の点$x_i\in U$, $i=1, \cdots, n$, $\lambda_i\geqq 0$, $\sum_{i=1}^{n}\lambda_i=1$, に対して$\sum_{i=1}^{n}\lambda_i x_i$の形をもつ点全体の集合に等しい．実線形空間$X$はそれが位相空間で，点0の近傍ベースとして凸集合からなるものがとれるとき，**局所凸位相線形空間**(locally convex topological linear space)とよばれる．実線形空間Xは各$x\in X$について次の条件をみたす負でない実数$\|x\|$(xの**ノルム**という)が定義されるとき**ノルム空間**といわれる．

(1) $\|x\|=0\Leftrightarrow x=0$.

(2) $x, y\in X$ならば$\|x+y\|\leqq\|x\|+\|y\|$.

(3) $x\in X$, $r\in R$ならば$\|rx\|=|r|\|x\|$.

ノルム空間Xにおいて，$x, y\in X$について$\rho(x, y)=\|x-y\|$とおけば(1), (2)よりρはXの距離関数となる．ノルム空間によってこの距離をもつ距離空間を意味することにする．ノルム空間は上の距離に関して完備となるとき**Banach空間**とよばれる．Hilbert 空間はその各点$x=(x_1, x_2, \cdots)$に対して$\|x\|=\left(\sum_{i=1}^{\infty}x_i^2\right)^{1/2}$と定義すれば Banach 空間となる．また任意の空間Xに対し$C^*(X)$は，

$$\|f\|=\sup_{x\in X}|f(x)|, \qquad f\in C^*(X),$$

とノルムを定義すればBanach空間になる(9.7参照)．

32.7 例 Xを有界な距離ρをもつ距離空間とする．$B=C^*(X)$とし，各

$f\in B$ について $\|f\|=\sup_{x\in X}|f(x)|$ とおけば，B はノルム $\|\ \|$ をもつ Banach 空間となる．各 $x\in X$ について $\psi_x(y)=\rho(x,y)$，$y\in X$，とおけば，$\psi_x\in B$ であり，$x,y\in X$ に対して

$$\rho(x,y)=|\psi_x(y)-\psi_y(y)|\leqq\|\psi_x-\psi_y\|=\sup_{x'\in X}|\psi_x(x')-\psi_y(x')|$$
$$=\sup_{x'\in X}|\rho(x,x')-\rho(y,x')|\leqq\rho(x,y).$$

ゆえに

$$\rho(x,y)=\|\psi_x-\psi_y\|$$

となる．これから $\psi(x)=\psi_x$，$x\in X$，によって定義される写像 $\psi: X\to B$ は距離を変えない(このような写像を**等距離**(isometry)という)．ψ は匆論埋め込みである．Z を $\psi(X)$ の B における凸包とせよ．このとき

(1)　$\psi(X)$ は Z の閉集合である．

(2)　X が可分ならば Z も可分である．

(1)を示すために $g\in Z-\psi(X)$ とする．$g\in Z$ であるから X の有限個の点 x_i，実数 $\lambda_i\geqq 0$，$i=1,\cdots,n$，$\sum_{i=1}^n\lambda_i=1$，が存在して $g=\sum_{i=1}^n\lambda_i\psi_{x_i}$ となる．ε を $0<2\varepsilon<\min_i\|g-\psi_{x_i}\|$ のようにとれ．点 g の Z における ε 近傍を U とする．$U\subset Z-\psi(X)$ を示そう．ある $x\in X$ について $\psi_x\in U$ とせよ．ε のとり方から各 i に対して $\|\psi_{x_i}-\psi_x\|=\rho(x_i,x)>\varepsilon$ となる．ゆえに

$$\varepsilon>\|g-\psi_x\|\geqq|g(x)-\psi_x(x)|=|g(x)|=\sum_{i=1}^n\lambda_i\psi_{x_i}(x)$$
$$=\sum_{i=1}^n\lambda_i\rho(x_i,x)>\left(\sum_{i=1}^n\lambda_i\right)\varepsilon=\varepsilon.$$

この矛盾は $U\subset Z-\psi(X)$ を示している．次に(2)を証明するために，H を $\psi(X)$ で稠密な可算集合とせよ．まず H の凸包 $\tilde{H}$ は可分となる．なぜなら $\tilde{H}$ は H の任意有限集合 F の凸包 $\tilde{F}$ の和となるが，$\tilde{F}$ はコンパクト距離空間として可分であるから，$\tilde{F}$ の可算和 $\tilde{H}$ は可分となる．これから $\tilde{H}$ が Z で稠密であることをいえばよいが，これは自明である．

32.8　定義　X をノルム空間とする．$A\subset X$ はその任意の有限部分集合が1次独立となるとき，**1次独立**とよばれる．$A\subset X$ に対して A の元の1次結合す

べての集合 $L(A)$ を A で**張られた**部分空間という．$L(A)$ は勿論ノルム空間である．関数 $\varphi: X\to R$ はそれが線形であるとき(各 $x, y\in X$, $\alpha, \beta\in R$ に対して $\varphi(\alpha x+\beta y)=\alpha\varphi(x)+\beta\varphi(y)$), **線形汎関数**といわれる．線形汎関数 $\varphi: X\to R$ は $\sup\{|\varphi(x)|: \|x\|\leqq 1,\ x\in X\}<\infty$ のとき**連続**である．$D(X)$ を X の連続な線形関数すべての集合とする．$\varphi, \psi\in D(X)$, $\alpha\in R$ に対して

$$(\varphi+\psi)(x)=\varphi(x)+\psi(x),\qquad (\alpha\varphi)(x)=\alpha(\varphi(x)),\qquad x\in X,$$

と定義すれば，$\varphi+\psi$, $\alpha\varphi$ は連続な線形汎関数となる．これから $D(X)$ は実線形空間となる．$\varphi\in D(X)$ に対してそのノルムを

$$\|\varphi\|=\sup\{|\varphi(x)|: \|x\|\leqq 1,\ x\in X\}$$

と定義すれば $D(X)$ はノルム空間となる．$D(X)$ を X の**双対空間**とよぶ．

32.9　定理(R. F. Arens-J. Eells-Michael)　任意の距離空間 X は等距離写像によってあるノルム空間に1次独立な閉集合として埋め込まれる．

証明　X をあるノルム空間に等距離に1次独立な集合として埋め込めることをいえばよい．なぜなら，X^* を X の完備化(7.17)とし，X^* をノルム空間 B に1次独立な集合として等距離に埋め込め．X^* は完備であるから B の閉集合となる．X によって張られる B の部分空間 $L(X)$ を考えよ．$L(X)\cap X^*=X$ となる．すなわち X は $L(X)$ の1次独立な閉集合となる．定理を証明するために，Y を X を真に含む距離空間とし，その距離を ρ とする．X 上で ρ は X 固有の距離に等しいとする．点 $y_0\in Y-X$ をとれ．$C(Y, R)$ の関数 f で次の条件をみたすものすべての集合を $H(Y)$ とせよ：$f(y_0)=0$, 各 $x, y\in Y$ についてある $K\geqq 0$ が存在して

$$(*)\qquad |f(x)-f(y)|\leqq K\cdot\rho(x, y).$$

(*)をみたす K の下限を $\|f\|$ と書けば，$\|f\|$ をノルムとして $H(Y)$ はノルム空間となる．E を $H(Y)$ の双対空間とし，$h: X\to E$ を

$$h(x)=\tilde{x},\qquad x\in X;\ \tilde{x}(f)=f(x),\ f\in H(Y),$$

によって定義せよ．

$x, x'\in X$　ならば　$\|\tilde{x}-\tilde{x}'\|=\sup\{|\tilde{x}(f)-\tilde{x}'(f)|: \|f\|\leqq 1,\ f\in H(Y)\}$

であるが，$\|f\|\leqq 1$ より

$$|\tilde{x}(f)-\tilde{x}'(f)| = |f(x)-f(x')| \leqq \rho(x, x')$$

であるから，

$$\|\tilde{x}-\tilde{x}'\| \leqq \rho(x, x').$$

また $g(y)=\rho(y, x')-\rho(y_0, x')$, $y\in Y$, とおけば $g\in H(Y)$ かつ $\|g\|=1$, $(\tilde{x}-\tilde{x}')(g)=\rho(x, x')$ となるから $\|\tilde{x}-\tilde{x}'\|\geqq\rho(x, x')$ となる．ゆえに h は等距離写像である．$h(X)$ が1次独立となることを示すために，$x_1, \cdots, x_n$ を X の任意の異なる点とせよ．

$$g(y) = \rho(y, \{y_0, x_1, \cdots, x_n\}), \qquad y\in Y,$$

とおけば

$$g\in H(Y) \quad \text{かつ} \quad \tilde{x}_i(g) = 0, \qquad i = 1, \cdots, n.$$

これから $\tilde{x}\in h(X)$ が $\tilde{x}_i$, $i=1, \cdots, n$, の1次結合であれば $\tilde{x}(g)=0$ となる．これから任意の $x\in X$, $x\neq x_i$, $i=1, \cdots, n$, に対して $\tilde{x}(g)\neq 0$ であるから $\{\tilde{x}, \tilde{x}_i : i=1, \cdots, n\}$ は1次独立である．□

32.10　定理 (Dugundji)　X を距離空間，A を X の閉集合とする．f を A から局所凸位相線形空間 Z への連続写像とすれば，f は X へ拡張される．

証明　ρ を X の距離とし，各 $x\in X-A$ に対して

$$H_x = \left\{y\in X : \rho(x, y)<\frac{1}{2}\rho(x, A)\right\}$$

とおく．$\mathcal{U}=\{U_v : v\in V\}$ を $X-A$ の局所有限開被覆で $\{H_x : x\in X-A\}$ の細分となるものとし，P を弱位相をもつ $\mathcal{U}$ の脈複体とせよ．$\phi : X-A\to P$ を正準写像とする．$Y=P\cup A$ とおき，Y に次の位相を導入する：

X の各開集合 W に対し $\tilde{W}=\bigcup\{\mathrm{St}\,(v) : v\in V,\ U_v\subset W\}\cup(W\cap A)$ とおき（V は P の頂点の集合），形 $\tilde{W}$ のすべての集合および P の開集合が Y のベースを作る．

$h : X\to Y$ を $h|X-A=\phi$, $h|A=$恒等写像として定義せよ．まず h が連続となることを示そう．$\mathrm{Bry}_X\,A$ の各点での連続性を示せば充分である（その他の点では自明である）．$a\in\mathrm{Bry}_X\,A$ とし $W=S(a, \varepsilon)$（X での ε 近傍）とせよ．

$$h\left(S\left(a,\frac{\varepsilon}{4}\right)\right)\subset \tilde{W}$$

を示そう．このためには，

$$U_v\cap S\left(a,\frac{\varepsilon}{4}\right)\neq\phi \quad ならば \quad U_v\subset W$$

をいえばよい．なぜなら，このとき $h(U_v)\subset \mathrm{St}\,(v)\subset \tilde{W}$ となるからである(32.4)．$U_v\subset H_x$, $x\in X-A$, を選ぶ．$y\in H_x\cap S(a,\varepsilon/4)$ とすれば

$$\rho(x,a)\leqq\rho(x,y)+\rho(y,a)<\frac{1}{2}\rho(x,A)+\frac{\varepsilon}{4}\leqq\frac{1}{2}\rho(x,a)+\frac{\varepsilon}{4},$$

これから $\rho(x,a)\leqq\varepsilon/2$, したがって任意の $x'\in H_x$ について $\rho(x,x')<\varepsilon/4$ となるから $\rho(x',a)<\varepsilon$, すなわち $H_x\subset W$ となる．かくして h は連続となった．証明を完成するために，f が Y に拡張されることをいえばよい．求める X への拡張は h との合成より得られる．まず f を $A\cup V\subset Y$ に拡張する．各 $v\in V$ に対し $x_v\in U_v$ と $\rho(x_v,a_v)<2\rho(x_v,A)$ となる $a_v\in A$ を選び，$f^0: A\cup V\to Z$ を

$$f^0|A=f, \qquad f^0(v)=a_v, \qquad v\in V,$$

として定義せよ．T を $f^0(a)=f(a)$ の近傍とする．f の連続性より $\varepsilon>0$ があって $\rho(a,a')<\varepsilon$, $a'\in A$, ならば $f(a')\in T$ となる．$W=S(a,\varepsilon/3)$ とおけば $f^0(\tilde{W}\cap(A\cup V))\subset T$ となる．なぜなら $U_v\subset W$ ならば

$$\rho(a_v,a)\leqq\rho(a_v,x_v)+\rho(x_v,a)<2\rho(x_v,A)+\frac{\varepsilon}{3}$$

$$\leqq 2\rho(x_v,a)+\frac{\varepsilon}{3}<\frac{2}{3}\varepsilon+\frac{\varepsilon}{3}=\varepsilon$$

となるから，

$$f^0(v)=f(a_v)\in T.$$

これから f^0 が連続となることがわかる．f^0 を P の各単体に線形に拡張すれば，f^0 の拡張 $\tilde{f}: Y\to Z$ が得られる．$\tilde{f}$ の連続性はまた A の各点で示されれば充分である．T を $\tilde{f}(a)$, $a\in A$, の凸近傍とせよ．f^0 の連続性より a の近傍 $\tilde{W}$ があって $f^0(\tilde{W}\cap(A\cup V))\subset T$ となる．a の X における近傍 W' を，$U_v\cap W'\neq\phi$ となる任意の U_v が W に含まれるようにとる(これが可能なことは h の連続性の証明で示してある)．$\tilde{W}'$ に属する各頂点 v について v を頂点とする任意の単体 s

を考えよ．s の頂点 v' に対して $U_{v'}\cap W'\neq\phi$ となるから $v'\in\tilde{W}$ となる．ゆえに s の頂点はすべて f^0 によって T の中に写されるから $\tilde{f}(|s|)\subset T$．これから $\tilde{f}(\tilde{W}')\subset T$ が知られる．かくして $\tilde{f}$ は連続となる．□

Dugundji の定理の応用の1つとして次の定理がある．

32.11 定理 (Hausdorff-Toruńczyk) X を距離空間，A をその閉集合とする．A 上でその位相と合致する距離 ρ が与えられたとき，ρ は X 上に拡張される，すなわち，A 上では ρ に等しくかつ X の位相と合致する X 上の距離 $\bar{\rho}$ が存在する．

まず次の補題を証明する．

32.12 補題 X, Y をノルム空間，$A\subset X\times\{0\}$，$B\subset\{0\}\times Y$ を $X\times Y$ の閉集合とする．このとき任意の同相写像 $f: A\to B$ は同相写像 $\tilde{f}: X\times Y\to X\times Y$ に拡張される．

証明 $\pi: X\times Y\to X$, $\nu: X\times Y\to Y$ を射影とする．A, B はそれぞれ $X\times\{0\}$, $\{0\}\times Y$ の閉集合であり，Y, X はノルム空間であるから，32.10 によって $\nu f: A\to Y$，$\pi f^{-1}: B\to X$ はそれぞれ $\lambda: X\times\{0\}\to Y$，$\mu: \{0\}\times Y\to X$ へ拡張される．$f_1, f_2: X\times Y\to X\times Y$ を

$$f_1(x,y)=(x, y+\lambda(x,0)),\qquad f_2(x,y)=(x+\mu(0,y), y),\qquad (x,y)\in X\times Y,$$

によって定義すれば，f_1, f_2 は共に同相写像である．$\tilde{f}=f_2^{-1}f_1$ とおく．$\tilde{f}$ が f の拡張であることを示すために，$(x,0)\in A$ に対して

$$f(x,0)=(0,y),\qquad \tilde{f}(x,0)=(x',y')$$

とする．$x'=0$，$y'=y$ をいえばよい．λ, μ の定義から $y=\lambda(x,0)$，$x=\mu(0,y)$．$f_1(x,0)=f_2(x',y')$ であるから

$$(x, \lambda(x,0))=(x'+\mu(0,y'), y'),$$

これから $y'=\lambda(x,0)=y$ かつ $x'=x-\mu(0,y')=x-\mu(0,y)=0$ となる．□

32.11 の証明 A を距離空間 X の閉集合とし，ρ を A の距離，ρ' を X の距離とする．32.9 より A と X をそれぞれ等距離写像でノルム空間 E と F の閉集合として埋め込め．E と F の距離を再び ρ と ρ' で表わすことにする．$E\times F$ の距離 ρ'' を

$$\rho''(x,y)=\rho(x,y)+\rho'(x,y), \qquad (x,y)\in E\times F,$$

によって定めよ．X の部分集合としての包含写像：$A\to X$ は $A(\subset E\times\{0\})$ から $X(\subset\{0\}\times F)$ の中への同相写像 f を定義する．32.12 より f は同相写像 $\tilde{f}: E\times F\to E\times F$ に拡張される．X の距離 $\bar{\rho}$ を

$$\bar{\rho}(x,y)=\rho''(\tilde{f}^{-1}(x),\tilde{f}^{-1}(y)), \qquad x,y\in X,$$

によって定義せよ．$\bar{\rho}$ は明らかに定理の条件をみたしている．□

32.13 定義 空間 Y の部分集合 X は X の点を動かさない連続写像 $r: Y\to X$, すなわち $r(x)=x$, $x\in X$, が存在するとき，Y の**レトラクト**(retract)といわれる．r を**レトラクション**とよぶ．X が Y でのある近傍のレトラクトとなるとき，Y の**近傍レトラクト**(neighborhood retract)という．たやすく知られるように，Y が T_2 ならばその任意のレトラクトは Y の閉集合となる(6.E).

Q を閉集合に継承的な空間の族とする．空間 X はそれを閉集合として含む任意の $Y\in Q$ のレトラクト(近傍レトラクト)となるとき，Q に対する**絶対レトラクト**(absolute retract)(**絶対近傍レトラクト**(absolute neighborhood retract))とよばれる．Q に対する絶対レトラクト(絶対近傍レトラクト)すべてのクラスを $AR(Q)(ANR(Q))$ と書く．Q に対する拡張手の概念は 9.11 で述べられた．これは次のように近傍に相対化される．空間 X は，任意の $Y\in Q$ とその閉集合 F について $f\in C(F,X)$ が F のある近傍に拡張されるとき，Q に対する**近傍拡張手**(neighborhood extensor)といわれる．この X のクラスを $NES(Q)$ と書く．$AR(Q)$, …, $NES(Q)$ 等に属する空間をそれぞれ $AR(Q)$ **空間**, …, $NES(Q)$ **空間**等という．

32.14 例(O. Hanner) Q が正規でない空間 X を含むとし，Y を T_2 $NES(Q)$ 空間とする．a,b を Y の異なる点とする．A,B を X の閉集合で素な近傍をもたないものとし，$f: A\cup B\to Y$ を $f(A)=a$, $f(B)=b$ で定めよ．f は $A\cup B$ のある近傍 U に拡張されるが，Y が T_2 であることから A,B は U で素な近傍をもつことになる．この矛盾は次のことを意味する．

(1) $\mathcal{T}$ を完全正則空間すべての族とすれば，$T_2 NES(\mathcal{T})$ 空間はすべて1点からなる．

後に 34.3, 34.4 で示されるように $R\in ANR(\mathfrak{T})$ であるが $R\notin AR(\mathfrak{T})$ である (R は実数空間). 後者の事実を示す例を与えよう. I_1, I_2 を $I(=[0,1])$ のコピー, A を非可算個の I の積となる平行体空間, $B=I_1\times I_2\times A$ とする. I_i, $i=1,2$, の 0-点を 0_i, A の各座標が 0 の点を 0_a とする. $\pi: I_2\times A\to I_2$ を射影とし, 形 $\{0_1\}\times\pi^{-1}(t)$, $t\in I_2$, の集合と各 1 点集合

$$\{(t',t,a)\},\qquad t'\in I_1=\{0_1\},\qquad (t,a)\in I_2\times A,$$

からなる B の分解を考え, その分解空間を C, $\mu: B\to C$ を射影とする. 1_i, $i=1,2$, を I_i の 1 に対応する点とする. 位相和 $I\cup C$ において点 $0\in I$ と $\mu(1_1,0_2,0_a)$, $1\in I$ と $\mu(0_1,1_2,0_a)$ を同一視して得られる $I\cup C$ の商空間を D とする. $C\subset D$ と考えてよい. D はコンパクト T_2 である. $o=(0_1,0_2,0_a)$ とし, $E=D-\{\mu(o)\}$ とおく. $\mu(I_1\times\{0_2\}\times\{0_a\}-\{o\})$, $\mu(\{0_1\}\times I_2\times\{0_a\}-\{o\})$ および I の像の和となっている E の部分空間 R' は R と同相である. この R' が E の近傍レトラクトとならないことを証明しよう. このためには, E の構成と分解空間の定義により次のことをいえばよい.

(2)　空間 $Z=B-\{o\}$ において閉集合 $G=I_1\times\{0_2\}\times\{0_a\}-\{o\}$, $H=\{0_1\}\times I_2\times A-\{o\}$ は素な近傍をもたない.

U を Z における G の近傍とする. $\{p_i: i=1,2,\cdots\}$ を I_1 で 0 に収束する点列とする ($p_i\neq 0$). 各 i について $(0_2,0_a)$ の $I_2\times A$ における V_i で $\{p_i\}\times V_i\subset U_i$ となるものがある. $A=\prod_{\alpha\in\Lambda} I_\alpha(|\Lambda|>\aleph_0)$ とし, 0_α で I_α の 0 を表わせ. 積位相の定義と Λ が非可算集合であることより, 各 V_i は非可算個の $\alpha\in\Lambda$ に対して形 $\{0_2\}\times I_\alpha\times\prod_{\alpha\neq\gamma\in\Lambda}\{0_\gamma\}$ の集合を含む. これからある α について $\tilde{I}_\alpha=\{0_2\}\times I_\alpha\times\prod_{\alpha\neq\gamma\in\Lambda}\{0_\gamma\}$ はすべての V_i, $i=1,2,\cdots$, に含まれる. ゆえに

$$\{p_i\}\times\tilde{I}_\alpha\subset U,\qquad i=1,2,\cdots,$$

が成立することになる. しかしこれは

$$H\cap \mathrm{Cl}_Z U\supset\{0_1\}\times\tilde{I}_\alpha-\{o\}$$

を意味する, すなわち(2)が成立する. 上の証明から次のことが知られる.

(3)　$I_1\times\{0_2\}\times\{0_a\}\cup\{0_1\}\times I_2\times A$ は B の近傍レトラクトとはならない.

32.15　記号　空間族に対して次の記号を使用する.

$\mathcal{T}$＝完全正則空間，$\mathcal{N}$＝正規空間，$\mathcal{PN}$＝完全正規空間，$\mathcal{CN}$＝族正規空間，$\mathcal{P}$＝パラコンパクト T_2 空間，$\mathcal{M}$＝距離空間，$\mathcal{SM}$＝可分距離空間.

本章を通じて，特に述べない限りすべての空間は T_2 とする．本章では AR, ES 等の興味ある性質が追究されるがその結果の多くは O. Hanner によるものである.

32.16　定義　X, Y を空間，f を Y の閉集合 B から X への連続写像とせよ．位相和 $Z=X\cup Y$ の分解 $\mathcal{F}=\{X-B$ の各点，$f^{-1}(x)\cup\{x\}$, $x\in X\}$ を考えよ．$\mathcal{F}$ の分解空間を $Y\cup_f X$ で表わして，X, Y, f より得られる**接着空間**(adjunction space)とよぶ．$g: Z\to Y\cup_f X$ を射影とする．$g: X\to g(X)$ は同相であるから，今後 X を $Y\cup_f X$ の部分空間と考える．$k=g|Y: Y\to Y\cup_f X$ とおく．定義から明らかに

(1)　$U\subset Y\cup_f X$ が開集合であるためには，$k^{-1}(U)$ と $U\cap X$ がそれぞれ Y と X で開集合となることが必要充分である.

32.17　定理　空間族 Q を $\mathcal{N}, \mathcal{PN}, \mathcal{CN}, \mathcal{P}$ のいずれか1つとし，$X, Y\in Q$, f を Y の閉集合 B から X への連続写像とする．このとき $Y\cup_f X\in Q$ となる.

証明　$Q=\mathcal{N}, \mathcal{P}$ の場合のみを示そう．他は読者自ら試みよ(6. F).

$X, Y\in N$ の場合 $k: Y\to Y\cup_f X$ を 32.16 における写像とする．E, F を $Y\cup_f X$ の素な閉集合とせよ．X の開集合 V, W を

$$E\cap X\subset V,\quad F\cap X\subset W,\quad \mathrm{Cl}_X V\cap \mathrm{Cl}_X W=\phi$$

となるようにとる．$k^{-1}(E\cup \mathrm{Cl}_X V)$ と $k^{-1}(F\cup \mathrm{Cl}_X W)$ は Y での素な閉集合であるから，$Y\in\mathcal{N}$ よりそれらの素な開近傍 G, H が存在する．$C=V\cup(G-B)$, $D=W\cup(H-B)$ は 32.16(1) より共に開集合で，E, F の $Y\cup_f X$ における素な近傍となる．ゆえに $Y\cup_f X\in\mathcal{N}$.

次に $Q=\mathcal{P}$ の場合を証明するために次の補題を示しておく($X, Y\in\mathcal{P}$ とし，上と同じ記号を使用する).

32.18　補題　$\mathcal{U}=\{U_\alpha: \alpha\in\Lambda\}$ を X の局所有限開被覆とすれば，$Y\cup_f X$ の局所有限開集合族

$$\mathcal{V}=\{V_\alpha: \alpha\in\Lambda\},\quad V_\alpha\cap X=U_\alpha,\quad \alpha\in\Lambda,$$

が存在する.

証明　$\mathcal{U}'=\{U_\beta' : \beta\in\Phi\}$, $\mathcal{U}''=\{U_\gamma'' : \gamma\in\Psi\}$ を X の局所有限開被覆で各 U_β' あるいは U_γ'' はそれぞれ高々有限個の $\mathcal{U}$ の元あるいは $\mathcal{U}'$ の元としか交わらないようなものとする. 各 $\beta\in\Phi$ について

$$V_\beta' = k^{-1}(U_\beta')\cup(Y-B)$$

とおけば $\{V_\beta' : \beta\in\Phi\}$ は Y の開被覆をなす. この星細分 $\mathcal{G}=\{G_\mu : \mu\in\Gamma\}$ (即ち $\mathcal{G}^*<\{V_\beta'\}$) をとる. 今

$$W_\alpha = k^{-1}(U_\alpha)\cup(\mathcal{G}(k^{-1}(U_\alpha))-B), \qquad V_\alpha = U_\alpha\cup k(W_\alpha), \qquad \alpha\in\Lambda,$$

とおけば $\{V_\alpha : \alpha\in\Lambda\}$ が求めるものである. V_α が $Y\cup_f X$ で開集合となることは 32.16(1) より知られる. また $V_\alpha\cap X=U_\alpha$ も明白である. これから $\{V_\alpha\}$ の局所有限性をいえばよい. $z\in Y\cup_f X$ をとる. $z\in X$ ならば, $z\in U_\gamma''\in\mathcal{U}''$ をとり

$$W_\gamma' = k^{-1}(U_\gamma'')\cup(\mathcal{G}(k^{-1}(U_\gamma''))-B), \qquad T = k(W_\gamma')\cup U_\gamma''$$

とおく. $z\in Y\cup_f X-X$ ならば, $z\in G_\mu\in\mathcal{G}$ をとり $T=G_\mu$ とおく. 各場合に T は $\{V_\alpha\}$ の高々有限個の元としか交わらないことを示そう. まず $z\in X$ とし $T\cap V_\alpha\neq\phi$ とする. $T\cap V_\alpha\subset X$ ならば $U_\gamma''\cap U_\alpha\neq\phi$ となる. このような α は $\mathcal{U}''$ の作り方から有限個しかない. ある点 $z'\in T\cap V_\alpha-X$ が存在するならば,

$$y = k^{-1}(z')\in k^{-1}(T)\cap k^{-1}(V_\alpha) = W_\gamma'\cap W_\alpha\subset\mathcal{G}(k^{-1}(U_\gamma''))\cap\mathcal{G}(k^{-1}(U_\alpha))$$

となる. これから

$$\mathcal{G}(y)\cap k^{-1}(U_\gamma'') \neq \phi \neq \mathcal{G}(y)\cap k^{-1}(U_\alpha).$$

$\mathcal{G}$ は $\{V_\beta' : \beta\in\Phi\}$ の星細分であったから, ある $\beta\in\Phi$ について

$$\mathcal{G}(y)\subset V_\beta' = k^{-1}(U_\beta')\cup(Y-B).$$

これから

$$k^{-1}(U_\beta')\cap k^{-1}(U_\gamma'') \neq \phi \neq k^{-1}(U_\beta')\cap k^{-1}(U_\alpha).$$

$\mathcal{U}', \mathcal{U}''$ の選び方よりこれをみたす α は高々有限個である. 最後に $z\in Y\cup_f X-X$ の場合は,

$$T\cap V_\alpha = G_\mu\cap V_\alpha \neq \phi \quad \text{ならば} \quad G_\mu\cap\mathcal{G}(k^{-1}(U_\alpha)) \neq \phi.$$

これから $\mathcal{G}(G_\mu)\cap k^{-1}(U_\alpha)\neq\phi$ となり, $\mathcal{G}^*<\{V_\beta'\}$ であるから, ある $\beta\in\Phi$ につい

て

$$V_{\beta}' = k^{-1}(U_{\beta}') \cup (Y-B) \supset \mathcal{G}(G_{\mu}).$$

ゆえに

$$(k^{-1}(U_{\beta}') \cup (Y-B)) \cap k^{-1}(U_{\alpha}) \neq \phi.$$

$k^{-1}(U_{\alpha}) \subset B$ であるから $U_{\beta}' \cap U_{\alpha} \neq \phi$ となる．これをみたす α はやはり高々有限個である．これで補題は示された．□

32.17 の証明(続き)　$\mathcal{W}$ を $Y \cup_f X$ の開被覆とする．$\mathcal{W} \cap X = \{W \cap X : W \in \mathcal{W}\}$ の局所有限な開細分 $\mathcal{U} = \{U_{\alpha}\}$ をとる．32.18 より $Y \cup_f X$ の局所有限開集合族 $\mathcal{V} = \{V_{\alpha}\}$, $V_{\alpha} \cap X = U_{\alpha}$, が存在する．各 V_{α} は $\mathcal{W}$ のある元に含まれるとしてよい．$G = \bigcup_{V_{\alpha} \in \mathcal{V}} V_{\alpha}$ とおく．B と $Y - k^{-1}(G)$ は Y の素な閉集合であるから，開集合 H, $Y - k^{-1}(G) \subset H \subset \bar{H} \subset Y - B$, が存在する．$\bar{H}$ はパラコンパクトであるからその被覆 $\{\bar{H} \cap k^{-1}W : W \in \mathcal{W}\}$ の ($\bar{H}$ における) 局所有限開細分 $\mathcal{V}' = \{V_{\beta}'\}$ が存在する．このとき $\{V_{\alpha},\ k(V_{\beta}' \cap H) : V_{\alpha} \in \mathcal{V},\ V_{\beta}' \in \mathcal{V}'\}$ は $Y \cup_f X$ の局所有限な開被覆で $\mathcal{U}$ の細分をなす．□

32.19　定理　Q を $\mathcal{N}, \mathcal{PN}, \mathcal{CN}, \mathcal{P}, \mathcal{M}, \mathcal{SM}$ の 1 つとする．$X \in Q$ が $ES(Q)$ ($NES(Q)$) 空間となる必要充分条件は，X が $AR(Q)$ ($ANR(Q)$) 空間となることである．

証明　Q は閉集合に対し継承的であるから，$ES(Q)$ ($NES(Q)$) 空間が $AR(Q)$ ($ANR(Q)$) 空間となることは明らかである．逆を示すために，$X \in AR(Q)$ とする ($ANR(Q)$ の場合は全く同様に示される)．$Y \in Q$, B を Y の閉集合，$f : B \to X$ を連続とする．まず $Q = \mathcal{N}, \mathcal{PN}, \mathcal{CN}, \mathcal{P}$ の場合を考える．接着空間 $Y \cup_f X$ を作れば，32.17 より $Y \cup_f X \in Q$. $X \in AR(Q)$ は $Y \cup_f X$ の閉集合であるから，レトラクション $r : Y \cup_f X \to X$ が存在する．このとき $rk : Y \to X$ ($k : Y \to Y \cup_f X$ は 32.16 の写像) は f の拡張である．次に $Q = \mathcal{M}, \mathcal{SM}$ の場合は，32.7 より X をある Banach 空間の凸集合 Z の閉集合と考えてよい．($X \in \mathcal{SM}$ ならば $Z \in \mathcal{SM}$ となる.) $X \in AR(Q)$ であるからレトラクション $r : Z \to X$ が存在する．Z は局所凸位相線形空間であるから，32.10 によって f の拡張 $\tilde{f} : Y \to Z$ が存在する．$r\tilde{f}$ は求める f の拡張である．□

$Q=\mathcal{T}$ に対して，32.19 は一般に成立しない．これは 32.14 より明らかである．

§33 族正規空間と被覆の延長

33.1 例(Bing) 族正規とならない完全正規空間が存在する．P を非可算集合，Q を P のすべての部分集合の族，X を Q で定義された負でない整数値をとる関数全体とせよ．各 $p\in P$ に対して $x_p\in X$ を，$q\in Q$，$p\in q$ ならば $x_p(q)=1$，$p\notin q$ ならば $x_p(q)=0$ によって定め，$X_0=\{x_p : p\in P\}$ とする．Q_0 を Q のすべての有限部分集合の族とせよ．X に次の位相を導入する：$X-X_0$ の各点は開集合である，$x_p\in X$，$r\in Q_0$，$n=1,2,\cdots$，に対して

$$V(x_p, r, n)=\{x_p, x : x(q)>n,\ q\in Q;\ x(q)-x_p(q) \text{ は偶数},\ q\in r\}$$

とおき，$\{V(x_p, r, n) : r\in Q_0,\ n=1,2,\cdots\}$ を点 x_p の近傍ベースとする．

(1) 点 x_{p_i}，$i=1,2$，の近傍を $V(x_{p_i}, r_i, n_i)$ としたとき，各 $q\in r_1\cap r_2$ に対して $x_{p_1}(q)=x_{p_2}(q)$ ならば $V(x_{p_1}, r_1, n_1)\cap V(x_{p_2}, r_2, n_2)\neq\phi$．

証明 各 $q\in Q$ について $x(q)>\max(n_1, n_2)$ かつ各 $q\in r_1\cup r_2$ に対して $x(q)-x_{p_i}(q)$，$i=1,2$，が偶数となるように x を定めれば，$x\in V(x_{p_1}, r_1, n_1)\cap V(x_{p_2}, r_2, n_2)$ となる．□

(2) X は完全正規である．

証明 X が T_1 であることは明らかである．正規性を示すために H_1, H_2 を X の素な閉集合とせよ．

$$A_i = X_0\cap H_i, \qquad q_i=\{p : x_p\in A_i\}, \qquad i=1,2,$$

とおく．$A_1=\phi$ ならば，H_1 と $X-H_1$ は H_1 と H_2 の素な近傍となる．これから $A_1\neq\phi\neq A_2$ としてよい．$r_0=\{q_1, q_2\}$ として

$$D_i=\bigcup\{V(x_p, r_0, 1) : p\in q_i\}, \qquad i=1,2,$$

とおけば，D_i は A_i の X での近傍で $D_1\cap D_2=\phi$ となる．

$$U_1 = H_1\cup(D_1-H_2), \qquad U_2 = H_2\cup(D_2-H_1)$$

とおけば，U_1, U_2 は H_1, H_2 の素な近傍となる．次に，任意の閉集合 H に対して，$r\in Q_0$ を任意にとり

$$G_n=\bigcup\{V(x_p,r,n):x_p\in X_0\cap H\}\cup(H-X_0),\qquad n=1,2,\cdots,$$

とおけば，G_n は H の開近傍で明らかに $H=\bigcap_{n=1}^{\infty}G_n$ となる．□

(3) X は族正規とならない．

証明 $\{\{x_p\}:x_p\in X_0\}$ は X で疎閉集合族となっている．しかしその各点の近傍からなる疎な族 $\{V(x_p,r_p,n_p):p\in P\}$ は存在しない．これを示すために，このような族があったとせよ．各 r_p は有限集合であるから，Šanin の命題25.7より P の非可算部分集合 P_1 があって各 $a,b\in P_1$ に対して $r_a\cap r_b=\bigcap_{p\in P_1}r_p$ となる．$r_0=\bigcap_{p\in P_1}r_p$ とおく．$r_0=\phi$ ならば，任意の $a,b\in P_1$ に対して $r_a\cap r_b=\phi$ であるから(1)より

$$V(x_a,r_a,n_a)\cap V(x_b,r_b,n_b)\neq\phi.$$

これから $r_0\neq\phi$．r_0 は有限集合で整数の集合は可算であるから，P_1 の非可算集合 P_2 と整数 n および $t=0$ あるいは1があって各 $p\in P_2$ と $q\in r_0$ に対して $n_p=n$，$x_p(q)=t$ となる．しかしこのとき(1)より任意の $a,b\in P_2$ に対して

$$V(x_a,r_a,n_a)\cap V(x_b,r_b,n_b)\neq\phi.$$

この矛盾は(3)を示している．□

33.2 定義 集合 X の2つの部分集合族 $\{F_\alpha:\alpha\in\Lambda\}$ と $\{H_\alpha:\alpha\in\Lambda\}$ は，Λ の任意の有限集合 $\{\alpha_i:i=1,\cdots,n\}$ に対して $\bigcap_{i=1}^{n}F_{\alpha_i}=\phi$ と $\bigcap_{i=1}^{n}H_{\alpha_i}=\phi$ が同値になるとき，**類似**といい $\{F_\alpha\}\approx\{H_\alpha\}$ で表わされる．

本節における主題は，空間 X の閉集合 A の開あるいは閉被覆を A のある近傍のそれと類似な被覆に拡張することである．これは Katětov によって族正規空間を中心として行なわれた．

33.3 定理 (1) $\{F_i:i=1,2,\cdots\}$, $\{U_i:i=1,2,\cdots\}$ をそれぞれ正規空間 X の閉および開集合族で各 i について $F_i\subset U_i$ となるものとする．$\{F_i\}$ が局所有限ならば，開集合

$$V_i,\ F_i\subset V_i\subset\overline{V}_i\subset U_i,\qquad i=1,2,\cdots,$$

が存在して $\{F_i\}\approx\{\overline{V}_i\}$ となる．

(2) $\{F_\alpha:\alpha\in\Lambda\}$, $\{U_\alpha:\alpha\in\Lambda\}$ をそれぞれ正規空間 X の閉および開集合族で各 $\alpha\in\Lambda$ について $F_\alpha\subset U_\alpha$ となるものとする．$\{U_\alpha\}$ が局所有限ならば，開集合

V_α，$F_\alpha \subset V_\alpha \subset \overline{V}_\alpha \subset U_\alpha$，$\alpha \in \Lambda$，が存在して$\{F_\alpha\} \approx \{\overline{V}_\alpha\}$となる．

証明 (1)と(2)の仮定が少し違うことに注意せよ((1)では$\{F_i\}$の局所有限性，(2)では$\{U_\alpha\}$の局所有限性を仮定する)．(2)は超限帰納法で証明される．この証明で有限帰納法に留めれば(1)が得られるので，(2)のみを証明する．Λを整列しそれをηより小さな順序数αの集合と考え，$\{F_\alpha : \alpha < \eta\}$，$\{U_\alpha : \alpha < \eta\}$に対して定理を証明する．ある$\beta < \eta$があって，各$\gamma < \beta$に対して開集合$V_\gamma$，$F_\gamma \subset V_\gamma \subset \overline{V}_\gamma \subset U_\gamma$が存在し，

$$\{F_\alpha\} \approx \{\overline{V}_\alpha : \alpha \leqq \gamma;\ F_\alpha : \gamma < \alpha < \eta\}$$

となったとする．

$$\mathcal{V}_\beta = \{\overline{V}_\alpha : \alpha < \beta;\ F_\alpha : \beta \leqq \alpha < \eta\}$$

とおけば，$\mathcal{V}_\beta$は$\{U_\alpha\}$を細分するから局所有限であり，また帰納法仮定より$\{F_\alpha\}$と類似である．$\mathcal{V}_\beta$の有限個の元の共通部分でF_βと交わらないものすべてを考え，その和集合をH_βとせよ．$\mathcal{V}_\beta$の局所有限性よりH_βは閉集合でF_βと交わらない．開集合V_βを

$$F_\beta \subset V_\beta \subset \overline{V}_\beta \subset (X - H_\beta) \cap U_\beta$$

のようにとれば，$\{\overline{V}_\alpha : \alpha \leqq \beta;\ F_\alpha : \beta < \alpha < \eta\}$は局所有限で$\{F_\alpha\}$と類似になる．族$\{\overline{V}_\alpha : \alpha < \eta\}$が求めるものである．□

33.4 定理 正規空間Xに対して次は同等である．

(1) Xは族正規である．

(2) $\mathfrak{F} = \{F_\alpha : \alpha \in \Lambda\}$を局所有限な閉集合族でその次数$\operatorname{ord} \mathfrak{F}$が有限なものとすれば，局所有限な開集合族

$$\{U_\alpha : \alpha \in \Lambda\},\ F_\alpha \subset U_\alpha, \qquad \alpha \in \Lambda,$$

が存在する．

(3) AをXの閉集合とし，$\{F_\alpha : \alpha \in \Lambda\}$，$\{U_\alpha : \alpha \in \Lambda\}$をそれぞれ$A$の局所有限な閉および開被覆で$F_\alpha \subset U_\alpha$，$\alpha \in \Lambda$，となるものとすれば，$X$の局所有限な開集合族$\{V_\alpha : \alpha \in \Lambda\}$で$F_\alpha \subset V_\alpha \cap A \subset U_\alpha$，$\alpha \in \Lambda$，となるものが存在する．

(4) AをXの閉集合，$\{U_\alpha : \alpha \in \Lambda\}$を$A$の局所有限な開被覆とすれば，$X$の局所有限な開集合族$\{V_\alpha : \alpha \in \Lambda\}$で$A \subset \bigcup_{\alpha \in \Lambda} V_\alpha$，$A \cap V_\alpha \subset U_\alpha$，$\alpha \in \Lambda$，かつ

$\{V_\alpha \cap A\} \approx \{V_\alpha\} \approx \{\bar{V}_\alpha\} \approx \{U_\alpha\}$ となるものが存在する.

証明　(1)⇒(2)　$\mathrm{ord}\,\mathfrak{F}=n$ とし, n に関する帰納法を使用する. $n=1$ ならば(2)は明らかに正しい. すべての n, $n \leqq m$, に対して(2)が成立するとし, $\mathrm{ord}\,\mathfrak{F}=m+1$ とする. Λ_0 を Λ のすべての有限集合の族とし, $\Gamma_0 \subset \Lambda_0$ を正確に $m+1$ 個の元からなるものとする. $\{\bigcap_{\alpha\in\gamma} F_\alpha : \gamma \in \Gamma_0\}$ は X の疎な閉集合族であり, $n=1$ で(2)は成り立つから, X の局所有限な開集合族

$$\{H_\gamma : \gamma \in \Gamma_0\}, \qquad \bigcap_{\alpha\in\gamma} F_\alpha \subset H_\gamma, \qquad \gamma \in \Gamma_0, \qquad H_\gamma \cap F_\alpha = \phi, \qquad \alpha \notin \gamma,$$

が存在する. $H=\bigcup_{\gamma\in\Gamma_0} H_\gamma$ とおけば, $\{F_\alpha - H : \alpha \in \Lambda\}$ は次数 m であるから, X の局所有限な開集合族 $\{W_\alpha\}$, $F_\alpha - H \subset W_\alpha$, が存在する.

$$U_\alpha = W_\alpha \cup (\bigcup_{\alpha\in\gamma\in\Gamma_0} H_\gamma), \qquad \alpha \in \Lambda,$$

とおけば, $\{U_\alpha : \alpha \in \Lambda\}$ は求めるものである.

(2)⇒(3)　$n=1,2,\cdots$ に対して E_n, H_n をそれぞれ n 個より多くの $\{F_\alpha\}$, $\{U_\alpha\}$ の元に含まれない A の点の集合とする. $E_n \supset H_n$ で $\{E_n\}$ は A の開被覆, $\{H_n\}$ は閉被覆をなす. A は正規空間であるから, 16.6 によって A の星有限な可算閉被覆 $\{B_k\}$ で $\{E_n\}$ の細分となるものが存在する. 33.3(1)より X の星有限な開集合列 $\{T_k\}$, $T_k \supset B_k$, $k=1,2,\cdots$, がとれる. 開集合 T, $A \subset T \subset \bar{T} \subset \bigcup_{k=1}^{\infty} T_k$, をとり, さらに各 k について開集合 G_k を $B_k \subset G_k \subset \bar{G}_k \subset T \cap T_k$ のようにとれ. $\{G_k\}$ は X で局所有限かつ星有限となる. 各 k について X の閉集合族 $\{F_\alpha \cap B_k : \alpha \in \Lambda\}$ は局所有限で有限の次数をもつから, (2)より X の局所有限開集合族

$$\{H_{k,\alpha} : \alpha \in \Lambda\}, \qquad H_{k,\alpha} \supset F_\alpha \cap B_k, \qquad \alpha \in \Lambda, \qquad k=1,2,\cdots,$$

が存在する. 各 $\alpha \in \Lambda$ について X の開集合 W_α, $W_\alpha \cap A = U_\alpha$ をとり,

$$V_\alpha = \bigcup_{k=1}^{\infty} (H_{k,\alpha} \cap G_k) \cap W_\alpha$$

とおけば, $\{V_\alpha : \alpha \in \Lambda\}$ は求めるものである.

(3)⇒(4)　$\{F_\alpha' : \alpha \in \Lambda\}$ を A の閉被覆で $F_\alpha' \subset U_\alpha$, $\alpha \in \Lambda$, となるものとする. Λ_0 を Λ のすべての有限集合の族とし, 各 $\gamma \in \Lambda_0$ について $\bigcap_{\alpha\in\gamma} U_\alpha \neq \phi$ ならば点 $a_\gamma \in \bigcap_{\alpha\in\gamma} U_\alpha$ をとれ.

$$F_\alpha = F_\alpha' \cup (\bigcup_{\gamma\in\Lambda_0}\{a_\gamma\})$$

とおけば，$\{F_\alpha\}$ は A の局所有限閉被覆で，$F_\alpha \subset U_\alpha$，$\alpha\in\Lambda$，かつ $\{F_\alpha\}\approx\{U_\alpha\}$ である．(3)より X の局所有限開集合族 $\{W_\alpha\}$ で $F_\alpha\subset W_\alpha\cap A\subset U_\alpha$ となるものがとれる．33.3(2)より開集合 V_α，$F_\alpha\subset V_\alpha\subset \overline{V}_\alpha\subset W_\alpha$，$\alpha\in\Lambda$，がとれて $\{\overline{V}_\alpha\}\approx\{F_\alpha\}$．したがって

$$\{V_\alpha\cap A\}\approx\{V_\alpha\}\approx\{\overline{V}_\alpha\}\approx\{U_\alpha\}$$

となる．

(4)⇨(1)　$\{F_\alpha : \alpha\in\Lambda\}$ を疎な閉集合族とすれば，$\{F_\alpha\}$ は $A=\bigcup_{\alpha\in\Lambda}F_\alpha$ の局所有限な開被覆となるから(1)は(4)から従う．□

33.5　定理　正規空間 X が族正規かつ可算パラコンパクトとなる必要充分条件は，X の局所有限な任意の閉集合族 $\{F_\alpha : \alpha\in\Lambda\}$ に対して局所有限な開集合族 $\{V_\alpha : \alpha\in\Lambda\}$，$F_\alpha\supset V_\alpha$，$\alpha\in\Lambda$，で $\{F_\alpha\}\approx\{\overline{V}_\alpha\}$ となるものが存在することである．

証明　必要性　$\{V_\alpha\}$ の存在は33.4(2)⇨(3)の証明と同様の方法で得られる．ただそこで可算開被覆 $\{E_n\}$ から星有限細分 $\{B_k\}$ をとるときに使用する $\{E_n\}$ の閉細分 $\{H_n\}$ の存在は可算パラコンパクト性によって保証される(16.10)．33.3より $\{\overline{V}_\alpha\}$ が $\{F_\alpha\}$ と類似になるようにできる．

充分性　X が族正規となることは33.4より従う．$\{F_n\}$ を X の閉集合列で，

$$F_n\supset F_{n+1},\qquad n=1,2,\cdots,\qquad \bigcap_{n=1}^{\infty}F_n=\phi,$$

とすれば，$\{F_n\}$ は局所有限であるから，局所有限な開集合列 $\{U_n\}$，$U_n\supset F_n$，$n=1,2,\cdots$，が存在する．局所有限性より $\bigcap_{n=1}^{\infty}U_n=\phi$ となるから，16.11によって X は可算パラコンパクトである．□

族正規空間はまたBanach空間を拡張手とする空間として特徴付けられる．即ち

33.6　定理(Dowker)　X が族正規となる必要充分条件は，任意の閉集合 A，Banach空間 B に対して任意の連続写像 $f: A\to B$ が X に拡張されることである．

証明　必要性　ρ を B の距離とする．次のような連続写像の列 $g_n: X\to B$, $n=1,2,\cdots$, を構成すればよい．

(1)　$\rho(g_n(x), g_{n-1}(x))<2^{-n+2}$,　　$x\in X$,　$n=2,3,\cdots$

(2)　$\rho(g_n(a), f(a))<2^{-n}$,　　$a\in A$,　$n=1,2,\cdots$

なぜなら，$\{g_n\}$ は一様収束し，B は完備であるから $g(x)=\lim_n g_n(x)$, $x\in X$, で定めた写像 g は f の連続な拡張となるからである．$\{g_n\}$ を構成するために，$\mathcal{U}_n$, $n=1,2,\cdots$, を B の局所有限開被覆でその各元の直径が 2^{-n} を超えないものとする．$f^{-1}\mathcal{U}_n$ は A の局所有限開被覆となるから，33.4(4) より X の局所有限開被覆 $\mathcal{V}_n$ で $\mathcal{V}_n\cap A$ が $f^{-1}\mathcal{U}_n$ を細分するようにとれる($\mathcal{V}_n$ を被覆にとれることは 33.4(4) で得られた族の任意にとった 1 つの元に $X-A$ を加えておけばよい)．$g_0: X\to B$ を任意の定値写像とし，各 $k\leqq n-1$, $n>0$, に対して g_k が(1), (2)をみたすように作られたとする．g_n を次のように作る．

$$\mathcal{W}_n=\mathcal{V}_n\wedge g_{n-1}^{-1}\mathcal{U}_{n-1}$$

とおき($\mathcal{U}_0=\{B\}$)，K_n を $\mathcal{W}_n$ の脈複体，$\phi_n: X\to|K_n|_W$ を正準写像とする．$\mathcal{W}_n=\{W\}$ とし W に対応する K_n の頂点を w と書くことにする．K_n の各頂点 w に対して，$W\cap A=\phi$ ならば $x_w\in W$ をとり $\psi_n(w)=g_{n-1}(x_w)$, $W\cap A\neq\phi$ ならば $a_w\in W\cap A$ をとり $\psi_n(w)=f(a_w)$ と定める．ψ_n を各閉単体に線形に拡張し再びそれを ψ_n で表わせ．ψ_n は勿論連続である．$g_n=\psi_n\phi_n$ とおく．$\{g_i: i=1,\cdots,n\}$ が(1), (2)をみたすことをいえばよい．(1)を示すために，$x\in X$, $x\in W\in\mathcal{W}_n$, $n>1$, とせよ．$\mathcal{W}_n<g_{n-1}^{-1}\mathcal{U}_n$ であるから，任意の $y\in W$ について

$$\rho(g_{n-1}(x), g_{n-1}(y))<2^{-n}$$

となる．$W\cap A\neq\phi$ とせよ．帰納法仮定より

$$\rho(g_{n-1}(a_w), f(a_w))<2^{-n+1}.$$

$\psi_n(w)=f(a_w)$, $a_w\in W\cap A$ であるから

$$\rho(g_{n-1}(x), \psi_n(w))<2^{-n+2}.$$

$W\cap A=\phi$ ならば $\psi_n(w)=g_{n-1}(x_w)$ であるから

$$\rho(g_{n-1}(x), \psi_n(w))<2^{-n}.$$

ゆえにいずれの場合も

$$\rho(g_{n-1}(x), \psi_n(w)) < 2^{-n+2}, \qquad x \in W,$$

が成立する．x の台を s とすれば $\phi_n(x) \in |s|$ で，ψ_n は $|s|$ の各頂点を $g_{n-1}(x)$ の 2^{-n+2} 近傍に写すから，

$$\rho(g_{n-1}(x), \psi_n\phi_n(x)) = \rho(g_{n-1}(x), g_n(x)) < 2^{-n+2}$$

となる．(2)を示すために，$x \in A$ とせよ．$x \in W \in \mathcal{W}_n$ をとれば $\{x\} \cup \{a_w\} \subset W \cap A$ であるから，

$$\rho(f(x), f(a_w)) < 2^{-n}.$$

ゆえに

$$\rho(f(x), \psi_n(w)) < 2^{-n}.$$

ψ_n は x の台 s の各頂点を $f(x)$ の 2^{-n} 近傍に写すから $\rho(f(x), g_n(x)) < 2^{-n}$ となる．

充分性　Λ を集合とし，これを離散位相をもつ空間と考えよ．$B(\Lambda) = C^*(\Lambda, R)$ とおけば $B(\Lambda)$ は Banach 空間となる(9.6参照)．$\alpha \in \Lambda$ と $B(\Lambda)$ の点 x_α, $x_\alpha(\beta) = 0$, $\beta \neq \alpha$, $\beta \in \Lambda$, $x_\alpha(\alpha) = 1$, を同一視して $\Lambda \subset B(\Lambda)$ と考える．$\{F_\alpha : \alpha \in \Lambda\}$ を X の疎な閉集合族とする．$A = \bigcup_{\alpha \in \Lambda} F_\alpha$ は X の閉集合である．$f : A \to B(\Lambda)$ を $f(F_\alpha) = \alpha$, $\alpha \in \Lambda$, によって定めよ．$\tilde{f} : X \to B(\Lambda)$ を f の拡張とすれば，

$$\{\tilde{f}^{-1}(S(\alpha, 1/2)) : \alpha \in \Lambda\}$$

は X の疎な開集合族で各 $\alpha \in \Lambda$ について

$$F_\alpha \subset \tilde{f}^{-1}(S(\alpha, 1/2))$$

となる．ゆえに X は族正規となる．□

今までは閉部分空間 A の局所有限閉被覆 $\{F_\alpha\}$ を開集合族 $\{U_\alpha\}$, $F_\alpha \subset U_\alpha$, に拡張する問題を考えた．次に $\{F_\alpha\}$ を A のある近傍 H の閉被覆 $\{H_\alpha\}$ で $H_\alpha \cap A = F_\alpha$ をみたすものに拡張する問題を考える．まず例から始める．

33.7　例　A を I の非可算積である平行体空間とし，$X = I \times A$ とする．$0_1, 0_a$ をそれぞれ I, A の0点とし

$$F_1 = I \times \{0_a\}, \qquad F_2 = \{0_1\} \times A, \qquad F = F_1 \cup F_2$$

とおく．X の閉集合 H_i, $H_i \cap F = F_i$, $i = 1, 2$, で $H_1 \cup H_2$ が F の近傍となるものは存在しない．なぜなら H_1, H_2 が上の条件をみたせば，各点 $x \in F_2 -$

$\{o\}(o=0_1\times 0_a)$ はその閉包が $X-H_2$ と交わらない近傍をもつから,

$$\mathrm{Cl}_{X-\{o\}}(X-H_2)\cap(F_2-\{o\})=\phi.$$

一方 $X-H_2$ は $F_1-\{o\}$ の $X-\{o\}$ における近傍となるから 32.14(2) より

$$\mathrm{Cl}_{X-\{o\}}(X-H_2)\cap(F_2-\{o\})\neq\phi$$

となり矛盾である. $X-\{o\}$ は正規とならないことに注意せよ.

33.8 補題 X を継承的正規空間, $A\subset X$, $\{F_i : i=1,\cdots,k\}$ を A の閉被覆とすれば, A の近傍 S とその閉被覆

$$\{H_i : i=1,\cdots,k\},\qquad H_i\cap A=F_i,\qquad i=1,\cdots,k,$$

で $\{F_i\}\approx\{H_i\}$ となるものが存在する.

証明 A が閉集合である場合を考慮すればよい. なぜなら, Γ を $\{1,\cdots,k\}$ の部分集合 $\{i_j\}$ で $\bigcap_j F_{i_j}=\phi$ となる全体とし, 各 $\gamma\in\Gamma$ について

$$B_\gamma=\bigcap_{i\in\gamma}\bar{F}_i,\qquad X'=X-\bigcup_{\gamma\in\Gamma}B_\gamma,\qquad A'=\bar{A}\cap X'$$

とおく. X' は A の開近傍であり, A' は X' の閉集合かつ $\{\bar{F}_i\cap X'\}$ は A' の閉被覆で $\{F_i\}$ と類似となる. $X', A', \{\bar{F}_i\cap X'\}$ に対して補題の条件をみたすものを作れば求めるものとなる. これから A を閉集合としてよい. $\mathrm{ord}\{F_i\}$ に関する帰納法を使用する. $\mathrm{ord}\{F_i\}<n$ の場合補題が成立するとし, $\mathrm{ord}\{F_i\}=n$ とする. 33.3 より X の開集合族 $\{V_i\}$ で $V_i\supset F_i$, $i=1,\cdots,k$, かつ $\{\bar{V}_i\}\approx\{F_i\}$ となるものが存在する. $\{1,\cdots,k\}$ の部分集合 $\{i_1,\cdots,i_n\}$ で $\bigcap_{j=1}^n F_{i_j}\neq\phi$ となるものすべての族を $\{s_t : t=1,\cdots,m\}$ とする.

$$F(s_t)=\bigcap_{s_t\ni i}F_i,\qquad G=\bigcup_{t=1}^m F(s_t)$$

とおく. $\{F_i-G : i=1,\cdots,k\}$ は継承的正規空間 $X-G$ の閉集合 $A-G$ の閉被覆でその次数 $<n$ であるから, $A-G$ の $X-G$ における閉近傍 S' とその閉被覆 $\{H_i' : i=1,\cdots,k\}$ で

$$\{H_i'\}\approx\{F_i-G\}\quad かつ\quad H_i'\cap(A-G)=F_i-G,\qquad H_i'\subset V_i,\qquad i=1,\cdots,k,$$

となるものがある.

$$B_t=\overline{(\bigcap_{s_t\ni i}\bar{V}_i)-S'},\qquad t=1,\cdots,m,$$

とし,

$$H_i = (\bigcup_{i \in s_t} B_t) \cup H_i', \quad i = 1, \cdots, k, \quad S = \bigcup_{i=1}^{k} H_i$$

とおく.

$$S = \bigcup_{t=1}^{m} (\bigcap_{s_t \ni i} \overline{V}_i) \cup S'$$

であるから, S は A の閉近傍で $\{H_i\}$ はその閉被覆である. また $B_t \cap A = F(s_t)$ であるから,

$$\begin{aligned} H_i \cap A &= (H_i' \cap A) \cup (\bigcup_{i \in s_t} B_t \cap A) = (F_i - G) \cup (\bigcup_{i \in s_i} F(s_t)) \\ &= (F_i - G) \cup (F_i \cap G) = F_i. \end{aligned}$$

$H_i \subset \overline{V}_i$ であるから $\{H_i\} \approx \{\overline{V}_i\} \approx \{F_i\}$ となる. □

33.9 定理 X を継承的正規かつパラコンパクト空間, A をその閉集合とする. $\{F_\alpha : \alpha \in \Lambda\}$ を A の局所有限閉被覆とすれば, A の閉近傍 S とその局所有限閉被覆 $\{H_\alpha : \alpha \in \Lambda\}$ で $H_\alpha \cap A = F_\alpha$, $\alpha \in \Lambda$, かつ $\{F_\alpha\} \approx \{H_\alpha\}$ となるものが存在する.

証明 X の局所有限な開集合族 $\{V_\alpha : \alpha \in \Lambda\}$ で $F_\alpha \subset V_\alpha$, $\alpha \in \Lambda$, $\{\overline{V}_\alpha\} \approx \{F_\alpha\}$ となるものをとれ(33.5). $\{F_\alpha\}$ は局所有限であるから, X の局所有限な開集合族 $\{U_\pi : \pi \in \Gamma\}$ で次の条件をみたすものがある:

$$A \subset \bigcup_{\pi \in \Gamma} U_\pi, \quad U_\pi \cap A \neq \phi, \quad \pi \in \Gamma,$$

各 $\overline{U}_\pi$ は $\{F_\alpha\}$ の有限個の元とのみ交わる. $\overline{U}_\pi$ は継承的正規で, $\{\overline{U}_\pi \cap F_\alpha : \alpha \in \Lambda\}$ は $\overline{U}_\pi \cap A$ の有限閉被覆であるから, 33.8 より各 $\pi \in \Gamma$ について $\overline{U}_\pi \cap A$ の $\overline{U}_\pi$ における閉近傍 S_π とその有限閉被覆

$$\{S_\pi^\alpha : \alpha \in \Lambda\}, \quad S_\pi^\alpha \cap A = \overline{U}_\pi \cap F_\alpha, \ \alpha \in \Lambda, \quad \{S_\pi^\alpha\} \approx \{U_\pi \cap F_\alpha\},$$

が存在する. $H_\alpha = \bigcup_{\pi \in \Gamma} S_\pi^\alpha$ とせよ.

$$H_\alpha \cap A = F_\alpha, \quad H_\alpha \subset \overline{V}_\alpha, \ \alpha \in \Lambda,$$

であり, $\{H_\alpha\} \approx \{F_\alpha\}$ となる. $S = \bigcup_{\alpha \in \Lambda} H_\alpha$ とおく. S が A の近傍となることをいえばよい. $a \in A$ とせよ. $a \in U_\pi$ をとれば S_π は $\overline{U}_\pi \cap A$ の $\overline{U}_\pi$ における近傍であるから, a の X における開近傍 $W \subset S_\pi \cap U_\pi$ が存在する. F_{α_i}, $i = 1, \cdots, n$,

を a を含む $\{F_\alpha\}$ のすべての元とし,

$$U = W \cap \left(\bigcap_{i=1}^{n} V_{\alpha_i}\right)$$

とおけば, a の近傍 U は S に含まれる. □

§34　$AR(Q)$ 距離空間

34.1　定義　X を空間, A をその部分集合とする. X^* を X と同じ点をもつ集合で次の位相をもつものとする:

$\{$ X の任意開集合 U, $X-A$ の任意部分集合 K について形 $U \cup K$ をもつ X^* の集合は X^* のベースをなす.

X^* を X, A より定まる **Hanner 化**という. 恒等写像 $i: X^* \to X$ は連続である. $A^*=i^{-1}A$ とおけば $i|A^*$ は同相となる. これから A^* と A を同一視することにする. A は X^* で閉集合となることに注意せよ.

本節を通じて空間の族 Q に関して 32.15 の記号を使用する. $\mathcal{PNCN}$ によって完全正規かつ族正規空間の族を表わす.

34.2　補題　$X \in M$, $A \subset X$ とすれば, X, A より定まる Hanner 化 X^* はパラコンパクト T_2 である.

証明　X^* の開被覆 $\mathcal{V}=\{V_\alpha : \alpha \in \Lambda\}$ をとる. $\mathcal{V}$ の Δ 細分の存在をいえばよい.

$$V_\alpha = U_\alpha \cup K_\alpha, \qquad \alpha \in \Lambda,$$

U_α は X の開集合,

$$K_\alpha \subset X-A, \qquad \alpha \in \Lambda,$$

とする(34.1). $H=\bigcup_{\alpha \in \Lambda} U_\alpha$ は距離空間であるから, その開被覆 $\{U_\alpha\}$ は Δ 細分 $\{W_\beta : \beta \in \Gamma\}$ をもつ. このとき W_β, $\beta \in \Gamma$, と $X-H$ の各点からなる集合族は X^* の開被覆で明らかに $\mathcal{V}$ の Δ 細分である. □

34.3　定理　$AR(\mathcal{M})(ANR(\mathcal{M}))$ 空間はつねに $AR(\mathcal{PNCN})(ANR(\mathcal{PNCN}))$ 空間である.

証明　ANR の場合に証明を与える. $Y \in ANR(\mathcal{M})$ とする. 32.19 より $Y \in$

$NES(\mathcal{PNCN})$ をいえばよい．$X\in\mathcal{PNCN}$，A を X の閉集合，$f:A\to Y$ を連続写像とする．32.7 により Y を Banach 空間 B に埋め込むことができる．f の拡張 $\tilde{f}:X\to B$ が存在する(33.6)．X は完全正規であるから，

$$\lambda\in C(X,I),\qquad A=\lambda^{-1}(0),$$

がとれる．

$$E=B\times I-(B-Y)\times\{0\}$$

とおき，$g:X\to E$ を

$$g(x)=(\tilde{f}(x),\lambda(x)),\qquad x\in X,$$

によって定義せよ．$Y\times\{0\}\subset E$ を Y と同一視すれば $g|A=f$ である．Y は E の閉集合でかつ $Y\in ANR(\mathcal{M})$ であるから，Y の E における近傍 W とレトラクション $r:W\to Y$ が存在する．$U=g^{-1}(W)$ とおき，$h:U\to Y$ を $h=rg$ で定義すれば h は f の拡張となる．□

34.4 定理 $Y\in AR(\mathcal{M})(ANR(\mathcal{M}))$ とする．このとき

(1) $Y\in AR(\mathcal{CN})(ANR(\mathcal{CN}))\Leftrightarrow Y$ は絶対 G_δ である．

(2) $Y\in AR(\mathcal{PN})(ANR(\mathcal{PN}))\Leftrightarrow Y$ は可分である．

(3) $Y\in AR(\mathcal{N})(ANR(\mathcal{N}))\Leftrightarrow Y$ は可分かつ絶対 G_δ である．

証明 ANR の場合のみを証明する．[(1)⇒] $Y\in ANR(\mathcal{CN})$ とし，距離空間 M の部分空間とする．Y が M で G_δ 集合となることを示せばよい(28.2, 28.5)．M^* を M,Y で定められた Hanner 化とし，$i:M^*\to M$ を恒等写像とする．M^* は族正規であり(34.2)，Y はその閉集合である．$Y\in ANR(\mathcal{CN})$ であるから，Y の M^* における近傍 U とレトラクション $r:U\to Y$ が存在する．ρ を M の距離とし，$\lambda\in C(U,R)$ を

$$\lambda(x)=\rho(r(x),i(x)),\qquad x\in U,$$

で定義せよ．$Y=\lambda^{-1}(0)$ となるから Y は U で G_δ である．これから U の開集合 W_j，$j=1,2,\cdots$，が存在して $Y=\bigcap_{j=1}^{\infty}W_j$ となる．M^* での位相の定義より，各 j について M の開集合 V_j と $K_j\subset M-Y$ があって $W_j=V_j\cup K_j$ となる．このとき

$$Y = \bigcap_{j=1}^{\infty} W_j = \bigcap_{j=1}^{\infty} (V_j \cup K_j) = \bigcap_{j=1}^{\infty} V_j$$

となるから，Y は M の G_δ 集合となる．

[(1)⇦]　Y を絶対 G_δ とする．$X \in \mathcal{C}\mathcal{N}$，$A$ をその閉集合，$f: A \to Y$ を連続写像とする．f が A のある近傍に拡張されることを示さねばならない．証明は 34.3 と類似に与えられる．B を Y を含む Banach 空間とし，$\tilde{f}: X \to B$ を f の拡張とする(33.6)．Y は B で G_δ となるから B の開集合 W_n，$n=1,2,\cdots$，$\bigcap_{n=1}^{\infty} W_n = Y$，が存在する．$\lambda_n \in C(X, I)$ を $\lambda_n(A)=0$，$\lambda(X-\tilde{f}^{-1}(W_n))=1$ となるようにとり，

$$\lambda = \sum_{n=1}^{\infty} \frac{1}{2^n} \lambda_n$$

とおく．$A \subset \lambda^{-1}(0)$ となる．$g: X \to B \times I - (B-Y) \times \{0\}$ を

$$g(x) = (\tilde{f}(x), \lambda(x)), \qquad x \in X,$$

によって定義せよ．これから先の証明は 34.3 と全く同様に運ばれる．

(2)　$Y \in ANR(\mathcal{P}\mathcal{N})$ かつ Y は可分でないとする．P を Y の離散集合で $|P| > \aleph_0$ となるものとする．33.1 より族正規でない完全正規空間 X とその離散閉集合 X_0 で $|X_0| = |P|$ となるものが存在する．$f: X_0 \to P$ を 1:1 上への写像とする．f は $\tilde{f}: X \to Y$ に拡張できるが，これは X_0 の各点が疎な近傍で分離できることになり，33.1 に反する．逆に Y を可分とせよ．Y は Hilbert 基本立方体 I^ω に埋め込まれる(12.14)．Urysohn の定理より $I^\omega \in ES(\mathcal{N})$．これから先の証明は，Banach 空間を I^ω と置換えるだけで 34.3 と全く同様である．

(3)　$Y \in ANR(\mathcal{N})$ とすれば(2)より Y は可分である．$Y \subset I^\omega$ と考えれば，[(1)⇨] の証明で B を I^ω と置換えるだけで全く同様に Y が I^ω の G_δ 集合であることが示される．逆に Y が可分かつ絶対 G_δ ならば，B を I^ω に置換えれば [(1)⇦] と同じ方法で $Y \in ANR(\mathcal{N})$ が示される．□

34.5　定理　(1)　$AR(\mathcal{M})$ 空間 Y が $AR(\mathcal{T})$ 空間となる必要充分条件は，Y がコンパクトとなることである．

(2)　$ANR(\mathcal{M})$ 空間 Y が $ANR(\mathcal{T})$ 空間となる必要充分条件は，Y が可分か

つ局所コンパクトとなることである.

証明 (2)のみを証明する. (1)はほとんど同じ方法でたやすく証明される.

充分性 Y を可分かつ局所コンパクトとする. X を Y を閉集合として含む完全正則空間とする. Xをある平行体空間Tに埋め込め. Y の T における近傍 U とレトラクション $r:U\to Y$ の存在をいえばよい. なぜなら $r|U\cap X:U\cap X\to Y$ はレトラクションとなるからである. まずYがコンパクトであるとせよ. 34.4(3)より $Y\in ANR(\mathfrak{N})$ でありまた $T\in\mathfrak{N}$ であるから, Y は T の近傍レトラクトとなる. 次にYはコンパクトでないとせよ. $\overline{Y}$ を T での Y の閉包とする. cY を Y の Alexandroff コンパクト化とせよ. cY は完全可分となるからコンパクト距離空間である. $cY\subset I^{\omega}$ と考えよ. $\overline{Y}$ は Y のコンパクト化であり, cY は最小のコンパクト化であるから射影 $f:\overline{Y}\to cY$ が存在する. $y_0=f(\overline{Y}-Y)$ とせよ. $I^{\omega}\in ES(\mathfrak{N})$ であるから f は $\tilde{f}:T\to I^{\omega}$ に拡張される. Y は $I^{\omega}-\{y_0\}$ の閉集合でありまた $Y\in ANR(\mathcal{M})$ であるから, $I^{\omega}-\{y_0\}$ における Y の近傍Wとレトラクション$r:W\to Y$ が存在する. $U=\tilde{f}^{-1}(W)$ は Y の T における近傍である. このとき $r\tilde{f}:U\to Y$ はレトラクションとなる.

必要性 Y を I^{ω} に埋め込め. T を I の非可算積である平行体空間とする. o をすべての座標が 0 となる T の点とせよ.

$$E=(Y\times\{o\})\cup(I^{\omega}\times(T-\{o\}))$$

とおけば, E は $Y\times\{o\}$ を閉集合として含む完全正則空間である. $Y\in ANR(\mathfrak{T})$ であるから, $Y\times\{o\}$ の E における近傍 V とレトラクション $r:V\to Y\times\{o\}$ が存在する. Y が局所コンパクトでないとせよ. Y におけるその任意の近傍がコンパクトとならない点 $y_0\in Y$ が存在する. y_0 の I^{ω} での閉近傍 H と o の T における近傍 W があって $(y_0,o)\in(H\times W)\cap E\subset V$ となる. $H\cap Y$ はコンパクトでない. H はコンパクトであるから, 点 $p\in\overline{H\cap Y}-Y$ が存在する. $\{p\}\times(W-\{o\})\subset V$ となる. この点 p の存在が矛盾を導くことを示そう. ρ を I^{ω} の距離とし, $n>0$ に対して

$$U_n=\{y\in Y:P(p,y)<1/n\}$$

とおく. $p\notin Y$ であるから $\bigcap_{n=1}^{\infty}U_n=\phi$ である. $p_n\in U_n$ をとれば $\{p_n\}$ は p に収束

する．$V_n=r^{-1}(U_n\times\{o\})$ とおく．$(p_n, o)\in V_n$ であるから，T における o の近傍 W_n があって $\{p_n\}\times W_n\subset V_n$ である．T は I の非可算積であり，W, W_n，$n=1,2,\cdots$，は o の T における近傍であるから，T のある座標空間 I_λ があって $\tilde{I}_\lambda$ を λ 座標以外の座標が 0 となる T の部分集合とすれば$(\tilde{I}_\lambda=I_\lambda\times\prod_{\mu\neq\lambda}\{0_\mu\}$ の形をもつ)，$\tilde{I}_\lambda\subset W\cap(\bigcap_{i=1}^{\infty}W_n)$ となる(32.14(2)の証明参照)．これから，

$$\{p\}\times(\tilde{I}_\lambda-\{o\})\subset V \quad \text{かつ} \quad r(\{p_n\}\times\tilde{I}_\lambda)\subset r(V_n)\subset U_n\times\{o\}$$

となる．$m\geqq n$ ならば $U_m\subset U_n$ であるから $r(\{p_m\}\times\tilde{I}_\lambda)\subset U_n\times\{o\}$．

$$\{p\}\times\tilde{I}_\lambda\subset\overline{\bigcup_{m=n}^{\infty}\{p_m\}\times\tilde{I}_\lambda}$$

であるから，

$$r(\{p\}\times(\tilde{I}_\lambda-\{o\}))\subset \mathrm{Cl}_Y\, U_n\times\{o\},$$

すなわち $\bigcap_{n=1}^{\infty}\mathrm{Cl}_Y\, U_n\neq\phi$ となる．しかし $\mathrm{Cl}_Y\, U_n\subset U_{n-1}$ であるから，これは $\bigcap_n U_n\times\{o\}=\phi$ に反する．□

本節の最後に種々の応用をもつ次の定理を述べておく．これは**ホモトピー拡張定理**とよばれる．

34.6 定理(Borsuk) Q を閉集合に対して継承的な空間の族，X を正規空間で $X\times I\in Q$ となるものとし，A を X の閉集合とする．$Y\in NES(Q)$ とし $H: A\times I\to Y$ を連続写像とせよ．このとき，写像 $f=H|A\times\{0\}$ が拡張 $\tilde{f}: X\times\{0\}\to Y$ をもつならば，H の拡張 $\tilde{H}: X\times I\to Y$ で $\tilde{H}|X\times\{0\}=\tilde{f}$ となるものが存在する．

証明 $H_1: X\times\{0\}\cup A\times I\to Y$ を

$$H_1|X\times\{0\}=\tilde{f}, \qquad H_1|A\times I=H$$

によって定義せよ．$X\times\{0\}\cup A\times I$ は $X\times I$ の閉集合であるから Q に属し，これから $X\times\{0\}\cup A\times I$ の $X\times I$ における開近傍 W と H_1 の拡張 $H_2: W\to Y$ が存在する．A の X における開近傍 U を $U\times I\subset W$ となるようにとれ．X は正規であるから，

$$\lambda\in C(X, I), \qquad \lambda(A)=0, \qquad \lambda(X-U)=1,$$

が存在する．$\tilde{H}: X\times I\to Y$ を

$$\tilde{H}(x,t)=H_2(x,t\cdot\lambda(x)),\qquad (x,t)\in X\times I,$$

によって定めよ．$\tilde{H}$ が求める H の拡張である．□

Q が $\mathfrak{N}, \mathfrak{PN}, \mathcal{CN}, \mathfrak{P}, \mathcal{M}, \mathcal{SM}$ の1つの族ならば，34.6で Y を $ANR(Q)$ で置換えてもよい(32.19)．34.6が成立するとき，Y は X に対して**ホモトピー拡張性をもつ**という．

§35　複体と拡張手

35.1　定理　弱位相をもつ単体的複体は $NES(\mathcal{M})$ 空間である．

各閉単体は $ES(\mathfrak{N})$ 空間であるから勿論 $NES(\mathcal{M})$ 空間である．これから35.1は次の定理の結果である．

35.2　定理(Kodama)　空間 X はその閉被覆 $\{F_\alpha:\alpha\in\Lambda\}$ に関して Whitehead 弱位相をもつとする．$\{F_\alpha\}$ の任意有限個 F_{α_i}, $i=1,\cdots,n$, について $\bigcap_{i=1}^{n}F_{\alpha_i}\in NES(\mathcal{M})$ ならば，$X\in NES(\mathcal{M})$ である．

次の補題の証明から始める．

35.3　補題　Q を継承的正規空間のある族で各 $Y\in Q$ に対して任意 $B\subset Y$ がまた Q に属するものとする．$\{A_i:i=1,\cdots,k\}$ を X の閉被覆で，各 $\{i_1,\cdots,i_m\}\subset\{1,\cdots,k\}$ に対して

$$\bigcap_{j=1}^{m}A_{i_j}\in NES(Q)$$

とする．$Y\in Q$, B を Y の閉集合，$f:B\to X$ を連続写像とせよ．$\{Y_i:i=1,\cdots,k\}$ を Y の閉被覆で各 $i=1,\cdots,k$ について

$$f(Y_i\cap B)\subset A_i$$

となるものとする．このとき，B の閉近傍 S と f の S への拡張 $\tilde{f}$ が存在して

$$\tilde{f}(S\cap Y_i)\subset A_i,\qquad i=1,\cdots,k,$$

となる．

証明　まず $\{Y_i\}\approx\{Y_i\cap B\}$ と仮定してよい．なぜなら $\{Y_i\cap B\}$ は正規空間 Y の閉集合族であるから $Y_i\cap B$ の閉近傍 H_i が存在して $\{H_i\}\approx\{Y_i\cap B\}$ となる．$\bigcup_{i=1}^{k}H_i$ は B の閉近傍となるから，Y を $\bigcup_i H_i$, Y_i を $H_i\cap Y_i$ で置換えて補

題を示せばよい．ord$\{Y_i-B\}$ に関する帰納法で証明を与える．ord$\{Y_i-B\}$ $\leqq 1$ とせよ．

$$f(Y_i\cap B)\subset A_i, \qquad A_i\in NES(Q)$$

であるから，$f|Y_i\cap B: Y_i\cap B\to A_i$ は Y_i における $Y_i\cap B$ の近傍 H_i へ拡張 $\tilde{f}_i$ をもつ．$S=\bigcup_{i=1}^{k}H_i$ とおき $\tilde{f}: S\to X$ を $\tilde{f}|H_i=\tilde{f}_i$, $\tilde{f}|B=f$ によって定義すれば求める拡張が得られる．ord$\{Y_i-B\}<n$ のとき補題が成立すると仮定し，ord$\{Y_i-B\}=n$ の場合を考えよ．$\{1,\cdots,k\}$ の部分集合 $\{i_1,\cdots,i_n\}$ で $\bigcap_{j=1}^{n}(Y_{i_j}-B)\neq\phi$ となるすべての族を $\{s_t: t=1,\cdots,p\}$ とする．$F(s_t)=\bigcap_{s_t\ni i}Y_i$ とおく．$\{F(s_t)-B: t=1,\cdots,p\}$ は素な族である．

$$f(F(s_t)\cap B)\subset\bigcap_{s_t\ni i}A_i, \qquad \bigcap_{s_t\ni i}A_i\in NES(Q)$$

であるから $F(s_t)$ における $F(s_t)\cap B$ の閉近傍 H_t と

$$f|F(s_t)\cap B: F(s_t)\cap B\to\bigcap_{s_t\ni i}A_i$$

の H_t への拡張 $\tilde{f}_t$ が存在する．

$$Y'=Y-\bigcup_{t=1}^{p}(F(s_t)-H_t)$$

とおけば，Y' は B の Y における近傍である．

$$B'=\left(\bigcup_{t=1}^{p}H_t\right)\cup B$$

とおき，$g: B'\to X$ を

$$g|B=f, \qquad g|H_t=\tilde{f}_t$$

によって定義せよ．$Y'\in Q$, B' は Y' の閉集合であり，また $\{Y_i\cap Y': i=1,\cdots,k\}$ は Y' の閉被覆で各 i について $g(Y_i\cap Y')\subset A_i$ が成立する．さらに ord$\{Y_i\cap Y'-B'\}<n$ となる．帰納法仮定により，Y' における B' の閉近傍 S' と g の s' への拡張 $\tilde{g}$ で各 i について $\tilde{g}(S'\cap Y_i)\subset A_i$ となるものがある．今 B の Y における閉近傍 S で S' に含まれるものをとれば，S と $\tilde{g}|S$ は補題の条件をみたす．□

35.2の証明　Y を距離空間，A をその閉集合，$f: A\to X$ を連続写像とする．f が A のある近傍に拡張されることを示さねばならない．A を整列して順序数

η より小さいすべての順序数 α の集合と考えることができる．$A_\alpha=f^{-1}(F_\alpha)$, $\alpha<\eta$, とし $B_\alpha=\overline{A_\alpha-\bigcup_{\beta<\alpha}A_\beta}$ とおく．まず次のことを示そう．

(1)　$\{B_\alpha:\alpha<\eta\}$ は A の局所有限な閉被覆である．

局所有限性を示せばよい．ある $\tau<\eta$ に対して，各 $\theta<\tau$ について $\{B_\alpha:\alpha\leqq\theta\}$ が局所有限であると仮定する．$\{B_\alpha:\alpha\leqq\tau\}$ の局所有限性を示せば，帰納法により(1)が示されたことになる．

$$\{B_\alpha:\alpha<\tau\}\cup\{B_\tau\}=\{B_\alpha:\alpha\leqq\tau\}$$

であるから $\{B_\alpha:\alpha<\tau\}$ の局所有限性をいえばよい．

$$\bigcup_{\alpha<\tau}B_\alpha=\bigcup_{\alpha<\tau}A_\alpha=f^{-1}(\bigcup_{\alpha<\tau}F_\alpha)$$

は閉集合であるから，各点 $p\in\bigcup_{\alpha<\tau}B_\alpha$ での $\{B_\alpha:\alpha<\tau\}$ の局所有限性をいえばよい．$p\in\bigcup_{\alpha<\tau}B_\alpha$ の各近傍が $\{B_\alpha:\alpha<\tau\}$ の無限個の元と交わると仮定する．$p\in B_\beta$ となる最小の $\beta<\tau$ をとる．$\bigcup_{\alpha<\beta}B_\alpha$ は閉集合であるから，p に収束する点列 $\{p_k\}$, $p_k\in B_{\beta_k}$, $\beta<\beta_k<\beta_{k+1}<\tau$, $k=1,2,\cdots$, が存在する．

$$B_{\beta_k}=\overline{A_{\beta_k}-\bigcup_{\alpha<\beta_k}A_\alpha}$$

であるから，各 k について p_k に収束する点列

$$\{p_k{}^j:j=1,2,\cdots\},\qquad p_k{}^j\in A_{\beta_k}-\bigcup_{\alpha<\beta_k}A_\alpha,$$

がとれる．各 k について j_k を選んで $\{p_k{}^{j_k}:k=1,2,\cdots\}$ が p に収束するようにできる．$f(p)\in F_\beta$ でありまた $f(p_k{}^{j_k})\in F_{\beta_k}-\bigcup_{\alpha<\beta_k}F_\alpha$ であるから，$f(p)$, $f(p_k{}^{j_k})$ はすべて異なる．

$$F=\bigcup_{k=1}^{\infty}F_{\beta_k},\qquad B=\{f(p_k{}^{j_k}):k=1,2,\cdots\}$$

とおく．各 k について

$$F_{\beta_k}\cap B\subset\bigcup_{i=1}^{k}f(p_i{}^{j_i})$$

であるから，Whitehead 弱位相の定義により B は F の閉集合，従って X の閉集合となる．しかし f の連続性より $f(p)\in\bar{B}=B$ とならねばならない．$f(p)\notin B$ であるから矛盾が生じた．これから(1)が成立する．

証明を完成するために，A の閉近傍 S，その閉被覆 $\{S_\alpha:\alpha<\eta\}$ で $S_\alpha\cap A=$

B_α, $\{S_\alpha\}\approx\{B_\alpha\}$ となるものをとる(これは 33.9 より可能である). S の局所有限な開被覆 $\{V_\pi\}$ で各 $\bar{V}_\pi$ が $\{S_\alpha\}$ の高々有限個の元としか交わらないものが存在する. $f(\bar{V}_\pi\cap A)$ は $\{F_\alpha\}$ の有限個の和に含まれるから, 35.3 を適用することによって $\bar{V}_\pi$ における $\bar{V}_\pi\cap A$ の近傍 M_π への $f|\bar{V}_\pi\cap A$ の拡張 f_π を

$$f_\pi(S_\alpha\cap M_\pi)\subset F_\alpha,\qquad \alpha\in\Lambda,$$

となるように作ることができる. 更に前以って $\{\bar{V}_\pi\}$ を整列しておけば, 35.3 を反復適用することによって任意の π,π' に対して

$$f_\pi|M_\pi\cap M_{\pi'}=f_{\pi'}|M_\pi\cap M_{\pi'}$$

となるように $\{f_\pi\}$ を構成できる. $M=\bigcup_\pi M_\pi$ とおき, $\tilde{f}:M\to X$ を $\tilde{f}|M_\pi=f_\pi$ によって定義すれば, $\tilde{f}$ は f の拡張になる. M が A の近傍となることは 33.9 と同様に示される. □

35.4 定義 空間 X は, 恒等写像 $1_X:X\to X$ とある定値写像 $g:X\to X$, $g(X)=1$ 点, がホモトープとなるとき, **可縮**(contractible)といわれる.

例えばノルム空間や Banach 空間の凸集合はすべて可縮である. なぜなら X をノルム空間の凸集合, $x_0\in X$ とし, $H:X\times I\to X$ を

$$H(x,t)=(1-t)x+tx_0$$

と定義すれば, H は 1_X と定値写像 g, $g(X)=x_0$, を結ぶホモトピーである. これから, 閉あるいは開単体, Euclid 空間, Hilbert 空間等は可縮となる.

35.5 命題 Q を $\mathcal{N},\mathcal{PN},\mathcal{CN},\mathcal{P},\mathcal{M},\mathcal{SM}$ の族の 1 つとせよ. パラコンパクト T_2 空間 X が $AR(Q)$ に属する必要充分条件は, $X\in ANR(Q)$ かつ X が可縮となることである.

証明 必要性 $X\in\mathcal{P}$ であるから $X\times I\in Q$ である. $A=X\times\{0\}\cup X\times\{1\}$ として $h:A\to X$ を

$$h(x,0)=x,\ \ x\in X,\qquad h(X\times\{1\})=1\text{ 点},$$

と定めれば, 32.19 より X は $ES(Q)$ であるから h の拡張 $H:X\times I\to X$ が存在する. これから X は可縮となる.

充分性 X を可縮な $ANR(Q)$ とせよ. X が $ES(Q)$ となることを示せばよい. ホモトピー $H:X\times I\to X$, $H(x,0)=x$, $x\in X$, $H(X\times\{1\})=1$ 点, が存在する.

$Y\in Q$, B を Y の閉集合, $f:B\to X$ を連続写像とせよ. $X\in NES(Q)$ であるから, f は B の近傍 U への拡張 $\tilde{f}$ をもつ. $\lambda\in C(Y,I)$ を $\lambda(B)=0$, $\lambda(X-U)=1$ となるものとし, $g:Y\to X$ を

$$g(y)=H(\tilde{f}(y),\lambda(y)),\qquad y\in Y,$$

によって定めれば g は f の拡張となる. □

35.6 定義 K を複体とする. K はその頂点の任意有限個が K の単体を張るとき, **満ちた**複体とよばれる.

1つの単体とその辺単体のみからなる複体は満ちている. 任意の複体 K はある満ちた複体 $\tilde{K}$ の部分複体となる. なぜなら, V を K の頂点の集合とし, 同じ集合 V を頂点の集合とする複体 $\tilde{K}$ を V のすべての有限集合がその単体を張るように定めれば, $\tilde{K}$ は満ちた複体で K を含む.

35.7 定理 K を満ちた複体とすれば, $|K|_W\in ES(\mathscr{M})$, $|K|\in AR(\mathscr{M})$ となる.

証明 $|K|_W$ は明らかに可縮でありまた35.1より $NES(\mathscr{M})$ である. 35.5の充分性の証明は, 可縮な $NES(\mathscr{M})$ 空間が $ES(\mathscr{M})$ 空間となることを示している. ゆえに $|K|_W\in ES(\mathscr{M})$. 次に $|K|\in AR(\mathscr{M})$ を示すために, $V=\{v\}$ を K の頂点の集合とする. $B(V)$ を $C^*(V)$ の元 t で $\sum_{v\in V}|t(v)|<\infty$ となるものすべての集合とする. $t\in B(V)$ のノルムを $\|t\|=\sum_{v\in V}|t(v)|$ と定めれば $B(V)$ は Banach 空間となる. 各 $x\in|K|$ について $f(x)$ を

$$f(x)(v)=x(v),\qquad v\in V,$$

で定まる $B(V)$ の点とすれば, 写像 $f:|K|\to B(V)$ は等距離である. これから f は埋め込みとなり, K が満ちた複体であることから $f(|K|)$ は $B(V)$ の凸集合となる. これから32.10によって $|K|\in AR(\mathscr{M})$ となる. □

35.8 定理 任意の複体 $|K|$ は $ANR(\mathscr{M})$ 空間である.

証明 K はある満ちた複体 L に含まれるから, 35.7によって次のことを示せばよい.

(1) K が L の部分複体ならば, $|K|$ は $|L|$ の近傍レトラクトである.

必要ならば, K, L をその重心細分で置換えてよいから(31.12), その各頂点

が K にある L の単体は K に属すると仮定してよい．$\{v\}$ を K の頂点の集合とし，$\pi: |L| \to I$ を

$$\pi(x) = \sum_{v \in L} x(v), \qquad x \in |L|,$$

と定めよ（$x(v)$ は x の重心座標）．$x, y \in |L|$ ならば

$$|\pi(x) - \pi(y)| \leqq \sum_{v \in K} |x(v) - y(v)| \leqq d(x, y)$$

となるから，π は連続である（d は $|L|$ の距離）．

$$U = \{x \in |L| : \pi(x) > 0\}$$

とおき，$r: U \to |K|$ を

$$r(x)(v) = x(v)/\pi(x), \qquad v \in L : r(x)(v) = 0, \qquad v \notin L,$$

によって定めよ．各 v について $x \to r(x)(v)$ は連続であるから 31.8 より r は連続となる．$x \in |K|$ ならば $\pi(x)=1$ であるから $r(x)=x$．これから r はレトラクションとなる．□

35.9 定理 $|K|$ が絶対 G_δ となる必要充分条件は，K が満ちた無限部分複体を含まないことである．

証明 必要性 K が満ちた無限部分複体 L を含みかつ $|K|$ が絶対 G_δ となったとする．$|K|$ の完備な距離を d とする．L の単体の列 s_i, $s_i \subsetneqq s_{i+1}$, $i = 1, 2, \cdots$, をとり，点列 $x_i \in |s_i| - |\dot{s}_i|$ を

$$d(x_i, x_{i+1}) < \frac{1}{3} d(x_i, |K| - \mathrm{St}(s_i)), \qquad i = 1, 2, \cdots,$$

となるように選べ．これは，$|s_i| \subset |\dot{s}_{i+1}|$ となるから帰納的に選び得る．

$$x_{i-1} \in |s_{i-1}| \subset |K| - \mathrm{St}(s_i)$$

となるから

$$d(x_i, x_{i+1}) < \frac{1}{3} d(x_{i-1}, x_i), \qquad i = 2, 3, \cdots.$$

これから $\{x_i\}$ は Cauchy 列となる．この極限点を x とせよ．s を x の台とする．

$$d(x_i, x) \leqq \sum_{j=i}^{\infty} d(x_j, x_{j+1}) < \frac{3}{2} d(x_i, x_{i+1}) < \frac{1}{2} d(x_i, |K| - \mathrm{St}(s_i))$$

となるから，$x \in \mathrm{St}(s_i)$．これから s_i は s の辺単体でなければならない．これ

は明らかに矛盾である.

充分性　$|K|$ が絶対 G_δ でないとする. 28.2, 28.5 より $|K|$ を含む距離空間 X があって $|K|$ はその中で G_δ でない. ρ を X の距離とせよ. 各 $s\in K$ に対して

$$U_s=\{x\in X:\rho(x,|s|-|\dot{s}|)<\rho(x,|K|-\mathrm{St}(s))\}$$

とおく. $|s|-|\dot{s}|\subset U_s$ である. 定義から明らかに $U_s\cap U_{s'}\neq\phi$, $s,s'\in K$, ならば $s\prec s'$ または $s'\prec s$ となる. 各 $s\in K$ に対して

$$V_i^s=\{x\in U_s:\rho(x,|s|-|\dot{s}|)<1/i\},\qquad i=1,2,\cdots,$$

とおき, $V_i=\bigcup_{s\in K}V_i^s$ とせよ. V_i は $|K|$ の X における開近傍である. $|K|$ は G_δ でないから, 点 $x_0\in\bigcap_{i=1}^{\infty}V_i-|K|$ が存在する. 各 $s\in K$ について $|s|$ はコンパクトであるから $\rho(x_0,|s|)>0$. これから充分大きな i について $x_0\notin V_i^s$ となる. $x_0\in\bigcap_{i=1}^{\infty}V_i$ より x_0 はある $V_i^{s'}$ に含まれる. ゆえに $x_0\in U_{s_j}$ となる無限列 $\{U_{s_j}\}$ が存在することになる. この列の異なる元 U_{s_j}, U_{s_k} をとれば, $U_{s_j}\cap U_{s_k}\neq\phi$ であるから $s_j\lneqq s_k$ または $s_k\lneqq s_j$ が成り立つ. これから $\{s_j\}$ とその辺単体すべての族は K の満ちた無限部分複体を構成する. □

35.10　定理　K を複体とする.

(1)　$|K|\in ANR(\mathcal{PNCN})$

(2)　$|K|\in ANR(\mathcal{CN})\Leftrightarrow K$ は満ちた無限部分複体を含まない.

(3)　$|K|\in ANR(\mathcal{PN})\Leftrightarrow K$ は可算複体である.

(4)　$|K|\in ANR(\mathcal{N})\Leftrightarrow K$ は可算複体でかつ満ちた無限部分複体を含まない.

(5)　$|K|\in ANR(\mathcal{T})\Leftrightarrow K$ は可算かつ局所有限複体である.

これは35.8, 34.3, 34.4, 34.5, 35.9, 6.C の結果である.

35.11　問題　弱位相をもつ複体 $|K|_W$ は $ANR(\mathcal{PNP})$ であるか. ここで $\mathcal{PNP}$ は完全正規パラコンパクト空間の族である.

演　習　問　題

6.A　X をコンパクト距離空間とすれば, すべての X から X への等距離写像は上へ

の写像である.

ヒント 等距離写像 $f: X \to X$ について $x_0 \in X - f(X)$ があれば $\{x_0, f(x_0), f(f(x_0)), \cdots\}$ は疎な集合となる.

6.B 連続写像 $f: X \to Y$ は，連続写像 $g: Y \to X$ が存在して，$gf \sim 1_X$ かつ $fg \sim 1_Y$ となるとき，**ホモトピー同値**といわれる．ホモトピー同値 f が存在するとき，X と Y は**同じホモトピー型**をもつという．任意の複体 K について恒等写像 $i: |K|_W \to |K|$ はホモトピー同値となることを示せ.

ヒント $|K|$ の単体 $|s|$ の重心を b_s とする．2 次重心細分 $\mathrm{Sd}^2 K$ をとり，各 b_s, $s \in K$, における $\mathrm{Sd}^2 K$ に関する星型集合を $\mathrm{St}(b_s)$ と書く．$|K|$ の閉被覆 $\{\overline{\mathrm{St}(b_s)} : s \in K\}$ を考え（この被覆が局所有限であることに注意して），$f: |K| \to |K_W|$ を $f(\overline{\mathrm{St}(b_s)}) \subset |s|$ となるように構成せよ．$fi \sim 1_{|K|_W}$, $if \sim 1_{|K|}$ となる.

6.C $i: |K|_W \to |K|$ が同相となる必要充分条件は次の 1 つである．(1) $|K|_W$ は第 1 可算である，(2) $|K|$ あるいは $|K|_W$ は局所コンパクトである，(3) K は局所有限である.

6.D S^n を $n+2$ 個の頂点からなる複体で，任意 k 個，$k \leqq n+1$，の頂点が単体を張るものとする（S^n の実現は n 球面である）．このとき，任意の複体 K, $\dim K \leqq n$, とその部分複体 L に対して，任意の単体写像 $f: L \to S^n$ は単体写像 $\tilde{f}: K \to S^n$ に拡張される.

ヒント S^n の頂点 v_0 を選び，L の頂点 w を $f(w)$ に，L に属さない頂点 w' を v_0 に写す対応は単体写像となる.

6.E $f: X \to Y$, $g: Y \to X$ を連続写像で $gf = 1_X$ となるものとする．Y が T_2 ならば $f(X)$ は Y の閉集合となる．結果として T_2 空間のレトラクトは閉集合である.

6.F 32.17 の証明を完成せよ，すなわち $Q = \mathcal{PN}, \mathcal{CN}$ のときの証明を与えよ.

6.G X をパラコンパクト T_2 空間，A をその閉集合，$\{U_\alpha : \alpha \in \Lambda\}$ を A の局所有限な開被覆とすれば，X の局所有限な開集合族 $\{V_\alpha : \alpha \in \Lambda\}$ が存在して，$V_\alpha \cap A = U_\alpha$, $\alpha \in \Lambda$, $\{V_\alpha\} \approx \{U_\alpha\}$ となる.

6.H X の部分集合 A は次のようなホモトピー $H: X \times I \to X$ が存在するとき，**強変位レトラクト**(strong deformation retract) といわれる：

$$H(x, 0) = x, \quad H(x, 1) \in A, \quad x \in X,$$
$$H(a, t) = a, \quad (a, t) \in A \times I.$$

H を**変位**という．A がそのある近傍の強変位レトラクトとなるとき，**近傍強変位レトラクト**といわれる．K を複体，L を任意のその部分複体とすれば，$|L|, |L|_W$ はそれぞれ $|K|, |K|_W$ の近傍強変位レトラクトとなる.

ヒント 35.8 の証明参照.

6.I (Dugundji-Kodama) X を距離空間で $\dim X = 0$ となるものとする．X の任意の

閉集合 A は X のレトラクトである.

ヒント　$\dim X=0$ を善用して 32.10 と同じような構成で証明される. 即ち, 32.10 の如く弱位相をもつ複体 P をとり $Y=P\cup A$ を作る. $\dim P=0$ のようにできる. 恒等写像 $f: A\to A$ が $\tilde{f}: Y\to A$ に拡張できることを示せ.

6.J　X をコンパクト $ANR(\mathscr{M})$ 空間とすれば, 任意の $\varepsilon>0$ に対して次の条件をみたす $\eta>0$ が存在する: K を複体, V をその頂点の集合, $f: V\to X$ を各単体 $s\in K$ について $|s|\cap V$ の像が直径 $\delta(f(|s|\cap V))<\eta$ をもつならば, f の拡張 $\tilde{f}: |K|\to X$ (または $|K|_W\to X$) が存在して, 各 $s\in K$ について $\delta(\tilde{f}(|s|))<\varepsilon$ となる.

ヒント　$X\subset I^\omega$ と考えて, X の近傍 W とレトラクション $r: W\to X$ をとれ. 各 $x\in X$ について充分小さい I^ω における凸近傍 V_x で $V_x\subset W$, $\delta(r(V_x))<\varepsilon$ となるものを選び, η を被覆 $\{V_x\cap X: x\in X\}$ の Lebesgue 数とせよ. f が 6.J の条件をみたすならば, $f(|s|\cap V)$ はある V_x に含まれるから f は $|s|$ に線形に拡張される. 各 $s\in K$ についてこれを行なえば拡張 g が得られ, 各 $g(|s|)$ はある V_x に含まれる. $\tilde{f}=rg$ とおけばよい.

6.K　X をコンパクト $ANR(\mathscr{M})$ 空間とすれば, 次の条件をみたす $\eta>0$ が存在する: Y を空間, $f, g: Y\to X$ が $\rho(f(y), g(y))<\eta$, $y\in Y$, をみたす連続写像ならば (ρ は X の距離), f と g を結ぶホモトピー H が存在する. さらに $f(y)=g(y)$ となる $y\in Y$ に対しては $H(y,t)=f(y)$ となるようにできる.

ヒント　$\varepsilon=\infty$ として 6.J のヒントにおける方法を使用せよ. X の各点 x で 6.J における近傍 V_x をとり $\{V_x\cap X\}$ の Lebesgue 数を η とすればよい. 各 $y\in Y$ について $\{f(y)\}\cup\{g(y)\}$ はある V_x に含まれるから $\{y\}\times I$ へ線形に拡張され, $H': Y\times I\to W$ が得られる. $H=rH'$ とおけばよい.

6.L　X をコンパクト $ANR(\mathscr{M})$ 空間, Y をコンパクト T_2 空間, $f: Y\to X$ を連続写像とせよ. 任意の $\varepsilon>0$ に対して, 複体 $|K|$, 連続写像 $\phi: Y\to|K|$, $\psi: |K|\to X$ が存在して $\rho(f(y), \psi\phi(y))<\varepsilon$, $y\in Y$, かつ $f\sim\psi\phi$ となる. ϕ は上への写像となるようにとり得る.

ヒント　6.K の η を ε_1 とし, 与えられた ε に対し $\varepsilon_2=1/2\min(\varepsilon, \varepsilon_1)$ とおく. ξ を ε_2 に対して 6.J により存在する正数とせよ. $\mathcal{U}$ を Y の有限開被覆で各 $U\in\mathcal{U}$ について $\delta(f(U))<\xi/2$ となるものとし (δ は直径), K を $\mathcal{U}$ の脈複体, $\phi: Y\to|K|$ を正準写像とする. K の頂点について対応する $U\in\mathcal{U}$ の点 y_u を選び $\psi'(u)=f(u)$ とおく. 各 $s\in K$ について $|s|$ の頂点の集合の ψ' による像は直径 $<\xi$ をもつ. 6.J より ψ' の拡張

$$\psi: |K|\to X, \quad \delta(\psi(|s|))<\varepsilon_2, \quad s\in K,$$

が存在する. 各 $y\in Y$ について

$$\rho(f(y), \psi\phi(y))<\eta+\varepsilon_2\leqq 2\varepsilon_2=\min(\varepsilon, \varepsilon_1).$$

ϕ が上への写像にできることをいうために, $|s|$ を $|K|$ の**主単体**(他の異なる単体の辺単

体とならない単体)とし，$\phi(\phi^{-1}(|s|))\subsetneqq|s|$ とする．点

$$p\in|s|-|\dot{s}|\cup\phi(\phi^{-1}(|s|))$$

が存在する．$|\dot{s}|$ は $|s|-\{p\}$ のレトラクトとなるからレトラクションを $r:|s|-\{p\}\to|\dot{s}|$ とし，$\phi':Y\to|K|$ を $\phi^{-1}(|K|-|s|)$ 上で ϕ，$\phi^{-1}(|s|)$ 上で $r\phi$ によって定義すれば ϕ' は連続で $\phi'(Y)\cap(|s|-|\dot{s}|)=\phi$ となる．この操作を Y の像に含まれない単体に次々と行なえば，$|K|$ は有限であるからその部分複体 $|L|$ と上への写像 $\tilde{\phi}:Y\to|L|$ が得られる．$\tilde{\varphi}=\varphi\Big|\,|L|$ とおけば，$\tilde{\phi},\tilde{\varphi},|L|$ は求めるものである．

6.M X を空間，$A\subset X$ とする．ホモトピー $H:A\times I\to X$，$H(a,0)=a$，$H(a,1)=x_0$ (X の1点)，$a\in A$，が存在するとき，A は **X で可縮である**という．X は各点 x の任意の近傍 U に対して U で可縮となる x の近傍 V が存在するとき，**局所可縮**といわれる．$\mathcal{Q}$ が $\mathcal{N},\mathcal{PN},\mathcal{CN},\mathcal{P},\mathcal{M},\mathcal{SM}$ の族の1つのとき，$ANR(\mathcal{Q})$ 空間は局所可縮である．

ヒント　35.3参照．

6.N A は X で可縮であるとする．任意の閉単体 $|s|$ に対して連続写像 $f:|\dot{s}|\to A$ は拡張 $\tilde{f}:|s|\to X$ をもつ．

ヒント　$H:A\times I\to X$ を可縮性を示すホモトピーとする．$p\in|s|-|\dot{s}|$ をとれ．$|s|$ の各点 x は $|\dot{s}|$ の点 y と $t\in I$ によって $x=(1-t)y+tp$ と表わされる．この表現を用いて $\tilde{f}(x)=H(f(y),t)$ と定義すればよい．

6.O X を局所可縮なパラコンパクト T_2 空間，$|K|_W$ を有限次元の弱位相をもつ複体とする．X の任意の開被覆 $\mathcal{U}$ に対して次の条件をみたす開被覆 $\mathcal{V}$ が存在する：V を K の頂点の集合，$f:V\to X$ を各 $s\in K$ について $f(|s|\cap V)$ がある $\mathcal{V}$ の元に含まれるような写像とすれば，f は拡張 $\tilde{f}:|K|_W\to X$ をもつ．各 $s\in K$ について $\tilde{f}(|s|)$ は $\mathcal{U}$ のある元に含まれる．

ヒント　$\dim K$ の帰納法を使用せよ．$\mathcal{V}$ を $\mathcal{U}$ の星細分，$\mathcal{W}$ を $\mathcal{V}$ の局所有限細分でその各元が $\mathcal{V}$ のある元の中で可縮となるように選ぶ．$f:|K^{n-1}|_W\to X$ が各 K の n 単体 s について $f(|\dot{s}|)$ がある $\mathcal{V}$ の元に含まれるような写像ならば，f の拡張 $\tilde{f}:|K^n|_W\to X$ を各 $s\in K^n-K^{n-1}$ について $\tilde{f}(|s|)$ が $\mathcal{U}$ のある元に含まれるように構成出来ることを示せ(6.Nを反復使用せよ)．K^n は K の n 骨格を意味する．

6.P X が R^n の閉集合で局所可縮ならば，X は R^n の近傍レトラクトとなる．これから $X\in ANR(\mathcal{T})$ である．

ヒント　32.10と同様に進んで n 次元の弱位相をもつ複体 P と連続写像 $f:R^n\to P\cup X$，$f|X=$恒等写像，を構成せよ．恒等写像 $X\to X$ を X の $P\cup X$ における近傍に拡張することを考えよ．6.Oを反復使用してこの拡張を構成せよ．

第7章　逆極限と展開定理

§36　被覆次元

36.1　定義　X を位相空間とする．X の任意有限開被覆がその次数が $n+1$ を越えない開細分をもつとき，X の**被覆次元**は高々 n であるといい，$\dim X \leqq n$ と書く．$\dim X \leqq n$ で $\dim X \leqq n-1$ でないとき $\dim X \leqq n$ と書き，X の被覆次元は n であるという．($n=0$ の場合は 14.3 で定義された．そこで述べたように，$\dim X=0$ ならば X は正規となる．上の定義は正規空間を対象とした被覆次元の定義である．一般の場合は 7.A 参照.)

36.2　補題　A が空間 X の閉集合ならば，$\dim A \leqq \dim X$.

証明は明らかである．

36.3　補題　正規空間 X の任意の局所有限開被覆は次のような局所有限開細分 $\mathcal{U}$ をもつ: $K_{\mathcal{U}}$ を $\mathcal{U}$ の脈複体とすると，$K_{\mathcal{U}}$ の各頂点 u について u を頂点とする単体の次元は有界である，即ち

$$\sup_{u \in s \in K_{\mathcal{U}}} \dim s < \infty.$$

証明　$\mathcal{W}$ を X の局所有限な開被覆とすれば，32.5 より正準写像 $\phi : X \to |K_{\mathcal{W}}|$ が存在する．w で $W \in \mathcal{W}$ に対応する頂点を表わすことにする．32.4 より $\phi^{-1}(\mathrm{St}\,(w)) \subset W$ が成立する．これから，$|K_{\mathcal{W}}|$ の開被覆 $\{\mathrm{St}\,(w) : w \in V\}$ (V は $K_{\mathcal{W}}$ の頂点の集合) に対して補題の条件をみたす局所有限細分を構成すればよい．$K_{\mathcal{W}}=K$ とし，頂点 w_i，$i=0, \cdots, n$，をもつ K の n 単体を $s^n=w_0 \cdots w_n$ で表わす．K^n，$n=0,1,\cdots$，を K の n 骨格とする．まず K の各単体 $s^n=w_0 \cdots w_n$ に対して次のような近傍列を作る:

$$U_r(s^n)=\left\{x \in |K| : \sum_{i=0}^{n} x(w_i) > 1-(r+1)\cdot(r+2)^{-1}\cdot 2^{-n-2}\right\}, \qquad r=0,1,2,\cdots,$$

$$\bar{U}_r(s^n)=\left\{x \in |K| : \sum_{i=0}^{n} x(w_i) \geqq 1-(r+1)\cdot(r+2)^{-1}\cdot 2^{-n-2}\right\}, \qquad r=0,1,2,\cdots,$$

$$U_\omega(s^n)=\left\{x\in|K|:\sum_{i=0}^{n}x(w_i)>1-2^{-n-2}\right\},$$

$$\bar{U}_\omega(s^n)=\left\{x\in|K|:\sum_{i=0}^{n}x(w_i)\geqq 1-2^{-n-2}\right\},$$

ここで $x(w)$ は w での重心座標を表わす．$U_r(s^n)$, $U_\omega(s^n)$ は開集合で，$\bar{U}_r(s^n)$, $\bar{U}_\omega(s^n)$ はその閉包である．K の部分複体 L に対して

$$U_r(L)=\bigcup_{s\in L}U_r(s)$$

とおく．$\bar{U}_r(L)$, $U_\omega(L)$, $\bar{U}_\omega(L)$ 等は類似に定義される．

まず $\bar{U}_r(L)$, $\bar{U}_\omega(L)$ が閉集合となることを示そう．$x\in|K|-\bar{U}_r(L)$ とする．$s^n=w_h\cdots w_i\cdots w_j$ を x の台とする．$s^n\in K-L$ である．

$$U=U_r(s^n)-\bigcup\{\bar{U}_r(s'):s'\prec s^n,\ s'\in L\}$$

とおく．s^n はただ有限個の辺単体をもつから

$$\bigcup\{\bar{U}_r(s'):s'\prec s^n,\ s'\in L\}$$

は閉集合で点 x を含まない．これから U は x の近傍となる．$y\in U\cap\bar{U}_r(L)$ とせよ．ある $s^m\in L$, $s^m\not\prec s^n$, について $y\in\bar{U}_r(s^m)$ である．$s^m=w_i\cdots w_j\cdots w_k$ とせよ．$s^q=w_i\cdots w_j$ とおけば，

$$|s^q|=|s^m|\cap|s^n|,\qquad s^q\in L,\qquad s^q\prec s^n,\qquad q<m,n$$

となる(s^q は空のときもある)．

$$y\notin\bar{U}_r(s^q),\qquad y\in U_r(s^n)\cap\bar{U}_r(s^m)$$

であるから

$$\begin{aligned}
y(w_h)+\cdots+y(w_i)+\cdots+y(w_j)&>1-(r+1)\cdot(r+2)^{-1}\cdot 2^{-n-2}\\
&\geqq 1-(r+1)\cdot(r+2)^{-1}\cdot 2^{-q-3}\\
y(w_i)+\cdots+y(w_j)+\cdots+y(w_k)&\geqq 1-(r+1)\cdot(r+2)^{-1}\cdot 2^{-m-2}\\
&\geqq 1-(r+1)\cdot(r+2)^{-1}\cdot 2^{-q-3}\\
y(w_i)+\cdots+y(w_j)&<1-(r+1)\cdot(r+2)^{-1}\cdot 2^{-q-2}.
\end{aligned}$$

(第 1 式)+(第 2 式)−(第 3 式) を作れば $y(w_h)+\cdots+y(w_i)+\cdots+y(w_j)+\cdots+y(w_k)>1$ となるから矛盾が得られた．これから $U\cap\bar{U}_r(L)=\phi$．同様に $\bar{U}_\omega(L)$ も閉集合となる．

次に各 $w\in V$ について

$$U(w)=\mathrm{St}(w)-\bar{U}_\omega(B_w)$$

とおく．ここで B_w は w の索である．$\mathcal{U}=\{U(w):w\in V\}$ が $|K|$ の局所有限な開被覆を作ることを示そう．$x\in|K|$ とする．$s=w_0\cdots w_n$ を x の台，$x(w_j)$, $j=0,\cdots,n$, の最大数を $x(w_i)$ とすれば $x\in U(w_i)$ となる．なぜなら，$x\notin U(w_i)$ とすれば B_{w_i} のある単体 $s'=w_k\cdots w_l$ について $x\in\bar{U}_\omega(s')$ となる．$\dim s'=t$ とすれば

$$x(w_k)+\cdots+x(w_l)\geqq 1-2^{-t-2}.$$

$x(w_i)$ は $x(w_k),\cdots,x(w_l)$ のいずれよりも小さくないから，

$$x(w_i)\geqq(1-2^{-t-2})/(t+1)>2^{-t-2}.$$

これから

$$x(w_i)+x(w_k)+\cdots+x(w_l)>1$$

となり矛盾が生ずる．かくして $x\in U(w_i)$ となり，$\mathcal{U}$ は X を被覆する．また点 x の近傍 $U_\omega(s)$ は s の頂点 w に対する $U(w)$ としか交わらないから，$\mathcal{U}$ は局所有限である．

$$W_0=U_0(K^0),\quad W_1=U_1(K^1),\quad W_n=U_n(K^n)-\bar{U}_{n-2}(K^{n-2}),\quad n=2,3,\cdots,$$

とおき，$\mathcal{W}=\{W_n:n=0,1,\cdots\}$ とする．$\mathcal{W}$ は次数2の $|K|$ の局所有限な開被覆となる．なぜなら，$x\in|K|$ に対して $x\in\bar{U}_m(K^m)$ となる最小の m をとれば，

$$x\in U_{m+1}(K^{m+1})\quad \text{かつ}\quad x\notin\bar{U}_{m-1}(K^{m-1}),$$

これから $x\in W_{m+1}$. ゆえに $\mathcal{W}$ は被覆である．また $|n-m|>2$ ならば，$W_n\cap W_m=\phi$ となるから，$\mathcal{W}$ は次数2で局所有限となる．最後に

$$\mathcal{V}=\{W_n\cap U(w):n=0,1,2,\cdots,\ w\in V\}$$

とおけ．$\mathcal{V}$ が求める細分であることを示すために，まず $\mathcal{V}$ は $\{\mathrm{St}(w):w\in V\}$ の局所有限細分となることに注意せよ．次に $x\in W_n\cap U(w)$ とすれば $x\in U_n(K^n)\cap U(w)$ であるから，ある q 単体 s^q, $q\leqq n$, について $x\in U_n(s^q)\cap U(w)$.

$$w'\notin s^q\quad \text{ならば}\quad U(w')\cap U_n(s^q)\subset U(w')\cap\bar{U}_\omega(s^q)=\phi$$

となるから，x は高々 $q+1$ 個の $\mathcal{U}$ の元に属する．$\mathcal{W}$ の次数は2であるから，x は高々 $2(q+1)$ 個の $\mathcal{V}$ の元に属する．これより $\mathcal{V}$ は補題の条件をみたして

いる．□

36.4 補題 K を複体，V をその頂点の集合とする．$\dim K \leqq n$ ならば，$|K|$ の開被覆 $\{\mathrm{St}(v) : v \in V\}$ は次数 $\leqq n+1$ の局所有限な開細分をもつ．

証明 各単体 $s \in K$ について $|s|$ の重心を b_s とする．K の 2 次重心細分 $\mathrm{Sd}^2 K$ を考え，$F_s = \mathrm{Cl}_{|K|}\,\tilde{\mathrm{St}}(b_s)$ とおく ($\tilde{\mathrm{St}}$ は $|\mathrm{Sd}^2 K|$ での星型集合)．$\mathcal{F} = \{F_s : s \in K\}$ とすれば，$\mathcal{F}$ は $\{\mathrm{St}(v) : v \in V\}$ の局所有限な閉細分となる．$\mathcal{F}$ の脈複体は $\mathrm{Sd}\,K$ となるから $\mathrm{ord}\,\mathcal{F} \leqq n+1$ である．$|K|$ は距離空間であるから，その局所有限な開被覆 $\mathcal{U} = \{U_s : s \in K\}$ を $U_s \supset F_s$, $s \in K$, $\mathcal{U} \approx \mathcal{F}$ かつ $\{\mathrm{St}(v) : v \in V\}$ を細分するように構成することができる．□

36.5 定理 (Dowker-Morita) 正規空間 X において次の条件は同等である．

(1) $\dim X \leqq n$.

(2) X の任意の局所有限開被覆はその次数が $n+1$ を越えない局所有限な開細分をもつ．

(3) n 球面 S^n は X の拡張手である．

証明 (2)⇒(1) は明らかである．

(1)⇒(3) S^n を $(n+1)$ 単体 T の境界 $\dot{T}$ と考える．v_i, $i=0, \cdots, n+1$, を $\dot{T}$ の頂点とし，

$$\mathcal{U} = \{\mathrm{St}(v_i) : i=0, \cdots, n+1\}$$

($\mathrm{St}(v)$ は $\dot{T}$ における星型集合) とおく．X を $\dim X \leqq n$ となる正規空間，A を X の閉集合，$f : A \to \dot{T}$ を連続写像とする．$\dim X \leqq n$ であるから X の有限開被覆 $\mathcal{W}$ を，その次数 $\leqq n+1$ かつ $\mathcal{W} \cap A$ が $f^{-1}\mathcal{U}$ を細分するようにとれる．$\mathcal{W}$, $\mathcal{W} \cap A$ の脈複体を $K_{\mathcal{W}}$, $L_{\mathcal{W}}$ とする．$L_{\mathcal{W}}$ を $K_{\mathcal{W}}$ の部分複体と考えてよい．$\phi : X \to |K_{\mathcal{W}}|$ を正準写像とする．$\phi(A) \subset |L_{\mathcal{W}}|$ となる．$L_{\mathcal{W}}$ の各頂点 w に対して $W \cap A \subset f^{-1}(\mathrm{St}(v_i))$ となる v_i を選び $\psi(w) = v_i$ と定めよ．対応 ψ は単体写像 $\bar{\psi} : |L_{\mathcal{W}}| \to \dot{T}$ を定める．$\dim K_{\mathcal{W}} \leqq n$ であるから $\bar{\psi}$ はたやすく単体写像 $\tilde{\psi} : |K_{\mathcal{W}}| \to \dot{T}$ に拡張される．これには，$\dot{T}$ の 1 つの頂点 v_0 を選び，$L_{\mathcal{W}}$ に属さない $K_{\mathcal{W}}$ の頂点をすべて v_0 に対応させればよい (6.D)．写像 f と $\tilde{\psi}\phi|A$ を考えよ．

各 $a\in A$ に対して $f(a)$ と $\tilde{\psi}\phi(a)$ は共に $\dot{T}$ のある閉単体に属することがたやすく知られる．$H_1: X\times\{0\}\cup A\times I\to\dot{T}$ を

$$H_1(x,0)=\tilde{\psi}\phi(x),\ \ x\in X,\qquad H_1(a,t)=(1-t)\cdot\tilde{\psi}\phi(a)+t\cdot f(a),\qquad (a,t)\in A\times I,$$

によって定めよ．今 $X\times I$ における $A\times I$ の近傍 W と H_1 の拡張 $H_2: X\times\{0\}\cup W\to\dot{T}$ が存在することを示そう．これがいえれば 34.6 の証明と同様の手段で H_1 の拡張 $\tilde{H}: X\times I\to\dot{T}$ が得られるから，$\tilde{f}: X\to\dot{T}$ を

$$\tilde{f}(x)=\tilde{H}(x,1),\qquad x\in X,$$

によって定義すれば，$\tilde{f}$ は f の拡張となる．まず $X\times I$ が正規ならば，$\dot{T}\in NES(\mathfrak{N})$ であるから W と H_2 の存在は明らかである．一般の場合は次のようにする．X は正規であり $T\in ES(\mathfrak{N})$ であるから，f は拡張 $f_1: X\to T$ をもつ．$H_3: X\times I\to T$ を

$$H_3(x,t)=(1-t)\cdot\tilde{\psi}\phi(x)+t\cdot f_1(x),\qquad (x,t)\in X\times I,$$

によって定めよ．$p_0\in T-\dot{T}$ を任意にとれば $\dot{T}$ は $T-\{p_0\}$ のレトラクトである．$r: T-\{p_0\}\to\dot{T}$ をレトラクションとせよ．

$$W=H_3^{-1}(T-\{p_0\})$$

とおけば，W は $X\times\{0\}\cup A\times I$，従って $A\times I$ の近傍である．$H_2=rH_3|W: W\to\dot{T}$ は求める H_1 の拡張となる．

(3)⇒(2)　$\mathcal{U}$ を X の局所有限な開被覆とする．$\mathcal{U}$ は 36.3 の性質をみたすとしてよい．$K_{\mathcal{U}}$ を $\mathcal{U}$ の脈複体とし，$\phi: X\to|K_{\mathcal{U}}|$ を正準写像で次の条件をみたすものとする：各 $x\in X$ に対して，そのある近傍 V_x と $K_{\mathcal{U}}$ の有限部分複体 L_x が存在して $\phi(V_x)\subset|L_x|$．(このような ϕ の存在は 32.5 の証明で示されている．以後の議論でこの V_x と L_x を固定して考える.) Λ_1 を $\dim s>n$ となる $K_{\mathcal{U}}$ の主単体 s (他の単体の真の辺単体とならない単体) すべての集合とせよ．$K_{\mathcal{U}}$ から Λ_1 のすべての単体を除いた部分複体を K_1 とする．$s\in\Lambda_1$ に対して，$\dim s=k$ とすれば $|\dot{s}|$ は $(k-1)$ 球面でありまた $n\leqq k-1$ であるから，写像 $\phi|\phi^{-1}(|\dot{s}|): \phi^{-1}(|\dot{s}|)\to|\dot{s}|$ は (3) によって拡張 $\phi_s: \phi^{-1}(|s|)\to|\dot{s}|$ をもつ．$\phi_1: X\to|K_{\mathcal{U}}|$ を

$$\phi_1|\phi^{-1}(|K_1|)=\phi|\phi^{-1}(|K_1|),\qquad \phi_1|\phi^{-1}(|s|)=\phi_s,\qquad s\in\Lambda_1,$$

によって定義せよ．$\phi_1(X)\subset|K_1|$，また $K_{\mathcal{U}}$ の各頂点 u に対して $\phi_1^{-1}(\mathrm{St}\,(u))\subset \phi^{-1}(\mathrm{St}\,(u))$ が成立する．ϕ_1 の作り方によって

$$\phi_1(V_x)\subset|L_x|,\qquad x\in X,$$

を得る．これから ϕ_1 は連続である．ϕ から ϕ_1 を作った操作を続けることによって，各 $i=1,2,\cdots$ に対して $K_{\mathcal{U}}$ の部分複体 K_i と連続写像 $\phi_i: X\to|K_{\mathcal{U}}|$ の次のような列が得られる：

(4) $\phi_i(X)\subset|K_i|$ かつ $\phi_i(V_x)\subset|L_x|$，$x\in X$.

(5) K_{i+1} は K_i からその主単体 s で $\dim s>n$ となるものすべてを除いて得られる．

(6) $\phi_{i+1}|\phi_i^{-1}(|K_{i+1}|)=\phi_i|\phi_i^{-1}(|K_{i+1}|)$.

(7) $K_{\mathcal{U}}$ の各頂点 u に対して $\phi_{i+1}^{-1}(\mathrm{St}\,(u))\subset\phi_i^{-1}(\mathrm{St}\,(u))$.

被覆 $\mathcal{U}$ は 36.3 の性質をもつから，各 $x\in X$ について整数 n_x が存在して，少くとも 1 つの頂点を L_x にもつ $K_{\mathcal{U}}$ の単体の次元は n_x を越えない．(4), (5), (6) によって任意の $i,j\geqq n_x$ について $\phi_i|V_x=\phi_j|V_x$ が成立する．これから ϕ_i の極限として写像 $\tilde{\phi}: X\to|K_{\mathcal{U}}|$ を定義することができる．(4), (6) より $\tilde{\phi}(V_x)\subset|L_x|$ が存在するから $\tilde{\phi}$ は連続である．$\bigcap_{i=1}^{\infty}K_i=\tilde{K}$ とおけば (4), (5) より $\dim\tilde{K}\leqq n$ かつ $\tilde{\phi}(X)\subset|\tilde{K}|$ となる．また (7) より $K_{\mathcal{U}}$ の各頂点 u に対して

$$\tilde{\phi}^{-1}(\mathrm{St}\,(u))\subset\phi^{-1}(\mathrm{St}\,(u))$$

が成立する．各 $\phi^{-1}(\mathrm{St}\,(u))$ は $U\in\mathcal{U}$ (u に対応する元) に含まれるから $\{\tilde{\phi}^{-1}(\mathrm{St}\,(u))\}$ は $\mathcal{U}$ の細分となる．$\dim\tilde{K}\leqq n$ であるから，36.4 より $|\tilde{K}|$ の局所有限な開被覆 $\mathcal{V}$ でその次数 $\leqq n+1$ かつ $\{\mathrm{St}\,(u)\}$ の細分となるものが存在する．$\tilde{\phi}(X)\subset|\tilde{K}|$ であるから $\tilde{\phi}^{-1}\mathcal{V}$ は $\mathcal{U}$ の局所有限な細分でその次数 $\leqq n+1$ となる．これから (2) が成立する．□

36.6 定理(加法定理) (1) X を正規空間，$\{A_i: i=1,2,\cdots\}$ を X の閉被覆で各 i について $\dim A_i\leqq n$ とすれば $\dim X\leqq n$.

(2) 空間 X がその閉被覆 $\{A_\alpha:\alpha\in\Lambda\}$ に関して Whitehead 弱位相をもち，各 A_α，$\alpha\in\Lambda$，が正規で $\dim A_\alpha\leqq n$ ならば $\dim X\leqq n$.

証明 36.5 より S^n が X の拡張手となることをいえばよい ((2) の場合も 24.4

によって X は正規である). (1)のみの証明を与える. ((2)は同様の手段でよりたやすく示される.) A を X の閉集合, $f: A\to S^n$ を連続写像とする. $\dim A_1\cap A\leqq \dim A_1\leqq n$ であるから(36.2), f は $f_1': A\cup A_1\to S^n$ へ拡張される(36.5). S^n は $NES(\mathcal{N})$ であるから(32.19, 35.10(4)), $A\cup A_1$ の X における閉近傍 V_1 と f_1' の拡張 $f_1: V_1\to S^n$ が存在する. これを続けて列 $\{V_i\}, \{f_i\}$ を V_i は $V_{i-1}\cup A_{i-1}$ の閉近傍, $f_i: V_i\to S^n$ は f_{i-1} の拡張となるように作れる. 最後に $g: X\to S^n$ を

$$g|\mathrm{Int}\, V_i = f_i|\mathrm{Int}\, V_i, \qquad i=1,2,\cdots,$$

によって定義すれば, g は f の拡張となる. □

36.7　定理(Vopenka)　距離空間 X が $\dim X\leqq n$ となる必要充分条件は, 次のような開被覆の列 $\{\mathcal{U}_i\}$ が存在することである.

(1)　$\mathcal{U}_i > \mathcal{U}_{i+1}$, 　$i=1,2,\cdots$.

(2)　各 $x\in X$ について $\{\mathcal{U}_i^{\Delta}(x): i=1,2,\cdots\}$ は x の近傍ベースである.

(3)　$\mathrm{ord}\,\mathcal{U}_i\leqq n+1$, 　$i=1,2,\cdots$.

証明　必要性は18.1と36.5(2)より明らかである. 充分性を示すために, $\mathcal{W}$ を X の有限開被覆とする.

$$\mathcal{U}_i = \{U(\alpha_i): \alpha_i\in A_i\}, \qquad i=1,2,\cdots,$$

とし, 細分射 $f_i^{i+1}: A_{i+1}\to A_i$ を $f_i^{i+1}(\alpha_{i+1})=\alpha_i$ ならば $U(\alpha_{i+1})\subset U(\alpha_i)$ となるように任意に定める. 各 f_i^{i+1} は上への写像と考えてよい. $i<j$ に対して $f_i^j = f_i^{i+1}\cdots f_{j-1}^j$, f_i^i=恒等写像とおく. $X_0=\phi$ として X_i, $i=1,2,\cdots$, を次のように定める.

$$X_i = \bigcup\{U(\alpha_i): \mathcal{U}_i(U(\alpha_i))\text{ は }\mathcal{W}\text{ のある元に含まれる}\}$$

(2)より $\{X_i\}$ は X の開被覆となる. 各 $i=1,2,\cdots$ について

$$B_i = \{\alpha_i: U(\alpha_i)\cap X_i\neq\phi\}, \qquad C_i = \{\alpha_i\in B_i: U(\alpha_i)\cap(\bigcup_{j<i}X_j)=\phi\}$$

$$D_i = \{\alpha_i\in B_i: U(\alpha_i)\cap(\bigcup_{j<i}X_j)\neq\phi\}$$

とおく. $B_1=C_1$, $B_i=C_i\cup D_i$, $C_i\cap D_i=\phi$, $i>1$, となる. 各 $i<j$, $\alpha_i\in C_i$ について,

$$D_j(\alpha_i)=\{\alpha_j : f^j_i(\alpha_j)=\alpha_i,\ f^j_k(\alpha_j)\in D_k,\ k=i+1,\cdots,j\}$$

とおく．$i<k\leqq j$ ならば $f^j_k(D_j(\alpha_k))\subset D_k(\alpha_i)$，また

$$D_j=\bigcup\{D_j(\alpha_i) : \alpha_i\in C_i,\ i<j\}$$

が成立する．各 $\alpha_i\in C_i$ について

$$V(\alpha_i)=(U(\alpha_i)\cap X_i)\cup(\bigcup\{U(\alpha_j)\cap X_j : \alpha_j\in D_j(\alpha_i),\ i<j\})$$

$$\mathcal{V}=\{V(\alpha_i) : \alpha_i\in C_i,\ i=1,2,\cdots\}$$

とおく．$\mathcal{V}$ が X の開被覆で，$\mathrm{ord}\,\mathcal{V}\leqq n+1$ かつ $\mathcal{V}<\mathcal{U}$ となることを示そう．$x\in X$ とせよ．$x\in X_j-\bigcup_{i<j}X_i$ となる j が定まる．$x\in U(\alpha_j)$，$\alpha_j\in B_j$，をとる．$\alpha_j\in C_j$ ならば $x\in U(\alpha_j)\cap X_j\subset V(\alpha_j)$．また $\alpha_j\in B_j-C_j=D_j$ ならば，ある $i<j$ について $\alpha_j\in D_j(\alpha_i)$ となり，これから $x\in U(\alpha_j)\cap X_j\subset V(\alpha_i)$．ゆえに $\mathcal{V}$ は開被覆となる．次に任意の $V(\alpha_i)\in\mathcal{V}$，$\alpha_i\in C_i$，をとれ．

$$U(\alpha_i)\supset V(\alpha_i)\supset U(\alpha_i)\cap X_i\neq\phi$$

であるから，ある $\beta_i\in A_i$ があって $U(\beta_i)\cap U(\alpha_i)\neq\phi$，かつ $\mathcal{U}_i(U(\beta_i))$ は $\mathcal{W}$ のある元 W に含まれる．ゆえに $V(\alpha_i)\subset U(\alpha_i)\subset W$．これから $\mathcal{V}<\mathcal{W}$．最後に $\mathrm{ord}\,\mathcal{V}\leqq n+1$ を示すために，これが誤りとしよう．点 $x\in X$ と $n+2$ 個の添数 $\alpha^1,\cdots,\alpha^{n+2}$ が存在して

$$x\in V(\alpha^i),\quad \alpha^i\in C_{m_i},\quad i=1,\cdots,n+2,$$

となる．$x\in X_k-\bigcup_{j<k}X_j$ とする．

$$V(\alpha^i)\subset U(\alpha^i)\quad \text{かつ}\quad U(\alpha^i)\cap(\bigcup\{X_j : j<m_i\})=\phi$$

であるから，$m_i\leqq k$，$i=1,\cdots,n+2$，となる．$m_i<k$ とすれば $V(\alpha^i)$ の定義から，ある $j(i)\geqq k$ と $\beta_i\in D_{j(i)}(\alpha^i)$ が存在して，$x\in U(\beta^i)$ となる．$\gamma^i=f^{j(i)}_k(\beta^i)$ とおけば $x\in U(\gamma^i)$．$m_i<k$ からこれらの γ^i はすべて異なる．$m_i=k$ ならば $V(\alpha^i)\subset U(\alpha^i)$ より $x\in U(\alpha^i)$ となる．これから $U(\alpha^i)$，$m_i=k$，$U(\gamma^i)$，$m_i<k$，$i=1,\cdots,n+2$，は相異なる $\mathcal{U}_k$ の元ですべて点 x を含む．これは(3)に反する．□

36.8 命題 K を n 次元複体とすれば，$\dim|K|\leqq n$，$\dim|K|_W\leqq n$.

証明 K の i 次重心細分 $\mathrm{Sd}^i K$ をとり，$\mathcal{U}_i$ を $|\mathrm{Sd}^i K|$ の星型集合による $|K|$ の開被覆とせよ．31.14 により $\mathcal{U}_i^{\Delta}$ の各元の直径は $4\times 2(n/n+1)^i$ を越えない．これから $\{\mathcal{U}_i^{\Delta}(x) : i=1,2,\cdots\}$ は点 $x\in X$ での近傍ベースを作る．ゆえに

列 $\{\mathcal{U}_i : i=1,2,\cdots\}$ は 36.7 の条件をみたすから $\dim|K|\leqq n$. また $|K|_W$ の各閉単体 $|s|$ について

$$\dim|s| \leqq \dim|K| \leqq n$$

となり，$|K|_W$ は $\{|s| : s\in K\}$ について Whitehead 弱位相をもつから，36.6 より $\dim|K|_W\leqq n$ となる. □

n 次元閉単体 $|s^n|$ に対して $\dim|s^n|\geqq n$ が知られている. 本書ではこの定理の証明を与えない. この事実と 36.8 から，n 次元複体 K に対して $\dim|K|=\dim|K|_W=n$ が成立する. 特に Euclid 空間 R^n, n 胞体 E^n について

$$\dim R^n = \dim E^n = n$$

となる.

36.9 定理 X を $\dim X\leqq n$ となる正規空間，Y を距離空間とし，$f : X\to Y$ を連続写像とする. このとき，距離空間 Z, $\dim Z\leqq n$, $w(Z)\leqq w(Y)$, および連続写像 $g : X\to Z$, $h : Z\to Y$ が存在して $f=hg$ となる. ここで g は上への写像にとることができる.

証明 Y は無限集合と仮定してよい. $\{\mathcal{W}_i : i=1,2,\cdots\}$ を $\mathcal{W}_i>\mathcal{W}_{i+1}$, $|\mathcal{W}_i|\leqq w(Y)$, $i=1,2,\cdots$, となる Y の開被覆列でベースをなすものとする. $\dim X\leqq n$ であるから 36.5(2) を反復適用して X の局所有限な開被覆列 $\{\mathcal{U}_i : i=1,2,\cdots\}$ を次のように作ることができる: 各 $i=1,2,\cdots$ に対して

$$|\mathcal{U}_i| \leqq |\mathcal{W}_i|, \qquad \operatorname{ord}\mathcal{U}_i \leqq n+1, \qquad \mathcal{U}^*_{i+1} < \mathcal{U}_i\wedge f^{-1}\mathcal{W}_i$$

列 $\{\mathcal{U}_i\}$ に対して 26.12 より擬距離 d を作り，$Z=X/d$ とする. $g : X\to Z$ を射影とし d_* を d より導かれた Z の距離とする. 任意の $\varepsilon>0$ と $x\in X$ に対して $S(x,\varepsilon)=g^{-1}(S_*(g(x),\varepsilon))$ (S, S_* は d, d_* についての近傍), また各 i について 26.12 より

$$\mathcal{U}_{i+1}(x)\subset S(x,2^{-i})\subset\mathcal{U}_i(x)$$

が成立する. $\mathcal{W}_i$ は Y のベースをなすから, 各 $z\in Z$ について $f(g^{-1}(z))$ は Y の1点からなり，$h : Z\to Y$ を $h=fg^{-1}$ によって定義できる.

$$h(S_*(z,2^{-i}))\subset\mathcal{W}_i(h(z))$$

が成立するから h は連続である.

$$\mathcal{V}_i=\{\operatorname{Int} g(U):U\in\mathcal{U}_i\},\qquad i=1,2,\cdots,$$

とおく．各 i について

$$\operatorname{ord}\mathcal{V}_i\leqq\operatorname{ord}\mathcal{U}_i\leqq n+1.$$

$\mathcal{V}_i$ が Z の被覆となることをいうために，$z\in Z$ とせよ．$g(x)=z$ となる $x\in X$ をとれば，

$$g^{-1}(S_*(z,2^{-i-1}))\subset\mathcal{U}_{i+1}(x).$$

$\mathcal{U}_{i+1}(x)$ を含む $U\in\mathcal{U}_i$ をとれば，$g^{-1}(S_*(z,2^{-i-1}))\subset U$ となるから，$S_*(z,2^{-i-1})\subset\operatorname{Int} g(U)$．また $\mathcal{V}_i^{\Delta}$ の各元の直径は 2^{-i+2} より小さいから，各 $z\in Z$ について $\{\mathcal{V}_i^{\Delta}(z)\}$ は近傍ベースをなす．これから Z の開被覆列 $\mathcal{V}_i$，$i=1,2,\cdots$，は 36.7 の条件をみたすから，$\dim Z\leqq n$ となる．また $|\mathcal{V}_i|\leqq|\mathcal{U}_i|$ であるから $|\mathcal{V}_i|\leqq|\mathcal{W}_i|$ となり $w(Z)\leqq w(Y)$ が成立する．□

36.10 系 X が可分距離空間ならば，X のコンパクト化である距離空間 αX が存在して $\dim X=\dim\alpha X$ となる．

証明 まず任意の正規空間 X について $\dim X=\dim\beta X$ が成立することに注意せよ．これはほとんど自明である．なぜなら，X の任意有限開被覆 $\mathcal{U}$ に対して $\tilde{\mathcal{U}}=\{O(U)=\beta X-\mathrm{Cl}_{\beta X}(X-U):U\in\mathcal{U}\}$ とおけば，$\mathcal{U}$ が正規であることから $\tilde{\mathcal{U}}$ は βX の開被覆となり，かつ $\tilde{\mathcal{U}}\cap X=\mathcal{U}$，$\tilde{\mathcal{U}}\approx\mathcal{U}$ となるからである(20.3, 20.4)．証明を遂行するために，可分距離空間 X を I^ω に埋め込め．20.4 より包含写像 $X\to I^\omega$ は $f:\beta X\to I^\omega$ に拡張される．36.9 より距離空間

$$\alpha X,\qquad \dim\alpha X\leqq\dim X,\qquad w(\alpha X)\leqq w(I^\omega)=\aleph_0,$$

上への写像 $g:\beta X\to\alpha X$，写像 $h:\alpha X\to I^\omega$ があって $f=hg$ となる．$\alpha X=g(\beta X)$ であるから αX はコンパクトである．また $g|X:X\to\alpha X$ は明らかに埋め込みであり，$g(X)$ は αX で稠密となるから，αX は X のコンパクト化である．□

§37 逆スペクトルと極限空間

37.1 定義 $A=\{\alpha\}$ を有向集合，$\{X_\alpha:\alpha\in A\}$ を A を添え数の集合とする空間族，各 $\alpha,\beta\in A$，$\alpha<\beta$，について連続写像 $\pi_\alpha^\beta:X_\beta\to X_\alpha$ が存在して，$\alpha<\beta$

$<\gamma$, $\alpha, \beta, \gamma \in A$, について $\pi_\alpha^\gamma = \pi_\alpha^\beta \pi_\beta^\gamma$ が成り立つとする．このとき，系 $\{X_\alpha, \pi_\alpha^\beta: \alpha, \beta \in A,\ \alpha < \beta\}$ を A 上の**逆スペクトル**とよぶ．

逆スペクトル $\{X_\alpha, \pi_\alpha^\beta : \alpha, \beta \in A,\ \alpha < \beta\}$ に対して積空間 $\tilde{X} = \prod_{\alpha \in A} X_\alpha$ を考えよ．各 $\alpha \in A$ について $\tilde{\pi}_\alpha : X \to X_\alpha$ を射影とする．$\tilde{X}$ の次の部分空間 X は逆スペクトル $\{X_\alpha\}$ の**逆極限**とよばれ，$\varprojlim \{X_\alpha, \pi_\alpha^\beta\}$ または単に $\varprojlim X_\alpha$ で表わされる：$X = \{x \in \tilde{X} :$ 各 $\alpha < \beta$, $\alpha, \beta \in A$, について $\pi_\alpha^\beta \tilde{\pi}_\beta(x) = \tilde{\pi}_\alpha(x)\}$，即ち，

$$X \ni x = (x_\alpha)_{\alpha \in A},\ \ x_\alpha \in X_\alpha, \Leftrightarrow \pi_\alpha^\beta(x_\beta) = x_\alpha, \qquad \alpha < \beta,\ \ \alpha, \beta \in A.$$

各 $\alpha \in A$ について $\pi_\alpha = \tilde{\pi}_\alpha | X : X \to X_\alpha$ を**射影**とよぶ．$\alpha < \beta$ ならば $\pi_\alpha = \pi_\alpha^\beta \pi_\beta$ となる．U_α を X_α の開集合とするとき，形 $\pi_\alpha^{-1} U_\alpha$ の集合を X の**基本開集合**という．$\mathcal{U}_\alpha$ を X_α の開被覆とするとき，形 $\pi_\alpha^{-1} \mathcal{U}_\alpha$ の被覆を X の**基本開被覆**とよぶ．ある逆スペクトル $\{X_\alpha\}$ に対して空間 X が $\varprojlim X_\alpha$ と同相となるとき，X は逆スペクトル $\{X_\alpha\}$ に**展開される**という．

次の補題から 37.6 まで $X = \varprojlim X_\alpha$ とする．

37.2　補題　X の基本開集合の族は X のベースを作る．

証明　$x = (x_\alpha)_{\alpha \in A}$ の任意の近傍を W とすれば，A の有限集合 B と各 $\beta \in B$ について x_β の X_β における開近傍 U_β が存在して

$$x \in \left(\prod_{\beta \in B} U_\beta \times \prod_{\alpha \notin B} X_\alpha\right) \cap X \subset W$$

となる．A は有向集合であるから，$\gamma \in A$ を選んですべての $\beta \in B$ について $\beta < \gamma$ となるようにできる．$U_\gamma = \bigcap_{\beta \in B} (\pi_\beta^\gamma)^{-1} U_\beta$ とおけば U_γ は x_γ の近傍で，$U = \pi_\gamma^{-1} U_\gamma$ は W に含まれる基本開集合で点 x の近傍となる．□

37.3　補題　各 X_α が T_2 ならば X は $\prod_{\alpha \in A} X_\alpha$ の閉集合である．

証明　$x = (x_\alpha)_{\alpha \in A} \notin X$ ならば，ある $\alpha < \beta$ について $\pi_\alpha^\beta(x_\beta) \neq x_\alpha$．これから X_α における $x_\alpha, \pi_\alpha^\beta(x_\beta)$ の交わらない近傍 U_α, U_α' をとり

$$U = U_\alpha \times (\pi_\alpha^\beta)^{-1} U_\alpha' \times \prod_{\gamma \neq \alpha, \beta} X_\gamma$$

とおけば，U は X と交わらない点 x の近傍となる．これから $\pi X_\alpha - X$ は開集合となる．□

37.4　補題　各 X_α がコンパクト T_2 でかつ空でなければ，X はコンパクト

T_2 でかつ空でない.

証明　11.3 より $\tilde{X}=\prod X_\alpha$ はコンパクト T_2 であり，37.3 より X は $\tilde{X}$ の閉集合としてコンパクト T_2 である．X が空でないことを示せばよい．各 $\beta\in A$ について

$$Y_\beta=\{x=(x_\alpha)\in\tilde{X}:\alpha<\beta \text{ ならば } \pi^\beta_\alpha x_\beta=x_\alpha\}$$

とおく．Y_β は明らかに空でない．また 37.3 と同様にして Y_β は $\tilde{X}$ の閉集合となる．A が有向集合であることから，$\{Y_\beta:\beta\in A\}$ はコンパクト空間 $\tilde{X}$ の有限交叉性をもつ閉集合族となる．これから $X=\bigcap_{\beta\in A}Y_\beta\neq\phi$ (11.2). □

37.4 で各 X_α が有限集合となる場合を考えよ．このとき X が空でないことが結論される．この特別の場合を **König の補題**とよぶ．

37.5　補題　各 X_α がコンパクト T_2 ならば，X の任意の開被覆はある基本開被覆によって細分される．

証明　$\mathcal{W}$ を X の任意の開被覆とする．X のコンパクト性と 37.2 によって，$\mathcal{W}$ は有限被覆でありその各元は基本開集合としてよい．$W_i=\pi^{-1}_{\alpha_i}(U_{\alpha_i})$ とせよ．U_{α_i} は X_{α_i} の開集合である．すべての i について $\alpha_i<\beta$ のように β をとれば，

$$\mathcal{U}=\{(\pi^\beta_{\alpha_i})^{-1}U_{\alpha_i},\ X_\beta-\pi_\beta(X)\}$$

は X_β の開被覆で $\pi_\beta^{-1}\mathcal{U}<\mathcal{W}$ となる. □

37.6　定理　各 X_α がコンパクト T_2 でかつ $\dim X_\alpha\leqq n$ ならば $\dim X\leqq n$ となる．

37.5 からたやすく従う．

37.7　例　自然数の集合 N をその大小の順序による有向集合と考え，各 $i\in N$ について半開区間 $X_i=(0,2^{-i})$ を考えよ．各 $i<j$, $i,j\in N$, について $\pi^j_i:X_j\to X_i$ を包含写像とせよ．逆スペクトル $\{X_i,\pi^j_i:i<j,\ i,j\in N\}$ が得られる．この逆極限は $\bigcap_{i\in N}(0,2^{-i}]$ となるから空集合である．これから 37.4 でコンパクト性は必要である．

37.8　例　$\Lambda=\{\xi\}$ を添え数とした空間族 $\{X_\xi\}$ を考え，$X=\prod_{\xi\in\Lambda}X_\xi$ とする．A を Λ のすべての有限部分集合の族とする．A の元 α,β について $\alpha\subsetneqq\beta$ のとき $\alpha<\beta$ と定義すれば A は有向集合となる．各 $\alpha\in A$ について $X_\alpha=\prod_{\xi\in\alpha}X_\xi$ とおく．

$\alpha<\beta$, $\alpha,\beta\in A$, のとき $\pi_\alpha^\beta: X_\beta\to X_\alpha$ を射影とせよ．$\{X_\alpha,\pi_\alpha^\beta: \alpha<\beta,\ \alpha,\beta\in A\}$ は A 上の逆スペクトルとなる．各 $\xi\in\Lambda$ について $\{\xi\}\in A$ であるから $\Lambda\subset A$ と考えて $\pi: \prod_{\alpha\in A} X_\alpha\to\prod_{\xi\in\Lambda} X_\xi$ を射影とする．

$$\pi|\varprojlim X_\alpha: \varprojlim X_\alpha\to\prod_{\xi\in\Lambda} X_\xi = X$$

は明らかに同相写像となる．これから任意の積空間は有限個の積からなる逆スペクトルに展開される．

37.9 例 X を R^n のコンパクト集合とする．d を R^n の距離とする．$R^n=|K|$ となる複体 K をとる．各閉単体 $|s|\in|K|$ の d による直径は1より小とする．各 $i=1,2,\cdots$ に対して重心細分 $\mathrm{Sd}^i K$ を考え，P_i を X と交わる $|\mathrm{Sd}^i K|$ のすべての閉単体からなる有限多面体とする．P_i の各閉単体の直径は $i\to\infty$ で0に収束するから(31.14), $\{\mathrm{Int}\, P_i: i\in N\}$ は R^n における X の近傍ベースを作る．$i<j$ について $\pi_i^j: P_j\to P_i$ を包含写像とせよ．$\{P_i,\pi_i^j: i<j,\ i,j\in N\}$ は N 上の逆スペクトルで $\varprojlim P_i=\bigcap_{i\in N} P_i=X$ となる．この例は次のように一般化される．

37.10 定理(Eilenberg-Steenrod) X をコンパクト T_2 空間とすれば，有限多面体からなる逆スペクトル $\{P_\alpha,\pi_\alpha^\beta\}$ が存在して，X は $\varprojlim P_\alpha$ と同相になる．

証明 12.11より X をある平行体空間 $\prod_{\xi\in\Lambda} I_\xi$ の部分集合と考えてよい．A を Λ のすべての有限部分集合の族とせよ．$\alpha,\beta\in A$ について $\alpha<\beta$ を $\alpha\subsetneqq\beta$ によって定義すれば，A は有向集合となる．$I_\alpha=\prod_{\xi\in\alpha} I_\xi$ とおく．

$$\pi_\alpha: \prod_{\xi\in\Lambda} I_\xi\to I_\alpha,\qquad \pi_\alpha^\beta: I_\beta\to I_\alpha,\qquad \alpha<\beta,\ \alpha,\beta\in A,$$

を射影とする(π_α^α は恒等写像)．37.9と同様にして各 $\alpha\in A$ について I_α における $\pi_\alpha(X)$ の近傍の族 $\{P_{\alpha,i}: i\in N\}$ で各 $P_{\alpha,i}$ は有限多面体となるものを構成できる($\{\mathrm{Int}_{I_\alpha} P_{\alpha,i}: i\in N\}$ は I_α における $\pi_\alpha(X)$ の近傍ベースとなる)．$\tilde{A}=A\times N$ とおき，$(\alpha,i),(\beta,j)\in\tilde{A}$ について，$\alpha\leqq\beta$ かつ $\pi_\alpha^\beta(P_{\beta,j})\subset P_{\alpha,i}$ のとき $(\alpha,i)\leqq(\beta,j)$ と定義する．($(\alpha,i)=(\beta,j)\Leftrightarrow\alpha=\beta$ かつ $i=j$.) この順序で $\tilde{A}$ が有向集合となることはたやすく知られる．逆スペクトル

$$\{P_{\alpha,i}, \pi_\alpha^\beta : (\alpha, i) < (\beta, j),\ (\alpha, i), (\beta, j) \in \tilde{A}\}$$

を考えよ．$f: X \to \varprojlim P_{\alpha,i}$ を各 $x \in X$ について

$$f(x) = (\pi_\alpha(x))_{(\alpha,i)\in\tilde{A}}$$

によって定めよ．f が 1：1 上への連続写像となることはすぐ知られる．X はコンパクト T_2 であるから，f は同相写像となる．□

§38 コンパクト距離空間の展開

38.1 補題 X をコンパクト T_2 空間，P を有限多面体でその距離関数を d, $f: X \to P$ を連続写像とする．このとき，任意の $r>0$ に対して有限多面体 Q, $\dim Q \leqq \dim X$, Q の上への連続写像 $g: X \to Q$, 連続写像 $p: Q \to P$ が存在して

$$d(f, pg) = \sup\{d(f(x), pg(x)) : x \in X\} \leqq r.$$

証明 P はコンパクト $ANR(\mathcal{M})$ であるから(35.8)，補題は 6.L の結果である．あるいは 6.L を使用しなくとも，31.18 と同じ方法で 32.5 からたやすく証明される．□

38.2 補題 X をコンパクト T_2 空間，$i=1, 2, \cdots, n$ に対して P_i を有限多面体，d_i をその距離，$f_i: X \to P_i$ を連続写像とする．このとき，任意に与えられた $r_i>0$, $i=1, 2, \cdots, n$, に対して有限多面体 Q, $\dim Q \leqq \dim X$, Q の上への連続写像 $g: X \to Q$, 連続写像 $p_i: Q \to P_i$ が存在して

$$d_i(f_i, p_i g) \leqq r_i, \qquad i=1, 2, \cdots, n.$$

証明 $f: X \to P = \prod_{i=1}^n P_i$ を $f(x) = (f_i(x))$, $x \in X$, によって定義せよ．P の距離 d を

$$d((x_i), (y_i)) = \sum_{i=1}^n d_i(x_i, y_i)$$

によって定義し，P, d, f, r について 38.1 を適用すれば Q, $g: X \to Q$, $p: Q \to P$ が得られる．$\pi_i: P \to P_i$ を射影とし，$p_i = \pi_i p$ とおけば，各 $i=1, 2, \cdots, n$ について

$$d_i(f_i, p_i g) \leqq d(f, pg) \leqq r$$

となる．□

38.3 定理(Mardešić) X をコンパクト T_2 空間, $f: X \to I^\omega$ を連続写像とすれば, 有限多面体 Q_i の逆スペクトル $\{Q_i, q_i^j : i<j,\ i, j \in N\}$, $\dim Q_i \leqq \dim X$, $i \in N$, $\varprojlim Q_i$ の上への連続写像 $g: X \to \varprojlim Q_i$, 連続写像 $p: \varprojlim Q_i \to I^\omega$ が存在して, $f=pg$ が成立する.

証明 各 $i \in N$ について I^i を i 次立方体(I の i 個の積)とし, $i<j$ について $\pi_i^j: I^j \to I^i$ を射影とすれば, I^ω は逆スペクトル $\{I^i, \pi_i^j\}$ の逆極限となる(37.8). $\pi_i: I^\omega \to I^i$ を射影とする. I^i を I^{i+1} の部分集合 $I^i \times \{0\}$ と同一視して, $I^i \subset I^{i+1} \subset I^\omega$ と考える. d を I^ω の距離とし, 実数列 $\{r_i\}$, $r_i>0$, を次のように選ぶ.

(1) $\lim r_i=0$, $M_j \subset I^j$, $\delta(M_j) \leqq 2r_j$ ならば $\delta(\pi_i^j(M_j)) \leqq 2^{i-j} r_j$, $i<j$.

ここで δ は直径を表わす. 帰納法によって, 次の条件をみたす実数列 $\{s_i\}$, $s_i>0$, N 上の有限多面体の逆スペクトル $\{Q_i, q_i^j\}$, $\dim Q_i \leqq \dim X$, 上への連続写像 $g_i: X \to Q_i$, 連続写像 $p_i: Q_i \to I^i$ を構成する. (d_i は Q_i の距離.)

(2) $d_i(g_i, q_i^{i+1} g_{i+1}) \leqq \dfrac{1}{2} s_i$, $\quad d(\pi_i f, p_i g_i) \leqq \dfrac{1}{2} r_i$, $\quad i \in N$.

(3) $N_i \subset Q_i$, $\delta(N_i) \leqq s_i$ ならば $\delta(p_i(N_i)) \leqq \dfrac{1}{2} r_i$, $\quad i \in N$.

(4) $N_j \subset Q_j$, $\delta(N_j) \leqq s_j$ ならば $\delta(q_i^j(N_j)) \leqq 2^{i-j} s_i$, $\quad i<j$, $\quad i, j \in N$.

これらの空間と写像の関係は下図で説明される. その存在は, I^i が有限多面体でありすべての写像が一様連続であることから, 38.2 を反復適用して得られる. ((4)において $q_i^j = q_i^{i+1} \cdots q_{j-1}^j$, q_i^i=恒等写像.) 例えば g_1, p_1 は $\pi_1 f$ と $\dfrac{1}{2} r_1$ に 38.1 を適用して得られる. s_1 は p_1 の一様連続性より, また g_2, p_2 は, $g_1, \pi_2 f$, $\dfrac{1}{2} s_1, \dfrac{1}{2} r_2$ に 38.2 を適用して得られる. 以下これを繰返せばよい. (2), (4) より

(5) $d_i(g_i, q_i^j g_j) \leqq s_i$, $\quad i \leqq j$,

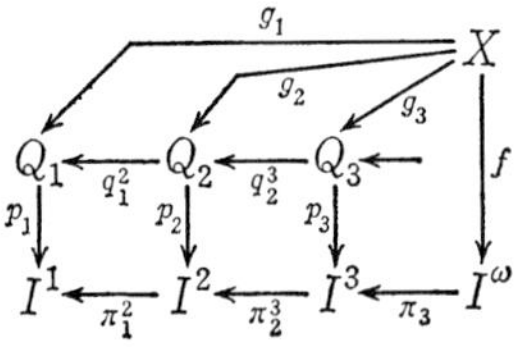

が成立する．これから $j \leqq k$ ならば $d_j(g_j, q_j^k g_k) \leqq s_j$ となる．これと(5)より

$$d_i(q_i^j g_j, q_i^k g_k) \leqq 2^{i-j} s_i, \quad i < j \leqq k,$$

が従うから，各 $i \in N$ について $\{q_i^j g_j : j \in N\}$ は一様収束する．これから

(6) $\quad g^i = \lim_j q_i^j g_j, \quad i \in N,$

は連続である．(5)で $j \to \infty$ とすれば

(7) $\quad d_i(g_i, g^i) \leqq s_i, \quad i \in N,$

が成立する．$Q = \varprojlim Q_i$ とおき，$q^i : Q \to Q_i$ を射影とせよ．(6)より $g^i = q_i^j g^j$, $i < j$, が成立するから，写像 g^i, $i \in N$, は，$g^i = q^i g$ をみたす連続写像 $g : X \to Q$ を定める．今 $g(X) = Q$ を示そう．このためには，X がコンパクトであるから，$g(X)$ が Q で稠密であることをいえばよい．$y \in Q$, U を y の開近傍とする．$q^i(y)$ の Q_i における ε 近傍 U_i を $(q^i)^{-1} U_i \subset U$ のようにとれ．j を $2^{i-j} s_i < \varepsilon$ のように選べば，$g_j(X) = Q_j$ であるから点

$$x \in X, \quad g_j(x) = q^j(y),$$

が存在する．(7)より

$$d_j(g_j(x), g^j(x)) \leqq s_j$$

であるから，(4)より

$$d_i(q_i^j g_j(x), q_i^j g^j(x)) \leqq 2^{i-j} s_i < \varepsilon$$

となる．

$$q_i^j g_j(x) = q^i(y) \quad \text{かつ} \quad q_i^j g^j(x) = q^i g(x)$$

であるから，$q^i g(x) \in U_i$, これから $g(x) \in U$. ゆえに $g(X) = Q$ となる．

次に $p : Q \to I^\omega$ を定義する．このために，まず(7), (3)より $d(p_i g, p_i g^i) \leqq \frac{1}{2} r_i$, これと(2)から

(8) $\quad d(\pi_i f, p_i g^i) \leqq r_i, \quad i \in N,$

を得る．これに(1)を適用して

$$d(\pi_{i-1} f, \pi_{i-1}^i p_i g^i) \leqq \frac{1}{2} r_{i-1}.$$

この式の i を $i+1$ で置換えて(8)と結びつければ，

$$d(p_i g_i, \pi_i^{i+1} p_{i+1} g^{i+1}) \leqq \frac{3}{2} r_i.$$

これから(1)によって

(9) $d(p_i g^i, \pi_i^j p_j g^j) \leqq 2r_i, \quad i \leqq j.$

これに(1)を適用すれば,

$$d(\pi_i^j p_j g^j, \pi_i^k p_k g^k) \leqq 2^{i-j} r_i, \quad i<j \leqq k,$$

が得られる．ゆえに

$$\{\pi_i^j p_j g^j : i<j,\ j\in N\}, \quad i\in N,$$

は一様収束し,

$$p^i = \lim_j \pi_i^j p_j g^j : Q \to I^i, \quad i\in N,$$

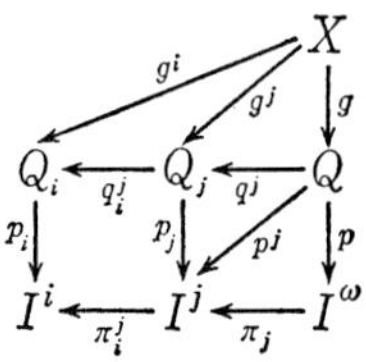

は連続でかつ $p^i=\pi_i^j p^j$, $i<j$, をみたす．これから $p^i=\pi_i p$, $i\in N$, となる写像 $p : Q\to I^\omega$ が定義できる．p は明らかに連続となる．$g^i=q^i g$ であるから, (9)で $j\to\infty$ として

(10) $d(p_i q^i, p^i) \leqq 2r_i, \quad i\in N,$

が得られる．最後に，$f=pg$ を示すために，$x\in X$ と $\varepsilon>0$ をとれ．$I^1\subset I^2\subset\cdots\subset I^\omega$ であるから

$$f(x) = \lim_i \pi_i f(x), \qquad pg(x) = \lim_i p^i g(x)$$

となる．

$$\max\{d(f(x), \pi_i f(x)), d(pg(x), p^i g(x)), 3r_i\} < \varepsilon/3$$

となる i をとれば, (8), (10) および $p_i g^i(x)=p_i q^i g(x)$ となることから,

$$d(f(x), pg(x)) \leqq d(f(x), \pi_i f(x)) + d(\pi_i f(x), p_i g^i(x)) + d(p_i q^i g(x), p^i g(x))$$

$$+ d(p^i g(x), pg(x)) \leqq \frac{\varepsilon}{3} + r_i + 2r_i + \frac{\varepsilon}{3} < \varepsilon$$

となる．これから，$f=pg$ が得られる．□

38.4 系(Freudenthal の展開定理) X をコンパクト距離空間とすれば,

N 上の有限多面体の逆スペクトル

$$\{Q_i, \pi_i^j\}, \qquad \dim Q_i \leqq \dim X,$$

各 π_i^j は上への写像，が存在して，X は $\varprojlim Q_i$ と同相となる．

証明 $f: X \to I^\omega$ を埋め込みとし，38.3 を適用すれば，$g: X \to Q = \varprojlim Q_i$ は同相写像となる．□

次の命題は次節で使用される．

38.5 命題 (1) X を $\dim X \leqq n$ の正規空間，Y_i，$i=1, \cdots, k$，を距離空間，$f_i: X \to Y_i$ を連続写像とすれば，距離空間

$$Q, \qquad \dim Q \leqq n, \qquad w(Q) \leqq \max\{w(Y_i): i=1, \cdots, k\},$$

上への連続写像 $g: X \to Q$，連続写像 $p_i: Q \to Y_i$ が存在して，$f_i = p_i g$，$i = 1, \cdots, k$，となる．

(2) X を $\dim X \leqq n$ のコンパクト T_2 空間，Y_i，$i=1, \cdots, k$，をコンパクト距離空間，$f_i: X \to Y_i$ を連続写像とすれば，コンパクト距離空間 Q，$\dim Q \leqq n$，上への連続写像 $g: X \to Q$，連続写像 $p_i: Q \to Y_i$ が存在して，$f_i = p_i g$，$i = 1, \cdots, k$，となる．

証明 (1)を示すために，$f: X \to \prod_{i=1}^{k} Y_i$ を $f(x) = (f_i(x))$ によって定義し，これに 36.9 を適用せよ．(1)の条件をみたす空間 Q および上への連続写像 $g: X \to Q$，連続写像 $p: Q \to \prod_{i=1}^{k} Y_i$ で $pg = f$ となるものが得られる．$\pi_i: \prod_{i=1}^{k} Y_i \to Y_i$ を射影とし，$p_i = \pi_i p$，$i = 1, \cdots, k$，とおけば，(1)の条件はすべてみたされる．(2)は 36.9 の代りに 38.3 を使用すればよい．□

38.4 によってすべてのコンパクト距離空間 X は有限多面体の逆スペクトル $\{Q_i, \pi_i^j\}$ で各射影 π_i^j が上への写像となるものに展開される．コンパクト T_2 空間についてこの事実は成立するだろうか，すなわち 37.10 は各射影 π_α^β が上への写像であるようにできるだろうか．これに対して Pasynkov は否定的な解決を与えた．次の例がそれである．

38.6 例(Pasynkov) 各射影 π_α^β が上への写像となるような有限多面体 Q_α の逆スペクトル $\{Q_\alpha, \pi_\alpha^\beta\}$ に展開できないコンパクト T_2 空間 X が存在する．

$\omega_\mathfrak{c}$ を連続濃度 $\mathfrak{c}$ の始数とし，Λ を $\alpha < \omega_\mathfrak{c}$ となるすべての順序数 α の整列集合

とする．実数 $r_0\in[0,1]$（閉区間），それと異なる有理数 $r_i\in[0,1]$，$i=1,2,\cdots$，$\lim_i r_i=r_0$ を考え，対 $(r_0,\{r_i\})$ のすべての集合を T とする．$\Gamma=\{\theta\}$ を $|\Gamma|=\mathfrak{c}$ となる集合とし，T_θ，$\theta\in\Gamma$，を T のコピーとする．T_θ の素な和 $\bigcup_{\theta\in\Gamma}T_\theta$ に対して $|\bigcup_{\theta\in\Gamma}T_\theta|=\mathfrak{c}\cdot\mathfrak{c}\cdot\mathfrak{c}=\mathfrak{c}$ であるから，Λ と $\bigcup_\theta T_\theta$ の間に1：1対応が存在する．この対応で $\alpha\in\Lambda$ に対応する $\bigcup_\theta T_\theta$ の元 $(r_0,\{r_i\})$ を $(r_0^\alpha,\{r_i^\alpha\})$ で表わすことにする．$|T_\theta|=\mathfrak{c}$ であるから T_θ に対応する Λ の部分集合は Λ で共終となる．

$$X_1=I_1=\{(1,y):0\leqq y\leqq 1\}$$

とおく．ある $\beta\in\Lambda$ について，すべての $\alpha<\beta$ に対してコンパクト T_2 空間 X_α と $\alpha<\alpha'<\beta$ に対して写像 $w_\alpha^{\alpha'}:X_{\alpha'}\to X_\alpha$ が $\alpha<\alpha'<\alpha''<\beta$ のとき $w_\alpha^{\alpha''}=w_\alpha^{\alpha'}w_{\alpha'}^{\alpha''}$ をみたすように構成されたとせよ．X_β を次のように作る．β が孤立順序数ならば，

$$X_\beta=X_{\beta-1}\cup L_{\beta-1}\cup I_\beta$$

とおく．ここで

$$I_\beta=\{(\beta,y):0\leqq y\leqq 1\},$$
$$L_{\beta-1}=J_{\beta-1}\times\{r_i^{\beta-1}:i=0,1,2,\cdots\},$$
$$J_{\beta-1}=\{x_{\beta-1}:0\leqq x_{\beta-1}\leqq 1\}$$

である．（$I_\beta,J_{\beta-1}$ は閉区間 $[0,1]$ のコピー，$(r_0^{\beta-1},\{r_i^{\beta-1}:i\geqq 1\})$ は $\beta-1$ に対応する $\bigcup_\theta T_\theta$ の元である．）$X_{\beta-1},L_{\beta-1},I_\beta$ はすべて X_β の開かつ閉集合とする．$w_{\beta-1}^\beta:X_\beta\to X_{\beta-1}$ を

$$w_{\beta-1}^\beta(x_{\beta-1},r_n^{\beta-1})=(\beta-1,r_n^{\beta-1}),\qquad w_{\beta-1}^\beta(\beta,y)=(\beta-1,y)$$

によって定める．β が極限数ならば，X_β は逆スペクトル $\{X_\alpha,w_\alpha^{\alpha'}:\alpha<\alpha'<\beta\}$ の逆極限とする．明らかに

$$X_\beta=\bigcup_{\alpha<\beta}X_\alpha\cup I_\beta$$

となる．ここで $\alpha<\alpha'$ ならば $X_\alpha\subset X_{\alpha'}$ で

$$I_\beta\cap X_\alpha=\phi,\ \ \alpha<\beta,\qquad I_\beta=\{(\beta,y):0\leqq y\leqq 1\}$$

である．X_β における I_β の任意の近傍 U に対して，ある $\alpha<\beta$ があって $X_\beta-X_\alpha\subset U$ となる．$w_\alpha^\beta:X_\beta\to X_\alpha$，$\alpha<\beta$，は

$$w_\alpha^\beta | X_{\alpha'} = w_\alpha^{\alpha'}, \quad \alpha < \alpha' < \beta, \quad w_\alpha^\beta(\beta, y) = (\alpha, y)$$

によって定義される．これより各 $\alpha \in \Lambda$ について X_α と写像 $w_\alpha^\beta : X_\beta \to X_\alpha$, $\alpha < \beta$, が $\alpha < \beta < \gamma$ ならば $w_\alpha^\gamma = w_\alpha^\beta w_\beta^\gamma$ をみたすように定義された．$\{X_\alpha, w_\alpha^\beta\}$ は逆スペクトルを作る．$X = \varprojlim X_\alpha$ とせよ．

$$X = \bigcup_{\beta < \omega_c} X_\beta \cup I_{\omega_c}, \qquad I_{\omega_c} = \{(\omega_c, y) : 0 \leqq y \leqq 1\}$$

となる．各 y, $0 \leqq y \leqq 1$, に対して X の部分集合 $\{(x, y) : x \in \Lambda \cup (\bigcup_{\beta \in \Lambda} J_\beta) \cup \{\omega_c\}\}$ に次の自然な順序を導入する：

$$(x', y) < (x'', y) \Leftrightarrow \text{(i)} \quad x' = \alpha, \ x'' = \beta, \ \alpha < \beta \leqq \omega_c,$$

$$\text{(ii)} \quad x' \in J_\alpha, \ x'' \in J_\beta, \ \alpha < \beta < \omega_c,$$

$$\text{(iii)} \quad x' \in J_\alpha, \ x'' = \alpha,$$

$$\text{(iv)} \quad x', x'' \in J_\alpha \text{ で } x' < x'',$$

のいずれか１つが成立する．

(1) f が X から任意の多面体 P への連続写像ならば，ある $\alpha_0 \in \Lambda$ が存在して各点 $(x, y) > (\alpha_0, y)$ に対して $f(x, y) = f(\omega_c, y)$.

証明 $f(\omega_c, y) = z \in P$ とする．$\{U_n\}$ を z の可算近傍ベースとする．各 n について $\alpha_n \in \Lambda$ があって

$$f(\{(x, y) : (x, y) > (\alpha_n, y)\}) \subset U_n$$

となる．$\alpha_y = \sup_n \alpha_n$ とおく．作り方から $(x, y) > (\alpha_y, y)$ ならば $f(x, y) = f(\omega_c, y)$ となる．ここで y を $[0, 1]$ のすべての有理数を動かせば，その濃度は $\aleph_0$ であるから各 α_y より大きな $\alpha_0 \in \Lambda$ が存在する．f の連続性より任意の $(x, y) > (\alpha_0, y)$ に対して $f(x, y) = f(\omega_c, y)$ が成立する．□

次に X が条件をみたすことを示そう．結論を否定して有限多面体からなるある逆スペクトル $\{P_\xi, \pi_\xi^\eta\}$, 各 $\pi_\xi^\eta : P_\eta \to P_\xi$ は上への写像，が存在して $X = \varprojlim P_\xi$ となったとせよ．$\pi_\xi : X \to P_\xi$ を射影とする．各 π_ξ は上への写像である．$I_{\omega_c} \subset X$ を考えよ．ある ξ があって I_{ω_c} の２点 $(\omega_c, 0)$, $(\omega_c, 1)$ の像 $\pi_\xi(\omega_c, 0)$, $\pi_\xi(\omega_c, 1)$ は異なる．$\pi_\xi(I_{\omega_c})$ は P_ξ の少くとも２点を含む連結コンパクト集合となるから，点列 (ω_c, y_i), 各 y_i, $i = 1, 2, \cdots$, は有理数，と (ω_c, y_0) が存在し，

$$\pi_\xi(\omega_\iota, y_i) \neq \pi_\xi(\omega_\iota, y_j), \quad i \neq j, \quad \pi_\xi(\omega_\iota, y_i) \neq \pi_\xi(\omega_\iota, y_0), \ \lim_i y_i = y_0,$$

となる．対 $(r_0, \{r_i\})$, $r_0 = y_0$, $r_i = y_i$, を考えよ．写像 π_ξ に対して(1)の条件をみたす $\alpha_0 \in \Lambda$ をとれ．各 T_θ に対応する Λ の部分集合は共終であるから，ある $\beta \geqq \alpha_0$ に対して $(r_0^\beta, \{r_i^\beta\}) = (r_0, \{r_i\})$ となる．L_β と $X - L_\beta$ は X の交わらない開集合で X を被覆する．$\varprojlim P_\xi = X$ であるから，ある P_η, $\eta > \xi$, があって

$$\pi_\eta(L_\beta) \cap \pi_\eta(X - L_\beta) = \phi$$

となり(37.5)，π_η は上への写像であるから

$$\pi_\eta(L_\beta) \cup \pi_\eta(X - L_\beta) = P_\eta$$

となる．ゆえに $\pi_\eta(L_\beta)$ は P_η の開かつ閉集合となるが，集合 $\pi_\eta(J_\beta \times \{r_i^\beta\})$, $i = 1, 2, \cdots$, は $\pi_\eta(L_\beta)$ の，従って P_η の開かつ閉集合で互いに素である．なぜなら

$$\pi_\xi^\eta \pi_\eta(J_\beta \times \{r_i^\beta\}) = \pi_\xi(\omega_\iota, y_i) \neq \pi_\xi(\omega_\iota, y_j) = \pi_\xi^\eta \pi_\eta(J_\beta \times \{r_j^\beta\}), \quad i \neq j.$$

P_η は有限多面体であるから，このような集合族は存在し得ない．この矛盾から X は条件をみたすことが分る．

§39　距離空間の逆スペクトル

39.1　補題　$\{X_\alpha, \pi_\alpha^\beta\}$ を有向集合 $\Lambda = \{\alpha\}$ 上の完全正則空間 X_α の逆スペクトル，$X = \varprojlim X_\alpha$, $\pi_\alpha : X \to X_\alpha$ を射影とする．各 $\alpha \in \Lambda$ について $\tilde{\pi}_\alpha : \beta X \to \beta X_\alpha$ を π_α の拡張とすれば，βX の部分集合 $\bigcap_{\alpha \in \Lambda} \tilde{\pi}_\alpha^{-1} X_\alpha$ は X と一致する．

証明　$Y = \bigcap_{\alpha \in \Lambda} \tilde{\pi}_\alpha^{-1} X_\alpha$ として点 $x \in Y - X$ が存在するとする．$\prod_{\alpha \in \Lambda} X_\alpha$ の点 $(\tilde{\pi}_\alpha(x))_{\alpha \in \Lambda}$ を考えよ．各 $\alpha < \beta$, $\alpha, \beta \in \Lambda$, について $\pi_\alpha^\beta \tilde{\pi}_\beta(x) = \tilde{\pi}_\alpha(x)$ となるから，

$$x' = (\tilde{\pi}_\alpha(x))_{\alpha \in \Lambda} \in X$$

である．βX は T_2 であるから x' の βX の近傍 U で $\mathrm{Cl}_{\beta X} U \not\ni x$ となるものがとれる．X の位相の定義から，ある $\alpha \in \Lambda$ と $\tilde{\pi}_\alpha(x)$ の近傍 U_α があって $\pi_\alpha^{-1} U_\alpha \subset U$ となる．x の Y における近傍 V を $\tilde{\pi}_\alpha(V) \subset U_\alpha$, $V \cap \mathrm{Cl}_{\beta X} U = \phi$, のようにとる．$X$ は Y で稠密であるから $y \in V \cap X$ がある．しかし $y \in \pi_\alpha^{-1} U_\alpha \subset U$ となり $y \notin \mathrm{Cl}_{\beta X} U$ に矛盾する．これから $X = \bigcap_{\alpha \in \Lambda} \tilde{\pi}_\alpha^{-1} X_\alpha$ となる．□

39.2　定理(Pasynkov)　完全正則空間 X に対して次の条件は同等である．

(1)　X は位相完備である．

(2) X は距離空間の逆スペクトルに展開される.

(3) X はパラコンパクト T_2 空間の逆スペクトルに展開される.

証明 (1)⇒(2) X を位相完備とする. Λ を X の開被覆の列 α で次のようなものすべての集合とする: $\alpha=\{{}^{\alpha}\mathcal{U}_i : i=1,2,\cdots\}$, ${}^{\alpha}\mathcal{U}_i$ は X の開被覆, ${}^{\alpha}\mathcal{U}_i > {}^{\alpha}\mathcal{U}^*_{i+1}$, $i=1,2,\cdots$. Λ に次のように順序を導入する: $\alpha<\beta \Leftrightarrow \alpha$ の各元 ${}^{\alpha}\mathcal{U}_i$ に対してその細分となる β の元 ${}^{\beta}\mathcal{U}_{j(i)}$ が存在する. 各 $\alpha\in\Lambda$ に対して 26.12 によって構成される擬距離を d_α とする. $\alpha<\beta$ ならば恒等写像

$$\tilde{\pi}^{\beta}_{\alpha} : (X : d_\beta) \to (X : d_\alpha)$$

は連続である. $X_\alpha=X/d_\alpha$, $\alpha\in\Lambda$, $\mu_\alpha : X\to X_\alpha$ を射影とする. $\tilde{\pi}^{\beta}_{\alpha}$ は $\pi^{\beta}_{\alpha} : X_\beta \to X_\alpha$ を導く. $\alpha<\beta<\gamma$, $\alpha,\beta,\gamma\in\Lambda$, ならば $\pi^{\gamma}_{\alpha}=\pi^{\beta}_{\alpha}\pi^{\gamma}_{\beta}$, また $\mu_\alpha=\pi^{\beta}_{\alpha}\mu_\beta$ が成立する. $\{X_\alpha, \pi^{\beta}_{\alpha}\}$ は距離空間の逆スペクトルを作る. $\tilde{X}=\varprojlim X_\alpha$ とおく. $f : X\to\tilde{X}$ を

$$f(x)=(\mu_\alpha(x))_{\alpha\in\Lambda}, \qquad x\in X,$$

によって定めよ. f が同相を与えることを示せばよい. $x\neq x'$, $x, x'\in X$, とせよ. X は完全正則であるから, 距離空間 Y と上への連続写像 $\mu : X\to Y$ で $\mu(x)\neq\mu(x')$ となるものがある ($Y=I$ にとれる). ある $\alpha\in\Lambda$ に対して $Y=X_\alpha$, $\mu=\mu_\alpha$ となるから $f(x)\neq f(x')$ となる. これから f は $1:1$ である. $x\in X$, U を x の近傍とすれば, X の完全正則性より, 距離空間 Y, 連続写像 $\mu : X\to Y$, $\mu(x)$ の近傍 V, があって $\mu^{-1}(V)\subset U$ となる. ある $\alpha\in\Lambda$ に対して $Y=X_\alpha$, $\mu=\mu_\alpha$ であるから, $\tilde{X}$ の基本開集合 $W=\pi_\alpha^{-1}(V)$ (π_α は射影 $\tilde{X}\to X_\alpha$) は $f^{-1}(W)\subset U$ をみたす. ゆえに f^{-1} は連続となる. これから $f(X)=\tilde{X}$ を示せば証明は完成する. このために, まず $f(X)$ が $\tilde{X}$ で稠密となることに注意せよ. これはほとんど自明である. 次に各 $\alpha<\beta$, $\alpha,\beta\in\Lambda$, について $\tilde{\pi}^{\beta}_{\alpha} : \beta X_\beta\to\beta X_\alpha$ を π^{β}_{α} の拡張とせよ. $\{\beta X_\alpha, \tilde{\pi}^{\beta}_{\alpha}\}$ は逆スペクトルを作る.

$$\gamma\tilde{X}=\varprojlim \beta X_\alpha$$

とおく. $\gamma\tilde{X}$ は $\tilde{X}$ のコンパクト化であるから, f は拡張 $\tilde{f} : \beta X\to\gamma\tilde{X}$ をもつ. $f(X)$ が $\tilde{X}$ で稠密であるから, $\tilde{f}(\beta X)=\gamma\tilde{X}$ となる. $y\in X-f(\tilde{X})$ とする. $x\in\beta X-X$ があって $\tilde{f}(x)=y$ となる. $\tilde{X}$ は位相完備であるから, 27.11 によって距

離空間 M と連続写像 $g: X\to M$ があって，g は $X\cup\{x\}$ に拡張できない．g は上への写像としてよいから，ある $\alpha\in\Lambda$ について $M=X_\alpha$，$g=\mu_\alpha$ となる．$\tilde{\mu}_\alpha: \beta X\to\beta X_\alpha$ を μ_α の拡張とする．$\tilde{\mu}_\alpha(x)\in\beta X_\alpha-X_\alpha$ となる．しかし $\tilde{\mu}_\alpha=\tilde{\pi}_\alpha f$ となるから，

$$\tilde{\mu}_\alpha(x)=\tilde{\pi}_\alpha\tilde{f}(x)\in\tilde{\pi}_\alpha\tilde{X}\subset X_\alpha.$$

この矛盾は $f(X)=\tilde{X}$ を示している．

(2)⇨(3)は明らかである．

(3)⇨(1)　$\{X_\alpha,\pi^\beta_\alpha\}$ をパラコンパクト T_2 空間 X_α の Λ 上の逆スペクトルでその逆極限が X となるものとする．$\alpha\in\Lambda$ に対して $\pi_\alpha: X\to X_\alpha$ を射影とする．X の基本開被覆すべての族を Φ とする．X_α はパラコンパクトであるから，そのすべての開被覆の族は一様被覆系 Φ_α を作る．

$$\Phi=\{\pi_\alpha^{-1}\mathcal{U}_\alpha:\mathcal{U}_\alpha\in\Phi_\alpha,\ \alpha\in\Lambda\}$$

となる．$X=\varprojlim X_\alpha$ であるから Φ は X の一様被覆となり，それが定める一様位相は X の位相と合致する．X が Φ に関して完備であることをいえばよい．$\mathfrak{F}$ を X の Φ に関する Cauchy フィルターとする．$\tilde{\mathfrak{F}}$ を $\mathfrak{F}$ を含む極大フィルターとすれば，$\tilde{\mathfrak{F}}$ は有限交叉性をもちかつ極大であるから，$\bigcap_{F\in\tilde{\mathfrak{F}}}\mathrm{Cl}_{\beta X}F$ は βX の1点 x_0 となる．$x_0\notin X$ とせよ．39.1 よりある $\alpha\in\Lambda$ について $\tilde{\pi}_\alpha(x_0)\notin X_\alpha$ となる（$\tilde{\pi}_\alpha:\beta X\to\beta X_\alpha$ は π_α の拡張）．各点 $y\in X_\alpha$ に対して βX_α でのその近傍 U_y を $\tilde{\pi}_\alpha(x_0)\notin\mathrm{Cl}_{\beta X_\alpha}U_y$ のようにとれ．$\{\pi_\alpha^{-1}(U_y\cap X_\alpha): y\in X_\alpha\}$ は Φ の元となる．$\mathfrak{F}$ が Φ に関する Cauchy フィルターであるから，ある $F_0\in\mathfrak{F}$ があって

$$F_0\subset\pi_\alpha^{-1}(U_y\cap X_\alpha)$$

となる．

$$\tilde{\pi}_\alpha(\mathrm{Cl}_{\beta X}F_0)\subset\mathrm{Cl}_{\beta X_\alpha}U_y$$

であるから，$\tilde{\pi}_\alpha(x_0)\notin\tilde{\pi}_\alpha(\mathrm{Cl}_{\beta X}F_0)$．一方 $x_0\in\bigcap_{F\in\tilde{\mathfrak{F}}}\mathrm{Cl}_{\beta X}F$ であるから

$$\tilde{\pi}_\alpha(x_0)\in\bigcap_{F\in\tilde{\mathfrak{F}}}\tilde{\pi}_\alpha(\mathrm{Cl}_{\beta X}F).$$

この矛盾から $x_0\in X$ となる．すなわち $\mathfrak{F}$ は x_0 に収束する．□

39.3　系　(1)　パラコンパクト T_2 空間は距離空間の逆スペクトルに展開さ

れる.

(2) 正則な Lindelöf 空間は可分距離空間の逆スペクトルに展開される.

証明 (1)は 39.2, 27.13 より得られる. (2)は 39.2 の(1)⇒(2)の証明において各被覆 ${}^{\alpha}\mathcal{U}_i$ を可算被覆にすれば, ほとんど同様な方法で示される. □

39.4 定理(Mardešić-Pasynkov) (1) パラコンパクト T_2 空間 X, $\dim X \leqq n$, は距離空間 X_α, $\dim X_\alpha \leqq n$, の逆スペクトルに展開される.

(2) 正則 Lindelöf 空間 X, $\dim X \leqq n$, は可分距離空間 X_α, $\dim X_\alpha \leqq n$, の逆スペクトルに展開される.

(3) コンパクト T_2 空間 X, $\dim X \leqq n$, はコンパクト距離空間 X_α, $\dim X_\alpha \leqq n$, の逆スペクトルに展開される.

証明 (1) 39.3 により X は距離空間 Y_α の逆スペクトル $\{Y_\alpha, \pi_\alpha^\beta : \alpha \in \Lambda\}$ に展開される. Γ を Λ のすべての有限部分集合の族とし, $\xi, \eta \in \Gamma$ に対し $\xi < \eta$ を $\xi \subset \eta$ によって定義すれば Γ は有向集合となる. 今 Γ 上の逆スペクトル S を次のように定義する. $k=1, 2, \cdots$ に対して Γ_k を正確に k 個の Λ の元からなる Γ の部分集合とする. 各 $\xi = \{\alpha\} \in \Gamma_1$, $\alpha \in \Lambda$, に対して $\nu(\xi) = \alpha$ とおく. ある $n > 0$ について, 各 $\eta \in \Gamma_k$, $k < n$, に対して $\nu(\eta) \in \Lambda$ を選んで,

$$\xi, \eta \in \bigcup_{k=1}^{n-1} \Gamma_k, \quad \xi < \eta, \quad \text{ならば} \quad \nu(\xi) < \nu(\eta)$$

をみたすようにできたとせよ. $\eta \in \Gamma_n$ とする. η の $(n-1)$ 個の元よりなるすべての部分集合 ξ に対して $\nu(\xi) < \nu(\eta)$ となる $\nu(\eta) \in \Lambda$ を任意に選ぶ. これから, 各 $\xi \in \Gamma$ に対して $\nu(\xi) \in \Lambda$ が,

$$\xi < \eta, \quad \xi, \eta \in \Gamma, \quad \text{ならば} \quad \nu(\xi) < \nu(\eta)$$

となるように選ばれた. $\xi \in \Gamma$ に対して $Z_\xi = Y_{\nu(\xi)}$ とおき, $\xi < \eta$ ならば $\mu_\xi^\eta : Z_\eta \to Z_\xi$ を $\mu_\xi^\eta = \pi_{\nu(\xi)}^{\nu(\eta)}$ によって定義せよ. Γ 上の逆スペクトル $S = \{Z_\xi, \mu_\xi^\eta\}$ が得られる. 各 $\xi \in \Gamma$ に対して $f_\xi : Z_\xi \to Y_{\nu(\xi)}$ を恒等写像とする. $\xi < \eta$ ならば $\nu(\xi) < \nu(\eta)$ であるから, $\{f_\xi\}$ は写像

$$f : \varprojlim Z_\xi \to \varprojlim Y_\alpha (= X)$$

を定義する. f は明らかに同相写像となる. これから $\varprojlim Z_\xi = X$ と考えてよい.

$\mu_\xi : X \to Z_\xi$, $\xi \in \Gamma$, を射影とする．$\xi \in \Gamma_1$ とせよ．36.9 によって，距離空間 X_ξ, $\dim X_\xi \leqq n$, 連続写像

$$g_\xi : X \to X_\xi, \quad h_\xi : X_\xi \to Z_\xi, \quad h_\xi g_\xi = \mu_\xi,$$

が存在する．任意の $\xi \in \Gamma_l$, $l<k$, に対して，距離空間 X_ξ, $\dim X_\xi \leqq n$, 上への連続写像 $g_\xi : X \to X_\xi$, 連続写像 $h_\xi : X_\xi \to Z_\xi$ および各 $\xi' < \xi$ に対して連続写像 $\theta^{\xi}_{\xi'} : X_\xi \to X_{\xi'}$ が次の条件をみたすように構成されたとせよ．

(4) $h_\xi g_\xi = \mu_\xi$, $g_{\xi'} = \theta^{\xi}_{\xi'} g_\xi$, $\mu^{\xi}_{\xi'} h_\xi = h_{\xi'} \theta^{\xi}_{\xi'}$, $\theta^{\xi'}_{\xi''} \theta^{\xi}_{\xi'} = \theta^{\xi}_{\xi''}$, $\xi'' < \xi' < \xi$．$\eta \in \Gamma_k$ をとる．写像

$$g_\xi : X \to X_\xi, \quad \xi < \eta, \quad \mu_\eta : X \to Z_\eta$$

を考えよ．38.5(1)を適用すれば距離空間 X_η, $\dim X_\eta \leqq n$, と上への連続写像 $g_\eta : X \to X_\eta$, 連続写像

$$\theta^{\eta}_{\xi} : X_\eta \to X_\xi, \ \xi < \eta, \quad h_\eta : X_\eta \to Z_\eta$$

が得られて,

$$h_\eta g_\eta = \mu_\eta, \quad \theta^{\eta}_{\xi} g_\eta = g_\xi, \quad \xi < \eta,$$

をみたす．各 $\xi < \eta$ に対して

$$\mu^{\eta}_{\xi} h_\eta g_\eta = \mu^{\eta}_{\xi} \mu_\eta = \mu_\xi = h_\xi g_\xi = h_\xi \theta^{\eta}_{\xi} g_\eta$$

となり，g_η は上への写像であるから $\mu^{\eta}_{\xi} h_\eta = h_\xi \theta^{\eta}_{\xi}$ が成立する．同様に $\xi' < \xi < \eta$ ならば，$\theta^{\eta}_{\xi'} = \theta^{\xi}_{\xi'} \theta^{\eta}_{\xi}$ が成り立つ．これから各 $\xi \in \Gamma$ に対して距離空間 X_ξ と写像 $g_\xi, h_\xi, \theta^{\eta}_{\xi}$, $\xi < \eta$, が (4) をみたすように構成される．$S' = \{X_\xi, \theta^{\eta}_{\xi}\}$ は (4) の最後の式より Γ 上の逆スペクトルを作る．$\tilde{X} = \varprojlim X_\xi$ とおく．各 $\xi \in \Gamma$ について写像 $g_\xi : X \to X_\xi$ を考えれば，$\xi < \eta$ に対して $g_\xi = \theta^{\eta}_{\xi} g_\eta$ が成立するから，$g : X \to \tilde{X}$ が $\theta_\xi g = g_\xi$, $\xi \in \Gamma$, をみたすように定義される ($\theta_\xi : \tilde{X} \to X_\xi$ は射影)．また $f_\xi = h_\xi \theta_\xi : \tilde{X} \to Z_\xi$ を考えよ．$\xi < \eta$ ならば (4) によって

$$\mu^{\eta}_{\xi} f_\eta = \mu^{\eta}_{\xi} h_\eta \theta_\eta = h_\xi \theta^{\eta}_{\xi} \theta_\eta = h_\xi \theta_\xi = f_\xi$$

が成立するから，$f : \tilde{X} \to X$ が

$$\mu_\xi f = f_\xi, \quad \xi \in \Gamma,$$

をみたすように定義される．f, g は明らかに連続である．各 $\xi \in \Gamma$ に対して

$$\mu_\xi = h_\xi g_\xi = h_\xi \theta_\xi g = f_\xi g$$

となるから fg＝恒等写像となり，$g:X\to g(X)(\subset\tilde{X})$は同相写像である．各$g_\xi:X\to X_\xi$は上への写像であるから$g(X)$は$\tilde{X}$で稠密となる．点$y\in\tilde{X}-g(X)$が存在すると仮定せよ．$y'=gf(y)$とおく．$y',y$の近傍$U',U$を$U'\cap U=\phi$のようにとる．$f|g(X):g(X)\to X$は同相であるから，$V=f(U'\cap g(X))$は$f(y)$の近傍となる．$g(X)$は$\tilde{X}$で稠密であり，$f$は連続であるから，$x\in U\cap g(X)$があって$f(x)\in V$となる．点$x'\in U'\cap g(X)$，$f(x')=f(x)$，が存在するから$f|g(X)$が1：1であることに反する．ゆえに$\tilde{X}=g(X)$．$g$は同相写像となるから，逆スペクトル$S'$は$X$の展開となる．

(2)　(1)の証明において距離空間をすべて可分距離空間に置換えれば，全く同様に得られる．

(3)　(1)の証明において39.3を37.10に，36.9を38.3に置換えれば同様な方法で証明される．また(1)あるいは(2)を直接適用すればたやすく得られる．□

39.4(3)は次のように一般化される．

39.5　定理　XをコンパクトT_2空間，$I^{\mathfrak{m}}$を平行体空間，$f:X\to I^{\mathfrak{m}}$を連続写像とする．このとき，有向集合Γ，$|\Gamma|=\mathfrak{m}$，とΓ上のコンパクト距離空間X_ξ，$\dim X_\xi\leqq\dim X$，$\xi\in\Gamma$，からなる逆スペクトル$\{X_\xi,\pi_\xi^\eta\}$および上への連続写像$g:X\to\varprojlim X_\xi$，連続写像$h:\varprojlim X_\xi\to I^{\mathfrak{m}}$が存在して$f=hg$となる．

(39.5が39.4(3)を意味することは，Xをある$I^{\mathfrak{m}}$に埋め込み，包含写像$i:X\to I^{\mathfrak{m}}$に39.5を適用すればよい.)

39.5の証明　Λを$|\Lambda|=\mathfrak{m}$となる集合とする．各$\alpha\in\Lambda$に対してI_αをIのコピーとして$I^{\mathfrak{m}}=\prod_{\alpha\in\Lambda}I_\alpha$とする．$\Gamma=\{\xi\}$を$\Lambda$のすべての有限部分集合の族とし，$\xi<\eta$，$\xi,\eta\in\Gamma$，を$\xi\subset\eta$によって定義すれば$\Gamma$は有向集合となる．各$\xi\in\Gamma$について$I_\xi=\prod_{\alpha\in\xi}I_\alpha$とおき，$\xi<\eta$に対して$\pi_\xi^\eta:I_\eta\to I_\xi$を射影とする．逆スペクトル$\{I_\xi,\pi_\xi^\eta\}$は$I^{\mathfrak{m}}$の展開となる(37.8)．$\pi_\xi:I^{\mathfrak{m}}\to I_\xi$を射影とする．$\Gamma_k$，$k=1,2,\cdots$，を正確に$\Lambda$の$k$個の元からなる$\Gamma$の部分集合とする．$\xi\in\Gamma_1$に対して$X_\xi=I_\xi$，$g_\xi=\pi_\xi f$，$h_\xi$＝恒等写像とおく．ある$k>1$に対して，任意の$\xi\in\Gamma_l$，$l<k$，についてコンパクト距離空間$X_\xi$，連続写像$g_\xi:X\to X_\xi$，$h_\xi:X_\xi\to I_\xi$お

よび各$\xi'<\xi$に対して連続写像$\theta^{\xi}_{\xi'}: X_\xi\to X_{\xi'}$が次のように構成されたとする．

(1)　$h_\xi g_\xi=\pi_\xi f$, $l>1$ならば$\dim X_\xi\leqq\dim X$, g_ξは上への写像, $\xi'<\xi$について$g_{\xi'}=\theta^{\xi}_{\xi'}g_\xi$.

$\eta\in\Gamma_k$とする．38.5(2)を写像

$$g_\xi: X\to X_\xi,\ \xi<\eta,\qquad \pi_\eta f: X\to I_\eta$$

に適用せよ．コンパクト距離空間X_η, $\dim X_\eta\leqq\dim X$, 上への写像$g_\eta: X\to X_\eta$, 写像

$$\theta^{\eta}_{\xi}: X_\eta\to X_\xi,\qquad h_\eta: X_\eta\to I_\eta,\qquad g_\xi=\theta^{\eta}_{\xi}g_\eta,\ \xi<\eta,\qquad h_\eta g_\eta=\pi_\eta f,$$

が得られる．これから(1)をみたす空間X_ξ, 写像$g_\xi, h_\xi, \theta^{\eta}_{\xi}$, $\xi<\eta$, がすべての$\xi\in\Gamma$について得られた．$\Gamma'=\bigcup_{k=2}^{\infty}\Gamma_k$とおき，$\Gamma'$上の逆スペクトル$\{X_\xi, \theta^{\eta}_{\xi}: \xi<\eta,\ \xi,\eta\in\Gamma'\}$を考えれば，(1)によって写像$g_\xi, h_\xi$は連続写像

$$g: X\to\varprojlim X_\xi,\qquad h: \varprojlim X_\xi\to I^{\mathfrak{m}}$$

を導く．$h_\xi g_\xi=\pi_\xi f$であるから$hg=f$が成立する．□

39.6　系　X, YをコンパクトT_2空間，$f: X\to Y$を連続写像とすれば，コンパクトT_2空間Z, $\dim Z\leqq\dim X$, $w(Z)\leqq w(Y)$, と上への連続写像$g: X\to Z$, 連続写像$h: Z\to Y$, $hg=f$が存在する．

証明　$w(Y)=\mathfrak{m}$とすれば$Y\subset I^{\mathfrak{m}}$と考えられる．$f: X\to Y\subset I^{\mathfrak{m}}$に39.5を適用せよ．$Z=\varprojlim X_\xi$とすれば，$\dim X_\xi\leqq\dim X$であるから37.6より$\dim Z\leqq\dim X$. また$w(X_\xi)\leqq\aleph_0$であるから$w(Z)\leqq\mathfrak{m}$となる．□

39.7　系　Xを正規空間とすれば，Xのコンパクト化αXで$\dim\alpha X\leqq\dim X$, $w(\alpha X)\leqq w(X)$となるものが存在する．

証明　36.10と同様に証明される．$w(X)=\mathfrak{m}$とすれば$X\subset I^{\mathfrak{m}}$と考えてよい．36.10の証明から$\dim\beta X=\dim X$であるから，包含写像$i: X\to I^{\mathfrak{m}}$の拡張$f: \beta X\to I^{\mathfrak{m}}$に39.6を適用すれば，得られた空間$Z$は$X$の求めるコンパクト化である．□

次に，ある種の空間族$\{X_\alpha\}$, $\dim X_\alpha\leqq n$, に対して万有空間X, $\dim X\leqq n$, が存在することを示そう．

39.8　定義　τを濃度，$A=\{\alpha\}$を$|A|=\tau$となる集合とする．R_α, $\alpha\in A$, を

実数空間 R のコピーとする．$\prod_{\alpha\in\Lambda} R_\alpha$ の次の部分集合 H^τ は**一般 Hilbert 空間**とよばれる．

(1)　$x=(x_\alpha)\in\prod_{\alpha\in\Lambda} R_\alpha$ は高々可算個の $\alpha\in\Lambda$ について $x_\alpha\neq 0$ であり $\sum_{\alpha\in\Lambda} x_\alpha{}^2$ が収束するときに限り H^τ の点である．

各 $x=(x_\alpha)$，$y=(y_\alpha)\in H^\tau$ に対して

$$d(x,y)=(\sum_{\alpha\in\Lambda}(x_\alpha-y_\alpha)^2)^{1/2}$$

とおけば d は H^τ の距離を与える．H^τ にはつねにこの距離 d による距離位相が与えられる．

39.9　例　X を $w(X)\leqq\tau$ となる距離空間とすれば，X は H^τ に埋め込まれる．すなわち H^τ は $w(X)\leqq\tau$ となる距離空間の族の万有空間である．これを示すために，

$$\mathcal{U}_i=\{U_{i\alpha}:i\alpha\in\Gamma_i\},\qquad i=1,2,\cdots,$$

を X の σ 局所有限ベースで，$|\Gamma_i|\leqq\tau$ となるものとする(18.1)．各 $U_{i\alpha}$ はコゼロ集合であるから，$X-U_{i\alpha}=p_{i\alpha}^{-1}(0)$ となる $p_{i\alpha}\in C(X,I)$ が存在する．

$$q_{i\alpha}(x)=p_{i\alpha}(x)/(1+\sum_{i\alpha\in\Gamma_i}(p_{i\alpha}(x))^2)^{1/2},\qquad x\in X,$$

とおく．$\mathcal{U}_i$ は局所有限であるから，$q_{i\alpha}$ は連続である．

$$\sum_{i\alpha\in\Gamma_i}(q_{i\alpha}(x))^2<1$$

であるから，各 $x,y\in X$ について

$$\sum_{i\alpha\in\Gamma_i}(q_{i\alpha}(x)-q_{i\alpha}(y))^2<2$$

が成立する．

$$f_{i\alpha}(x)=\frac{1}{2^n}q_{i\alpha}(x),\qquad x\in X,$$

とおく．$\sum_{i=1}^{\infty}\sum_{i\alpha}(f_{i\alpha}(x))^2<1$ が成立するから，$(f_{i\alpha}(x))$，$i\alpha\in\Gamma_{i\alpha}$，$i=1,2,\cdots$，は H^τ の点と考えられる．($|\bigcup_{i=1}^{\infty}\Gamma_i|\leqq\tau$ に注意せよ.) 写像 $f:X\to H^\tau$ を $f(x)=(f_{i\alpha}(x))$，$x\in X$，によって定義せよ．$f:X\to f(X)$ が同相となることを示そう．$x\in X$，$\varepsilon>0$，を任意にとる．$2^{-N}<\varepsilon^2/4$ となるように自然数 N を選ぶ．x の近傍 U を各 $i\leqq N$ について $\mathcal{U}_i$ の元の有限個としか交わらないようにとる．

$U_{n_1\alpha_1}, \cdots, U_{n_s\alpha_s}$ を U と交わる $\bigcup_{i=1}^{N} \mathcal{U}_i$ のすべての元とする．x の近傍 $V\subset U$ を

$$|f_{n_i\alpha_i}(x)-f_{n_i\alpha_i}(y)| < \varepsilon/\sqrt{2s}, \qquad y\in V,\ i=1,\cdots,s,$$

のようにとれば，V は $U_{n_i\alpha_i}$ 以外の $\bigcup_{i=1}^{N} \mathcal{U}_i$ の元と交わらないから，

$$\sum_{i=1}^{N} \sum_{i\alpha\in\Gamma_i} (f_{i\alpha}(x)-f_{i\alpha}(y))^2 < \frac{\varepsilon^2}{2}, \qquad y\in V,$$

となる．また

$$\sum_{i=N+1}^{\infty} \sum_{i\alpha\in\Gamma_i} (f_{i\alpha}(x)-f_{i\alpha}(y))^2 = \sum_{i=N+1}^{\infty} \frac{1}{2^n} \sum_{i\alpha\in\Gamma_i} (q_{i\alpha}(x)-q_{i\alpha}(y))^2 \leqq 2\cdot 2^{-N} < \frac{\varepsilon^2}{2}.$$

これから

$$d(f(x), f(y)) < \varepsilon,$$

すなわち f は連続である．f の1：1は明らかである．$x\in X$ とし U を x の近傍とする．$x\in U_{i\alpha}\subset U$, $U_{i\alpha}\in\mathcal{U}_i$, をとり，$\varepsilon=f_{i\alpha}(x)$ とおく．$f(Y)\ni f(y)$ を $d(f(x), f(y))<\varepsilon$ のようにとれば，$f_{i\alpha}(y)>0$ となるから $y\in U_{i\alpha}\subset U$. これから $f^{-1}: f(X)\to X$ は連続である．

39.10　定理(Pasynkov)　τ を濃度とし，$n=0,1,2,\cdots$ とする．すべての正規空間 X, $\dim X=n$, $w(X)=\tau$, の族に対して次の条件をみたす万有空間 $P(\tau, n)$ が存在する．

(1)　$P(\tau, n)$ はコンパクト T_2 空間である．

(2)　$\dim P(\tau, n)=n$ かつ $w(P(\tau, n))=\tau$.

証明　正規空間 X, $\dim X=n$, $w(X)=\tau$, の族を同相なものからなる同値類に分け，各類から1つずつ代表元を選び，その族を $\Omega=\{X_\alpha : \alpha\in\Lambda\}$ とする．$\alpha\neq\beta$ ならば X_α と X_β は同相でない．また任意の正規空間 X, $\dim X=n$, $w(X)=\tau$, はある X_α と同相になる．$Y=\bigcup_{\alpha\in\Lambda}\beta X_\alpha$(位相和)とする．$\dim\beta X_\alpha=n$ であるから (36.10 証明参照)，36.6 により $\dim Y=\dim\beta Y=n$ である．$w(X_\alpha)=\tau$ であるから埋め込み $f_\alpha: X_\alpha\to I^\tau$ が存在する．$\tilde{f}_\alpha: \beta X_\alpha\to I^\tau$ を f の拡張とし，$f: Y\to I^\tau$ を $f|\beta X_\alpha=\tilde{f}_\alpha$ によって定義し，$\tilde{f}: \beta Y\to I^\tau$ を f の拡張とせよ．39.6 によりコンパクト T_2 空間 $P(\tau, n)$, $\dim P(\tau, n)\leqq\dim\beta Y=n$, $w(P(\tau, n))\leqq w(I^\tau)=\tau$, と連続写像

$$g:\beta Y\to P(\tau,n),\qquad h:P(\tau,n)\to I^{\tau},\qquad f=hg,$$

が存在する．各 $\alpha\in\Lambda$ について $f|X_\alpha: X_\alpha\to f_\alpha(X_\alpha)\subset I^{\tau}$ は同相であるから，$g|X_\alpha: X_\alpha\to P(\tau,n)$ は埋め込みである．これから $P(\tau,n)$ は Ω に対する万有空間となる．

$$\dim P(\tau,n)=n,\qquad w(P(\tau,n))=\tau$$

を示すために，$X_\alpha\in\Omega$ を任意にとる．39.7 より X_α のコンパクト化 Y_α,

$$\dim Y_\alpha=n,\qquad w(Y_\alpha)=\tau,$$

が存在する．ある $X_\beta\in\Omega$ は Y_α と同相になる．$X_\beta\subset P(\tau,n)$ であるから，$n=\dim X_\beta\leqq\dim P(\tau,n)$ (36.2),

$$\tau=w(X_\beta)\leqq w(P(\tau,n)).$$

これから

$$P(\tau,n)=n,\qquad w(P(\tau,n))=\tau$$

となる．□

39.11　補題　A を完全正規空間 X の任意の部分集合とすれば $\dim A\leqq\dim X$.

証明　$\{U_i\}$ を A の開集合からなる有限被覆とする．各 i について X の開集合 V_i, $V_i\cap A=U_i$, をとり，$H=\bigcup_i V_i$ とおく．H は X の開集合であるから F_σ 集合である．ゆえに X の閉集合 F_j, $j=1,2,\cdots$, $H=\bigcup_j F_j$, が存在する．36.2 より $\dim F_j\leqq\dim X$, また H は正規であるから 36.6 より $\dim H\leqq\dim X$ となる．$\{V_i\}$ は H の有限開被覆であるから，$\{V_i\}$ の有限開細分 $\{W_j\}$ で次数 $\leqq\dim X+1$ のものが存在する．$\{W_j\cap A\}$ は $\{U_i\}$ の開細分でその次数 $\leqq\dim X+1$ となる．これから $\dim A\leqq\dim X$. □

この補題で X を正規空間とした場合は，一般に成立しないことが知られている．

39.12　定理　τ を濃度とし $n=0,1,2,\cdots$ とする．すべての距離空間 X, $\dim X=n$, $w(X)=\tau$, の族に対して次の条件をみたす万有空間 $M(\tau,n)$ が存在する．

(1)　$M(\tau,n)$ は距離空間である．

(2)　$\dim M(\tau, n)=n$ かつ $w(M(\tau, n))=\tau$.

証明　39.10と同様な証明を行なう．距離空間 X, $\dim X=n$, $w(X)=\tau$, の族を同相なものからなる同値類に分け，各類から1つずつ空間を選んで $\{X_\alpha : \alpha\in\Lambda\}$ とする．$Y=\bigcup_{\alpha\in\Lambda} X_\alpha$ を位相和とする．39.9より埋め込み $f_\alpha : X_\alpha\to H^\tau$ が存在する．$f: Y\to H^\tau$ を $f|X_\alpha=f_\alpha$ によって定めよ．$\dim Y=n$, $w(H^\tau)=\tau$ であるから，36.9より距離空間

$$M(\tau, n), \qquad \dim M(\tau, n)\leqq n, \qquad w(M(\tau, n))\leqq\tau,$$

と連続写像

$$g: Y\to M(\tau, n), \qquad h: M(\tau, n)\to H^\tau, \qquad f=hg$$

が存在する．$f|X_\alpha$ が埋め込みであるから $g|X_\alpha$ は埋め込みとなる．39.11より

$$n=\dim X_\alpha\leqq\dim M(\tau, n).$$

ゆえに $\dim M(\tau, n)=n$. また $w(M(\tau, n))=\tau$ は明らかである．これから $M(\tau, n)$ は求める万有空間である．□

§40　Smirnovの定理

40.1　定義　X を δ 空間とする．5.M(178頁)において，X の有限開被覆 $\{U_i : i=1, \cdots, k\}$ は有限被覆 $\{H_i : i=1, \cdots, k\}$ が存在して $H_i\Subset U_i$, $i=1, \cdots, k$ (即ち $H_i\delta(X-\overline{U}_i)$)，となるとき，$\delta$ **開被覆**といわれた．uX を X の Smirnov コンパクト化とせよ．X の開集合 U について

$$O(U)=uX-\mathrm{Cl}_{uX}(X-U)$$

とおく(29.10, 29.12参照)．uX の性質から明らかなように，$\{U_i\}$ が X の δ 開被覆となる必要充分条件は，$\{O(U_i)\}$ が uX の開被覆となることである(5.L)．X の開集合族 $\{U_i : i=1, \cdots, k\}$ は $B=X-\bigcup_{i=1}^{k} U_i$ がコンパクトで，任意の B の開近傍 U をとるとき $\{U, U_i : i=1, \cdots, k\}$ が X の δ 開被覆となる場合，δ **縁被覆**または単に**縁被覆**とよばれる．剰余 $uX-X$ を N_c で表わす．この節を通じて，すべての空間は T_2 と仮定し，上に述べた記号は説明せずに使用する．

40.2　命題　$\{U_i : i=1, \cdots, k\}$ を δ 空間 X の開集合族で $B=X-\bigcup_{i=1}^{k} U_i$ がコンパクトとなるものとする．次の条件は同値である．

(1)　$\{U_i\}$ は縁被覆である．

(2)　$N_c = uX - X \subset \bigcup_{i=1}^{k} O(U_i)$.

(3)　$O(\bigcup_{i=1}^{k} U_i) = \bigcup_{i=1}^{k} O(U_i)$

(4)　任意の開集合 $U \supset B$ について $\{U_i - U\}$ は ∂ 空間 $X-U$ の ∂ 開被覆である．

証明　(1)⇨(2)　$x \in N_c$ とする．B の開近傍 U を $x \notin \mathrm{Cl}_{uX}\, U$ となるようにとる．$\{U, U_i\}$ は ∂ 開被覆であるから，

$$uX = O(U) \cup \left(\bigcup_{i=1}^{k} O(U_i) \right).$$

$x \notin O(U)$ であるから $x \in \bigcup_{i=1}^{k} O(U_i)$ となる．

(2)⇨(3)　$B = X - \bigcup_{i=1}^{k} U_i = uX - \bigcup_{i=1}^{k} O(U_i)$.

また B は uX の閉集合となるから

$$uX - B = O(X-B) = O\left(\bigcup_{i=1}^{k} U_i \right).$$

これは(3)を意味する．

(3)⇨(4)　U を B の開近傍とする．(3)より

$$uX - B = O(X-B) = O\left(\bigcup_{i=1}^{k} U_i \right) = \bigcup_{i=1}^{k} O(U_i).$$

ゆえに

$$\mathrm{Cl}_{uX}(X-U) \subset uX - U \subset \bigcup_{i=1}^{k} O(U_i)$$

となる．

$$U_i' = O(U_i) \cap \mathrm{Cl}_{uX}(X-U)$$

とおけば，$\{U_i'\}$ はコンパクト空間 $\mathrm{Cl}_{uX}(X-U)$ の開被覆であるからその ∂ 開被覆である(29.5参照)．

$$U_i' \cap (X-U) = U_i - U$$

となるから $\{U_i - U\}$ は $X-U$ の ∂ 開被覆となる．

(4)⇨(1)　U を B の開近傍とする．B はコンパクトであるから $B \Subset U$ となる．なぜなら

$$B \cap \mathrm{Cl}_{uX}(X-U) = \phi$$

となるから，$B\bar{\delta}(X-U)$(29.5)．つぎに $B \Subset V \Subset W \Subset U$ となる開集合 V, W をとれ．(4)より $\{U_i - V\}$ は $X-V$ の δ 開被覆であるから，$X-V$ の被覆

$$\{H_i : i=1, \cdots, k\}, \qquad H_i \subset U_i - V, \qquad H_i \bar{\delta}(X-V-U_i),$$

が存在する．$(H_i - W)\bar{\delta}V$ より $(H_i - W)\bar{\delta}(X-U_i)$，また $W\bar{\delta}(X-U)$．$\bigcup_{i=1}^{k}(H_i - W) \cup W = X$ であるから，$\{U, U_i : i=1, \cdots, k\}$ は δ 開被覆である．□

40.3　定義　X を δ 空間とする．X の任意の縁被覆 $\{U_i\}$ に対して縁被覆 $\{V_j\}$ があって $\mathrm{ord}\{V_j\} \leqq n+1$ かつ各 V_j はある U_i に含まれるとき，$\dim^\infty X \leqq n$ と書き，δ 空間 X の**縁次元は n を越えない**という．$\dim^\infty X \leqq n$ で $\dim^\infty X \leqq n-1$ のとき $\dim^\infty X = n$ と書き，X の**縁次元は n である**という．

40.4　定理(Smirnov)　X を正規かつ可算型の δ 空間とする．このとき $\dim N_c = \dim^\infty X$ となる．

証明は次の補題を使用して与えられる．

40.5　補題　X を正規かつ可算型の δ 空間，$\{F_i : i=1, \cdots, n\}$ を N_c の閉被覆とする．uX の開集合族 $\{U_i\}$，$F_i \subset U_i$，$i=1, \cdots, n$，で $\{F_i\} \approx \{U_i\}$ となるものが存在する．

証明　$\mathrm{ord}\{F_i\}$ に関する帰納法を使用する．$\mathrm{ord}\{F_i\} < k$ について補題が成立するとし，$\mathrm{ord}\{F_i\} = k$ とする．$\{1, \cdots, n\}$ の正確に k 個の元からなるすべての部分集合の族を $\gamma = \{s\}$ とする．

$$H_s = \bigcap_{i \in s} F_i, \qquad s \in \gamma,$$

とおく．$\{H_s : s \in \gamma\}$ は N_c の疎閉集合族であるから，28.14 を適用することによって，各 $s \in \gamma$ について uX の開集合 W_s，$H_s \subset W_s$，をとり，$s \neq s'$ ならば $W_s \cap W_{s'} = \phi$ かつ $i \notin s$ ならば $W_s \cap F_i = \phi$ となるようにできる．$X_1 = uX - \bigcup_{s \in \gamma} W_s$ とおけば $\mathrm{ord}\{F_i \cap X_1\} \leqq k-1$．これから X_1 の開集合族 $\{V_i\}$ を $F_i \cap X_1 \subset V_i$ かつ $\{F_i \cap X_1\} \approx \{V_i\}$ のようにとれる．各 i について

$$U_i = V_i \cup \Big(\bigcup_{i \in s \in \gamma} W_s\Big)$$

とおけば，$\{U_i\}$ は求めるものである．□

40.4 の証明　$\dim N_c \leqq n$ とせよ．$\{U_i : i=1, \cdots, k\}$ を X の縁被覆とし $B=X-\bigcup_{i=1}^{k} U_i$ とおく．40.2 より $N_c \subset \bigcup_{i=1}^{k} O(U_i)$ であり，N_c は正規であるから (28.14)，N_c の閉被覆

$$\{H_i\}, \qquad H_i \subset O(U_i), \qquad i=1, \cdots, k,$$

でその次数 $\leqq n+1$ のものが存在する．40.5 より uX の開集合族

$$\{V_i\}, \qquad H_i \subset V_i \subset O(U_i), \qquad i=1, \cdots, k, \qquad \{H_i\} \approx \{V_i\}$$

が存在する．$W_i = V_i \cap X$ とおけば，

$$\bigcup_{i=1}^{k} O(W_i) \supset \bigcup_{i=1}^{k} V_i \supset \bigcup_{i=1}^{k} H_i = N_c$$

となるから，40.2 より $\{W_i\}$ は縁被覆となり，

$$W_i \subset U_i, \ i=1, \cdots, k, \ \text{かつ} \ \operatorname{ord}\{W_i\} \leqq \operatorname{ord}\{V_i\} \leqq n+1$$

となる．これから $\dim^{\infty} X \leqq n$ が成り立つ．

逆に $\dim^{\infty} X \leqq n$ とせよ．$\{G_i : i=1, \cdots, k\}$ を N_c の開被覆とする．N_c は正規であるからその閉被覆 $\{H_i\}$, $H_i \subset G_i$, $i=1, \cdots, k$, が存在する．28.14 により各 i に対して uX の開集合

$$U_i, H_i \subset U_i, \qquad N_c \cap \mathrm{Cl}_{uX} U_i \subset G_i,$$

をとることができる．

$$V_i = X \cap U_i, \qquad i=1, \cdots, k,$$

とおけば，40.2 より $\{V_i\}$ は縁被覆となる．$\dim^{\infty} X \leqq n$ であるから縁被覆

$$\{W_j : j=1, \cdots, l\}, \qquad \operatorname{ord}\{W_j\} \leqq n+1,$$

で各 W_j がある V_i に含まれるものが存在する．40.2 より $\{O(W_j)\}$ は N_c を被覆する．

$$L_j = N_c \cap O(W_j)$$

とおく．$W_j \subset V_i$ をとれば，

$$O(W_j) \subset O(V_i) \subset \mathrm{Cl}_{uX} V_i \subset \mathrm{Cl}_{uX} U_i$$

となるから，$N_c \cap \mathrm{Cl}_{uX} U_i \subset G_i$ より $L_j \subset G_i$ となる．これから $\{L_j : j=1, \cdots, l\}$ は N_c の開被覆で $\{G_i\}$ の細分となり，また

$$\operatorname{ord}\{L_j\} \leqq \operatorname{ord}\{O(W_j)\} = \operatorname{ord}\{W_j\} \leqq n+1$$

となる．これから $\dim N_c \leqq n$ が成立する．□

40.6　定義　空間 X は各点 $x \in X$ とその近傍 V に対して V に含まれる開近傍 U で $\mathrm{Bry}\, U$ がコンパクトとなるものが存在するとき，**縁コンパクト**(peripherally compact)といわれる．

局所コンパクト T_2 空間，$\mathrm{ind}\, X=0$ となる空間などは縁コンパクトである．X を縁コンパクト T_2 空間とする．X のベース $\mathscr{B}$ は，(1) 各 $U \in \mathscr{B}$ について $\mathrm{Bry}\, U$ はコンパクト，(2)

$$U_i \in \mathscr{B},\ i=1,\cdots,k,\ \text{ならば},\ X-\overline{U}_i,\quad \bigcup_{i=1}^{k} U_i,\quad \bigcap_{i=1}^{k} U_i,\quad U_i-\overline{U}_j$$

がすべて $\mathscr{B}$ に属するとき，**π ベース**とよばれる．X の開集合 U で $\mathrm{Bry}\, U$ がコンパクトとなるすべての族は明らかに π ベースを作る．これを**極大** π ベースとよぶ．

40.7　命題　X を縁コンパクト T_2 空間，$\mathscr{B}$ を π ベースとする．$A, B \subset X$ に対して，ある $U \in \mathscr{B}$ があって $\overline{A} \subset U \subset \overline{U} \subset X-\overline{B}$ が成立するとき，$A \bar{\delta} B$ と定めよ．この定義により X は δ 空間となり，その δ 位相は X の位相と合致する．

証明　29.1 の P1-P5 が成立することを示さねばならない．P1, P3, P4 は自明である．P2 は，$U, V \in \mathscr{B}$ ならば $U \cup V \in \mathscr{B}$ であるから明らかである．P5 を示そう．まず

(1)　F が閉集合で $x \notin F$ ならば，$\{x\} \bar{\delta} F$.

$x \in U \subset X-F$, $U \in \mathscr{B}$, が存在する．P3 より各 $y \in \mathrm{Bry}\, U$ についてその近傍 $V_y \in \mathscr{B}$, $x \notin \overline{V}_y$, が存在する．$\mathrm{Bry}\, U$ はコンパクトであるから，y_i, $i=1,\cdots,k$, があって

$$\mathrm{Bry}\, U \subset \bigcup_{i=1}^{k} V_{y_i}.$$

$W=U-\bigcup_{i=1}^{k} \overline{V}_{y_i}$ とおけば，$W \in \mathscr{B}$ かつ $x \in W \subset \overline{W} \subset U \subset X-F$ となる．ゆえに $\{x\} \bar{\delta} F$.

P5 を示すために，$A \bar{\delta} B$ とせよ．A と B は共に閉集合としてよい．

$$A \subset U \subset \overline{U} \subset X-B, \qquad U \in \mathscr{B},$$

が存在する．(1)によって各 $x \in \mathrm{Bry}\, U$ について

$$V_x \in \mathcal{B}, \qquad \overline{V}_x \cap (A \cup B) = \phi,$$

が存在する．x_i, $i=1,\cdots,k$, を

$$\mathrm{Bry}\,U \subset \bigcup_{i=1}^{k} V_{x_i}$$

のようにとれ．

$$V = U - \bigcup_{i=1}^{k} \overline{V}_{x_i}, \qquad W = U \cup \left(\bigcup_{i=1}^{k} V_{x_i} \right)$$

とおけば，$V, W \in \mathcal{B}$ となる．

$$A \subset V \subset \overline{V} \subset U \subset \overline{U} \subset W \subset \overline{W} \subset X - B$$

となるから，$\overline{U}=C$, $X-U=D$ とおけば，

$$X = C \cup D, \qquad A \bar{\delta} D, \qquad B \bar{\delta} C$$

となる．最後に，(1)によって δ 位相は X の位相と合致することが知られる．□

40.8 定義 $\mathcal{B}$ を縁コンパクト T_2 空間 X の π ベースとする．40.7 における δ 空間を **$\mathcal{B}$ によって導かれた** δ 空間という．この Smirnov コンパクト化を **$\mathcal{B}$ による π コンパクト化**とよび，$u_{\mathcal{B}}X$ で表わす．

40.9 命題 $\mathcal{B}$ を縁コンパクト T_2 空間 X の極大 π ベースとすれば，$u_{\mathcal{B}}X$ は X の完全コンパクト化である．

証明　$A \subset X$, U を A の開近傍で $A \bar{\delta}\, \mathrm{Bry}\,U$ となるものとする．$A \bar{\delta} (X-U)$ を示さねばならない．$\overline{A} \bar{\delta}\, \mathrm{Bry}\,U$ より $\overline{A} \subset U$ となる．$\bar{\delta}$ の定義によって，

$$\overline{A} \subset V \subset \overline{V} \subset X - \mathrm{Bry}\,U, \qquad V \in \mathcal{B},$$

が存在する．$W=U \cap V$ とおけば，

$$\mathrm{Bry}\,W \subset \overline{V} \cap (\mathrm{Bry}\,U \cup \mathrm{Bry}\,V) = \mathrm{Bry}\,V$$

となるから，$\mathrm{Bry}\,W$ はコンパクト．これから $W \in \mathcal{B}$. $\overline{A} \subset W \subset \overline{W} \subset U$ となるから $\overline{A} \bar{\delta} (X-U)$ である．□

40.10 定義 δ 空間 X は，任意の $E, F \subset X$, $E \bar{\delta} F$, に対してコンパクト集合 C が存在して，(1) $X-C=U \cup V$, $E \subset U$, $F \subset V$, $U \cap V=\phi$, U と V は開集合，(2) C の任意開近傍 W をとると $(U-W) \bar{\delta} (V-W)$ となるとき，**近接縁コンパクト**といわれる．(この場合 40.2(4) より $\{U, V\}$ は縁被覆を作ることが分る．)

40.11 補題 正則な Lindelöf 空間 X においては,

$$\operatorname{ind} X = 0, \qquad \operatorname{Ind} X = 0, \qquad \dim X = 0$$

は同値である.

証明 14.5 より $\operatorname{ind} X=0$ ならば $\operatorname{Ind} X=0$ を示せばよい. A を X の閉集合, U をその開近傍とする. X は正規であるから(16.8), $A\subset V\subset \overline{V}\subset U$ となる開集合 V がとれる. 各 $x\in X$ についてその開かつ閉集合である近傍 V_x を, $x\in \overline{V}$ ならば $\overline{V}_x\subset U$, $x\notin X-\overline{V}$ ならば $\overline{V}_x\subset X-\overline{V}$ となるようにとる. $\{V_x : x\in X\}$ の可算部分被覆を $\{V_i : i=1,2,\cdots\}$ とする.

$$U_1 = V_1, \qquad U_i = V_i - \bigcup_{j=1}^{i-1} V_j,\ i>1, \qquad \mathcal{V} = \{U_i : i=1,2,\cdots\}$$

とし,

$$W = \bigcup\{U_i\in \mathcal{V} : U_i\cap \overline{V} \neq \phi\}$$

とおけば

$$X-W = \bigcup\{U_i\in \mathcal{V} : \overline{U}_i\cap \overline{V} = \phi\}$$

となるから, W は開かつ閉集合で $A\subset W\subset U$ となる. □

40.12 定理(Smirnov) X を正規かつ可算型である δ 空間とする. $\dim N_c=0$ となる必要充分条件は, X が近接縁コンパクトでコンパクトでないことである.

証明 必要性 $\dim N_c=0$ とする. 40.4 より $\dim^\infty X=0$ である. $E\bar{\delta}F$, $E,F\subset X$, とする. 開集合 G_i, H_i, $i=1,2$, を

$$E\Subset G_2\Subset G_1, \qquad F\Subset H_2\Subset H_1, \qquad G_1\Subset X-H_1,$$

のようにとる. $\{X-\overline{G}_1,\ X-\overline{H}_1\}$ は δ 被覆であるから勿論縁被覆である. これからその細分となる縁被覆 $\{W_i\}$, $\operatorname{ord}\{W_i\}=1$, が存在する.

$$G = \bigcup\{W_i : W_i\cap \overline{G}_1 \neq \phi\}, \qquad H = \bigcup\{W_i : W_i\cap \overline{G}_1 = \phi\}$$

とおく. $G\cap H=\phi$, また

$$B = X-G\cup H = X-\bigcup_i W_i$$

はコンパクトであり, $\{G,H\}$ は縁被覆となる. $C=B-G_2\cup H_2$ とおく. C が 40.10 の条件をみたすことを示そう.

$$U = G \cup G_2, \qquad V = H \cup H_2$$

とおく．

$$X - C = U \cup V, \qquad U \cap V = \phi, \qquad E \subset U, \qquad F \subset V$$

である．W を C の開近傍とせよ．$(U-W)\bar{\delta}(V-W)$ を示さねばならない．

$$U - W = (G - W \cup G_2) \cup (G_2 - W), \qquad V - W = (H - W \cup H_2) \cup (H_2 - W)$$

と分解して考える．$G_2 \bar{\delta} H_2$ より $(G_2 - W)\bar{\delta}(H_2 - W)$，また $H \subset X - \bar{G}_1$ より $G_2 \bar{\delta} H$ となるから $(G_2 - W)\bar{\delta}(H - W \cup H_2)$．同様に $G \subset X - \bar{H}_1$ より $G \bar{\delta} H_2$ となるから $(G - W \cup G_2)\bar{\delta}(H_2 - W)$．ゆえに

$$(G - W \cup G_2)\bar{\delta}(H - W \cup H_2)$$

をいえばよい．しかし $\{G, H\}$ は縁被覆で

$$B = X - G \cup H \subset W \cup G_2 \cup H,$$

また

$$G - W \cup G_2 = G - W \cup G_2 \cup H_2, \qquad H - W \cup H_2 = H - W \cup G_2 \cup H$$

であるから，$\{G - W \cup G_2,\ H - W \cup H_2\}$ は δ-空間 $X - W \cup G_2 \cup H_2$ の δ 開被覆であり，$G \cap H = \phi$ であるから

$$(G - W \cup G_2)\bar{\delta}(H - W \cup H_2)$$

となる．

充分性　28.12 より N_c は Lindelöf である．ゆえに 40.11 より $\mathrm{ind}\, N_c = 0$ を示せばよい．$x \in N_c$，W を N_c における x の開近傍とせよ．$x \notin \overline{uX - W}$ であるから（— は uX での閉包），uX の開集合 W_1, W_2 を

$$x \in W_1, \qquad uX - W \subset W_2, \qquad \overline{W}_1 \cap \overline{W}_2 = \phi,$$

のようにとれる．

$$(X \cap \overline{W}_1)\bar{\delta}(X \cap \overline{W}_2)$$

であるから，

$$E = X \cap \overline{W}_1, \qquad F = X \cap \overline{W}_2$$

に対して 40.10 の条件(1), (2)をみたすコンパクト集合 C，開集合 U, V，$X \cap \overline{W}_1 \subset U$，$X \cap \overline{W}_2 \subset V$，$X - C = U \cup V$，$U \cap V = \phi$，が存在する．$\{U, V\}$ は X の縁被覆を作るから(40.10)，$N_c \subset O(U) \cup O(V)$(40.2)．$U \cap V = \phi$ より $O(U) \cap$

$O(V)=\phi$. また

$$O(U)\subset O(X-\overline{W}_2)\subset uX-\overline{W}_2$$

であるから,

$$x\in N_c\cap O(U)\subset W$$

となる. $N_c\cap O(U)$ は N_c で開かつ閉であるから, $\mathrm{ind}\,N_c=0$ が示された. □

40.13　系　X を正規かつ可算型空間とする. X がコンパクト化 αX, $\dim(\alpha X-X)=0$, をもつ必要充分条件は, X が縁コンパクトでコンパクトでないことである.

証明　必要性　コンパクト化 αX が定める X の δ 位相を考えれば, 40.12 より X はこの δ に関して近接縁コンパクトとなり, δ 位相は X の位相に合致するから X は縁コンパクトとなる.

充分性　X が縁コンパクトならば, 任意の π ベース $\mathscr{B}$ をとり, $\mathscr{B}$ による δ 位相を考えよ. 40.8, 40.10 および π-ベースの定義より X は近接縁コンパクトとなる. ゆえに Smirnov コンパクト化 $u_{\mathscr{B}}X$ は 40.12 より系の条件をみたす. □

40.14　系(Freudenthal-Morita)　X を縁コンパクト T_2 空間でコンパクトでないとすれば, X は極小の完全コンパクト化 μX, $\mathrm{ind}(\mu X-X)=0$, をもつ.

証明　X の極大 π-ベースを $\mathscr{B}$ とし, $\mathscr{B}$ による δ 位相を考えよ. $\mu X=u_{\mathscr{B}}X$ とおけば, 40.12 の充分性の証明は $\mathrm{ind}(\mu X-X)=0$ を示す. また μX は 40.9 より完全コンパクト化である. $\mathrm{ind}(\mu X-X)=0$ より $\mu X-X$ は点型集合であるから, μX はまた点型コンパクト化となる. 30.10 により μX は極小完全コンパクト化である. □

演 習 問 題

7.A　空間 X に対して, X の任意の有限正規開被覆 $\mathcal{U}$ がその細分となる有限正規開被覆 $\mathcal{V}$, $\mathrm{ord}\,\mathcal{V}\leqq n+1$, をもつとき, $\dim^* X\leqq n$ と定義せよ. (1) X が正規ならば $\dim^* X=\dim X$, (2) X が完全正則ならば $\dim^* X=\dim\beta X$.

7.B　$S=\{X_\alpha, \pi_\alpha^\beta\}$ を $\Lambda=\{\alpha\}$ 上の空間 X_α の逆スペクトル，$X=\varprojlim X_\alpha$，$\pi_\alpha: X\to X_\alpha$ を射影とする．各 $\alpha\in\Lambda$ について $A_\alpha\subset X_\alpha$ を，$\alpha<\beta$ ならば $\pi_\alpha^\beta(A_\beta)\subset A_\alpha$ となるようにとる．逆スペクトル $S'=\{A_\alpha, \pi_\alpha^\beta\}$ を考えよ．$\varprojlim A_\alpha$ は X の部分集合 $\bigcap_{\alpha\in\Lambda}\pi_\alpha^{-1}A_\alpha$ と同相になる．

7.C　$S=\{X_\alpha, \pi_\alpha^\beta\}$ を Λ 上の逆スペクトル，$X=\varprojlim X_\alpha$ とする．$A\subset X$ とし $A_\alpha=\pi_\alpha(A)$ とせよ．逆スペクトル $S'=\{A_\alpha, \pi_\alpha^\beta\}$ を考えよ．(1) $\varprojlim A_\alpha$ は $\bigcap_{\alpha\in\Lambda}\pi_\alpha^{-1}(\pi_\alpha(A))$ と同相である，(2) A が X の閉集合ならば，

$$A=\bigcap_{\alpha\in\Lambda}\pi_\alpha^{-1}(\pi_\alpha(A))=\bigcap_{\alpha\in\Lambda}\pi_\alpha^{-1}(\mathrm{Cl}_{X_\alpha}\pi_\alpha(A)).$$

7.D　$S=\{X_\alpha, \pi_\alpha^\beta\}$ を有向集合 $\Lambda=\{\alpha\}$ 上の空間 X_α の逆スペクトル，Λ' を Λ の共終な部分集合とする．Λ' 上の逆スペクトル

$$S'=\{X_{\alpha'}, \pi_{\alpha'}^{\beta'}: \alpha', \beta'\in\Lambda'\}$$

を考えよ．$p: \prod_{\alpha\in\Lambda}X_\alpha\to\prod_{\alpha'\in\Lambda'}X_{\alpha'}$ を射影とすれば，$p|\varprojlim X_\alpha$ は $\varprojlim X_\alpha$ から $\varprojlim X_{\alpha'}$ 上への同相写像を与える．

7.E　$S=\{X_\alpha, \pi_\alpha^\beta\}$ をコンパクト T_2 かつ連結な空間 X_α の逆スペクトルとすれば，$\varprojlim X_\alpha$ は連結である．

7.F　S を円周，p を 1 より大きな素数とする．S を絶対値 1 の複素数 z の集合で表わせ．S_i，$i=1,2,\cdots$，を S のコピーとし

$$\pi_i^{i+1}: S_{i+1}\to S_i \quad \text{を} \quad \pi_i^{i+1}(z)=z^p, \qquad z\in S_{i+1},$$

によって定義せよ．逆スペクトル $\{S_i, \pi_i^{i+1}: i=1,2,\cdots\}$ の逆極限を **mod p ソレノイド**とよび S_p^∞ で表わす．S_p^∞ は連結ではあるが弧状連結ではない．

7.G　$\dim X=0$ のコンパクト距離空間 X は，逆スペクトル $\{T_i, \pi_i^{i+1}: i=1,2,\cdots\}$，$T_i$ は有限点集合，に展開される．これから任意の可分距離空間 X，$\dim X=0$，は Cantor 集合 C に埋め込まれる．

ヒント　X の有限開被覆の列

$$\mathcal{U}_i=\{U_j^i: j\in T_i\}, \qquad \mathrm{ord}\,\mathcal{U}_i=1, \qquad \mathcal{U}_{i+1}<\mathcal{U}_i,$$

各 U_j^i の直径 $<1/i$，$i=1,2,\cdots$，のようにとれ．細分射 $T_{i+1}\to T_i$ (一意的に定まる) を π_i^{i+1} とすれば，$\{T_i, \pi_i^{i+1}\}$ は X の展開を与える．39.7 より X のコンパクト化

$$\alpha X, \qquad \dim\alpha X=0, \qquad w(\alpha X)\leqq\aleph_0,$$

が存在するから，αX に上述のことを適用すれば後半が得られる．

7.H　空間 X の**小さな帰納的次元** $\mathrm{ind}\,X$，**大きな帰納的次元** $\mathrm{Ind}\,X$ は次のように帰納的に定義される：各点 x とその任意の近傍 W に対し，x の開近傍 U，$U\subset W$，で

$$\mathrm{ind}\,\mathrm{Bry}\,W\leqq n-1$$

となる U が存在するとき，$\mathrm{ind}\,X\leqq n$ とする．各閉集合 F とその近傍 W に対し，F の開

近傍 U, $U\subset W$, で $\mathrm{Ind\,Bry}\,U\leqq n-1$ となる U が存在するとき $\mathrm{Ind}\,X\leqq n$ とする．($\mathrm{ind}\,X\leqq 0$, $\mathrm{Ind}\,X\leqq 0$ については 10.7 参照.)　次のことが成り立つ．(1) $\mathrm{ind}\,X\leqq \mathrm{Ind}\,X$, (2) X が正規ならば $\dim X\leqq \mathrm{Ind}\,X$, (3) X が正規ならば $\mathrm{Ind}\,X=\mathrm{Ind}\,\beta X$.

ヒント　(2)は帰納法による．$\mathrm{Ind}\,X\leqq n$ とし $\{U_i\}$ を X の有限開被覆とする．X の閉被覆 $\{F_i\}$ を $F_i\subset U_i$ のようにとり，開集合 H_i を

$$F_i\subset H_i\subset \bar{H}_i\subset U_i,\qquad \mathrm{Ind\,Bry}\,H_i\leqq n-1$$

のようにとれ．

$$\dim_i \bigcup_i \mathrm{Bry}\,H_i\leqq n-1$$

より，$\bigcup_i \mathrm{Bry}\,H_i$ を充分小さい X の開集合の族 $\{V_j\}$, $\mathrm{ord}\,\{V_j\}\leqq n$, で被覆せよ．

$$\bigcup_i \mathrm{Bry}\,H_i\subset W\subset \overline{W}\subset \bigcup_j V_j$$

となる開集合 W をとれば $\{H_i\cap(X-\overline{W})\}$ は素な開集合族 $\{W_k\}$ を細分にもつ．$\{W_k, V_j\}$ は $\{U_i\}$ の細分で $\mathrm{ord}\,\{W_k, V_j\}\leqq n+1$ となる．X の開集合 U について

$$\mathrm{Cl}_{\beta X}(\mathrm{Bry}_X\,U)=\mathrm{Bry}_{\beta X}\,O(U)\quad (30.7).$$

ゆえに

$$\mathrm{Bry}_{\beta X}\,O(U)=\beta(\mathrm{Bry}_X\,U).$$

これから(3)もたやすい帰納法で示される．

7.I　X が正則な Lindelöf 空間ならば $\dim X\leqq \mathrm{ind}\,X$.

ヒント　帰納法による．40.11 と同様な方法で示される．

7.J　完全正則空間 X において次のことは同値である．(1) X は実コンパクトである，(2) X は可分距離空間の逆スペクトルに展開される，(3) X は正則 Lindelöf 空間の逆スペクトルに展開される．

ヒント　5.I を使用して 39.2 の証明と同様の方法をとる．

7.K　$\Lambda=\{\xi\}$ を有向集合，$\{\alpha_\xi X:\xi\in\Lambda\}$ を X のコンパクト化の族で，$\xi<\eta$, $\xi,\eta\in\Lambda$ ならば $\alpha_\xi X<\alpha_\eta X$ となるものとする．$\pi_\xi^\eta:\alpha_\eta X\to\alpha_\xi X$ を射影とせよ．逆スペクトル $\{\alpha_\xi X,\pi_\xi^\eta\}$ の逆極限 $\alpha X=\varprojlim \alpha_\xi X$ は $\{\alpha_\xi X:\xi\in\Lambda\}$ の上限である．

7.L　X を正規空間，$f_i:X\to X$, $i=1,2,\cdots$, を連続写像とせよ．次の条件をみたす X のコンパクト化 γX が存在する．(1) $w(\gamma X)=w(X)$, $\dim\gamma X\leqq\dim X$, (2) f_i は拡張 $\tilde{f}_i:\gamma X\to\gamma X$ をもつ．

ヒント　39.7 より X のコンパクト化

$$\alpha_1 X,\qquad w(\alpha_1 X)=w(X),\qquad \dim\alpha_1 X\leqq\dim X,$$

が存在する．$f_0:X\to X$ を恒等写像とする．Y_j, $j=0,1,\cdots$, を $\alpha_1 X$ のコピーとし，$\tilde{f}:\beta X\to\prod_{j=0}^{\infty} Y_j$ を $\tilde{f}(x)=(\beta f_j(x))$, βf_j は f_j の拡張，によって定めよ．39.6 より

$$\alpha_2 X,\qquad g:\beta X\to\alpha_2 X,\qquad h:\alpha_2 X\to\prod Y_j,\qquad hg=\tilde{f},$$

が存在する.
$$\mu_1^2 = \pi_0 h : \alpha_2 X \to \alpha_1 X, \quad \pi_j : \alpha_2 X \to Y_j$$
は射影,とおく. $\mu_1^2|X$ は恒等写像であるから,$\alpha_2 X$ は X のコンパクト化で,各 j に対して f_j は拡張
$$f_j^{21} = \pi_j h : \alpha_2 X \to \alpha_1 X$$
をもつ.この操作を続けてコンパクト化 $\alpha_i X$ の逆スペクトル $\{\alpha_i X, \mu_i^{i+1}\}$ が得られる.各 j について f_j は拡張 $f_j^{i+1,i} : \alpha_{i+1} X \to \alpha_i X$ をもつ. $\gamma X = \varprojlim \alpha_i X$ は求めるコンパクト化である. f_j が拡張されることは各 i に対して
$$f_j^{i,i-1} \mu_i^{i+1} = \mu_{i-1}^i f_j^{i+1,i}$$
が成り立つことから知られる(下図参照).

$$\begin{CD}
\alpha_2 X @<\mu_2^3<< \alpha_3 X @<\mu_3^4<< \alpha_4 X @<<< \\
@VV f_j^{21} V @VV f_j^{32} V @VV f_j^{43} V \\
\alpha_1 X @<\mu_1^2<< \alpha_2 X @<\mu_2^3<< \alpha_3 X @<<<
\end{CD}$$

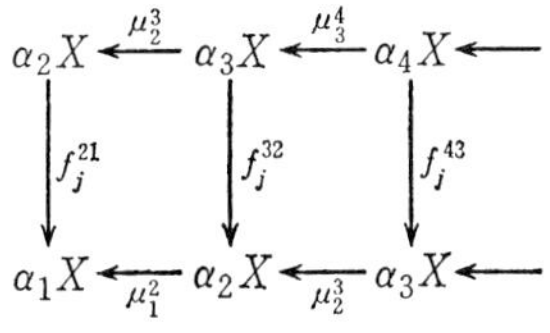

第8章　Arhangel'skiĭ の空間

§41　集合列の収束

41.1　定義　空間 X の部分集合の列 $\{U_i\}$ に対して次の条件を考える.

(1)　$U_1 \supset U_2 \supset \cdots$.

(2)　$K = \bigcap U_i$ とおけば K は空でないコンパクト集合.

(3)　上の K は空でない可算コンパクトな集合.

(4)　K の任意の近傍はある U_i を含む.

(1), (2), (4) をみたすとき $\{U_i\}$ は K に**収束する**という. (1), (3), (4) をみたすとき $\{U_i\}$ は K に**準収束する**という.

41.2　命題　空間 X の収束集合列 $\{U_i\}$, 集合列 $\{G_i\}$ があって, 各 i に対して $U_i \supset G_i \neq \phi$ かつ $G_i \supset \overline{G}_{i+1}$ なるとき $\{G_i\}$ は収束する.

41.3　命題　$f: X \to Y$ は連続写像, $\{U_i\}$ は X の収束集合列とすれば $\{f(U_i)\}$ は Y の収束集合列である.

これらの命題は簡単な演習問題である. また収束を準収束でおきかえても命題は成立している.

41.4　定義　空間 X が**点可算型**(point-countable type)または**準点可算型**であるとは, X の任意の点 x に対してその開近傍列が存在して収束または準収束することである. X が点可算型であるための必要充分条件は任意の点が可算指標をもつコンパクト集合に含まれることである. X が **q 空間**であるとは, X の任意の点 x に対してその近傍列 $\{U_i\}$ が存在して $x_i \in U_i$, $i \in N$, ならば点列 $\{x_i\}$ は触点をもつことである.

41.5　命題　(1)　可算型空間は点可算型である.

(2)　点可算型空間は準点可算型である.

(3)　準点可算型空間は q 空間である.

(4)　正則 q 空間は準点可算型である.

証明 全空間を X とする．(1), (2) は明らかである．

(3) $\{V_i\}$ を点 x を含む集合に準収束する開集合列とせよ．$x_i \in V_i$, $P_i = \{x_j : j \geqq i\}$, $K = \bigcap V_i$ とすると各 i に対して $\bar{P}_i \cap K \neq \phi$ なることが直ちにわかる．K は可算コンパクトであるから $(\bigcap \bar{P}_i) \cap K \neq \phi$．この左辺から点 y をとれば y は $\{x_i\}$ の触点である．

(4) $\{V_i\}$ を点 x の近傍列であって $x_i \in V_i$ ならば $\{x_i\}$ は触点をもつようなものとする．x の開近傍列 $\{U_i\}$ をとり $\bar{U}_{i+1} \subset U_i \subset V_i$ が各 i に対して成立しているようにする．$K = \bigcap U_i$ とおけば K の点列は K の中に触点をもつから K は可算コンパクトである (22.2 参照)．$\{U_i\}$ が K の近傍ベースにならないと仮定すると K の開近傍 U が存在して $U_i - U \neq \phi$ が各 i に対して成立しなければならない．$x_i \in U_i - U$ をとり $\{x_i\}$ の触点を y とすれば $y \notin K$．ゆえにある n に対して $y \notin \bar{U}_n$ となるがこの式は y が $\{x_n, x_{n+1}, \cdots\}$ の触点でないことを示し矛盾が生じた．□

41.6 命題 X を T_2 空間，K をそのコンパクト部分集合であって可算指標をもつものとする．L は K のコンパクト部分集合であって G_δ 集合になっているとする．このとき L は可算指標をもつ．

証明 K の開近傍ベース $\{U_i\}$, $U_1 \supset U_2 \supset \cdots$, をとる．$X$ の開集合 V_i をとり $L = \bigcap V_i$, $V_1 \supset V_2 \supset \cdots$, ならしめる．各 i に対して開集合 W_i をとり $L \subset W_i \subset U_i \cap V_i$, $K \cap \bar{W}_{i+1} \subset W_i \cap K$, $W_{i+1} \subset W_i$ ならしめる．$\{W_i\}$ が L の近傍ベースでないとすると L の開近傍 U が存在して $W_i - U \neq \phi$ が各 i に対して成立するようにできる．$x_i \in W_i - U$ なる点列の触点 x は $K - U$ の中に存在しなければならない．一方 $\{x_i, x_{i+1}, \cdots\} \subset \bar{W}_i$, $(\bigcap \bar{W}_i) \cap K = L$ であるから $x \in L$ となって矛盾が生じた．□

41.7 定義 空間 X とその部分集合 S が与えられたとせよ．X の開集合族 $\mathscr{B}$ が S の X における**外延基**(outer base)であるとは S の任意の点 x とその開近傍 U に対して $\mathscr{B}$ の元 B が存在して $x \in B \subset U$ とできることである．S の外延基の濃度の最小を $w_X(S)$ で示し，これを S の X における**外位相濃度**という．S が 1 点 x のとき 28.8 で導入した x の X における指標 $\chi_X(x)$ と $w_X(x)$ とは一致する.

41.8　定理　Y を T_2 空間, K をそのコンパクト集合とする. すると $w_Y(K) = \max(\chi_Y(K), w(K))$ が成立する. ここに $\chi_Y(K)$ は K の Y における指標であり, $w(K)$ は K の位相濃度である.

証明　$\tau = \max(\chi_Y(K), w(K))$ とおく. τ が有限のとき定理は明らかに成立する. また明らかに $w_Y(K) \geqq \tau$ であるから $w_Y(K) \leqq \tau$ を τ が無限のときに証明する. $\{U(\alpha) : \alpha \in A\}$, $|A| \leqq \tau$, を K のベースとする. $\{V(\gamma) : \gamma \in C\}$, $|C| \leqq \tau$, を K の Y における近傍ベースとする.

$$B = \{(\alpha, \beta) \in A \times A : U(\alpha) \supset \overline{U(\beta)}\}$$

とおく. Y は T_2 であるから各 $(\alpha, \beta) \in B$ に対して Y の開集合 $U(\alpha, \beta)$ が存在して $Y - (K - U(\alpha)) \supset \mathrm{Cl}\, U(\alpha, \beta) \supset U(\alpha, \beta) \supset \mathrm{Cl}\, U(\beta)$ とできる.

$$W(\alpha, \beta, \gamma) = U(\alpha, \beta) \cap V(\gamma), \qquad (\alpha, \beta) \in B,\ \gamma \in C$$

とおき $W(\partial)$, $\partial \in B \times C$, なる形の集合のあらゆる有限共通部分からなる族を $\mathcal{G}$ とすると $|\mathcal{G}| \leqq \tau$ である. この $\mathcal{G}$ が K の Y における外延基をなしていることを見るために K の任意の点を p, p を含む Y の任意の開集合を U とする.

$$D = \{\partial \in B \times C : p \in W(\partial)\},$$

$$E = D \text{ のあらゆる空でない有限部分集合の族},$$

$$G(\varepsilon) = \bigcap\{W(\partial) : \partial \in \varepsilon\}, \qquad \varepsilon \in E$$

とおく. $G(\varepsilon)$, $\varepsilon \in E$, はすべて $\mathcal{G}$ の元である.

任意の $\varepsilon \in E$ に対して $G(\varepsilon) \subset U$ が成立しないと仮定し, 各 $G(\varepsilon) - U$ から点 $p(\varepsilon)$ をとる.

$$Q(\varepsilon) = \{p(\varepsilon') : \varepsilon' \supset \varepsilon\}$$

とおく. もしある ε に対して $\mathrm{Cl}\, Q(\varepsilon) \cap K = \phi$ になったとするとある γ に対して $\mathrm{Cl}\, Q(\varepsilon) \cap V(\gamma) = \phi$ となる. この γ に対して $(\alpha, \beta) \in B$ をとり $(\alpha, \beta, \gamma) \in D$ とできる.

$$\partial = (\alpha, \beta, \gamma), \qquad \varepsilon_1 = \varepsilon \cup \{\partial\}$$

とおけば $p(\varepsilon_1) \in Q(\varepsilon)$ と $p(\varepsilon_1) \in W(\partial) \subset V(\gamma)$ が同時に成立しなければならず $Q(\varepsilon) \cap V(\gamma) \neq \phi$ という矛盾を導く. ゆえに $\{\mathrm{Cl}\, Q(\varepsilon) \cap K : \varepsilon \in E\}$ は有限交叉性

をもつ．よって

$$\bigcap\{\mathrm{Cl}\, Q(\varepsilon)\cap K : \varepsilon\in E\}\neq\phi. \tag{1}$$

一方$K-\{p\}$の各点xに対しては$\delta'\in D$を適当にとって$x\notin\mathrm{Cl}\,W(\delta')$とできる．$Q(\{\delta'\})\subset W(\delta')$より$x\notin\mathrm{Cl}\,Q(\{\delta'\})$．ゆえに

$$(K-\{p\})\cap(\bigcap\{\mathrm{Cl}\,Q(\varepsilon) : \varepsilon\in E\})=\phi. \tag{2}$$

(1), (2)より$\{p\}=\bigcap\{\mathrm{Cl}\,Q(\varepsilon)\cap K : \varepsilon\in E\}$．この等式は$U$が少くとも1個の$p(\varepsilon)$を含んでいることを示し矛盾に到達した．□

41.9 定理 Xを点可算型の完全正則空間とし，BXをXのT_2コンパクト化とする．この時$w_{BX}(X)\leqq|X|$．

証明 Xが有限のときは定理は明らかに成立するからXが無限のときを考える．Xの各点が$|X|$を超えない濃度の近傍ベースをBXの中にもつことをいえば充分である．pをXの任意の点とし，KをXのコンパクト集合であって$p\in K$かつ$\chi_X(K)\leqq\aleph_0$なるものとする．すると補題28.9によってKはBXのG_δ集合となる．更に命題41.6によって$\chi_{BX}(K)\leqq\aleph_0$．一方定理19.4によれば$w(K)\leqq|K|$．ゆえに前定理41.8によって$w_{BX}(K)\leqq\max(\aleph_0,|K|)\leqq|X|$．この不等式は$p$が$BX$において濃度$|X|$以下の近傍ベースをもつことを示している．□

§42 *p* 空 間

42.1 定義 完全正則空間Yが空間Xの拡張空間になっているとする．Yの開集合族の列$\{\mathcal{U}_i\}$がXのYにおける(外延的)***p*** **構造**であるとは任意の点$x\in X$に対して

$$x\in\bigcap\mathcal{U}_i(x)\subset X$$

が成立することである．Xが***p*** **空間**であるとはXは完全正則であってβXにおける外延的p構造をもつことである．ここにβXはXの Stone-Čech のコンパクト化である．

この定義から明らかに Čech 完備な空間はp空間である．

42.2 定理 完全正則空間Xに対して次は同等である．

(1) X は p 空間である.

(2) X はその任意の T_2 コンパクト化 BX において p 構造をもつ.

(3) X はその1つの T_2 コンパクト化 BX において p 構造をもつ.

(4) X の開被覆の列 $\{\mathcal{V}_i\}$ が存在して $x\in V_i\in\mathcal{V}_i$ が固定された x と各 i に対して成立するならば

$$\left\{\bigcap_{i=1}^{k}\overline{V}_i : k\in N\right\}$$

は収束する.

証明 (1)⇨(2) X の βX における p 構造を $\{\mathcal{U}_i\}$ とする. 命題20.2によって βX は X の極大コンパクト化であるから上への連続写像 $f:\beta X\to BX$ が存在して f は X 上で恒等写像, しかも $f(\beta X-X)=f(BX-X)$ なるようにできる.

$$\mathcal{W}_i=\{BX-f(\beta X-U) : U\in\mathcal{U}_i\}$$

とおいて $\{\mathcal{W}_i\}$ が BX における p 構造になっていることを見よう. もしそうでないとするとある点 $x\in X$ に対して $\bigcap\mathcal{W}_i(x)-X\neq\phi$ となる. 左辺から点 y をとれば $f^{-1}(y)\subset\beta X-X$ である.

$$\{x, y\}\subset W_i\in\mathcal{W}_i,$$
$$W_i=BX-f(\beta X-U_i), \qquad U_i\in\mathcal{U}_i$$

をみたす $\{W_i\}$ と $\{U_i\}$ をとる. すると $f^{-1}(y)\subset U_i$ が各 i に対して成立するから $\bigcap\mathcal{U}_i(x)\supset f^{-1}(y)$ となって矛盾となる.

(2)⇨(3) は明らかである.

(3)⇨(4) $\{\mathcal{U}_i\}$ を X の BX における p 構造とする. BX の開集合族 $\mathcal{W}_i$ をとり $\mathcal{U}_i>\mathcal{W}_i$, $\mathcal{W}_i>\overline{\mathcal{W}}_{i+1}$, $\mathcal{W}_i{}^{\#}\supset X$ ならしめる. $\mathcal{V}_i=\mathcal{W}_i|X$ とおけば $\{\mathcal{V}_i\}$ が求めるものである. $x\in V_i\in\mathcal{V}_i, V_i=W_i\cap X, W_i\in\mathcal{W}_i$ とする. $K=\bigcap\mathrm{Cl}_{BX}W_i$ とすれば $\mathrm{Cl}_{BX}W_i\subset\mathcal{W}_{i-1}(x)$ であるから $K\subset\bigcap\mathcal{W}_i(x)\subset X$, ゆえに $\bigcap\mathrm{Cl}_X V_i=K$ となり K はコンパクトである. $\left\{\bigcap_{i=1}^{k}\mathrm{Cl}_{BX}W_i\right\}$ は K に収束するから $\left\{\bigcap_{i=1}^{k}\mathrm{Cl}_X V_i\right\}$ も K に収束する.

(4)⇨(1) 条件の $\{\mathcal{V}_i\}$ に対し $\mathcal{V}_i=\{V_\alpha : \alpha\in A_i\}$ とおく. 各 $\alpha\in A_i$ に対し

$V_\alpha = U_\alpha \cap X$ なる βX の開集合 U_α を定める．すると $\{\mathcal{U}_i = \{U_\alpha : \alpha \in A_i\}\}$ は X の βX における p 構造である．もしそうでないとするとある点 $x \in X$ が存在して $\bigcap \mathcal{U}_i(x) - X$ は点 y を含む．すると $\{x, y\} \subset U_i \in \mathcal{U}_i$ なる列 $\{U_i\}$ が存在する．この U_i に対して $V_i = U_i \cap X$ なる $V_i \in \mathcal{V}_i$ をとる．$K = \bigcap \mathrm{Cl}_X V_i$ とおくと K はコンパクトであり $y \notin K$ であるから y の βX における開近傍 W が存在して $K \cap \mathrm{Cl}_{\beta X} W = \phi$ とできる．$\bigcap_{i=1}^{n} \mathrm{Cl}_X V_i \subset \beta X - \mathrm{Cl}_{\beta X} W$ をみたす n をとる．$U = W \cap \left(\bigcap_{i=1}^{n} U_i\right)$ とおけば U は y の開近傍であるから $U \cap X \neq \phi$．一方

$$U \cap X \subset \left(\bigcap_{i=1}^{n} U_i\right) \cap X = \bigcap_{i=1}^{n} V_i \subset X - W \subset X - U$$

であるから $U \cap X = \phi$．この矛盾は $\bigcap \mathcal{U}_i(x) \subset X$ が正しいことを示している．□

p 空間の定義として結局(1)-(3)の中のどれを採用してもよい訳であるが，これらはいずれも X の位相以外のものを用いている．このような定義ないし特徴付けを**外延的**(extrinsic)であるという．これに対して(4)は X の位相のみを用いて記述されているから**内包的**(intrinsic)定義という．(4)の条件をみたす $\{\mathcal{V}_i\}$ を X の(**内包的**)***p* 構造**という．既出の定理 28.2 も Čech 完備性の外延的定義と内包的なそれとを与えている例である．内外両様の特徴付けを行なうことは重要な態度である．

42.3 定理(Arhangel'skiĭ の外延基定理) p 空間 X のその T_2 コンパクト化 BX における外位相濃度 $w_{BX}(X)$ は X のネットワーク濃度 $n(X)$ を超えない．

証明 $n(X) < \infty$ のときは明らかであるから $n(X) = \infty$ のときを考える．$\mathcal{S}$ を X のネットワークで $|\mathcal{S}| = n(X)$ なるものとする．$\{\mathcal{U}_i\}$ を X の BX における p 構造とする．$\mathcal{U}_i$ を細分する $\mathcal{S}$ の元全体を $\mathcal{S}_i$ とし，$\mathcal{S}_i$ の各元にそれを含む $\mathcal{U}_i$ の元一つを対応させ，それら全体を $\mathcal{V}_i$ とすれば $\mathcal{V}_i^{\#} \supset X$ かつ $|\mathcal{V}_i| \leqq n(X)$ である．$\mathcal{V} = \bigcup \mathcal{V}_i$ とすれば $|\mathcal{V}| \leqq n(X)$．

$$\mathcal{K} = \{BX - V : V \in \mathcal{V}\} \cup \bar{\mathcal{S}}$$

とすれば $\mathcal{K}$ は BX のコンパクト集合の族であって $|\mathcal{K}| \leqq n(X)$．$\mathcal{K}$ の素な 2 元の各々の開近傍で素なものをとり，こうしてできた開集合全体を $\mathcal{W}'$ とする．

$\mathcal{W}'$ に更にその元の閉包の補集合全体を加えたものを $\mathcal{W}''$ とする．最後に $\mathcal{W}''$ に属する元の有限共通部分となる集合全体を $\mathcal{W}$ とすると $|\mathcal{W}|\leqq n(X)$ である．この $\mathcal{W}$ が X の BX における外延基となっていることを示せばよい．

そのために X の任意の点 x_0 とそれを含む BX の任意の開集合 U をとる．x を $X-U$ の任意の点とする．BX の開集合 U_1, U_2 をとり $x_0\in U_1$，$x\in U_2$，$\bar{U}_1\cap\bar{U}_2=\phi$ ならしめる．$\mathcal{S}$ の元 S_1, S_2 をとり $x_0\in S_1\subset U_1$，$x\in S_2\subset U_2$ ならしめる．すると $\bar{S}_1\cap\bar{S}_2=\phi$ であるから $\mathcal{W}'$ の元 $U(x)$ が存在して $x\in U(x)$，$x_0\notin\overline{U(x)}$ とできる．

次に x が $(BX-X)-U$ の任意の点である場合を考える．この時はある k に対して $x\notin\mathcal{U}_k(x_0)$．ゆえに $x\notin\mathcal{V}_k(x_0)$．$\mathcal{V}_k$ の x_0 を含む元を一つとり V とすれば $BX-V\in\mathcal{K}$ となる．$\mathcal{S}$ の元 S をとり $x_0\in S\subset\bar{S}\subset V$ ならしめれば $BX-V$ と $\bar{S}$ は $\mathcal{K}$ の交わらない2元であるから $\mathcal{W}'$ の元 $U(x)$ が存在して

$$BX-V\subset U(x)\subset\overline{U(x)}\subset BX-\bar{S}$$

とできる．

$BX-U$ を $\{U(x):x\in BX-U\}$ で被いその有限部分被覆を $\{U(x_i):i=1,\cdots,m\}$ とする．$BX-\overline{U(x_i)}\in\mathcal{W}''$，$i=1,\cdots,m$，であるから

$$W=\bigcap\{BX-\overline{U(x_i)}:i=1,\cdots,m\}$$

とおけば $W\in\mathcal{W}$ である．W の作り方から $x_0\in W\subset U$ である．□

42.4　系　p 空間 X に対してはその位相濃度 $w(X)$ とネットワーク濃度 $n(X)$ とは等しい．

42.5　系　p 空間 X に対して $w(X)\leqq|X|$．

証明　X の1点部分集合全体は濃度 $|X|$ のネットワークをなすから $n(X)\leqq|X|$．□

42.6　系　p 空間 X が部分集合 X_α，$\alpha\in A$，の和集合になっているとする．無限濃度 τ に対して $|A|\leqq\tau$ であり，かつ各 α に対して $w(X_\alpha)\leqq\tau$ ならば $w(X)\leqq\tau$ である．

証明　各 X_α に対してそのベース $\mathcal{B}_\alpha$ をとり $|\mathcal{B}_\alpha|\leqq\tau$ ならしめる．すると $\bigcup\mathcal{B}_\alpha$ は X のネットワークをなし $|\bigcup\mathcal{B}_\alpha|\leqq\tau$ であるから $n(X)\leqq\tau$，ゆえに系

42.4 によって $w(X)\leqq\tau$. □

42.7 定義 完全正則空間 Y が空間 X の拡張空間になっているとする. X の Y における p 構造 $\{\mathcal{U}_i\}$ が更に次の条件をみたしたとする.

任意の点 $x\in X$ と任意の i に対して j が存在して $\mathcal{U}_i(x)\supset \mathrm{Cl}_Y\,\mathcal{U}_j(x)$ となる.

このとき $\{\mathcal{U}_i\}$ を X の Y における(外延的)**完全 p 構造**という. X が βX において完全 p 構造をもつとき X を**完全 p 空間**(strict p-space)という.

42.8 定理 完全正則空間 X に対して次が同等である.

(1) X は完全 p 空間である.

(2) X はその任意の T_2 コンパクト化において完全 p 構造をもつ.

(3) X はそのある T_2 コンパクト化において完全 p 構造をもつ.

(4) X の開被覆の列 $\{\mathcal{U}_i\}$ が存在して, 任意の点 $x\in X$ に対して $\{\mathcal{U}_i(x)\}$ は収束する.

証明 (1)⇒(2)⇒(3)は定理 42.2 の(1)⇒(2)⇒(3)に対応するものであり同じようにして証明されるから略す.

(3)⇒(4) $\{\mathcal{V}_i\}$ を X のある T_2 コンパクト化 BX における完全 p 構造とする. $\mathcal{U}_i=\mathcal{V}_i|X$, $K_x=\bigcap\mathcal{U}_i(x)$, $x\in X$, とする. $L_x=\bigcap\mathcal{V}_i(x)$, $x\in X$, とする. $\bigcap\mathcal{V}_i(x)=\bigcap\mathrm{Cl}_{BX}\,\mathcal{V}_i(x)$ であるから, L_x はコンパクトであり $\{\mathcal{V}_i(x)\}$ は L_x の BX における近傍ベースとなる. $L_x\subset X$ であるから $K_x=L_x$ となり $\{\mathcal{U}_i(x)\}$ は K_x の X における近傍ベースとなる.

(4)⇒(1) $\mathcal{U}_i=\mathcal{V}_i|X$ となる βX の開集合族 $\mathcal{V}_i$ をとる. 任意に点 $x\in X$ をとる. $\mathcal{V}_i(x)\cap X=\mathcal{U}_i(x)$ なること, $K_x=\bigcap\mathcal{U}_i(x)$ がコンパクトなること, 及び $\{\mathcal{U}_i(x)\}$ が K_x の X における近傍ベースなることより, $\{\mathcal{V}_i(x)\}$ は K_x の βX における近傍ベースとなる. ゆえに βX の正則性によって, 任意の i に対して j が存在して $\mathcal{V}_i(x)\supset\mathrm{Cl}_{\beta X}\,\mathcal{V}_j(x)$ となる. $\bigcap\mathcal{V}_i(x)\subset X$ なることは左辺が K_x に等しいことから明らかであるから $\{\mathcal{V}_i\}$ は X の βX における完全 p 構造である. □

この定理の(4)の条件をみたす X の開被覆列を X の(**内包的**)**完全 p 構造**という. p 空間は例えば点有限パラコンパクト性のような条件が加わると完全 p

空間となる(8. D 参照).

42.9 補題 X の p 構造 $\{\mathcal{U}_i\}$ が $\mathcal{U}_i > \mathcal{U}_{i+1}^4$ をみたすならば，すなわち正規列ならば完全 p 構造である.

証明 任意の点 $x \in X$ をとる. $\mathcal{U}_{i+1}(x) \subset U_i \in \mathcal{U}_i$ なる U_i を選べば $\mathrm{Cl}\,\mathcal{U}_{i+1}(x) \subset \bigcap_{j=1}^{i} \overline{U}_j$ であるから補題 41.2 によって $\{\mathrm{Cl}\,\mathcal{U}_i(x)\}$ は収束する. $\mathrm{Cl}\,\mathcal{U}_{i+1}(x) \subset \mathcal{U}_{i+1}^2(x) \subset \mathcal{U}_i(x)$ であるから $\{\mathcal{U}_i(x)\}$ は収束する. □

42.10 定理 完全正則空間 X に対して次が同等である.

(1) X はパラコンパクト p 空間である.

(2) X の開被覆の正規列 $\{\mathcal{U}_i\}$, $\mathcal{U}_i > \mathcal{U}_{i+1}{}^*$, が存在してそれは p 構造をなす.

(3) X はある距離空間の完全写像による逆像である.

証明 (1)⇨(2) $\{\mathcal{V}_i\}$ を X の p 構造とする. X の開被覆 $\mathcal{U}_i$ で $\mathcal{V}_i > \mathcal{U}_i$, $\mathcal{U}_i > \mathcal{U}_{i+1}{}^*$ をみたすものをとれば $\{\mathcal{U}_i\}$ が求めるものである.

(2)⇨(3) $\{\mathcal{U}_i\}$ に対して補題 26.12 による X の擬距離 d を作る. この d による商空間 $Y = X/d$ を作り $f: X \to Y$ を標準射影とする. $f^{-1}f(x) = \bigcap \mathcal{U}_i(x)$ であり，この右辺はコンパクトであるから f はコンパクト写像である. f が閉写像であることを見るために F を X の閉集合とし $y \in Y - f(F)$ とする. $f(x) = y$ なる点 x をとれば $f^{-1}(y) = \bigcap \mathcal{U}_i(x)$ であって $f^{-1}(y) \cap F = \phi$ である. 補題 42.9 によれば $\{\mathcal{U}_i(x)\}$ は $f^{-1}(y)$ に収束するから $\mathcal{U}_i(x) \cap F = \phi$ なる i が存在する. すると $d(f^{-1}(y), F) > 0$ となるからこの左辺より小さな正数を ε とすれば $d(y, f(F)) > \varepsilon$ となる. すなわち $f(F)$ は閉集合である.

(3)⇨(1) $f: X \to Y$ を上への完全写像, Y は距離空間とする. Y はパラコンパクトであるから X はパラコンパクトである. $\mathcal{U}_i = \{S_{1/i}(y) : y \in Y\}$ とすれば $\{f^{-1}(\mathcal{U}_i)\}$ は X の p 構造となる. □

42.11 系 $\prod X_i$ をパラコンパクト p 空間 X_i の可算積とすれば, $\prod X_i$ はパラコンパクト p 空間である.

証明 前定理によって各 i に対して距離空間 Y_i の上への完全写像 $f_i: X_i \to Y_i$ がある. $\prod f_i: \prod X_i \to \prod Y_i$ は完全写像であり $\prod Y_i$ は距離空間であるから

前定理(3)によって $\prod X_i$ はパラコンパクト p 空間となる. □

42.12 系 $f: X \to Y$ はパラコンパクト p 空間 Y の上への完全写像であり X は T_2 であるならば X はパラコンパクト p 空間である.

証明 $g: Y \to Z$ を距離空間 Z の上への完全写像とすれば $gf: X \to Z$ は完全となる. ゆえに X はパラコンパクト p 空間となる. □

これらの系の証明には完全写像の性質が用いられているが一般的な形にまとめれば次のようになる.

42.13 命題 (1) 完全写像 $f_\alpha: X_\alpha \to Y_\alpha$, $\alpha \in A$, の積 $\prod f_\alpha: \prod X_\alpha \to \prod Y_\alpha$ は完全である. 但し $\prod f_\alpha((x_\alpha)) = (f_\alpha(x_\alpha))$.

(2) $f: X \to Y$ が上への完全写像ならば Y の任意のコンパクト集合 K に対して $f^{-1}(K)$ はコンパクトである.

証明 (1)はほとんど明らかであるから(2)を証明しよう. $\mathcal{F}$ を $f^{-1}(K)$ の閉集合の族で有限交叉性をもつとせよ. すると $f(\mathcal{F})$ のあらゆる元に共通の点 y がある. $\mathcal{F}|f^{-1}(y)$ は有限交叉性をもつからこのあらゆる元に共通の点 x がある. $x \in \bigcap\{F: F \in \mathcal{F}\}$. □

42.14 定義 空間 X が ***M* 空間**であるとは X の正規な開被覆列 $\{\mathcal{U}_i\}$, $\mathcal{U}_i > \mathcal{U}_{i+1}^*$, が存在して, 各点 $x \in X$ に対して $\{\mathcal{U}_i(x)\}$ が準収束するようにできることである. $f: X \to Y$ が**準完全**(quasi-perfect)であるとは f が閉であって各点 $y \in Y$ に対して $f^{-1}(y)$ が可算コンパクトとなる連続写像であることである.

次は定理 42.10 と同じようにして確かめられる.

42.15 定理 空間 X に対して次が同等である.

(1) X は M 空間である.

(2) X はある距離空間の準完全写像による逆像である.

この定理と定理 42.10 より次が得られる.

42.16 定理 パラコンパクト T_2 空間が M 空間であるための必要充分条件はそれが p 空間であることである.

かくして Arhangel'skiĭ と Morita によってそれぞれ独立に発見された p 空間と M 空間はパラコンパクト T_2 空間の範囲内では一致する. 本章では p 空

間に主眼をおいているが M 空間にはそれ独自の興味ある面があり後章でそれに触れたい．

42.17　補題　連続写像 $f: X \to Y$ があり，Y が T_2 ならば f のグラフ $G=\{(x, f(x)) \in X \times Y : x \in X\}$ は $X \times Y$ で閉である．

証明　$(x, y) \in X \times Y - G$ とすると $y \neq f(x)$．Y は T_2 であるから $y, f(x)$ のそれぞれの開近傍 U, V が存在して $U \cap V = \phi$ とできる．$f^{-1}(V) \times U$ は G と交わらない (x, y) の開近傍である．□

42.18　補題　$f: X \to Y$ は完全写像，$g: X \to Z$ は連続写像，Z は T_2 であるとすると対角写像 $(f, g): X \to Y \times Z$ は完全である．

証明　1_Xを X 上の恒等写像とする．(f, g) は次の2つの写像の合成である．

$$X \xrightarrow{(1_X, g)} X \times Z \xrightarrow{f \times 1_Z} Y \times Z$$

$(1_X, g)$ は X をそのグラフ G 上に位相同型に写す．G は補題42.17によって $X \times Z$ の閉集合である．$f \times 1_Z$ は完全写像の積として完全である．よってその G 上への制限も完全である．かくして (f, g) は完全写像の合成として完全である．□

42.19　定理(Nagata)　(1)　空間 X がパラコンパクト p 空間であるための必要充分条件は X が距離空間とコンパクト T_2 空間の直積の閉集合として埋め込まれることである．

(2)　空間 X がパラコンパクト Čech 完備空間であるための必要充分条件は X が完備距離空間とコンパクト T_2 空間の直積の閉集合として埋め込まれることである．

証明　定理 28.7 によれば完全正則空間がパラコンパクト Čech 完備になるための必要充分条件はそれが完備な距離空間の完全写像による逆像であることであった．このことより(1)と(2)は同じ方法でできるので(1)のみを証明しよう．充分であることは系 42.11 より明らかであるから必要性を証明しよう．定理 42.10 によって上への完全写像 $f: X \to Y$ があり，Y は距離空間であるようにできる．$g: X \to \beta X$ は埋め込みとする．ここで補題42.18を用いれば $(f, g): X \to Y \times \beta X$ は完全であるから $(f, g)(X)$ は $Y \times \beta X$ の中の閉集合である．(f, g)

は1：1であるから位相同型写像である.□

42.20 定義 $f:X\to Y$ が**コンパクト被覆**(compact-covering)であるとは Y の任意のコンパクト集合は X のあるコンパクト集合の f による像となることである.

42.21 定理(Wicke) T_2 空間 X が点可算型または可算型であるための必要充分条件は X がそれぞれパラコンパクト p 空間の開連続写像による像，または開連続，コンパクト被覆写像による像になっていることである.

証明 2つの場合を同時に証明する. 必要性を示すために $\{U(\alpha):\alpha\in A\}$ を X の位相とする. A^ω の元 (α_i) で次の2条件をみたすもの全体を M とする.

(1) $U(\alpha_1)\supset U(\alpha_2)\supset\cdots$.

(2) $\{U(\alpha_i)\}$ は空でないあるコンパクト集合の近傍ベースをなす.

A は離散位相をもつ空間と考え M は A^ω の直積位相による相対位相をもっていると考えれば M は距離空間である.

$$Y=\{((\alpha_i),x)\in M\times X:x\in\bigcap U(\alpha_i)\}$$

とおき $f:Y\to M$, $g:Y\to X$ はそれぞれ対応する射影の Y への制限とする. f,g は共に上への連続写像であることは作り方から明らかである.

f が完全であることを見よう. (α_i) を M の任意の点とすれば $f^{-1}((\alpha_i))=\{(\alpha_i)\}\times(\bigcap U(\alpha_i))$ であるから f はコンパクトである. f が閉であることを見るために Y の任意の閉集合を F とし $M-f(F)$ から任意に点 (β_i) をとる. $\beta=(\beta_i)$ とおき $(\beta|n)$ をもって β の n 番目までの座標を固定して定義される立方近傍を表わすことにする. $f^{-1}(\beta)$ がコンパクトであることと $f^{-1}(\beta)\cap F=\phi$ であることによってある m に対して

$$((\beta|m)\times U(\beta_m))\cap F=\phi$$

となる. また Y の定義から $f^{-1}((\beta|m))\subset(\beta|m)\times U(\beta_m)$ であるから $(\beta|m)\cap f(F)=\phi$ となり $f(F)$ は閉である. かくして定理42.10によって Y はパラコンパクト p 空間である.

g が開であることを見るには，任意の点 $(\gamma,x)\in Y$ の任意の立方近傍 $(\gamma|n)\times U$, $\gamma=(\gamma_i)$, に対して $U(\gamma_n)\cap U\subset g((\gamma|n)\times U)$ が成立していることをいえば充

分である．任意に点 $p\in U(\gamma_n)\cap U$ をとる．X は点可算型であるから p を含むコンパクト集合 K で可算指標をもつものが存在する．X は T_2 であるから指標の列 $\{\delta_{n+i}: i\in N\}\subset A$ が存在して

$$U(\gamma_n)\cap U\supset U(\delta_{n+1}),$$
$$p\in U(\delta_{n+i+1})\subset U(\delta_{n+i})\cap U(\gamma_{n+i}),$$
$$K\cap \mathrm{Cl}\, U(\delta_{n+i+1})\subset U(\delta_{n+i})$$

が各 i に対して成立しているようにできる．$L=\bigcap_i U(\delta_{n+i})$ とすれば L は p を含むコンパクト集合で $\{U(\delta_{n+i})\}$ を近傍ベースとしてもっている．ゆえに $\delta=(\gamma_1,\cdots,\gamma_n,\delta_{n+1},\delta_{n+2},\cdots)$ は M に属する点であり $(\delta,p)\in Y\cap((\gamma|n)\times U)$ となる．結局 $p\in g((\gamma|n)\times U)$ となり $U(\gamma_n)\cap U\subset g((\gamma|n)\times U)$ が証明された．

X が可算型のとき g はコンパクト被覆になっていることを見よう．X の任意のコンパクト集合 L に対してそれを含むコンパクト集合 K と M の元 (α_i) をとり $\{U(\alpha_i)\}$ が K に収束するようなものをとる．$\{(\alpha_i)\}\times K=P$ とおけば $P\subset Y$ であり $g(P)=K$ となる．$P\approx K$ であるから P はコンパクトである．$Q=g^{-1}(L)\cap P$ とおけば Q はコンパクトであって $g(Q)=L$ となる．

最後に充分性を示そう．X はパラコンパクト p 空間 Y の開連続像になっているとすると距離空間 Z の上への完全写像 $h: Y\to Z$ をとることができる．K を Y の任意のコンパクト集合とすると $h(K)$ は Z の中で可算指標をもつ．ゆえに $h^{-1}h(K)$ は Y の中で可算指標をもつ．$h^{-1}h(K)$ はコンパクトであるから (42.13)，Y は可算型である．可算型空間の開連続像，またはコンパクト被覆の開連続像はそれぞれ点可算型または可算型であることは見易い(41.3参照)．□

42.22　定理(Filippov)　パラコンパクト p(パラコンパクト M, T_2)空間 X が点可算ベース $\mathscr{B}$ をもてば距離化可能である．

証明　$f: X\to Y$ を距離空間 Y の上への完全写像とする．Y のベース $\bigcup\mathcal{U}_i$ をとり各 $\mathcal{U}_i$ は疎であるとする．$\bigcup\mathcal{U}_i$ の元 U を1つ固定する．$\mathscr{B}$ の有限部分族で $f^{-1}(U)$ の既約被覆全体は命題 19.9 によって高々可算個であるから $\mathscr{B}_1$, $\mathscr{B}_2,\cdots$ と書くことができる．$\bigcup\mathscr{B}_i=\mathscr{B}_U$ とおけば $\mathscr{B}_U$ は可算個の元しか含まない．ゆえに

$$\{f^{-1}(U)\cap B : B\in\mathscr{B}_U,\ U\in\mathcal{U}_i\}$$

は σ 疎である．

$$\mathcal{V}=\{f^{-1}(U)\cap B : B\in\mathscr{B}_U,\ U\in\bigcup\mathcal{U}_i\}$$

とおけば $\mathcal{V}$ も σ 疎であるから $\mathcal{V}$ が X のベースとなることをいえば X は距離化可能となる．そのために任意の点 $x\in X$ とその任意の開近傍 W をとる．$x\in B_0\subset W$ なる $\mathscr{B}$ の元 B_0 をとる．$f^{-1}f(x)$ の $\mathscr{B}$ の元による有限既約被覆で B_0 を含むものがあるから，それを $\mathscr{B}_0=\{B_0, B_1, \cdots, B_n\}$ とする．$V=Y-f\left(X-\bigcup_{i=0}^{n}B_i\right)$ とおく．$f(x)\in V$ であるから $f(x)\in U_0\subset V$ なる $\bigcup\mathcal{U}_i$ の元 U_0 がある．$f^{-1}(U_0)\subset\bigcup_{i=0}^{n}B_i$ であり，$B_0\in\mathscr{B}_0\subset\mathscr{B}_{U_0}$ であるから $f^{-1}(U_0)\cap B_0$ は $\mathcal{V}$ の元であって $x\in f^{-1}(U_0)\cap B_0\subset W$ をみたす．□

42.23 定理 (Borges-Okuyama) パラコンパクト p (パラコンパクト M, T_2) 空間 X が G_δ 対角集合をもつならば距離化可能である．

証明 X は G_δ 対角集合をもつから補題 25.6 によって開被覆列 $\{\mathcal{U}_i\}$ があって $x\neq x'$ ならば $x\notin\mathcal{U}_i(x')$ がある i に対して成立するようにできる．$\{\mathcal{V}_i\}$ を X の p 構造とする．X はパラコンパクトであるから開被覆の正規列 $\{\mathcal{W}_i\}$ があって $\mathcal{U}_i\wedge\mathcal{V}_i>\mathcal{W}_i$ が各 i に対して成立するようにできる．作り方から各 x に対して $\{\mathcal{W}_i(x)\}$ は $\{x\}$ に収束する．ゆえに定理 26.15 によって X は距離化可能となる．□

42.24 補題 空間 X の開集合族の列 $\{\mathcal{U}_i=\{U(\alpha_i) : \alpha_i\in B_i\}\}$, $0<|B_i|<\infty$, に対して対応 $\varphi^{i+1}_i : B_{i+1}\to B_i$ が与えられ次の 2 条件をみたしているとする．

(1) $\varphi^{i+1}_i(\alpha_{i+1})=\alpha_i$ ならば $U(\alpha_{i+1})\subset U(\alpha_i)$.

(2) $(\alpha_i)\in\varprojlim B_i$ ならば $\{U(\alpha_i)\}$ は収束する．

このとき $U_i=\bigcup\{U(\alpha_i) : \alpha_i\in B_i\}$, $K=\bigcap U_i$ とおけば K は空でないコンパクト集合であり $\{U_i\}$ は K の近傍ベースをなす．

証明 König の補題によって $\varprojlim\{B_i, \varphi^{i+1}_i\}\neq\phi$ であるから (2) より $K\neq\phi$ であることは直ちに分る．$\mathcal{F}$ を K の部分集合よりなる極大フィルターとし

$$C_i=\{\alpha_i\in B_i : U(\alpha_i)\cap K\in\mathcal{F}\}$$

とおけば $C_i\neq\phi$ であり $\{C_i, \varphi^{i+1}_i|C_i\}$ は逆スペクトルをなす．元 $(\alpha_i)\in\varprojlim C_i$

に対して $L=\bigcap_{i=1}^{\infty}U(\alpha_i)$ とおけば L は空でないコンパクト集合であり $K\supset L$ である．$\mathfrak{F}$ の元 F に対して $\bar{F}\cap L=\phi$ になったとすれば(2)より $\bar{F}\cap U(\alpha_j)=\phi$ がある j に対して成立する．一方 $\alpha_j\in C_j$ であるから $U(\alpha_j)\cap K\in\mathfrak{F}$，従って $U(\alpha_j)\cap K\cap F\neq\phi$ となって矛盾である．ゆえに $\mathfrak{F}$ は L のある点に収束し，従って K はコンパクトでなければならない．

$\{U_j\}$ が K の近傍ベースにならないと仮定すれば K を含む開集合 U が存在して $U_i-U\neq\phi$ が各 i に対して成立するようにできる．

$$D_i=\{\alpha_i\in B_i : U(\alpha_i)-U\neq\phi\}$$

とおけば $D_i\neq\phi$ であり $\{D_i, \varphi^{i+1}_i|D_i\}$ は逆スペクトルをなす．$\varprojlim D_i$ から元 (β_i) をとり $M=\bigcap_{i=1}^{\infty}U(\beta_i)$ とおけば $M\subset K$ であるから $U(\beta_k)\subset U$ がある k に対して成立しなければならず，これは $\beta_k\in D_k$ であることに矛盾する．□

42.25　定理(Čoban)　p 空間 X は可算型である．

証明　Q を X の空でないコンパクト集合とする．$\{\mathcal{V}_i\}$ を X の p 構造とする．$\mathcal{U}_i=\{U(\alpha_i) : \alpha_i\in A_i\}$ を X の開被覆であって次の2条件をみたすようなものとする．

(1)　$\overline{\mathcal{U}}_{i+1}<\mathcal{U}_i<\mathcal{V}_i$.

(2)　Q と交わる $\mathcal{U}_i$ の元は高々有限個である．

この時 $\{\mathcal{U}_i\}$ は再び X の p 構造となる．対応 $\psi^{i+1}_i : A_{i+1}\to A_i$ をとり $\psi^{i+1}_i(\alpha_{i+1})=\alpha_i$ ならば $\mathrm{Cl}\,U(\alpha_{i+1})\subset U(\alpha_i)$ であるようにする．

$$B_i=\{\alpha_i\in A_i : U(\alpha_i)\cap Q\neq\phi\},$$

$$\varphi^{i+1}_i=\psi^{i+1}_i|B_i$$

とおけば $B_i\neq\phi$ であり補題42.24の条件はすべてみたされそこで定義された K はコンパクト集合で可算指標をもつ．$Q\subset K$ であるから X は可算型である．□

この定理によれば Wicke の定理42.21における写像の定義域になるパラコンパクト p 空間を単なる p 空間でおき換えることができる．この定理の逆は成立しない．Michael の直線 X がその例である．X が可算型であることは容易に分る．X が p 空間であるとすれば系42.11によって距離空間との直積がパラコンパクト T_2，従って正規になるという矛盾を生むから X は p 空間ではありえない．

§43　可算深度の空間

43.1　定義　空間 X が **σ パラコンパクト**であるとは X の任意の開被覆 $\mathcal{U}$ に対して開被覆列 $\{\mathcal{U}_i\}$ が存在して，任意の点 $x\in X$ に対して $\mathcal{U}_i(x)<\mathcal{U}$ となる i がとれるようにできることである．

43.2　補題　X を σ パラコンパクト空間，$\mathcal{U}$ をその任意の開被覆とすると開被覆列 $\mathcal{U}>\mathcal{U}_1>\mathcal{U}_2>\cdots$ が存在して，任意の点 $x\in X$ と任意の i に対して $\mathcal{U}_j(x)<\mathcal{U}_i$ がある j に対して成立するようにできる．

証明　帰納法によって $k=1,2,\cdots$ に対して X の開被覆列 $\{\mathcal{U}_{nk}: n=k, k+1,\cdots\}$ を作り次の 4 条件をみたすようにする．

(1)　$\mathcal{U}_{11}=\mathcal{U},\quad \mathcal{U}_{k+1,k+1}=\mathcal{U}_{k+1,k}.$

(2)　$\mathcal{U}_{n+1,k}<\mathcal{U}_{nk},\quad n\geqq k.$

(3)　$\mathcal{U}_{n,k+1}<\mathcal{U}_{nk},\quad n\geqq k+1.$

(4)　任意の点 $x\in X$ と任意の k に対して m が存在して $\mathcal{U}_{mk}(x)<\mathcal{U}_{kk}$.

$\mathcal{U}_k=\mathcal{U}_{kk}$ とおけば $\{\mathcal{U}_k\}$ が求めるものである．□

43.3　補題　空間 X はその任意の開被覆が σ 閉包保存な閉被覆によって細分されるような性質をもっているものとする．$\{\mathcal{U}(n)=\{U_\alpha(n):\alpha\in A\}: n=1,2,\cdots\}$ は X の開被覆の列で $U_\alpha(n+1)\subset U_\alpha(n)$, $\alpha\in A$, をみたすとする．このとき X の閉被覆列 $\{\mathcal{P}(n)\}$, $\mathcal{P}(n)=\bigcup_{m=1}^{\infty}\mathcal{P}_m(n)$, が次の 4 条件をみたすようにできる．

(1)　$\mathcal{P}_m(n)=\{P_{\alpha,m}(n):\alpha\in A\}$ は閉包保存.

(2)　$P_{\alpha,m}(n)\subset U_\alpha(n),\quad \alpha\in A,\ m\in N.$

(3)　$P_{\alpha,m}(n)\subset P_{\alpha,m+1}(n),\quad \alpha\in A,\ m\in N.$

(4)　$P_{\alpha,m}(n+1)\subset P_{\alpha,m}(n),\quad \alpha\in A,\ m\in N.$

証明　各 $\mathcal{U}(n)$ に対してそれを細分する閉被覆 $\mathcal{B}(n)=\bigcup_{m=1}^{\infty}\mathcal{B}_m(n)$ をとり $\mathcal{B}_m(n)\subset\mathcal{B}_{m+1}(n)$ かつ各 $\mathcal{B}_m(n)$ は閉包保存であるようにする．$m<n$ のとき $P_{\alpha,m}(n)=\phi$ とおき，$m\geqq n$ のときは次のようにおく．

$$P_{\alpha,m}(n)=\bigcup\{B\in\mathcal{B}_m(k):B\subset U_\alpha(n),\ n\leqq k\leqq m\}.$$
$$\mathcal{P}_m(n)=\{P_{\alpha,m}(n):\alpha\in A\},$$
$$\mathcal{P}(n)=\bigcup_{m=1}^{\infty}\mathcal{P}_m(n)$$

とおけば $\{\mathcal{P}(n)\}$ は閉被覆列で条件をすべてみたす. □

43.4　定理(Burke)　空間 X に対して次が同等である.

(1)　X は σ パラコンパクトである.

(2)　X の各開被覆は σ 疎な閉被覆で細分される.

(3)　X の各開被覆は σ 局所有限な閉被覆で細分される.

(4)　X の各開被覆は σ 閉包保存な閉被覆で細分される.

証明　(1)⇒(2)　$\mathcal{U}=\{U_\alpha:\alpha\in A\}$ を X の開被覆とし，A は整列されているとする．この $\mathcal{U}$ に対して補題 43.2 の条件をみたす開被覆列を $\{\mathcal{U}_n\}$ とする．各 $x\in X$ に対して

$$A_x=\{\alpha\in A:\text{ある } n \text{ に対して } \mathcal{U}_n(x)\subset U_\alpha\}$$

とおけば $A_x\neq\phi$ であるからその最小元 $\alpha(x)$ が定まる.

$$P_n(\alpha)=\{z\in X:\mathcal{U}_n(z)\subset U_\alpha \text{ かつ } \alpha=\alpha(z)\}$$

とおけば $\{P_n(\alpha):\alpha\in A\}$ は各 n に対して素であり $\{P_n(\alpha):\alpha\in A,\ n\in N\}$ は X の被覆であって $\mathcal{U}$ を細分している.

$$P_{n,m}(\alpha)=\{z\in P_n(\alpha):\mathcal{U}_m(z)<\mathcal{U}_n\},\qquad m\geqq n,$$

とおけば $\bigcup_{m=n}^{\infty}P_{n,m}(\alpha)=P_n(\alpha)$ であるから族

$$\mathcal{P}=\{P_{n,m}(\alpha):n,m\in N,\ m\geqq n,\ \alpha\in A\}$$

は X の被覆で $\mathcal{U}$ を細分している．$m\geqq n$ を固定したとき $\mathcal{P}_{n,m}=\{P_{n,m}(\alpha):\alpha\in A\}$ は X で疎であることを示そう.

$P_{n,m}(\alpha)$ を $\mathcal{P}_{n,m}$ の空でない元とし，z を $P_{n,m}(\alpha)$ の任意の点とせよ．$\beta\neq\alpha$ なる β に対して $\mathcal{U}_m(z)\cap P_{n,m}(\beta)\neq\phi$ と仮定し，y をこの左辺の点とせよ．$y\in P_{n,m}(\beta)$ より $\mathcal{U}_m(y)\subset U_n$ がある $U_n\in\mathcal{U}_n$ について成立し，$y\in\mathcal{U}_m(z)$ より $z\in\mathcal{U}_m(y)\subset U_n$ となる．$\mathcal{U}_m(y)\subset\mathcal{U}_n(z)\subset U_\alpha$ であるから $\alpha\in A_y$．$\beta=\alpha(y)=\min A_y$ であるから $\beta<\alpha$．$z\in P_{n,m}(\alpha)$ より $\mathcal{U}_m(z)\subset U_n'$ がある $U_n'\in\mathcal{U}_n$ について成立

する．一方 $y \in \mathcal{U}_m(z) \subset U_n'$ より $\mathcal{U}_m(z) \subset \mathcal{U}_n(y) \subset U_\beta$ となり $\beta \in A_z$ が導かれるから $\alpha(z)=\alpha<\beta$ となり矛盾が生じた．z は $P_{n,m}(\alpha)$ の任意の点であったから

$$\mathcal{U}_m(P_{n,m}(\alpha)) \cap P_{n,m}(\beta) = \phi \quad (\beta \neq \alpha)$$

なることが証明された．

$\mathcal{P}_{n,m}$ が疎であることを見るために点 $x \in X$ を任意にとる．$P_{n,m}=\bigcup\{P_{n,m}(\alpha): \alpha \in A\}$ とおく．$x \in X-\bar{P}_{n,m}$ のときは x の近傍 $X-\bar{P}_{n,m}$ は $\mathcal{P}_{n,m}$ の元と交わらない．$x \in \bar{P}_{n,m}$ のときを考える．

$$P_{n,m} \subset X-\bigcup\{U \in \mathcal{U}_m : U \cap P_{n,m}=\phi\}$$
$$\subset \bigcup\{\mathcal{U}_m(P_{n,m}(\alpha)) : \alpha \in A\} = \mathcal{U}_m(P_{n,m})$$

であり $X-\bigcup\{U \in \mathcal{U}_m : U \cap P_{n,m}=\phi\}$ は閉集合である．ゆえに $\bar{P}_{n,m} \subset \mathcal{U}_m(P_{n,m})$ であるから $x \in \mathcal{U}_m(P_{n,m})$ となる．結局ある $\beta \in A$ に対して $x \in \mathcal{U}_m(P_{n,m}(\beta))$ となる．$\mathcal{U}_m(P_{n,m}(\beta)) \cap P_{n,m}(\alpha)=\phi$ $(\alpha \neq \beta)$ なることは既に証明されているので $\mathcal{U}_m(P_{n,m}(\beta))$ は x の近傍であって $\mathcal{P}_{n,m}$ の高々1個の元としか交わらない．

$$\mathrm{Cl}\, P_{n,m}(\alpha) \subset \mathcal{U}_m(P_{n,m}(\alpha)) \subset \mathcal{U}_n(P_{n,m}(\alpha)) \subset U_\alpha$$

であるから

$$\mathcal{P}' = \{\mathrm{Cl}\, P_{n,m}(\alpha) : P_{n,m}(\alpha) \in \mathcal{P}\}$$

とおけばこれは $\mathcal{U}$ を細分する閉被覆であり，$\mathcal{P}$ は σ 疎であるから $\mathcal{P}'$ も σ 疎である．

(2)⇨(3)⇨(4) は明らかである．

(4)⇨(2)　$\mathcal{U}=\{U_\alpha : \alpha \in A\}$ を X の開被覆とし A は整列されているとする．

$$U_\alpha(1, n) = U_\alpha,$$
$$\mathcal{U}(1, n) = \{U_\alpha(1, n) : \alpha \in A\}, \qquad n \in N$$

とおく．これに対応して補題 43.3 の条件をみたす X の閉被覆列 $\{\mathcal{P}(1, n): n \in N\}$，$\mathcal{P}(1, n)=\bigcup_{m=1}^{\infty}\mathcal{P}_m(1, n)$，が存在する．勿論記号の自明の変更はする．帰納法によって各 $k \in N$ に対して開被覆列 $\{\mathcal{U}(k, n) : n \in N\}$ と閉被覆列 $\{\mathcal{P}(k, n): n \in N\}$ を作り次をみたすようにする．

(5)　$\mathcal{U}(k, n) = \{U_\alpha(k, n) : \alpha \in A\}$.

(6)　$\mathcal{P}(k, n) = \bigcup_{m=1}^{\infty} \mathcal{P}_m(k, n)$.

(7)　$\mathcal{P}_m(k, n) = \{P_{\alpha, m}(k, n) : \alpha \in A\}$ は閉包保存.

(8)　$P_{\alpha, m}(k, n) \subset U_\alpha(k, n)$.

(9)　$P_{\alpha, m}(k, n) \subset P_{\alpha, m+1}(k, n)$.

(10)　$P_{\alpha, m}(k, n+1) \subset P_{\alpha, m}(k, n)$.

(11)　$U_\alpha(k+1, n) = U_\alpha - \bigcup_{\beta<\alpha} P_{\beta, n}(k, 1)$.

$x \in X$ に対して $\alpha(x)$ を $x \in U_{\alpha(x)}$ ならしめる A の最初の元とすると $x \in U_{\alpha(x)}(k, n)$ が任意の k, n に対して成立しているから $\mathcal{U}(k, n)$ は開被覆になっていることは確かである.

$$L_\alpha(k, m, n) = P_{\alpha, n}(k, 1) \cap P_{\alpha, m}(k+1, n),$$

$$\mathcal{L}(k, m, n) = \{L_\alpha(k, m, n) : \alpha \in A\}$$

とおけば後者は閉包保存の閉集合族である. $\gamma \neq \alpha$ なる2元を A からとり, 例えば $\gamma < \alpha$ とせよ. すると

$$\begin{aligned} L_\alpha(k, m, n) &\subset P_{\alpha, m}(k+1, n) \subset U_\alpha(k+1, n) \\ &= U_\alpha - \bigcup_{\beta<\alpha} P_{\beta, n}(k, 1) \subset U_\alpha - P_{\gamma, n}(k, 1) \\ &\subset U_\alpha - L_\gamma(k, m, n). \end{aligned}$$

ゆえに $L_\gamma(k, m, n) \cap L_\alpha(k, m, n) = \phi\ (\gamma \neq \alpha)$ である. かくして $\mathcal{L}(k, m, n)$ は疎な閉集合族である. 明らかに $L_\alpha(k, m, n) \subset U_\alpha$ であるから

$$\mathcal{L} = \bigcup_{k=1}^{\infty} \bigcup_{m=1}^{\infty} \bigcup_{n=1}^{\infty} \mathcal{L}(k, m, n)$$

が X を被っていればよいことになる.

$x \in X$ とせよ. A は整列されているから, $\beta \in A$ と $k, m, n \in N$ が存在して

$$x \in P_{\beta, n}(k, m),$$

$$x \notin P_{\alpha, n'}(k', m'), \qquad \alpha < \beta,\ k', m', n' \in N$$

なるようにできる. $x \in L_\beta(k, t, n)$ なる t が存在することを示そう. $\alpha > \beta$ ならば $P_{\alpha, m'}(k+1, n) \subset U_\alpha(k+1, n) \subset U_\alpha - P_{\beta, n}(k, 1)\ (m' \in N)$ であるから

$$P_{\beta, n}(k, 1) \cap P_{\alpha, m'}(k+1, n) = \phi \quad (m' \in N).$$

ゆえに任意の $m' \in N$ に対して

$$x \notin \Big(\bigcup_{\alpha<\beta} P_{\alpha, m'}(k+1, n)\Big) \cup \Big(\bigcup_{\alpha>\beta} P_{\alpha, m'}(k+1, n)\Big) = \bigcup_{\alpha \neq \beta} P_{\alpha, m'}(k+1, n).$$

従ってある t に対して $x\in P_{\beta,t}(k+1,n)$ が成立するから

$$x\in P_{\beta,n}(k,m)\cap P_{\beta,t}(k+1,n)$$
$$\subset P_{\beta,n}(k,1)\cap P_{\beta,t}(k+1,n)=L_\beta(k,t,n).$$

(2)⇨(1)　$\mathcal{U}=\{U_\alpha:\alpha\in A\}$ を X の開被覆とし $\bigcup_{n=1}^\infty \mathcal{P}_n$ を $\mathcal{U}$ を細分する閉被覆であって各 $\mathcal{P}_n$ は疎であるようなものとする．$\mathcal{P}_n=\{P_{\alpha,n}:\alpha\in A\}$，$P_{\alpha,n}\subset U_\alpha$，として一般性を失わない．

$$\mathcal{U}_n=\{U_{\alpha,n}=U_\alpha-\bigcup_{\beta\neq\alpha}P_{\beta,n}:\alpha\in A\}\cup\{X-\mathcal{P}_n^\#\}$$

とすれば開被覆列 $\{\mathcal{U}_n\}$ が得られる．$x\in X$ を任意にとれば $x\in P_{\alpha,n}$ なる α と n がある．このとき $\mathcal{U}_n(x)=U_\alpha$ である．よって X は σ パラコンパクトである．□

この定理の(2)-(3)の条件をみたす空間を**サブパラコンパクト**(subparacompact)空間という．結局 σ パラコンパクト性とサブパラコンパクト性とは任意の空間に対して同等の概念である．

43.5　命題　展開空間はサブパラコンパクトである．

証明　$\{\mathcal{U}_i\}$ を空間 X の展開列とする．X の任意の開被覆を $\mathcal{U}=\{U_\alpha:\alpha\in A\}$ とし，A は整列されているものとする．

$$P_{\alpha,n}=X-\mathcal{U}_n((X-U_\alpha)\cup(\bigcup_{\beta<\alpha}U_\beta)),$$
$$\mathcal{P}_n=\{P_{\alpha,n}:\alpha\in A\}$$

とすれば $\mathcal{P}_n$ は疎であり $\bigcup\mathcal{P}_n$ は $\mathcal{U}$ を細分する閉被覆となる．□

43.6　定理　$f:X\to Y$ は上への閉連続写像であって X はサブパラコンパクトであるとする．この時 Y はサブパラコンパクトとなる．

証明　Y の任意の開被覆を $\mathcal{U}$ とする．$f^{-1}(\mathcal{U})$ を細分する X の σ 閉包保存な閉被覆を $\mathcal{P}$ とすれば $f(\mathcal{P})<\mathcal{U}$ であってしかも $f(\mathcal{P})$ は Y の σ 閉包保存な閉被覆である．□

43.7　定理　$f:X\to Y$ は上への完全写像，X は正則空間，Y はサブパラコンパクト空間とする．このとき X はサブパラコンパクトとなる．

証明　X の任意の開被覆を $\mathcal{U}$ とする．X の正則性によって X の開被覆 $\mathcal{V}$

で $\overline{\mathcal{V}}<\mathcal{U}$ なるものをとる．各 $y\in Y$ に対して $\mathcal{V}$ の有限部分族 $\mathcal{V}_y$ をとって $f^{-1}(y)\subset\mathcal{V}_y{}^{\#}$ ならしめる．

$$U(y)=Y-f(X-\mathcal{V}_y{}^{\#})$$

とおき $\{U(y):y\in Y\}$ を細分する閉被覆 $\bigcup\mathcal{P}_n$ で各 $\mathcal{P}_n$ は疎でしかも

$$\mathcal{P}_n=\{P_{ny}:y\in Y\},\qquad P_{ny}\subset U(y)$$

となっているものをとる．

$$\mathcal{W}_n=\{\overline{\mathcal{V}}_y|f^{-1}(P_{ny}):y\in Y\}$$

とすれば $\mathcal{W}_n$ は X の局所有限な閉集合族であって $\mathcal{W}_n<\mathcal{U}$ となっている．しかも $\bigcup\mathcal{W}_n$ は X の被覆である．□

43.8 例(Burke) 点有限パラコンパクトかつ完全 p 空間であってサブパラコンパクトでない空間を構成する．ω_1,ω_2 をそれぞれ濃度 $\aleph_1,\aleph_2$ をもつ最初の順序数とする．$X=[0,\omega_2)\times[0,\omega_2)$ とする．X の点 $(0,0)$ は開集合とし $L_{00}=L_{10}=\{(0,0)\}$ とおく．$X-([0,\omega_2)\times\{0\})\cup(\{0\}\times[0,\omega_2))$ に属する点もそれ自身開集合とする．

$$L_{0\alpha}=\{\alpha\}\times[0,\omega_2),\qquad 0<\alpha<\omega_2,$$

$$L_{1\alpha}=[0,\omega_2)\times\{\alpha\},\qquad 0<\alpha<\omega_2,$$

とおき $L_{0\alpha},L_{1\alpha}$ から有限個の点を除いた集合は開集合とする．以上の開集合すべてで X のベースをなすように X に位相を入れる．

$$\mathcal{U}_n=\{L_{0\alpha},L_{1\alpha}:0\leqq\alpha<\omega_2\},\qquad n\in N,$$

とすれば $\{\mathcal{U}_n\}$ は X の内包的な完全 p 構造をなす．勿論 X は局所コンパクト T_2 空間として完全正則空間であるから X は完全 p 空間である．

X がサブパラコンパクトであると仮定すると $\mathcal{U}_n$ は閉被覆 $\bigcup\mathcal{P}_i$ で細分され次をみたすようにできる．

$$\mathcal{P}_i=\{P_{i0\alpha},P_{i1\alpha}:0\leqq\alpha<\omega_2\}\text{ は疎.}$$

$$P_{i0\alpha}\subset L_{0\alpha},\qquad P_{i1\alpha}\subset L_{1\alpha},\qquad 0\leqq\alpha<\omega_2.$$

$$\mathcal{P}_{i0}=\{P_{i0\alpha}:0\leqq\alpha<\omega_2\},\qquad \mathcal{P}_{i1}=\{P_{i1\alpha}:0\leqq\alpha<\omega_2\}$$

とおく．$\mathcal{P}_{i1}$ は疎であるから $L_{0\alpha}$ と交わる元は有限個である．ゆえに $(\bigcup\mathcal{P}_{i1})^{\#}\cap L_{0\alpha}=M_{0\alpha}$ は可算集合である．同様にして $(\bigcup\mathcal{P}_{i0})^{\#}\cap L_{1\alpha}=M_{1\alpha}$ も可算集合

である.

$$M_0 = \bigcup\{M_{0\alpha} : 0<\alpha<\omega_1\},$$
$$M_1 = \bigcup\{M_{1\alpha} : 0<\alpha<\omega_1\}$$

とすれば$\bigcup\mathcal{P}_i$が被覆であることより

$$(0, \omega_1)\times(0, \omega_1)\subset M_0 \cup M_1$$

である.

$$\beta_0 = \sup\{\beta : (\alpha, \beta)\in M_{0\alpha},\ \ 0<\alpha<\omega_1\}$$

とおけば$\beta_0<\omega_2$である．$\beta_0<\alpha_0<\omega_2$なる$\alpha_0$をとれば$(0, \omega_1)\times[\alpha_0, \omega_2)\subset M_1$であるから特に

$$(0, \omega_1)\times\{\alpha_0\}\subset M_1.$$

このことより$(0, \omega_1)\times\{\alpha_0\}\subset M_{1\alpha_0}$でなければならないが$M_{1\alpha_0}$は可算であるから矛盾が生じる.

Xが点有限パラコンパクトであることはほとんど明らかである.

43.9 例 サブパラコンパクト正規空間であって点有限パラコンパクトでない空間の例は Bing の例 33.1 によって与えられる．Xは完全正規であったからその閉集合X_0に対して閉集合F_i, $i\in N$, が存在して$X-X_0=\bigcup F_i$とできる．X_0, F_iすべて離散部分空間であるからサブパラコンパクトである．従ってその可算和 X もサブパラコンパクトである．Xが点有限パラコンパクトでないことは本質的に 33.1 において証明されていることである.

これら 2 つの例によって点有限パラコンパクトとサブパラコンパクトという性質は互いに独立の概念であることが分った．両者を包含する概念として次に述べる Wicke-Worrell によるθ細分可能性がある.

43.10 定義 空間Xが**θ細分可能**であるとはXの任意の開被覆$\mathcal{U}$に対して開被覆列$\{\mathcal{U}_i\}$が次の条件をみたすようにとれることである.

各$\mathcal{U}_i$は$\mathcal{U}$を細分し，任意の点$x\in X$に対して$\mathrm{ord}_x\,\mathcal{U}_i<\infty$となる$i$が存在する.

43.11 命題 (1) 点有限パラコンパクト空間Xはθ細分可能である.

(2) サブパラコンパクト空間Xはθ細分可能である.

証明 (1)は明らかであるから(2)を証明する．X の任意の開被覆を $\mathcal{U}=\{U_\alpha : \alpha\in A\}$ とする．$\mathcal{U}$ を細分する閉被覆 $\bigcup\mathcal{P}_i$，$\mathcal{P}_i=\{P_{\alpha i} : \alpha\in A\}$，で各 $\mathcal{P}_i$ が疎であり $P_{\alpha i}\subset U_\alpha$，$\alpha\in A$，なるものをとる．

$$V_{\alpha i} = U_\alpha - \bigcup\{P_{\beta i} : \beta\neq\alpha\}, \qquad \alpha\in A,$$
$$\mathcal{V}_i = \{V_{\alpha i} : \alpha\in A\}$$

とすれば各 $\mathcal{V}_i$ は $\mathcal{U}$ を細分する開被覆である．任意に点 $x\in X$ をとり，$x\in\mathcal{P}_n^\#$ なる n を定めれば $x\in P_{\alpha n}$ なる $\alpha\in A$ が一意的に定まる．この α に対して $x\in V_{\alpha n}$ であり $x\notin V_{\beta n}(\beta\neq\alpha)$ であるから x を含む $\mathcal{V}_n$ の元はただ1個に限る．□

43.12 命題 空間 X が θ 細分可能であるための必要充分条件は X の任意の開被覆 $\mathcal{U}$ に対して開被覆列 $\{\mathcal{U}_i\}$ と閉集合列 $\{F_i\}$ が存在して $\mathrm{ord}\,\mathcal{U}_i|F_i<\infty$，$\mathcal{U}_i<\mathcal{U}$，$\bigcup F_i=X$ なるようにできることである．

証明 充分性は明らかであるから必要性をいう．$\mathcal{U}$ に対して開被覆列 $\{\mathcal{V}_i\}$ をとり $\mathcal{V}_i<\mathcal{U}$ かつ任意の $x\in X$ に対して $\mathrm{ord}_x\mathcal{V}_i<\infty$ なる i が存在するようにする．$F_{ij}=\{x\in X : \mathrm{ord}_x\mathcal{V}_i\leqq j\}$ とすれば F_{ij} は閉集合であり $\bigcup_{i,j}F_{ij}=X$ となる．形式的に $\mathcal{V}_{ij}=\mathcal{V}_i$ と考えれば $\mathrm{ord}\,\mathcal{V}_{ij}|F_{ij}\leqq j$ であるから条件はみたされている．□

43.13 定義 集合列 $\{U_i\}$ が**真に単調減少**であるとは $U_i\supset U_{i+1}$ かつ $U_i\neq U_{i+1}$，$i\in N$，なることとする．空間 X のベース $\mathcal{B}$ が**可算深度**であるとは，$\mathcal{B}$ の部分族 $\{U_i\}$ が真に単調減少で $x\in\bigcap U_i$ ならば $\{U_i\}$ は点 x の近傍ベースになることである．可算深度ベースをもつ空間を**可算深度の空間**ということにする．

43.14 定義 空間 X の開被覆列 $\{\mathcal{U}_i=\{U(\alpha_i) : \alpha_i\in A_i\}\}$ と逆スペクトル $\{A_i, \varphi^{i+1}_i\}$ が与えられ次の条件をみたせば $\{\mathcal{U}_i, \varphi^{i+1}_i\}$ は X の**有向構造**であるという．

$$U(\alpha_i) = \bigcup\{U(\alpha_{i+1}) : \varphi^{i+1}_i(\alpha_{i+1}) = \alpha_i\}, \qquad \alpha_i\in A_i,\ i\in N.$$

43.15 補題 上のような有向構造 $\{\mathcal{U}_i, \varphi^{i+1}_i\}$ が空間 X に対して与えられたとすると，各 i に対して $\mathcal{U}_i$ の部分被覆 $\mathcal{V}_i=\{U(\alpha_i) : \alpha_i\in B_i\}$ が存在して次の3条件をみたすようにできる．

(1) B_i は整列集合．

(2) $U(\alpha_i)-\bigcup\{U(\beta_i):\beta_i<\alpha_i\}\neq\phi,\qquad \alpha_i\in B_i.$

(3) $\bigcup\{U(\beta_i):\beta_i\leqq\alpha_i\}=\bigcup\{U(\alpha_{i+1}):\varphi^{i+1}{}_i(\alpha_{i+1})\leqq\alpha_i\},\qquad \alpha_i\in B_i.$

証明 各 A_i を整列し $\alpha_{i+1}<\beta_{i+1}$ が A_{i+1} の中で成立するならば $\varphi^{i+1}{}_i(\alpha_{i+1})\leqq\varphi^{i+1}{}_i(\beta_{i+1})$ が A_i の中で成立するようにしておく．A_1 の最初の元 α_1 は B_1 の最初の元とする．B_1 の 2 番目の元は $U(\alpha_1')-U(\alpha_1)\neq\phi$ なる最小の元 α_1' とする．一般には(2)をみたすようにこの操作を超限回行なって B_1 を得る．次に $(\varphi^2{}_1)^{-1}(B_1)$ に対して同じ操作を行なってその部分集合 B_2 を得る．このようにすれば補題の条件をみたす開被覆列が得られる．□

このようにして作られた開被覆列を **Wicke-Worrell の列**ということにする．

43.16 定理(Wicke-Worrell) 空間 X が展開空間であるための必要充分条件は X が可算深度の θ 細分可能な空間であることである．

証明 充分性 X の可算深度のベースを $\mathcal{B}$ とする．$\mathcal{U}_1=\mathcal{B}$ とおく．X は θ 細分可能であるから命題 43.11 によって X の開被覆列 $\{\mathcal{U}_{1i}\}$ が存在して，$\mathcal{U}_{1i}<\mathcal{U}_1$ であり $x\in X$ ならば $\mathrm{ord}_x\mathcal{U}_{1j}<\infty$ なる j があるようにできる．帰納法によって $\mathcal{B}$ の部分被覆列 $\{\mathcal{U}_i\}$ が存在して次の 2 条件をみたすようにできる．

(1) $\mathcal{U}_i$ に対して開被覆列 $\{\mathcal{U}_{ij}\}$ が存在して $\mathcal{U}_{ij}<\mathcal{U}_i$ であり $x\in X$ ならば $\mathrm{ord}_x\mathcal{U}_{ik}<\infty$ がある k に対して成立する．

(2) $\mathcal{U}_i<\bigwedge\{\mathcal{U}_{jk}:j+k=i\}$ であり，$\mathcal{U}_i$ の元 U が空でなく 1 点でもなければ U を真部分集合として含む $\bigwedge\{\mathcal{U}_{jk}:j+k=i\}$ の元が存在する．

この $\{\mathcal{U}_i\}$ が展開列であることを証明するために展開列でないと仮定しよう．すると点 p とその開近傍 W が存在して $\mathcal{U}_i(p)-W\neq\phi$ が各 i に対して成立しなければならない．各 i に対し $k=k(i)$ をとり $\mathrm{ord}_p\mathcal{U}_{ik}<\infty$ ならしめる．

(3) $i_1=1,\qquad i_2=i_1+k(i_1),\qquad i_3=i_2+k(i_2),\ \cdots$

とおいて数列 $i_1, i_2, \cdots$ を定める．

(4) $\mathcal{V}_j=\{U\in\mathcal{U}_{i_j}:p\in U,\ U-W\neq\phi\}$
$\qquad=\{V(\alpha_j):\alpha_j\in A_j\},\qquad j\in N,$

(5) $\mathcal{W}_j=\{U\in\mathcal{U}_{i_jk(i_j)}:p\in U,\ U-W\neq\phi\}$
$\qquad=\{W(\beta_j):\beta_j\in B_j\},\qquad j\in N$

とおけば (1)より $\mathcal{W}_j<\mathcal{V}_j$ であり，(2)より $\mathcal{V}_{j+1}<\mathcal{W}_j$ である．$\varphi_j: B_j\to A_j$ を $\mathcal{W}_j$ から $\mathcal{V}_j$ への細分射とする．$\psi_{j+1}: A_{j+1}\to B_j$ を $\mathcal{V}_{j+1}$ から $\mathcal{W}_j$ への細分射であって次をみたすものとする．

(6) $V(\alpha_{j+1})$ は $W(\psi_{j+1}(\alpha_{j+1}))$ の真部分集合である．

このような細分射を真細分射と呼ぼう．真細分射 ψ_{j+1} の存在は，(4)によって $V(\alpha_{j+1})$ は2点以上含むから，(2)によって保証されている．逆スペクトル

(7) $\{B_j, \psi_{j+1}\varphi_{j+1}=\pi^{j+1}_j\}$

において各 B_j は有限集合であるから König の補題によってその逆極限 $\varprojlim B_j$ は元 (γ_j) を含む．すると(6)によって $V(\varphi_{j+1}(\gamma_{j+1}))$ は $V(\varphi_j\pi^{j+1}_j(\gamma_{j+1}))=V(\varphi_j\psi_{j+1}\varphi_{j+1}(\gamma_{j+1}))$ の真部分集合である．結局

(8) $\{V(\varphi_j(\gamma_j)): j\in N\}$

は真に単調減少である．一方各 $\mathcal{U}_i$ は $\mathcal{B}$ の部分族であったから，(8)は p を含む $\mathcal{B}$ の元からなる列である．ゆえにある k に対して $V(\varphi_k(\gamma_k))\subset W$ とならなければならない．これは(4)によって矛盾である．よって $\{\mathcal{U}_i\}$ は展開列であり X は展開空間である．

必要性 命題43.5によって展開空間はサブパラコンパクトであるから X は命題43.11によって θ 細分可能である．X の展開列を $\{\mathcal{U}_i\}$ とする．X の有向構造

$$\{\mathcal{W}_i=W(\alpha_i): \alpha_i\in A_i,\ \varphi^{i+1}_i: A_{i+1}\to A_i\}$$

で次の2条件をみたすものを考える．

(9) $\mathcal{W}_i<\bigwedge_{j\leq i}\mathcal{U}_j$.

(10) $W(\alpha_{i+1})\,(\alpha_{i+1}\in A_{i+1})$ が2点以上含むならば，それは $W(\varphi^{i+1}_i(\alpha_{i+1}))$ の真部分集合である．

この有向構造に対して補題43.15を適用して Wicke-Worrell の列 $\{\mathcal{V}_i=\{W(\alpha_i): \alpha_i\in B_i\}\}$ を作る．$\mathcal{B}=\bigcup\mathcal{V}_i$ とおく．この $\mathcal{B}$ が X の可算深度のベースとなっていることを見よう．$\mathcal{V}=\{V_i\}$ は $\mathcal{B}$ の部分族で真に単調減少であり $p\in\bigcap V_i$ とする．この $\mathcal{V}$ が p の近傍ベースとなっていることをいえばよい．

$$\mathcal{V}\cap\mathcal{V}_i=\{W(\alpha_i): \alpha_i\in C_i\}$$

とおけば補題43.15の(2)の性質によって各 C_i は B_i の有限部分集合である．ゆえに単調増大数列 $i_1<i_2<\cdots$ が存在して $C_{i_j}\neq\phi\,(j\in N)$ となる．各 j に対して $\beta_{i_j}\in C_{i_j}$ なる β_{i_j} をとる．すると

(11) $\{W(\beta_{i_j}):j\in N\}\subset\mathcal{V}$.

(9)によって $\mathcal{U}_j(p)\supset\mathcal{W}_j(p)$. 一方 $\mathcal{W}_j(p)\supset\mathcal{W}_{i_j}(p)\supset\mathcal{V}_{i_j}(p)\supset W(\beta_{i_j})$. $\{\mathcal{U}_j(p)\}$ は p の近傍ベースをなすから(11)によって $\mathcal{V}$ は p の近傍ベースをなす．□

43.17 定理(Arhangel'skiĭ) 可算深度の全体正規空間 X は距離化可能である．

証明 前定理によって X は展開空間となる．全体正規な展開空間は定理18.4によって距離化可能である．□

§44 対称距離

44.1 定義 空間 X をとり $X\times X$ 上の関数 $d(x,y)$ に対して次の条件を考える．

(1) $d(x,y)=0\Leftrightarrow x=y$.

(2) $d(x,y)=d(y,x)\geqq 0$.

(3) A が閉なることと $d(x,A)>0$ が任意の点 $x\in X-A$ に対して成立することとは同等である．

(4) $x\in\bar{A}$ なることと $d(x,A)=0$ なることとは同等である．

d が(1), (2), (3)をみたすとき X の**対称距離**(symmetric)という．d が(1), (2), (4)をみたすとき X の**半距離**(semimetric)という．対称距離空間，半距離空間なる用語も自明であろう．また次の命題も自明である．

44.2 命題 半距離空間は対称距離空間である．

44.3 命題 半距離空間 X は第1可算性をみたす．

証明 任意に点 $x\in X$ をとる．

$$U_i=X-\mathrm{Cl}(X-S_{1/i}(x)),\qquad i\in N,$$

とおけば $\{U_i\}$ が x の近傍ベースとなる．$d(x,X-S_{1/i}(x))\geqq 1/i>0$ であるから $x\notin\mathrm{Cl}(X-S_{1/i}(x))$. ゆえに $x\in U_i$. x の任意の開近傍を U とすれば $x\notin X-U$

であるから $d(x, X-U)>0$. 故に $S_{1/j}(x)\cap(X-U)=\phi$ がある j に対して成立する. これより $U_j\subset S_{1/j}(x)\subset U$ となる.□

44.4　命題　第1可算性をみたす対称距離 T_2 空間 (X, d) は半距離空間である.

証明　$x\in\bar{A}-A$ なる点 x に対して $d(x, A)=0$ なることをいえば充分である. 第1可算性によって A の点列 $\{x_i\}$ が存在して $\lim x_i=x$ となる. $\lim d(x_i, x)=0$ を否定すれば $\{x_i\}$ の部分列 P が存在して $d(x, P)>0$ となる. $Q=P\cup\{x\}$ とおけば X は T_2 であるから Q は閉集合となる. 対称距離は閉集合に継承的であるから d は Q 上に制限しても対称距離になっている. このことと $d(x, P)>0$ なることより x は Q の孤立点でなければならない. この矛盾は $\lim d(x_i, x)=0$ が正しいことを示し $d(x, A)=0$ となる.□

44.5　定理　$f: X\to Y$ を距離空間 X から空間 Y の上へのコンパクト商写像とする. この時 Y は対称距離空間となる.

証明　$y, y'\in Y$ に対して

$$d(y, y')=d(f^{-1}(y), f^{-1}(y'))$$

とおけばこの d が Y の対称距離を与える. $d(y, y')=d(y', y)\geqq 0$ なることは明らかである. $d(y, y')=0 \Leftrightarrow y=y'$ なることは点逆像がコンパクトであるから正しい. A を Y の閉集合とすると $y\in Y-A$ ならば $f^{-1}(y)$ のコンパクト性より $d(f^{-1}(y), f^{-1}(A))=a>0$ となる. ゆえに $d(y, A)=a>0$ となる.

逆に A が Y の集合であって $Y-A$ の任意の点 y に対して $d(y, A)>0$ であるとすると A が閉集合であることは次のようにして分る. $d(y, A)>0$ なることは $d(f^{-1}(y), f^{-1}(A))>0$ を意味する. ゆえに正数 $\varepsilon=\varepsilon(y)$ が存在して $S_\varepsilon(f^{-1}(y))\cap f^{-1}(A)=\phi$ となる. このことは $f^{-1}(A)$ が X で閉じていることを示している. f は商写像であったから A は Y で閉じている.□

44.6　例(Arhangel'skiĭ)　実数直線 R の中で $n\in N$ に対して n と $1/n$ とを同一視する. この同一視によって得られる商集合を S とし $f: R\to S$ を射影とする. S には商位相を入れる.

(1)　S は対称距離空間である.

証明 f はコンパクト商写像であるから前定理による対称距離 d が S に導入される. □

(2) S の部分集合 T で d は T 上の対称距離にならないものが存在する.

証明 $U=\{x\in R: 1<x$ かつ $x\notin N\}\cup\{0\}$, $f(U)=T$ とする. $T_1=T-\{0\}$ とすれば $d(0,T_1)>0$ であるが 0 は T_1 の触点である. ゆえに d は T 上の対称距離にはなりえない. □

(3) $f|f^{-1}(T)$ は商写像ではない.

証明 $f^{-1}(T)=U$ である. $f^{-1}(0)=0$ であるが 0 は U の孤立点であるから相対開である. しかるにその像としての 0 は T の孤立点ではないから相対開とならない. □

この事実は次の定義の妥当性を示す.

44.7 定義 $f: X\to Y$ が上への写像であるときこれが**継承的商写像**(hereditarily quotient)であるとは Y の任意の部分集合 S に対して $f|f^{-1}(S)$ が商写像であることとする.

44.8 補題 (X,d) が継承的対称距離空間ならば, それは半距離空間となる.

証明 $x\in\bar{A}-A$ なるとき $d(x,A)=0$ をいえば充分である. そのために $d(x,A)>0$ と仮定する. $S=A\cup\{x\}$ とおく. d は S 上の対称距離であるから A は S において相対閉である. これは x が S で孤立点であることを意味して矛盾である. □

44.9 定理 $f: X\to Y$ を距離空間 X から空間 Y の上へのコンパクト, 継承的商写像とする. この時 Y は半距離空間となる.

証明 補題44.8によれば Y が継承的対称距離空間なることをいえば充分である. $y,y'\in Y$ に対して $d(y,y')=d(f^{-1}(y),f^{-1}(y'))$ とおけば (Y,d) は定理44.5によって対称距離空間である. Y の任意の部分集合 S に対しても $f|f^{-1}(S)$ はコンパクト商写像であるから (S,d) は対称距離空間である. □

対称距離空間に反して半距離空間は任意の部分空間に継承的であることはその定義から明らかである.

44.10 補題 可算コンパクトな対称距離 T_2 空間はコンパクトな半距離空間

である.

証明　条件をみたす空間 X とその任意の点 p とをとる. $X-\{p\}$ の任意の開被覆を $\mathcal{U}$ とする. X は T_2 であるから $X-\{p\}$ の開被覆 $\mathcal{V}$ が存在して $\mathcal{V}<\mathcal{U}$ かつ $\overline{\mathcal{V}}<\{X-\{p\}\}$ をみたすようにできる. $\mathcal{V}=\{V_\alpha : \alpha\in A\}$ とおき A を整列する.

$$F_{n\alpha}=\{x\in V_\alpha : d(x, X-V_\alpha)\geqq 1/n\},$$
$$W_\alpha=\bigcup\{V_\beta : \beta<\alpha\},$$
$$G_{n\alpha}=F_{n\alpha}-W_\alpha,$$
$$\mathcal{G}_n=\{G_{n\alpha} : \alpha\in A\},\qquad n\in N$$

とおけば $\bigcup\mathcal{G}_n$ は $X-\{p\}$ の被覆である. 各 $\mathcal{G}_n$ の空でない元が可算個しかないことを示せば $\bigcup\mathcal{G}_n<\mathcal{U}$ であるから $\mathcal{U}$ の可算部分被覆が存在し $X-\{p\}$ は Lindelöf 空間となる. 従って X 自身も Lindelöf 空間となり, これに X の可算コンパクト性を考慮に入れると X はコンパクト空間となる.

今ある k に対して $\mathcal{G}_k$ の空でない元が非可算個あると仮定しよう.

$$\{G_{k\alpha}\neq\phi : \alpha\in B\},\qquad |B|>\aleph_0.$$

各 $G_{k\alpha}\,(\alpha\in B)$ の中から点 x_α をとると B の中の相異なる2元 α, α' に対して常に $d(x_\alpha, x_{\alpha'})\geqq 1/k$ である.

$$S=\{x_\alpha : \alpha\in B\}$$

とおけば S は X の閉集合ではない. S が閉集合とすれば S は対称距離空間となるから各 x_α, $\alpha\in B$, は S の孤立点となり S は疎な非可算点集合となって X の可算コンパクト性に反するからである. ゆえに X の点 q が存在して $d(q, S)=0$ となる. $d(x_\alpha, p)\geqq 1/k$, $\alpha\in B$, であるから $p\neq q$ である. ゆえに $q\in V_\beta$ なる最小の β が定まる. $d(q, X-V_\beta)=a$ とおけば勿論 $a>0$ である.

$$\min(a, 1/k)=b$$

とおき $d(q, x_\gamma)<b$, $d(q, x_\delta)<b$ かつ $\delta<\gamma$ なる γ, δ を B の中からとる. $d(q, x_\gamma)<b$ より $x_\gamma\in V_\beta$, 従って $\gamma\leqq\beta$ となる. ゆえに $\delta<\beta$ となり $q\in X-V_\delta$ から $d(q, x_\delta)>1/k\geqq b$ が導かれ矛盾が生じた.

$\bigcup\mathcal{G}_n<\mathcal{V}$ であるから $X-\{p\}$ は $\mathcal{V}$ の可算部分被覆 $\{V_i\}$ で覆われる. $p\notin\overline{V}_i$

であるから p は G_δ 集合となる．X は既にコンパクト T_2 空間であるから p は可算近傍ベースをもつ．p は任意であったから X は第1可算性をみたす．ゆえに命題44.4によって X は半距離空間である．□

44.11 定理(Niemytzki-Arhangel'skiĭ) 可算コンパクトな対称距離 T_2 空間は距離化可能である．

証明　条件をみたす空間 X は補題44.10によってコンパクトな半距離 T_2 空間である．ゆえに X は正則空間となるから X が可算ベースをもつことを示せば距離化可能性が保証される．X の各点 x と各 n に対して x の開近傍 $V_n(x)$ を対応させ $\mathrm{Cl}\,V_n(x)\subset S_{1/n}(x)$ をみたすようにする．命題 44.3 の証明によれば $S_{1/n}(x)$ は半距離空間にあっては x の近傍となるからこのような $V_n(x)$ をとることは可能である．$\{V_n(x) : x\in X\}$ の有限部分被覆を

$$\mathcal{V}_n=\{V_n(x_{ni}) : i=1, \cdots, k(n)\}$$

とする．$\bigcup\mathcal{V}_n$ の有限個の元の共通集合全体が X のベースをなすことを示すために p を X の任意の点，U を p の任意の開近傍とする．各 n に対して $p\in V_n(x_{n1})$ として一般性を失わない．

$$\left\{\bigcap_{i=1}^{n}V_i(x_{i1}) : n\in N\right\}$$

が p の近傍ベースにならないと仮定すると

$$\left(\bigcap_{i=1}^{n}V_i(x_{i1})\right)-U\neq\phi,\qquad n\in N,$$

となる．ゆえに

$$\left(\bigcap_{n=1}^{\infty}\mathrm{Cl}\,V_n(x_{n1})\right)-U\neq\phi$$

であるからこの左辺から任意に点 q をとる．$d(q,\{x_{n1}\})=0$ であるから $\{x_{n1}\}$ の部分列 $\{y_n\}$ が存在して $\lim y_n=q$ となる．一方 $d(p,\{y_n\})=0$ であるから $\{y_n\}$ の部分列 $\{z_n\}$ が存在して $\lim z_n=p$ となる．$p\neq q$ であるからこれは矛盾である．□

44.12 補題 準点可算型である対称距離正則空間は半距離空間である．

証明　条件をみたす空間 X をとる．命題44.4によって X が第1可算性をみ

たすことをいえば充分である．X の任意の点を x とし，開集合列 $\{U_i\}$ で x を含む集合 K に準収束するようなものをとる．X の正則性によって開集合列 $\{V_i\}$ が存在して $x\in\overline{V}_{i+1}\subset U_i\cap V_i$ が各 i に対して成立するようにできる．K は可算コンパクトであるから $\{V_i\}$ は x を含む可算コンパクト閉集合 L に準収束する．L は閉じているから対称距離空間である．ゆえに定理 44.11 によって L はコンパクトかつ第 2 可算性をみたす．L は可算近傍ベース $\{V_i\}$ をもつから定理 41.8 によって X における可算外延基をもつ．このことは L の各点で第 1 可算性が成立することを意味し，特に x で第 1 可算性が成立する．□

44.13　補題　半距離空間 X はサブパラコンパクトである．族正規な半距離空間はパラコンパクトである．

証明　X の任意の開被覆を $\mathcal{U}=\{U_\alpha:\alpha\in A\}$ とし，A は整列されているものとする．

$$F_{n\alpha}=\{x\in U_\alpha:d(x,X-U_\alpha)\geqq 1/n\}-\bigcup\{U_\beta:\beta<\alpha\},$$
$$\mathcal{F}_n=\{F_{n\alpha}:\alpha\in A\}$$

とおけば $\bigcup\mathcal{F}_n$ は $\mathcal{U}$ を細分する被覆となる．各 $\mathcal{F}_n$ が疎であることを示すために任意の点 $x\in X$ をとる．$x\in U_\beta$ となる最小の β をとる．$V=\operatorname{Int}S_{1/n}(x)\cap U_\beta$ とおけば V は x の開近傍である．$\gamma<\beta$ ならば $F_{n\gamma}\cap S_{1/n}(x)=\phi$ であるから $F_{n\gamma}\cap V=\phi$．$\gamma>\beta$ ならば $F_{n\gamma}\cap U_\beta=\phi$ であるから $F_{n\gamma}\cap V=\phi$．かくして X はサブパラコンパクトである．X が更に族正規であるときはそれがパラコンパクトになることは次の補題による．□

44.14　補題　θ 細分可能な族正規空間 X はパラコンパクトである．

証明　X の任意の開被覆を $\mathcal{U}$ とする．命題 43.12 によって開被覆列 $\{\mathcal{U}_i\}$ と閉集合列 $\{F_i\}$ とが存在して $\mathcal{U}_i<\mathcal{U}$，$\operatorname{ord}\mathcal{U}_i|F_i<\infty$，$\bigcup F_i=X$ なるようにできる．定理 17.10 によって，$\mathcal{U}_i|F_i$ は点有限であるからそれを細分する F_i の局所有限開被覆 $\{V_\alpha:\alpha\in A\}$ と閉被覆 $\{H_\alpha:\alpha\in A\}$ とが存在して $V_\alpha\supset H_\alpha$，$\alpha\in A$，ならしめることができる．ここで定理 33.5 の (3) を適用すれば，X の局所有限開集合族 $\mathcal{W}_i=\{W_\alpha:\alpha\in A\}$ が存在して

$$H_\alpha\subset W_\alpha\cap F_i\subset V_\alpha,\qquad \alpha\in A,$$

ならしめることができる．一般性を失うことなく $\mathcal{W}_i < \mathcal{U}$ としてよい．$\bigcup \mathcal{W}_i$ は X の σ 局所有限開被覆であって $\mathcal{U}$ を細分している．ゆえに定理 17.7 によって X はパラコンパクトである．□

44.15 定理(Arhangel'skiĭ) 族正規な対称距離 p 空間 X は距離化可能である．

証明 定理 42.25 によって X は可算型であるから，補題 44.12 によって X は半距離空間となる．補題 44.13 によれば族正規な半距離空間はパラコンパクトであるから X はパラコンパクト p 空間となる．ゆえに定理 42.10 によって X からある距離空間 Y の上への完全写像 f が存在する．Y の開被覆列 $\{\mathcal{U}_n\}$ で $\mathrm{mesh}\, \mathcal{U}_n < 1/n$ をみたすものをとる．

(1) $\mathcal{V}_n = \{\mathrm{Int}\, S_{1/n}(x) : x \in X\}$

とおき X の局所有限開被覆列 $\{\mathcal{W}_n = \{W(\alpha_n) : \alpha_n \in A_n\}\}$ で次の 2 条件をみたすものをとる．

(2) $\overline{\mathcal{W}}_{n+1} < \mathcal{W}_n$,

(3) $\overline{\mathcal{W}}_{n+1} < f^{-1}(\mathcal{U}_n) \wedge \mathcal{V}_n$.

$\bigcup \mathcal{W}_n$ が X のベースになることをいえば Bing-Nagata-Smirnov の定理 18.1 によって X は距離化可能となる．そのために X の任意の点 x をとる．

(4) $B_n = \{\alpha_n \in A_n : x \in W(\alpha_n)\}$

とおき $\varphi_n^{n+1} : B_{n+1} \to B_n$ を $\varphi_n^{n+1}(\alpha_{n+1}) = \alpha_n$ ならば $\mathrm{Cl}\, W(\alpha_{n+1}) \subset W(\alpha_n)$ となるような写像とする．このような写像の存在は(2)によって保証されている．各 B_n は有限で空でないから逆スペクトル $\{B_n, \varphi_n^{n+1}\}$ の逆極限 $\varprojlim B_n$ は空でなく元 (β_n) を含む．$\{W(\beta_n)\}$ が x の近傍ベースとなることをいうために，そうならないと仮定すると，各 n に対して

(5) $W(\beta_n) - G \neq \phi$

となる x の開近傍 G が存在しなければならない．今ある m に対して

$$(\mathrm{Cl}\, W(\beta_m) - G) \cap f^{-1}f(x) = \phi$$

になったとすると $f(\mathrm{Cl}\, W(\beta_m) - G)$ は $f(x)$ を含まない閉集合であるからある $k \geqq m$ に対して

$$d(f(\mathrm{Cl}\, W(\beta_m)-G, f(x)) > \mathrm{mesh}\, \mathcal{U}_k$$

となる．すると(3)によって $x\in W(\beta_k)<f^{-1}(\mathcal{U}_k)$ であるから $(\mathrm{Cl}\, W(\beta_m)-G)\cap W(\beta_k)=\phi$．一方 $W(\beta_k)\subset W(\beta_m)$ なることと(5)より

$$(\mathrm{Cl}\, W(\beta_m)-G)\cap W(\beta_k) = W(\beta_k)-G \neq \phi$$

となる．この矛盾は各 n に対して

(6)　$(\mathrm{Cl}\, W(\beta_n)-G)\cap f^{-1}f(x) \neq \phi$

なることを意味する．$f^{-1}f(x)$ はコンパクトであるから(6)より

(7)　$(\bigcap \mathrm{Cl}\, W(\beta_n)-G)\cap f^{-1}f(x) \neq \phi$

となり，この式の左辺から点 x' をとることができる．明らかに $x\neq x'$ である．(3)によれば $\overline{\mathcal{W}}_n<\mathcal{V}_n$ であるから $\mathrm{Cl}\, W(\beta_n)\subset S_{1/n}(x_n)$ なる点 x_n がとれ

(8)　$\{x, x'\}\subset \cap S_{1/n}(x_n)$

となる．ゆえに $\{x_n\}$ の部分列 $\{x_{n'}\}$ が存在して $\lim x_{n'}=x$ となり，更に $\{x_{n'}\}$ の部分列 $\{x_{n''}\}$ が存在して $\lim x_{n''}=x'$ となる．これは T_2 空間では $x=x'$ を意味するから矛盾に到達した．□

補題44.10を参照すれば次が直ちに得られる．

44.16　系　対称距離，M, T_2 空間は距離化可能である．

演 習 問 題

8.A　$f: X\to Y$ を上への連続写像とせよ．Y が p 空間であるならば $w(X)\geqq w(Y)$.

ヒント　$\mathcal{B}$ が X のベースならば $f(\mathcal{B})$ は Y のネットワークになることを注意して系42.4を適用せよ．

8.B(Smirnov)　X は局所可算コンパクトな正則空間，$X=\bigcup X_i$ であって各 X_i は可分距離空間とする．この時 X は可分距離空間となる．

ヒント　$n(X)\leqq\aleph_0$ より X は局所コンパクト，従って Čech 完備，従って更に p 空間となる．ゆえに $w(X)\leqq\aleph_0$ がわかる．

8.C　X が ***wΔ* 空間**であるとはその開被覆列 $\{\mathcal{U}_i\}$ が存在して $x_i\in\mathcal{U}_i(x)$, $i\in N$, がある固定された $x\in X$ について成立するならば点列 $\{x_i\}$ が触点をもつこととする．T_2 空間 X に対して次が同等である．

(1)　X は $w\Delta$ 空間である．

(2)　X の開被覆列 $\{\mathcal{U}_i\}$ が存在して任意の点 $x\in X$ に対して $\{\mathcal{U}_i(x)\}$ は $\bigcap\mathcal{U}_i(x)$ の近傍ベースをなし，$\bigcap\mathcal{U}_i(x)$ は可算コンパクトである．

ヒント　命題41.5の(3),(4)参照．

8.D　可算コンパクト空間 X の点有限開被覆 $\mathcal{U}$ は有限部分被覆をもつ．

ヒント　$\mathcal{U}$ の既約部分被覆 $\mathcal{V}=\{V_\alpha:\alpha\in A\}$ をとる．$\mathcal{V}$ の存在は $\mathcal{U}$ の添数集合を整列し 14.4 の論法を参照すれば保証されている．$F_\alpha=\{x\in V_\alpha:\mathrm{ord}_x\mathcal{V}=1\}$ とすれば各 $\alpha\in A$ に対して $F_\alpha\neq\phi$．点 $x_\alpha\in F_\alpha$ を1つずつとれば $\{x_\alpha:\alpha\in A\}$ は疎な点集合となるから A は可算でなければならない．ゆえに $\mathcal{V}$ は有限部分被覆をもつ．

8.E　θ 細分可能な可算コンパクト空間はコンパクトである．

ヒント　命題43.12と8.D参照．

8.F　θ 細分可能な完全正則空間 X に対して次は同等である．

(1)　X は p 空間である．

(2)　X は完全 p 空間である．

(3)　X は $w\Delta$ 空間である．

8.G(Arhangel'skii)　正則な可算型空間 X がコンパクト距離空間 X_i の可算和となっているならば X は距離化可能である．

ヒント　$\chi_X(X_i)\leqq\aleph_0$ なることをいい，定理41.8を適用すれば $w_X(X_i)\leqq\aleph_0$，従って $w(X)\leqq\aleph_0$．

8.H　p 空間であることは閉集合に継承的，G_δ 集合に継承的，また可算乗法的である．

8.I　$f:X\to Y$ は上への完全写像，X は完全正則空間，Y は p 空間とすると，X は p 空間となる．

8.J　p 空間，M 空間，$w\Delta$ 空間はすべて q 空間である．

8.K　正則空間 X が q 空間であるための必要充分条件は，X がある(正則)M 空間 Y の開連続像になっていることである．

ヒント　Wickeの定理42.21の証明における可算指標をもつコンパクト集合の代りに可算指標をもつ可算コンパクト集合を考えよ．

8.L(Michael)　$f:X\to Y$ と $g:Y\to Z$ とを連続写像，gf を完全写像，Y を T_2 とせよ．この時 f は完全である．

ヒント　$h=(f,gf):X\to Y\times Z$ は補題42.18によって完全である．射影 $\pi:Y\times Z\to Y$ の g のグラフ G_g への制限は Y の上への位相同型写像である．$h(X)\subset G_g$ と $f=(\pi|G_g)h$ より f の完全なることを導け．

8.M　Y を T_2，$g:Y\to Z$ を連続，$X\subset Y$，$g|X$ を完全とせよ．この時 X は Y で閉じている．

ヒント　8.Lにおける $f:X\to Y$ を包含写像にとれ．

8.N 半距離 T_2 空間 X の 2 つのコンパクト集合 K, L に対して $d(x_n, K)<1/n$, $d(x_n, L)<1/n$ なる点列 $\{x_n\}$ が存在すれば $K\cap L\neq\phi$ となる.

8.O $f:X\to Y$ は対称距離空間 X から空間 Y の上への連続写像とする. このとき f が **∏ 写像**であるとは Y の任意の点 y とその任意の近傍 U に対して $d(f^{-1}(y), X-f^{-1}(U))>0$ なることとする. f が商 ∏ 写像であるとき Y は対称距離空間となる.

第9章　商空間と写像空間

§45　*k* 空間

45.1　定義　空間 X とその部分集合のなすある族 $\mathcal{C}$ が与えられたとせよ．X が $\mathcal{C}$ に関して**弱位相**(weak topology)をもつとは X の部分集合 G が X で開であるための必要充分な条件は任意の元 $K\in\mathcal{C}$ に対して $G\cap K$ が K で開であることとする．この定義における開なる言葉を閉で置き換えても内容的には全く同じことである．$\mathcal{C}$ として特に X のコンパクト集合全体をとったとき，その $\mathcal{C}$ に対して X が弱位相をもてば X は ***k* 空間**であるといわれる．

45.2　命題　第1可算性をみたす空間は k 空間である．

証明　X を条件をみたす空間とし A を閉でない部分集合とする．すると $x\in\bar{A}-A$ なる点 x が存在する．X は第1可算性をみたすから A の中に点列 $\{x_i\}$ が存在して $\lim x_i=x$ ならしめることができる．この点列に x を加えた集合を K とすると K はコンパクトである．しかも K の中で $\{x_i\}$ は閉でない．$K\cap A=\{x_i\}$ であるから命題の正しいことがわかる．□

45.3　命題　局所コンパクト空間 X は k 空間である．

証明　A を X の閉でない集合とする．$x\in\bar{A}-A$ なる点 x をとる．K を x のコンパクト近傍とすると $K\cap A$ の K での相対閉包は x を含む．このことは $K\cap A$ は K で閉でないことを示している．□

45.4　命題　k 空間の商空間は k 空間である．

証明　$f:X\to Y$ を k 空間 X から Y の上への商写像とする．Y の部分集合 A が Y の任意のコンパクト集合 K に対して $A\cap K$ は K で閉じている性質をもつとせよ．(このような集合 A のことを ***k* 閉集合**とよぶ.)　この A の性質から $f^{-1}(A)$ が X で閉じていることを示すことができれば f は商写像であるから A が閉じていることを結論できる．L を X の任意のコンパクト集合とすると $A\cap f(L)$ は $f(L)$ で閉である．$g=f|L$ とおけば g の連続性により $g^{-1}(A\cap f(L))$

は L で閉である．$g^{-1}(A\cap f(L))=f^{-1}(A)\cap L$ であるから $f^{-1}(A)\cap L$ は L で閉である．X は k 空間であったからこのことより $f^{-1}(A)$ は X で閉である．□

45.5　定理　空間 X が k 空間であるための必要充分条件は X が局所コンパクト空間の商空間であることである．

証明　充分性は命題 45.3, 45.4 より明らかであるから必要性を示そう．$\{K_\alpha\}$ を X のコンパクト集合すべての族とする．この $\{K_\alpha\}$ の位相和を Y とし $f: Y\to X$ を $f|K_\alpha$ が各 α に対して包含写像になるような自然な写像とする．Y は明らかに局所コンパクト空間である．f が商写像であることを見るために X の集合 F に対して $f^{-1}(F)$ が Y で閉となったとせよ．K_α は Y で閉じているから $f^{-1}(F)\cap K_\alpha$ は Y で閉じている，したがって K_α で閉じている．このことは F が k 閉であることを意味するから F は X で閉じている．□

この証明は次のことを含んでいる．

45.6　系　k, T_2 空間は局所コンパクト，パラコンパクト T_2 空間の商空間である．

次の定理の中の $1_X: X\to X$ は 1.4 の約束によって恒等写像を表わす．

45.7　定理 (J. H. C. Whitehead-Michael)　正則空間 X に対して次の3条件は同等である．

(1)　X は局所コンパクトである．

(2)　$1_X\times g$ は任意の商写像 g に対して商写像となる．

(3)　$1_X\times g$ は定義域，値域がともにパラコンパクト T_2, k 空間である任意のコンパクト被覆，閉連続写像 g に対して商写像となる．

証明　(1)⇒(2)　$g: Y\to Z$ とする．$h=1_X\times g$ とする．$X\times Z$ の集合 G に対して $h^{-1}(G)$ が $X\times Y$ の開集合になったとせよ．$h^{-1}(G)$ の中の任意の点 (p, q) をとる．$(X\times\{q\})\cap h^{-1}(G)=H\times\{q\}$ とおくと H は X の開集合であって p を含むから，p の開近傍 U が存在して，$\overline{U}$ はコンパクトであり $\overline{U}\subset H$ が成立するようにできる．

$$\{y\in Y : \overline{U}\times\{y\}\subset h^{-1}(G)\} = V$$

とおく．この V に対して $h^{-1}h(\overline{U}\times V)=\overline{U}\times V$ が成立することは明らかである．

(一般に $h^{-1}h(A)=A$ なる集合を h に関して**飽和**である(saturated)という.) V が Y の開集合であることを見るために任意に点 $y\in V$ をとる. $\bar{U}\times\{y\}\subset h^{-1}(G)$ であり, 左辺はコンパクト, 右辺は開であるから y の開近傍 W が存在して $\bar{U}\times W\subset h^{-1}(G)$. 故に $W\subset V$ となって V は開集合である. g は商写像であり V は g に関して飽和であるから $g(V)$ は開集合である. $U\times g(V)$ は G に含まれる開集合であるから G が $X\times Z$ の開集合であることがわかった. このことは $h=1_X\times g$ が商写像であることを意味する.

(2)⇨(3) 閉連続写像は商写像であることより明らかである.

(3)⇨(1) X が点 p で局所コンパクトにならないとする. $\{U_\alpha : \alpha\in A\}$ を p の近傍ベースとする. すると任意の $\alpha\in A$ に対して $\bar{U}_\alpha$ はコンパクトとならないから

$$\{F_\lambda : \lambda<\lambda(\alpha)\},\qquad F_\lambda\supset F_\mu\qquad (\lambda<\mu<\lambda(\alpha)),$$

なる整列された空でない閉部分集合の族が存在して, 共通部分は空であるようにできることはほとんど明らかである.

$$\Lambda_\alpha=\{\lambda : \lambda\leqq\lambda(\alpha)\}$$

とおき Λ_α に区間位相を入れればコンパクト T_2 空間となる. Λ をこれらすべての Λ_α の位相和とすれば Λ はパラコンパクトかつ局所コンパクトであるから命題 45.3 によってパラコンパクト k 空間となる. Y は Λ の中のすべての $\lambda(\alpha)$ を1点 q にしたもので自然な写像 $g:\Lambda\to Y$ が商写像となるように位相を入れる. すると g は閉であることは明らかである. Y の任意のコンパクト集合は有限個の $g(\Lambda_\alpha)$ に含まれることより g がコンパクト被覆なることも明らかである. また Y は明らかにパラコンパクト T_2 であるが, k 空間 Λ の商空間として命題 45.4 によって k 空間となる.

最後に $h=1_X\times g$ が商写像でないことを示そう.

$$E_\lambda=\bigcap\{F_\mu : \mu<\lambda\},\qquad \lambda\in\Lambda_\alpha$$

とおけば $E_{\lambda(\alpha)}=\phi$ であり, $E_\lambda\supset F_\lambda\neq\phi$, $\lambda<\lambda(\alpha)$, である.

$$S_\alpha=\bigcup\{E_\lambda\times\{\lambda\} : \lambda\in\Lambda_\alpha\},\qquad \alpha\in A$$

とおけば S_α は $X\times\Lambda_\alpha$ の閉集合である.

$$S=\bigcup\{h(S_\alpha):\alpha\in A\}$$

とおき $h^{-1}(S)$ は $X\times\Lambda$ で閉であるが S は $X\times Y$ で閉でないことを示せば h は商写像でないことになる．任意に $\alpha\in A$ をとれば $E_{\lambda(\alpha)}=\phi$ であるから

$$h^{-1}(S)\cap(X\times\Lambda_\alpha)=S_\alpha$$

となりこの S_α は $X\times\Lambda_\alpha$ で閉であるから $h^{-1}(S)$ は $X\times\Lambda$ で閉となる．

S が $X\times Y$ で閉でないことを見るためには $(p,q)\in\bar{S}-S$ なることをいえば充分である．まず $(p,q)\notin S$ なることは明らかである．(p,q) の任意の立方近傍 $U\times V$ をとる．$\bar{U}_\beta\subset U$ なる $\beta\in A$ をとる．$\lambda\in g^{-1}(V)\cap\Lambda_\beta$ かつ $\lambda<\lambda(\beta)$ なる λ をとれば

$$(U\times V)\cap S\supset h(E_\lambda\times\{\lambda\})\neq\phi$$

であるから $(p,q)\in\bar{S}$ なることがわかる．□

45.8　補題　$f:X\to Y$ は上へのコンパクト被覆連続写像であり，Y は T_2,k 空間とする．この時 f は商写像である．

証明　Y の集合 F をとり $f^{-1}(F)$ が X で閉になったとせよ．このとき F が Y で閉なることをいうためには Y の任意のコンパクト集合 K に対して $F\cap K$ が K で閉なることをいえばよい．f はコンパクト被覆であるから X のコンパクト集合 L が存在して $f(L)=K$ となる．$f^{-1}(F)\cap L=M$ とすると M は L の閉集合としてコンパクトである．ゆえにその連続像として $f(M)$ はコンパクトである．しかるに $f(M)=F\cap K$ であるから Y が T_2 なることを考慮すれば $F\cap K$ は K の閉集合である．□

45.9　定理(Cohen-Michael)　正則空間 X に対して次の3条件は同等である．

(1)　X は局所コンパクトである．

(2)　$X\times Y$ は任意の k 空間 Y に対して k 空間となる．

(3)　$X\times Y$ は任意のパラコンパクト T_2,k 空間 Y に対して k 空間となる．

証明　(1)⇒(2)　定理45.5によって Y はある局所コンパクト空間 Z の商写像 f による像となっている．

$$1_X\times f:X\times Z\to X\times Y$$

を考えると前定理 45.7 によって $1_X\times f$ は商写像となり，$X\times Z$ は局所コンパクトであるから定理 45.5 によって $X\times Y$ は k 空間となる．

(2)⇨(3) は明らかである．

(3)⇨(1) X が局所コンパクトでないとすると定理 45.7 によって上へのコンパクト被覆連続写像 $g: A\to Y$ が存在して Y はパラコンパクト T_2, k 空間，$1_X\times g$ は商写像でないようにできる．$1_X\times g$ は明らかにコンパクト被覆であるから補題 45.8 によって $X\times Y$ は k 空間になりえない．□

45.10 定理 (Arhangel'skiĭ) 点可算型 T_2 空間は k 空間である．

証明 Wicke の定理 42.21 によれば点可算型 T_2 空間はパラコンパクト p 空間の開連続像になっているから，パラコンパクト p 空間が k 空間になっていることをいえばよい．定理 42.19 の (1) によればパラコンパクト p 空間は距離空間とコンパクト T_2 空間の直積の閉集合と考えられるから，そのような直積が k 空間となることをいえばよい．定理 45.9 によれば k 空間とコンパクト T_2 空間の積は k 空間であるから問題の直積は勿論 k 空間である．□

45.11 定理 (Arhangel'skiĭ) $f: X\to Y$ は上への完全写像，X は完全正則空間，Y は k 空間とする．この時 X は k 空間となる．

証明 定理 42.19 の証明と全く同工異曲である．$g: X\to\beta X$ を Stone-Čech のコンパクト化への埋め込みとする．$(f,g): X\to Y\times\beta X$ は補題 42.18 によって完全であるから $(f,g)(X)$ は $Y\times\beta X$ の中の閉集合である．$Y\times\beta X$ は定理 45.9 によって k 空間であるからその閉集合である $(f,g)(X)$ は k 空間である．(f,g) は 1:1 完全であるから位相同型写像であって X は k 空間となる．□

45.12 定義 T_2 空間 X に対して k 空間 $\tilde{X}$ と上への 1:1 連続写像 $k_X: \tilde{X}\to X$ があって X の任意のコンパクト集合 K の逆像 $k_X^{-1}(K)$ が $\tilde{X}$ でコンパクトとなるとき $\tilde{X}$ を X の ***k* 先導** (k-leader)，k_X を ***k* 射影**とよぶ．写像 k_X を簡単化して k と書くこともある．

任意の T_2 空間 X に対して k 先導が存在する．X の集合 U で任意のコンパクト集合 K に対して $U\cap K$ が K で開となるものすべてをベースとして X に新しい位相を入れた空間 $\tilde{X}$ がそれである．$\tilde{X}$ は T_2 空間となることは明らかである．1つの T_2 空間に対してはその k 先導は一意的にきまる．X が k 空間のときは $\tilde{X}$ と X とは一致する．X のコンパクト集合全体のなす族と $\tilde{X}$ のそれとは一致する．

連続写像 $f: X \to Y$ が **k 写像**であるとは Y の任意のコンパクト集合 K に対して $f^{-1}(K)$ が X でコンパクトとなる場合をいう．k 写像はコンパクト被覆写像である．完全写像や k 射影は k 写像の一種である．k 写像であって完全写像でない例は k でない T_2 空間への k 射影がそれである．

45.13　問題(Arhangel'skiĭ)　T_2 空間に対する次の諸性質はその k 先導に継承されるか．(1) 位相濃度．(2) パラコンパクト性．(3) 完全正則性．(4) 完全正規性．(5) 正規性．(6) 継承的 Lindelöf 性．

Lindelöf 性が継承されない例は 9. A 参照．

§46　列型空間と可算密度の空間

46.1　定義　空間 X の点列 $\{x_i\}$ が x に収束するとき集合 $\{x_i : i \in N\} \cup \{x\}$ を**極限点列**という．定義 7.5 の用語に従えば $\{x_i\}$ は収束点列であった．極限点列は正確には収束極限点列と名付けるべきであろうが，簡単のために極限点列なる用語を採用する．X の部分集合 F が任意の極限点列 K に対して $F \cap K$ が K で閉じているとき，F を**列型閉集合**とよぶ．列型閉集合が常に閉集合となる空間を**列型空間**(sequential space)という．

極限点列はコンパクトであるから k 閉集合は列型閉である．ゆえに列型空間は k 空間である．この逆が成立しないことは次の例に見るようにコンパクト T_2 空間で列型空間にならないものが存在することによって確かめられる．

46.2　例　2点集合 $D=\{0,1\}$ の非可算乗 $D^{\mathfrak{m}}$ は列型空間でない．可算個の座標以外のすべての座標で値1をとるような点全体を F とすると F は列型閉である．すべての座標で値0をとる点は $\bar{F}-F$ の点であるから F は閉じていない．実際 F は $D^{\mathfrak{m}}$ で稠密である．

次の命題は明らかである．

46.3　命題　空間 X の部分集合 F に対して次の2条件は同等である．

(1)　F は列型閉である.

(2)　F の点列 $\{x_i\}$ に対して $\lim x_i = x$ であるならば $x \in F$ である.

この条件(2)より直ちに次が得られる.

46.4　命題　第1可算性をみたす空間は列型空間である.

46.5　命題　列型空間 X の商空間 Y は列型空間である.

証明　$f: X \to Y$ を商写像とする. F を Y の列型閉集合とする. $f^{-1}(F) \supset \{x_i\}$ かつ $\lim x_i = x$ とすると $\{f(x_i)\} \subset F$ かつ $\lim f(x_i) = f(x)$ であるから $f(x) \in F$ となる. ゆえに $x \in f^{-1}(F)$ となって $f^{-1}(F)$ は列型閉集合となる. X は列型空間であるから $f^{-1}(F)$ は X の閉集合である. f は商写像であるから F は Y の閉集合となる.

46.6　定理(Franklin)　空間 X に対して次の3条件は同等である.

(1)　X は列型空間である.

(2)　X は局所コンパクト距離空間の商空間である.

(3)　X は距離空間の商空間である.

証明　(1)⇒(2)　X の極限点列全体を $\{K_\alpha : \alpha \in A\}$ とする. 各 $K_\alpha = \{x_i\} \cup \{x\}$, $\lim x_i = x$, に対して

$$x_i \neq x \text{ ならば } x_i \text{ は開},$$
$$\{x_j : j \geqq i\} \cup \{x\} \text{ は開}, \quad i \in N,$$

として新しい位相を入れて L_α とすれば L_α はコンパクト T_2, かつ可算ベースをもつから距離化可能である. L_α から K_α への自然な写像を f_α とすると f_α は連続である. Y を $\{L_\alpha : \alpha \in A\}$ の位相和とし $f: Y \to X$ を $f|L_\alpha = f_\alpha$ が各 $\alpha \in A$ に対して成立するように定める. Y は局所コンパクト, 距離化可能空間である. f が商写像であることを見るために X の集合 F をとり $f^{-1}(F)$ が Y で閉じているとせよ. F が X で閉なることをいうためには, X は列型空間であるから F が列型閉なることをいえばよい. そのために任意に K_α をとれば

$$F \cap K_\alpha = f(f^{-1}(F) \cap L_\alpha) = f_\alpha(f^{-1}(F) \cap L_\alpha).$$

$f_\alpha : L_\alpha \to K_\alpha$ は容易に分かるように閉写像であるから左辺は K_α の閉集合となる. ゆえに F は列型閉である.

(2)⇨(3)　は明らかである.

(3)⇨(1)　距離空間は列型空間であるから命題 46.5 によってその商空間は列型空間である.□

46.7　定義　空間 X は次の条件をみたすとき**可算密度**(countable density) をもつとよばれる: X の集合 F が任意の可算集合 $H\subset F$ に対して $\bar{H}\subset F$ であるならば F は閉集合である.

46.8　命題　列型 T_2 空間, 継承的可分空間は共に可算密度をもつ.

証明　空間 X の集合 F に対して $H\subset F$ かつ H が可算ならば $\bar{H}\subset F$ となったとせよ. X が列型 T_2 空間のときはこの F が列型閉となることを示せばよい. X の任意の極限点列 $K=\{x_i\}\cup\{x\}$, $\lim x_i=x$, をとる. $F\cap K$ が有限集合ならば $F\cap K$ は K で閉である. $F\cap K$ が無限集合ならば $F\cap\{x_i\}=L$ とおけば L は $\{x_i\}$ の部分点列であり $\bar{L}\subset F$ となる. X は T_2 であるから $\bar{L}=L\cup\{x\}$. ゆえに $F\cap K=\bar{L}$ となって $F\cap K$ は K で閉である. かくして F は列型閉である.

X が継承的可分空間のときは部分空間 F に対して可算稠密集合 M が存在する. これは $\bar{M}\cap F=F$ なることを意味する. 一方 $\bar{M}\subset F$ であるから $\bar{M}=F$ となって F は閉集合でなければならない.□

46.9　定理(Arhangel'skiĭ)　空間 X に対して次の2条件は同等である.

(1)　X は可算密度をもつ.

(2)　X の集合 F に対して $x\in\bar{F}$ ならば F のある可算部分集合 H に対して $x\in\bar{H}$.

証明　(1)⇨(2)　$x\in\bar{F}$ とする.

$$E=\bigcup\{\bar{H}: H\subset F \text{ かつ } H \text{ は可算}\}$$

とおく. $x\in E$ なることをいえばよい. E の任意の可算部分集合 $L=\{x_i\}$ をとる. 各 i に対して $x_i\in E$ であるから

$$x_i\in\bar{H}_i,\qquad H_i\subset F,\qquad H_i \text{ は可算}$$

となる H_i が存在する. $H=\bigcup H_i$ とおけば H は F の可算部分集合であるから $\bar{H}\subset E$. $\bar{L}\subset\bar{H}$ であるから $\bar{L}\subset E$. X は可算密度をもつからこの最後の不等式は $\bar{E}=E$ なることを示している. 明らかに $F\subset E$ であるから $\bar{F}\subset E$. 一方 E の

定義より $E\subset\bar{F}$ であるから $\bar{F}=E$. ゆえに $x\in E$ となる.

(2)⇒(1) X の集合 F に対して $H\subset F$, H が可算, ならば $\overline{H}\subset F$ が成立したとせよ. $x\in\bar{F}$ ならば

$$x\in\bar{E},\quad E\subset F,\quad E \text{ は可算}$$

となる E が存在し $\bar{E}\subset F$ であるから $x\in F$, 即ち F は閉集合となる. □

46.10 命題 可算密度の空間 X の部分空間 Y は可算密度をもつ.

証明 Y の部分集合 F をとり $H\subset F$, H は可算, ならば $\overline{H}\cap Y\subset F$ が成立したとせよ. このとき F が Y で閉じていることを示せばよい.

$$E=\bigcup\{\overline{H}: H\subset F,\ H \text{ は可算}\}$$

とおけば前定理の証明におけるように E は X の閉集合である. 一方 F に対する条件によって $E\cap Y\subset F$. $E\cap Y\supset F$ は明らかであるから $E\cap Y=F$. ゆえに F は Y の閉集合である. □

§47 Alexandroff の問題

47.1 問題(Alexandroff) 第1可算性をみたすコンパクト T_2 空間の濃度は連続濃度 $\mathfrak{c}$ 以下であるか.

この問題は 1923 年に Alexandroff が提出し約半世紀後の 1969 年に Arhangel'skiĭ の解決するところとなった. この解決は位相空間論の最近の昂揚を示すものの1つである. 本書では最初の証明方法に依らないで, その後 Ponomarev によって簡単化された方法に沿うことにした. この証明に直接的に関係はないが Arhangel'skiĭ による k 包の理論も平行的にできるのでそれも同時に述べることにしたことを諒とされたい.

47.2 定義 T_2 空間 X の集合 A に対して X の部分集合 $[A]_k$, $[A]_s$ を次の式によって定義する.

$$[A]_k=\{x\in X: x\in\overline{A\cap K}\,(K \text{ はあるコンパクト集合})\},$$

$$[A]_s=\{x\in X: x\in\overline{A\cap K}\,(K \text{ はある極限点列})\}.$$

$A_k{}^0=A$, $A_k{}^1=[A_k{}^0]_k$, $A_s{}^0=A$, $A_s{}^1=[A_s{}^0]_s$ とおく. 一般の順序数 $\alpha>0$ に対しては超限帰納法によって, α が極限数のときは $A_k{}^\alpha=\bigcup\{A_k{}^\beta: \beta<\alpha\}$, $A_s{}^\alpha$

$=\bigcup\{A_s{}^\beta : \beta<\alpha\}$ とおき，α が孤立数のときは $A_k{}^\alpha=[A_k{}^{\alpha-1}]_k$，$A_s{}^\alpha=[A_s{}^{\alpha-1}]_s$ とする．すると $\{A_k{}^\alpha\}$，$\{A_s{}^\alpha\}$ はそれぞれ α に関して単調増大な超限集合列である．X の濃度は定まっているから

$$A_k{}^\gamma = A_k{}^{\gamma+1}, \qquad A_s{}^\gamma = A_s{}^{\gamma+1}$$

となる γ が存在する．このように定常になった集合をそれぞれ $k[A]$，$s[A]$ と書く．k あるいは s のみを考えるときはそれらの添数を省略することがある．$k[A], s[A]$ をそれぞれ A の **k 包**，**列包**という．ある γ が存在して X のあらゆる集合 A に対して $\bar{A}=A_k{}^\gamma$ または $\bar{A}=A_s{}^\gamma$ となるならば，このような γ の最小数を α として X はそれぞれ **k_α 空間**または **s_α 空間**とよばれる．$\beta\leqq\alpha$ なるとき k_β 空間のことを**高々 k_α 空間**とよぶ．**高々 s_α 空間**も同じようにして定義される．

47.3 命題 T_2 空間 X の集合 A, B に対して次が成立する．但し $[\ ]$ は $[\ ]_k$ または $[\ ]_s$ を表わす．

(1) $A\subset[A]$.

(2) $[A\cup B]=[A]\cup[B]$.

(3) A が閉なるとき $A=[A]$.

証明 $[\ ]_s$ についてもほとんど同じ方法で証明できるので $[\ ]_k$ の場合についてだけ考える．

(1) A の中の任意の点 x をコンパクト集合と考えれば $x\in\overline{A\cap\{x\}}$ になっているから $A\subset[A]$.

(2) $x\in[A]\cup[B]$ ならばあるコンパクト集合 K が存在して $x\in\mathrm{Cl}(A\cap K)$ または $x\in\mathrm{Cl}(B\cap K)$ となる．ゆえに $x\in\mathrm{Cl}((A\cup B)\cap K)$ であるから $x\in[A\cup B]$. このことは $[A]\cup[B]\subset[A\cup B]$ なることを示している．

逆に $x\in[A\cup B]$ ならばあるコンパクト集合 L が存在して $x\in\mathrm{Cl}((A\cup B)\cap L)$ となる．$\mathrm{Cl}((A\cup B)\cap L)=\mathrm{Cl}((A\cap L)\cup(B\cap L))=\mathrm{Cl}(A\cap L)\cup\mathrm{Cl}(B\cap L)$ であるから $x\in\mathrm{Cl}(A\cap L)$ または $x\in\mathrm{Cl}(B\cap L)$ となり $x\in[A]\cup[B]$. ゆえに $[A\cup B]\subset[A]\cup[B]$.

(3) X は T_2 空間であるからその任意のコンパクト集合 K は閉である．ゆえに $\overline{A\cap K}=A\cap K$ となり $[A]\subset A$. 一方(1)により $A\subset[A]$ であるから $A=$

$[A]$ となる. □

47.4 命題 T_2 空間 X が k 空間であるための必要充分条件は次の 2 条件が同値であることである.

(1) $A=\bar{A}$. (2) $A=[A]_k$.

証明 X を k 空間とせよ. 前命題によって(1)から(2)は常にいえるから(2)から(1)がいえることを示せばよい. $A=[A]_k$ であるから $\overline{A\cap K}\subset A$ が任意のコンパクト集合 K に対して成立する. X は T_2 であるから K は閉, 従って $\overline{A\cap K}\subset K$. ゆえに $\overline{A\cap K}\subset A\cap K$ となり $A\cap K$ は閉である. このことは X が k 空間であるから A 自身が閉であることを示している.

逆に(2)が(1)を意味するものとせよ. A を k 閉集合とすると $\overline{A\cap K}=A\cap K\subset A$ が任意のコンパクト集合 K に対して成立するから $A=[A]_k$. ゆえに $A=\bar{A}$ となり X は k 空間でなければならない. □

この証明における K として極限点列, k 閉集合の代りに列型閉集合をとれば直ちに次が成立することがわかる.

47.5 命題 T_2 空間 X が列型空間であるための必要充分条件は次の 2 条件が同値であることである.

(1) $A=\bar{A}$. (2) $A=[A]_s$.

47.6 定理 T_2 空間 X に対して $k[A]$ を A の閉包とすることによって新しい位相が導入されて位相空間となり, それは始めの X に対して k 先導となる.

証明 X の点 x に対しては命題 47.3 の(3)によって $k[\{x\}]=\{x\}$ となるから新しい空間 $\tilde{X}$ で 1 点は閉である. $k[A]=A_k{}^{\alpha}$ とすれば $[A_k{}^{\alpha}]_k=A_k{}^{\alpha}$ であるから $k[k[A]]=k[A]$. これは新しい閉包に対して巾等性が成立することを示す. 命題 47.3 の(1)によって新しい閉包の包含性 $A\subset k[A]$ は明らかである. 同じく命題 47.3 の(2)によれば $[A\cup B]_k=[A]_k\cup[B]_k$. 故に超限帰納法の適用によって $(A\cup B)_k{}^{\alpha}=A_k{}^{\alpha}\cup B_k{}^{\alpha}$ が任意の順序数 α に対して成立する. α を充分大きくとればこの等式の左辺は $k[A\cup B]$ であり, 右辺は $k[A]\cup k[B]$ となり加法性が証明された. かくして $\tilde{X}$ は位相空間となった.

$f:\tilde{X}\to X$ を自然な恒等写像とすれば命題 47.3 の(3)によって X の任意の閉

集合 A に対して $A=k[A]$ となるから $f^{-1}(A)$ は $\tilde{X}$ で閉，すなわち f は連続となる．このことから $\tilde{X}$ は T_2 空間となる．

X の任意のコンパクト集合を K とする．K の部分集合 A をとり $f^{-1}(A)$ が $f^{-1}(K)$ で閉になったとする．このとき $A=k[A]$，従って $A=[A]_k$ である．K は閉であるから $[A]_k$ を作る操作を X の中で行なっても K の中で行なっても同じことである．K は k 空間であるから命題47.4によって $A=\bar{A}$ となる．このことは $f|f^{-1}(K)$ が閉写像であることを意味するから $f^{-1}(K)$ と K とは位相同型，従って $f^{-1}(K)$ はコンパクトである．かくして X と $\tilde{X}$ とは全く同じコンパクト集合の族をもつ．ゆえに $\tilde{X}$ が k 空間なることをいえば $\tilde{X}$ は X の k 先導となる．

X の集合 A に対して $f^{-1}(A)$ が k 閉集合であるとせよ．このことは X の任意のコンパクト集合 K に対して $A\cap K=k[A\cap K]$ になることを意味する．ゆえに $A\cap K=[A\cap K]_k$ 従って $A=[A]_k$，$A=k[A]$ となる．すなわち $f^{-1}(A)$ は $\tilde{X}$ の閉集合となった．□

47.7　定義　T_2 空間 X に対して列型空間 $\tilde{X}$ と上への 1:1 連続写像 $s_X:\tilde{X}\to X$ があって X の任意の極限点列 K の逆像 $s_X{}^{-1}(K)$ が $\tilde{X}$ でコンパクトとなるとき $\tilde{X}$ を X の**列型先導**，s_X を**列型射影**とよぶ．

k 先導と同じように列型先導も一意的に存在する．存在すれば一意的であることはほとんど明らかである．存在証明は次の定理に依るが，その証明は定理47.6に対するそれと全く平行的であるから略する．

47.8　定理　T_2 空間 X に対して $s[A]$ を A の閉包とすることによって新しい位相が導入されて位相空間となり，それは始めの X に対して列型先導となる．

47.9　系　T_2 空間 X が k 空間ならば $\bar{A}=k[A]$ である．X が列型空間ならば $\bar{A}=s[A]$ である．

証明　X が T_2, k 空間であるならばその k 先導と X とは一致するから定理47.6によって $\bar{A}=k[A]$ となる．X が T_2，列型空間のときもその列型先導と X とは一致するから，定理47.8によって $\bar{A}=s[A]$ となる．□

47.10 定理(Arhangel'skiĭ) 列型 T_2 空間 X は高々 s_{ω_1} 空間である．但し ω_1 は非可算順序数の最小数である．

証明 X の任意の集合を A とする．$B=A_s^{\omega_1}$ とおく．$[B]_s=B$ なることをいえば定理は証明されたことになる．$K=\{x_i\}\cup\{x\}$, $\lim x_i=x$, を X の任意の極限点列とする．$B\cap K$ が有限集合のときは $\overline{B\cap K}=B\cap K\subset B$ である．$B\cap K$ が無限集合のときは $\{x_i\}$ の部分列 $L=\{x_{i'}\}$ が存在して $L=B\cap K-\{x\}$ となる．$x_{i'}\in A_s^{\alpha_i}$ なる $\alpha_i<\omega_1$ を選び $\sup\alpha_i=\beta$ とすると $L\subset A_s^{\beta}$．ゆえに

$$\overline{B\cap K}=\bar{L}=L\cup\{x\}\subset A_s^{\beta+1}\subset B$$

となって $[B]_s=B$ なることがいえた．□

47.11 定理(Arhangel'skiĭ) 点可算型 T_2 空間 X は高々 k_2 空間である．

証明 X の任意の集合を A とする．$\bar{A}=[[A]_k]_k$ なることを証明しなければならないが，$[[A]_k]_k\subset\bar{A}$ は自明であるから $\bar{A}\subset[[A]_k]_k$ なることを示せばよい．そのために任意に点 $x\in\bar{A}-A$ をとる．x を含む可算指標のコンパクト集合を K とし，x の任意の開近傍を U とする．

(1) $[A]_k\cap K\cap U\neq\phi$

ならば $x\in[[A]_k]_k$ となるから (1) を証明すればよい．単調減少な開集合列 $\{V_i\}$ をとり

$$V_1\subset U,\qquad x\in\bar{V}_{i+1}\cap K\subset V_i\cap K\qquad(i\in N)$$

ならしめる．$L=(\bigcap V_i)\cap K$ とおけば L は x を含む K のコンパクト G_δ 集合である．ここで命題 41.6 を適用すれば L は X で可算指標をもち，単調減少な L の X における近傍ベース $\{W_i\}$ が存在して $W_1\subset U$ ならしめることができる．$x\in\bar{A}$ であるから各 i に対して $x_i\in W_i\cap A$ なる点 x_i が存在する．

$$\{x_i : i\in N\}=M,\qquad F=\bar{M}$$

とおけば F はコンパクトである．$F\cap L\neq\phi$ であるからこの左辺から点 y をとれば $y\in K\cap U$ となる．一方 $y\in F=\bar{M}=\overline{M\cap A}\subset\overline{\bar{M}\cap A}=\overline{F\cap A}$ であるから $y\in[A]_k$．ゆえに $y\in[A]_k\cap K\cap U$ となり (1) が証明せられた．□

我々は既に定理 45.10 によって点可算型 T_2 空間は k 空間なることを知っているが定理 47.11 はそのような空間に対するより深い情報を提供している．

47.12　補題　τ は $\aleph_0$ 以上の濃度とする．列型 T_2 空間 X の部分集合 A に対して $|A|\leqq 2^\tau$ が成立するならば

$$|\bar{A}|\leqq 2^\tau.$$

証明　A の可算集合全体のなす族の濃度は 2^τ 以下である．ゆえに A の収束点列全体のなす族 $\mathcal{K}$ の濃度も 2^τ 以下である．$\varphi:\mathcal{K}\to X$ を $\mathcal{K}$ の各元にその極限点を対応させる写像とすれば $A_s{}^1$ の定義より $\varphi(\mathcal{K})=A_s{}^1$ である．ゆえに $|A_s{}^1|\leqq|\mathcal{K}|\leqq 2^\tau$．この論法と簡単な超限帰納法の適用によって

$$|A_s{}^\alpha|\leqq 2^\tau,\qquad \alpha<\omega_1$$

なることがいえるから $|A_s{}^{\omega_1}|\leqq 2^\tau$．定理47.10によれば X は高々 s_{ω_1} 空間であるから $A_s{}^{\omega_1}=\bar{A}$，ゆえに $|\bar{A}|\leqq 2^\tau$ となる．□

47.13　補題　X は列型 T_2 空間であり $\{F_\alpha:\alpha<\omega_1\}$ は X の閉集合からなる単調増大な超限列であるとせよ．この時 $F=\bigcup\{F_\alpha:\alpha<\omega_1\}$ は閉集合である．

証明　命題46.8によって列型 T_2 空間は可算密度をもつ．ゆえに F が閉なることをいうためには F の任意の可算集合 A に対して $\bar{A}\subset F$ なることをいえばよい．A は可算であるから $A\subset F_\alpha$ なる $\alpha<\omega_1$ が存在し，$\bar{A}\subset F_\alpha\subset F$ となる．□

47.14　補題　$f:X\to Y$ が上への完全写像ならば X の閉集合 F が存在して $f|F$ は Y の上への既約写像となるようにできる．

証明　$\mathfrak{F}=\{F_\lambda:\lambda\in\Lambda\}$ を X の閉集合であってその f による像が Y になるようなものすべての族とする．この $\mathfrak{F}$ に

$$F_\lambda\leqq F_\mu\Longleftrightarrow F_\lambda\supset F_\mu$$

によって順序を入れる．この順序に関して $\mathfrak{F}$ が帰納的であることを示すために $\{F_\lambda:\lambda\in M\}$ を $\mathfrak{F}$ の任意の空でない全順序部分族とせよ．$H=\bigcap\{F_\lambda:\lambda\in M\}$ とおけば H は閉集合である．$f(H)=Y$ なることを示すために Y の任意の点を y とする．$\{f^{-1}(y)\cap F_\lambda:\lambda\in M\}$ はコンパクト集合 $f^{-1}(y)$ の有限交叉性をもつ閉集合族であるから

$$f^{-1}(y)\cap\left(\bigcap\{F_\lambda:\lambda\in M\}\right)\neq\phi.$$

この式の左辺から点 x をとれば $x\in H$ であって $f(x)=y$．ゆえに $f(H)=Y$．かくして $H\in\mathfrak{F}$ かつ H は $\{F_\lambda:\lambda\in M\}$ の上限である．$\mathfrak{F}$ は帰納的であるから定

理 3.3 における Zorn の補題を適用すると極大元 F が存在する．この F が求めるものであることは明らかである．□

47.15 定義 空間 X の**稠密度**とは X の稠密部分集合の濃度の中の最小なるものである．これを $s(X)$ で表わす．

47.16 補題 $f: X\to Y$ は上への既約閉連続写像とする．この時 $s(X)\leqq s(Y)\leqq w(Y)$ が成立する．但し $w(Y)$ は Y の位相濃度である．

証明 Y のベース $\mathscr{B}$ で $|\mathscr{B}|=w(Y)$ となるものをとる．$\mathscr{B}$ の各元 B から点 $y(B)$ を選ぶ．$S=\{y(B): B\in\mathscr{B}\}$ とおけば $|S|\leqq w(Y)$ かつ $\bar{S}=Y$ であるから $s(Y)\leqq w(Y)$. S の各点 y に対して $x(y)\in f^{-1}(y)$ なる点 $x(y)$ を選ぶ．$T=\{x(y): y\in S\}$ とおけば $|T|=|S|$ である．f の連続性によって $S=f(T)\subset f(\bar{T})\subset\bar{S}$. 一方 f は閉であるから $\bar{S}\subset f(\bar{T})$. ゆえに $f(\bar{T})=\bar{S}=Y$ となる．f は既約であるからこの式は $\bar{T}=X$ なることを意味し $s(X)\leqq|T|=|S|\leqq s(Y)$ となる．□

47.17 定理(Arhangel'skiĭ) τ は $\aleph_0$ 以上の濃度とする．コンパクト列型 T_2 空間 X の各点が濃度 2^τ 以下の近傍ベースをもつならば $|X|\leqq 2^\tau$.

証明 X の各点 x に対してその近傍ベース $\mathcal{V}_x$ をとり $|\mathcal{V}_x|\leqq 2^\tau$ かつ $\mathcal{V}_x$ の各元はコゼロ集合であるようにする．X の集合 F に対して

$$\mathcal{V}_F=\bigcup\{\mathcal{V}_x: x\in F\}=\{V_\lambda: \lambda\in A(F)\}$$

とおく．$\mathcal{V}_X$ の各元 V_λ に対して連続関数 $f_\lambda: X\to I_\lambda=I$ を作り $V_\lambda=\{x\in X: f_\lambda(x)>0\}$ なるようにする．X の集合 F に対して次の対角写像を考える．

$$g_F=(f_\lambda:\lambda\in A(F)): X\to\prod\{I_\lambda:\lambda\in A(F)\}.$$

X の閉集合 $K(F)$ をとり $g_F|K(F)$ が既約となるようにする．このような $K(F)$ の存在は g_F が完全であるから補題 47.14 によって保証されている．

(1) $\alpha\in A(F)\Rightarrow V_\lambda$ は g_F に関して飽和

なることは $x\in X-V_\lambda\Leftrightarrow f_\lambda(x)=0$ なることより直ちにわかる．次に

(2) $g_F^{-1}g_F(x)=x$, $x\in F$, 従って $F\subset K(F)$

なることを見よう．F の任意の点 x, $\mathcal{V}_x$ の任意の元 V_λ をとれば $\lambda\in A(F)$ であるから(1)より $g_F^{-1}g_F(x)\subset V_\lambda$. ゆえに $g_F^{-1}g_F(x)\subset\bigcap\{V_\lambda: V_\lambda\in\mathcal{V}_x\}=\{x\}$, 従って $g_F^{-1}g_F(x)=x$ となって $x\in K(F)$ でなければならない．

(3)　$F\subset F' \Rightarrow g_F{}^{-1}g_F(x)\supset g_{F'}{}^{-1}g_{F'}(x),\quad x\in X$

なることは $A(F)\subset A(F')$ なることと g_F の作り方から直ちにわかる．$J(F)=\prod\{I_\lambda : \lambda\in A(F)\}$ とおく．

(4)　$|F|\leqq 2^\tau \Rightarrow |K(F)|\leqq 2^\tau$

なることを示そう．$|F|\leqq 2^\tau$ と $|\mathcal{V}_x|\leqq 2^\tau$, $x\in F$, なることより $|\mathcal{V}_F|\leqq 2^\tau$ 即ち $|A(F)|\leqq 2^\tau$ となる．ゆえに $w(J(F))\leqq 2^\tau$．$g_F(X)\subset J(F)$ であることより $w(g_F(X))\leqq w(J(F))\leqq 2^\tau$．ここで補題47.16を適用すると $s(K(F))\leqq s(g_F(X))\leqq w(g_F(X))\leqq 2^\tau$．補題47.12によって $|K(F)|=s(K(F))$ でなければならないから $|K(F)|\leqq 2^\tau$ となる．

X の任意の1点集合を F_0 とする．この F_0 から出発して超限帰納法によって $\alpha<\omega_1$ なる任意の順序数 α に対して X の閉集合 F_α を構成し次の2条件をみたすようにしよう．

(5)　$|F_\alpha|\leqq 2^\tau$.

(6)　$\beta<\alpha\Rightarrow K(F_\beta)\subset F_\alpha$.

そのために $\alpha>0$ として $\{F_\beta : \beta<\alpha\}$ なる閉集合族が(添数は自明の変更をした上で)上の2条件をみたすように既にできたと仮定する．

$$F_\alpha=\mathrm{Cl}\left(\bigcup\{K(F_\beta) : \beta<\alpha\}\right)$$

とおけばこれが求めるものである．仮定によって各 $\beta<\alpha$ に対して $|F_\beta|\leqq 2^\tau$ であるから(4)によって $|K(F_\beta)|\leqq 2^\tau$．$\beta<\alpha$ なる β は可算個しかないから

$$\left|\bigcup\{K(F_\beta) : \beta<\alpha\}\right|\leqq 2^\tau.$$

ゆえに補題47.12によってその閉包 F_α に対して $|F_\alpha|\leqq 2^\tau$ となって(5)が成立する．(6)が成立することは明らかであるから帰納法は完了した．

(7)　$H=\bigcup\{F_\alpha : \alpha<\omega_1\}$

とおけば補題47.13によって H は X の閉集合である．また $|H|\leqq 2^\tau$ なることも(5)より明らかである．ゆえに H と X が一致することがいえたら定理は証明されたことになる．そのために任意に点 $p\in X$ をとる．g_{F_α} を簡単のために g_α と書く．$g_\alpha(K(F_\alpha))=g_\alpha(X)$ より

(8)　$K(F_\alpha)\cap g_\alpha{}^{-1}g_\alpha(p)\neq\phi,\quad \alpha<\omega_1.$

(2) と (6) より

(9) $H=\bigcup\{K(F_\alpha):\alpha<\omega_1\}$.

(8) と (9) より

(10) $H\cap g_\alpha^{-1}g_\alpha(p)\neq\phi,\qquad \alpha<\omega_1$.

(3) と (10) より $\{H\cap g_\alpha^{-1}g_\alpha(p):\alpha<\omega_1\}$ は有限交叉性をもつが，H は閉集合であるから

$$H\cap(\bigcap\{g_\alpha^{-1}g_\alpha(p):\alpha<\omega_1\})\neq\phi.$$

ゆえに

(11) $q\in H\cap(\bigcap\{g_\alpha^{-1}g_\alpha(p):\alpha<\omega_1\})$

なる点 q をとることができる．(7) と (11) より $q\in F_\gamma$ なる $\gamma<\omega_1$ が存在する．(2) より $g_\gamma^{-1}g_\gamma(q)=q$ であり (11) より $p\in g_\gamma^{-1}g_\gamma(q)$ であるから $p=q$．これは $p\in F_\gamma\subset H$ を意味し $X\subset H$ なることが証明された．□

この定理における τ を $\aleph_0$ とすれば直ちに次がえられる．

47.18 系 第1可算性をみたすコンパクト T_2 空間の濃度は連続濃度を超えない．

このように列型 T_2 空間に対して美しい理論ができてみると，次に可算密度の空間の構造が興味の対象になって浮び上ってくる．この方面の研究はほとんど手がつけられていないが，次に見られるように多くの興味深い問題が我々の解答を待っている．

47.19 問題(Hajnal-Juhász) 継承的可分なコンパクト T_2 空間の濃度は連続濃度を超えないか．

47.20 問題(Arhangel'skiĭ-Efimov) 可算密度のコンパクト T_2 空間は可算近傍ベースをもつ点を含むか．連続体仮説を設けたらどうなるか．

47.21 問題(Arhangel'skiĭ-Efimov) 可算密度のコンパクト，無限，T_2 空間は無限の極限点列を含むか．

47.22 問題(Arhangel'skiĭ) 可算密度，コンパクト T_2，Souslin 空間の濃度は連続濃度以下か．

47.23 問題(Arhangel'skiĭ) X は可算密度の Lindelöf 正則空間であっ

て，その各点は G_δ 集合になっているものとする．このとき $|X|\leqq\mathfrak{c}$ か．あるいは少くとも $|X|\leqq 2^{\mathfrak{c}}$ か．

47.24　定義　空間 X が**斉次**(homogeneous)であるとは，任意の2点 $x, y\in X$ に対して X から X の上への位相同型写像 h が存在して $h(x)=y$ なるようにできることである．

47.25　問題(Arhangel'skiĭ)　可算密度，コンパクト T_2，斉次空間の濃度は連続濃度以下か．

§48　継承的商写像と Fréchet 空間

48.1　定理(Arhangel'skiĭ)　上への連続写像 $f: X\to Y$ に対して次の2条件は同等である．

(1)　f は継承的商写像である．

(2)　f は擬開写像である．

証明　(1)⇨(2)　f が擬開写像でないとすると Y の点 y と $f^{-1}(y)$ の開近傍 U が存在して $f(U)$ は y の近傍にならないようにできる．$y\in \mathrm{Cl}(Y-f(U))$ であるから $Y-f(U)$ の中の有向点列 $\{y_\alpha\}$ が存在して $\lim y_\alpha=y$ なるようにできる．$A=\{y_\alpha\}$，$B=A\cup\{y\}$ とおく．$f^{-1}(A)\subset f^{-1}(B)-U$ であるから $f^{-1}(A)$ は $f^{-1}(B)$ で閉である．ゆえにもし $f|f^{-1}(B)$ が商写像であるとすれば A は B で閉となる．このことは y が B で孤立点なることを意味するから矛盾である．

(2)⇨(1)　f は擬開写像であるとする．Y の集合 G に対して $f^{-1}(G)$ が開になったとせよ．G の任意の点 y に対して $f^{-1}(G)$ は $f^{-1}(y)$ の近傍であるから $G=ff^{-1}(G)$ は y の近傍でなければならない．ゆえに G は開となり f は商写像となる．Y の任意の部分集合 A に対して $f|f^{-1}(A)$ が再び擬開写像になることはほとんど明らかである．ゆえに $f|f^{-1}(A)$ は商写像でなければならない．このことは f が継承的商写像であることを意味する．□

48.2　定義　高々 k_1 空間のことを $\boldsymbol{k'}$ **空間**ともいう．高々 s_1 空間は **Fréchet 空間**ともいわれる．**継承的 $\boldsymbol{k}$ 空間**とは勿論任意の部分空間が k 空間となる空間のことである．Fréchet 空間とはその集合 A に対して $x\in\bar{A}$ となるならば点

列 $\{x_i\}\subset A$ が存在して $\lim x_i=x$ となる空間のことであるといってもよいことは自明であろう．

48.3 定理(Arhangel'skiĭ) $f:X\to Y$ が Fréchet T_2 空間 Y の上への商写像ならば，f は継承的商写像である．

証明 定理 48.1 によって f が擬開でないと仮定して矛盾をだせばよい．Y の点 y と $f^{-1}(y)$ の開近傍 U が存在して $f(U)$ が y の近傍にならないとせよ．$y\in \mathrm{Cl}(Y-f(U))$ かつ Y は Fréchet 空間であるから収束点列 $\{y_i\}\subset Y-f(U)$ が存在して $\lim y_i=y$ となる．$A=\{y_i\}$，$B=\{y_i\}\cup\{y\}$ とおけば Y は T_2 であり B はコンパクトであるから，B は閉である．ゆえに $f^{-1}(B)$ も閉である．$f^{-1}(y)\subset U$ かつ $U\cap f^{-1}(A)=\phi$ なることより $f^{-1}(A)$ は閉である．ゆえに f は商写像であるから A は Y の閉集合となり y を極限点とし得ない．これは矛盾である．□

48.4 系 $f:X\to Y$ が第1可算性をみたす T_2 空間 Y の上への商写像ならば，それは継承的商写像である．

証明 第 1 可算性をみたす空間は明らかに Fréchet 空間であるからである．□

48.5 例 列型空間であって Fréchet 空間でない空間は存在する．例 44.6 における $f:R\to S$ は商写像であって継承的商写像でなかった．この S は実数直線 R の商空間であるから定理 46.6 によって列型空間である．また T_2 であることも明らかである．S がもし Fréchet 空間とすれば定理 48.3 によって f は継承的商写像でなければならない．ゆえに S は Fréchet 空間ではない．

48.6 定理(Arhangel'skiĭ) 局所コンパクト空間の**継承的商空間**(即ち継承的商写像による像)は k' 空間である．逆に k', T_2 空間は局所コンパクト T_2 空間の継承的商空間である．

証明 $f:X\to Y$ を継承的商写像，X を局所コンパクト空間とする．Y の集合 A に対して $y\in\bar{A}-A$ なる点 y をとる．$B=A\cup\{y\}$ とおく．$f|f^{-1}(B)$ は商写像であり，A は B で閉でないから，$f^{-1}(A)$ は $f^{-1}(B)$ で閉でない．ゆえに $x\in \mathrm{Cl}(f^{-1}(A))\cap f^{-1}(y)$ なる点 x をとることができる．x の開近傍 U で $\bar{U}$ が

コンパクトになるものをとる．$x \in V \subset U$ なる任意の開集合 V に対して $V \cap (f^{-1}(A) \cap \overline{U}) = V \cap f^{-1}(A) \neq \phi$ となるから $x \in \mathrm{Cl}(f^{-1}(A) \cap \overline{U})$．ゆえに

$$y = f(x) \in f(\mathrm{Cl}(f^{-1}(A) \cap \overline{U})) \subset \mathrm{Cl}(f(f^{-1}(A) \cap \overline{U}))$$
$$= \mathrm{Cl}(A \cap f(\overline{U}))$$

となり $f(\overline{U})$ がコンパクトなることを考慮すれば Y は k' 空間である．

逆に Y を k', T_2 空間とせよ．Y のあらゆるコンパクト集合の位相和を X とすれば X は局所コンパクト T_2 空間である．$f: X \to Y$ を自然な写像とせよ．この f が擬開でないと仮定すると，Y の点 y と $f^{-1}(y)$ の開近傍 U が存在して $y \in \mathrm{Cl}(Y - f(U))$ となる．Y は k' 空間であるから

$$y \in \mathrm{Cl}(K \cap (Y - f(U)))$$

となる Y のコンパクト集合 K が存在する．この K を X の集合と考えれば $K - U$ は $f^{-1}(y)$ と交わらない．ゆえに $y \notin f(K - U)$．Y は T_2 であるからコンパクト集合 $f(K - U)$ は Y で閉じている．ゆえに $f(K - U) \supset \mathrm{Cl}(K \cap (Y - f(U)))$ であるから $y \notin \mathrm{Cl}(K \cap (Y - f(U)))$ となる．この矛盾は f が擬開であることを示し，したがって定理 48.1 によって f は継承的商写像である．□

48.7 補題 上への連続写像 $f: Y \to X$ が継承的商写像であるための必要充分条件は X の任意の集合 H に対して $f(\mathrm{Cl}\, f^{-1}(H)) = \overline{H}$ が成立することである．

証明 必要性 任意の点 $x \in \overline{H} - H$ をとる．$F = H \cup \{x\}$ とおけば H は F で閉でない．$f|f^{-1}(F)$ は商写像であるから $f^{-1}(H)$ は $f^{-1}(F)$ で閉でない．ゆえに $y \in \mathrm{Cl}\, f^{-1}(H) \cap f^{-1}(x)$ なる点 y が存在する．この y に対して $f(y) = x \in f(\mathrm{Cl}\, f^{-1}(H))$ となるから $\overline{H} \subset f(\mathrm{Cl}\, f^{-1}(H))$ である．$\overline{H} \supset f(\mathrm{Cl}\, f^{-1}(H))$ なることは f の連続性により保証されているから $\overline{H} = f(\mathrm{Cl}\, f^{-1}(H))$ となる．

充分性 f が擬開なることをいうために任意の点 $x \in X$ と $f^{-1}(x)$ の任意の開近傍 U をとる．$\mathrm{Cl}(X - f(U))$ に属する任意の点 x' をとれば $X - f(U)$ の中の有向点列 $\{x_\alpha\}$ が存在して $\lim x_\alpha = x'$ となる．$\{x_\alpha\} = H$ とおけば $f^{-1}(H) \subset Y - U$ であるから $\mathrm{Cl} f^{-1}(H) \subset Y - U$．ゆえに $f(\mathrm{Cl} f^{-1}(H)) \subset f(Y - U)$．$\overline{H} = f(\mathrm{Cl} f^{-1}(H))$ であるから $\overline{H} \subset f(Y - U)$．$x' \in \overline{H}$ かつ $x \notin f(Y - U)$ であるから $x' \neq x$．このことは $\mathrm{Cl}(X - f(U))$ が x を含まないことを示している．ゆえに $f(U)$ は x の近傍

であり f は擬開となる．ここで定理 48.1 を適用すれば f は継承的商写像である．□

48.8 定理 空間 X に対して次は同等である．

(1) X は Fréchet 空間である．

(2) X は局所コンパクト距離空間の継承的商空間である．

(3) X は距離空間の継承的商空間である．

証明 (1)⇨(2) Fréchet 空間は列型空間であるから定理 46.6 の証明，記号をそのまま踏襲して局所コンパクト距離空間 Y からの商写像 $f: Y\to X$ を作る．この f が継承的商写像になっていることを示すために X の任意の集合 H と任意の点 $x\in\bar{H}$ をとる．収束点列 $\{x_i\}\subset H$ をとり $\lim x_i=x$ ならしめる．極限点列 $K_\alpha=\{x_i\}\cup\{x\}$ に対応する Y の極限点列 $L_\alpha=\{x_i\}\cup\{x\}$ を考えると $\{x_i\}\subset f^{-1}(H)$ であるから Y の中で $x\in \mathrm{Cl}\, f^{-1}(H)$．従って X の中で $x\in f(\mathrm{Cl}\, f^{-1}(H))$．ゆえに $\bar{H}\subset f(\mathrm{Cl}\, f^{-1}(H))$ となり補題 48.7 によって f は継承的商写像である．

(2)⇨(3) は明らかである．

(3)⇨(1) $f: Y\to X$ を距離空間 Y からの継承的商写像とする．X の任意の集合 H，任意の点 $x\in\bar{H}$ をとる．補題 48.7 によって $\bar{H}=f(\mathrm{Cl}\, f^{-1}(H))$ であるから $f(y)=x$ かつ $y\in \mathrm{Cl}\, f^{-1}(H)$ なる点 y をとることができる．$f^{-1}(H)$ の収束点列 $\{y_i\}$ で $\lim y_i=y$ なるものをとれば $\{f(y_i)\}\subset H$ かつ $\lim f(y_i)=f(y)=x$．これは X が Fréchet 空間であることを示している．□

48.9 系 Fréchet 空間の継承的商空間は Fréchet 空間である．

これは継承的商写像の合成は継承的商写像であることと前定理(3)の特性化より明らかである．

48.10 定理(Arhangel'skiĭ) T_2 空間 X に対して次の 2 条件は同等である．

(1) X は Fréchet 空間である．

(2) X は継承的 k 空間である．

証明 (1)⇨(2) Fréchet 空間の任意の部分空間は定理 48.8 の(3)より再び Fréchet 空間となる．Fréchet 空間は列型空間であり，列型 T_2 空間は k 空間である．このことより X は継承的 k 空間となる．

(2)⇒(1)　X の集合 M をとり $\overline{M}-M$ の点 x をとる．M の部分集合 L で $x\in\bar{L}$ なる条件をみたす中の濃度最小なるものをとる．部分空間 $L\cup\{x\}$ に系 47.9 を適用すると，この空間の中での $k[L]$ は $L\cup\{x\}$ に一致しなければならない．空間 $L\cup\{x\}$ の中で $[L]_k$ をとる．これが L ならば $k[L]=L$ とならざるをえないから $[L]_k=L\cup\{x\}$ でなければならない．この等式は $L\cup\{x\}$ の中のコンパクト集合 K が存在して $x\in\mathrm{Cl}(K-\{x\})$ なることを保証する．L のとり方から $|L|=|K|$ である．この共通の濃度を τ とする．τ は無限である．$\tau=\aleph_0$ なることがいえたならば K はコンパクト，可算，T_2 空間となる．すると K は G_δ 対角集合をもち定理 42.23 によって距離化可能となる．x は K の孤立点ではないから $K-\{x\}$ の点列 $\{x_i\}$ が存在して $\lim x_i=x$ となる．$\{x_i\}\subset M$ であるから X は Fréchet 空間となる．

$\{U_\alpha:\alpha\in A\}$ を K における x の近傍ベースのうち濃度最小なるものとする．すると $|A|=\tau$ なることが次のようにしてわかる．$|A|<\tau$ とすれば，各 $\alpha\in A$ に対して $x_\alpha\in U_\alpha\cap K-\{x\}$ なる点をとり $L'=\{x_\alpha:\alpha\in A\}$ とおけば $|L'|<\tau$ かつ $x\in\bar{L}'$ となって矛盾が生ずる．ゆえに $\tau\leqq|A|$．$\tau=|A|$ なることをいうためには K における x の近傍ベースで濃度 τ 以下のものを構成すればよい．$K-\{x\}$ のあらゆる有限集合の族 $\{K_\lambda:\lambda\in\Lambda\}$ の濃度は τ である．各 $\lambda\in\Lambda$ に対して $K_\lambda\cap\overline{V}_\lambda=\phi$ となる x の K における開近傍 V_λ を対応させる．$\{V_\lambda:\lambda\in\Lambda\}$ は容易にわかるように K における x の近傍ベースをなし，その濃度は τ である．かくして $|A|=\tau$ なることが証明された．

A は濃度 τ の順序数の中の最小数より小さな順序数すべてから成立していると考える．x の K における開近傍 W_0 をとり $\overline{W}_0\subset U_0$ ならしめる．$W_0-\{x\}$ から点 p_0 をとる．$\beta\in A$ をとり $\alpha<\beta$ なるすべての α に対して x の K における開近傍 W_α と $W_\alpha-\{x\}$ の点 p_α が定まったとして W_β と p_β を次のようにとる．$\{p_\alpha:\alpha<\beta\}$ の濃度は τ より小であるから $x\notin\mathrm{Cl}\{p_\alpha:\alpha<\beta\}$．ゆえに x の K における開近傍 W_β で

$$\mathrm{Cl}\{p_\alpha:\alpha<\beta\}\cap\overline{W}_\beta=\phi,\qquad \overline{W}_\beta\subset U_\beta$$

の2式をみたすものが存在する．x の K における指標は τ であり族 $\{W_\alpha:\alpha\leqq\beta\}$

の濃度はτより小であるから$\bigcap\{W_\alpha : \alpha \leqq \beta\}$は$x$以外の点$p_\beta$を含む．このようにして超限的にすべての$\alpha \in A$に対して$W_\alpha$と$p_\alpha$を定める．

$$E=\{p_\alpha : \alpha \in A\} \cup \{x\}$$

とおく．この部分空間Eの中でxは孤立点ではない．

$$X-\mathrm{Cl}\{p_\alpha : \alpha < \beta\} \cup \overline{W}_{\beta+1}$$

なる集合はXの開集合であってEとは点p_βを共有するのみである．ゆえにEの中でx以外のすべての点は孤立点である．この証明の冒頭での論法によってEのコンパクト集合Fが存在して$x \in \mathrm{Cl}(F-\{x\})$となる．$F-\{x\}$の可算無限集合を$P$とすれば$F$のコンパクト性によって$x \in \bar{P}$となる．$P \subset M$であるから$\tau=\aleph_0$となる．□

§49 双商写像

49.1 定義 写像$f : X \to Y$が上への連続写像であって次の条件をみたすとき**双商写像**(biquotient)とよばれる．

任意の点$y \in Y$と$\mathcal{U}^\# \supset f^{-1}(y)$をみたす$X$の任意の開集合族$\mathcal{U}$に対してその有限部分族$\mathcal{V}$が存在して$f(\mathcal{V}^\#)$は$y$の近傍となる．

上への開連続写像，上への完全写像などは双商写像の簡単な例である．

49.2 命題 YがT_2空間ならば上への連続写像$f : X \to Y$に対して次の2条件は同等である．

(1) fは双商写像である．

(2) 任意の点$y \in Y$と任意のXの開被覆$\mathcal{U}$に対してその有限部分族$\mathcal{V}$が存在して$f(\mathcal{V}^\#)$がyの近傍となるようにできる．

証明 (1)⇨(2)は明らかであるから(2)⇨(1)を証明する．点$y \in Y$をとり$f^{-1}(y) \subset \mathcal{U}^\#$となる$X$の開集合族$\mathcal{U}$をとる．$Y$の開集合族$\mathcal{V}$をとり$\mathcal{V}^\#=Y-\{y\}$かつ$V \in \mathcal{V} \Rightarrow y \notin \overline{V}$となるようにする．$Y$は$T_2$であるからこのような$\mathcal{V}$は存在する．$\mathcal{U} \cup f^{-1}(\mathcal{V})$は$X$の開被覆であるから$\mathcal{U}$の有限部分族$\mathcal{U}_1$と$\mathcal{V}$の有限部分族$\mathcal{V}_1$が存在して$f(\mathcal{U}_1{}^\# \cup f^{-1}(\mathcal{V}_1{}^\#))$が$y$の近傍となるようにできる．ところが$y \notin \mathrm{Cl}\,\mathcal{V}_1{}^\#=\mathrm{Cl}\,f(f^{-1}(\mathcal{V}_1{}^\#))$であるから$f(\mathcal{U}_1{}^\#)$は$y$の近傍となる．□

49.3　命題　双商写像の合成写像は双商写像である．

証明　$f: X \to Y$, $g: Y \to Z$ を双商写像とする．点 $z \in Z$ をとり $(gf)^{-1}(z) \subset \mathcal{U}^\sharp$ なる X の開集合族 $\mathcal{U}$ をとる．$g^{-1}(z)$ の各点 y に対して $f^{-1}(y) \subset \mathcal{U}^\sharp$ であるから $\mathcal{U}$ の有限部分族 $\mathcal{U}_y$ が存在して $f(\mathcal{U}_y{}^\sharp)$ が y の近傍になるようにできる．$\mathrm{Int}\, f(\mathcal{U}_y{}^\sharp) = U_y$ とおけば $\{U_y : y \in g^{-1}(z)\}$ は $g^{-1}(z)$ を覆う Y の開集合族である．ゆえにこの有限部分族 $\mathcal{V} = \{U_{y_1}, \cdots, U_{y_n}\}$ が存在して $g(\mathcal{V}^\sharp)$ は z の近傍であるようにできる．$\mathcal{W} = \bigcup\{\mathcal{U}_{y_i} : i=1, \cdots, n\}$ とおけばこれは $\mathcal{U}$ の有限部分族であり $g(\mathcal{V}^\sharp) \subset gf(\mathcal{W}^\sharp)$ であるから $gf(\mathcal{W}^\sharp)$ は z の近傍である．□

49.4　命題　双商写像は継承的商写像である．双商写像は継承的である．換言すれば $f: X \to Y$ が双商写像ならば任意の集合 $S \subset Y$ に対して $f|f^{-1}(S)$ は双商写像となる．

証明　$f: X \to Y$ は双商写像，y は Y の点とする．任意に $f^{-1}(y)$ の開近傍 U をとれば $\{U\}$ は1個の元からなる開集合族で $f^{-1}(y)$ を覆っている．ゆえに $f(U)$ は y の近傍となる．これは f が擬開であることを示している．

命題の後半を証明するために点 $y \in S$ をとる．$f^{-1}(y)$ を覆う部分空間 $f^{-1}(S)$ の開集合族を $\mathcal{U} = \{U_\lambda\}$ とする．各 λ に対して $U_\lambda = V_\lambda \cap S$ となる X の開集合 V_λ をとり X の開集合族 $\mathcal{V} = \{V_\lambda\}$ を作る．$f^{-1}(y) \subset \mathcal{U}^\sharp \subset \mathcal{V}^\sharp$ であるから $\mathcal{V}$ の有限部分族 $\mathcal{V}_1 = \{V_{\lambda_1}, \cdots, V_{\lambda_n}\}$ が存在して $f(\mathcal{V}_1{}^\sharp)$ は y の Y における近傍となる．$\mathcal{U}_1 = \{U_{\lambda_1}, \cdots, U_{\lambda_n}\}$ とおけば $f(\mathcal{U}_1{}^\sharp) = f(\mathcal{V}_1{}^\sharp) \cap S$ であるから $f(\mathcal{U}_1{}^\sharp)$ は y の S における近傍である．□

49.5　例　継承的商写像であって双商写像でないものは存在する．

単位区間 I のあらゆる極限点列のなす族 $\{K_\lambda\}$ の位相和を X とし $f: X \to I$ を自然な写像とする．48.8 によって f は継承的商写像である．X の開被覆として $\mathcal{U} = \{K_\lambda\}$ をとる．$\mathcal{U}$ の任意の有限部分族 $\mathcal{V}$ に対して $f(\mathcal{V}^\sharp)$ は可算であるから如何なる点の如何なる近傍にもなりえない．ゆえに命題 49.2 によって f は双商写像ではない．

49.6　命題　上への連続写像 $f: X \to Y$ に対して次の2条件は同等である．

(1)　f は双商写像である．

(2) $\mathscr{B}$ が Y の中のフィルターベースであり $y\in Y$ が $\mathscr{B}$ の触点であるならばある $x\in f^{-1}(y)$ が $f^{-1}(\mathscr{B})$ の触点となる．(用語については 11.2, 27.14 参照.)

証明 (1)⇨(2) (2)を否定して，Y におけるフィルターベース $\mathscr{B}$ とその触点 $y\in Y$ が存在して各点 $x\in f^{-1}(y)$ に対してその開近傍 U_x と $B\in\mathscr{B}$ がとれて $U_x\cap f^{-1}(B)=\phi$ となるとせよ．$\{U_x : x\in f^{-1}(y)\}$ は $f^{-1}(y)$ を覆う開集合族であるが y の如何なる近傍も有限個の $f(U_x)$ では覆われない．

(2)⇨(1) (1)を否定して，点 $y\in Y$ と $\mathcal{U}^\sharp\supset f^{-1}(y)$ なる X の開集合族 $\mathcal{U}$ とが存在して $\mathcal{U}$ の如何なる有限部分族 $\mathcal{V}$ に対しても $f(\mathcal{V}^\sharp)$ は y の近傍とならないとせよ．$\mathscr{B}$ を $Y-f(\mathcal{V}^\sharp)$ なる形の集合すべての族とすると $\mathscr{B}$ はフィルターベースであって y はその触点であるが，如何なる $x\in f^{-1}(y)$ も $f^{-1}(\mathscr{B})$ の触点となりえない．□

49.7 補題 $f_\alpha : X_\alpha\to Y_\alpha$, $\alpha\in A$, を上への写像とする．$X=\prod X_\alpha$, $Y=\prod Y_\alpha$, $f=\prod f_\alpha : X\to Y$ とおく．$p_\alpha : X\to X_\alpha$, $q_\alpha : Y\to Y_\alpha$ を射影とする．$U_\alpha\subset X_\alpha$, $\alpha\in A$, とする．この時次が成立する．

$$f(\bigcap p_\alpha^{-1}(U_\alpha)) = \bigcap f p_\alpha^{-1}(U_\alpha).$$

証明 $f(\bigcap p_\alpha^{-1}(U_\alpha))=f(\prod U_\alpha)=\prod f_\alpha(U_\alpha)=\bigcap q_\alpha^{-1}f_\alpha(U_\alpha)=\bigcap f p_\alpha^{-1}(U_\alpha)$. □

49.8 定理(Michael) 双商写像の積は双商写像である．

証明 前の補題の記号を踏襲し，各 f_α が双商写像であるとする．命題 49.6 の条件(2)がみたされることを示そう．Y におけるフィルターベース $\mathscr{B}$ とその触点 y をとる．y の近傍フィルターを $\mathcal{V}_y$ とすると $\mathscr{B}\cup\mathcal{V}_y$ は有限交叉性をもつから定理 3.5 によってそれを含む極大フィルター $\mathscr{F}$ が存在する．この $\mathscr{F}$ は明らかに y に収束する．$y=(y_\alpha)$ とすれば $q_\alpha(\mathscr{F})$ は y_α に収束することが各 α に対して成立する．f_α は双商写像であるから点 $x_\alpha\in f_\alpha^{-1}(y_\alpha)$ が存在してそれは $f_\alpha^{-1}(q_\alpha(\mathscr{F}))$ の触点となるようにできる．$x=(x_\alpha)$ とおけば $x\in f^{-1}(y)$ であるから x が $f^{-1}(\mathscr{F})$ の触点となっていることをいえばよい．

X_α における x_α の任意の開近傍 U_α と任意の $F\in\mathscr{F}$ に対して U_α と $f_\alpha^{-1}q_\alpha(F)=p_\alpha f^{-1}(F)$ とは交わる．ゆえに $f p_\alpha^{-1}(U_\alpha)\cap F\neq\phi$. $\mathscr{F}$ は極大フィルターであ

るから $fp_\alpha^{-1}(U_\alpha)$ は $\mathfrak{F}$ の元である．ゆえにそのような形の集合の任意の有限個の共通部分 $P=\bigcap_{i=1}^{n} fp_{\alpha_i}^{-1}(U_{\alpha_i})$ は $\mathfrak{F}$ の元である．このことは P は任意の元 $F\in\mathfrak{F}$ と交わることを意味する．補題 49.7 によって $\bigcap_{i=1}^{n} p_{\alpha_i}^{-1}(U_{\alpha_i})$ は $f^{-1}(F)$, $F\in\mathfrak{F}$, と交わる．ゆえに x は $f^{-1}(\mathfrak{F})$ の触点であり，従ってその部分族 $f^{-1}(\mathcal{B})$ の触点である．□

49.9　定理(Michael)　Y が T_2 空間のときは次の各場合に対して商写像 $f: X\to Y$ は双商写像となる．

(1)　X が Lindelöf 空間であり，Y が q 空間の時．

(2)　各 Bry $f^{-1}(y)$, $y\in Y$, が Lindelöf 空間であり，Y が第1可算性をみたす時．

証明　(1)　f が双商にならないと仮定すると点 $y\in Y$ と X の開被覆 $\mathcal{U}$ が存在して $\mathcal{U}$ の任意の有限部分族 $\mathcal{V}$ に対して $f(\mathcal{V}^\#)$ が y の近傍にならないようにできる．$\mathcal{U}$ の可算部分被覆を $\{U_i\}$ とし，$V_n=\bigcup_{i=1}^{n} U_i$, $n\in N$, とおく．Y を q 空間ならしめる y の開近傍列を $\{W_n\}$ とする．仮定によって $f(V_n)$ は W_n を含まないから点 $y_n\in W_n-f(V_n)$ をとることができる．$S=\{y_n\}$ とおけば $Y=\bigcup f(V_n)$ であるから S は無限集合である．ゆえに S は集積点をもち，部分集合 $T\subset S$ が存在して T は Y で閉とならないようにできる．一方各 n に対して $f^{-1}(T)\cap V_n$ は V_n で閉となるから $f^{-1}(T)$ は X で閉となり f が商写像であることに矛盾する．

(2)　f が双商にならないと仮定すると点 $y\in Y$ と X の開集合族 $\mathcal{U}$ で $f^{-1}(y)\subset\mathcal{U}^\#$ なるものが存在して $\mathcal{U}$ の如何なる有限部分族 $\mathcal{V}$ に対しても $f(\mathcal{V}^\#)$ は y の近傍とならないようにできる．この y は孤立点ではあり得ないから Bry $f^{-1}(y)\neq\phi$ である．$\{U_i\}$ を $\mathcal{U}$ の可算部分族で $\bigcup U_i\supset f^{-1}(y)$ なるものとする．$V_n=\bigcup_{i=1}^{n} U_i$ とおく．$\{W_i\}$ を y の近傍ベースとする．点 $y_1\in W_1-f(V_1)$ をとる．簡単な帰納法の適用によって Y の点列 $\{y_2, y_3, \cdots\}$ と y の開近傍列 $\{G_2, G_3, \cdots\}$ が存在して次のようにできる．

$$y_n\in G_n-f(V_n),\qquad G_n\subset W_n,\qquad \bar{G}_n\cap\{y_1, \cdots, y_{n-1}\}=\phi.$$

すると点列 $S=\{y_n\}$ の極限点は y となるから S は Y で閉ではない．$f^{-1}(S)$ が X

で閉なることをいうためには，$\mathrm{Cl}\, f^{-1}(S) \subset f^{-1}(S) \cup f^{-1}(y)$ であるから $\mathrm{Cl}\, f^{-1}(S) \cap \mathrm{Bry}\, f^{-1}(y) = \phi$ なることをいえばよい．任意に点 $x \in \mathrm{Bry}\, f^{-1}(y)$ をとればある n に対して $x \in V_n$．一方 $\{y_n, y_{n+1}, \cdots\} \cap f(V_n) = \phi$ であるから

$$V_n - f^{-1}(S) = V_n - f^{-1}(\{y_1, \cdots, y_{n-1}\}).$$

ゆえに $V_n - f^{-1}(S)$ は x の開近傍である．この開近傍は明らかに $f^{-1}(S)$ と交わらないから $x \notin \mathrm{Cl}\, f^{-1}(S)$．かくして $f^{-1}(S)$ は閉集合となった．f は商写像であるから S は Y の閉集合でなければならず矛盾が生じた．□

49.10　定理(Michael)　$f: X \to Y$ が上への連続写像であり Y が T_2 空間ならば次の3条件は同等である．

(1)　f は双商である．

(2)　$f \times 1_Z$ は任意の空間 Z に対して商写像である．

(3)　$f \times 1_Z$ は任意のパラコンパクト T_2 空間 Z に対して商写像である．

証明　(1)⇨(2)　定理 49.8 によって双商写像の積は双商であり，恒等写像 1_Z は双商であるから $f \times 1_Z$ は双商である．命題 49.4 によれば双商写像は継承的商写像であるから匆論商写像である．

(2)⇨(3)　は明らかである．

(3)⇨(1)　f が双商写像でないとして $f \times 1_Z$ が商写像にならないようなパラコンパクト T_2 空間 Z を構成しよう．Y は T_2 であるから命題 49.2 が適用できる．すなわち Y の点 y_0 と X の開被覆 $\mathcal{U}$ が存在して $\mathcal{U}$ の如何なる有限部分族 $\mathcal{V}$ に対しても $f(\mathcal{V}^{\#})$ が y_0 の近傍にならないようにすることができる．$\mathcal{B}$ を $Y - f(\mathcal{V}^{\#})$ なる形の集合すべての族とする．すると $B \in \mathcal{B}$ ならば $y_0 \in \bar{B}$ となる．ここで各 $U \in \mathcal{U}$ に対して $U \cap f^{-1}(y_0) \neq \phi$ と仮定しても一般性を失なわないからすべての $B \in \mathcal{B}$ に対して $y_0 \notin B$ としてよい．

Z は集合 Y に対して次のように位相を導入したものである．$Z - \{y_0\}$ の各点は開集合とし y_0 の Z における近傍ベースは

$$\{\{y_0\} \cup B : B \in \mathcal{B}\}$$

によって与えられる．Z は明らかにパラコンパクトである．また $\bigcap \{B : B \in \mathcal{B}\} = \phi$ であるから Z は T_2 である．

$h=f\times 1_Z$ が商写像とならないことを示すために

$$S=\{(y,y)\in Y\times Z : y\neq y_0\}$$

とおき S は $Y\times Z$ では閉でないが $h^{-1}(S)$ は $X\times Z$ で閉となることを証明しよう.

S が $Y\times Z$ で閉でないことを示すためには $(y_0,y_0)\in\bar{S}$ となることをいえば充分である. y_0 の Y における任意の開近傍 V と任意の $B\in\mathscr{B}$ をとる. $y_0\in\bar{B}-B$ であるから $y\in V\cap B$ なる y をとれば $y\neq y_0$ であって

$$(y,y)\in(V\times(B\cup\{y_0\}))\cap S.$$

ゆえに $(y_0,y_0)\in\bar{S}$ となる.

$h^{-1}(S)$ が $X\times Z$ で閉なることを見るために $(x,y)\notin h^{-1}(S)$ とする. $y\neq y_0$ ならば $f(x)\neq y$ であるから

$$W=f^{-1}(Y-\{y\})\times\{y\}$$

は (x,y) の近傍であって $W\cap h^{-1}(S)=\phi$. ゆえに $(x,y)\notin \mathrm{Cl}\,h^{-1}(S)$. $y=y_0$ ならば $x\in U\in\mathscr{U}$ なる U をとり

$$B=Y-f(U),\qquad W_1=U\times(B\cup\{y_0\})$$

とおく. W_1 は $(x,y)=(x,y_0)$ の近傍であって $W_1\cap h^{-1}(S)=\phi$. ゆえに $(x,y)\notin \mathrm{Cl}\,h^{-1}(S)$. □

49.11　定理 (Michael)　Y は正則空間であり $f:X\to Y$ は上への連続写像とすると次の3条件は同等である.

(1)　f は双商写像でありかつ Y は局所コンパクトである.

(2)　$f\times g$ は任意の商写像 g に対して商写像となる.

(3)　$f\times g$ は定義域, 値域が共にパラコンパクト T_2 空間であるような任意の上への閉連続写像 g に対して商写像となる.

証明　(1)⇒(2)　$g:S\to T$ とすれば

(4)　$f\times g=(1_Y\times g)\cdot(f\times 1_S)$.

定理 49.8 によって双商写像の積として $f\times 1_S$ は双商である. Y は局所コンパクト正則空間であるから定理 45.7 によって $1_Y\times g$ は商写像である. ゆえに $f\times g$ は商写像の合成写像として商写像となる.

(2)⇨(3) は明らかである，

(3)⇨(1) この対偶を証明するために(1)を否定する．f が双商でないならば定理 49.10 によってパラコンパクト T_2 空間 Z が存在して $f\times 1_Z$ は商写像でないようにできる．Y が局所コンパクトでないならば定理 45.7 によって定義域，値域が共にパラコンパクト T_2 空間であるような上への閉連続写像 g が存在して $1_Y\times g$ は商写像にならないようにできる．このことは(4)を参照すれば $f\times g$ が商写像でないことを意味する．かくして(3)が否定された．□

次の定理における A° は 7.1 で定義した A の開核である．

49.12 定理(Burke-Michael) 空間 Y に対して次の 2 条件は同等である．

(1) Y は点可算ベースをもつ．

(2) 次の条件をみたすような Y の点可算被覆 $\mathcal{P}$ が存在する．

$y\in W$ かつ W が Y で開ならば $\mathcal{P}$ の有限部分族 $\mathcal{F}$ が存在して $y\in(\mathcal{F}^\sharp)^\circ$ かつ $y\in P\subset W$ が各 $P\in\mathcal{F}$ に対して成立するようにできる．

証明 Y の点可算ベースを $\mathcal{P}$ とすれば明らかに(2)の条件をみたしている．ゆえに(1)⇨(2)は成立する．逆に(2)の条件をみたす $\mathcal{P}$ が存在したとして(1)を導きだそう．$\mathcal{P}$ の有限部分族全体の集合を Φ とする．$y\in Y$ に対して

$$\{(\mathcal{F}^\sharp)^\circ : \mathcal{F}\in\Phi,\quad y\in\bigcap\{P : P\in\mathcal{F}\}\}$$

は可算族であり y の近傍ベースとなるから Y は第 1 可算性を成立させる．$\{(\mathcal{F}^\sharp)^\circ : \mathcal{F}\in\Phi\}$ は Y のベースとなることは容易にわかるからこれが点可算であれば問題はないが一般にはそれは成立しない．これを次のような方法で縮めて点可算性をもたせるようにするのが証明のポイントである．次のようにおく．

$$\mathcal{M}(\mathcal{F})=\{A\subset Y : A\subset(\mathcal{F}^\sharp)^\circ,\ \mathcal{E}\subsetneqq\mathcal{F}\Rightarrow A\not\subset(\mathcal{E}^\sharp)^\circ\},$$

$$V(\mathcal{F})=((\mathcal{M}(\mathcal{F})\cap\mathcal{P})^\sharp)^\circ,$$

$$\mathcal{V}=\{V(\mathcal{F}) : \mathcal{F}\in\Phi\}.$$

まずこの $\mathcal{V}$ が Y のベースとなることを示そう．$y\in W$ かつ W は Y で開とする．条件(2)によって $\mathcal{F}\in\Phi$ が存在して $y\in(\mathcal{F}^\sharp)^\circ\subset W$ となるようにできる．一般性を失なうことなく更に

$$\mathcal{E}\subsetneqq\mathcal{F}\Rightarrow y\notin(\mathcal{E}^\sharp)^\circ$$

とすることができる．このような $\mathcal{F}$ に対して $y\in V(\mathcal{F})\subset W$ となることを示そう．明らかに $V(\mathcal{F})\subset\mathcal{M}(\mathcal{F})^{\sharp}\subset(\mathcal{F}^{\sharp})^{\circ}\subset W$ である．$y\in V(\mathcal{F})$ をいうために $y\in(\mathcal{F}^{\sharp})^{\circ}$ なる式に条件(2)を適用すれば $\mathcal{Y}\in\Phi$ が存在して

$$y\in(\mathcal{Y}^{\sharp})^{\circ},\qquad y\in P\subset(\mathcal{F}^{\sharp})^{\circ}\quad(P\in\mathcal{Y})$$

をみたすようにできる．この後者の条件と

$$\mathcal{E}\subsetneqq\mathcal{F}\Rightarrow y\notin(\mathcal{E}^{\sharp})^{\circ}$$

なることより

$$P\in\mathcal{Y}\Rightarrow P\in\mathcal{M}(\mathcal{F})$$

が正しいことがわかる．ゆえに $\mathcal{Y}\subset\mathcal{M}(\mathcal{F})\cap\mathcal{P}$ となり，従って $(\mathcal{Y}^{\sharp})^{\circ}\subset V(\mathcal{F})$ となる．かくして $y\in V(\mathcal{F})$ は正しい．

$\mathcal{V}$ が点可算であることを示せば定理の証明は終ることになる．$y\in V(\mathcal{F})$ が成立すれば $A\in\mathcal{M}(\mathcal{F})\cap\mathcal{P}$ が存在して $y\in A$ となる．$y\in A\in\mathcal{P}$ なる A は可算個しかないのだから $A\in\mathcal{M}(\mathcal{F})$ なる $\mathcal{F}\in\Phi$ は可算個しかないことをいえばよいことになる．これを否定してある $A\subset Y$ が存在して $A\in\mathcal{M}(\mathcal{F})$ が非可算個の $\mathcal{F}\in\Phi$ に対して成立したと仮定する．

$$\Phi_n=\{\mathcal{F}\in\Phi:|\mathcal{F}|=n\},\qquad n\in N$$

とおけば $\Phi=\bigcup\Phi_n$ であるから非可算部分族 $\Psi\subset\Phi_n$ がある n に対して存在して

$$A\in\mathcal{M}(\mathcal{F}),\qquad \mathcal{F}\in\Psi$$

となる．非可算個の $\mathcal{F}\in\Psi$ に対して $\mathcal{R}\subset\mathcal{F}$ となる極大な $\mathcal{P}$ の部分族 $\mathcal{R}$ をとり

$$\Psi^{*}=\{\mathcal{F}\in\Psi:\mathcal{R}\subset\mathcal{F}\}$$

とおけば $\mathcal{R}$ の定義より Ψ^{*} は非可算である．

$$\mathcal{F}\in\Psi^{*}\Rightarrow A\in\mathcal{M}(\mathcal{F})\quad\text{かつ}\quad\mathcal{R}\subsetneqq\mathcal{F}$$

であるから $A\not\subset(\mathcal{R}^{\sharp})^{\circ}$ なることが $\mathcal{M}(\mathcal{F})$ の定義よりわかる．また明らかに $0\leqq|\mathcal{R}|<n$ である．点 $y\in A$ をとり $y\notin(\mathcal{R}^{\sharp})^{\circ}$ ならしめる．

$$E=Y-\mathcal{R}^{\sharp}$$

とおけば $y\in\bar{E}$．Y は第1可算性をみたすから可算集合 $Z\subset E$ が存在して $y\in\bar{Z}$ なるようにできる．$y\in A\subset(\mathcal{F}^{\sharp})^{\circ}$ なることより

$$\mathcal{F}\in\mathcal{W}^* \Rightarrow y\in(\mathcal{F}^\#)^\circ.$$

ゆえに Z はある $P\in\mathcal{F}$ と共通点をもつ．しかし Z は高々可算個の $P\in\mathcal{P}$ としか交わらずまた $\mathcal{W}^*$ は非可算であるから Z はある $P_0\in\mathcal{P}$ と交わり，この P_0 は非可算個の $\mathcal{F}\in\mathcal{W}^*$ の元となっているようにできる．$P_0\cap Z\neq\phi$ かつ $Z\cap\mathcal{R}^\#=\phi$ であるから $P_0\notin\mathcal{R}$．$\mathcal{Y}=\mathcal{R}\cup\{P_0\}$ とおけば $\mathcal{Y}\supsetneqq\mathcal{R}$ かつ非可算個の $\mathcal{F}\in\mathcal{W}$ に対して $\mathcal{Y}\subset\mathcal{F}$ となるから $\mathcal{R}$ の極大性に矛盾する．□

この定理は次の重要な定理の証明の簡単化のために考え出されたものである．s 写像については定義 14.11 参照．

49.13　定理(Filippov)　X が点可算ベースをもち $f:X\to Y$ が双商 s 写像ならば Y も点可算ベースをもつ．

証明　$\mathcal{B}$ を X の点可算ベースとする．$\mathcal{P}=f(\mathcal{B})$ とおきこの $\mathcal{P}$ が定理 49.12 における条件(2)をみたすことをいえばよい．f は s 写像であるから各 $f^{-1}(y)$，$y\in Y$，は可算稠密集合を含むから $f^{-1}(y)$ は $\mathcal{B}$ の可算個の元としか交わらない．ゆえに $\mathcal{P}$ は点可算である．

$y\in W$ かつ W は Y の開集合とする．

$$\mathcal{U}=\{B\in\mathcal{B}: B\subset f^{-1}(W),\ B\cap f^{-1}(y)\neq\phi\}$$

とおけば $f^{-1}(y)\subset\mathcal{U}^\#$．$f$ は双商であるから $\mathcal{U}$ の有限部分族 $\mathcal{V}$ が存在して $y\in(f(\mathcal{V}^\#))^\circ$ となるようにできる．$\mathcal{F}=f(\mathcal{V})$ とおけば定理 49.12 の条件(2)をみたしている．ゆえに Y は点可算ベースをもつ．□

τ を任意の無限濃度とする．この定理は点可算ベースを点 τ ベース(意味は自明であろう)に，s 写像を τ 写像にそれぞれ一般化してもそのまま成立することが同様にして証明される．定理 49.12 に対しても同様の一般化が成立するからである．

§50　写像空間

50.1　定義　空間 X から空間 Y の中への連続写像全体 Y^X (定義 9.1 参照)に位相を入れて位相空間としたものを**写像空間**とよぶ．位相の入れ方は幾通りもあるが代表的なもの 2 つについて考える．X の集合 A，Y の集合 B に対して

$$[A, B]=\{f \in Y^X : f(A) \subset B\}$$

とおく.

$$\{[A, B] : |A|<\infty,\ B \text{ は } Y \text{ で開}\}$$

を準基として Y^X に位相を入れた時，その位相を**点収束位相**(pointwise convergence topology)という.

$$\{[A, B] : A \text{ は } X \text{ のコンパクト集合},\ B \text{ は } Y \text{ で開}\}$$

を準基として Y^X に位相を入れた時，その位相を**コンパクト開位相**(compact-open topology)という．任意の $f \in Y^X$ に対して $f \in [A, B]$ なる $[A, B]$ があることはそれぞれの場合にほとんど明らかであるから準基をなすことは保証されている．この定義よりコンパクト開位相は点収束位相より強いことも明らかである．T_1 をみたすことをいわなければならないが，そのためには点収束位相の場合だけ確かめればよい.

50.2 命題 Y^X は点収束位相によって位相空間となる.

証明 T_1 を確かめるために $f, g \in Y^X$ をとり $f \neq g$ とする．$f(x) \neq g(x)$ となる $x \in X$ をとる．すると

$$g \notin [\{x\}, Y-\{g(x)\}], \qquad f \in [\{x\}, Y-\{g(x)\}]. \ \square$$

50.3 命題 Y_x, $x \in X$, はすべて Y のコピーとする．$\varphi : Y^X \to \prod\{Y_x : x \in X\}$ を次のように定義する.

$$\varphi(f)=(f(x) : x \in X).$$

Y^X が点収束位相をもつための必要充分条件は φ が埋め込みとなることである.

この命題はほとんど明らかであるから証明は略する.

50.4 系 Y が T_2, 正則, 完全正則なることに応じて Y^X は点収束位相に関してそれぞれ T_2, 正則, 完全正則となる．Y が T_2 ならば Y^X はコンパクト開位相に関して T_2 となる.

50.5 補題 B が Y の閉集合であるならば任意の $A \subset X$ に対して $[A, B]$ はコンパクト開位相に関して閉である.

証明 $[A, B]=\bigcap\{[\{x\}, B] : x \in A\}$ であるから任意の点 $x \in X$ に対して $[\{x\}, B]$ がコンパクト開位相に関して閉であることをいえば充分である．しか

し

$$[\{x\}, B] = Y^X - [\{x\}, Y-B]$$

によってこの左辺は閉である. □

50.6 命題 Y が正則ならば Y^X はコンパクト開位相に関して正則である.

証明 $f \in [K, U]$ とする. ここに K は X のコンパクト集合であり U は Y の開集合である. Y の正則性によって $f(K) \subset V \subset \overline{V} \subset U$ なる開集合 V が存在する. ここで補題 50.5 を適用すれば

$$f \in [K, V] \subset \mathrm{Cl}[K, V] \subset [K, \overline{V}] \subset [K, U]. \square$$

50.7 補題 X は k 空間であり写像 $f: X \to Y$ は X の任意のコンパクト集合の上で連続であるならば f は X 上で連続である.

証明 F を Y の閉集合とする. $f^{-1}(F)$ が X で閉なることをいうためには任意のコンパクト集合 $K \subset X$ に対して $f^{-1}(F) \cap K$ が K で閉なることをいえばよい.

$$f^{-1}(F) \cap K = (f|K)^{-1}(F)$$

であるが右辺は $f|K$ の連続性によって K で閉である. □

$\mathcal{K}$ を空間 X のコンパクト集合すべての族とする. $\mathcal{K}$ の元は $K \subset L$ ならば $K \leqq L$ と定義することによって有向集合を形造る. $\pi_L^K: Y^K \to Y^L\ (L \leqq K)$ を

$$\pi_L^K(f) = f|L, \qquad f \in Y^K$$

によって定義する. 位相はすべてコンパクト開位相とすると π_L^K は連続となり $\{Y^K, \pi_L^K : K \in \mathcal{K}\}$ は逆スペクトルをなす. これに関して次が成立する.

50.8 定理 X が k 空間ならばコンパクト開位相をもった Y^X は $\{Y^K, \pi_L^K\}$ の逆極限と位相同型である.

証明 $f = (f_K)$ を逆極限の元とする. $\varphi(f) = f' \in Y^X$ は $f'(x) = f_{\{x\}}(x)$ をもって定義する. 明らかに

$$f'|K = f_K, \qquad K \in \mathcal{K}$$

であるから補題 50.7 によって f' は連続である. φ は逆極限から Y^X の上への 1:1 写像である. $K \subset L \in \mathcal{K}$ であって U が Y の開集合ならば

$$\varphi(f) \in [K, U] \Longleftrightarrow f_L \in [K, U]$$

でありこれは φ が位相同型写像であることを示している. □

50.9 定義 空間 X, Y と写像 $\varphi : X \to 2^Y$ が与えられた時

$$\varphi(x) \neq \phi, \qquad x \in X$$

ならば φ は**台写像**(carrier)とよばれる. $f : X \to Y$ が φ の**選択写像**(selection)であるとは f が連続であって

$$f(x) \in \varphi(x), \qquad x \in X$$

が成立することとする. φ が**上半連続**であるとは Y の任意の開集合 U に対して

$$\{x \in X : \varphi(x) \subset U\}$$

が X の開集合であることとする. φ が**下半連続**であるとは Y の任意の開集合 U に対して

$$\{x \in X : \varphi(x) \cap U \neq \phi\}$$

が X の開集合であることとする. 下半連続な台写像に対して選択写像の存在を考えるのが**選択の理論**である. Tietze の拡張定理 9.10 はこの理論の萌芽をなすものである. また第6章における拡張手の理論も一種の選択の理論である.

50.10 補題 X を T_2 空間, K をそのコンパクト集合とせよ. $\varphi : X \times Y^X \to Y$ を $\varphi(x, f) = f(x)$ で定義すると Y^X のコンパクト開位相に関して $\varphi | K \times Y^X$ は連続となる.

証明 $(x, f) \in K \times Y^X$, $f(x) \in U$, U は Y の開集合とせよ. X は T_2 であるから K は正則である. ゆえに $x \in V \subset \overline{V}$ かつ $f(\overline{V}) \subset U$ となるような K の相対開集合 V が存在する. $\overline{V}$ はコンパクトであり $f \in [\overline{V}, U]$ となっている. $x' \in \overline{V}$, $f' \in [\overline{V}, U]$ ならば $f'(x') \in U$ となる. □

50.11 定理 X を T_2, k 空間, Y を空間, $L \subset Y^X$ を空でないコンパクト集合とせよ. 但し Y^X はコンパクト開位相で定義されているとする. 台写像 $\varphi : X \to 2^Y$ を

$$\varphi(x) = \{f(x) : f \in L\}$$

によって定義すれば φ は上半連続である.

証明 K を X の空でないコンパクト集合とし $\varphi_K = \varphi | K$ とおく. まずこの

φ_K が上半連続なることを示そう．そのために V を Y の開集合とし，$x\in K$ かつ $\varphi_K(x)=\varphi(x)\subset V$ とする．x の K における近傍 U が存在して $z\in U$ ならば $\varphi(z)\subset V$ となることをいえばよい．各 $f\in L$ に対して補題 50.10 を適用すれば x の K における近傍 U_f と f の Y^X における開近傍 W_f が存在して

$$z\in U_f,\ \ g\in W_f \Rightarrow g(z)\in V$$

なるようにできる．L を有限個の W_f で覆い，U をそれらに対応する U_f の共通部分とする．この U が求めるものである．

φ が上半連続であることをいうためには，Y の開集合 V に対して $U=\{x\in X : \varphi(x)\subset V\}$ とおき U が X の開集合となることをいわなければならない．X の任意のコンパクト集合 K に対して

$$U\cap K=\{x\in K : \varphi_K(x)\subset V\}$$

であるからこれは既に証明したように K の開集合となる．X は k 空間であるからこのことは U が X の開集合であることを意味する．□

50.12 定義 Y が特に実数直線 R の場合 $R^X=C(X)$ を**関数空間**という．$f,g\in C(X)$ に対して

$$d(f,g)=\min\{1,\ \sup_{x\in X}|f(x)-g(x)|\}$$

とおけば命題 9.6 で考察したように $C(X)$ は完備な距離空間となる．この位相を**一様収束位相**という．それは勿論コンパクト開位相より強い．$\mathcal{K}$ を X のすべてのコンパクト集合のなす族とする．

$$d_K(f,g)=\sup_{x\in K}|f(x)-g(x)|,\qquad K\in\mathcal{K},$$

$$U(f : K,\varepsilon)=\{g : d_K(f,g)<\varepsilon\},\qquad \varepsilon>0,$$

とおく．

$$\{U(f : K,\varepsilon) : f\in C(X),\ \ K\in\mathcal{K},\ \ \varepsilon>0\}$$

を準基として $C(X)$ に入れた位相を**コンパクト一様収束位相**という．これは一様収束位相より弱く点収束位相より強い．$C(X)$ の部分族 $\mathcal{F}$ が**分離的**であるとは X の相異なる任意の 2 点 x,y に対して $f\in\mathcal{F}$ が存在して $f(x)\neq f(y)$ なるようにできることである．

50.13 命題 空間 X に対して $C(X)$ のコンパクト一様収束位相とコンパクト開位相とは一致する．

証明 $K\in\mathcal{K}$ と R の開集合 U に対して $f\in[K,U]$ とする．$d(f(K),R-U)=a$ とおけば $a>0$ であるから $U(f:K,a)\subset[K,U]$ となる．

逆に任意の $U(f:K,\varepsilon)$ をとる．$f(K)$ はコンパクトであるから K の有限個の閉集合 K_i, $i=1,\cdots,n$, をとり

$$d(f(K_i))<\varepsilon/2,\qquad i=1,\cdots,n,$$

$$K=\bigcup_{i=1}^{n}K_i$$

なるようにすることができる．

$$U=\bigcap_{i=1}^{n}[K_i,S_{\varepsilon/2}(f(K_i))]$$

とおけば $f\in U$ である．任意に $g\in U$ をとれば $g(K_i)\subset S_{\varepsilon/2}(f(K_i))$ であるから $d_{K_i}(f,g)<\varepsilon/2+\varepsilon/2=\varepsilon$ が各 i に対して成立する．ゆえに

$$d_K(f,g)=\sup\{d_{K_i}(f,g):i=1,\cdots,n\}<\varepsilon,$$

すなわち $g\in U(f:K,\varepsilon)$ となる．□

50.14 補題 コンパクト空間 X 上の関数 $f_i\in C(X)$, $i\in N$, があり $f(x)=\lim f_i(x)$, $x\in X$, で定義される関数 f が存在するとせよ．$f\in C(X)$ かつ

$$f_i(x)\leqq f_{i+1}(x),\qquad i\in N,\ x\in X,$$

とすれば $\{f_i\}$ は f に一様収束する．

証明 任意に $\varepsilon>0$ をとる．各 $a\in X$ に対して $i(a)$ が存在して $0\leqq f(a)-f_{i(a)}(a)\leqq\varepsilon/3$ となるようにできる．$f_{i(a)}, f$ の連続性によって a の開近傍 $U(a)$ が存在して任意の $x\in U(a)$ に対して次の不等式を同時にみたすようにできる．

$$|f_{i(a)}(x)-f_{i(a)}(a)|<\varepsilon/3,$$

$$|f(x)-f(a)|<\varepsilon/3.$$

ゆえに

$$0\leqq f(x)-f_{i(a)}(x)<\varepsilon,\qquad x\in U(a).$$

X の開被覆 $\{U(a):a\in X\}$ の有限部分被覆を $\{U(a_1),\cdots,U(a_k)\}$ とし

$$m=\max\{i(a_1),\cdots,i(a_k)\}$$

とおく．$m \leqq n$, $x \in X$ なる n, x を任意にとる．$x \in U(a_j)$ なる a_j を定める．$i(a_j) \leqq n$ であるから $f_{i(a_j)}(x) \leqq f_m(x) \leqq f_n(x)$ となる．ゆえに

$$0 \leqq f(x) - f_n(x) \leqq f(x) - f_{i(a_j)}(x) < \varepsilon$$

となって $\{f_i\}$ は f に一様収束する．□

この補題は位相の言葉を借りれば次のような表現になる．コンパクト空間 X に対して $C(X)$ の単調増大関数列の点収束位相による極限点はその列の一様収束位相による極限点になっている．

50.15 補題 関数 $\sqrt{t} \in C(I)$ は I 上の多項式の一様収束極限である．

証明 求める多項式の列 $\{w_i\}$ を次の式によって帰納的に定義する．

$$(1) \quad w_1(t) = 0, \qquad w_{i+1}(t) = w_i(t) + \frac{1}{2}(t - w_i^2(t)).$$

帰納法によって

$$(2) \quad w_i(t) \leqq \sqrt{t}, \qquad t \in I,$$

を証明しよう．$i=1$ のとき(2)は(1)により正しい．$w_n(t) \leqq \sqrt{t}$ が正しいと仮定する．等式

$$\sqrt{t} - w_{n+1}(t) = \sqrt{t} - w_n(t) - \frac{1}{2}(t - w_n^2(t))$$

$$= (\sqrt{t} - w_n(t))\left(1 - \frac{1}{2}(\sqrt{t} + w_n(t))\right)$$

と不等式 $\sqrt{t} \leqq 1$ $(t \in I)$ より

$$\sqrt{t} - w_{n+1}(t) \geqq (\sqrt{t} - w_n(t))(1 - \sqrt{t}) \geqq 0$$

となって帰納法は完結した．

(2)式より $t - w_i^2(t) \geqq 0$ であるから定義式(1)によって $\{w_i\}$ は単調増大である．ゆえに補題50.14によって $\{w_i\}$ は $\sqrt{t}$ に一様収束している．各 w_i が多項式であることは(1)より明らかである．□

50.16 補題 空間 X に対して環 $C^*(X)$ の部分環 P を考える．P はすべての定数関数を含みかつ $C^*(X)$ の一様収束位相で閉じているものとすると次が成立する．

$$f, g \in P \Rightarrow |f|, \max(f, g), \min(f, g) \in P.$$

証明　$\max(f,g)=1/2(f+g+|f-g|)$, $\min(f,g)=1/2(f+g-|f-g|)$ と書けるから $f\in P\Rightarrow|f|\in P$ なることのみいえば充分である．$c\in R$ をとり $|f(x)|\leqq c$, $x\in X$, ならしめる．$(1/c)|f|\in P$ をいえば充分であるから $|f(x)|\leqq 1$, $x\in X$, と仮定して一般性を失わない．補題 50.15 によって $\sqrt{t}$, $t\in I$, を一様収束極限とする多項式列 $\{w_i\}$ をとる．$f_i(x)=w_i(f^2(x))$ とおけば $f_i\in P$ であって $\sqrt{f^2}=|f|$ は $\{f_i\}$ の一様収束極限である．ゆえに $|f|\in P$ となる．□

50.17　定理 (M. H. Stone-Weierstrass)　X をコンパクト空間とする．P を $C(X)$ の部分環とする．P がすべての定数関数を含み，分離的であり，かつ一様収束位相に対して閉じているならば $P=C(X)$ である．

証明　任意に $\varepsilon>0$ をとり任意に $f\in C(X)$ をとったときある $f_\varepsilon\in P$ に対して $|f(x)-f_\varepsilon(x)|<\varepsilon$, $x\in X$, が成立することをいえば充分である．

X の相異なる2点を a,b とすれば P は分離的であるから $h\in P$ が存在して $h(a)\neq h(b)$ とすることができる．

$$g(x)=(h(x)-h(a))/(h(b)-h(a))$$

とおけば $g\in P$ かつ $g(a)=0$, $g(b)=1$ となる．$r_1,r_2\in R$ を任意にとれば関数 $(r_2-r_1)g+r_1$ は P の元であって a,b でそれぞれ値 r_1,r_2 をとる．この考察によってある $f_{a,b}\in P$ に対して

$$|f(a)-f_{a,b}(a)|<\varepsilon,\qquad |f(b)-f_{a,b}(b)|<\varepsilon$$

が同時に成立していることがわかる．

$$U(a,b)=\{x\in X : f_{a,b}(x)<f(x)+\varepsilon\},$$
$$V(a,b)=\{x\in X : f_{a,b}(x)>f(x)-\varepsilon\}$$

とおけばこれらはそれぞれ a,b の開近傍である．X の開被覆 $\{U(a,b) : a\in X\}$ の有限部分被覆を $\{U(a_i,b) : i=1,\cdots,k\}$ とし

$$f_b=\min\{f_{a_i,b} : i=1,\cdots,k\}$$

とおけば補題 50.16 によって $f_b\in P$ であり，更に次をみたす．

$$f_b(x)<f(x)+\varepsilon,\qquad x\in X,$$
$$f_b(x)>f(x)-\varepsilon,\qquad x\in V(b)=\bigcap_{i=1}^{k}V(a_i,b).$$

$V(b)$ は b の開近傍であるから $\{V(b) : b\in X\}$ は X の開被覆をなし，その有限

部分被覆 $\{V(b_i) : i=1, \cdots, m\}$ をとることができる.

$$f_\varepsilon = \max\{f_{b_i} : i=1, \cdots, m\}$$

とおけば $f_\varepsilon \in P$ であって $|f_\varepsilon(x)-f(x)|<\varepsilon,\ x\in X,$ が成立している. □

この定理における X のコンパクト性は本質的である. 有界区間以外では 0 となる $C^*(R)$ の元全体と定数関数全体との和集合を Q とし Q の一様収束位相による $C^*(R)$ での閉包を P とすれば P はこの定理の条件をみたすが $\sin x \in C^*(R)-P$ であるから P は $C^*(R)$ に一致することはできない.

50.18 定義 距離空間 Y に対して Y^X の部分族 $\mathfrak{F}$ を考える. $\mathfrak{F}$ が $x\in X$ において同程度連続であるとは任意の $\varepsilon>0$ に対して x の開近傍 U が存在して次をみたすようにできることである.

$$x'\in U,\ f\in\mathfrak{F} \Rightarrow d(f(x), f(x')) < \varepsilon.$$

$\mathfrak{F}$ が X の各点で同程度連続のとき $\mathfrak{F}$ は(X で)**同程度連続**(equicontinuous)であるという. 一般の写像空間 Y^X の部分族に対しても Y が一様空間のときは同様な概念が導入できる.

50.19 命題 距離空間 Y に対して Y^X の部分族 $\mathfrak{F}$ が同程度連続であるとする. このとき点収束位相についての $\mathfrak{F}$ の閉包 $\mathrm{Cl}\,\mathfrak{F}$ は同程度連続になる.

証明 $\varepsilon>0$ を任意にとる. $x\in X$ と $f\in\mathrm{Cl}\,\mathfrak{F}-\mathfrak{F}$ とを任意にとる. x の開近傍 U をとり

$$x'\in U,\ g\in\mathfrak{F} \Rightarrow d(g(x), g(x')) < \varepsilon/3$$

が成立するようにする.

$$W = [\{x\}, S_{\varepsilon/3}(f(x))] \cap [\{x'\}, S_{\varepsilon/3}(f(x'))]$$

とおけば $f\in W$ かつ $W\cap\mathfrak{F} \neq \phi$ となる.

$$x'\in U,\ h\in W\cap\mathfrak{F} \Rightarrow$$

$$d(f(x), f(x')) \leqq d(f(x), h(x)) + d(h(x), h(x')) + d(h(x'), f(x'))$$

$$< \varepsilon/3+\varepsilon/3+\varepsilon/3 = \varepsilon$$

であるから

$$x'\in U,\ f\in\mathrm{Cl}\,\mathfrak{F} \Rightarrow d(f(x), f(x')) < \varepsilon. \ \square$$

50.20 定理 Y が距離空間のとき Y^X の部分族 $\mathcal{F}$ が同程度連続であるならばコンパクト開位相と点収束位相とは $\mathcal{F}$ 上で一致する.

証明 $\mathcal{F}$ の有向点列 $\{f_\lambda\}$ があり点収束位相で $\lim f_\lambda = f \in \mathcal{F}$ となっているとする. $f \in [K, U]$ となるような任意のコンパクト開位相の準基の元をとる.

(1) $d(f(K), Y-U) = a$

とおけば K はコンパクトであるから $a>0$ となる. X の各点 x にその開近傍 $U(x)$ を対応させて次をみたすようにする.

(2) $x' \in U(x),\ \ g \in \mathcal{F} \Rightarrow d(g(x), g(x')) < a/2.$

X の各点 x に有向点列の添数 $\lambda(x)$ を対応させて次をみたすようにする.

(3) $\lambda \geqq \lambda(x) \Rightarrow d(f_\lambda(x), f(x)) < a/2.$

K の有限点列 $x_1, \cdots, x_n$ を選び $K \subset \bigcup_{i=1}^{n} U(x_i)$ となるようにする. μ を定め

(4) $\mu \geqq \lambda(x_i), \qquad i = 1, \cdots, n,$

が成立するようにする.

任意に $\nu \geqq \mu$, $x \in K$ をとる. $x \in U(x_k)$ となる k を定める. すると(2)によって

(5) $d(f_\nu(x), f_\nu(x_k)) < a/2.$

$\nu \geqq \lambda(x_k)$ であるから(3)によって

(6) $d(f_\nu(x_k), f(x_k)) < a/2.$

(5), (6)より $d(f_\nu(x), f(x_k)) < a$, 従って(1)より $f_\nu(x) \in U$ となる. x は K の任意の点であったから結局次がわかった.

$$\nu \geqq \mu \Rightarrow f_\nu \in [K, U].$$

かくして $\{f_\lambda\}$ はコンパクト開位相で f に収束している. コンパクト開位相は点収束位相より強いから両位相は $\mathcal{F}$ 上で一致することがわかった. □

この定理と命題50.19から次が直ちにわかる.

50.21 系 $\mathcal{F} \subset Y^X$ が同程度連続ならばそのコンパクト開位相による閉包と点収束位相による閉包とは一致し, 更に同程度連続である.

50.22 定理(Arzelà-Ascoli) Y が距離空間のとき $\mathcal{F} \subset Y^X$ に対して次の2条件が成立しているとする.

(1) $\mathscr{F}$ は同程度連続である.

(2) 各 $x\in X$ に対して $\mathscr{F}(x)=\{f(x) : f\in\mathscr{F}\}$ の閉包はコンパクトである.

このとき $\mathscr{F}$ のコンパクト開位相による閉包 $\mathscr{H}$ はコンパクトである.

証明 任意の $x\in X$ に対して $\mathscr{H}(x)\subset\overline{\mathscr{F}(x)}$ である. もしそうでないとすると $y\in\mathscr{H}(x)-\overline{\mathscr{F}(x)}$ に対してある $\delta>0$ が存在して $S_\delta(y)\cap\mathscr{F}(x)=\phi$ とできる. $f\in\mathscr{H}-\mathscr{F}$, $f(x)=y$ となる f に対して $f\in[\{x\}, S_\delta(y)]$ であり, 一方 $[\{x\}, S_\delta(y)]\cap\mathscr{F}=\phi$ であるから $f\notin\mathscr{H}$ という矛盾が生じる.

$\mathscr{H}$ のコンパクト性を見るために $\mathscr{M}$ を $\mathscr{H}$ の部分集合からなる極大フィルターとする. $x\in X$ を任意に定めれば

$$M\in\mathscr{M}\Rightarrow\overline{M(x)}\subset\overline{\mathscr{F}(x)}$$

であるから $\overline{\mathscr{F}(x)}$ のコンパクト性によって

$$\bigcap\{\overline{M(x)} : M\in\mathscr{M}\}\neq\phi$$

となりこの左辺から任意に点 $\varphi(x)$ をとる.

このようにして定義された $\varphi : X\to Y$ に対して

$$x\in X,\ \ \delta>0,\ \ M\in\mathscr{M}\Rightarrow[\{x\}, S_\delta(\varphi(x))]\cap M\neq\phi$$

であるから

(3) $x\in X,\ \ \delta>0\Rightarrow[\{x\}, S_\delta(\varphi(x))]\cap\mathscr{H}\in\mathscr{M}.$

φ の連続性を見るために任意に $\varepsilon>0$ と任意に $x\in X$ とをとる. 系 50.21 によって $\mathscr{H}$ は同程度連続であるから x の開近傍 $U(x)$ が存在して

(4) $x'\in U(x),\ \ f\in\mathscr{H}\Rightarrow d(f(x), f(x'))<\varepsilon/3$

となるようにできる. $x''\in U(x)$ を任意に定めれば (3) より

(5) $[\{x\}, S_{\varepsilon/3}(\varphi(x))]\cap[\{x''\}, S_{\varepsilon/3}(\varphi(x''))]\cap\mathscr{H}\neq\phi$

となるからこの左辺から元 g をとる. すると (4), (5) より

$$\begin{aligned}&d(\varphi(x), \varphi(x''))\\&\leqq d(\varphi(x), g(x))+d(g(x), g(x''))+d(g(x''), \varphi(x''))\\&<\varepsilon/3+\varepsilon/3+\varepsilon/3=\varepsilon\end{aligned}$$

となり φ は連続であることがわかった.

(3) より

(6)　$x_1, \cdots, x_n \in X,\ \delta > 0 \Rightarrow \bigcap_{i=1}^{n} [\{x_i\}, S_\delta(\varphi(x_i))] \cap \mathcal{H} \neq \phi,\quad \in \mathcal{M}$

であるから，$\mathcal{H}$ の点収束位相による閉包を $\mathcal{K}$ とすれば $\varphi \in \mathcal{K}$ である．系50.21により $\mathcal{H} = \mathcal{K}$ であるから $\varphi \in \mathcal{H}$ となる．$\mathcal{H}$ 上では点収束位相とコンパクト開位相は一致するから(6)は $\mathcal{M}$ が φ に収束していることを示している．ゆえに $\mathcal{H}$ はコンパクトである．□

この定理は Y が一様空間のときも成立するが上の証明で本質的なところはつきている．

演 習 問 題

9.A (Čoban)　非可算点集合 X をとる．その中の1点 p 以外の点は開集合であり，p の近傍ベースはその補集合が可算集合となる型の集合から成り立っているものとする．このとき X は Lindelöf 正則空間であり，その k 先導は Lindelöf 空間とならない．

ヒント　k 先導は離散空間となる．

9.B　T_2 空間 X から T_2 空間 Y への連続写像 $f: X \to Y$ があればそれらの k 先導の間に自然な写像 $\tilde{f}: \tilde{X} \to \tilde{Y}$ ができる．

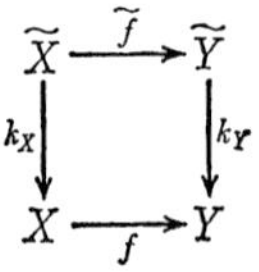

このとき f が k 写像であるならば $\tilde{f}$ は完全写像となる．

9.C　T_2, k 空間の開集合は k 空間である．

ヒント　系45.6によって T_2, k 空間 X は局所コンパクト正則空間 Y の商写像 $f: Y \to X$ による像となる．G を X の開集合とすれば $f|f^{-1}(G)$ は商写像となり，$f^{-1}(G)$ は局所コンパクトとなることを確かめよ．

9.D　T_2 空間 X に対して次が同等である．

(1)　X は列型空間である．

(2)　X の集合 F に対して $F \cap K$ が任意のコンパクト距離化可能集合 K に対して閉じているならば F は X の閉集合である．

9.E　可算密度をもつ空間の商空間は可算密度をもつ．

9.F　T_2 空間 X が k 空間でないならば X の集合 A が存在して $A = [A]_k$ かつ $A \neq \bar{A}$ と

なる．X が列型空間でないならば X の集合 A が存在して $A=[A]_s$ かつ $A\neq\bar{A}$ となる．

ヒント　定理 47.8 参照．

9.G　局所コンパクト T_2 空間は高々 k_1 空間である．

ヒント　恒等写像は継承的商写像であることに注意して定理 48.6 を適用せよ．直接的に証明しても簡単である．

9.H　対称距離空間は列型空間である．

ヒント　対称距離空間 X の部分集合 A が閉でないならば $X-A$ の点 x が存在して $d(x, A)=0$ となる．A の中の点列 $\{x_i\}$ をとり $d(x, x_i)\to 0$ ならしめれば $\lim x_i=x$ となる．するとこのようにしてできた極限点列 $\{x_i\}\cup\{x\}=K$ に対して $K\cap A$ は K で閉とならない．

9.I　τ は $\aleph_0$ 以上の濃度とせよ．$f: X\to Y$ は上へのコンパクト商写像，X は列型 T_2 空間でその各点は濃度 2^τ 以下の近傍ベースをもち，Y は $w(Y)\leqq 2^\tau$ なる T_2 空間であるとせよ．このとき $|X|\leqq 2^\tau$．

ヒント　点逆像の濃度は定理 47.17 によって 2^τ 以下である．よって $|X|\leqq 2^\tau$ なることをいうためには $|Y|\leqq 2^\tau$ が証明できればよい．命題 46.5 によって Y は列型となるから補題 47.12 と補題 47.16 が適用できる．

9.J　斉次空間の任意の 2 点はそれぞれ互いに位相同型な任意に小さな開近傍をもつ．

9.K　上への擬開写像の点逆像は任意に小さな開近傍をもち，その像は開集合であるようにできる．

9.L　$f: X\to Y$ は上への連続かつコンパクト被覆写像，Y は局所コンパクト T_2 空間とせよ．この時 f は双商写像である．

ヒント　命題 49.2 の条件(2)を確かめよ．

9.M　$f: X\to Y$，$g: Y\to Z$ が共に上への連続写像であり合成写像 $gf: X\to Z$ が双商ならば g も双商である．

ヒント　命題 49.6 の判定条件を適用せよ．

9.N　双商写像 $f: X\to Y$ に対して次が成立する．

(1)　X が局所コンパクトならば Y もそうである．

(2)　X が可算ベースをもてば Y もそうである．

(3)　X が局所コンパクトで Y が T_2 ならば f はコンパクト被覆である．

9.O　$f_1: X_1\to Y_1$ を上へのコンパクト被覆連続写像，$f_2: X_2\to Y_2$ を商写像，X_1 を T_2, k 空間，$Y_1\times Y_2$ を T_2, k 空間とする．この時 $f_1\times f_2: X_1\times X_2\to Y_1\times Y_2$ は商写像である．

ヒント　X_1 がまず局所コンパクトの時を考える．$f_1\times f_2=(f_1\times 1_{Y_2})\cdot(1_{X_1}\times f_2)$ において，$1_{X_1}\times f_2$ は定理 45.7 によって商写像，$f_1\times 1_{Y_2}$ は上へのコンパクト被覆連続写像で

あるから定理 45. 8 によって商写像となる．ゆえに $f_1\times f_2$ は商写像となる．

X_1 が単に T_2, k 空間のときは定理 45. 5 の証明の中の論法によって局所コンパクト T_2 空間 X_0 と，上へのコンパクト被覆連続写像 $g: X_0\to X_1$ が存在する．$g_1=f_1g$ とすれば $g_1: X_0\to Y_1$ はコンパクト被覆であるから上の論法によって $g_1\times f_2$ は商写像となる．$g_1\times f_2=(f_1\times f_2)\cdot(g\times f_2)$ より $f_1\times f_2$ は商写像となる．

9. P (Weierstrass)　I^ω 上の連続関数は(個々は有限個の変数しかもたない)多項式の列の一様収束極限である．

ヒント　Stone-Weierstrass の定理 50. 17 を応用せよ．

9. Q　空間 X は**半コンパクト**(hemicompact)とせよ．すなわち X のコンパクト集合の列 $\{K_i\}$ が存在して $X=\bigcup K_i$ であり，X の任意のコンパクト集合はある K_i に含まれるとせよ．Y が距離空間であるならば Y^X はコンパクト開位相に関して距離化可能である．

ヒント　$d_n(f, g)=\min(1/2^n, \sup\{d(f(x), g(x)): x\in K_n\}$, $d(f, g)=\sum_{n=1}^{\infty}d_n(f, g)$ とおけばこの d はコンパクト開位相を与える．命題 50. 13 参照．

9. R　X, Y 共に第 2 可算性をみたし，更に X が局所コンパクト T_2 ならば Y^X はコンパクト開位相に関して第 2 可算性をみたす．

第10章　可算乗法的空間族

§51　閉 写 像

51.1　補題　$f: X \to Y$ を上への閉連続写像とせよ．点 $y \in Y$ に対してその近傍列 $\{U_i\}$ が存在して $y_i \in U_i$ ならば $\{y_i\}$ は触点をもつとせよ．(このような点 y を $\boldsymbol{q}$ **点**という.)　この時 X 上の任意の実連続関数 h の境界 $\partial f^{-1}(y)$ への制限は有界である．

証明　h が $\partial f^{-1}(y)$ 上で有界でないと仮定すれば $\partial f^{-1}(y)$ の点列 $\{x_i\}$ が存在して

$$|h(x_{i+1})| > |h(x_i)| + 1, \qquad i \in N,$$

となるようにできる．

$$V_i = \{x \in X : |h(x) - h(x_i)| < 1/2\}, \qquad i \in N,$$

とおけば $x_i \in V_i$ でありかつ $\{V_i\}$ は疎な開集合族である．各 i に対して $z_i \in V_i \cap f^{-1}(U_i)$ をとり $\{f(z_i)\}$ がすべて相異るようにできる．それには帰納法を次のように適用すればよい．$V_1 \cap f^{-1}(U_1)$ は x_1 の近傍であり $x_1 \in \partial f^{-1}(y)$ であるから $z_1 \in V_1 \cap f^{-1}(U_1) - f^{-1}(y)$ なる点 z_1 をとることができる．$z_1, \cdots, z_{i-1}$ まで条件をみたすようにとれ，しかも $f(z_j) \neq y$, $j=1, \cdots, i-1$, をみたすようにできたとの帰納法仮定を設ければ

$$W_i = V_i \cap f^{-1}(U_i) - f^{-1}(\{y, f(z_1), \cdots, f(z_{i-1})\})$$

は空でなく点 $z_i \in W_i$ をとることができる．

かくして点列 $\{z_i\}$ を得る．$\{V_i\}$ は疎であるから $\{z_i\}$ は疎な点列である．f は閉であるから $\{f(z_i)\}$ は Y の疎な無限点列であり触点をもちえない．かくして矛盾が生じた．□

51.2　定理　$f: X \to Y$ が上への閉連続写像，X がパラコンパクト T_2 空間，Y が q 空間なるときは，各点 $y \in Y$ に対して $\partial f^{-1}(y)$ はコンパクトとなる．

証明　$\partial f^{-1}(y)$ 上の連続関数は X の正規性によって X 上に拡張できるから

(1. T 参照)，補題 51.1 によって $\partial f^{-1}(y)$ は擬コンパクトとなる．ゆえに命題 22.7 によって $\partial f^{-1}(y)$ の正規性はその可算コンパクト性を意味する．従って系 22.9 によって $\partial f^{-1}(y)$ のパラコンパクト性はそのコンパクト性を意味する．□

51.3　定理 (Michael)　$f: X \to Y$ を上への閉連続写像，X をパラコンパクト T_2 空間とせよ．この時 f はコンパクト被覆となる．

証明　Y 自身がコンパクトとして定理を証明すれば充分である．各 $y \in Y$ に対して点 $p_y \in f^{-1}(y)$ をとる．

$$C_y = \partial f^{-1}(y), \quad \partial f^{-1}(y) \neq \phi \quad \text{のとき,}$$
$$C_y = \{p_y\} \quad , \quad \partial f^{-1}(y) = \phi \quad \text{のとき,}$$

とおく．$C = \bigcup\{C_y : y \in Y\}$ とおき $g = f|C$ とおく．$f(C) = Y$ であり，C は閉集合であるから g は閉写像となる．Y は勿論 q 空間であるから定理 51.2 によって各 $\partial f^{-1}(y)$ はコンパクト，従って各 $g^{-1}(y)$ はコンパクトとなる．ゆえに $g: C \to Y$ は完全写像である．完全写像によるコンパクト集合の原像として C はコンパクトとなる (3. J 参照)．□

この定理における X のパラコンパクト T_2 であるという性質を正規性に弱めることができないことは次の例によってわかる．

51.4　例 (Michael)　X を例 9.22 の (3) における可算順序数の空間とするとそれは正規空間であった．A を X の中の極限数すべての集合とし商空間 $Y = X/A$，商写像 $f: X \to Y$ を考える．

(1)　Y はコンパクト T_2 空間である．

証明　$f(A) = p$ とする．p 以外の Y の点は孤立点であるから Y が T_2 であることは明らかである．p を含む Y の開集合 U をとれば $f^{-1}(Y-U)$ は孤立順序数のなす閉集合であるから有限集合である．ゆえに $Y-U$ も有限集合となり Y はコンパクトである．□

(2)　f はコンパクト被覆でない閉写像である．

証明　X の集合 S に対して $f(S) = Y$ になったとすれば S は X で共終であるからコンパクトになりえない．F が X の閉集合であるとせよ．$A \cap F = \phi$ なるときはFは有限であるから$f(F)$も有限であり閉集合となる．$A\cap F\neq\phi$なるときは$f(F)$はpを含む．Yにおけるpを含む集合は常に閉集合である．□

51.5 例 $1_I: I\to I$ なる恒等写像を考える．$X=[0,1)$ なる半開半閉区間に対して $f: X\to Y=\{0\}$ なる定値写像を考える．fは勿論閉連続写像である．この時

$$f\times 1_I: X\times I\to Y\times I$$

なる積写像は閉とならない．

証明 $f\times 1_I=g$とおく．$F=\{(1-1/n, 1/n): n=1,2,\cdots\}$とすれば$F$は$X\times I$の閉集合であるが$g(F)$は$Y\times I$で閉とならない．□

51.6 定理(Hanai-Morita-A. H. Stone) 距離空間Xの閉連続像Yが距離化可能であるための必要充分条件はYが第1可算性をみたすT_2空間であることである．

証明 必要性は明らかであるから充分性を証明する．$f: X\to Y$を上への閉連続写像とする．定理51.2によって各$y\in Y$に対して$\partial f^{-1}(y)$はコンパクトとなる．$p_y\in f^{-1}(y)$を任意に定める．

$$C_y=\partial f^{-1}(y),\quad \partial f^{-1}(y)\neq\phi \quad \text{のとき},$$

$$C_y=\{p_y\},\quad \partial f^{-1}(y)=\phi \quad \text{のとき},$$

$$C=\bigcup\{C_y: y\in Y\}$$

とおけばCはXの閉集合で$f(C)=Y$かつ$f|C$は完全写像となる．ゆえに最初からfが完全であるとして一般性を失わない．このときYはp空間になることを示そう．

43.14で定義したXの有向構造

$$\{\mathcal{U}_i=\{U(\alpha_i)\neq\phi: \alpha_i\in A_i\}, \varphi^{i+1}_i\}$$

をとり mesh $\mathcal{U}_i<1/i$ かつ $\{U(\alpha_{i+1}): \varphi^{i+1}_i(\alpha_{i+1})=\alpha_i\}$ は$U(\alpha_i)$のベースになるようにする．B_iをA_iのあらゆる有限部分集合のなす族とし

$$V(\beta_i)=\bigcup\{U(\alpha_i): \alpha_i\in\beta_i\},\quad \beta_i\in B_i,$$

$$W(\beta_i)=Y-f(X-V(\beta_i)),\quad \beta_i\in B_i,$$

とおく．C_iをB_iの元β_iである点$y(\beta_i)\in W(\beta_i)$に対して

$$U(\alpha_i)\cap f^{-1}(y(\beta_i)) \neq \phi, \qquad \alpha_i\in\beta_i,$$

をみたすようなものすべてのなす集合とする．$D_1=C_1$ とおく．$n\geqq 2$ に対して D_n は $C_1\times\cdots\times C_n$ の元 $(\beta_1,\cdots,\beta_n)$ で次の2条件

(1) $\varphi^{i+1}{}_i(\beta_{i+1})\subset\beta_i, \qquad i=1,\cdots,n-1,$

(2) $\mathrm{Cl}\,V(\beta_{i+1})\subset f^{-1}(W(\beta_i)), \qquad i=1,\cdots,n-1,$

をみたすものすべての集合とする．

$$H(\beta_1,\cdots,\beta_n)=W(\beta_n),$$

$$\mathcal{H}_n=\{H(\partial_n):\partial_n\in D_n\},$$

$$\psi^{n+1}{}_n(\beta_1,\cdots,\beta_n,\beta_{n+1})=(\beta_1,\cdots,\beta_n),$$

とおけば $\{\mathcal{H}_n,\psi^{n+1}{}_n\}$ は Y の有向構造をなし，$\psi^{n+1}{}_n$ は(2)によって $\mathcal{H}_{n+1}$ から $\mathcal{H}_n$ への閉包細分射を与えている．

$\varprojlim D_n$ の元 (∂_n)，$\partial_n=(\beta_1,\cdots,\beta_n)$，に対して $\bigcap H(\partial_n)=K\neq\phi$ となったとせよ．(1)によって $\{\beta_i,\varphi^{i+1}{}_i\}$ は逆スペクトルをなす．y を K の任意の点とし

$$\gamma_i=\{\alpha_i\in\beta_i : f^{-1}(y)\cap U(\alpha_i)\neq\phi\}$$

とおけば $\gamma_i\neq\phi$ かつ $\varphi_i^{i+1}(\gamma_{i+1})\subset\gamma_i$ となる．ゆえに $\{\gamma_i\}$ は $\{\beta_i\}$ の部分逆スペクトルをなし

(3) $\bigcap U(\alpha_i)\neq\phi, \qquad (\alpha_i)\in\varprojlim\gamma_i,$

が成立する．

(4) $\bigcap U(\alpha_i')\neq\phi, \qquad (\alpha_i')\in\varprojlim\beta_i,$

を証明するためにある $(\alpha_i')\in\varprojlim\beta_i$ に対して $\bigcap U(\alpha_i')=\phi$ になったと仮定しよう．各 i に対して

$$x_i\in f^{-1}(y(\beta_i))\cap U(\alpha_i),$$

$$x_i'\in f^{-1}(y(\beta_i))\cap U(\alpha_i'),$$

なる点 x_i, x_i' をとる．$\{U(\alpha_i)\}$ は $f^{-1}(y)$ の点 x に収束するから $\lim x_i=x$ である．一方 $\bigcap U(\alpha_i')=\phi$ と $U(\alpha_i')\supset\mathrm{Cl}\,U(\alpha'_{i+1})$ より点列 $T'=\{x_i'\}$ は疎な無限集合である．また $\bigcap U(\alpha_i')=\phi$ なる等式は $\{y(\beta_i)\}$ が無限点列であることを意味する．f の完全なることより $f(T')$ は Y で疎な無限集合となる．$T=\{x_i\}$ とおけば $f(x)$ は $f(T)$ の集積点である．しかし

$$f(x_i)=f(x_i')=y(\beta_i),\qquad i\in N,$$

であるから矛盾が生じ(4)が証明せられた.

(2)によって $\bigcap V(\beta_n)=\bigcap f^{-1}(W(\beta_n))=f^{-1}(K)$ である. 補題 42.24 によって $\{f^{-1}(W(\beta_n))\}$ は $f^{-1}(K)$ に収束する. ゆえに $\{W(\beta_n)=H(\delta_n)\}$ は K に収束する. 結局

(5)　$(\delta_n)\in\varprojlim D_n,\qquad \bigcap H(\delta_n)\neq\phi \Rightarrow \{H(\delta_n)\}$　は収束,

ということがわかった.

Y は(点有限)パラコンパクトであるからその点有限開被覆の列 $\{\mathcal{G}_i=\{G(\varepsilon_i):\varepsilon_i\in E_i\}\}$ と対応 $g_i:E_i\to D_i$, $\sigma^{i+1}{}_i:E_{i+1}\to E_i$ が存在して次の 3 条件をみたすようにできる.

(6)　g_i は $\mathcal{G}_i$ から $\mathcal{H}_i$ への閉包細分射.

(7)　$\sigma^{i+1}{}_i$ は $\mathcal{G}_{i+1}$ から $\mathcal{G}_i$ への閉包細分射.

(8)　$\phi^{i+1}{}_ig_{i+1}=g_i\sigma^{i+1}{}_i$.

この $\{\mathcal{G}_i\}$ が定理 42.8(4)をみたせばよい. 任意に $y\in Y$ をとる.

$$E_i'=\{\varepsilon_i\in E_i:y\in G(\varepsilon_i)\}$$

とおけば $\{E_i',\sigma^{i+1}{}_i|E'_{i+1}\}$ は逆スペクトルをなす. 任意に $(\varepsilon_i)\in\varprojlim E_i'$ をとれば(8)によって $(g_i(\varepsilon_i))\in\varprojlim D_i$ となる. ゆえに(5)によって $\{H(g_i(\varepsilon_i))\}$ は収束する. 従って(6), (7)によって $\{G(\varepsilon_i)\}$ は収束する. E_i' は有限集合であり $\mathcal{G}_i(y)=\bigcup\{G(\varepsilon_i):\varepsilon_i\in E_i'\}$ であるから, 補題 42.24 を再び適用すれば $\{\mathcal{G}_i(y)\}$ は収束することがわかる. かくして Y は p 空間となった.

$f\times f:X\times X\to Y\times Y$ は完全である. $Y\times Y$ の対角集合を $\varDelta$ とすれば $\varDelta$ は閉集合である. $g=f\times f$ とすると $g^{-1}(\varDelta)$ は $X\times X$ の閉集合であるから G_δ 集合である. ゆえに

$$g^{-1}(\varDelta)=\bigcap U_i,\qquad U_i \text{ は } X\times X \text{ の開集合},$$

と書くことができる.

$$\varDelta=\bigcap_{i=1}^{\infty}(Y\times Y-g(X\times X-U_i))$$

となって $\varDelta$ は $Y\times Y$ の G_δ 集合である. ここで定理 42.23 を適用すると Y は距

離化可能となる．□

この定理の証明にあっては，X の有向構造 $\{\mathcal{U}_i, \varphi^{i+1}_i\}$ に対する性質として

(9)　$(\alpha_i)\in\varprojlim A_i \Rightarrow \{U(\alpha_i)\}$ は収束するか　$\bigcap U(\alpha_i)=\phi$,

であることが本質的である．(9)をみたす有向構造をもつ正則空間を**単調 $\boldsymbol{p}$ 空間**という．Worrell は p 空間の完全像であって p 空間にならない例を示したが，単調 p 空間は次のようなよい性質をもっている．

51.7　定理(Wicke-Worrell)　(1) 単調 p 空間の完全像は単調 p 空間である．(2) 単調 p 空間の正則な完全逆像は単調 p 空間である．(3) 単調 p 空間が点有限パラコンパクトであれば p 空間である．

(1), (3)は上の証明の中で本質的に証明せられていることである．(2)は定義から明らかである．

51.8　系(Filippov-Ishii-Morita)　パラコンパクト p(パラコンパクト M, T_2)空間の完全像はパラコンパクト p 空間である．

51.9　補題　$f: X\to Y$ を上への閉連続写像，X を k 空間，$\mathcal{U}$ を X の点有限開被覆とする．

$$H=\{y\in Y: f^{-1}(y)\subset\mathcal{V}^\#,\ \ \mathcal{V}\subset\mathcal{U}\Rightarrow|\mathcal{V}|=\infty\}$$

とおけば H は疎な点集合である．

証明　結論を否定すれば H の集積点 y が存在する．$H_1=H-\{y\}$ は閉ではない．k 空間の商空間は k 空間である(45.4)から Y は k 空間である．ゆえに Y のコンパクト集合 K が存在して $K\cap H_1$ は K で閉にならない．従って $K\cap H_1$ は無限集合である．$K\cap H_1$ に含まれる点列 $\{y_i\}$ をとり $i\neq j\Rightarrow y_i\neq y_j$ なるようにする．$\{y_i\}$ は K の中に集積点 z をもつ．ここで各 i に対して $y_i\neq z$ として一般性を失わない．点 $x_1\in f^{-1}(y_1)$ を任意にとる．x_i, $i\geqq 2$, は

$$x_i\in f^{-1}(y_i)-\bigcup_{k<i}\mathcal{U}(x_k)$$

をみたすようにとる．この操作は $y_i\in H$ であることと $\mathcal{U}$ の点有限性によって可能である．点列 $P=\{x_i\}$ が X で疎な点集合であることを見るために $x\in X$ を任意にとる．$\mathcal{U}(x)\cap P\neq\phi$ のときだけ考えればよいが，$x_i\in\mathcal{U}(x)\Leftrightarrow x\in\mathcal{U}(x_i)$

であるから x_i のとり方と $\mathcal{U}$ の点有限性によって $\mathcal{U}(x)\cap P$ は有限集合である．ゆえに P は疎な点集合，従って閉である．$f(P)=\{y_i\}$ は閉でなければならないが $\{y_i\}$ はこの点列以外の集積点 z をもつから矛盾である．□

51.10　定理（Arhangel'skiĭ の値域分解定理）　$f: X\to Y$ を上への閉連続写像，X を Čech 完備な点有限パラコンパクト空間とする．このとき次の 2 条件をみたす Y の部分集合 Y_0 が存在する．

(1)　$y\in Y_0 \Rightarrow f^{-1}(y)$ はコンパクト．

(2)　$Y-Y_0$ は σ 疎な点集合である．

証明　βX の開集合列 $\{G_i\}$ をとり $\bigcap G_i=X$ とする．βX の開集合族の列 $\{\mathcal{U}_i\}$ をとり $X\subset\mathcal{U}_i{}^{\#}$，$\overline{\mathcal{U}}_i<G_i$ かつ $\mathcal{U}_i|X$ は点有限であるようにする．$i\in N$ に対して

$$Y_i=\{y\in Y: f^{-1}(y)\subset\mathcal{V}^{\#},\ \mathcal{V}\subset\mathcal{U}_i\Rightarrow|\mathcal{V}|=\infty\}$$

とおく．X は k 空間である(28.10, 45.10)から補題 51.9 によって Y_i は疎な点集合である．$Y_0=Y-\bigcup_{i=1}^{\infty}Y_i$ とおけば(2)をみたす．(1)を見るために $y\in Y_0$ をとる．各 $i\in N$ に対して $\mathcal{U}_i$ の有限部分族 $\mathcal{V}_i$ が存在して $f^{-1}(y)\subset\mathcal{V}_i{}^{\#}$ とできる．$F_i=\mathrm{Cl}\,\mathcal{V}_i{}^{\#}$ とおけば $\overline{\mathcal{U}}_i<G_i$ なることより $F_i\subset G_i$ となる．$K=\bigcap F_i$ とおけば $K\subset\bigcap G_i=X$．K はコンパクトであるからその閉部分集合として $f^{-1}(y)$ はコンパクトとなる．□

X が M 空間または後述する半層型空間(10.H)のときも同じような値域分解定理が成立することがそれぞれ Ishii, Stoltenberg によって確かめられている．但し前者の場合条件 (1) におけるコンパクト性は可算コンパクト性によって置きかえられなければならない．

§52　$\aleph_0$ 空 間

52.1　定義　空間 X の部分集合のなす族 $\mathcal{P}$ が X の ***k* ネットワーク**であるとは $\mathcal{P}$ に対して次の条件がみたされることとする．

K は X のコンパクト集合，U は X の開集合で $K\subset U$ ならば $K\subset P\subset U$ がある元 $P\in\mathcal{P}$ に対して成立する．

可算 k ネットワークをもつ正則空間を **$\aleph_0$ 空間**という．

点 $x\in X$ に対してその近傍列 $\{U_i\}$ が存在し $x_i\in U_i$ ならば点列 $\{x_i\}$ は X のあるコンパクト集合に含まれるようにできるとき，x を **r 点**という．各点が r 点となる空間を **r 空間**という．パラコンパクト T_2 空間の範囲内では r 空間，q 空間，点可算型空間の三者は一致することは容易にわかる．

52.2　命題　$\aleph_0$ 空間はパラコンパクトである．

証明　$\aleph_0$ 空間は可算ネットワークをもつから Lindelöf 空間となるからである．□

52.3　命題　$\aleph_0$ 空間 X が r 空間ならば X は可分距離化可能である．

証明　$\mathcal{P}$ を X の可算 k ネットワークとする．X は正則であるから $\{P^\circ : P\in\mathcal{P}\}$ が X のベースをなすことをいえばよい．これがベースにならないと仮定すると点 $x\in X$ とその開近傍 U が存在して $x\in P^\circ\subset U$ が如何なる元 $P\in\mathcal{P}$ に対しても成立しないこととなる．$\{U_i\}$ を r 点の定義における x の近傍列とせよ．$x\in V\subset\overline{V}\subset U$ ならしめるような開集合 V をとり $V_i=V\cap U_i$ とおく．$\{P_i\}$ は U に含まれる $\mathcal{P}$ の元すべての列とする．仮定によって各 i に対して点 $x_i\in V_i-P_i$ をとることができる．$x_i\in U_i$ であるから $\{x_1, x_2, \cdots\}$ の閉包 K はコンパクトである．$K\subset\overline{V}\subset U$ であるから $K\subset P_n$ となる n があるが，このことは $x_n\notin P_n$ なることに矛盾する．□

52.4　命題　$f: X\to Y$ が上へのコンパクト被覆連続写像であり，X が可算 k ネットワークをもつならば，Y も可算 k ネットワークをもつ．

証明　$\mathcal{P}$ を X の可算 k ネットワークとして $f(\mathcal{P})$ が Y の k ネットワークとなることをいえばよい．$K\subset U$，K は Y のコンパクト集合，U は Y の開集合，とする．X のコンパクト集合 L をとり $f(L)=K$ ならしめる．$\mathcal{P}$ の元 P をとり $L\subset P\subset f^{-1}(U)$ ならしめれば $K\subset f(P)\subset U$ となる．□

52.5　命題　$f: X\to Y$ は上への閉連続写像であり，X は $\aleph_0$ 空間ならば Y も $\aleph_0$ 空間となる．

証明　X はパラコンパクト T_2 空間であるから正規である．従って Y は正規空間となる(1. K 参照)．f は定理 51.3 によってコンパクト被覆であるから Y

は命題52.4によって可算kネットワークをもつ. □

52.6 命題 T_2空間Xが可算kネットワークをもつための必要充分条件はそのk先導$\tilde{X}$が可算kネットワークをもつことである.

証明 k射影$f=k_X:\tilde{X}\to X$はコンパクト被覆であるから充分性は命題52.4によって保証されている.

必要性 Xの可算kネットワークを$\mathcal{P}$とする. この$\mathcal{P}$は有限乗法的であるとして一般性を失なわない. AがXの部分集合または点であるとき$f^{-1}(A)$を$\tilde{A}$で表わす. $\{\tilde{P}:P\in\mathcal{P}\}$が$\tilde{X}$の$k$ネットワークになることを示すためにそのことを否定する. すると$\tilde{X}$のコンパクト集合$\tilde{K}$と開集合$\tilde{U}$が存在して$\tilde{K}\subset\tilde{U}$かつ

$$\tilde{K}\subset\tilde{P}\subset\tilde{U} \Rightarrow P\notin\mathcal{P},$$

となるようにできる.

$$\{P_i\}=\{P\in\mathcal{P}:K\subset P\},$$

$$Q_n=\bigcap_{i=1}^{n}P_i, \qquad n\in N,$$

とおく. $Q_n\in\mathcal{P}$であるから各nに対して点$x_n\in Q_n-U$をとることができる.

$$L=K\cup\{x_1, x_2, \cdots\}$$

とおけばLはコンパクトとなる. 何故ならば$K\subset V$なる任意のXの開集合Vに対して$K\subset P_m\subset V$なるmをとれば$\{x_i:i\geqq m\}\subset V$となるからである. かくして$\tilde{L}$はコンパクトであるから$f|\tilde{L}$は位相同型写像となる. ゆえに$L\cap U$は$L$の開集合となる. Xの開集合Wが存在して$L\cap U=L\cap W$なるようにできるから上と同じ理由によって$x_n\in L\cap W$となるnが存在する. ゆえに$\tilde{x}_n\in\tilde{L}\cap\tilde{W}=\tilde{L}\cap\tilde{U}$となって$\tilde{x}_n\notin\tilde{U}$なることに矛盾する. □

次はほとんど明らかである.

52.7 命題 $\aleph_0$空間の部分空間は$\aleph_0$空間である.

52.8 定理(Michael) X, Y共に$\aleph_0$空間ならばコンパクト開位相による写像空間Y^Xは$\aleph_0$空間となる.

証明 命題50.6によってYの正則性はY^Xの正則性を保証しているから

Y^X が可算 k ネットワークをもつことをいえばよい．まず最初に X が k 空間である場合を考える．$\mathcal{P}, \mathcal{Q}$ をそれぞれ X, Y の有限乗法的な可算 k ネットワークとする．

$$\mathcal{F} = \{[P, Q] : P\in\mathcal{P},\ \ Q\in\mathcal{Q}\}$$

とおく．X のコンパクト集合 K, Y の開集合 U, Y^X のコンパクト集合 L に対して $L\subset[K, U]$ が成立したとせよ．これに対して $\mathcal{F}$ の元 $[P, Q]$ を見出し

(1)　$L\subset[P, Q]\subset[K, U]$

ならしめよう．$L(P)=\{f(x) : f\in L,\ x\in P\}$ なる記法を用いれば (1) と同じことであるが

(2)　$K\subset P,\qquad L(P)\subset Q\subset U$

をみたす $P\in\mathcal{P},\ Q\in\mathcal{Q}$ の存在を証明しようとしているわけである．

$$V = \{x\in X : L(x)\subset U\}$$

とおけば $K\subset V$ であり定理 50.11 によれば V は X の開集合である．

$$\{P_i\} = \{P\in\mathcal{P} : K\subset P\subset V\},$$

$$P_n' = \bigcap_{i=1}^{n} P_i,$$

$$\{Q_i\} = \{Q\in\mathcal{Q} : Q\subset U\}$$

とおく．(2) をいうためにはある n に対して $L(P_n')\subset Q_n$ が成立することをいえば充分である．如何なる n に対してもこの式が成立しないと仮定すれば各 n に対して点 $x_n\in P_n'$ が存在して $L(x_n)\not\subset Q_n$ なるようにできる．

$$A = K\cup\{x_1, x_2, \cdots\}$$

とおけば命題 52.6 の証明の中の論法を適用すれば A はコンパクトである．ここで補題 50.10 を適用すれば $L(A)$ はコンパクトとなる．$A\subset V$ であるから $L(A)\subset U$ となり，$L(A)\subset Q_n$ がある n に対して成立しなければならない．特に $L(x_n)\subset Q_n$ となりこれは矛盾である．

$\{[K, U] : K$ は X のコンパクト集合，U は Y の開集合$\}$ に属する元の有限共通部分すべての族を $\mathcal{B}$ とすれば $\mathcal{B}$ は Y^X のベースである．$\mathcal{F}$ に属する元の有限共通部分すべての族を $\mathcal{F}_1$ とすれば $\mathcal{F}_1$ は再び可算である．Y^X のコンパクト

集合 L と $\mathcal{B}$ の元 B に対して $L\subset B$ ならば $\mathcal{F}_1$ の元 F が存在して

(3)　$L\subset F\subset B$

となるようにできることはほとんど明らかである.

$\mathcal{F}_1$ に属する元の有限和集合すべての族を $\mathcal{H}$ とすれば $\mathcal{H}$ も可算である. この $\mathcal{H}$ が Y^X の k ネットワークになることを示すために, $L\subset V$, L は Y^X のコンパクト集合, V は Y^X の開集合, とせよ.

$$L\subset B_1\cup\cdots\cup B_n\subset V$$

なる $\mathcal{B}$ の元 B_i をとる. L はコンパクト T_2 であるから各 i に対してコンパクト集合 L_i が存在して(16.10参照)

$$L=L_1\cup\cdots\cup L_n,\quad L_i\subset B_i\quad (i=1,\cdots,n)$$

をみたすようにできる. ゆえに $\mathcal{F}_1$ の元 $F_1,\cdots,F_n$ が存在して

$$L_i\subset F_i\subset B_i,\quad i=1,\cdots,n,$$

なるようにできる. $H=F_1\cup\cdots\cup F_n$ とおけば $H\in\mathcal{H}$ であって $L\subset H\subset V$ となる. かくして X が k 空間のときは Y^X は $\aleph_0$ 空間である.

最後に X が k 空間でない場合を考える. この時は $f:X\to Y$ が連続ならば $fk_X:\tilde{X}\to Y$ は連続である. ここに $\tilde{X}$ は X の k 先導であり k_X は $\tilde{X}$ から X への k 射影とする. 結局 Y^X は本質的には $Y^{\tilde{X}}$ の部分空間と考えられる. 上に考察したように $Y^{\tilde{X}}$ は $\aleph_0$ 空間であるから命題 52.7 によって Y^X は $\aleph_0$ 空間である. □

52.9　補題　空間 X に対して次の2条件は同等である.

(1)　X は可分距離空間の連続像である.

(2)　X は可算ネットワークをもつ.

証明　(1)⇨(2)　$f:Y\to X$ を可分距離空間 Y から X の上への連続写像とせよ. Y の可算ベースを $\mathcal{B}$ とすれば $f(\mathcal{B})$ は X の可算ネットワークである.

(2)⇨(1)　$\mathcal{P}$ を X の可算ネットワークとする.

$$\{P,X-P:P\in\mathcal{P}\}$$

をベースとして X に新しい位相を入れ $\tilde{X}$ とすれば $\tilde{X}$ は可算ベースをもつ正則空間であるから可分距離空間である. $f:\tilde{X}\to X$ を自然な写像とすれば f は連

続となることは明らかである.□

52.10　定理(Michael)　正則空間 X に対して次の2条件は同等である.

(1)　X は $\aleph_0$ 空間である.

(2)　X は可分距離空間のコンパクト被覆連続写像による像である.

証明　(1)⇨(2)　C をカントール集合とし

$$\varphi : X^C \times C \to X, \qquad \varphi(f, t) = f(t),$$

なる写像 φ を定義すると補題50.10によって φ は連続となる．但し X^C はコンパクト開位相を享けるものとする．定理52.8によって X^C は可算 k ネットワークをもつから可算ネットワークをもつ．ゆえに補題 52.9 によって可分距離空間 S と上への連続写像 $u : S \to X^C$ が存在する.

$$\psi : S \times C \to X, \qquad \psi(s, t) = \varphi(u(s), t)$$

なる写像 ψ を定義すれば φ, u の連続性によって ψ は連続となる．K を X の空でないコンパクト集合とすると命題52.3と52.7によって K はコンパクト距離空間となる．ゆえに系25.3によって元 $f \in X^C$ が存在して $f(C) = K$ となる．点 $s \in S$ をとり $u(s) = f$ ならしめる．すると $\{s\} \times C$ は $S \times C$ のコンパクト集合であり $\psi(\{s\} \times C) = K$ となって ψ がコンパクト被覆であることがわかった.

(2)⇨(1)　命題 52.4 を考慮に入れると可分距離空間が k ネットワークをもつことを証明すれば充分である．可分距離空間の可算ベース $\mathscr{B}$ をとり，その元の有限個の和集合すべての族は可算 k ネットワークである.□

52.11　例　X を上半平面とし $A \subset X$ を x 軸とする．$X - A$ の点は普通の近傍ベースをもつとする．A の点 p を通り傾きが ε, $-\varepsilon$ $(\varepsilon > 0)$ である直線をそれぞれ l_ε, $l_{-\varepsilon}$ とする．X の点で l_ε より下にあるものすべてを L_ε とする．同様にして X の点で $l_{-\varepsilon}$ より下にあるものすべてを $L_{-\varepsilon}$ とする.

$$U_\varepsilon(p) = \{p\} \cup (S_\varepsilon(p) \cap (L_\varepsilon \cup L_{-\varepsilon}))$$

とおき p の近傍ベースとして $\{U_\varepsilon(p) : \varepsilon > 0\}$ をとる．このようにして位相化された X は明らかに完全正則空間である．これを普通**蝶空間**(butterfly space)という．$U_\varepsilon(p)$ は p の**蝶近傍**とよばれる.

(1)　X は可算ネットワークをもつ.

証明　$X-A$, A 共に部分空間としては普通の位相をもっている．ゆえに $X-A$, A はそれぞれ相対的な可算ベース $\mathscr{B}_1, \mathscr{B}_2$ をもつ．$\mathscr{B}_1 \cup \mathscr{B}_2$ は X の可算ネットワークである．□

(2)　X は $\aleph_0$ 空間ではない．

証明　X は第1可算性をみたすから r 空間である．ゆえに命題 52.3 によって X が $\aleph_0$ 空間でないことをいうためには X が距離化可能でないことをいえば充分である．しかし X は可分であるから X が完全可分でないことを検証すれば足りる．$\{p, q\} \subset A$, $p \neq q$, ならば常に $U_\varepsilon(p)$ と $U_\delta(q)$ の間に包含関係は成立しないから X の任意のベースの濃度は $|A|$ 以上，すなわち連続濃度以上である．□

52.12　例　点 $p \in \beta N-N$ をとり $P=N \cup \{p\}$ とおく．この P は $\aleph_0$ 空間であって k 空間ではない．

証明　$K \subset P$ をコンパクトな無限集合とせよ．N の無限部分集合はコンパクトになり得ないから $K=\mathrm{Cl}_P(K \cap N)$．ゆえに $K=\mathrm{Cl}_{\beta N}(K \cap N)$，従って $K \approx \beta(K \cap N) \approx \beta N$ とならねばならない．K は可算であるが系 21.3 によれば βN は非可算である．この矛盾は P のコンパクト集合は有限集合であることを示している．

P の有限集合すべてのなす族は可算 k ネットワークであるから P は $\aleph_0$ 空間である．N は P における k 閉集合であるが閉集合ではない．ゆえに P は k 空間ではない．□

§53　コンパクト被覆写像

53.1　補題　T_2 空間 X とそのコンパクト集合 K が与えられたとせよ．K が X における可算外延基 $\mathcal{U}$ をもつならば次の3条件をみたす $\mathcal{U}$ の有限部分族の列 $\{\mathcal{U}_i\}$ が存在する．

(1)　$K \subset \mathcal{U}_i{}^{\#}$,　　$i \in N$.

(2)　$x \in K$ かつ $x \in U_i \in \mathcal{U}_i$, $i \in N$, ならば $\{U_i\}$ は x の近傍ベースとなる．

(3)　$x \in K$ ならば $U_i \in \mathcal{U}_i$, $i \in N$, が存在して

$$x \in \mathrm{Cl}(U_{i+1} \cap K) \subset U_i, \qquad i \in N.$$

証明　$\mathcal{U}$ の有限部分族で K を覆うものすべてを $\{\mathcal{V}_i\}$ とする．帰納法によって部分列 $\{\mathcal{U}_i\} \subset \{\mathcal{V}_i\}$ をとり各 i に対して

(4)　$\mathcal{U}_i < \mathcal{V}_i, \quad \{\mathrm{Cl}(U \cap K) : U \in \mathcal{U}_{i+1}\} < \mathcal{U}_i$

を成立させるようにする．この部分列に対して (1) が成立することは明らかである．

(2) を検べるために点 $x \in K$，元 $U_i \in \mathcal{U}_i$，$x \in U_i$，をとる．x の任意の開近傍を W とする．$V \in \mathcal{U}$ をとり $x \in V \subset W$ ならしめる．$\mathcal{U}$ の有限部分族 $\mathcal{V}$ をとり

$$K - V \subset \mathcal{V}^\#, \qquad x \notin \mathcal{V}^\#$$

ならしめる．すると $\mathcal{V} \cup \{V\} = \mathcal{V}_n$ となる n が存在する．この n に対して (4) の初めの不等式より $U_n \subset V$ が成立していることがわかる．

(3) を検べるために点 $x \in K$ に対して

$$\mathcal{W}_i = \{U \in \mathcal{U}_i : x \in U\}$$

とおけば $\mathcal{W}_i$ は有限であり任意に $U_{i+1} \in \mathcal{W}_{i+1}$ をとったとき $\mathrm{Cl}(U_{i+1} \cap K) \subset U_i$ ならしめる元 $U_i \in \mathcal{W}_i$ が存在することは (4) によって保証されている．ゆえに König の補題によって条件 (3) をみたす列 $\{U_i\}$ が存在する．□

53.2　補題　Y が第1可算性をみたす T_2 空間，$\mathcal{U}$ が Y のベースならば次の2条件をみたす距離空間 X と上への開連続写像 $f: X \to Y$ が存在する．

(1)　$K \subset Y$ がコンパクトで可算外延基 $\mathcal{U}_K \subset \mathcal{U}$ をもつならばあるコンパクト集合 $L \subset X$ に対して $f(L) = K$.

(2)　$E \subset Y$ が高々可算個の $U \in \mathcal{U}$ としか交わらないならば $f^{-1}(E)$ は可算ベースをもつ．

証明　$\mathcal{U} = \{U(\alpha) : \alpha \in A\}$ とおき $\alpha \neq \beta$ ならば $U(\alpha) \neq U(\beta)$ であるようにしておく．各 $n \in N$ に対して A_n は A のコピーとし位相は離散位相を付する．$\prod A_n$ の点 $\alpha = (\alpha_n)$ で $\{U(\alpha_n) : n \in N\}$ がある点 $y_\alpha \in Y$ の近傍ベースとなるようなものすべての集合を X とする．Y は T_2 であるからこの y_α は一意的に決り $f(\alpha) = y_\alpha$ によって写像 $f: X \to Y$ を定義すれば f は上への開連続写像であり (18.6 参

照)，X は勿論距離空間である．また(2)がみたされていることは f の作り方から明らかである．

(1)を検べるために補題 53.1 の条件をすべてみたす $\mathcal{U}_n \subset \mathcal{U}_K$ をとる．$\mathcal{U}_n = \{U(\alpha_n) : \alpha_n \in B_n\}$ とおけば B_n は A_n の有限集合であるとしてよい．

$$L = \{\alpha \in \prod B_n : U(\alpha_n) \supset \mathrm{Cl}(U(\alpha_{n+1}) \cap K) \neq \phi\}$$

とおけば L は $\prod B_n$ で閉であるからコンパクトとなる．$\alpha \in L$ ならば $K \cap \left(\bigcap_{n=1}^{\infty} U(\alpha_n)\right) \neq \phi$ であるから，補題 53.1 の条件(2)より $\alpha \in X$ かつ $f(\alpha) \in K$ となる．ゆえに $L \subset X$ かつ $f(L) \subset K$．補題 53.1 の条件(3)を適用して $f(L) = K$ となる．□

53.3 定理(Michael-Nagami) T_2 空間 Y に対して次の 2 条件は同等である．

(1) Y の任意のコンパクト集合は距離化可能であって Y に関して可算指標をもつ．

(2) Y は距離空間のコンパクト被覆開連続像である．

証明 (1)⇨(2) 定理 41.8 によって Y の任意のコンパクト集合 K は可算外延基 $\mathcal{U}_K$ をもつ．$\mathcal{U} = \bigcup_K \mathcal{U}_K$ とすればこの $\mathcal{U}$ は補題 53.2 の条件(1)をみたす．

(2)⇨(1)はほとんど明らかである．□

53.4 定理 T_2 空間 Y に対して次の 4 条件は同等である．

(1) Y は点可算ベースをもつ．

(2) Y は距離空間のコンパクト被覆開連続 s 写像による像である．

(3) Y は距離空間の開連続 s 写像による像である．

(4) Y は距離空間の双商 s 写像による像である．

証明 (1)と(3)の同等性は定理 18.6 によって証明された．(3)⇨(4)は明らかである．(4)⇨(1)は Filippov の定理 49.13 に含まれている．(2)⇨(3)も明らかである．証明すべきことは(1)⇨(2)だけである．

Y の点可算ベースを $\mathcal{U}$ とする．Y の任意のコンパクト集合を K としたとき可算外延基 $\mathcal{U}_K \subset \mathcal{U}$ が存在することは命題 19.9 から直ちに証明できる．任意の点 $y \in Y$ に対して y を含む $\mathcal{U}$ の元は可算であるから補題 53.2 による距離空

間 X と上への開連続写像 $f: X \to Y$ が存在して f はコンパクト被覆 s 写像となる．□

Filippov の定理 42.22 によってパラコンパクト p 空間が距離空間の開連続 s 写像による像ならば距離化可能であることは既に学んだ．そこでパラコンパクト p 空間が距離空間のコンパクト被覆開連続像ならば距離化可能であるかという疑問が生ずるが，次の例はそれが否定的であることを示している．

53.5　例　$D=\{0,1\}$ として集合 $I \times D$ に辞書式順序を入れ，その順序に関する区間位相を入れると $X=I \times D$ はコンパクト T_2，完全正規，第1可算，継承的可分であって任意の非可算部分集合は可算ベースをもたないことは容易にわかる．$f: X \to I$ を射影とすれば像空間 I は普通の位相で考えて f は連続である．ゆえに f は完全である．補題 13.5 によって I の非可算部分集合 S が存在して S の任意のコンパクト部分集合は可算であるようにできる．$Y=f^{-1}(S)$, $g=f|Y$ とする．g は完全であるから Y は距離空間の完全逆像としてパラコンパクト p 空間である．Y の任意のコンパクト集合は可算であるから可算外延基をもつ．ゆえに定理 53.3 によって Y はある距離空間のコンパクト被覆開連続像となっている．Y は可分であって完全可分でないから距離化不可能である．

53.6　問題(Michael-Nagami)　T_2 空間が距離空間の商 s 写像による像ならばそれは距離空間のコンパクト被覆商 s 写像による像であるか．

53.7　定義　空間 X が**強可算型**であるとは X の任意のコンパクト集合が距離化可能であり X に関して可算指標をもつこととする．

この定義から直ちに強可算型の空間は可算型であることがわかる．強可算型 T_2 空間の写像による外延的定義には距離空間が用いられている(定理 53.3)ことに対応して可算型 T_2 空間のそれにはパラコンパクト p 空間が用いられている(定理 42.21)ことに注意されたい．

可分距離空間のコンパクト被覆写像に関しては次のような問題がある．

53.8　問題(Michael)　$f: X \to Y$ は上へのコンパクト被覆連続写像，X は完備な可分距離空間，Y は距離空間であるとき，Y は完備に距離付けられるか．

この問題の特殊な場合として次の予想がある．

53.9 問題(Michael-A. H. Stone)　$f: X \to Y$ は上へのコンパクト被覆連続写像，X は無理数空間，Y は可分距離空間であるとき，Y は完備に距離付けられるか．

Gödel と Novikov は既にこの問題の核心的な部分と集合論公理との無矛盾性に関して論じている．

§54 M_i 空 間

54.1 定義　位相空間 X の部分集合の族 $\mathscr{B}$ は，任意の $x \in X$ とその任意の近傍 U に対して $x \in \mathrm{Int}\, B \subset B \subset U$ となる $B \in \mathscr{B}$ が存在するとき，X の**副基**とよばれる．$\mathbb{P}$ を X の部分集合の順序対 $P=(P_1, P_2)$ の族で次の 2 条件をみたすとせよ．

(1)　各 $P \in \mathbb{P}$ について $P_1 \subset P_2$ で P_1 は開集合である．

(2)　各 $x \in X$ とその任意の近傍 U について $P=(P_1, P_2) \in \mathbb{P}$ が存在して $x \in P_1 \subset P_2 \subset U$ とできる．

このとき $\mathbb{P}$ を X の**対ベース**(pair base)という．$\mathbb{P}$ はその任意の部分族 $\mathbb{P}'$ について

$$\mathrm{Cl}\left(\bigcup\{P_1 : P \in \mathbb{P}'\}\right) \subset \bigcup\{P_2 : P \in \mathbb{P}'\}$$

が成立するとき，**クッション族**であるといわれる．空間 X に対して次のような条件を考える．

(3)　X は σ 閉包保存なベースをもつ．

(4)　X は σ 閉包保存な副基をもつ．

(5)　X は σ クッション対ベースをもつ，すなわち $\mathbb{P}=\bigcup_{i=1}^{\infty}\mathbb{P}_i$，各 $\mathbb{P}_i$ はクッション族，となる対ベース $\mathbb{P}$ をもつ．

正則空間で(3), (4)，または(5)の条件をみたす空間をそれぞれ $\boldsymbol{M_1}, \boldsymbol{M_2}, \boldsymbol{M_3}$ **空間**という．M_3 空間を**層型空間**(stratifiable space)ともいう．但し(5)は正則性を含む．

54.2 定理　距離空間⇨M_1 空間⇨M_2 空間⇨M_3 空間⇨パラコンパクト完全正規空間，が成立する．

証明　定理18.1より距離空間 X は σ 局所有限ベース $\mathcal{B}$ をもつ．$\mathcal{B}$ は σ 閉包保存であるから X は M_1 空間である．

$\bigcup\mathcal{B}_i$ を X の σ 閉包保存な副基とする．

$$\mathbb{P}_i = \{(\operatorname{Int} B,\ \operatorname{Cl} B) : B \in \mathcal{B}_i\}, \qquad i \in N,$$

とおけばこれはクッション族であり，$\bigcup\mathbb{P}_i$ は σ クッション対ベースとなる．

最後に X を M_3 空間，$\bigcup\mathbb{P}_i$ を各 $\mathbb{P}_i$ がクッション族であるような対ベースとせよ．X の任意の開被覆を $\mathcal{U}$ とせよ．

$$\mathcal{W}_i = \{P_1 : P_1 \subset P_2 < \mathcal{U},\ (P_1, P_2) \in \mathbb{P}_i\}$$

とおけば $\bigcup\mathcal{W}_i$ は X の開被覆で $\mathcal{U}$ の σ クッション細分である．これは次の補題54.3によれば X のパラコンパクト性を意味する．

U を X の任意の開集合とするとき

$$W_i = \bigcup\{P_1 : P_1 \subset P_2 \subset U,\ (P_1, P_2) \in \mathbb{P}_i\}$$

とおけば $U = \bigcup W_i = \bigcup \overline{W}_i$ であり U は F_σ 集合である．□

54.3　補題(Michael)　空間 X に対して次は同等である．

(1)　X はパラコンパクト T_2 空間である．

(2)　X の開被覆 $\mathcal{U}$ は被覆 $\mathcal{V} = \bigcup\mathcal{V}_i$ によって次の条件をみたすように細分される．

各 $\mathcal{V}_i$ は $\mathcal{U}$ をクッション細分し $X = \bigcup \operatorname{Int}(\mathcal{V}_i{}^{\#})$．

証明　(1)⇨(2)は明らかである．

(2)⇨(1)　条件をみたす $\mathcal{U}, \mathcal{V}$ をとり

$$\mathcal{U} = \{U(\alpha) : \alpha \in A\},$$
$$\mathcal{V}_i = \{V(\beta) : \beta \in B_i\}, \qquad B_i \cap B_j = \phi\ (i \neq j),$$

とおく．$\mathcal{U}$ をクッション細分する被覆を作れば Michael の定理17.12によって X がパラコンパクト T_2 空間であることがわかる．

$\varphi_i : B_i \to A$ を $\mathcal{V}_i$ から $\mathcal{U}$ へのクッション細分射とする．$\varphi : \bigcup B_i \to A$ を $\varphi | B_i = \varphi_i$ なるように定義する．

$$n(x) = \min\{i : x \in \operatorname{Int}(\mathcal{V}_i{}^{\#})\}, \qquad x \in X,$$

とおく．$x \in X$ に対して $x \in V(\beta) \in \mathcal{V}_{n(x)}$ なる β を $\psi(x)$ とすれば $\psi : X \to \bigcup B_i$

がえられる．$f=\varphi\phi : X\to A$ とおく．f が $\{\{x\} : x\in X\}$ から $\mathcal{U}$ へのクッション細分射であることを示すために X の任意の部分集合 H をとる．任意に点

$$y\in X-\bigcup\{U(\alpha) : \alpha\in f(H)\}$$

をとったときこの y が $\bar{H}$ の点でないことをいえばよい．

$$A_i=\{\alpha\in\varphi(B_i) : y\notin U(\alpha)\},$$

$$V_i=\bigcup\{V(\beta) : \beta\in\varphi_i^{-1}(A_i)\},$$

$$W=\mathrm{Int}\,(\mathcal{V}_{n(y)}{}^{\#})-\bigcup_{i=1}^{n(y)}\bar{V}_i$$

とおく．φ_i は $\mathcal{V}_i$ から $\mathcal{U}$ へのクッション細分射であるから $\bar{V}_i\subset\bigcup\{U(\alpha) : \alpha\in A_i\}$．ゆえに $y\notin\bar{V}_i$ が各 i に対して成立するから W は y の開近傍である．

任意に $z\in H$ をとる．$n(z)\leqq n(y)$ ならば $z\in V_{n(z)}$ であるから $z\notin W$ となる．$n(z)>n(y)$ ならば $z\notin\mathrm{Int}\,(\mathcal{V}_{n(y)}{}^{\#})$ であるから $z\notin W$ となる．ゆえに $H\cap W=\phi$ となり $y\notin\bar{H}$ がいえた．□

54.4　補題　$\mathcal{F}, \mathcal{H}$ をそれぞれ空間 X, Y の閉包保存な族とせよ．このとき

$$\mathcal{F}\times\mathcal{H}=\{F\times H : F\in\mathcal{F},\ H\in\mathcal{H}\}$$

は $X\times Y$ で閉包保存である．

証明　$\mathcal{F}=\{F_\alpha : \alpha\in A\}$，$\mathcal{H}=\{H_\beta : \beta\in B\}$ とする．C を $A\times B$ の任意の部分集合とする．

$$\mathrm{Cl}\,(\bigcup\{F_\alpha\times H_\beta : (\alpha, \beta)\in C\})$$

$$\subset\bigcup\{\bar{F}_\alpha\times\bar{H}_\beta : (\alpha, \beta)\in C\}$$

を示さねばならない．$(x, y)\notin\bigcup\{\bar{F}_\alpha\times\bar{H}_\beta : (\alpha, \beta)\in C\}$ とする．

$$U=X-\bigcup\{\bar{F}_\alpha : x\notin\bar{F}_\alpha,\ (\alpha, \beta)\in C\},$$

$$V=Y-\bigcup\{\bar{H}_\beta : y\notin\bar{H}_\beta,\ (\alpha, \beta)\in C\}$$

とおけば $U\times V$ は (x, y) の開近傍で $\bigcup\{F_\alpha\times H_\beta : (\alpha, \beta)\in C\}$ と交わらない．これから

$$(x, y)\notin\mathrm{Cl}\,(\bigcup\{F_\alpha\times H_\beta : (\alpha, \beta)\in C\})$$

となる．□

54.5　定理(Ceder)　X_n，$n=1, 2, \cdots$，を M_i 空間とすれば $X=\prod X_n$ は M_i

空間である．

証明　M_1 空間の場合を証明する．他の場合は同様に示される．$\bigcup_{m=1}^{\infty}\mathscr{B}_n^m$，各 $\mathscr{B}_n^m$ は閉包保存，を X_n のベースとする．

$$\mathscr{B}_n=\left\{\prod_{i=1}^{n}B_i\times\prod_{i=n+1}^{\infty}X_i : B_i\in\bigcup_{j=1}^{n}\mathscr{B}_i^j\right\}$$

とおけばこれは補題54.4によって X で閉包保存である．$\mathscr{B}=\bigcup\mathscr{B}_n$ とおけば $\mathscr{B}$ は X の σ 閉包保存なベースである．□

54.6　定理　(1)　M_1 空間の任意の開集合は M_1 空間である．

(2)　M_2 あるいは M_3 空間の任意の部分集合はそれぞれ M_2 あるいは M_3 空間である．

証明　$\mathscr{B}$ を M_1 空間 X の σ 閉包保存ベースとし，U を X の開集合とすれば $\{B\in\mathscr{B} : \bar{B}\subset U\}$ は U の σ 閉包保存ベースとなる．

次に(2)を M_2 の場合に証明する．M_3 の場合は同様に証明されるから省略する．$\bigcup\mathscr{B}_n$，各 $\mathscr{B}_n$ は閉包保存，を M_2 空間 X の副基とし，A を X の部分集合とする．各 n について

$$\mathscr{B}_n'=\{A\cap\bar{B} : B\in\mathscr{B}_n\}$$

とおく．$\bigcup\mathscr{B}_n'$ が A の σ 閉包保存副基となることを示そう．$a\in A$ と X における a の開近傍 U に対してある $\mathscr{B}_n$ の元 B で $a\in\operatorname{Int}B\subset\bar{B}\subset U$ をみたすものがとれる．このとき

$$a\in A\cap\operatorname{Int}B\subset\operatorname{Int}_A(A\cap\bar{B})\subset A\cap U$$

となり $A\cap\bar{B}\in\mathscr{B}_n'$ であるから $\bigcup_n\mathscr{B}_n'$ は A の副基をなす．$\mathscr{B}_n'$ が閉包保存であることを示すために $\mathscr{H}$ を $\mathscr{B}_n$ の部分族とする．

$$\left(\bigcup\{\operatorname{Cl}(A\cap\bar{B}) : B\in\mathscr{H}\}\right)\cap A$$
$$\supset\operatorname{Cl}\left(\bigcup\{A\cap\bar{B} : B\in\mathscr{H}\}\right)\cap A$$

を示さねばならない．$b\notin\bigcup\{\operatorname{Cl}(A\cap\bar{B}) : B\in\mathscr{H}\}$ となる A の点 b をとれ．$b\notin\bar{B}$，$B\in\mathscr{H}$，となるから $b\notin\operatorname{Cl}(\bigcup\{B : B\in\mathscr{H}\})$．これから $b\notin\operatorname{Cl}(\bigcup\{A\cap\bar{B} : B\in\mathscr{H}\})$ となる．□

54.7　問題(Ceder)　(1)　M_1 空間の任意の閉集合は M_1 空間であるか．よ

り一般に M_1 空間の任意の部分集合は M_1 空間となるか．M_1 空間の閉連続像は M_1 空間か．

(2) M_2 空間は M_1 空間となるか．

(3) M_3 空間は M_2 空間となるか．

次節において，距離空間の閉連続像は M_1 空間であること，M_2 空間の閉連続像は M_2 空間であることが示される．M_1, M_2 空間についてはまだ不明の点が多いが，M_3 空間については次に述べる如く種々の性質が知られている．次の定理は M_3 空間を層型空間という妥当性を示している．

54.8 定理(Borges) 空間 X に対して次は同等である．

(1) X は M_3 空間である．

(2) X の各開集合 U に開集合列 $\{U_n : n\in N\}$ が対応し，

(i) $\overline{U}_n\subset U$ かつ $U_n\subset U_{n+1}$, $n\in N$,

(ii) $\bigcup U_n=U$,

(iii) V が開集合で $V\subset U$ ならば $V_n\subset U_n$, $n\in N$.

(3) X の各点 x にその開近傍列 $\{g(x, n) : n\in N\}$ が対応し，X の各閉集合 A に対して $A=\bigcap_{n=1}^{\infty}\mathrm{Cl}(\bigcup\{g(x, n) : x\in A\})$ となる．

((2) において与えられた対応 $U\to\{U_n\}$ を**層対応**という．)

証明 (1)⇨(2) $\bigcup\mathbb{P}_n$, 各 $\mathbb{P}_n$ はクッション族，を X の対ベースとする．各開集合 U に対して

$$U_n=\bigcup\{P_1 : P_1\subset P_2\subset U,\ (P_1, P_2)\in\bigcup_{i=1}^{n}\mathbb{P}_i\}$$

とおけば，$U\to\{U_n\}$ は明らかに層対応である．

(2)⇨(3) $U\to\{U_n\}$ を層対応とする．

$$g(x, n)=X-\mathrm{Cl}(X-\{x\})_n,\qquad x\in X,$$

とおく．(2) の (i) より $g(x, n)$ は x の開近傍となる．A を X の閉集合とし $X-A=U$ とおく．$p\notin A$ とすればある m に対して $p\in U_m$ となる．

$$x\in A\Rightarrow U\subset X-\{x\}\Rightarrow U_m\subset(X-\{x\})_m$$

であるから $U_m\cap g(x, m)=\phi$, 従って $p\notin\mathrm{Cl}(\bigcup\{g(x, m) : x\in A\})$.

(3)⇨(1)　各 $x \in X$ に対して $g(x, n) \supset g(x, n+1)$, $n \in N$, と仮定して一般性を失わない．X の各開集合 U について

$$U_n = X - \mathrm{Cl}\,(\bigcup\{g(x, n) : x \in X - U\}),$$

$$\mathbb{P}_n = \{(U_n, U) : U \text{は開集合}\},$$

$$\mathbb{P} = \bigcup_{n=1}^{\infty} \mathbb{P}_n$$

とおく．$\mathbb{P}$ が対ベースをなすことは明らかである．各 $\mathbb{P}_n$ がクッション族であることを示すために，まず $U \to \{U_n\}$ が層対応となることに注目せよ．$\mathcal{U}$ を開集合の任意の族とすれば任意の $U \in \mathcal{U}$ に対して $U \subset \mathcal{U}^\sharp$, これから

$$\mathrm{Cl}\,(\bigcup\{U_n : U \in \mathcal{U}\}) \subset \mathrm{Cl}\,((\mathcal{U}^\sharp)_n) \subset \mathcal{U}^\sharp. \square$$

54.9　補題　X を層型空間，$U \to \{U_n\}$ を層対応とする．閉集合 A と開集合 U との任意の対 (A, U) に対して

$$U_A = \bigcup_{n=1}^{\infty} (U_n - \mathrm{Cl}\,(X - A)_n)$$

とおく．このとき次が成立する．

(1)　A, B を $A \subset B$ となる閉集合，U, V を $U \subset V$ となる開集合とすれば $U_A \subset V_B$.

(2)　$A \cap U \subset U_A \subset \overline{U}_A \subset A \cup U$. 特に $A \subset U$ ならば $A \subset U_A \subset \overline{U}_A \subset U$.

証明　(1)は明らかである．(2)を示すために $x \in A \cap U$ をとる．$x \in U_n$ とすれば $x \in U_n - \mathrm{Cl}\,(X - A)_n \subset U_A$. ゆえに $A \cap U \subset U_A$.

$x \notin A \cup U$ とせよ．$x \in (X - A)_n$ とすれば $V = (X - A)_n \cap (X - \overline{U}_n)$ は x の近傍となる．$m \geqq n$, $m \leqq n$ に従って $(U_m - \mathrm{Cl}\,(X - A)_m) \cap (X - A)_n = \phi$, $(U_m - \mathrm{Cl}\,(X - A)_m) \cap (X - \overline{U}_n) = \phi$. ゆえに $V \cap U_A = \phi$, 即ち $x \notin \overline{U}_A$. これより $\overline{U}_A \subset A \cup U$. $\square$

54.10　補題　A を層型空間 X の閉集合，$U \to \{U_n\}$ を X の層対応とする．A における任意の層対応

$$A \cap U \to \{\alpha_n(A \cap U)\}, \qquad U \text{は} X \text{の開集合},$$

に対して

$$\alpha_n(U) = (U - A)_n \cup ((U - A) \cup \alpha_n(A \cap U))_{\mathrm{Cl}\,\alpha_n(A \cap U)}$$

とおく．このとき $U\to\{\alpha_n(U)\}$ は X の層対応で次が成立する．

(1)　$\alpha_n(U)\cap A=\alpha_n(A\cap U)$,　　$\mathrm{Cl}\,\alpha_n(U)\cap A=\mathrm{Cl}\,\alpha_n(A\cap U)$.

(2)　$A\cap U\to\{\beta_n(A\cap U)\}$ を A における他の層対応で $U\subset V$ となる開集合 U, V に対して $\alpha_n(A\cap U)\subset\beta_n(A\cap V)$ となるものとすれば，$\alpha_n(U)\subset\beta_n(V)$.

証明　54.9 の (2) と U_A の定義より

$$\begin{aligned}\alpha_n(A\cap U)&\subset((U-A)\cup\alpha_n(A\cap U))_{\mathrm{Cl}\,\alpha_n(A\cap U)}\\&\subset\alpha_n(U)\subset(U-A)\cup\alpha_n(A\cap U).\end{aligned}$$

また

$$\mathrm{Cl}\,\alpha_n(A\cap U)\subset\mathrm{Cl}\,\alpha_n(U)\subset(U-A)\cup\mathrm{Cl}\,\alpha_n(A\cap U)\subset V.$$

これから (1) が成立する．(2) は 54.9 の (1) から明らかである．□

54.11　定理 (Borges)　層型空間の閉連続像は層型空間である．

証明　$f: X\to Y$ を層型空間 X から空間 Y の上への閉連続写像とする．$U\to\{U_n\}$ を X の層対応とする．Y の開集合 V に対して

$$T_n=(f^{-1}(V))_n,\qquad S_n=f^{-1}(f(\overline{T}_n)),$$
$$Q_n=(f^{-1}(V))_{S_n},\qquad V_n=\mathrm{Int}\,f(Q_n)$$

とおく．S_n は $f^{-1}(V)$ に含まれる閉集合であるから 54.9 の (2) より Q_n は S_n の開近傍となる．これから V_n は $f(\overline{T}_n)$ の開近傍となるから $\bigcup V_n=V$．また

$$\overline{V}_n\subset\mathrm{Cl}\,f(Q_n)=f(\overline{Q}_n)\subset V.$$

W を $V\subset W$ となる Y の開集合とすれば明らかに $V_n\subset W_n$ である．これから $V\to\{V_n\}$ は Y の層対応となる．□

54.12　補題　$U\to\{U_n\}$ を層型空間 X の層対応とする．開集合 U の各点 x に対して

$$n(U,x)=\min\{n: x\in U_n\},$$
$$U[x]=U_{n(U,x)}-\mathrm{Cl}\,(X-\{x\})_{n(U,x)}$$

とおく．このとき，X の開集合 U, V と $x\in U$, $y\in V$ に対して次が成立する．

(1)　$U[x]\cap V[y]\neq\phi$ かつ $n(U,x)\leqq n(V,y)$ ならば $y\in U$.

(2)　$U[x]\cap V[y]\neq\phi$ ならば $x\in V$ または $y\in U$.

証明　(1) の条件を仮定せよ．$y\notin U$ とすれば各 n に対して $(X-\{y\})_n\supset U_n$ で

あるから

$$(X-\{y\})_{n(V,y)}\supset(X-\{y\})_{n(U,x)}\supset U_{n(U,x)}.$$

これから $U[x]\cap V[y]=\phi$ という矛盾が生じる．(2)は(1)の結果である．□

次の定理はDugundjiの拡張定理32.7の一般化である．

54.13　定理(Ceder-Borges)　A を層型空間 X の閉集合，f を A から局所凸な位相線形空間 Z への連続写像とすれば，f は X へ拡張される．

証明　$W=X-A$,

$$W'=\{x\in W：\text{ある } y\in A \text{ と } y \text{ のある開近傍 } U \text{ に対して } x\in U[y]\},$$

とおく．各 $x\in W'$ に対して

$$m(x)=\max\{n(U,y):y\in A,\ \ x\in U[y]\}$$

とすれば $m(x)<n(W,x)$ となる．なぜならこれを否定すれば，ある $y\in A$ とその開近傍 U に対して $x\in U[y]$ かつ $n(U,y)\geqq n(W,x)$ となるから補題54.12の(1)を適用して $y\in W$ という矛盾が生じるからである．

W は54.2と54.6よりパラコンパクトであるからその開被覆 $\{W[x]:x\in W\}$ を細分する W の局所有限開被覆 $\mathcal{V}$ が存在する．各 $V\in\mathcal{V}$ に対して $V\subset W[x_V]$ となる点 $x_V\in W$ をとる．$x_V\in W'$ ならば，W' の定義から A の点 a_V とその開近傍 S_V を $x_V\in S_V[a_V]$ かつ $n(S_V,a_V)=m(x_V)$ となるように選ぶことができる．$x_V\notin W'$ ならば A の点 a_0 を任意に固定して $a_V=a_0$ とする．$\{p_V:V\in\mathcal{V}\}$ を $\mathcal{V}$ に1：1従属する(意味は明白であろう)1の分解とし $g:X\to Z$ を次式によって定義する．

$$g(x)=f(x),\qquad x\in A,$$
$$g(x)=\sum_{V\in\mathcal{V}}p_V(x)f(a_V),\qquad x\in W.$$

g が W で連続となることは明らかであるから A で連続となることを示そう．$a\in A$ と $f(a)$ の Z における凸近傍 T をとる．f は連続であるから a の X での開近傍 U をとり $f(A\cap U)\subset T$ とすることができる．この U に対して $g((U[a])[a])\subset T$ となることを示そう．$x\in(U[a])[a]\cap A\subset U\cap A$ ならば $g(x)=f(x)\in T$ である．$x\in(U[a])[a]-A$ とせよ．$x\in V\in\mathcal{V}$ なる V を任意にとれば，$a\notin W$

かつ $x\in(U[a])[a]\cap W[x_V]$ であるから 54.12 の(2)より $x_V\in U[a]$. これから $x_V\in W'$ かつ $n(U,a)\leqq m(x_V)=n(S_V,a_V)$ となる. $x_V\in U[a]\cap S_V[a_V]$ となるから 54.12 の(1)より $a_V\in U$, すなわち $f(a_V)\in T$. $g(x)=\sum\{p_V(x)f(a_V) : x\in V\in \mathcal{V}\}$ であり T は凸であるから $g(x)\in T$ が得られる. かくして $g((U[a])[a])\subset T$ となり g は A 上で連続となる. □

一般に距離空間の接着空間は距離空間とはならないが層型空間については次のように肯定的である.

54.14 定理 Y, X を層型空間, f を Y の閉集合 B から X への連続写像とすれば, 接着空間 $Y\cup_f X$ は層型空間である.

証明 定義 32.11 の記号 $k : Y\to Y\cup_f X$, $j : X\to Y\cup_f X$ をそのまま使用する. $Y\cup_f X$ の開集合 U に対して $U'=k^{-1}(U)\subset Y$, $U''=j^{-1}(U)\subset X$ と書くことにする. $V\to\{V_n\}$ を X の層対応とする. $B\cap U'\to\{f^{-1}(U_n'')\}$ は B における層対応の一部であるから, 54.10 と同様な方法で Y の層対応の一部 $U'\to\{U_n'\}$ が存在して次の 2 条件をみたすようにできる.

(1) $U_n'\cap B = f^{-1}(U_n'')$.

(2) $\overline{U_n'}\cap B = \overline{f^{-1}(U_n'')}$.

また次のことがいえる.

(3) U, V が $Y\cup_f X$ の開集合で $U\subset V$ ならば $U_n'\subset V_n'$.

なぜならば, $U\subset V$ より $U_n''\subset V_n''$, また $U'\subset V'$ であるから 54.10 の(2)より $U_n'\subset V_n'$ となる. $Y\cup_f X$ の開集合 U に対して

$$U_n = k(U_n')\cup j(U_n'')$$

とおく. $U\to\{U_n\}$ が $Y\cup_f X$ の層対応となることを示そう. まず $H\subset Y$ とすれば次のことが成立することはすぐわかる. $k^{-1}k(H)=H\cup f^{-1}f(H\cap B)$, $j^{-1}k(H)=f(H\cap B)$. これを用いれば次がわかる.

$$\begin{aligned} k^{-1}(U_n) &= k^{-1}k(U_n')\cup k^{-1}j(U_n'') \\ &= U_n'\cup f^{-1}f(U_n'\cap B)\cup f^{-1}(U_n'') \\ &= U_n'\cup f^{-1}(U_n'') = U_n', \end{aligned}$$

$$j^{-1}(U_n) = j^{-1}k(U_n')\cup j^{-1}j(U_n'')$$

$$= f(U_n' \cap B) \cup U_n''$$
$$= ff^{-1}(U_n'') \cup U_n'' = U_n''.$$

これより $k^{-1}(U_n)$ と $j^{-1}(U_n)$ は共に開となるから U_n は $Y \cup_f X$ で開である．次に $\overline{U}_n \subset U$ を示すために

$$K = k(\overline{U}_n') \cup j(\overline{U}_n'')$$

とおく．$U_n \subset K \subset U$ であるから K が $Y \cup_f X$ で閉なることをいえばよい．(2) を使用して

$$\begin{aligned} k^{-1}(K) &= k^{-1}k(\overline{U}_n') \cup k^{-1}j(\overline{U}_n'') \\ &= \overline{U}_n' \cup f^{-1}f(\overline{U}_n' \cap B) \cup f^{-1}(\overline{U}_n'') \\ &= \overline{U}_n' \cup f^{-1}(f(\overline{f^{-1}(U_n'')}) \cup U_n'') \\ &= \overline{U}_n' \cup f^{-1}(\overline{U}_n'), \\ j^{-1}(K) &= j^{-1}k(\overline{U}_n') \cup j^{-1}j(\overline{U}_n'') \\ &= f(\overline{U}_n' \cap B) \cup \overline{U}_n'' \\ &= f(\overline{f^{-1}(U_n'')}) \cup \overline{U}_n'' = \overline{U}_n''. \end{aligned}$$

これより $k^{-1}(K)$，$j^{-1}(K)$ は共に閉となり K は閉となる．また

$$\begin{aligned} \bigcup U_n &= \bigcup (k(U_n') \cup j(U_n'')) \\ &= k(\bigcup U_n') \cup j(\bigcup U_n'') \\ &= k(U') \cup j(U'') = U. \end{aligned}$$

最後に，$Y \cup_f X$ の開集合 U, V，$U \subset V$，をとれば (3) より $U_n \subset V_n$ となる．ゆえに $U \to \{U_n\}$ は $Y \cup_f X$ の層対応である．□

次の結果は 32.14 の方法を使用して 54.14 から得られる．

54.15　系　$\mathcal{S}$ を層型空間すべての族とせよ．$X \in \mathcal{S}$ が $ES(\mathcal{S})$ または $NES(\mathcal{S})$ となる必要充分条件は X がそれぞれ $AR(\mathcal{S})$ または $ANR(\mathcal{S})$ となることである．

54.16　定理　X は閉被覆 $\mathcal{F} = \{F_\alpha\}$ に関して Whitehead 弱位相をもつとする．各 F_α が層型空間ならば X は層型空間となる．

証明　$\mathcal{F}$ の元はすべて空でない場合を考えれば充分である．最初に $\mathcal{F}$ が 2 つの元 F_1, F_2 からなっている場合を考える．$i: F_1 \cap F_2 \to F_2$ を包含写像とす

れば，X は i による F_1, F_2 の接着空間 $F_1\cup_i F_2$ となるから 54.14 より X は層型空間となる．

次に一般の場合を考えよう．次のようなすべての対 $(\mathcal{F}_\beta, S_\beta)$ の族 $\mathcal{G}$ を考えよ：$\mathcal{F}_\beta\subset\mathcal{F}$ かつ S_β は部分空間 $H_\beta=\mathcal{F}_\beta{}^\#$ の層対応である．H_β の開集合 U に対して層対応 S_β を $U\to\{U_{\beta,n}\}$ で表わすことにする．$\mathcal{G}$ に次のような半順序 $\leqq$ を導入する：$(\mathcal{F}_\beta, S_\beta)\leqq(\mathcal{F}_\gamma, S_\gamma)\Leftrightarrow\mathcal{F}_\beta\subset\mathcal{F}_\gamma$ かつ $H_\gamma=\mathcal{F}_\gamma{}^\#$ の各開集合 U に対して

(1)　$U_{\gamma,n}\cap H_\beta=(U\cap H_\beta)_{\beta,n}$,

(2)　$\bar{U}_{\gamma,n}\cap H_\beta=\mathrm{Cl}\,(U\cap H_\beta)_{\beta,n}$.

Zorn の補題 3.3 を適用するために，$\mathcal{G}$ の任意の鎖 $\{(\mathcal{F}_\beta, S_\beta):\beta\in\Gamma\}$ を考えよ．$\mathcal{F}_\gamma=\bigcup_{\beta\in\Gamma}\mathcal{F}_\beta$ とおき，$H_\gamma=\mathcal{F}_\gamma{}^\#$ の開集合 U に対して

$$U_{\gamma,n}=\bigcup_{\beta\in\Gamma}(U\cap H_\beta)_{\beta,n}$$

とおけ．$U\to\{U_{\gamma,n}\}$ が H_γ の層対応となり (1), (2) をみたすことを示そう．

H_γ の開集合 U, V, $U\subset V$, に対して $U_{\gamma,n}\subset V_{\gamma,n}$, また $U=\bigcup_{n=1}^{\infty}U_{\gamma,n}$ となることは明らかである．また (1) は定義から明らかである．(2) と包含関係 $\bar{U}_{\gamma,n}\subset U$ を同時に示すために

$$U_n{}^*=\bigcup_{\beta\in\Gamma}\mathrm{Cl}\,(U\cap H_\beta)_{\beta,n}$$

とおく．明らかに $U_{\gamma,n}\subset U_n{}^*\subset\bar{U}_{\gamma,n}$. $\{(\mathcal{F}_\beta, S_\beta)\}$ は鎖であるから $U_n{}^*\cap H_\beta=\mathrm{Cl}\,(U\cap H_\beta)_{\beta,n}$. この式は $U_n{}^*$ が閉であることを示しているから $U_n{}^*=\bar{U}_{\gamma,n}$ となり，結局 $\bar{U}_{\gamma,n}\cap H_\beta=\mathrm{Cl}\,(U\cap H_\beta)_{\beta,n}$ かつ $\bar{U}_{\gamma,n}\subset U$ となる．

H_γ の層対応 $U\to\{U_{\gamma,n}\}$ は (1), (2) をみたすから $\mathcal{F}_\gamma$ とこの層対応の対は $\{(\mathcal{F}_\beta, S_\beta)\}$ の上限である．ゆえに Zorn の補題によって $\mathcal{G}$ の極大元 $(\mathcal{F}_0, S_0)$ が存在する．定理の証明には $\mathcal{F}_0=\mathcal{F}$ をいえばよい．$\mathcal{F}_0\neq\mathcal{F}$ と仮定すれば $F\in\mathcal{F}-\mathcal{F}_0$ なる F をとることができる．

$$\mathcal{F}_1=\mathcal{F}_0\cup\{F\},\qquad H_i=\mathcal{F}_i{}^\#\qquad(i=0,1)$$

とおく．始めに述べた特別の場合によって $H_1=H_0\cup F$ は層型空間であり H_0 はその閉集合である．ゆえに補題 54.10 によって H_1 の層対応 $S_1:U\to\{U_{1,n}\}$ で $U_{1,n}\cap H_0=(U\cap H_0)_{0,n}$, $\bar{U}_{1,n}\cap H_0=\mathrm{Cl}\,(U\cap H_0)_{0,n}$ となるものが存在する．

ここに $V\to\{V_{0,n}\}$ は H_0 の層対応 S_0 である．このことは $(\mathscr{F}_0, S_0)<(\mathscr{F}_1, S_1)$ を意味し，$(\mathscr{F}_0, S_0)$ の極大性に反する．□

§55　σ 空間

55.1　定義　σ 局所有限なネットワークをもつ正則空間を **σ 空間**という．

この定義から距離空間は σ 空間である．この節で示すように層型空間は σ 空間であるが逆は成立しない．

55.2　定理(Nagata-Siwiec)　正則空間 X に対して次の3条件は同等である．

(1)　X は σ 空間である．

(2)　X は σ 閉包保存なネットワークをもつ．

(3)　X は σ 疎なネットワークをもつ．

証明　(3)⇨(1)⇨(2)は明らかであるから(2)⇨(3)を示す．$\mathscr{B}=\bigcup\mathscr{B}_i$，各 $\mathscr{B}_i=\{B_\alpha : \alpha\in\Gamma_i\}$ は閉包保存，を X のネットワークとする．X の正則性によって $\bigcup\overline{\mathscr{B}_i}$ は X の σ 閉包保存なネットワークとなるから，始めから $\mathscr{B}$ の各元は閉集合であるとしてよい．

(1)　$F_{\alpha k}=\bigcup\{B\in\mathscr{B}_k : B\cap B_\alpha=\phi\},\qquad \alpha\in\Gamma_i,\ k\in N,$

(2)　$G_k(\Gamma')=(\bigcap\{B_\alpha : \alpha\in\Gamma'\})\cap(\bigcap\{F_{\alpha k} : \alpha\in\Gamma_i-\Gamma'\}),\qquad \Gamma'\subset\Gamma_i,$

(3)　$\mathscr{D}_{ik}=\{G_k(\Gamma') : \Gamma'\subset\Gamma_i\},\qquad i,k\in N,$

とおく．$\mathscr{D}=\bigcup_{i,k=1}^{\infty}\mathscr{D}_{ik}$ が X の σ 疎なネットワークとなることを示そう．

まず各 i,k に対して $\mathscr{D}_{ik}$ は素な族である．なぜなら，$\Gamma',\Gamma''\subset\Gamma_i$，$\Gamma'\neq\Gamma''$，に対して $\alpha\in\Gamma'-\Gamma''$ が存在するときは

$$G_k(\Gamma')\cap G_k(\Gamma'')\subset B_\alpha\cap F_{\alpha k}=\phi.$$

$\alpha\in\Gamma''-\Gamma'$ なる α が存在するときも同様に $G_k(\Gamma')\cap G_k(\Gamma'')=\phi$ が得られる．

次に $\mathscr{D}_{ik}$ が閉包保存であることを示すために

$$\Gamma_\lambda'\subset\Gamma_i,\qquad \lambda\in\Lambda,$$

なる $\{\Gamma_\lambda' : \lambda\in\Lambda\}$ を任意にとる．

(4)　$x\notin\overline{\bigcup\{G_k(\Gamma_\lambda') : \lambda\in\Lambda\}}=G$

なる点 x を任意にとる．

(5) $\Lambda' = \{\lambda \in \Lambda : x \notin \bigcap\{B_\alpha : \alpha \in \Gamma_\lambda'\}\}$,

(6) $\Lambda'' = \{\lambda \in \Lambda : x \notin \bigcap\{F_{\alpha k} : \alpha \in \Gamma_i - \Gamma_\lambda'\}\}$

とおけば(1), (2), (4)より $\Lambda = \Lambda' \cup \Lambda''$. 各 $\lambda \in \Lambda'$ に対して $\alpha(\lambda) \in \Gamma_\lambda'$ が存在して $x \notin B_{\alpha(\lambda)}$ となる．ゆえに

(7) $x \notin \bigcup\{B_{\alpha(\lambda)} : \lambda \in \Lambda'\} = E$.

各 $\mu \in \Lambda''$ に対して $\alpha(\mu) \in \Gamma_i - \Gamma_\mu'$ が存在して $x \notin F_{\alpha(\mu)k}$. ゆえに

(8) $x \notin \bigcup\{F_{\alpha(\mu)k} : \mu \in \Lambda''\} = F$.

$\mathscr{B}_i$ は閉包保存であるから E は閉である．$\mathscr{B}_k$ も閉包保存であるから(1), (8)によって F も閉である．

$$U = X - E \cup F$$

とおけば(7), (8)によって U は x の開近傍であって，(4), (5), (6)によって U は G と交わらない．ゆえに $x \notin \overline{G}$ となり G が閉であることがわかった．かくして $\mathscr{D}_{ik}$ は疎であることが証明せられた．

最後に $\mathscr{D}$ がネットワークをなすことをいうために X の任意の点 x とその任意の開近傍 V をとる．するとある i とある $\alpha_0 \in \Gamma_i$ に対して $x \in B_{\alpha_0} \subset V$ となる．

$$H = \bigcup\{B \in \mathscr{B}_i : x \notin B\}$$

とおけば H は x を含まない閉集合である．ゆえにある k とある $\alpha_1 \in \Gamma_k$ に対して

$$x \in B_{\alpha_1} \subset X - H$$

となる．

$$\Gamma' = \{\alpha \in \Gamma_i : x \in B_\alpha\}$$

とおけば $B_{\alpha_1} \subset \bigcap\{F_{\alpha k} : \alpha \in \Gamma'\}$ であるから

$$x \in G_k(\Gamma') \subset B_{\alpha_0} \subset V$$

となって $\mathscr{D}$ がネットワークをなすことがわかった．□

55.3 系 σ 空間の閉連続像が正則ならば，それは σ 空間となる．

証明 σ 閉包保存なネットワークの閉連続像は σ 閉包保存なネットワークをなすからである．□

M_i 空間と σ 空間は次のような矢印で結ばれる.

$$\text{距離空間} \rightleftarrows \text{距離空間の閉連続像} \rightleftarrows M_1\text{空間}$$
$$\Rightarrow M_2\text{空間} \Rightarrow M_3\text{空間} \rightleftarrows \sigma\text{空間}$$

$\not\Leftarrow$は右の空間が必ずしも左の空間とならないことを意味する. M_1 から M_3 に至る矢印の逆については 54.7 で問題として与えたように, 未だ不明である.

55.4　定理 (Ceder)　距離空間 X の任意の閉集合 A は閉包保存な近傍ベースをもつ.

証明　$\mathcal{B}=\bigcup\mathcal{B}_n$, 各 $\mathcal{B}_n$ は局所有限, を X のベースとする. $n<m$ ならば $\mathcal{B}_n\subset\mathcal{B}_m$ と仮定して一般性を失わない. d を X の距離とし, 各 n について

$$A_n=\{x\in X : d(x, A)<1/n\},$$
$$\mathcal{A}_n=\{B\cap A_n : B\in\mathcal{B}_n\}$$

とおく. $\mathcal{A}_n$ は局所有限な族である. $\{\mathcal{V}_\alpha : \alpha\in\Gamma\}$ を $\bigcup\mathcal{A}_n$ の部分族で A を被覆するものすべての集合とする.

$$\mathcal{V}=\{\mathcal{V}_\alpha^\# : \alpha\in\Gamma\}$$

とおけば $\mathcal{V}$ が A の近傍ベースとなることは明らかである.

$\mathcal{V}$ の閉包保存性を示すために任意に $\Gamma'\subset\Gamma$ をとり

$$x\notin\bigcup\{\overline{\mathcal{V}_\alpha^\#} : \alpha\in\Gamma'\}$$

なる点をとる. $x\notin A$ であるから $x\notin\bar{A}_k$ となる k がある. ゆえに

$$m\geqq k,\ \alpha\in\Gamma',\ V\in\mathcal{A}_m\cap\mathcal{V}_\alpha\Rightarrow(X-\bar{A}_k)\cap V=\phi.$$

$\bigcup_{i=1}^{k-1}\mathcal{A}_i$ は閉包保存であるから $x\notin\mathrm{Cl}(\bigcup\{V\in\mathcal{A}_i\cap\mathcal{V}_\alpha : i<k,\ \alpha\in\Gamma'\})$. ゆえに $x\notin\mathrm{Cl}(\bigcup\{\mathcal{V}_\alpha^\# : \alpha\in\Gamma'\})$. □

55.5　定義　A を空間 X の部分集合とする. A の近傍の族 $\mathcal{H}$ は, A の任意の近傍 U に対して $H\in\mathcal{H}$ が存在して $A\subset H\subset U$ とできるとき, A の**近傍副基**という.

55.6　定理 (Ceder)　M_2 空間 X の任意の閉集合 A は閉包保存な近傍副基をもつ.

証明　$\mathcal{B}=\bigcup\mathcal{B}_i$, 各 $\mathcal{B}_i$ は閉包保存, を X の副基とする. $\mathcal{B}_i$ の各元は閉集合で $i<j$ ならば $\mathcal{B}_i\subset\mathcal{B}_j$ としても一般性を失わない. 各 $B\in\mathcal{B}_i$ に対して

$$R(B, i) = B - \bigcup\{W^\circ : A \cap W = \phi,\ W \in \mathcal{B}_i\}$$

とおく．$\{\mathcal{S}_\alpha : \alpha \in \Gamma\}$ を $\mathcal{B}$ の部分族すべての集合とせよ．各 $\alpha \in \Gamma$ と $i \in N$ について

$$V_{\alpha, i} = \bigcup\{R(B, i) : B \in \mathcal{S}_\alpha \cap \mathcal{B}_i\},$$

$$V_\alpha = \bigcup_{i=1}^{\infty} V_{\alpha, i},$$

$$\Lambda = \{\alpha \in \Gamma : A \subset V_\alpha{}^\circ\},$$

$$\mathcal{V} = \{V_\alpha : \alpha \in \Lambda\}$$

とおく．このとき $\mathcal{V}$ が A の閉包保存な近傍副基となることを示そう．U を A の任意の近傍とする．各 $x \in A$ に対して $x \in B_x{}^\circ \subset B_x \subset U$, $B_x \in \mathcal{B}_{n(x)}$, をとる．すると

$$x \in B_x{}^\circ - \bigcup\{W : x \notin W \in \mathcal{B}_{n(x)}\}$$
$$\subset (R(B_x, n(x)))^\circ \subset R(B_x, n(x)).$$

ゆえに $\mathcal{S}_\alpha = \{B_x : x \in A\}$ とおけばこの α に対して $A \subset V_\alpha{}^\circ \subset V_\alpha \subset U$ となるから $\mathcal{V}$ は A の近傍副基である．

$\mathcal{V}$ の閉包保存性を示すために任意に $\Lambda' \subset \Lambda$ をとり $x \notin \bigcup\{\overline{V}_\alpha : \alpha \in \Lambda'\}$ なる点 x をとる．$x \notin A$ であるからある $B \in \mathcal{B}_k$ について $x \in B^\circ$, $B \cap A = \phi$, となる最小の k が存在する．この $B \in \mathcal{B}_k$ を1つきめれば各 $n \geqq k$ と各 $\alpha \in \Lambda'$ に対して $V_{\alpha, n} \cap B^\circ = \phi$ であるから

(1) $x \notin \mathrm{Cl}(\bigcup\{V_{\alpha, n} : n \geqq k,\ \alpha \in \Lambda'\})$.

$k > 1$ とすると $x \notin \bigcup\{W^\circ : A \cap W = \phi,\ W \in \mathcal{B}_{k-1}\}$ かつ $x \notin \bigcup\{R(B, k-1) : B \in \mathcal{S}_\alpha \cap \mathcal{B}_{k-1}\}$, $\alpha \in \Lambda'$, であるから

(2) $x \notin (\mathcal{S}_\alpha \cap \mathcal{B}_{k-1})^\#$, $\quad \alpha \in \Lambda'$.

$\mathcal{B}_{k-1}$ は閉包保存であるから(2)を用いて

$$\mathrm{Cl}(\bigcup\{V_{\alpha, m} : m < k,\ \alpha \in \Lambda'\})$$
$$\subset \mathrm{Cl}(\bigcup\{(\mathcal{S}_\alpha \cap \mathcal{B}_{k-1})^\# : \alpha \in \Lambda'\})$$
$$= \bigcup\{(\mathcal{S}_\alpha \cap \mathcal{B}_{k-1})^\# : \alpha \in \Lambda'\}.$$

ゆえに

(3)　$x \notin \mathrm{Cl}(\bigcup\{V_{\alpha,m} : m<k,\ \alpha\in\Lambda'\})$.

(1)と(3)より

$$x \notin \mathrm{Cl}(\bigcup\{V_\alpha : \alpha\in\Lambda'\}). \square$$

55.7　定理(Borges-Lutzer)　空間 X が M_2 空間となる必要充分条件は，X が族正規 σ 空間で，その各閉集合が σ 閉包保存な近傍副基をもつことである．

証明　必要性は明らかであるから充分性を示そう．$\mathcal{B}=\bigcup\mathcal{B}_n$，各 $\mathcal{B}_n=\{B_{\alpha,n} : \alpha\in\Gamma_n\}$ は疎，を X の閉集合からなるネットワークとせよ．X は族正規であるから疎な開集合族 $\{U_{\alpha,n} : \alpha\in\Gamma_n\}$ が存在して各 $\alpha\in\Gamma_n$ に対して $B_{\alpha,n}\subset U_{\alpha,n}$ となるものがある．$\mathcal{H}_{\alpha,n}$ を $B_{\alpha,n}$ の σ 閉包保存な近傍副基とし，しかも $\mathcal{H}_{\alpha,n}$ の各元は $U_{\alpha,n}$ の部分集合であるとする．$\mathcal{H}_{\alpha,n}=\bigcup_{i=1}^{\infty}\mathcal{H}_{\alpha,n,i}$，各 $\mathcal{H}_{\alpha,n,i}$ は閉包保存，のように表わす．

$$\mathcal{W}_{n,i} = \bigcup\{\mathcal{H}_{\alpha,n,i} : \alpha\in\Gamma_n\},$$

$$\mathcal{W} = \bigcup_{n,i=1}^{\infty}\mathcal{W}_{n,i}$$

とおく．$\mathcal{W}_{n,i}$ は明らかに閉包保存であるから $\mathcal{W}$ は σ 閉包保存である．$\mathcal{W}$ が副基であることを示すために任意に $x\in X$ と x の任意の近傍 U をとる．$\mathcal{B}$ はネットワークであるからある $B_{\alpha,n}\in\mathcal{B}$ があって $x\in B_{\alpha,n}\subset U$ となる．これからある $H\in\mathcal{H}_{\alpha,n}$ があって $x\in B_{\alpha,n}\subset H^\circ\subset H\subset U$ となる．$\mathcal{H}_{\alpha,n}\subset\mathcal{W}$ であるから $\mathcal{W}$ は副基である．□

この証明から次の定理が直ちに得られる．

55.8　定理　X が族正規 σ 空間で，その各閉集合が σ 閉包保存な近傍ベースをもてば，X は M_1 空間である．

この定理の逆は知られていないが成立するか否かは興味ある問題である．

55.9　定理　M_2 空間の閉連続像は M_2 空間である．

証明　X を M_2 空間，$f : X\to Y$ を上への閉連続写像とせよ．X はパラコンパクト T_2 空間であるから(54.2)，その閉連続像として Y もパラコンパクト T_2 空間となる(17.14)．X は σ 空間であるからその閉連続像として Y も σ 空間となる(55.3)．ゆえに定理 55.7 によって Y の各閉集合が σ 閉包保存な近傍副基をもつことをいえば Y は M_2 空間となる．Y の任意の閉集合を F とし $f^{-1}(F)$ の σ 閉包保存な近傍副基を $\mathcal{H}$ とする．f は閉であるから $f(\mathcal{H})$ は σ 閉包保存である．F の任意の近傍を U とすれば

$$f^{-1}(F)\subset H\subset f^{-1}(U)$$

となる $H\in\mathcal{H}$ が存在する．$f^{-1}(F)\subset H^\circ$ であるから

$$F\subset Y-f(X-H^\circ)\subset Y-f(X-H)\subset f(H)\subset U.$$

$Y-f(X-H^\circ)$ は開であるから $F\subset f(H)^\circ\subset U$. この式は $f(\mathcal{H})$ が F の近傍副基であることを示している．□

55.10 補題 $f:X\to Y$ を既約な閉連続写像とする．$\mathcal{U}$ を X の閉包保存な開集合の族とすれば

$$\mathcal{V}=\{V(U)=Y-f(X-U):U\in\mathcal{U}\}$$

は Y の閉包保存な開集合族である．

証明 f は閉写像であるから $\mathcal{V}$ の各元は開である．$\mathcal{V}$ が閉包保存であることを示すために，$\mathcal{W}\subset\mathcal{U}$ とし $y\in \mathrm{Cl}(\bigcup\{V(U):U\in\mathcal{W}\})$ なる点をとる．f は閉写像であるから $f(\mathrm{Cl}(\mathcal{W}^\#))\supset \mathrm{Cl}(\bigcup\{V(U):U\in\mathcal{W}\})$, 従って $f^{-1}(y)\cap\mathrm{Cl}(\mathcal{W}^\#)\neq\phi$ となる．$\mathcal{W}$ は閉包保存であるからある $U'\in\mathcal{W}$ に対して $f^{-1}(y)\cap\bar{U}'\neq\phi$ となる．y の任意の開近傍を V とすれば $f^{-1}(V)\cap U'\neq\phi$. $f^{-1}(V)\cap U'$ が如何なる点逆像をも含まないとすれば $f(X-f^{-1}(V)\cap U')=Y$ となって f の既約であることに反する．ゆえにある $y'\in Y$ に対して $f^{-1}(y')\subset f^{-1}(V)\cap U'$, 従って $y'\in V\cap V(U')$ となる．V は y の任意の開近傍であったから $y\in\overline{V(U')}$ が得られる．□

55.11 定理(Borges-Lutzer) M_1 空間の既約な完全写像による像は M_1 空間である．

証明 X を M_1 空間，$f:X\to Y$ を上への既約な完全写像とする．$\mathcal{B}=\bigcup\mathcal{B}_i$, 各 $\mathcal{B}_i$ は閉包保存，を X のベースとする．一般に $\mathcal{H}$ を閉包保存な集合族とし，$\tilde{\mathcal{H}}$ を $\mathcal{H}$ のすべての部分族の和集合からなる族とすれば，$\tilde{\mathcal{H}}$ は閉包保存となる．これから $\mathcal{B}_i$ の各部分族の和集合は再び $\mathcal{B}_i$ の元と仮定して一般性を失わない．また $\mathcal{B}_i\subset\mathcal{B}_{i+1}$ と仮定できる．$y\in Y$ とし U を $f^{-1}(y)$ の任意の開近傍と

せよ．$f^{-1}(y)$ はコンパクトであり $\mathcal{B}$ はベースであるから，上述の $\mathcal{B}_i$ の仮定によって，ある $B\in\mathcal{B}$ に対して $f^{-1}(y)\subset B\subset U$ となる．ゆえに $\mathcal{B}$ は $f^{-1}(y)$ の近傍ベースを含む．このことと補題55.10によって $\{Y-f(X-B):B\in\mathcal{B}\}$ は Y の σ 閉包保存なベースとなる．□

55.12 定理(Lašnev) $f:X\to Y$ を上への閉連続写像，X をパラコンパクト T_2 空間，Y を Fréchet T_2 空間とすれば，X のある閉集合 X' に対して $f|X':X'\to Y$ は上への既約写像となる．

証明 Y の各孤立点 y に対して $x_y\in f^{-1}(y)$ を任意に選び，$f^{-1}(y)$ を x_y で置き換えれば X の閉集合 X_0 が得られる．$g=f|X_0$ とすると $g:X_0\to Y$ は上への閉写像である．g が既約でないとすれば X_0 の開集合 U_0 が存在して $U_0\neq\phi$ かつ $g(X_0-U_0)=Y$ となる．順序数 $\beta(>0)$ に対して，各 $\alpha<\beta$ に X_0 の開集合 U_α が対応し次の2条件をみたしたとせよ．

(1) $g(X_0-U_\alpha)=Y.$

(2) $\alpha<\alpha'<\beta\Rightarrow U_\alpha\subset U_{\alpha'}$ かつ $(X_0-U_\alpha)\cap U_{\alpha'}\neq\phi.$

β が極限順序数のときは $U_\beta=\bigcup_{\alpha<\beta}U_\alpha$ とおく．この U_β に対して $g(X_0-U_\beta)=Y$ となることを示そう．これを否定すれば $y_0\in Y-g(X-U_\beta)$ が存在する．$g^{-1}(y_0)$ は U_β に含まれるが，U_α，$\alpha<\beta$，には含まれない．g の作り方より y_0 は孤立点ではない．Y は Fréchet 空間であるから，点列 $\{y_i:i\in N\}\subset Y-\{y_0\}$ が存在して $\lim y_i=y_0$ となる．

(3) $K=g^{-1}(y_0)\cap\mathrm{Cl}\left(\bigcup_{i=1}^{\infty}g^{-1}(y_i)\right)$

とおけば g が閉であることより $K\neq\phi$ となる．K のコンパクト性をいうためにそれを否定すると，疎な可算無限点列 $\{x_i\}\subset K$ が存在する．X の疎な開集合列 $\{W_i\}$ をとり

(4) $x_i\in W_i,\ f(W_i)\cap\{y_1,\cdots,y_i\}=\phi$

を各 i に対して成立させるようにできる．$x_i\in\mathrm{Cl}(\bigcup_j g^{-1}(y_j))$ であるから $W_i\cap(\bigcup_j g^{-1}(y_j))\neq\phi$ となり

(5) $z_i\in W_i\cap(\bigcup_j g^{-1}(y_j))$

をとることができる．$z_i\in g^{-1}(y_{n(i)})$ なる $n(i)$ を定めれば(4)，(5)より $n(i)>i$ で

ある．ゆえに i_j, $j\in N$, を選んで

(6) $i_1<i_2<\cdots$, $n(i_1)<n(i_2)<\cdots$

となるようにできる．点列 $Z=\{z_{i_j}: j\in N\}$ は疎であるから $g(Z)$ は閉である．しかるに $g(Z)$ は(6)によって点列 $\{y_i\}$ の部分列であるから y_0 を触点としてもち矛盾が生じた．かくして K は空でないコンパクト集合であることがわかった．

(3)と $g^{-1}(y_0)\subset U_\beta$ とより $K\subset U_\beta$ である．ゆえにある $\gamma<\beta$ に対して

(7) $K\subset U_\gamma$

となる．

(8) $M=\bigcup_j g^{-1}(y_j)$, $L=\overline{M}-M$

とおく．Y は T_2 であるから $\{y_0, y_1, y_2, \cdots\}$ は閉である．従って $g^{-1}(y_0)\cup M$ も閉である．ゆえに

(9) $L\subset g^{-1}(y_0)$, $K=L$.

今 γ に対し

(10) $g^{-1}(y_i)-U_\gamma\neq\phi$, $i\in N$,

となったと仮定する．すると(7), (8), (9)によって $M-U_\gamma$ は閉である．ゆえに $g(M-U_\gamma)=\{y_i: i\in N\}$ は閉になってしまう．この矛盾は(10)が成立しないことを意味し，ある $m\in N$ に対して $g^{-1}(y_m)\subset U_\gamma$ でなければならない．ゆえに $y_m\notin g(X_0-U_\gamma)$, $g(X_0-U_\gamma)\neq Y$ となって矛盾が生じる．結局 $g(X_0-U_\beta)=Y$ が正しいことがわかった．

β が極限順序数でないとき $g|X_0-U_{\beta-1}$ が既約でなかったら $g(X_0-U_\beta)=Y$ かつ $(X_0-U_{\beta-1})\cap U_\beta\neq\phi$ となる X_0 の開集合 U_β を任意にとることにする．この操作はどこかで終了するから X_0 の開集合 U で $g(X_0-U)=Y$ かつ $g|X_0-U$ が既約となるものがある．□

55.13 定理(Slaughter) 距離空間の閉連続像(これを **Lašnev 空間**ともいう)は M_1 空間である．

証明 X を距離空間，$f: X\to Y$ を上への閉連続写像とする．f は継承的商写像であるから定理 48.8 によって Y は Fréchet 空間となる．Y は勿論 T_2 を

みたすから前定理によって f が既約であるとして一般性を失わない．F を Y の閉集合とすれば定理55.4によって $f^{-1}(F)$ は閉包保存な近傍ベース $\mathcal{B}$ をもつ．

$$\mathcal{V}=\{Y-f(X-B):B\in\mathcal{B}\}$$

とおけば $\mathcal{V}$ は F の近傍ベースである．f は既約であるから補題55.10を適用すると $\mathcal{V}$ は閉包保存であることがわかる．Y は族正規 σ 空間であることは明らかである．ゆえに定理55.8の条件がみたされ Y は M_1 空間となる．□

55.14　例　Lašnev空間とならない M_1 空間が存在する．

X を上半平面 $\{(x,y):y\geqq 0\}$ とする．Q を有理数の集合とする．$y>0$ の点 (x,y) に対しては任意の $0<r<y<s$, $r,s\in Q$, に対して

$$U_{r,s}(x,y)=\{(x,y'):r<y'<s\}$$

とおきこの形の集合全体を $\mathcal{U}_{r,s}$ とする．即ち

$$\mathcal{U}_{r,s}=\{U_{r,s}(x,y):x\in R,\ r<y<s\}.$$

点 $(x,0)$ に対しては $r<x<s$, $t>0$, $r,s,t\in Q$, をとり

$$V_{r,s,t}(x,0)=\{(x',y'):r<x'<s,\ x'\neq x,\ 0\leqq y'<t\}\cup\{(x,0)\}$$

とおき，この形の集合全体を $\mathcal{V}_{r,s,t}$ とする．

$$\mathcal{B}=(\bigcup_{r,s}\mathcal{U}_{r,s})\cup(\bigcup_{r,s,t}\mathcal{V}_{r,s,t})$$

とおき $\mathcal{B}$ をベースとして X に位相を導入する．

(1)　X は M_1 空間である．

証明　X は明らかに正則空間である．各 $\mathcal{U}_{r,s}$, 各 $\mathcal{V}_{r,s,t}$ は共に閉包保存である．□

(2)　X はLašnev空間ではない．

証明　まず X は距離空間でないことがわかる．X の任意のベースは原点で σ 局所有限性をもちえないからである．定理 51.6 によれば第1可算性をみたす Lašnev 空間は距離化可能である．X は第1可算性をみたすから Lašnev 空間になりえない．□

他の例を与えよう．X を距離空間，A を X の閉集合で Bry A がコンパクトとならないものとする．X_A を X から A を1点 a に縮めて得られる商空間と

する．X_A は X の閉連続像であるから定理 55.13 によって M_1 空間である．また a で第 1 可算性が成立しないから距離空間ではない．Y を離散でない任意の距離空間とせよ．このとき $X_A\times Y$ は M_1 空間の積として M_1 空間である (54.5)．これが Lašnev 空間とならないことは次の定理から知られる．

55.15 定理 (Hyman) X, Y を共に離散でない空間とする．$X\times Y$ が Lašnev 空間であるならば距離化可能である．

証明 Z を距離空間，$f: Z\to X\times Y$ を上への閉連続写像とする．X が第 1 可算性をみたすことが示されるならば Y に対しても同様なことがいえ，結局 $X\times Y$ が第 1 可算性をみたす Lašnev 空間として距離化可能となる．

Y は $X\times Y$ の部分空間に位相同型であるから Lašnev 空間，従って Fréchet 空間である．Y は離散でないから 1 点 $y\in Y$ とそれに収束する点列 $\{y_i\}$, $y_i\neq y$, が存在する．$x\in X$ を任意にとる．

$$A=f^{-1}(X\times\{y\}),\qquad B=f^{-1}(x, y)$$

とおく．$f^{-1}(x, y_i)$ の近傍 U_i を次のように定義する．

$$U_i=\bigcup\left\{S\left(z:\frac{1}{2}d(z, A)\right): z\in f^{-1}(x, y_i)\right\}.$$

$\pi: X\times Y\to X$ を射影とし

$$V_i=\pi(X\times Y-f(Z-U_i))$$

とおく．f は閉で π は開であるから V_i は x の開近傍である．$\{V_i\}$ が x の近傍ベースとなることを示そう．W を x の任意の開近傍とする．

$$U'=f^{-1}\pi^{-1}(W),$$
$$U''=\bigcup\left\{S\left(z:\frac{1}{2}d(z, Z-U')\right): z\in B\right\}$$

とおけば U'' は B の開近傍である．$V'=X\times Y-f(Z-U'')$ は (x, y) の開近傍であり，$\lim(x, y_i)=(x, y)$ であるから，$(x, y_n)\in V'$ となる n が存在する．この n に対して $V_n\subset W$ となることが次のようにしてわかる．

任意に $z\in U_n$ をとる．U_i の作り方からある $z_n\in f^{-1}(x, y_n)$ に対して $d(z_n, z)<\frac{1}{2}d(z_n, A)$．$z_n\in U''$ であるから，ある $a\in B\subset A$ があって $z_n\in S\Big(a:\frac{1}{2}d(a, Z$

$-U')\Big)$, すなわち $d(a, z_n)<\frac{1}{2}d(a, Z-U')$. ゆえに $d(z_n, A)<\frac{1}{2}d(a, Z-U')$. これから

$$d(a, z) \leqq d(a, z_n)+d(z_n, z)$$
$$< \frac{1}{2}d(a, Z-U')+\frac{1}{4}d(a, Z-U') = \frac{3}{4}d(a, Z-U').$$

ゆえに $z\in U'$. これから $U_n\subset U'$ となる. このことと V_n の定義から $V_n\subset W$ となる. □

55.16　定理 (Heath)　層型空間 X は σ 空間である.

証明　X の点を整列して $X=\{x_\alpha : \alpha<\theta\}$ とする. 定理54.8の(3)の条件をみたす開集合族

$$\{g(x, n) : x\in X,\ \ n\in N\}$$

を考える. 各 x, n について $g(x, n)\supset g(x, n+1)$ が成立するとして一般性を失わない. 各 $\alpha<\theta$, $i, n\in N$ に対して

(1)　$D(\alpha, i, n) = X-(\bigcup\{g(y, n) : y\notin g(x_\alpha, i)\})\cup(\bigcup\{g(x_\beta, i) : \beta<\alpha\})$

とおく. 明らかに $D(\alpha, i, n)\subset g(x_\alpha, i)$ である.

(2)　$\mathscr{D}(i, n) = \{D(\alpha, i, n) : \alpha<\theta\}$

とおく. 任意に $x\in X$ をとり $\alpha=\min\{\beta : x\in g(x_\beta, i)\}$ とすれば x の開近傍 $g(x_\alpha, i)\cap g(x, n)$ は $D(\alpha, i, n)$ 以外の $\mathscr{D}(i, n)$ の元と交わらない. ゆえに $\mathscr{D}(i, n)$ は疎な閉集合族である.

(3)　$B(\alpha, i, n, m) = \{z\in D(\alpha, i, n) : x_\alpha\in g(z, m)\}$,

(4)　$\mathscr{B}(i, n, m) = \{B(\alpha, i, n, m) : \alpha<\theta\}$,

(5)　$\mathscr{B} = \bigcup\{\mathscr{B}(i, n, m) : i, n, m\in N\}$

とおく. $\mathscr{D}(i, n)$ が疎であるから $\mathscr{B}(i, n, m)$ は疎となり, 従って $\mathscr{B}$ は σ 疎となる.

$\mathscr{B}$ が X のネットワークとなることを示すために任意に $x\in X$ とその任意の開近傍 U をとる.

(6)　$\alpha_i = \min\{\beta : x\in g(x_\beta, i)\}$,　　$i\in N$,

とおけば

(7) $\lim x_{\alpha_i}=x$

となることが次のようにしてわかる．54.8(3)の条件より

$$X-U=\bigcap_{n=1}^{\infty}\mathrm{Cl}\,(\bigcup\{g(y,n):y\in X-U\}).$$

ゆえにあるkがあって$i\geqq k$ならば

$$x\notin\mathrm{Cl}\,(\bigcup\{g(y,i):y\in X-U\}).$$

一方 $x\in g(x_{\alpha_i},i)$, $i\in N$, であるから $i\geqq k\Rightarrow x_{\alpha_i}\in U$ となり(7)が正しいことがわかった．各 m について $U\cap g(x,m)$ は x の開近傍であるから(7)よりある $i(m)$ に対して

(8) $i\geqq i(m)\Rightarrow x_{\alpha_i}\in U\cap g(x,m).$

また54.8(3)の条件より各 i について $k(i)$ があって

(9) $n\geqq k(i),\quad y\in X-g(x_{\alpha_i},i)\Rightarrow x\notin g(y,n).$

(1), (6), (9) より

(10) $n\geqq k(i)\Rightarrow x\in D(\alpha_i,i,n).$

(8), (10), (3) より

(11) $i\geqq i(m),\quad n\geqq k(i)\Rightarrow x\in B(\alpha_i,i,n,m).$

この(11)式によって $i\geqq i(m)$ かつ $n\geqq k(i)$ となるある i,n,m に対して $B(\alpha_i,i,n,m)\subset U$ となることをいえばよい．これを否定すればすべての $m\geqq 1$, $i\geqq i(m)$, $n\geqq k(i)$ に対して $B(\alpha_i,i,n,m)-U\neq\phi$ となる．今 m を固定して考える．$i\geqq i(m)$, $n\geqq k(i)$ に対して

$$z(i,n,m)\in B(\alpha_i,i,n,m)-U$$

を選ぶ．すると(3)より $x_{\alpha_i}\in g(z(i,n,m),m)$ となる．このことと(7)より

(12) $$\begin{aligned}x&\in\mathrm{Cl}\,\{x_{\alpha_i}:i\geqq i(m)\}\\&\subset\mathrm{Cl}\,(\bigcup\{g(z(i,n,m),m):i\geqq i(m),\quad n\geqq k(i)\})\\&\subset\mathrm{Cl}\,(\bigcup\{g(z,m):z\in X-U\}).\end{aligned}$$

この(12)はすべての m に対して成立するから

$$x\in\bigcap_{m=1}^{\infty}\mathrm{Cl}\,(\bigcup\{g(z,m):z\in X-U\})=X-U$$

となって矛盾が生じた．□

55.17　例　Lindelöf σ 空間で層型空間とならないものが存在する.

X は上半平面上の次のような点の集合とする.

(i)　$(x, 0)$, x は無理数,

(ii)　(x, y), $y>0$, x, y 共に有理数.

(i)の形の点 $a=(x, 0)$ に対しては

$$V(a, n) = \{a\} \cup \{(x', y') \in X : y' < |x-x'| < 1/n\}$$

とおき $\{V(a, n) : n \in N\}$ を a の近傍ベースとする. (ii)の形の点の近傍ベースは通常の Euclid 位相によるそれをとる.

(1)　X は Lindelöf σ 空間である.

証明　(i)の形の点 a の近傍 $V(a,n)$ の境界は正確に2点 $(x\pm 1/n, 0)(a=(x,0))$ からなるから X は正則である. (i)の形の点の集合を X_1, (ii)の形の点の集合を X_2 とし, $X=X_1 \cup X_2$ と表わす. X_1, X_2 は共に X の可分距離部分空間であるから, それぞれ可算ネットワークをもち, 従って X も可算ネットワークをもつ. ゆえに X は Lindelöf σ 空間である. □

(2)　X は層型空間ではない.

証明　X が対ベース $\mathbb{P}=\bigcup \mathbb{P}_i$, 各 $\mathbb{P}_i$ はクッション族, をもったと仮定して矛盾を出そう. 各 $m, k \in N$ に対して X_{mk} を X_1 の次のような点 a すべての集合とする.

(iii)　ある $P=(P_1, P_2) \in \mathbb{P}_k$ について $V(a, m) \subset P_1 \subset P_2 \subset V(a, 1)$.

$\mathbb{P}$ は対ベースであるから $X_1 = \bigcup_{m,k=1}^{\infty} X_{mk}$. X_1 にすべての有理点 $(r, 0)$ を加えれば実数直線 R となるから Baire のカテゴリー定理 7.11 によってある X_{mk} は R の第2類集合となる. Euclid 位相における R での X_{mk} の閉包の内点 $(r, 0)$, r は有理数, を選べ. すると次のいずれかが成立する.

(iv)　$(r, 0) \in \mathrm{Cl}_R \{(x, 0) \in X_{mk} : x>r\}$,

(v)　$(r, 0) \in \mathrm{Cl}_R \{(x, 0) \in X_{mk} : x<r\}$.

今(iv)が成立したとする. $\mathbb{P}_k'$ をある $(x, 0) \in X_{mk}$, $r<x<r+1/m$, に対して(iii)を成立させるすべての P からなる $\mathbb{P}_k$ の部分族とせよ. 点 $b=(r+1/m, 1/m)$ を考えれば $b \in \mathrm{Cl}\,(\bigcup\{P_1 : P \in \mathbb{P}_k'\})$. 一方(iii)における $P_2 \subset V(a, 1)$ なること

より $b \notin \bigcup\{P_2 : P \in \mathbb{P}_k'\}$. これは $\mathbb{P}_k$ がクッション族であるということに矛盾する. (v)からも同じようにして矛盾が生じる. □

§56 Morita 空間

56.1 定義 集合 Ω と空間 X を考える. X の集合の族

(1) $\{G(\alpha_1\cdots\alpha_i) : \alpha_1, \cdots, \alpha_i \in \Omega,\ i \in N\}$

が(Ω に関して)**単調増大**であるとは各 i, 各 $\alpha_1, \cdots, \alpha_{i+1} \in \Omega$ に対して

$$G(\alpha_1\cdots\alpha_i) \subset G(\alpha_1\cdots\alpha_i\alpha_{i+1})$$

が成立することとする. (1)の形をした集合族を簡単化して $\{G(\ ) : \Omega\}$ と書く. 他の集合族 $\{F(\ ) : \Omega\}$ が $\{G(\ ) : \Omega\}$ の**同調細分**であるとは前者は後者の1:1細分であり次の条件をみたすこととする.

(2) $\bigcup_{i=1}^{\infty} G(\alpha_1\cdots\alpha_i) = X \Rightarrow \bigcup_{i=1}^{\infty} F(\alpha_1\cdots\alpha_i) = X.$

任意の Ω と任意の単調増大な開集合族 $\{G(\ ) : \Omega\}$ に対してその同調細分となる閉集合族 $\{F(\ ) : \Omega\}$ が存在するとき X を ***P* 空間**または **Morita 空間**という.

56.2 命題 正規空間 X の単調増大開集合族 $\{G(\ ) : \Omega\}$ が与えられたとせよ. このとき次の3条件は同等である.

(1) $\{G(\ ) : \Omega\}$ を同調細分する閉集合族が存在する.

(2) $\{G(\ ) : \Omega\}$ を同調細分する F_σ 集合族が存在する.

(3) $\{G(\ ) : \Omega\}$ を同調細分するコゼロ集合族が存在する.

証明 (1)⇒(3) $\{G(\ ) : \Omega\}$ を同調細分する閉集合族 $\{F(\ ) : \Omega\}$ をとる. 各 $\alpha_1, \cdots, \alpha_i \in \Omega$ に対して

$$F(\alpha_1\cdots\alpha_i) \subset H(\alpha_1\cdots\alpha_i) \subset G(\alpha_1\cdots\alpha_i)$$

をみたすコゼロ集合 $H(\ )$ をとれば $\{H(\ ) : \Omega\}$ は $\{G(\ ) : \Omega\}$ の同調細分である.

(3)⇒(2) は明らかである.

(2)⇒(1) $\{G(\ ) : \Omega\}$ を同調細分する F_σ 集合族 $\{C(\ ) : \Omega\}$ をとる.

$$C(\alpha_1\cdots\alpha_i) = \bigcup_{k=1}^{\infty} C(\alpha_1\cdots\alpha_i : k), \qquad \text{各 } C(\alpha_1\cdots\alpha_i : k) \text{ は閉},$$

と表わす.

$$F(\alpha_1\cdots\alpha_i)=\bigcup\{C(\alpha_1\cdots\alpha_j:k):j\leqq i,\ k\leqq i\}$$

とおけば $F(\ )$ は閉であり $\{F(\ ):\Omega\}$ は $\{G(\ ):\Omega\}$ の同調細分である．□

56.3 系 完全正規空間は Morita 空間である．

56.4 系 正規 Morita 空間は可算パラコンパクトである．

証明 X の開集合列 $\{U_i\}$ で $U_1\subset U_2\subset\cdots$, $\bigcup U_i=X$ となるものを考える．$U_1=U(0)$, $U_2=(00),\cdots$ と考えることによって $\{U_i\}$ は Ω がただ1個の元0からなるときの単調増大開集合族 $\{U(\ ):\Omega=\{0\}\}$ と考えてよい．ゆえに閉集合 F_i が存在して $F_i\subset U_i$, $\bigcup F_i=X$ となる．ゆえに命題16.11によって X は可算パラコンパクトとなる．

56.5 命題 $f:X\to Y$ を上への閉連続写像とする．

(1) X が Morita 空間ならば Y も Morita 空間である．

(2) Y が Morita 空間で f が準完全(42.14)のとき X は Morita 空間となる．

証明 (1)は明らかであるから(2)を証明する．X の単調増大開集合族 $\{G(\ ):\Omega\}$ をとる．

$$H(\alpha_1\cdots\alpha_i)=Y-f(X-G(\alpha_1\cdots\alpha_i))$$

とおけば $\{H(\ ):\Omega\}$ は Y の単調増大開集合族である．まず次を証明しよう．

$$(3)\quad X=\bigcup_{i=1}^{\infty}G(\alpha_1\cdots\alpha_i)\Rightarrow Y=\bigcup_{i=1}^{\infty}H(\alpha_1\cdots\alpha_i).$$

任意の点 $y\in Y$ をとる．$\{G(\alpha_1\cdots\alpha_i):i\in N\}$ は可算コンパクト集合 $f^{-1}(y)$ の可算開被覆であるからある k に対して $f^{-1}(y)\subset G(\alpha_1\cdots\alpha_k)$ となる．これは $y\in H(\alpha_1\cdots\alpha_k)$ を意味するから(3)は正しい．Y は Morita 空間であるから $\{H(\ ):\Omega\}$ の同調細分である閉集合族 $\{F(\ ):\Omega\}$ が存在する．$K(\alpha_1\cdots\alpha_i)=f^{-1}(F(\alpha_1\cdots\alpha_i))$ とおけば(3)によって $\{K(\ ):\Omega\}$ は $\{G(\ ):\Omega\}$ の同調細分である閉集合族である．□

56.6 系 可算コンパクト空間は Morita 空間である．

56.7 系 M 空間は Morita 空間である．

証明　定理 42.15 によれば M 空間は距離空間の準完全写像による逆像であり，距離空間は系 56.3 によって Morita 空間であるからである．□

56.8 系　X が Morita 空間，Y がコンパクト空間ならば $X\times Y$ は Morita 空間である．

証明　$\pi: X\times Y\to X$ を射影とすれば容易にわかるように Y のコンパクト性によって π は閉となるから π は完全である．ゆえに $X\times Y$ は Morita 空間である．□

56.9 補題　可算パラコンパクトな正規空間 X の σ 局所有限な開被覆を $\mathcal{U}$ とする．このとき X の局所有限開被覆 $\mathcal{V}$ が存在して $\overline{\mathcal{V}}<\mathcal{U}$ とできる．

証明　$\mathcal{U}=\bigcup\mathcal{U}_i$，各 $\mathcal{U}_i$ は局所有限，と表わす．$\{\mathcal{U}_i^{\#}: i\in N\}$ の細分となる局所有限開被覆 $\{W_i\}$ をとり $W_i\subset\mathcal{U}_i^{\#}$, $i\in N$，なるようにする．$\mathcal{W}=\bigcup\{\mathcal{U}_i|W_i: i\in N\}$ とおけば $\mathcal{W}$ は $\mathcal{U}$ を細分する局所有限開被覆である．X は正規であるから $\mathcal{W}$ は収縮でき，局所有限開被覆 $\mathcal{V}$ が存在して $\overline{\mathcal{V}}<\mathcal{W}$ とできる．□

56.10 補題　$|\Omega|\geqq 2$ とする．Ω に離散位相を入れ積空間 Ω^ω を考える．空間 X が任意の $S\subset\Omega^\omega$ に対して $X\times S$ が正規になるという性質をもてば任意の $S\subset\Omega^\omega$ に対して $X\times S$ は可算パラコンパクトとなる．

証明　任意に S をとる．Ω から 2 元をとりだして D とする．$\Omega^\omega=\Omega^\omega\times\Omega^\omega$ と考えられるから $S\times D^\omega$ は Ω^ω の部分空間と考えてよい．ゆえに $X\times(S\times D^\omega)$ は正規である．系 25.3 によって上への連続写像 $f: D^\omega\to I$ が存在する．

$$g=1_{X\times S}\times f:(X\times S)\times D^\omega(=X\times(S\times D^\omega))\to(X\times S)\times I$$

を考えると g は完全写像の積として完全である．ゆえに $X\times S\times I$ は正規空間 $X\times S\times D^\omega$ の完全像として正規となる．ゆえに Dowker の定理 16.12 によって $X\times S$ は可算パラコンパクトである．□

56.11 補題　$|\Omega|\geqq 2$ とする．空間 X が，任意の部分空間 $S\subset\Omega^\omega$ に対して $X\times S$ が正規になるという性質をもつならば，X の単調増大な開集合族 $\{G(\ ): \Omega\}$ は閉集合族による同調細分 $\{F(\ ): \Omega\}$ をもつ．

証明　まず

(1) $S=\{(\alpha_1,\alpha_2,\cdots)\in\Omega^\omega:\bigcup_{i=1}^{\infty}G(\alpha_1\cdots\alpha_i)=X\}$

とおけば $S\subset\Omega^\omega$ である．$\alpha_1,\cdots,\alpha_i\in\Omega$ に対して

(2) $V(\alpha_1\cdots\alpha_i)=\{(\beta_1,\beta_2,\cdots)\in\Omega^\omega:\beta_1=\alpha_1,\cdots,\beta_i=\alpha_i\}$

とおけば $V(\ )$ は Ω^ω の立方近傍であり $\{V(\ ):\Omega\}$ は Ω^ω のベースである．特に i を固定すれば $\{V(\alpha_1\cdots\alpha_i):\alpha_1,\cdots,\alpha_i\in\Omega\}$ は疎である．

$\{V(\ ):\Omega\}$ は Ω^ω のベースであるから

(3) $\{G(\alpha_1\cdots\alpha_i)\times(V(\alpha_1\cdots\alpha_i)\cap S):\alpha_1,\cdots,\alpha_i\in\Omega,\ \ i\in N\}$

は $X\times S$ の σ 疎な開被覆となる．$X\times S$ は補題56.10によって可算パラコンパクトである．ゆえに補題56.9によって $X\times S$ の局所有限な開被覆 $\mathcal{L}=\{L(\ ):\Omega\}$ が存在して $\bar{\mathcal{L}}$ が被覆(3)を1:1細分するようにできる．すなわち各 i，各 $\alpha_1,\cdots,\alpha_i\in\Omega$ に対して次が成立している．

(4) $\mathrm{Cl}\,L(\alpha_1\cdots\alpha_i)\subset G(\alpha_1\cdots\alpha_i)\times(V(\alpha_1\cdots\alpha_i)\cap S)$.

各 i，各 $j\geqq i$，各 $\alpha_1,\cdots,\alpha_j\in\Omega$，に対して次の不等式をみたす最大の開集合 $M(\alpha_1\cdots\alpha_j:i)$ を対応させる．

(5) $M(\alpha_1\cdots\alpha_j:i)\times(V(\alpha_1\cdots\alpha_j)\cap S)\subset L(\alpha_1\cdots\alpha_i)$.

各 j，各 $\alpha_1,\cdots,\alpha_j\in\Omega$ に対して次の式によって開集合を定義する．

(6) $M(\alpha_1\cdots\alpha_j)=\bigcup_{i=1}^{j}M(\alpha_1\cdots\alpha_j:i)$.

(4), (5)によって $\mathrm{Cl}\,M(\alpha_1\cdots\alpha_j:i)\subset G(\alpha_1\cdots\alpha_i)$，$i=1,\cdots,j$，であるから不等式 $G(\alpha_1\cdots\alpha_i)\subset G(\alpha_1\cdots\alpha_j)$，$i=1,\cdots,j$，によって $\mathrm{Cl}\,M(\alpha_1\cdots\alpha_j:i)\subset G(\alpha_1\cdots\alpha_j)$，$i=1,\cdots,j$．ゆえに(6)より

(7) $\mathrm{Cl}\,M(\alpha_1\cdots\alpha_j)\subset G(\alpha_1\cdots\alpha_j)$.

$\{\mathrm{Cl}\,M(\ ):\Omega\}$ が $\{G(\ ):\Omega\}$ の同調細分であることを示すために $\bigcup_{i=1}^{\infty}G(\alpha_1\cdots\alpha_i)=X$ とする．$a=(\alpha_1,\alpha_2,\cdots)\in S$ であるから，$x\in X$ を任意にとったとき $(x,a)\in X\times S$ であり $(x,a)\in L(\beta_1\cdots\beta_n)$ となる $\mathcal{L}$ の元が存在する．すると(4)によって $(x,a)\in G(\beta_1\cdots\beta_n)\times(V(\beta_1\cdots\beta_n)\cap S)$，従って $a\in V(\beta_1\cdots\beta_n)$ となるから $\beta_1=\alpha_1$，$\cdots,\beta_n=\alpha_n$ でなければならず $(x,a)\in L(\alpha_1\cdots\alpha_n)$．$\{V(\alpha_1\cdots\alpha_i)\cap S:i\in N\}$ は a の S における近傍ベースであるから $k\geqq n$ が存在して $(x,a)\in M(\alpha_1\cdots\alpha_k:n)\times$

$(V(\alpha_1\cdots\alpha_k)\cap S)\subset L(\alpha_1\cdots\alpha_n)$. ゆえに(6)によって $x\in M(\alpha_1\cdots\alpha_k)$ となる．x は X の任意の点であったから $\bigcup_{i=1}^{\infty}M(\alpha_1\cdots\alpha_i)=X$ となり $\{M(\ ):\Omega\}$ は $\{G(\ ):\Omega\}$ の同調細分であり，従って $\{F(\ )=\mathrm{Cl}\,M(\ ):\Omega\}$ も $\{G(\ ):\Omega\}$ の同調細分である．□

次の定理は Dowker の特性化定理 16.12 に呼応している．

56.12 定理(Morita の特性化定理) T_2 空間 X に対して次が成立する．

(N) 任意の距離空間 Y に対して $X\times Y$ が正規である必要充分条件は X が正規 Morita 空間となることである．

(P) 任意の距離空間 Y に対して $X\times Y$ がパラコンパクトである必要充分条件は X がパラコンパクト Morita 空間となることである．

証明 (N),(P) の必要性は補題 56.11 から明らかである．充分性の証明を (N),(P) に対して同時に行なう．$X\times Y$ の任意の開被覆を $\mathcal{U}$ とする．$\mathcal{U}$ が正規であることがいえたら，$X\times Y$ はパラコンパクトである．また $\mathcal{U}$ が有限のとき，それが正規であることがいえたら $X\times Y$ は正規である(15.7)．

$$\mathcal{U}=\{U_\lambda:\lambda\in\Lambda\}$$

とおく．Y の局所有限開被覆 $\mathcal{V}_i=\{V_{i\alpha}:\alpha\in\Omega_i\}$ をとり $\mathrm{mesh}\,\mathcal{V}_i<1/i$ ならしめる．$\Omega=\bigcup\Omega_i$ とおき $\alpha\in\Omega-\Omega_i$ のとき $V_{i\alpha}=\phi$ とおくことにすれば $\mathcal{V}_i=\{V_{i\alpha}:\alpha\in\Omega\}$ と書くことができる．各 i，各 $\alpha_1,\cdots,\alpha_i\in\Omega$ に対して

$$V(\alpha_1\cdots\alpha_i)=V_{1\alpha_1}\cap\cdots\cap V_{i\alpha_i}$$

とおけば $\{V(\ ):\Omega\}$ は単調減少，すなわち

(1) $V(\alpha_1\cdots\alpha_i)\supset V(\alpha_1\cdots\alpha_i\alpha_{i+1}),\qquad \alpha_1,\cdots,\alpha_{i+1}\in\Omega,$

となる．勿論 $\{V(\ ):\Omega\}$ は Y のベースであり i を固定すれば

(2) $\{V(\alpha_1\cdots\alpha_i):\alpha_1,\cdots,\alpha_i\in\Omega\}$

は局所有限開被覆である．各 $\lambda\in\Lambda$ に対して次の不等式をみたす最大の開集合 $G(\alpha_1\cdots\alpha_i:\lambda)$ を対応させる．

(3) $G(\alpha_1\cdots\alpha_i:\lambda)\times V(\alpha_1\cdots\alpha_i)\subset U_\lambda.$

(1)の単調減少性によって

(4) $G(\alpha_1\cdots\alpha_i:\lambda)\subset G(\alpha_1\cdots\alpha_i\alpha_{i+1}:\lambda),\qquad \lambda\in\Lambda.$

(5) $G(\alpha_1\cdots\alpha_i)=\bigcup\{G(\alpha_1\cdots\alpha_i:\lambda):\lambda\in\Lambda\}$

とおけば(4)によって $\{G(\ ):\Omega\}$ は単調増大な開集合族である．X は Morita 空間であるから $\{G(\ ):\Omega\}$ の同調細分である閉集合族 $\{F(\ ):\Omega\}$ とコゼロ集合族 $\{H(\ ):\Omega\}$ が存在して相対応する添数に対して

(6) $G(\ )\supset F(\ )\supset H(\ )$

が成立するようにできる．

$$\mathcal{G}(\alpha_1\cdots\alpha_i)=\{G(\alpha_1\cdots\alpha_i:\lambda):\lambda\in\Lambda\}$$

とおけばこれは(5), (6)によって $F(\alpha_1\cdots\alpha_i)$ を覆うから $F(\alpha_1\cdots\alpha_i)$ でのコゼロ集合 $C(\alpha_1\cdots\alpha_i:\lambda)$, $\lambda\in\Lambda$, が存在して次の条件をみたすようにできる．

(7) $C(\alpha_1\cdots\alpha_i:\lambda)\subset G(\alpha_1\cdots\alpha_i:\lambda)$,

(8) $\bigcup\{C(\alpha_1\cdots\alpha_i:\lambda):\lambda\in\Lambda\}=F(\alpha_1\cdots\alpha_i)$,

(9) $\{C(\alpha_1\cdots\alpha_i:\lambda):\lambda\in\Lambda\}$ は $F(\alpha_1\cdots\alpha_i)$ で局所有限.

(10) $H(\alpha_1\cdots\alpha_i:\lambda)=C(\alpha_1\cdots\alpha_i:\lambda)\cap H(\alpha_1\cdots\alpha_i)$

とおけば $H(\alpha_1\cdots\alpha_i:\lambda)$ は X でのコゼロ集合であり

(11) $\mathcal{H}(\alpha_1\cdots\alpha_i)=\{H(\alpha_1\cdots\alpha_i:\lambda):\lambda\in\Lambda\}$

は X で局所有限である．更に(3), (7), (10)によって

(12) $H(\alpha_1\cdots\alpha_i:\lambda)\times V(\alpha_1\cdots\alpha_i)\subset U_\lambda$, $\lambda\in\Lambda$.

今 $X\times Y$ のコゼロ集合族

(13) $\{H(\alpha_1\cdots\alpha_i:\lambda)\times V(\alpha_1\cdots\alpha_i):\alpha_1,\cdots,\alpha_i\in\Omega,\ i\in N,\ \lambda\in\Lambda\}$

を考えるとこれは σ 局所有限であり，しかも(12)によって $\mathcal{U}$ を細分している．(13)が $X\times Y$ を覆っていることがいえたら定理 16.4 と 16.6 によって(13)は正規となる．

任意に $(x,y)\in X\times Y$ をとる．$(\beta_1,\beta_2,\cdots)\in\Omega^\omega$ をとり $\{V(\beta_1\cdots\beta_i):i\in N\}$ が y の近傍ベースになるようにする．$\bigcup_{i=1}^{\infty}G(\beta_1\cdots\beta_i)=X$ であるから $\bigcup_{i=1}^{\infty}H(\beta_1\cdots\beta_i)=X$ となる．ゆえにある n に対して $x\in H(\beta_1\cdots\beta_n)$ となる．(6), (8), (10)によって $H(\beta_1\cdots\beta_n)=\bigcup\{H(\beta_1\cdots\beta_n:\lambda):\lambda\in\Lambda\}$ であるからある $\mu\in\Lambda$ に対して $x\in H(\beta_1\cdots\beta_n:\mu)$ となる．この n, μ に対して $(x,y)\in H(\beta_1\cdots\beta_n:\mu)\times V(\beta_1\cdots\beta_n)$ となる．□

パラコンパクト Morita 空間に対する充分性の証明は正規 Morita 空間と距

離空間との積が正規になることを用いれば次のような簡単な別証もある．XをパラコンパクトT_2 Morita空間，Yを距離空間とする．任意のコンパクトT_2空間Zをとれば$X\times Z$は17.19によってパラコンパクトT_2，また56.8よりMorita空間である．ゆえに$(X\times Z)\times Y$は正規となる．$(X\times Z)\times Y=(X\times Y)\times Z$であるからTamanoの定理24.5によって$X\times Y$はパラコンパクトとなる．

§57 Σ 空 間

57.1 定義 $\mathcal{F}$を空間Xの被覆とせよ．各$x\in X$に対して

$$C(x, \mathcal{F})=\bigcap\{F : x\in F\in\mathcal{F}\}$$

とおく．空間Xの**Σネットワーク**とは次の条件をみたす局所有限閉被覆の列$\{\mathcal{F}_i\}$のことである．

Xの空でない閉集合の列$K_1\supset K_2\supset\cdots$が，ある$x\in X$に対して$K_i\subset C(x, \mathcal{F}_i)$，$i\in N$，をみたせば$\bigcap K_i\neq\phi$.

このΣネットワークに対して

$$C(x)=\bigcap C(x, \mathcal{F}_i)$$

とおけば各$x\in X$に対して$C(x)$は可算コンパクトである．特に各$C(x)$がコンパクトになるとき$\{\mathcal{F}_i\}$を**強Σネットワーク**という．Σネットワークまたは強Σネットワークをもつ空間をそれぞれ**Σ空間**または**強Σ空間**という．Σ空間$(X, \{\mathcal{F}_i\})$といったら$\{\mathcal{F}_i\}$はXのΣネットワークであることとする．この節の結果はNagamiによる．

57.2 補題 $(X, \{\mathcal{F}_i\})$をΣ空間とする．各iに対して局所有限閉被覆$\mathcal{H}_i$があり$\mathcal{H}_i<\mathcal{F}_i$とする．このとき$\{\mathcal{H}_i\}$は$X$の$\Sigma$ネットワークである．

57.3 補題 $(X, \{\mathcal{F}_i\})$をΣ空間とする．このときXのΣネットワーク$\{\mathcal{H}_i=\{H(\alpha_1\cdots\alpha_i) : \alpha_1, \cdots, \alpha_i\in\Omega\}\}$で次の3条件をみたすものが存在する．

(1) 各$\mathcal{H}_i$は有限乗法的であり，$\mathcal{H}_i\subset\mathcal{H}_{i+1}$，$\mathcal{H}_i<\mathcal{F}_i$.

(2) $H(\alpha_1\cdots\alpha_i)=\bigcup\{H(\alpha_1\cdots\alpha_i\alpha_{i+1})\in\mathcal{H}_{i+1} : \alpha_{i+1}\in\Omega\}$.

(3) 各$x\in X$に対して$(\alpha_i)\in\Omega^\omega$が存在して$C(x)$の任意の開近傍$U$に対

して $C(x)\subset H(\alpha_1\cdots\alpha_i)\subset U$ となる i がある．但し $C(x)$ は $\{\mathscr{H}_i\}$ に対して定義したものである．

証明　$\mathscr{F}_i$ にその元の有限共通部分すべてと X とを加えたものを $\mathscr{K}_i=\{K_i(\alpha_i):\alpha_i\in A_i\}$ とする．$\bigcup A_i=\Omega$ として $\alpha\in\Omega-A_i$ に対しては $K_i(\alpha)=\phi$ とおけば

$$\mathscr{K}_i=\{K_i(\alpha_i):\alpha_i\in\Omega\}$$

と書け，しかもこれは有限乗法的局所有限閉被覆である．

$$H(\alpha_1\cdots\alpha_i)=K_1(\alpha_1)\cap\cdots\cap K_i(\alpha_i),$$

$$\mathscr{H}_i=\{H(\alpha_1\cdots\alpha_i):\alpha_1,\cdots,\alpha_i\in\Omega\}$$

とおけば $\mathscr{H}_i$ は局所有限閉被覆であって(1), (2)をみたす．$x\in X$ に対し各 $\mathscr{K}_i$ の元 $K_i(\alpha_i)$ をとり，しかも $x\in K_i(\alpha_i)$ をみたす中での最小のものとする．この $(\alpha_i)\in\Omega^\omega$ に対して(3)がみたされている．$\{\mathscr{H}_i\}$ が Σ ネットワークであることは補題57.2の結果である．□

この補題の条件をみたす $\{\mathscr{H}_i\}$ を X の**標準 Σ ネットワーク**ということにする．

57.4　定理　正則空間 X が σ 空間であるための必要充分条件は X が各 $x\in X$ に対して $C(x)=\{x\}$ となる Σ ネットワークをもつことである．

証明　必要性　X のネットワーク $\mathscr{B}=\bigcup\mathscr{B}_i$ で各 $\mathscr{B}_i$ は局所有限閉集合族となるものをとる．$\mathscr{F}_i=\mathscr{B}_i\cup\{X\}$ とおけば $\{\mathscr{F}_i\}$ は Σ ネットワークであり $C(x)=\{x\}$ をみたす．

充分性　$C(x)=\{x\}$, $x\in X$, をみたす X の Σ ネットワーク $\{\mathscr{F}_i\}$ に対して補題57.3による標準 Σ ネットワークを作れば，それは σ 局所有限ネットワークになる．□

57.5　定理　Σ 空間はMorita空間である．

証明　$(X,\{\mathscr{F}_i\})$ を Σ 空間とする．必要ならば各 $\mathscr{F}_i$ を $\bigcup_{j=1}^{i}\mathscr{F}_j$ で置き換えることにすれば，$\mathscr{F}_i\subset\mathscr{F}_{i+1}$ として一般性を失わない．X の単調増大な開集合族 $\{G(\ ):\Omega\}$ を考える．

$$F(\alpha_1\cdots\alpha_i)=\bigcup\{F\in\mathscr{F}_i:F\subset G(\alpha_1\cdots\alpha_i)\}$$

とおけば $F(\alpha_1\cdots\alpha_i)\subset G(\alpha_1\cdots\alpha_i)$ であり $F(\alpha_1\cdots\alpha_i)$ は閉である．$\{F(\ ):\Omega\}$ が

$\{G(\ ):\Omega\}$ の同調細分であることをいうために $\bigcup_{i=1}^{\infty}G(\alpha_1\cdots\alpha_i)=X$ になったとせよ．

$$x\in X-\bigcup_{i=1}^{\infty}F(\alpha_1\cdots\alpha_i)$$

なる点が存在したと仮定すれば

$$K_i = C(x,\mathcal{F}_i)-G(\alpha_1\cdots\alpha_i)$$

とおくと $K_i\neq\phi$ かつ $K_1\supset K_2\supset\cdots$ となる．ゆえに $\bigcap K_i\neq\phi$．一方 $\bigcap K_i\subset X-\bigcup_{i=1}^{\infty}G(\alpha_1\cdots\alpha_i)=\phi$ であるから矛盾が生じた．□

57.6 補題 $f:X\to Y$ を準完全写像とする．$\mathcal{F}$ を X の局所有限な閉集合族とすれば $f(\mathcal{F})$ は Y で局所有限である．

証明 任意に $y\in Y$ をとる．$f^{-1}(y)$ は $\mathcal{F}$ の高々有限個の元としか交わらないことをいえば，$f(\mathcal{F})$ は点有限で閉包保存であるから局所有限となる．

$f^{-1}(y)$ と交わる $\mathcal{F}$ の無限個の元を F_i, $i\in N$, とせよ．各 i について点 $x_i\in f^{-1}(y)\cap F_i$ をとる．点列 $\{x_i\}$ は $f^{-1}(y)$ の閉集合であるから有限集合となる．すると $\{F_i\}$ は $\{x_i\}$ の中のある点で点有限でなくなる．□

57.7 定理 $f:X\to Y$ を上への準完全写像とする．このとき X が Σ 空間である必要充分条件は Y が Σ 空間であることである．

証明 必要性 $\{\mathcal{F}_i\}$ を X の標準 Σ ネットワークとする．$\{f(\mathcal{F}_i)\}$ が Y の Σ ネットワークとなることを示そう．$y\in Y$ をとり $L_i\subset C(y,f(\mathcal{F}_i))$, $L_i\supset L_{i+1}$, となる Y の空でない閉集合列 $\{L_i\}$ をとる．$x\in f^{-1}(y)$ を任意にとり，ある i で $f^{-1}(L_i)\cap C(x)=\phi$ になったと仮定すればある j に対して $f^{-1}(L_i)\cap C(x,\mathcal{F}_j)=\phi$ となる．$k=\max\{i,j\}$ とすれば $f^{-1}(L_k)\cap C(x,\mathcal{F}_k)=\phi$．$C(x,\mathcal{F}_k)\in\mathcal{F}_k$ であるから $L_k\cap C(y,f(\mathcal{F}_k))\subset L_k\cap f(C(x,\mathcal{F}_k))=\phi$ となり矛盾が生じた．ゆえに $f^{-1}(L_i)\cap C(x)\neq\phi$, $i\in N$, であるから $C(x)$ の可算コンパクト性によって $\bigcap f^{-1}(L_i)\neq\phi$, 従って $\bigcap L_i\neq\phi$ となる．補題57.6によれば各 $f(\mathcal{F}_i)$ は Y の局所有限閉被覆であるから $\{f(\mathcal{F}_i)\}$ は Y の Σ ネットワークとなる．

充分性 $\{\mathcal{H}_i\}$ を Y の標準 Σ ネットワークとする．$\{f^{-1}(\mathcal{H}_i)\}$ は次のようにして X の Σ ネットワークとなる．$x\in X$ をとり，$K_i\subset C(x,f^{-1}(\mathcal{H}_i))$, $K_i\supset K_{i+1}$, をみたす X の閉集合列 $\{K_i\}$ を考える．ある i について $f(K_i)\cap C(y)=\phi$

と仮定せよ．但し $y=f(x)$ である．$f(K_i)\cap C(y,\mathcal{H}_j)=\phi$ となる j をとる．$k=\max\{i,j\}$ とすれば $f(K_k)\cap C(y,\mathcal{H}_k)=\phi$．$C(y,\mathcal{H}_k)\in\mathcal{H}_k$ より $K_k\cap C(x,f^{-1}(\mathcal{H}_k))=\phi$．これは矛盾であるから $f(K_i)\cap C(y)\neq\phi$，$i\in N$，でなければならぬ．$C(y)$ の可算コンパクト性によって，$\bigcap f(K_i)\neq\phi$，従ってこの共通部分から点 z をとることができる．すると $K_i\cap f^{-1}(z)\neq\phi$，$i\in N$，となり $f^{-1}(z)$ の可算コンパクト性によって $\bigcap K_i\neq\phi$ となる．各 $f^{-1}(\mathcal{H}_i)$ が X の局所有限な閉被覆となることは明らかである．□

57.8　系　Σ 空間とコンパクト空間の積は Σ 空間である．

57.9　系　M 空間は Σ 空間である．

証明　距離空間は σ 空間であるから Σ 空間である．M 空間は距離空間の準完全写像による逆像であるから(42.15) Σ 空間である．□

57.10　定理　族正規強 Σ 空間 X はパラコンパクトである．

証明　まず X は正規 Morita 空間として系 56.4 によって可算パラコンパクトである．$\{\mathcal{F}_i\}$ を X の強 Σ ネットワークとし各 $\mathcal{F}_i=\{F_{i\alpha}:\alpha\in A_i\}$ は有限乗法的とする．X の任意の開被覆 $\mathcal{U}$ をとる．各 $x\in X$ について $\mathcal{U}$ の有限部分族 $\mathcal{U}_x$ をとり $C(x)$ を覆うようにする．$U(x)=\mathcal{U}_x{}^\#$ とおく．

$$\mathcal{H}=\{U(x):x\in X\},$$
$$\mathcal{F}_i'=\{F\in\mathcal{F}_i:F<\mathcal{H}\}=\{F_{i\alpha}:\alpha\in B_i\}$$

とおく．ある i に対して $C(x,\mathcal{F}_i)\subset U(x)$ で $\mathcal{F}_i$ は有限乗法的であるから $\bigcup\mathcal{F}_i'$ は X の被覆である．X は族正規，可算パラコンパクトであり，$\mathcal{F}_i'$ はその局所有限閉集合族であるから，X の局所有限開集合族 $\{V_{i\alpha}:\alpha\in B_i\}$ が存在して $F_{i\alpha}\subset V_{i\alpha}$，$\alpha\in B_i$，をみたすようにできる．各 $F_{i\alpha}\in\mathcal{F}_i'$ に対して $U(x_{i\alpha})\in\mathcal{H}$，$F_{i\alpha}\subset U(x_{i\alpha})$，なるものを選ぶ．

$$\mathcal{V}_i=\{V_{i\alpha}\cap U:\alpha\in B_i,\ U\in\mathcal{U}_{x_{i\alpha}}\}$$

とおけば $\mathcal{U}_{x_{i\alpha}}$ は有限族なること，$F_{i\alpha}\subset U(x_{i\alpha})=\mathcal{U}_{x_{i\alpha}}{}^\#$ なることによって $(\mathcal{F}_i')^\#\subset\mathcal{V}_i{}^\#$ かつ $\mathcal{V}_i$ は X で局所有限である．$\mathcal{V}_i<\mathcal{U}$ であるから $\bigcup\mathcal{V}_i$ は X の σ 局所有限開被覆で $\mathcal{U}$ を細分している．ゆえに X はパラコンパクトである．□

この証明は後に用いられる次の補題の証明を本質的に含んでいる．

57.11 補題 $(X, \{\mathcal{F}_i\})$, $\mathcal{F}_i=\{F_{i\alpha}:\alpha\in A_i\}$, は正則な強 Σ 空間とする．各 i に対して局所有限な開被覆 $\mathcal{U}_i=\{U_{i\alpha}:\alpha\in A_i\}$ が存在して $F_{i\alpha}\subset U_{i\alpha}$, $\alpha\in A_i$, をみたすならば X はパラコンパクトである．

57.12 定理 X_i, $i\in N$, を強 Σ 空間とすれば $\prod X_i$ は強 Σ 空間である．

証明 $\{\mathcal{F}_j^i : j\in N\}$ を X_i の強 Σ ネットワークとする．

$$\mathcal{F}(i_1\cdots i_j)=\mathcal{F}_{i_1}^1\times\cdots\times\mathcal{F}_{i_j}^j\times\prod_{i=j+1}^{\infty}X_i$$

とおけばこれは $\prod X_i$ の局所有限閉被覆である．

$$\{\mathcal{F}(i_1\cdots i_j):i_1,\cdots,i_j\in N,\ \ j\in N\}$$

が $\prod X_i$ の強 Σ ネットワークとなることを示そう．$\prod X_i$ の点 $x=(x_i)$ をとる．明らかに $C(x)=\prod C(x_i)$ であるから $C(x)$ はコンパクトである．

$$\mathcal{K}=\{K(i_1\cdots i_j):i_1,\cdots,i_j\in N,\ \ j\in N\}$$

を有限交叉性をもつ $\prod X_i$ の閉集合族で各 $i_1,\cdots,i_j$ に対して

$$K(i_1\cdots i_j)\subset C(x,\mathcal{F}(i_1\cdots i_j))$$

をみたすものとする．

$\mathcal{K}$ の元の有限個の共通部分 L が存在して $L\cap C(x)=\phi$ になったと仮定すると $C(x)$ のコンパクト性によって n と開集合 $G_i\supset C(x_i)$, $i=1,\cdots,n$, が存在して次をみたすようにできる．

$$L\cap\left(\prod_{i=1}^{n}G_i\times\prod_{i=n+1}^{\infty}X_i\right)=\phi.$$

j_i, $i=1,\cdots,n$, を選び

$$G_i\supset C(x_i,\mathcal{F}_{j_i}^i)\supset C(x_i),\qquad i=1,\cdots,n,$$

が成立するようにすれば

$$L\cap\left(\prod_{i=1}^{n}C(x_i,\mathcal{F}_{j_i}^i)\times\prod_{i=n+1}^{\infty}X_i\right)=\phi.$$

一方

$$C(x,\mathcal{F}(j_1\cdots j_n))=\prod_{i=1}^{n}C(x_i,\mathcal{F}_{j_i}^i)\times\prod_{i=n+1}^{\infty}X_i$$

が成り立っているから

$$L\cap C(x, \mathcal{F}(j_1\cdots j_n))=\phi$$

となって矛盾である．ゆえに $L\cap C(x)\neq\phi$ となり，この不等式より $\bigcap\{K : K\in\mathcal{K}\}\neq\phi$ となる．□

57.13 定理 X_i, $i\in N$, をパラコンパクト T_2, Σ 空間とすれば $\prod X_i$ はパラコンパクト T_2, Σ 空間となる．

証明 前定理の証明の記号をそのまま使用する．パラコンパクト T_2 空間にあっては Σ ネットワークは自動的に強 Σ ネットワークになっている．前定理によって $\prod X_i$ のパラコンパクト性だけを示せばよい．各 $\mathcal{F}^i_j$ に対してそれが 1 : 1 細分になるような X_i の局所有限開被覆を $\mathcal{U}^i_j$ とする．このとき

$$\mathcal{U}^1_{i_1}\times\cdots\times\mathcal{U}^j_{i_j}\times\prod_{i=j+1}^{\infty}X_i$$

は $\prod X_i$ の局所有限開被覆であって

$$\mathcal{F}^1_{i_1}\times\cdots\times\mathcal{F}^j_{i_j}\times\prod_{i=j+1}^{\infty}X_i$$

によって 1 : 1 細分されている．ゆえに補題57.11によって $\prod X_i$ はパラコンパクトである．□

57.14 定理 パラコンパクト T_2, Morita 空間 X とパラコンパクト T_2, Σ 空間 Y との直積 $X\times Y$ はパラコンパクトである．

証明 $\mathcal{G}$ を $X\times Y$ の任意の開被覆とする．

$$\{\mathcal{F}_i=\{F(\alpha_1\cdots\alpha_i) : \alpha_1, \cdots, \alpha_i\in\Omega\}\}$$

を Y の標準 Σ ネットワークとする．

$$\mathcal{H}_i=\{H(\alpha_1\cdots\alpha_i) : \alpha_1, \cdots, \alpha_i\in\Omega\}$$

を Y の局所有限開被覆で各 $\alpha_1, \cdots, \alpha_i\in\Omega$ に対して

$$F(\alpha_1\cdots\alpha_i)\subset H(\alpha_1\cdots\alpha_i)$$

をみたすものとする．

$$\mathcal{W}(\alpha_1\cdots\alpha_i)=\{U_\lambda\times V_\lambda\neq\phi : \lambda\in\Lambda(\alpha_1\cdots\alpha_i)\}$$

を次の3条件をみたす最大の集合族とせよ．

(1) 各 U_λ は X の開集合である．

(2) 各 V_λ は Y のコゼロ集合で $F(\alpha_1\cdots\alpha_i)\subset V_\lambda\subset H(\alpha_1\cdots\alpha_i)$.

(3) 各 V_λ は開集合 $V_{\lambda 1}, \cdots, V_{\lambda n(\lambda)}$ の有限和であって

$$\mathcal{G}_\lambda = \{U_\lambda \times V_{\lambda i} : i=1, \cdots, n(\lambda)\} < \mathcal{G}.$$

(4) $\mathcal{W} = \bigcup\{\mathcal{W}(\alpha_1 \cdots \alpha_i) : \alpha_1, \cdots, \alpha_i \in \Omega,\ i \in N\}$

$$= \{U_\lambda \times V_\lambda : \lambda \in \Lambda = \bigcup\{\Lambda(\alpha_1 \cdots \alpha_i) : \alpha_1, \cdots, \alpha_i \in \Omega,\ i \in N\}\},$$

とおけば $\mathcal{W}$ は $X \times Y$ の開被覆である．もし $\mathcal{W}$ が正規であることがいえたならば，その 1 : 1 細分となる局所有限開被覆 $\{W_\lambda : \lambda \in \Lambda\}$ が存在する．このとき

$$\bigcup\{\mathcal{G}_\lambda | W_\lambda : \lambda \in \Lambda\}$$

とおけばこれは $X \times Y$ の局所有限開被覆で $\mathcal{G}$ を細分しているから $X \times Y$ のパラコンパクト性が保証される．

$\mathcal{W}$ が正規であることを示そう．

(5) $U(\alpha_1 \cdots \alpha_i) = \bigcup\{U_\lambda : \lambda \in \Lambda(\alpha_1 \cdots \alpha_i)\}$

とおけば $\{U(\ ) : \Omega\}$ は X の単調増大な開集合族である．X がパラコンパクト T_2, Morita 空間であることを考慮すれば $\{U(\ ) : \Omega\}$ の同調細分であるコゼロ集合族 $\{D(\ ) : \Omega\}$ が存在して次の 3 条件をみたすようにできる．

(6) $D(\alpha_1 \cdots \alpha_i) = \bigcup\{D(\alpha_1 \cdots \alpha_i : \lambda) : \lambda \in \Lambda(\alpha_1 \cdots \alpha_i)\}$.

(7) $\{D(\alpha_1 \cdots \alpha_i : \lambda) : \lambda \in \Lambda(\alpha_1 \cdots \alpha_i)\}$ は X の局所有限コゼロ集合族である．

(8) $D(\alpha_1 \cdots \alpha_i : \lambda) \subset U_\lambda, \qquad \lambda \in \Lambda(\alpha_1 \cdots \alpha_i)$.

$$\mathcal{E}(\alpha_1 \cdots \alpha_i) = \{D(\alpha_1 \cdots \alpha_i : \lambda) \times V_\lambda : \lambda \in \Lambda(\alpha_1 \cdots \alpha_i)\},$$

$$\mathcal{E}_i = \bigcup\{\mathcal{E}(\alpha_1 \cdots \alpha_i) : \alpha_1, \cdots, \alpha_i \in \Omega\},$$

$$\mathcal{E} = \bigcup \mathcal{E}_i$$

とおけば各 $\mathcal{E}_i$ は $X \times Y$ の局所有限コゼロ集合族であることが (2), (7) よりわかる．ゆえに $\mathcal{E}$ は σ 局所有限コゼロ集合族である．(8) より $\mathcal{E} < \mathcal{W}$ であるから $\mathcal{E}$ が $X \times Y$ を覆っていることがいえたら $\mathcal{W}$ は正規となる．

$\mathcal{E}^\# = X \times Y$ なることを示すために任意に点 $(x, y) \in X \times Y$ をとる．$\{\mathcal{F}_i\}$ は Y の標準 Σ ネットワークであるから $(\alpha_i) \in \Omega^\omega$ が存在して $C(y) \subset U$ なる任意の開集合に対して $C(y) \subset F(\alpha_1 \cdots \alpha_n) \subset U$ となる n があるようにできる．この (α_i) に対して $\bigcup_{i=1}^{\infty} U(\alpha_1 \cdots \alpha_i) = X$ であるから

$$\bigcup_{i=1}^{\infty} D(\alpha_1\cdots\alpha_i)=X.$$

ゆえにある k に対して $x\in D(\alpha_1\cdots\alpha_k)$. ゆえに(6)よりある $\mu\in\Lambda(\alpha_1\cdots\alpha_k)$ に対して

(9) $x\in D(\alpha_1\cdots\alpha_k:\mu)$.

一方(3), (8)より

(10) $y\in V_\mu$.

(9), (10)より $(x,y)\in D(\alpha_1\cdots\alpha_k:\mu)\times V_\mu\in\mathcal{E}$ となる. □

57.15 例 σ 空間でもなく M 空間でもないパラコンパクト Σ 空間が存在する.

各 X_i, $i\in N$, は $[0,\omega_1]$ のコピーとする. 各 X_i の中の ω_1 を同一視した集合を Y とし, 自然な写像 $f:\bigcup X_i\to Y$ が商写像になるように Y に位相を入れる. ここで $\bigcup X_i$ は X_i, $i\in N$, の位相和である. 例55.17で考えた Lindelöf σ 空間で層型空間にならない空間 X をとり $Z=X\times Y$ とする.

(1) Z は σ 空間でない.

証明 Z が σ 空間であるならば Y も σ 空間でなければならない. すると Y の中で ω_1 は G_δ 集合, 従って X_1 の中で ω_1 は G_δ 集合にならなければならない. これは不可能である. □

(2) Z は M 空間でない.

証明 Z が M 空間であるならば X も M 空間でなければならない. X は σ 空間であるから $X\times X$ の対角集合は G_δ となり定理42.23によって X は距離化可能したがって層型空間になる. これは矛盾である. □

(3) Z はパラコンパクト T_2, Σ 空間である.

証明 まず Y はパラコンパクト T_2 であることは明らかである. $\mathcal{F}_i=\{Y,f(X_i)\}$ とおけば $\{\mathcal{F}_i\}$ は Y の Σ ネットワークをなすから Y は Σ 空間である. X も勿論パラコンパクト T_2, Σ 空間である. ゆえに定理57.13によって Z はパラコンパクト T_2, Σ 空間である. □

§58 積空間の位相

58.1 定理(Katětov) $X\times Y$ が継承的正規ならば，Y のすべての可算集合は閉であるかまたは X は完全正規である．

証明 $B=\{y_i : i\in N\}$ を Y の閉でない可算集合とし，$y_0\in\bar{B}-B$ なる点をとる．A を X の閉集合で G_δ 集合とならないものとする．$E=A\times B$, $F=(X-A)\times\{y_0\}$ とおく．$\bar{E}\subset A\times Y$, $\bar{F}\subset X\times\{y_0\}$ であるから $\bar{E}\cap F=E\cap\bar{F}=\phi$. ゆえに $X\times Y$ の開集合 W があって $W\supset E$, $\overline{W}\cap F=\phi$ となる．

$$W_i=\{x\in X : (x, y_i)\in W\}, \qquad i\in N,$$

とおけば W_i は A を含む開集合である．A は G_δ 集合でないから $x_0\in\bigcap W_i-A$ なる点がある．$(x_0, y_i)\in W$, $i\in N$, であるから $(x_0, y_0)\in\overline{W}$. また $(x_0, y_0)\in F$ であるから $\overline{W}\cap F=\phi$ に矛盾する．□

58.2 補題 空間 X が完全正規となる必要充分条件は，各閉集合 A に対して開集合列 $\{U_i\}$ で $\bigcap U_i=\bigcap\overline{U}_i=A$ となるものが存在することである．

証明 必要性は明らかであるから充分性を示す．A, B を X の素な閉集合とせよ．開集合列 $\{U_i\}, \{V_i\}$ をとり，$A=\bigcap U_i=\bigcap\overline{U}_i$, $B=\bigcap V_i=\bigcap\overline{V}_i$ となるようにする．ここで $\{U_i\}$ も $\{V_i\}$ も単調減少列として一般性を失わない．

$$U=\bigcup(U_i-\overline{V}_i), \qquad V=\bigcup(V_i-\overline{U}_i)$$

とおけば U, V は開集合で $A\subset U$, $B\subset V$, $U\cap V=\phi$ をみたす．故に X は各閉集合が G_δ 集合となる正規空間，すなわち完全正規空間である．□

58.3 定理 $X\times Y$ が継承的可算パラコンパクトならば，Y の任意の可算かつ離散な集合は閉であるかあるいは X は完全正規である．

証明 $B=\{y_i : i\in N\}$ を Y の閉でない離散集合とし，$C=\bar{B}-B$ とおく．A を X の任意の閉集合とし

$$Z=X\times Y-A\times C, \qquad F_i=\bigcup_{j=i}^{\infty}A\times\{y_j\}$$

とおく．F_i は Z の閉集合で $F_i\supset F_{i+1}$ かつ $\bigcap F_i=\phi$. Z は可算パラコンパクトであるから Ishikawa の定理 16.10 によって Z の開集合列 $D_1\supset D_2\supset\cdots$ が存在して次をみたすようにできる．

$$F_i \subset D_i, \qquad \bigcap_{i=1}^{\infty} \mathrm{Cl}_Z\, D_i = \phi.$$

$$U_i = \{x \in X : (x, y_i) \in D_i\}$$

とおけば U_i は開であって $A \subset U_i$ となる．

$x_0 \in \bigcap \overline{U}_i - A$ なる点が存在したと仮定する．$C \neq \phi$ であるから $y_0 \in C$ をとることができる．このとき $(x_0, y_0) \in Z$ である．$\overline{U}_i \times \{y_i\} \subset \mathrm{Cl}_Z\, D_i$, $i \in N$, であり y_0 は B の集積点であるから $(x_0, y_0) \in \bigcap \mathrm{Cl}_Z\, D_i$ となり矛盾が生じた．結局 $A = \bigcap \overline{U}_i$ となり補題58.2によって X は完全正規となる．□

58.4　系　非退化空間 X に対して次の3条件は同等である．

(1)　X^ω は完全正規である．

(2)　X^ω は継承的正規である．

(3)　X^ω は継承的可算パラコンパクトである．

証明　(1)⇨(2), (1)⇨(3) は明らかである．

(3)⇨(1)　X の2点部分集合を D とすれば D^ω は Cantor 集合と位相同型であるから可算な離散集合で閉でないものが D^ω の中に，従って X^ω の中に存在する．$X^\omega \approx X^\omega \times X^\omega$ であるから定理58.3によって X^ω は完全正規である．

(2)⇨(1) は上の論法に定理58.1を適用すればよい．□

58.5　補題　M, T_2 空間 X は離散空間でなければ閉でない離散な可算集合を含む．

証明　$x_0 \in X$ をとり $x_0 \in \overline{X - \{x_0\}}$ ならしめる．X の正規な開被覆列 $\{\mathcal{U}_i\}$, $\mathcal{U}_i > \mathcal{U}_{i+1}^*$, をとり各 $x \in X$ に対して $\{\mathcal{U}_i(x)\}$ が準収束するようにする．$x_1 \in \mathcal{U}_1(x_0)$, $x_1 \neq x_0$, をとる．x_1 の開近傍 V_1 をとり $x_0 \notin \overline{V}_1$ とする．一般に $x_1, \cdots, x_n$ とそれらの開近傍 $V_1, \cdots, V_n$ が選ばれたとき，

$$x_{n+1} \in \mathcal{U}_{n+1}(x_0) - \bigcup_{i=1}^{n} \overline{V}_i, \qquad x_{n+1} \neq x_0,$$

を選び，x_{n+1} の開近傍 V_{n+1} を

$$\{x_0, x_1, \cdots, x_n\} \cap \overline{V}_{n+1} = \phi$$

をみたすようにとる．すると $\{x_i : i \in N\}$ は離散集合である．$\{\mathcal{U}_i(x_0)\}$ は準収束するから $\overline{\{x_i\}} - \{x_i\} \neq \phi$ となり $\{x_i\}$ は閉とならない．□

58.6 定理 M, T_2 空間 X に対して次の4条件は同等である.

(1) X は距離化可能である.

(2) $X\times X$ は完全正規である.

(3) $X\times X\times X$ は継承的正規である.

(4) $X\times X\times X$ は継承的可算パラコンパクトである.

証明 (1) が他のすべてを意味することは明らかである. (3)⇒(2) は 58.1, 58.5 より, (4)⇒(2) は 58.3, 58.5 より知られる.

(2)⇒(1) X を $X\times X$ が完全正規になるような M, T_2 空間とする. $X\times X$ の対角集合 $\varDelta$ に対して $\varDelta=\bigcap W_i=\bigcap \overline{W}_i$ となるような開集合列 $\{W_i\}$ をとる.

$$\mathcal{V}_i=\{V: V \text{ は } X \text{ で開, } V\times V\subset W_i\}, \quad i\in N,$$

とおく. $\{\mathcal{U}_i\}$ を X の正規な開被覆列であって $\{\mathcal{U}_i(x)\}$ が各 $x\in X$ に対して準収束するようなものとする.

$$\mathcal{W}_i=\bigwedge_{j=1}^{i}(\mathcal{U}_j\wedge\mathcal{V}_j),\ \ i\in N,$$

とおいたとき $\{\mathcal{W}_i\}$ が X の展開列であることを示そう. ある点 $a\in X$ で $\{\mathcal{W}_i(a)\}$ が a の近傍ベースにならないとすれば, a のある開近傍 W に対して

$$\mathcal{W}_i(a)-W\neq\phi, \quad i\in N,$$

となる. $x_i\in\mathcal{W}_i(a)-W$ なる点をとれば

$$(5)\quad \bigcap_{i=1}^{\infty}\mathrm{Cl}\{x_i, x_{i+1}, \cdots\}\neq\phi$$

であるからこの式の左辺から任意に点 b をとる. $a\neq b$ であるから $(a,b)\notin\overline{W}_n$ となる n が存在する. a, b の開近傍 U, V をとり $(U\times V)\cap\overline{W}_n=\phi$ なるようにする. W' を x を含む $\mathcal{W}_n$ の任意の元とすれば $W'\times W'\subset W_n$ であるから $W'\cap V=\phi$. このことは $\mathcal{W}_n(a)\cap V=\phi$ を意味する. 一方(5)よりある $m\geqq n$ に対して $x_m\in V$. ゆえに $x_m\in V\cap\mathcal{W}_m(a)\subset V\cap\mathcal{W}_n(a)$ となり矛盾が得られた. これから各 $x\in X$ に対して $\{\mathcal{W}_i(x)\}$ は x の近傍ベースとなり, X は展開空間である.

系 22.9 によれば展開空間が可算コンパクトであればコンパクトとなる. ゆえに距離空間の準完全逆像である X は距離空間の完全逆像でなければならない. ゆえに X はパラコンパクトである. ゆえに定理 18.7 によって X は距離

化可能である．□

58.7　定理(A. H. Stone)　Ω を非可算集合とし，各 $\alpha\in\Omega$ に対して N_α は N のコピーとする．N を離散空間と考え積空間 $\prod_{\alpha\in\Omega} N_\alpha$ は正規ではない．

証明　$\prod N_\alpha$ の部分集合 A_k を次のように定義する．

$$A_k=\{(x_\alpha)\in\prod N_\alpha：\text{各 } n\neq k \text{ について } x_\alpha=n \text{ となる } \alpha \text{ は高々 1 個}\}.$$

すると A_k，$k=1,2$，は素な閉集合である．$\prod N_\alpha$ を正規と仮定すれば素な開集合 U,V が存在して $A_1\subset U$，$A_2\subset V$，$U\cap V=\phi$ とできる．一般に $\prod N_\alpha$ の点 a と Ω の有限部分集合 Ω' に対して $U(a,\Omega')$ は Ω' に属する座標 α では a の α 座標と一致するような点全体を表わすことにする．A_1 の点列 $a_n=(x^n_\alpha)$，Ω の有限集合 $\Omega_n=\{\alpha_1,\cdots,\alpha_{m(n)}\}$，$m(n)<m(n+1)$，を次のように選ぶ．$a_1$ は各 $x^1_\alpha=1$，$\alpha\in\Omega$，となる A_1 の点 (x^1_α) である．$\Omega_1=\{\alpha_1,\cdots,\alpha_{m(1)}\}$ を $U(a_1,\Omega_1)\subset U$ となるように選ぶ．点 $a_i=(x^i_\alpha)\in A_1$，$i=1,\cdots,n$，と Ω の有限集合 $\Omega_i=\{\alpha_1,\cdots,\alpha_{m(i)}\}$，$i=1,\cdots,n$，$m(i)<m(i+1)$，が次をみたすように作られたとする．

(1)　$U(a_i,\Omega_i)\subset U,\quad i=1,\cdots,n,$

(2)　$x^i_{\alpha_j}=j,\quad 1\leqq j\leqq m(i-1),$

(3)　$x^i_\alpha=1,\quad \alpha\in\Omega-\Omega_{i-1}.$

このとき $a_{n+1}=(x^{n+1}_\alpha)$ は $i=n+1$ に対して上の(2)，(3)をみたす点とし $\{\alpha_1,\cdots,\alpha_{m(n+1)}\}=\Omega_{n+1}$，$m(n)<m(n+1)$，は $i=n+1$ に対して(1)をみたすようにとる．

$b=(y_\alpha)$ を次の2式をみたす点とする．

(4)　$y_{\alpha_i}=i,\quad i\in N,$

(5)　$y_\alpha=2,\quad \alpha\in\Omega-\bigcup\Omega_i.$

このとき $b\in A_2$ であるから Ω の有限集合 Γ が存在して

(6)　$U(b,\Gamma)\subset V$

をみたすようにできる．Γ は有限集合であるからある k があって

(7)　$i>m(k)\Rightarrow\alpha_i\in\Omega-\Gamma.$

点 $c=(z_\alpha)$ を次の3式をみたすものとする．

(8)　$z_{\alpha_j}=j,\quad 1\leqq j\leqq m(k),$

(9)　$z_{\alpha_j}=1,\quad m(k)<j\leqq m(k+1),$

(10) $z_\alpha = 2, \quad \alpha \in \Omega - \bigcup \Omega_i$.

すると(2), (3), (8), (9)によって

(11) $c \in U(a_{k+1}, \Omega_{k+1})$.

また(4), (5), (7), (8), (10)によって

(12) $c \in U(b, \Gamma)$.

ゆえに(1), (6), (11), (12)によって$c \in U \cap V$となって矛盾が生じた.□

58.8 系 Ωを非可算集合, X_α, $\alpha \in \Omega$, を空でない空間とする. $\prod_{\alpha \in \Omega} X_\alpha$が正規ならば, Ωのある可算集合に属しないすべてのαに対してX_αは可算コンパクトである.

証明 Ωの非可算部分集合Γがあって各$\alpha \in \Gamma$に対してX_αが可算コンパクトでないとする. 命題22.2によって各$\alpha \in \Gamma$に対して可算かつ疎な点集合$N_\alpha \subset X_\alpha$が存在する. N_αはX_αで閉であるから$\prod_{\alpha \in \Gamma} N_\alpha$は$\prod_{\alpha \in \Gamma} X_\alpha$で閉である. 定理58.7によれば$\prod_{\alpha \in \Gamma} N_\alpha$は正規でないから$\prod_{\alpha \in \Gamma} X_\alpha$も正規ではない. ゆえに$\prod_{\alpha \in \Omega} X_\alpha$も正規ではない.□

58.9 系 空間Xに対しその位相濃度$w(X)$より小さくない非可算濃度を$\mathfrak{m}$とする. $X^{\mathfrak{m}}$が正規であるならばXはコンパクトである.

証明 Xが非退化のときだけ考えればよい. Xの2点集合をDとすれば$X^{\mathfrak{m}}$は$X \times D^{\mathfrak{m}}$を閉集合として含む. ゆえに$X \times D^{\mathfrak{m}}$は正規, 従って$X \times D^{w(X)}$も正規となる. 定理25.4によればこのことは$X$のパラコンパクト性を意味する. 一方$X^{\mathfrak{m}}$の正規性は系58.8によって$X$の可算コンパクト性を意味する. ゆえに$X$はコンパクトである.□

$\mathfrak{m}$が可算のときはX^ωの正規性はXのコンパクト性を意味しない. 例えばR^ωを考えればこのことは明らかである. X^ωの正規性がXのパラコンパクト性をも保証しないことは例58.12で示される.

58.10 定理(Nagami) $\{X_i, f_j^i\}$を各f_j^iが上への開連続写像であるような逆スペクトルとし, Xをその逆極限とする. Xが可算パラコンパクトならば次が成立する.

(1) 各X_iが正規ならばXも正規である.

(2) 各X_iがパラコンパクトT_2ならばXもパラコンパクトである.

証明 $\pi_i : X\to X_i$ を射影とする. (1), (2)を同時に証明する. $\mathcal{U}=\{U_\alpha : \alpha\in A\}$を X の任意の開被覆とする. 但し(1)に対しては $|A|<\infty$ なる条件付きである. この $\mathcal{U}$ の正規性をいえばよい. X の任意の集合 U に対して U^i を次の式によって定義する.

$$U^i = \bigcup\{U'\subset X_i : U' \text{ は開}, \ \pi_i^{-1}(U')\subset U\}.$$

この記法に従って各U_αに対してU_α^iが定義される.

$$V_i = \bigcup\{U_\alpha^i : \alpha\in A\}$$

とおけば $\pi_1^{-1}(V_1)\subset\pi_2^{-1}(V_2)\subset\cdots$, $\bigcup\pi_i^{-1}(V_i)=X$ となる. X は可算パラコンパクトであるから$X=\bigcup W_i$, $\overline{W}_i\subset\pi_i^{-1}(V_i)$, $W_i\subset W_{i+1}$, となる開集合列$\{W_i\}$が存在する. $\bigcup\pi_i^{-1}(W_i^i)=X$ であることを示すために任意に$x=(x_i)\in X$をとる. するとあるjに対して $x\in W_j$. ゆえにある$k\geqq j$に対して $x\in\pi_k^{-1}(W_j^k)$. $W_j^k\subset W_k^k$ より $x\in\pi_k^{-1}(W_k^k)$ となる.

$\mathrm{Cl}\, W_i^i\subset V_i$ をいうために点 $y=(y_1, y_2, \cdots)\in X$ をとりその i 座標に対して $y_i\in\mathrm{Cl}\, W_i^i$ がみたされているとする. y の任意の開近傍を T とすればある $n\geqq i$ と, y_n の X_n における開近傍 S が存在して $\pi_n^{-1}(S)\subset T$ となる. f_i^n は開であるから $f_i^n(S)$ は y_i の開近傍であり $f_i^n(S)\cap W_i^i\neq\phi$ となる. ゆえに $\pi_n^{-1}(S)\cap\pi_i^{-1}(W_i^i)\neq\phi$, 従って $T\cap W_i\neq\phi$. この最後の不等式は$y\in\overline{W}_i$ であることを示す. ゆえに$y\in\pi_i^{-1}(V_i)$, 従って$y_i\in V_i$となる.

X_iのコゼロ集合D_iと$D_{i\alpha}$, $\alpha\in A$, とをとり次をみたすようにする.

$$\mathrm{Cl}\, W_i^i\subset D_i = \bigcup\{D_{i\alpha} : \alpha\in A\}\subset V_i,$$

$$D_{i\alpha}\subset U_\alpha^i, \qquad \alpha\in A,$$

$$\{D_{i\alpha} : \alpha\in A\} \text{ は } X_i \text{ で局所有限.}$$

このとき

$$\mathcal{D} = \{\pi_i^{-1}(D_{i\alpha}) : \alpha\in A, \ i\in N\}$$

はXのσ局所有限なコゼロ被覆であるから正規である. また $\mathcal{D}<\mathcal{U}$ なることは$\mathcal{D}$の作り方から明らかである. □

58.11 補題 X_i, $i\in N$, を可算コンパクトなFréchet空間とすれば$\prod X_i$

は可算コンパクトである.

証明 $\prod X_i$ の可算無限点列を $P=\{x_i\}$, $x_i \neq x_j\ (i \neq j)$, とする. $\pi_i : \prod X_i \to X_i$ を射影とする. $\pi_1(P)$ が有限のときは P の部分列 $P_1=\{x_{1i} : i \in N\}$ をとり $\pi_1(P_1)$ が1点 a_1 になるようにする. $\pi_1(P)$ が無限集合のときはその集積点 a_1 をとり $\lim \pi_1(x_{1i})=a_1$, $\pi_1(x_{1i}) \neq a_1$, となるようにする. これは X_1 が可算コンパクトかつ Fréchet であるから可能である. P, X_1 をそれぞれ P_1, X_2 で置き換えて同様の議論を繰り返す. これを続けると各 i に対して P の部分列 $P_i=\{x_{ij} : j \in N\}$ と点 $a_i \in X_i$ が定まり次の3条件をみたすようにできる.

(1) $P_i \supset P_{i+1}$.

(2) $\pi_i(P_i)$ が有限のときはそれはただ1点 a_i である.

(3) $\pi_i(P_i)$ が無限のときは $\lim_{j\to\infty} \pi_i(x_{ij})=a_i \in \pi_i(P_i)$.

$Q=\{x_{ii} : i \in N\}$, $a=(a_i)$ とおけば Q は P の部分列で a を集積点としてもつ. ゆえに $\prod X_i$ は可算コンパクトである. □

58.12 **例**(Noble) X^ω が正規であって X がパラコンパクトでない空間は存在する. $X=[0, \omega_1)$ が求めるものである. X は全体正規でない(15.10)からパラコンパクトでない.

(1) X^n は正規である.

証明 $n=1$ のとき X は正規である(9.24)から(1)は正しい. $m>1$ として $m>n$ なるすべての n について(1)は正しいとの帰納法仮定を設ける. F, H を X^m の素な閉集合とする. $\alpha<\omega_1$ に対して $U(\alpha)=[\alpha+1, \omega_1)^m$ とおく. 任意の α に対して $U(\alpha)$ は F とも H とも交わるとすれば単調増大列 $\alpha_1<\beta_1<\alpha_2<\beta_2<\cdots<\omega_1$ が存在して

$$p_i \in U(\alpha_i) \cap F - U(\beta_i), \qquad q_i \in U(\beta_i) \cap H - U(\alpha_{i+1})$$

なる点 p_i, q_i が存在するようにできる. $\sup \alpha_i=\gamma$ とおき各座標が γ であるような X^m の点を p とする. $\lim p_i=\lim q_i=p$ であるから $p \in F \cap H$ という矛盾がでる. ゆえに $\delta<\omega_1$ が存在して, 例えば $F \cap U(\delta)=\phi$ となる.

$X^m-U(\delta)$ は $X^{m-1}\times[0, \delta]$ と位相同型な閉集合の m 個の和集合である. $X^{m-1}\times[0, \delta]$ が正規であることがいえたら定理 24.4 によって $X^m-U(\delta)$ は正規とな

る．X は第1可算性を成立させているから可算コンパクト Fréchet 空間である．ゆえに補題 58.11 によって X^{m-1} は可算コンパクト，従って可算パラコンパクトである．また帰納法仮定によって X^{m-1} は正規である．$[0,\delta]$ はコンパクト距離空間であるから Dowker の定理 16.12 によって $X^{m-1}\times[0,\delta]$ は正規である．かくして $X^m-U(\delta)$ は正規である．$X^m-U(\delta)$ の素な開集合 U, V をとり $F\subset U$, $H-U(\delta)\subset V$ ならしめる．$W=V\cup U(\delta)$ とおけば U, W は X^m の素な開集合であって $F\subset U$, $H\subset W$ をみたす．□

(2)　X^ω は正規である．

証明　補題 58.11 によって X^ω は可算パラコンパクトである．各 n に対して X^n は(1)により正規である．ゆえに定理 58.10 によって X^ω は正規である．□

58.13　問題(Przymusinski)　(1)　X が可分，パラコンパクト，第1可算性をみたし，X^2 が正規であってパラコンパクトでない空間の存在を集合論公理の範囲内で証明できるか．

(2)　X がパラコンパクト，第1可算性をみたし，X^2 が正規であって族正規でない空間の存在は，正規であって距離化可能でない Moore 空間の存在(問題 18.3)と同値であるか．

演　習　問　題

10.A　可算ネットワークをもつ正則空間はパラコンパクトかつ完全正規である．また継承的可分でもある．

10.B　$\aleph_0$ 空間の可算個の直積は $\aleph_0$ 空間である．

ヒント　コンパクト被覆連続写像は乗法的であることを確かめて定理 52.10 の判定条件を適用せよ．

10.C　$\aleph_0$ 空間の接着空間は $\aleph_0$ 空間である．

ヒント　$\aleph_0$ 空間 X, Y をとり X の閉集合を F とし F から Y への連続写像を f とする．X, Y の位相和を Z とし $g: Z\to X\cup_f Y$ を射影とする．$h: X\cup_f Y\to X\cup_f Y/Y$ を商写像とする．$f=hg: Z\to X\cup_f Y/Y$ を考えると f は閉となり Z はパラコンパクト T_2 であるから定理 51.3 によって f はコンパクト被覆となる．このことを用いて g がコンパクト被覆となることを確かめれば命題 52.4 が適用できる．

10. D 空間 X に対して次の2条件は同等である.

(1) X は距離空間のコンパクト被覆連続像である.

(2) X の任意のコンパクト集合は距離化可能である.

10. E T_2, 展開空間は距離空間のコンパクト被覆開連続像である.

ヒント 任意のコンパクト部分集合が可算外延基をもつことがいえたら定理53.3が適用できる.

10. F Michael の直線(13.6) X は強可算型である.

ヒント X のコンパクト集合を K とする. $S\subset X$ は補題13.5の条件をみたす集合とする. $K-S$ は閉であるからコンパクト, 従って可算である.

$$\{S_{1/i}(K-S)\cup K : i\in N\}$$

は K の近傍ベースとなる. $K_i=K-S_{1/i}(K-S)$ とおけば K_i はコンパクトで S に含まれるから $|K_i|<\infty$ となる. $K=(K-S)\cup(\bigcup K_i)$ であるから K 自身が可算となる.

10. G (Okuyama) $f: X\to Y$ は商写像であり, X はその導集合がコンパクトであるような可算型 T_2 空間であり, Y は T_2 空間とする. この時 f はコンパクト被覆である.

10. H 空間 X の各開集合 U に X の閉集合列 $\{U_i\}$ が対応し次の2条件をみたすとせよ.

(1) $U=\bigcup U_i$.

(2) $U\subset V$, V は開, ならば $U_i\subset V_i$, $i\in N$.

このときこの対応を**半層対応**といい X を**半層型空間**という. σ 空間は半層型である.

10. I $f: X\to Y$ を上への準完全写像, Y を可算パラコンパクト空間とすれば X は可算パラコンパクトである.

ヒント X の開被覆 $\{G_i\}$, $G_1\subset G_2\subset\cdots$, をとり, $H_i=Y-f(X-G_i)$ とおけば f の準完全性によって $\bigcup H_i=Y$ となる. ここで Ishikawa の定理16.10を適用せよ.

10. J (Ishii) 例11.10の Tychonoff の板 $Z=[0,\omega]\times[0,\omega_1]-(\omega,\omega_1)$ に対して次が成立する.

(1) Z は可算パラコンパクトでない.

(2) Z は Morita 空間である.

(3) Z は M 空間ではないが Σ 空間である.

ヒント (1) 一般に可算パラコンパクトかつ擬コンパクトな完全正則空間は可算コンパクトになることを用いよ.

(2) $[0,\omega_1)$ の可算コンパクト性を用いよ.

10. K 正則, Lindelöf Σ 空間全体の族は可算乗法的である.

10. L 空間 X の閉被覆 $\{F_i\}$ に対して各 F_i が Σ 空間ならば X は Σ 空間である.

10. M 空間 X の局所有限閉被覆 $\{F_\alpha\}$ に対して各 F_α が Σ 空間ならば X は Σ 空間であ

る.

ヒント　定理57.7の系として出すのが簡単である.

10. N　各 X_i は T_2 空間 X の部分空間とする. 各 X_i が強 Σ 空間ならば $\bigcap X_i$ は強 Σ 空間である.

10. O　パラコンパクト T_2, Σ 空間 X が σ 空間であるための必要充分条件は $X\times X$ の対角集合が G_δ 集合であることである.

10. P(Michael)　パラコンパクト T_2, Σ 空間が点可算ベースをもつならば距離化可能である.

ヒント　各 $C(x)$ が可算外延基をもつことを用いよ.

10. Q(Michael)　正則, 強 Σ 空間 X の各点は閉 G_δ 集合で Lindelöf 空間となるものに含まれる.

ヒント　$\{\mathcal{F}_i=\{F_{i\alpha}:\alpha\in A_i\}\}$ を強 Σ ネットワークとする. $x\in X$ をとり $\mathcal{F}_i$ の元で x を含まないものすべてを $\mathcal{H}_i=\{F_{i\alpha}:\alpha\in B_i\}$ とする. x の開近傍列 $\{V_i\}$ で各 i に対して $\bar{V}_{i+1}\subset V_i$, $\bar{V}_i\cap\mathcal{H}_i{}^\#=\phi$ をみたすものを選ぶ. $\bigcap V_i$ が求めるものである.

10. R(Borges-Masuda-Zenor)　空間 X の素な閉集合 A, B に対して開集合 $G(A, B)$ が定義され次の2条件をみたすとする.

(i)　$A\subset G(A, B)\subset \mathrm{Cl}\, G(A, B)\subset X-B$.

(ii)　$A\subset A'$, $B'\subset B\Rightarrow G(A, B)\subset G(A', B')$.

このとき G を**単調正規対応**といい, X を**単調正規空間**という.

X の互いに素な集合 A, B に対して開集合 $H(A, B)$ が定義され次の2条件をみたすとする.

(i)　$A\subset H(A, B)\subset \mathrm{Cl}\, H(A, B)\subset X-B$.

(ii)　$A\subset A'$, $B'\subset B\Rightarrow H(A, B)\subset H(A', B')$.

このとき H を**単調継承的正規対応**といい, X を**単調継承的正規空間**という.

X に対して次の条件は同等である.

(1)　X は単調正規空間である.

(2)　閉集合 A, 開集合 U で $A\subset U$ をみたす各対 (A, U) に対して開集合 $U_A\supset A$ を対応させて次の条件をみたすようにできる.

(i)　$A\subset B$, $U\subset V\Rightarrow U_A\subset V_B$.

(ii)　$U_A\cap(X-A)_{X-U}=\phi$.

(3)　点 x, 開集合 U で $x\in U$ をみたす各対に対して開集合 U_x が対応して次の条件をみたすようにできる.

$$U_x\cap V_y\neq\phi\Rightarrow x\in V \text{ または } y\in U.$$

(4)　X は単調継承的正規空間である.

ヒント (1)⇨(2) G を単調正規対応とし $H(A,B)=G(A,B)-\mathrm{Cl}\,G(B,A)$ とすれば H は再び単調正規対応で $H(A,B)\cap H(B,A)=\phi$ をみたす．$A\subset U$ に対して $U_A=H(A,X-U)$ とおけば条件をみたす．

(2)⇨(3) $x\in U$ に対して $U_x=U_{\{x\}}$ とおく．$U_x\cap V_y\neq\phi$，$x\notin V$，$y\notin U$ と仮定する．$U_x\cap(X-\{x\})_{X-U}=\phi$ かつ $V_y\subset(X-\{x\})_{X-U}$ であるから $U_x\cap V_y=\phi$ となり矛盾が生じる．

(3)⇨(4) A,B を互いに素，すなわち $\bar{A}\cap B=A\cap\bar{B}=\phi$ をみたす集合とする．$H(A,B)=\bigcup\{U_x : x\in A,\ U\subset X-B\}$ とおけば H は単調継承的正規対応となる．

10.S $X\times[0,\omega]$ が単調正規空間ならば X は層型空間である．

ヒント F を X の任意の閉集合とする．$A=F\times[0,\omega)$, $B=(X-F)\times\{\omega\}$ とおけば A,B は互いに素である．$X\times[0,\omega]$ の単調継承的正規対応を H とし，$F_i\times\{i\}=\mathrm{Cl}\,H(A,B)\cap(X\times\{i\})$ によって $\{F_i\}$ を定義する．$U=X-F$ の層対応は $\{U_i=X-F_i\}$ によって得られる．

10.T 層型空間は単調正規である．$[0,\omega_1)$ は単調正規であって層型空間でない．

ヒント 補題 54.9 参照．

10.U(Cook-Fitzpatrik) 完全正規空間の列 $\{X_i\}$ のなす逆スペクトルの逆極限は完全正規である．

あ と が き

本書の内容と関係があって詳しく述べることのできなかった話題のうち，特に重要と思われる結果を読者の便宜のために各章ごとに列記しよう．

1 箱位相についてMary Rudin(General Topology Appl. 2(1972))は次の結果を証明している：可算個のコンパクト距離空間の箱位相による積空間はパラコンパクトである．箱位相に関してはこの結果以外ほとんど何も知られていない．Peano 曲線の特徴付けを与える Hahn-Mazurkiewicz の定理は例えばHocking-Young(Topology, Addison-Wesley, 1961)を見られたい．巾空間 2^X についての一般的性質は Kuratowski(Topology I, Academic Press, 1966)に詳しい．$2^I \approx H$ となることは位相空間論の歴史の初期から Poland 学派によって予想されていたが Scholi-West (Bull. Amer. Math. Soc. 78(1972))が肯定的に解決した．Curtis-Scholi は更に非退化な Peano 曲線 X に対して $2^X \approx H$ となることを証明した由である．

2 $R^\omega \approx H$ を主張する R. D. Anderson の定理については Anderson-Bing (Bull. Amer. Math. Soc. 74(1968))の初等的証明がある．I^ω の位相的性質は Anderson, Chapman, Henderson 等の研究がある．この分野は無限次元多様体論として一つの大きな領域を形造っている．

3 正規空間と I との積が正規とならない例は Mary Rudin(Bull. Amer. Math. Soc. 77(1971))を見られたい．

4 実コンパクト空間については Gillman-Jerison(Rings of continuous functions, Van Nostrand, 1960)に精しい．また Engelking(Outline of general topology, North-Holland, 1968)にも簡潔な記載がある．

5 極大一様被覆系に関する完備化によってもとの一様空間の性質を検べる分野は Morita(Sci. Rep. Tokyo Kyoiku Daigaku, sect. A 10(1970))によって開拓された．位相群については Pontrjagin(連続群論上下，岩波書店，1958)が汎く読まれている．

6 ANR の更に精細な理論については Borsuk (Theory of retracts, Polish Scientific Publishers, 1967), Kuratowski (Topology II, Academic Press, 1968) を見られたい. Borsuk によって創められた shape 理論はこの分野と深い関係があり Chapman, Kodama, Mardešic, Segal 等の研究がある.

7 dim $R^n=n$ は Hurewicz-Wallman (Dimenšion theory, Princeton University Press, 1948), Morita (次元論, 岩波書店, 1950) に証明されている. 次元論については Nagami (Dimension theory, Academic Press, 1970), Nagata (Modern dimension theory, North-Holland, 1965) 参照.

8 Mappings and spaces なる標題の Arhangel'skiĭ (Russian Math. Surveys, 21 (1966)) はこの方面の扉を大きく開く契機となった歴史的論文である. そこで指摘された方向は将来にわたって位相空間論の重要な分野を形成してゆくであろう.

9 Michael (General Topology Appl. 2 (1972)) は商空間に対する字引として利用できる. 位相空間の点集合としての濃度を評価する問題は Alexandroff に端を発するといえるが Juhácz (Cardinal functions in topology, Math. Centre Tracts, 1971) はこの方面の唯一の成書である. 一様空間上の写像空間については Bourbaki (General topology, Addison-Wesley, 1966) に精細な記述がある.

10 写像によって生成される空間族という考えは Arhangel'skiĭ を出発点とするが Wicke-Worrell の一連の研究, Nagami (Fund. Math. 78 (1973)) 等がある.

人名索引

J

K

L

M

N

O

P

R

S

T

U

V

W

Y

Z

索 引

■岩波オンデマンドブックス■

位相空間論

1974 年 8 月 7 日　第 1 刷発行
2001 年 9 月25日　第 2 刷発行
2017 年10月11日　オンデマンド版発行

著　者　児玉之宏（こだまゆきひろ）　永見啓応（ながみけいおう）

発行者　岡本　厚

発行所　株式会社　岩波書店
〒101-8002　東京都千代田区一ツ橋 2-5-5
電話案内　03-5210-4000
http://www.iwanami.co.jp/

印刷／製本・法令印刷

ISBN 978-4-00-730679-2　　Printed in Japan